JN254176

肉用牛の科学

肉用牛研究会 刊行

入江正和・木村信熙 監修

養賢堂

執筆者一覧

■編著者■

入江正和　肉用牛研究会会長，近畿大学，元宮崎大学）
木村信熙　肉用牛研究会前会長，木村畜産技術士事務所代表，日本獣医生命科学大学名誉教授）

■執筆者■

青島正泰　（公社）日本食肉格付協会
石井康之　宮崎大学
石田元彦　石川県立大学
入江正和　近畿大学
祝前博明　京都大学
岩本英治　兵庫県立農林水産技術総合センター
鵜飼昭宗　（公社）日本食肉市場卸売協会
内田　宏　奥州市牛の博物館
永西　修　（独）農研機構 畜産草地研究所
岡　章生　兵庫県立農林水産技術総合センター
岡野寛治　滋賀県立大学
加藤和雄　東北大学
假屋堯由　（独）農研機構 九州沖縄農業研究センター
川島知之　（独）国際農林水産業研究センター
川島良治　京都大学名誉教授
川田啓介　奥州市牛の博物館
川村　修　宮崎大学
北川政幸　京都大学
木村信熙　木村畜産技術士事務所代表
口田圭吾　帯広畜産大学
熊谷　元　京都大学
熊谷光洋　岩手県農業研究センター 畜産研究所
小池　聡　北海道大学
小迫孝実　（独）農研機構 畜産草地研究所
後藤貴文　九州大学
小林光士　JA 飛騨ミート
小林信一　日本大学
阪谷美樹　（独）農研機構 九州沖縄農業研究センター
佐々木義之　京都大学名誉教授
柴田昌宏　（独）農研機構 近畿中国四国農業研究センター
庄司則章　山形県農業総合研究センター
鈴木啓一　東北大学
齋藤　薫　（独）家畜改良センター
平　芳男　北海道チクレン農業協同組合連合会
高橋俊浩　宮崎大学
高橋政義　元（公社）畜産技術協会非常勤参与
竹之内直樹　（独）農研機構 九州沖縄農業研究センター
築城幹典　岩手大学
常石英作　（独）農研機構 九州沖縄農業研究センター
堂地　修　酪農学園大学
栂村恭子　（独）農研機構 畜産草地研究所
徳永忠昭　宮崎大学
飛岡久弥　東海大学
中西直人　（独）農研機構 畜産草地研究所
中西良孝　鹿児島大学
中丸輝彦　中丸畜産技術士事務所
撫　年浩　日本獣医生命科学大学
鍋西　久　宮崎県畜産試験場
西田武弘　帯広畜産大学
羽賀清典　（一財）畜産環境整備機構
橋谷田　豊　（独）家畜改良センター
秦　寛　北海道大学
原田　宏　宮崎大学
広岡博之　京都大学
福島護之　兵庫県立農林水産技術総合センター
堀井洋一郎　宮崎大学
松井　徹　京都大学
松田敬一　宮城県・NOSAI 宮城・家畜診療研修所
丸山　新　岐阜県畜産研究所
三宅　武　宮崎大学
宮崎　昭　京都大学名誉教授
向井文雄　（公社）全国和牛登録協会
守田　智　熊本県農業研究センター
森本正隆　宗谷農業改良普及センター
守屋和幸　京都大学
矢野秀雄　京都大学名誉教授
山谷昭一　（独）農林水産消費安全技術センター
山田明央　（独）農研機構 九州沖縄農業研究センター
山田知哉　（独）農研機構 畜産草地研究所
山之内忠幸　（独）家畜改良センター
横田　徹　（独）農畜産業振興機構
吉田恵実　兵庫県立農林水産技術総合センター
義村利秋　（一社）日本畜産副産物協会
吉村豊信　（公社）全国和牛登録協会
渡邊　彰　（独）農研機構 東北農業研究センター
渡邊伸也　（独）農研機構 畜産草地研究所
藁田　純　農林水産省 消費・安全局

（五十音順）

目　次

第３章　繁　殖

第4章　栄　　養

第５章　飼　　料

第６章　生理と発育

第7章　飼養管理

第８章　飼育環境と施設

第９章　牛肉の流通

第 10 章　肉量・肉質の評価と制御

第 11 章　衛　　生

第12章　肉牛生産の今後の展開

肉用牛研究会創立50周年にちなんで

肉用牛研究会が発足したのは1964年である．早いものでこれまでに50年を経過したことになる．1964年は東京でオリンピックが開催された記念すべき年であった．さらにこの年は東海道新幹線が走り出した年であったし，東名・名神高速自動車道が開通した年でもあった．その頃は太平洋戦争の終戦から20年近くを経過し，我が国の経済が回復し，高度経済成長期を迎えはじめた時でもあった．このような経済の回復は我が国の戦後復興に良い影響を与えたが，一方わが国の和牛はそれによって大きい問題に直面せざるをえなかった．それまでの和牛は，役利用，厩肥生産等をとおして耕種農業，とくに水田農業と深く結びついた働きをしてきており，一般に農用牛と呼ばれていた．ところが経済が復興し，国民生活が向上するに伴って農業の機械化が急速に進みはじめ，和牛の畜力はあまり必要とされなくなってきた．また化学肥料の利用が広く普及するようになり，和牛の厩肥の価値が相対的に低下していった．また国民の食生活が改善するとともに，牛肉の消費が増加し，肉利用のために屠殺される和牛の頭数が増加する傾向が見られるようになった．すなわち和牛が従来からの農用牛という位置づけから，肉生産を主とした肉用牛，あるいは肉専用牛へと大きく転換する時期を迎えたのである．

そのような和牛を取り巻く状況の変化に対応するために，1955年頃から肉生産を主目的とした和牛のありかたについて，各地の試験研究機関で研究がはじめられた．例えば子牛のときから肉生産を目的とした肥育形態としての若齢肥育法の開発，遺伝的に和牛の産肉能力を高めるための検定方法の開発，さらに良質な肉を効率的に生産するための肥育技術の開発など，多くの試験研究が実施されるようになった．ただ実際に牛をつかっての試験研究を行う場合，当時の経済状態からしても，多くの頭数を用いて行うことは難しく，小規模な試験が多くならざるをえなかった．そこで各試験研究機関で実施された研究成果を互いに発表しあい，討議することによって，チームワークでもって試験研究の成果を高め，和牛が直面する諸問題を解決しようとの考えから，当時京都大学の教授であった上坂章次先生が中心となって，関係者の方々の協力のもとに発足したのが本研究会である．

それ以来，肉用牛研究会は毎年研究発表会やシンポジウムを開催し，また研究会報を発行して研究成果を発表して今日に至っている．当初はどちらかといえば肥育技術の開発と向上に関する試験研究の発表が中心となっていたが，次第に肉用牛として必要なより広い意味での技術開発に関する研究が活発に行われるようになり，学術的にもより充実した内容を持つようになってきている．また肉用牛の生産現場に直接関係しておられる生産者や技術者の方達にも研究発表会に参加していただき，その成果を生産現場で有効に利用してもらいたいとの考えから，発表内容をできるだけわかりやすいものにし，また発表方法も普通の学会でよく見られるような短時間の発表でなく，余裕を持った発表方法を取り入れることによって，充分な討議が行われるように心がけてきたのも本研究会の特色といえよう．

このような50年にわたって発表されてきた研究成果をもとに，肉用牛研究会の会員が主体となって，肉用牛の生産についての新しい技術を取りまとめられたのが本書「肉用牛の科学」である．本書は肉用牛生産に関わる広範囲な分野について，多くの新しい情報が提供されており，肉用牛生産のありかたについての重要な指針を示すものといえよう．

わが国における食肉の需給傾向はこれからもたえず変化すると思われる．さらに農業生産や食品流通はますます国際化していく傾向にあり，牛肉生産も国際的な視野のもとで対応することが必要となるに違いない．このような時代の変化に対応していくためには，絶えず新しい技術の開発が要求されてくるであろう．肉用牛研究会はこれらの要求に答えるために，これからもさらに活発な活動を続けて，肉用牛生産に力強く寄与していくことが期待される．

川島良治（肉用牛研究会元会長，京都大学名誉教授）

出版に寄せて

昭和38年末だったと記憶するが，ある日の夕方，大学院生であった私は，上坂章次教授から「部屋に来て欲しい」との呼び出しを受けた．教授室に伺うと，先生はミートジャーナル誌最新号を片手に，「ここに豚産肉能力検定の記述があるが，和牛について近々，このような検定を始めようと思う．勉強になるからこれを参考にして原案を考えてごらん」と云われた．そして続けて，「急がなくても良いから」と付言された．これが実は曲者で「急げ」という意味であった．

そこで何はさておき宿題にとりかかり，翌昼過ぎ，素案を先生のところへ持参した．先生はそれをちらっと斜め読まれて，「ブタとちがいウシでは同一種牡牛の産子をこれだけ沢山は使えないんだよ」と云われた．その一言以外は記憶にない．

数日後，朱の入れられた原稿が手渡されたが，年明けに和牛産肉能力検定の研究会を開くので資料として配りたいとのことであった．ガリ版2枚分，鉄筆で原紙を下手な字で切り，藁半紙に謄写した．そのころ，年頭は松の内末に京都大学楽友会館で肉牛関係の研究会を開くならわしがあった．常連として岐阜，滋賀，岡山，山口などの畜産試験場や種畜場の場長，農林省中国農試畜産部と大学の関係者が初仕事に集まるのであった．

私たち，先生のお言葉で出席者に紹介される「うちの若いもん」たちは，オーバーの預かりに始まって座席案内，資料の配付，地図掛けへの説明資料の貼付け，お茶配り，使い走りなど何でも手伝うのであった．この上坂門下の舎弟たちは，若頭の川島良治先生の指示の下に独楽鼠さながらに走り回るのであった．

研究会の前夜，上坂先生が教授室前室の，ふだん昼食に使われていた大き目のテーブルにハトロン紙を拡げて，ロース芯に見立てた楕円形を6つ描かれ，マジックでさしの入り具合をさっさと記入しておられた．その出来具合をときどき細目で眺められ，「もう少し小ざしを入れたほうが良いかな」と独り言ちながら画き足された．これがわが国の牛枝肉格付のマーブリングスコアの嚆矢となる．翌日，研究会でこれらの原案を叩き台として激論が交わされ，和牛産肉能力検定が動き出した．

この研究会が十数年前から開かれていたナタネ油粕飼料化研究会と，従来のホルモン肥育研究会からの流れで昭和39年に発足していた和牛肥育研究会に合流し，41年末に肉牛肥育研究会となる．その後50年に肉用牛研究会と名称を改め，会を重ねるにつれて守備範囲を広げ，肉用牛の世界に徐々に科学的合理性が入り込むこととなる．

それでもそれが根付くまでは，農家は古い牛飼い体質からなかなか抜け切れず無手勝流でウシを飼っていた．一方，第一線の技術者の多くは十分な知識を持ちあわせながらも，それを農家に理解させる努力を遠慮する時代が長く続いていた．近年ようやくそのような状態を脱皮しかけた感がある．このような時期に肉用牛研究会が50周年を迎え，記念事業の一環として「肉用牛の科学」が刊行されることを感慨無量，とてもうれしく思い，新しい時代を担う執筆者の皆様に心からエールを送りたい．

宮崎　昭（肉用牛研究会元会長，京都大学名誉教授）

和牛育種研究の中で

肉用牛研究会50周年を記念して,「肉用牛の科学」が出版されるに当たって寄稿をとの依頼を受けた時,同研究会が発足した1964年は筆者が大学の4年生になり,故上坂章次先生のもとで卒業論文研究に取り組んだ年であって,筆者にとっても肉用牛研究50年になることに気がついた.そこで,50年にわたる研究の中で和牛にまつわる思い出のいくつかを辿って見ることにした.

1977年9月から筆者は米国アイオワ州立大学に1年間留学した.その際に,同大学の育種学ゼミで,和牛改良について話す機会があった.その話を聞いて,フリーマン教授が「日本では今なお外貌審査を選抜の拠り所としているのか」と,非常に驚いた様子で質問されたのが強く印象に残っている.正直なところ,筆者は「今なお……?」と驚かれたことにびっくりした.しかし,1年間の研究を通じて,和牛についての研究方向が決まったと言っても過言ではない.

1年間統計遺伝学的研究を行い帰国したところ,折しも(社)全国和牛登録協会が実施した外貌記載法審査に関する調査データの解析依頼が家畜育種学研究室にあった.渡りに船とその研究に取りかかったが,当時はまだコンピュータの普及は緒に就いたばかりの上,関連するソフトウエアはほぼすべて自前で開発するしかなかった.当時研究室の大学院生であった向井文雄君(現(社)全国和牛登録協会会長)と祝前博明君(現京都大学育種学研究室教授)の両君と果てることのない奮闘の末に遺伝率や遺伝相関などの推定値が得られた.しかし,その結果は和牛界にとって衝撃的なものであった.外貌形質に基づく選抜によっては,産肉性,特に肉質の改良はほとんど期待できないというものだったからである.それまで和牛改良に関わってこられた方々から,「それでは一体何を手がかりに改良を進めればよいのか」と詰め寄られたことが思い出される.

そのような現場の疑問は至極当然であり,外貌審査に代わる選抜の拠り所を解明することが育種学研究者に課された喫緊の課題となった.そこで,注目したのが枝肉市場に出荷されてくる肥育牛の枝肉格付記録である.これらの記録から種雄牛や繁殖雌牛の産肉性に関する遺伝的能力が捉えられないかということである.これを可能にしてくれる手法がBLUP法(ブラップ法)であることを滋賀県大中の湖農協や山形県遊佐農協が蓄積していた枝肉格付記録のデータを用いて明らかにできた.

次に実際の集団でBLUP法による評価値の有効性を実証する必要があった.これに真っ先に協力の名乗りを上げてくれたのが大分県畜産試験場の佐々江洋太郎氏であった.大分県から大阪の枝肉市場に出荷される肥育牛の記録の収集に取り組んでくれた.それらの記録データを用いて,1983年にBLUP法によりまず種雄牛の産肉性に関する遺伝的能力の評価値(当時これを期待後代差(EPD)と呼んだ.現在ではこれを2倍して育種価と呼ぶことが多い)を算出した.その後,枝肉記録が多数蓄積されるに及んで雌牛の評価値も出されるようになった.そこで,ある雄牛とある雌牛のペアから生まれる後代の実現値がそれらのBLUP法による評価値からの期待値に良く一致していることを明らかにし,有効性が実証された.この結果も踏まえて,(社)全国和牛登録協会でもこれを現場後代検定として採用し,今では全国に普及している.

このように,和牛改良はこの30年間に経験から科学へと劇的な変化を遂げた.その進展には生産現場と研究とがしっかりとスクラムを組むことが必須であったことを今さらのように痛感すると共に,読者の皆さんにも感じ取ってもらえれば幸いである.本書の刊行が肉用牛の生産現場と研究との間の橋渡しとなり,一層の連携が進むことを切に期待する．

佐々木義之（肉用牛研究会元会長，京都大学名誉教授）

緒論　肉用牛技術の発達と肉用牛の科学

1. 肉用牛の基本技術の発達と普及

わが国の肉用牛の飼養管理，肥育，産肉生理に関する技術は，黒毛和種を中心とする和牛を対象として，古来の和牛生産地である西日本の主に国や地方行政機関の研究者や技術者により発達した．研究の中心は京都大学の羽部義孝先生，上坂章次先生を核とする研究者，技術者たちであり，わが国における組織横断的和牛研究と技術普及の推進者であった．

羽部先生と上坂先生はそれぞれ昭和 13 年，昭和 15 年，ともに農林省畜産試験場より京都大学初代畜産学講座の教授，助教授として赴任した．その後，昭和 24 年に上坂先生が教授に就任した．和牛生産肥育の現場で生じている産肉能力改良上の問題，飼養上の問題を研究テーマとし，若齢肥育，肉牛の能力検定法，新飼料資源の開発，各県との協定試験などを精力的に行った．上坂先生は昭和 47 年 3 月に京都大学を退官後，全国和牛登録協会会長に就任し，全国を駆け巡ったが，昭和 59 年夏に急逝された．生産者との接触をとくに大切にし，授業は休講がちであり，そのため生産者に喜ばれ学生達にも喜ばれた．現在も肉牛生産者の事務所などに，上坂先生の写真が掲げられている事があり，広く信奉されていたことがうかがえる．

上坂先生は，肉用牛生産の中心であった西日本の畜産試験場の研究者とその試験を束ねる仕組みを作り，さらに肉用牛研究会を創設し，全国の研究者，技術者，生産が一堂に会する仕組みを確立した．それ以後，京都大学の研究室の流れとこの肉用牛研究会の流れはかなりの部分が重なり合う．

上坂先生の後は，昭和 48 年に家畜栄養学講座を川島良治先生，家畜育種学講座を並河澄先生が引継ぎ，微量ミネラル，脂質合成と蓄積，プロトゾアなどの研究や肉牛の審査基準，新枝肉格付基準の設定など多くの業績を残し，わが国における肉牛研究と技術普及の中核的役割を果たしている．これらの流れは，農学は応用科学であり，農業や農民に直接役立つ実学である，という京都大学の伝統的な考えを反映しており，和牛生産の現場と結びついた研究をすすめるのが，京都大学での和牛研究の特徴でもあった[1]．

2. 肉用牛研究会の発足と特色

上坂章次先生の持論は「個人の能力には限りがあり，1 人でいくら頑張ってみても，問題は解決しない．数人または 10 数人がチームを作ってやらないと仕事は進まない．ことに畜産に関する研究などは，その最たるものである．対象となる動物の性質からみても，予算面からみても然りである．どうしてもチームを作ってチームワークをうまく活用しないと成果はあがらない[2]．」というものであり，研究する場合，チームを作ることを心がけた．そのあらわれが，各県畜産試験場との協定試験であった．

農業生産の選択的規模拡大をうたった農業基本法が昭和 36 年 6 月に成立し，同法が後押しとなって始動を開始した農業近代化において，その重要作目として肉用牛が採用された．わが国従来からの役牛，役肉牛がそれ以降，肉用牛として独立した産業を形成していくことになる．

ちょうどこの時期に肉用牛研究会の母体である「和牛ホルモン肥育研究会」と「なたね油粕飼料化研究

会」が発足している．これらが統合されて昭和39年（1964年）「和牛肥育研究会」（上坂章次会長）として発足し，全国和牛登録協会（京都）で創立総会とシンポジウムが開催された．現在の肉用牛研究会の発足はこの年としている．「当時の関係者が農業界において負われた従前以上の責務と技術革新の波をうかがい知ることができ，肉用牛研究会が単なる学会でなく，より広範な意義と役割をもつことも理解できる[3]．」その後，肉用牛として乳用種や交雑種も産業的に重要な地位を占めるようになり，昭和41年に「肉牛肥育研究会」に名称を改めた．さらに昭和42年には広く肉用牛を研究対象とする意味で「肉用牛研究会」に改められ現在に至っている．

2代目会長の川島良治先生によると，この研究会には他の学会や研究会とは違った特色がいくつかある．

「そのひとつとしては，一般発表にはできるだけ牛を対象としたものをお願いしていることがあげられます．使用する頭数が少ないために，研究成果が必ずしもはっきりしていないこともあります．また同じような試験も，実施した場所によって結果がかなり異なることもあるかもしれません．しかしそのようないささか信頼しえないと思われる結果でも，これを出し合って，相互に討論し合うようにしています．このような積み重ねが，わが国の肉用牛生産技術の発展のためには大事なことだと考えているからです．

いまひとつあげられる特色としては，研究会に研究者や技術者は勿論，行政関係者，第一線の技術指導者，さらに農家の方々もできるだけ参加してもらって相互に学び合うようにしていることがあげられます．そのため研究発表もなるべく平易にお願いしています．これは新しい研究成果を肉用牛関係者にできるだけ広く知っていただきたいということもありますが，また研究に従事する方達が生産現場の声に耳を傾ける機会をもつことが研究を進めるにあたって極めて大切であろうと考えるからです[4]．」

この考え方と特色はその後も3代目福原利一，4代目宮崎昭，5代目佐々木義之，6代目木村信熙，そして現在の7代目入江正和会長へと連綿と継承されている．本研究会は，常にわが国の肉用牛産業と結びついた研究会を目ざしている，といってよい．

毎年行っている発表会の開催にあたっては，開催地の県，団体，大学，道府県の研究機関などから，いつも多大なご協力が得られ，これが肉用牛研究会の支えになっている．本研究会では一般講演とともに，特定のテーマのもとシンポジウムと現地検討会が開催されることは特筆される．これまでに「放牧を加味した肉用牛の肥育」，「肉質について」，「子牛の発育について」，「国際化時代に対応した…」，「和牛改良の展望」，「和牛繁殖雌牛の生産性向上」などなど，多面的なテーマのもとに，シンポジウムが企画され，現地検討会では繁殖・肥育牛の飼養施設，種雄牛の飼養施設，放牧試験のとり組みなどのフィールドでの実地見学が行われている．これらの企画を通して，参加者相互の緊密な情報交換や研鑽の恰好の場となっている．

3. 肉用牛肥育技術の発達

(1) 黒毛和種の肥育技術

1) 戦後のわが国における肥育試験

わが国が肉用牛の肥育技術について体系的な研究に動き出したのは，昭和12年島根県に農林省畜産試験場中国支場が創設された以降とみなしてよい．しかしその年に支那事変が起こり，続いて太平洋戦争へとつながり，それに伴う飼料不足のために，牛の肥育は全く影をひそめ，研究面においても本格的な試験を行うすべもなかった．昭和23年，戦後混乱の一両年を経て，飼料事情好転の兆しを見せ始めると，早速肥育試験が開始された[5]．それを皮切りに，中国支場（後の農水省中国農業試験場畜産部現在の独立行政法人農業・食品産業技術総合研究機構近畿中国四国農業研究センター大田研究拠点畜産草地・鳥獣害研究領域）は和牛肥育試験の中心となり，肥育関連分野では飼養標準設定，肥育飼料，肥育におけるホルモン処理，肥育牛の管理方法，草地肥育，自給飼料多給肥育，科学飼料および微量要素，ガス代謝，産肉生理，屠肉・枝肉などに関する研究が網羅されてきた．

肉用牛研究会は前述の京都大学とともに，この農水省中国農業試験場畜産部とも深い連携で歩んできた．昭和 42 年の畜産部創立 30 周年記念行事にあわせて第 5 回肉用牛研究会が大田市で開催されて以来，10 年毎の節目では現在に至るまで肉用牛研究会は農水省中国農業試験場畜産部の所在する島根県大田市で開催されている．

2）黒毛和種肥育協定試験の背景[6]

昭和 30 年代は和牛の肥育についての確固たる技術体系はなく，廃用された役牛や繁殖からの老牛などの肉用肥育のほか，一部の地域では高級牛肉のための肥育が行われていた．

この頃の子牛価格は低迷し，和牛経営は副業的存在から脱し切れず，子牛の付加価値を高めるための方策が強く求められていた．昭和 32 年に京大農学部で行われた去勢牛を 20 カ月齢まで肥育し，枝肉で評価するという斬新な試験をきっかけに若齢肥育への関心が高まり，東海近畿地域の公設試験場も加わって実用的な試験研究が開始された．このときに参加したのは，京都大学，岐阜県種畜場，滋賀県種畜場，愛知県肉畜試験場，三重県畜産試験場であった．素牛は各地域産とし，開始月齢，終了月齢，給与飼料，管理法などを極力統一して枝肉評価を行い，最終的には京大および各試験場のデータを一括してまとめるというものであった．各試験場が少ない頭数で結果を論ずるより，協定場所全体で多様な血統や環境条件が含まれた多頭数のデータで考察することには，大きな意義があった．

3）肥育協定試験の成果[6]

上記の経緯で一連の各種協定試験が実施され，多くの技術蓄積と現場への普及が進められていった．それらの主なものを以下に示す．

①生後 15 カ月齢仕上げ肥育の検討

上記協定試験グループに京都府丹後畜産試験分場，福井県畜産試験場も参加して実施され，9 カ月の肥育期間による 15 カ月齢という超早期肥育結果でも，枝肉は牛肉商品として流通できる状態であり，経済的にも成り立つことが示唆された．

②同一配合飼料の通年給与と単純配合飼料による肥育効果

若齢肥育では肥育開始から終了まで配合を 1 本化することが可能であることが示された．また肥育現場では既成配合飼料への各種単味飼料混合による，いわゆる自家配合飼料の給与が多いことから，これに対する単純化配合飼料の内容検討が行われた．この試験には山梨県酪農試験場，兵庫県畜産試験場但馬分場，和歌山県畜産試験場も新たに加わった．これらの試験では大豆粕や圧ぺん大麦の割合の多少や，肥育末期の食い止み防止策，粗飼料が稲わらだけのときの対処など給与飼料内容と発育，肉質などに対する多くの技術成果が得られている．

③去勢牛の体重 600 kg 仕上げの検討と理想肥育の可能性

時代とともに肉質のよりよいものを求めて，仕上げ体重を大きくする機運も高まった中で，若齢肥育をやや長期化して 600 kg 仕上げの検討が行われた．試験は京都大学，岐阜県種畜場，京都府丹後畜産試験分場，福井県畜産試験場，三重県農業技術センター，大分県畜産試験場，宮崎県総合農業試験場，岡山県和牛試験場，愛知県農業総合試験場の広い範囲にまたがり，素牛も多様な系統であった．試験の結果，発育や肉質に大きなばらつきが見られ，また尿石や蹄病なども見られ，大型仕上げを狙うには，素牛の体型，資質，系統などに留意するとともに，飼養管理上の観察力が必要なことが改めて指摘された．引き続き，理想肥育の可能性をみるため，供試牛は各試験場で資質面を吟味したものを選び前期用，後期用の飼料で試験を行った．その結果，肉質面ではやや向上したものの，最上級の理想肥育を狙うには，発育面でも血統面でもとくに優れた素牛を選ぶ必要性が改めて認識された．このことは素牛状況や飼料事情等が大きく変わった現在においても十分に通用することである．

④肥育パターンの差異と産肉性

効率的な肥育と肉質の改善のために，肥育前半の7カ月間の栄養状態を3レベル，肥育後期はすべて同レベル，肥育仕上げ体重を3レベルに設定した肥育試験を，京都大学，岐阜県種畜場，福井県畜産試験場，愛知県農業総合試験場，和歌山県畜産試験場で実施した．その結果，肥育当初から濃厚飼料を多給するのではなく，粗飼料の給与量である程度の増体をコントロールし，その後に濃厚飼料を飽食させる方法が飼料効率や肉質に好ましいこと，また前半に極端に体重を抑え，後半に急激に濃厚飼料を増給して仕上げると皮下脂肪や筋間脂肪が極端に厚くなること，肉質改善は肥育末期よりも肥育前半から始まることなどが明らかになった．これは現在の肉牛肥育体系の基本概念になっている．

⑤肥育仕上げ月齢と産肉性

肉質の向上を期待して，いたずらに肥育期間を延長することは経営的に必ずしもプラスになっていない．京都大学，岐阜県肉用牛試験場，愛知県農業総合試験場，三重県農業技術センター，京都府碇高原総合牧場，和歌山県畜産試験場で，21カ月齢から3カ月ごとにと畜を行って30カ月齢（一部33カ月齢）までの肥育成績を検討した．その結果，総合的に見て27カ月齢出荷が有利とみられた．

⑥関連する主な肥育試験

これら一連の協定試験以外に，育成期あるいは肥育前期の粗飼料給与量とその後の発育と肉質との関係，肥育牛におけるビタミンA制御技術，ビタミンC投与技術，飼料用米あるいはイネホールクロップサイレージ（WCS）の肥育牛への利用技術，トウモロコシ蒸留粕（DDGS）の利用などがあり，それぞれ肉質と絡めて試験され，既にある程度の実用化がなされている．

(2) 乳用種の肥育技術[7)]

1）乳用種肥育の背景

乳牛からの牛肉生産が農林統計に出現したのは昭和29年頃であるが，ほとんどすべてが搾乳牛の廃用，淘汰によるものであった．昭和30年代の後半頃よりホルスタイン種去勢牛肥育は産業的に注目され始めた．昭和40年頃のわが国は，和牛飼養頭数が激減し，一方牛肉の輸入量が急増しており，それまで充分に利用されなかった乳用雄子牛の肉用利用として去勢牛の肥育が実施されるようになった．

技術体系の基本は，英国ローウェット研究所が開発した早期離乳乳用雄子牛の穀物多給による「バーレイビーフ」の肥育方式であり，神戸大学の福島豊一先生がその導入者であった．国や各種団体による試験研究の成果を元に，昭和40年代には各農業団体はそれぞれ独自の乳用種去勢牛肥育体系を実用化した．昭和42年には乳用種肥育牛による牛肉生産が農林統計表にあらわれてくる．新しいホルスタイン種去勢牛の肥育は次第に大規模な肥育経営体に発展し，その技術普及には，国や県の研究者，指導者とともに，むしろ民間飼料会社の技術者も大きく貢献した．集団哺育による早期離乳技術も，民間会社を主体としてこの頃より確立が図られた．

2）乳用種肥育技術の進歩と普及

乳用種肥育の試験研究では，当時既に欧米で定着していた早期若齢肥育技術（12カ月齢，約450 kgで出荷）についての検討がまず行われた．その後，乳用種雄牛（去勢）の肥育は肉質と経済性の追求から，出荷月齢の延長と出荷体重の増大が図られ，これに対応した技術体系が検討された．これは哺育期以後濃厚飼料，粗飼料ともに不断給餌で飼養するものである．この方式は大幅な省力化をもたらし，多頭飼育を可能とし，わが国の肉牛における企業的経営を導く事となった．

これらの試験は農水省畜産試験場が指導的役割を果たし，これに呼応して北海道や各県の試験場では昭和41年から乳用雄子牛の研究がスタートし，昭和45年頃に研究のピークを示した．農水省畜産試験場のほか，北海道，山形，新潟，福島，群馬，埼玉，神奈川，長野，福井，滋賀，奈良，和歌山，岡山，高知，山口，熊本などの各道県が試験を実施した．むろん，全農や全酪連，全開連などの農協組織やその他民間の飼料会社も多くの実用的な試験を行って，産業界での乳用種肉用牛生産技術を実践している．この頃は，それぞれの組織による技術指導書が多く作成され，肉用牛研究会でも多くの試験結果が発表されている．

①飼育環境と施設，設備

乳用種牛肉の生産方式は，多くが酪農家における経営向上のための乳肉複合経営がその出発であったため，当初の飼育施設に対する投資は極力節減された．当時のホルスタイン種去勢牛肥育は，酪農家の敷地内を電気牧柵で囲い，飼槽の周辺にのみ簡単な屋根を設けた「屋外肥育方式」がほとんどであり，降雨による飼育場の泥濘化は普通に見られた．しかし，飼育環境ストレスが発育や肉質に対する影響に関する研究が進み，牛肉需要の向上，牛肉輸入の自由化などにより，生産性と肉質の向上がより強く求められるのに伴って，ホルスタイン種去勢牛肥育も屋外飼育から舎飼いへと移行した．この時期は乳肉複合経営から肉牛専門経営への移行や新規参入による，ホルスタイン種去勢牛の多頭飼育化への移行時期と一致している．大型の肉牛舎には換気扇が設置され，当時の和牛飼育とは対照的に自動給餌機，ミキサーワゴン，ショベルドーザ，糞尿処理施設などの大型機械，設備が導入されるようになった．

②肉牛の栄養性疾患

ホルスタイン種去勢牛は，濃厚飼料多給・粗飼料少給による集約的肥育を特徴としている．したがって，このような方式は尿石症，ルーメンパラケラトーシス，ルーメンアシドーシス，第一胃炎，肝膿瘍，鼓脹症，蹄葉炎（ロボット病，ツッパリ病，前肢強直症）など多くの栄養生理的障害を招くこととなった．これらは主に獣医分野の多くの研究者，技術者が研究，報告をしている．

③穀物の加工と粗飼料の給与法

肉牛肥育における生産性向上のための穀物の加工技術はアメリカで開発された．とくにフレーク加工することが飼料の利用性を高めることから，フィードロット（肉牛肥育場）で普及した．コロラド州立大学やオクラホマ州立大学が研究の中心で，日本からも多くの研究者や技術者が留学，訪問し，これらの技術や加工設備の導入により，わが国でも牛用飼料穀物のフレーク加工が普及した．又，穀物の粉砕粒度が第一胃発酵不全に強く関連する可能性を示したのが，カナダ政府レスブリッジ研究所であった．昭和50年代から60年代には栄養性障害の回避と生産性の向上をねらって，稲わらの切断長，濃厚飼料との混合給与と分離給与，バガスなどの新しい粗飼料源，濃厚飼料への粗飼料因子の付与などに関する実用的な研究が多くなされ，肉用牛研究会などで発表された．同時に海外の技術も多く導入された結果，飼料業界ではヘイキューブやパイナップル粕，コーンコブ入りの飼料，粗砕き穀物入りペレット状飼料などが開発，商品化された．粗飼料要素を取り込んだ飼料は，嵩が大きいため，「バルキー飼料」とも称された．

(3) 交雑種の肥育技術[7)]

1）交雑種肥育の背景

乳牛に和牛を交配することは昭和55年から56年にかけて一時的なブームも見られたが，牛肉生産の一分野として定着することはなかった．しかし平成3年の牛肉自由化を控えて，輸入牛肉と肉質的に競合する乳用種牛肉生産は厳しい状態に追い込まれることになり，肉質，経済性ともに優れた牛肉の供給が重要課題となった．このような背景から和牛と乳牛の交配による交雑種（F_1）の生産は，乳用種肥育牛の肉質向上を主な目的として急速に増加することになった．昭和63年には新聞の子牛相場欄にF_1子牛価格が掲載されるまでに全国的に普及した．大阪食肉市場では，平成3年4月からF_1と和牛を分離した枝肉取引結果の公表を始めている．また農水省の畜産統計にも平成3年度から交雑種の飼養頭数が記載されるようになった．

2）交雑種肥育技術の進歩と普及

交雑種の肥育に関する国や県の試験研究では，昭和57年から家畜改良センター十勝牧場で行われた乳用雌牛有効活用試験の規模が大きい．この試験は種雄牛として黒毛和種，褐毛和種，日本短角種，アンガス種，ヘレフォード種およびシャロレー種を用いており，その結果わが国における交雑種の生産と利用に関する広範な資料が得られている．

昭和59年，京都大学附属牧場の善林明治先生は品種別の産肉特性を明らかにし，以後これらの交雑による肉牛生産方式の研究を行っている．ホルスタイン種との交雑については昭和63年より，北海道，青森，岩手，宮城，栃木，群馬，千葉，長野，山梨，静岡，岡山，徳島，熊本，鹿児島などの各道県が，肉用牛増殖モデル基地育成事業，あるいは交雑種肉用牛利用パイロット事業に参加し，試験を実施した．

またこれらより前の昭和54年に，京都大学，広島大学，兵庫県畜試では，異なる系統の黒毛和種とホルスタイン種雌牛の交配から生産したF_1について，それぞれの系統ごとの発育，産肉性を比較し，F_1去勢牛を用いる黒毛和種の能力検定が有効であること，またF_1の産肉性能は和牛種雄牛の系統により大きい差を生じることを示した．この研究に参加した広島大学の三谷克之輔先生はその後，和牛と乳牛群の交雑をベースとするハイブリッド肉牛生産システムを提唱した．そのシステムは岩手県，茨城県，島根県などの多くの民間大規模牧場で活用された．このときに三谷先生を中心とする畜産システム研究会が発足し，研究者と民間企業の技術者や多くの生産者の参加による活発な議論と現地検討交流会が行われるようになった．

F_1牛肉の生産は，主にある程度の規模化が進んでいた乳用種去勢牛肥育農家において採用され，経営の改善に寄与した．またその経営で得られた肉質向上の飼養技術と和牛の血統に関する知識から，黒毛和種の企業的大規模経営への進出も各地でみられるようになった．

4. 肉用牛技術の普及と畜産学

(1) 肉用牛の専門書・普及書（氏名敬称略）

肉用牛研究会設立当時の和牛専門書としては，上坂章次「和牛全書」（昭和31年，朝倉書店），石原盛衛「増益経営肉牛肥育法」（昭和32年，養賢堂），上坂章次「畜産学概論」（昭和40年，養賢堂），羽部義孝「和牛全講」（昭和43年，養賢堂）などがある．

これらは上坂章次「和牛大成」（昭和54年，養賢堂），「畜産全書　肉牛」（昭和58年，農文協），上坂章次「畜産学概論 増改訂版」（平成2年，養賢堂），水間豊・矢野秀雄・上原孝吉・萬田正治「最新畜産学」（平成10年，朝倉書店）などの主として大学の教科書に引き継がれてゆく．

さらにこの流れは川島良治・岡田光男「牛肉のすべて」（昭和63年，デーリイマン），宮崎昭監修「肉牛マニュアル―規模拡大への経営と管理」（平成3年，チクサン出版社），善林明治「ビーフプロダクション―牛肉生産の科学」（平成6年，養賢堂），佐々木義之編著「新編畜産学概論」（平成12年，養賢堂），今井裕編「家畜生産の新たな挑戦」（平成19年，京都大学学術出版会），広岡博之編「ウシの科学」（平成25年，朝倉書店），農文協編「肉牛大事典」（平成25年，農文協）などの技術書・専門書へと続く．

各種団体による普及指導書としては，例えば「新・和牛百科図説」（平成4年，全国和牛登録協会）がある．その他，肉用牛振興に関する行政の各種事業に関連して多くが出版されているが，近年の代表的なものに「黒毛和種飼養管理マニュアル（平成21年度版）」（社団法人全国肉用牛振興基金協会，平成21年）がある．これは以下の7部作よりなる実用指導書である．第1編「繁殖雌牛の選定・導入と改良」（菊地誠市・田村千秋），第2編「黒毛和種の繁殖」（高橋政義），第3編「黒毛和種繁殖牛の飼養管理」（高橋政義），第4編「黒毛和種子牛の哺育・育成」（中丸輝彦・岐阜県畜産研究所飛騨牛研究部），第5編「自給飼料・放牧利用」（今井明夫・吉田宣夫・落合一彦），第6編「飼育施設・資材等」（今井明夫・細川吉晴・北川政幸），第7編「飼養管理の新技術」（福島護之・下司雅也）

乳用種牛肉の生産は，米国のフィードロットの肥育技術に依存するところが大きかった．川島良治・並河澄・木村勝紀共訳「肉牛の肥育と経営」（I. A. Dyer & C. C. O`Mary 著 The Feedlot の翻訳：昭和51年，養賢堂）や木村勝紀「アメリカの肉牛肥育と牛肉産業の徹底的研究―牛肉自由化時代を読む」（昭和63年，オールインワンブックス）などがわが国の乳用種肉牛経営の大規模化に役立っている．

乳用種牛肉生産を国の事業と関連して，制度上，技術上普及促進させた中央畜産会が刊行した一般技術普及書としては，「新しい乳用雄子牛の肥育技術」（昭和44年），「新しい乳用雄牛の肥育技術」（昭和47年），河合豊雄「乳用種肉用牛生産技術の要点」（昭和60年）の3部作がある．いずれも鳥取種畜牧場長を最後に農林省を退職した，中央畜産会技術主幹・河合豊雄の編集・執筆によるもので，とくに肥育の現場や指導組織では乳用種去勢牛肥育のバイブルとされた．その後，中央畜産会は国産牛肉市場開拓緊急対策事業に係る生産技術検討部会および高品質乳用種等素牛生産推進事業に係る検討委員会を発足させ，それぞれ技術指導書「乳用種肉用牛の飼養管理技術―乳用種牛肉の品質向上を目指して」（平成18年）および「乳用種肉用子牛飼養管理技術マニュアル―ヌレ子から育成まで」（平成22年）を刊行している．これらは昭和60年以降，約20年ぶりに同会より刊行された乳用種牛肉生産技術の普及書であり，反響が大きく，版を重ねている．

F_1の生産システムを理論的に取り上げた著書としては，三谷克之輔「F_1生産の理論と実践—和牛と乳牛の交雑利用」（平成11年，肉牛新報社）がある．

肉用牛専門の定期刊行物には，現在「和牛」（全国和牛登録協会），「肉牛ジャーナル」（肉牛新報社），「養牛の友」（日本畜産振興会）がある．

(2) 大学における畜産学

昭和36年に成立した農業基本法により，畜産は生産の選択的規模拡大の重要作目とされた．これは国の政策として畜産物の増産が図られ，それに沿って多くの支援がなされることを意味する．これと並行して大学における畜産教育も重視され，畜産物の増産を図る中心的役割を果たすべく，全国の大学に畜産学科や畜産学教室など多くが新設された．それら大学の畜産関係の学科は教育・研究目的が明確で，それぞれの地域で肉用牛に関する教育と研究についても重要な拠点となり，肉用牛研究会などを通じて多くの実用的な研究の推進や全国規模の技術普及を担うことになる．

現在の大学で，過去から現在まで「畜産」の名称を持つ学部，学科（コース），教室（講座，研究室）が存在した大学は55校に達する．その内訳は国立大学35校，公立大学9校，私立大学11校である．

このように，わが国の畜産の振興において中心的な役割を果たしてきた大学の畜産学科であるが，1990年代に入り多くの社会的環境変化があり，これら大学教育にもその影響が及ぶことになる．それまで直線的に増加していた畜産物の消費が鈍化する．その中で牛肉の消費については，直線的に増加していくが，国内生産量は鈍化し，輸入牛肉の増加が消費の増加を補う状況となり，牛肉の自給率は50% を下回ることとなる．これは農業生産全体についても同様で，1990年代に入り米の消費量低下や食料の自給率低下が生じ，農地問題，後継者問題，農産物輸入の自由化などを背景とし，農業の将来は楽観できる状況ではなくなった．この時代は農業のみならず，わが国全体の社会的経済的変化が大きく，大学が期待される機能も変化した．

「これらの影響を受けて，社会的に見て大学農学部の存在理由がかつてほどは明確ではなくなっている．また，農学部を卒業した学生が農学関係の職種に就職する割合が決して多くない事も，日本における農学部の存在理由に疑問を投げかける原因になった．この様な状況のもとで，多くの農学系大学において学部・学科の改組が行われ，農業を中心とした農学関連学科数は大幅に減少した[8]．」

畜産学教育に関しては，過去に「畜産」の看板を掲げた学科，コース，教室，講座による体系立った畜産関係教育が存在したことのある大学数は前述のように55校であったものが，全国畜産関係者名簿（畜産技術協会）の新旧対比によると，平成23年度には下記に示すように17大学に減少している．

現在，「畜産」を学科名，コース名，教室名，講座名などに掲げて畜産学教育を実施している大学は以下の17校になる．

・国立大学：北海道大学，帯広畜産大学，筑波大学，茨城大学，東京農工大学，京都大学，岡山大学，香川大学，愛媛大学，九州大学，宮崎大学，鹿児島大学（12校）

・公立大学：秋田県立大学（1校）

・私立大学：酪農学園大学，東京農業大学，日本大学，東海大学（4校）

これにともなう改組の結果，増えた名称は「科学」「生物」「環境」「資源」「生命」「応用」「生産」「地域」である[8]．

現在，畜産学教育の看板は掲げていないが，畜産学関連科目などの畜産教育研究を何らかの形で実施しているとみなされる大学は，全国畜産関係者名簿（畜産技術協会）[9]によると以下の39校となる．

・国立大学：弘前大学，岩手大学，東北大学，山形大学，宇都宮大学，千葉大学，東京大学，信州大学，静岡大学，新潟大学，岐阜大学，名古屋大学，三重大学，神戸大学，和歌山大学，鳥取大学，島根大学，広島大学，山口大学，高知大学，佐賀大学，琉球大学（22校）

・公立大学：宮城大学，富山県立大学，石川県立大学，福井県立大学，滋賀県立大学，京都府立大学，大阪府立大学，兵庫県立大学（8校）

・私立大学：北里大学，宇都宮共和大学，日本獣医生命科学大学，玉川大学，明治大学，麻布大学，ヤマザキ学園大学，名城大学，近畿大学（9校）

このように，現在何らかの形で畜産学教育が行われていると思われる大学は56校（国立大34校，公立大9校，私立大13校）ということになり，これから見れば，畜産学教育の実施大学数は畜産が政策的に重視され多くの畜産人が輩出された昭和40年頃と変わらない．しかし学部，学科，教室名などから「畜産」が多く消えたことで示されるように，体系だった畜産学教育は大幅に減少し，大学による産業との連携研究や現場普及指導なども大幅に減少している．このような社会的情勢の変化の中で，大学による肉用牛に関する産業連携研究や技術普及指導は極めて限られたものになっている．

5.「肉用牛の科学」の発刊

本稿ですでに述べたようにわが国の畜産は産業として独立した歴史が比較的浅く，とくに肉用牛に関しては，技術の向上には行政や畜産団体あるいは民間組織の指導が重要な役割を果たしてきた．養鶏の場合は効率的な生産を目指して規模拡大し，生産販売のシステムを自らが構築し組織化した．技術の導入も子弟や社員を先進地域の海外に留学させ，高度な経営手法や技術を内部保有するまでに成長している．養豚の場合も効率的な生産を目指して規模拡大し，一貫経営が進み，法人を立ち上げ組織化しており，一方で，特徴を持つブランド豚肉が次々と開発され，六次産業化も進展しつつある．また，技術開発，学術団体である日本養豚学会も，当研究会同様，本年50周年を迎えている．肉用牛の経営においても，今後は養鶏や養豚同様，規模の拡大によるより効率的な生産とともに，生産物や生産方式により特徴のある経営を目指していくものと考えられる．

肉用牛については，経営をとりまく社会的経済的な情勢変化の中で，今後ますます生産者に求められるのはより高度で体系化された，しかも実用的な生産関連技術であろう．国内食料生産の衰退傾向と食料生産の国際化の中で肉用牛経営は，わが国独自の産業として存続し，さらに発展していくだけの体力と技術力をつけていくことが求められる．前述のよう畜産学教育の縮小とともに，肉用牛の専門技術者の数も減少，限定されていくであろう．このような情勢を背景として，肉用牛に関する実用的で先端技術にも結びついた肉用牛の技術体系の重要性がさらに増してくる．このような技術体系は「肉用牛の科学」とも称されるべきもので，今後はそのような実用的かつ専門的な書物も望まれるであろう．

平成26年（2014年）は肉用牛研究会が設立されて50年目の年となる．これを機会に書籍「肉用牛の科学」を刊行する機運が高まり，研究会の平成24年度評議員会・総会でその出版が承認された．肉用牛生産の技術体系を1つの本にまとめ上げる，という構想は肉用牛研究会内部でも折に触れて持ち出されてきた．

今般の刊行にあたり，その書名を「肉用牛の科学」としたのも，この書籍がわが国の肉用牛産業と結びついたものであってほしいとの願いが込められているからである．

編集にあたっては，肉用牛経営に関するできるだけ多くの分野を網羅すること，できるだけ産業現場に即した内容とすること，そしてできるだけ関連する多くの方々にその執筆に参加していただくことを心がけた．そのため多様な立場の70名以上の方々に多大なご協力をいただいた．この書籍が肉用牛の研究者，技術者そして何よりも肉用牛の経営者をはじめとする肉用牛産業の関連の方々の手元に常備されることを期待したい．

本稿中では触れなかったが，わが国における和牛の育種改良は公益社団法人全国和牛登録協会を抜きに語れない．全国和牛登録協会は肉用牛研究会の会員でもあった羽部義孝先生，上坂章次先生，並河澄先生，福原利一先生，そして向井文雄先生が会長を務められ，和牛の育種改良に大きく貢献し，本研究会の進展にもご尽力された．歴代会長は大学に在籍中も含めて機関誌「和牛」の誌上において，和牛の将来像を展望しつつ，その時代を反映した実に高邁な論文を数多く発表されている．中でも並河澄先生は京大在職中の第95号（昭和46年1月）より調査研究「肉牛の体脂肪」と題して昭和49年7月までの3年半の長期間にわたり投稿された．その後平成2年にこれらをまとめて「肉牛の体脂肪（複製版）」として個人出版された．これは昭和43年に「肉牛の発育様相」「屠体の評価方法」「能力検定の方法と活用」を課題にカナダのアルバータ大学へ留学された折りに，牛肉の価値を計る物差しとして，わが国と外国で異なるのは脂肪交雑を含めて体脂肪についての解釈の違いからでているという観点から，牛の体脂肪についてあらゆる面から詳細に解説がなされている．このことは今日世界的に注目されるようになった和牛の品質を論ずる折，理論的対応には欠かせない論文となっているが，今から40数年前に体系的に報告されているその慧眼に敬意を表したい．

肉用牛研究会が本稿で述べたような肉用牛技術の発達と肉用牛の科学を踏まえ，今後も多くの肉用牛関連組織や関係者，生産者とともにわが国の肉牛産業の支えとして発展していくことを願ってやまない．

なお本稿は肉用牛研究会会員である中丸輝彦氏，矢野秀雄氏，北川政幸氏，入江正和氏，守屋和幸氏，三宅武氏と連携を取りつつまとめたものであり，その他多くの方々のご指導とご支援，情報提供をいただいたことを記し，深く感謝いたします．

木村信熙（肉用牛研究会前会長，日本獣医生命科学大学名誉教授，木村畜産技術士事務所代表）

1) 川島良治，京都大学農学部70年史．538．京都大学農学部創立70周年記念事業会．京都．1993．
2) 上坂章次，肉用牛研究会20年のあゆみ．肉用牛研究会創立20周年記念大会運営委員会．5-6．肉用牛研究会．京都．1982．
3) 和田　宏，肉用牛研究会20年の歩み．肉用牛研究会創立20周年記念大会運営委員会．1-3．肉用牛研究会．京都．1982．
4) 川島良治，肉用牛研究会20年の歩み．肉用牛研究会創立20周年記念大会運営委員会．3-5．肉用牛研究会．京都．1982．
5) 石原盛衛，増益経営肉牛肥育法．1-2．養賢堂．東京．1957．
6) 中丸輝彦，畜産技術発達史．201-208．社団法人畜産技術協会．東京．2011．
7) 木村信熙，畜産技術発達史．208-214．社団法人畜産技術協会．東京．2011．
8) 田島淳史，20年来のカリキュラム改定は畜産学教育に何をもたらしたか．1-8．畜産学教育協議会．2012．
9) 畜産技術協会，2014年度全国畜産関係者名簿．公益社団法人畜産技術協会．東京．2014．

第1章　わが国における肉用牛産業

1. 肉用牛の歴史

(1) 肉用牛飼育の原型

1) 明治・大正時代，昭和時代前期

わが国で牛は農耕，運搬および厩肥の利用で飼育されてきた．明治時代に入ると，極めて徐々にではあったが，大都市を中心にして，乳肉の需要が起こり，各地で一部の和牛は大正初期までは搾乳用として利用された．また肉用としてのと殺も漸増したが，当時の牛肉の給源は老廃牛に限られ，意識的に肥育を行った地域はなかった．

明治17–18年頃から肉食は陸海軍における牛肉の採用を中心として普及を始め，日清戦争を契機として牛肉缶詰業の勃興などもあり，この傾向はさらに促進された．牛のと殺頭数は，明治15年当時までは，35,000頭を前後したが，明治17年には90,000頭，明治18年には116,000頭とにわかに増加して，滋賀，兵庫，三重，山口，愛媛，香川各県の一部などで肥育が行われるようになった．明治時代の後期には，多肥農業の普及によって米の増産意欲が高まったため，牛耕や厩肥の重要性が一段と強く認識されてきた．また日清，日露の両戦争を契機として牛肉の商品価値は一層高まった．大正期，昭和前・中期時代には，畜力利用はますます盛んになり，厩肥に対する認識も一段と高まった．牛肉の消費も増大し，肥育も普及していった．それとともに和牛の広範な増殖計画が実施され，昭和15年には和牛の飼育頭数は200万頭を突破するまでになった．

2) 昭和時代中期以降

大戦後も引き続き農業経営内部から和牛の需要が増加し，昭和31年には全国の飼養頭数は272万頭，生産頭数も61万といずれも戦前，戦後を通して最高を記録するに至った．しかし，昭和28年頃から自動耕機の急速な普及や化学肥料の増産などによって，従来有畜農業の中で和牛肥育の2本柱であった**役利用**と厩肥の利用は低下し，和牛の役割が変化し始めた．

戦後の牛肉需要の急増につれて，昭和25年頃から肥育事業は全国的に急速に復活し，去勢牛の**若齢肥育**の普及とともに昭和30年頃からは肥育ブームと呼ばれる程の発展を遂げた．このため，と殺頭数は急増して，生産頭数を上回るようになった．和牛飼育頭数は昭和42年には155万頭まで減少したが，その後回復し，昭和44年には180万頭近くの飼育頭数となった．

3) 肥育の形態

昭和20年，30年代の和牛の肥育には7つの形態があった．成牛，若齢去勢牛による区分と，長期，中期，短期という肥育期間とを組み合わせると，表1–1に示す7種類の形態になる．

①理想肥育

和牛肉として最高の霜降り肉を生産する様式であり，古くから近畿地方に普及していた．三重，滋賀，兵庫の3県は雌の理想肥育で有名であり，京都，山口，香川，愛媛，山形等でも行われている．去勢牛の理想肥育はこの時期に起こってきたもので，兵庫，京都，岐阜，三重などで見られてきた．

表1-1　和牛生産の歴史と今後の展開（昭和20〜30年代の肥育様式）

肥育の種類	性	肥育期間	年　齢
理想肥育	雌	長期肥育　8カ月〜1年	3〜5歳
（極上物肥育）	去勢	長期肥育　8カ月〜1年	3歳
壮齢普通肥育	雌	短期または中期肥育　100〜150日	6〜8歳
	去勢	短期または中期肥育　100〜150日	2歳の終わり〜3歳
	老廃牛	100日内外	8，9歳以上，3産以上
若齢肥育	去勢	約1年	生後18〜20カ月
	雌	約1年	生後18〜20カ月
	雄	約1年	生後20カ月前後
幼齢肥育	雄または去勢	4〜5カ月	生後10カ月くらい

注「肉牛肥育法」（石原盛衛著）から抜粋，この表では幼齢肥育を加えた9つの区分を示している

理想肥育を行うには，条件が必要だとして以下の項目を挙げている．

a）資質のよい，優良な2–4歳の肥育素牛が容易に入手できる地方，さもなければ，長期肥育を行っても良い肉質の牛に仕上がらないからである．

b）優れた肥育技術を有している農家が多数集まっている地域，満肉に仕上げるまでにさまざまな牛の障害，故障が生じる可能性があり，それらに対応する技術と経験が求められ，さらに仕上げるために1年近くの長期が必要である．

c）古くから肥育地として名声を有している土地．新地で理想肥育の牛を出荷しても古くからの肥育地方のように高く買ってくれない．買う側からすれば，新地の理想肥育牛は外見が同じでも枝肉に当たりはずれがあると考える．当時の牛の売買は，と殺後枝肉を見て行うのでなく，生体のまま庭先で値段を決める方法が一般的であった．

②壮齢牛の普通肥育

子牛を2，3産取った雌牛で，栄養状態が悪くない牛が容易に手に入る場合や2–3歳の去勢牛が手に入りやすい場合には，短期または中期肥育する．肥育期間は素牛の栄養状態によって決まる．単価は長期肥育より安いが，作りやすく，たびたび牛の更新ができるので肥育農家は多くの経験をつむことができる．8，9歳以上11歳くらいまでの老廃牛が安く手に入る地方では，これらの牛を100日内外肥育して売ることもよいとしている．老廃牛をやせたままで売るよりも肉をつけて高く売る方法である．

③若齢肥育

離乳直後から発育を十分促しながら肥育し，生後18–20カ月で，体重450 kgぐらいに仕上げる方法である．**若齢肥育**というと，去勢牛と考えられがちであるが，愛媛，鹿児島，徳島などでは少数ながら雄牛の若齢肥育もあった．また，雌牛の若齢肥育も行われてきた．

4）明治・大正時代，昭和時代前期の肉用牛飼料

明治，大正，昭和10年代までの子牛生産地帯では，放牧が取り入れられた場合が多く，放牧は山野の草資源を利用すること以外に肢蹄を強くする目的もあった．放牧地帯での放牧は，大体5月中旬から10月下旬まで行われ，いくつかの放牧地帯では7月下旬から8月下旬までの1カ月間は，夏の暑さを避ける，外部寄生虫の寄生を防ぐ，稲作用の厩肥生産のために舎飼いをする農家もあった．放牧中は，主としてササ，カヤ，ハギなどの野草のほかにコナラやクリなどの樹葉を食べていたようである．舎飼された繁殖牛には採草

地で刈り取った野草が与えられていた．繁殖牛が近辺の山や畦にけい牧される場合もあり，朝に牛を連れて野草の多いところで，長いロープでけい牧し，夕方に連れ帰る方法である．

牛の使役地帯や子牛の育成地帯では，比較的平坦な水田地帯が多く，牛は大体年中舎飼いされ，畦草などの野草を主として与え，それに稲わら，米ぬか，麦ぬかを与える場合が多かった．濃厚飼料の中では米ぬかが最も多く使われ，米ぬかを購入する農家も多く見られた．

表1-2 産肉能力検定飼料の配合（%）

飼　料	第1期	第2期	第3期
大麦	20	25	25
トウモロコシ（黄色）	35	40	45
フスマ（ふつうのもの）	20	15	15
米ぬか	17	12	7
大豆粕（抽出）	6	6	6
食塩	1	1	1
カルシウム剤	1	1	1
DCP（可消化粗蛋白質）	10.7	10.4	10.3
TDN（可消化養分総量）	72.3	72.7	72.7

普通肥育，理想肥育とも，生野草，野草の乾草，稲わら，場所によっては甘藷つるなどを粗飼料として与え，そのほかには少量の米ぬか，麦ぬか，フスマ，大豆粕などの濃厚飼料を与えていた．肉質を向上させるために大麦を与える農家もあった．

(2) 肉専用種への転換と栄養飼養管理

1）肥育と飼養管理

昭和35年頃から和牛の役利用の減退と肥育使用の増加があり，去勢子牛を**肥育素牛**とする肉牛生産が進んでいった．農村への耕運機導入は昭和30代までに大きく進み，和牛の役畜としての役割は終了していった．理想肥育は，2–3歳齢の素牛を1年ほど肥育し，550–600 kgで仕上げて質の高い牛肉を得ようとするものであったが，役畜の役割がなくなるとともに2–3歳の素牛の入手が困難になってきた．このような状況の中で，去勢牛の理想肥育では，若齢肥育牛の素牛と同じように，生後6–7カ月の去勢子牛を1年半–2年もかかって仕上げる方法が多くとられてきた．

昭和40年代の高度経済成長に伴って，国民の牛肉に対する需要は急激に拡大していき，肉専用種となった黒毛和種牛はそれまでの1頭～数頭の個別飼育から多頭飼育，群飼育へと変化をはじめ，群飼育での若齢肥育の技術開発が始まった．当初は，従来行われていた若齢肥育を屋外で自動給餌機（飼料の自由摂取）を用いて群飼をする試みで，生後6–7カ月齢の去勢子牛を約1年肥育して約450 kgの牛に仕上げるものであった．給与飼料を表1-2に示したが，肥育期間を等分に3期に分け，それぞれの期に表に示す濃厚飼料と良質の粗飼料を与えた．粗飼料は，乾草換算で第1期には体重の2.0%，第2期には1.8%，第3期には，1.2%与える方式で，粗飼料給与量はかなり多いものであった．当初与えられていた飼料は，可消化タンパク質がやや高く，ふすま，米ぬかなどの糟糠類が多いため飼料中のリン，マグネシウム含量が高すぎて，肥育牛に尿結石症が多発した．その後，大豆粕，糟糠類の割合を少なくした飼料が開発された．

技術開発としては，従来あまり見かけなかった群飼育の試験が，6–8頭の牛を用いて，飼料を変え，素牛を変えて数多く行われた結果，黒毛和種牛の屋外，群飼育，若齢肥育のシステムが確立されていった．その後，屋外，群飼育，自動給餌機による理想肥育システムの確立に向かっていった．生後8～9カ月の去勢子牛6–8頭を用いて，約17カ月，26カ月齢程度まで飼育し，約600 kgの牛に仕上げ，枝肉を調べる試験を行い，従来の理想肥育と遜色のない結果を得た．昭和40年代のこれらの技術開発は，全国に行き渡り，濃厚飼料多給，不断給餌，群飼育はその後の肥育牛の基本的技術となった．ただ，**屋外飼育**は飼育場がぬかるみとなり，増体成績に悪影響がでるとともに糞尿の堆積による環境問題も発生するために，この管理方法は普及していない.

2）**乳用種去勢雄子牛**

昭和40年までは，**乳用種雄子牛**はぬれ子の状態でと殺場に運ばれるか，生後3カ月，体重150 kg程度まで飼育されてホワイトビールとして，あるいは生時から6カ月くらいまで飼育されて体重250 kgにして肉資源とされてきた．しかし，昭和40年代以降，肉需要の増大によって，乳用種雄子牛は，去勢され，生後17-18カ月，と殺前体重550 kg以上に肥育されて肉資源となるようになった．乳用種雄子牛の肥育技術も，黒毛和種去勢雄子牛の肥育技術の確立によって，比較的容易に進んでいったが，その特徴は，早期離乳，濃厚飼料多給，多頭飼育であろう．乳用雄子牛の肥育は急速に拡大していき，昭和42年には8万頭であったが，昭和51年には53万頭を超えるに至った．このころからホルスタイン種の経産牛頭数は120万頭前後で，比較的安定した状態が続くことになるが，この乳牛群から生産される子牛は雌雄合わせて100万頭を超え，その半数を占める雄子牛は重要な肉資源となった．

3）**繁殖雌牛**

黒毛和種雌牛の飼養形態も大きく変化した．従来行われていた放牧は姿を消し，舎飼いが中心になり，特に奥山放牧は，短角牛を用いて放牧する東北地方の一部を除いてほとんど見られなくなった．これは，放牧によって足，腰が鍛えられた子牛が高く評価された役畜時代から，和牛が肉用牛に転換し，子牛も増体が重んじられるようになったことによる．子牛は増体を向上させるために，牛舎内で，配合飼料を多く与える飼養方法に変化していった．さらに，昭和30年代から人工授精技術が国内の隅々まで普及していき，繁殖雌牛を牧野に放牧するより牛舎で飼養管理するほうが，労力，受胎成績の観点から優れていると考えられたことによる．

(3) 肉用牛飼育の近代化と今後の肉用牛飼育のあり方

1）**牛肉需要の増大と供給**

昭和45年以降，わが国における牛肉供給量の増加は目覚ましく，平成元年には昭和40年対比で約5倍，昭和45年対比で約3倍に増加した．この供給の増加は酪農から供給される雄子牛の肉利用と経産牛の肉利用増加並びに輸入牛肉量増加によるもので，とくに前者では昭和45年以降昭和60年にかけての増加が目立っている．それ以降の供給量の増加は輸入牛肉量によるもので，平成4年以降の国内生産量はほとんど変化してない．昭和45年には約300万トンの牛肉供給量であったものが平成元年には約1,100万トンを超えた．しかし，その後輸入量がやや減少し，平成20年には830万トンの供給となった．

供給量に対する国内生産量（**自給率**）は年々低下し，昭和40年代には90%，55年に71%，63年では60%を下回り，平成7年には約40%，平成20年には輸入牛肉量の低下があり，少し上昇して44%である．このような牛肉供給量の大きな増加と自給率の低下は，平成3年にスタートした牛肉の自由化によるものであり，国内の肉牛生産も大規模化と輸入肉との競争に勝つべく高級牛肉生産の方向に向かった．

2）**飼育規模拡大と飼育方法**

平成2年には，23.2万戸あった肉用牛農家は，平成10年には10万戸を切り，平成21年には7.7万戸まで減少している．一方，一戸当たりの飼養頭数は平成2年と比較すると平成22年は3倍以上の37.8頭，肥育農家では，110頭近くになっている．子取り用雌牛飼育農家の飼養頭数も平成22年には，10.8頭となっており，繁殖農家地域では，繁殖雌牛を50頭規模で飼育している農家はいくつも見られる．現在では，1

万頭規模の大規模肉用牛肥育農家も各道，県に見られ，珍しくなくなってきている．このような大規模化は，今後さらに進んでいくと思われる．黒毛和種牛のみを飼育している肥育農家の規模は，ホルスタイン種去勢牛あるいは F_1 牛農家に比較すると大きくはないが，規模の拡大は進行中である．

当然のことながら，飼養規模が大きくなるに連れて，飼養管理はますます省力化，機械化を進めなければならない．また，敷き料についても，戻し堆肥を使うなどの工夫が必要であり，牛舎の環境対策，堆肥の利用についてもさまざまな努力が求められている．

3）肥育方法と飼料

平成5年頃より乳用種の雌牛と和牛の雄牛を交配して生産される F_1 牛（黒毛和種牛×ホルスタイン種牛）が増加し始め，平成8年には肉用に飼育される乳用種107万頭の内35万頭，平成21年には103万頭の内62万頭を占めるに至っている．F_1 牛から生産される牛肉は，アメリカ，オーストラリアからの輸入牛肉より質が勝っており，高値で販売できることやホルスタイン種の子牛生産の需要が強くなかったことによって，F_1 牛の生産に拍車がかかったものと思われる．最近では，和牛の受精卵を使って，ホルスタイン種雌牛から和牛を生産することも行われている．

黒毛和種牛，F_1 牛，ホルスタイン種去勢牛ともに，量の多寡はあるが，肥育に入るまでの育成期間には，良質の粗飼料を比較的多く与え，肥育にはいると粗飼料の量を徐々に減少させて，肥育中期以降は1–2 kgの稲わらと濃厚飼料を給与して仕上げる方法がとられている．トウモロコシ，大麦，マイロ，フスマ，大豆粕などが主な濃厚飼料源であるが，今後，穀類の価格の上昇も予想されるため，飼料用米等の国内自給飼料の生産，流通が求められている．

黒毛和種去勢牛では，生後9.1カ月，体重285 kgの子牛から肥育を始め，生後約29カ月，体重714 kgで出荷する肥育方法が平均的であるが，肥育終了時体重800 kg，枝肉重量500 kgの牛もめずらしくなく，黒毛和種牛の大型化が進んでいる．一方，肉質を低下させることなく，肥育期間を短縮する方向性が検討されている．今後，早熟，早肥への肉用牛の改良と飼育方法が求められることになるであろう．

ホルスタイン種去勢牛の場合，牛肉自由化までは，生後6–7カ月齢の肥育素牛を11–12カ月間肥育して，700 kg程度で出荷していたが，自由化後肥育期間を14–17カ月間に延長して，肉質，肉量を増加させるようになった．F_1 去勢牛は，6–7カ月齢の子牛を25–27カ月齢まで，20カ月間前後肥育し，750–800 kgで出荷している．

矢野秀雄（京都大学名誉教授）

参考文献

1） 日本肉用牛変遷史　社団法人全国肉用牛協会　昭和53年3月　印刷有限会社　加藤タイプ社
2） 肉用種和牛全講　羽部義孝編　株式会社養賢堂　昭和43年6月
3） 改著　経営増益　肉牛肥育法　石原盛衛著　株式会社養賢堂　昭和39年6月
4） 和牛の肥育—素牛選定と飼養管理—大川忠男著　地球出版株式会社　昭和36年11月
6） F_1 生産の理論と実践「和牛と乳牛の交雑利用」 三谷克之輔監修　株式会社肉牛新報社　平成11年11月
7） 平成21年度　畜産統計　大臣官房統計部　農林水産省　平成22年10月
8） 家畜生産の新たな挑戦　今井　裕編　京都大学出版会　平成19年7月
9） 日本飼養標準　肉用牛（2008年版）中央畜産会　平成21年3月

2. 国内生産と輸入の動向

わが国の肉牛の飼養戸数は1960年（昭和35年）には203万戸あったものが2013年（平成25年）には6万1千戸までこの50年間に大きく減少したが，飼養頭数は1960年（昭和35年）の234万頭から2013年（平成25年）の264万頭まで微増している（表1-3）．その結果，1戸当たりの平均飼養頭数は1.2頭から43.1頭に増加しているが，図1-2に示すように2013年（平成25年）においても飼養頭数が50頭以上の経営は全体の14%に過ぎず，飼養頭数49頭以下の経営が86%と大部分を占めている．図1-2は飼養頭数規模別の肉牛飼養戸数と飼養頭数の関係を表したものであるが，わが国で飼われている肉牛の77%は経営規模の大きい14%の農家で飼育されており，残りの23%の肉牛を規模の小さな86%の農家が飼育する構造になっている．肉牛の飼養状況を地域別にみると九州・沖縄地域に飼養戸数の約5割，飼養頭数の4割が集中しており，これに北海道・東北地域を加えると飼養戸数の8割，飼養頭数の7割に達し，日本の南北両地域で肉牛生産が盛んである（表1-4）．

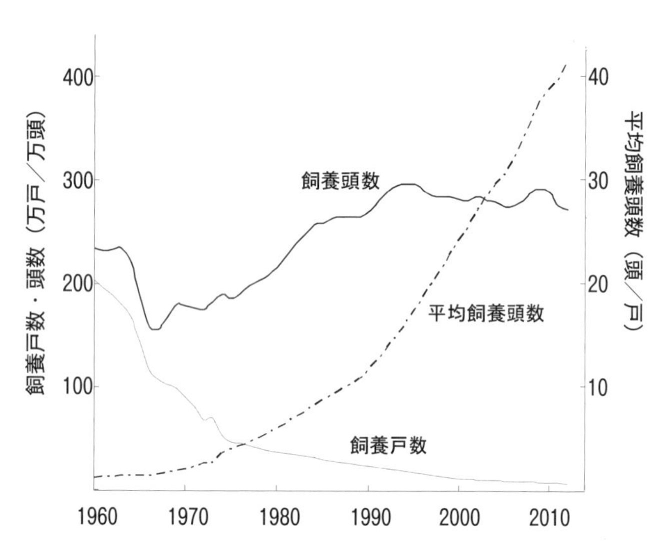

図1-1　肉牛飼養戸数・頭数の推移（農林水産省「畜産統計」）

わが国の成牛のと畜頭数は1960年（昭和35

表1-3　肉牛飼養戸数・頭数の推移

年　度	飼養戸数（千戸）	飼養頭数（千頭）	平均飼養頭数（頭/戸）
1960	2,031	2,340	1.2
1965	1,435	1,886	1.3
1970	902	1,789	2.0
1975	474	1,857	3.9
1980	364	2,157	5.9
1985	298	2,587	8.7
1990	232	2,702	11.6
1995	170	2,965	17.5
2000	117	2,823	24.2
2005	90	2,747	30.7
2010	74	2,892	38.9

（農林水産省「畜産統計」）

表1-4　地域別の肉牛飼養戸数・頭数

	地域	実数（戸，頭）			割合（%）		
		2011年	2012年	2013年	2011年	2012年	2013年
戸数	北海道	3,000	2,830	2,820	4.3	4.3	4.6
	東北	19,602	17,730	16,558	28.2	27.2	27.0
	関東	4,501	4,245	3,997	6.5	6.5	6.5
	北陸	536	526	494	0.8	0.8	0.8
	東海	1,314	1,284	1,221	1.9	2.0	2.0
	近畿	2,188	2,043	1,942	3.1	3.1	3.2
	中国・四国	4,961	4,727	4,335	7.1	7.3	7.1
	九州・沖縄	33,456	31,840	29,893	48.1	48.8	48.8
	合計	69,600	65,200	61,300	100.0	100.0	100.0
頭数	北海道	535,900	534,300	516,000	19.4	19.6	19.5
	東北	394,000	373,500	359,200	14.3	13.7	13.5
	関東	338,070	333,170	330,610	12.2	12.2	12.5
	北陸	24,050	24,300	23,500	0.9	0.9	0.9
	東海	116,100	114,300	111,700	4.2	4.2	4.2
	近畿	88,110	87,970	85,510	3.2	3.2	3.2
	中国・四国	200,560	198,090	192,830	7.3	7.3	7.3
	九州・沖縄	1,066,300	1,057,800	1,022,800	38.6	38.8	38.7
	合計	2,763,000	2,723,000	2,642,000	100.0	100.0	100.0

（農林水産省「畜産統計」）

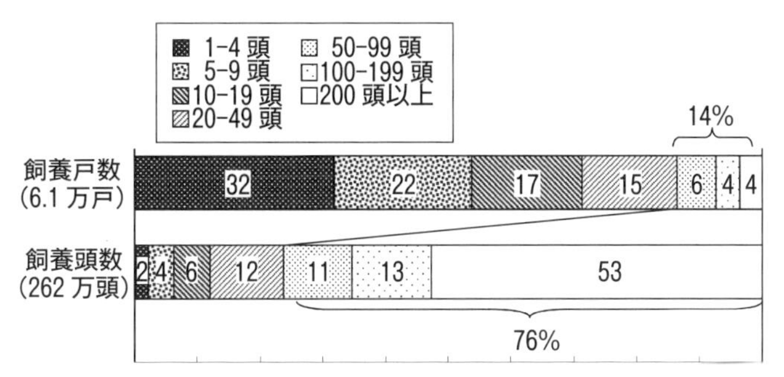

図 1-2　肉用牛の総飼養頭数規模別の飼養戸数・頭数（畜産統計 2013）

表 1-5　成牛と畜頭数・枝肉生産量・枝肉重量の推移

年度	と畜頭数	枝肉生産量（t）	平均枝肉重量（kg）
1960	667,625	137,402	206
1965	915,883	208,634	228
1970	986,015	269,492	273
1975	1,143,089	349,034	305
1980	1,187,039	415,837	350
1985	1,536,414	552,969	360
1990	1,374,586	548,358	399
1995	1,493,777	600,099	402
2000	1,297,186	529,674	408
2005	1,220,873	498,428	408
2010	1,208,972	514,078	425

（農林水産省「畜産統計」）

表 1-6　牛の種類別の枝肉生産量

牛の種類		2010 年		2011 年		2012 年	
		(t)	(%)	(t)	(%)	(t)	(%)
和　牛	雌	90,456	17.6	97,631	19.5	104,841	20.2
	去勢	130,672	25.4	130,146	26.0	133,585	25.8
	雄	160	0.0	125	0.0	163	0.0
	小計	221,288	43.0	227,902	45.5	238,589	46.0
乳用牛	雌	55,544	10.8	54,212	10.8	55,028	10.6
	去勢	98,659	19.2	105,300	21.0	109,540	21.1
	雄	296	0.1	218	0.0	343	0.1
	小計	154,499	30.0	159,738	31.9	164,911	31.8
交雑牛	雌	56,956	11.1	46,773	9.3	47,826	9.2
	去勢	72,905	14.2	58,219	11.6	59,973	11.6
	雄	25	0.0	23	0.0	22	0.0
	小計	129,885	25.2	105,015	21.0	107,821	20.8
その他		9,288	1.8	7,716	1.5	7,329	1.4
合　計		514,959	100.0	500,370	100.0	518,650	100.0

（農林水産省「畜産物流通統計」）

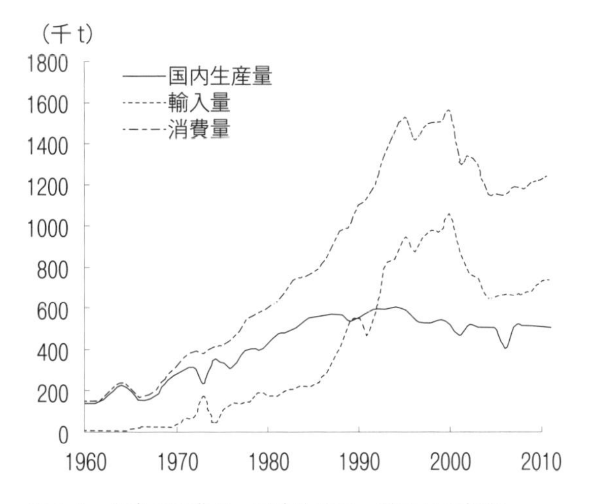

図 1-3　牛肉の消費量・国内生産量・輸入量の推移
（食料需給表 2011）

表1-7　牛肉の国別輸入量（部分肉ベース）

	アメリカ			カナダ		
	輸入量(t)	生鮮・冷蔵(%)	冷凍(%)	輸入量(t)	生鮮・冷蔵(%)	冷凍(%)
2010年	98,594	48	52	13,290	27	73
2011年	124,083	54	46	10,252	27	73
2012年	131,601	55	45	11,201	19	81
	オーストラリア			ニュージーランド		
	輸入量(t)	生鮮・冷蔵(%)	冷凍(%)	輸入量(t)	生鮮・冷蔵(%)	冷凍(%)
2010年	352,248	44	56	33,228	22	78
2011年	334,662	40	60	29,239	26	74
2012年	309,020	41	59	31,187	25	75
	その他			合　計		
	輸入量(t)	生鮮・冷蔵(%)	冷凍(%)	輸入量(t)	生鮮・冷蔵(%)	冷凍(%)
2010年	14,315	9	91	511,675	42	58
2011年	17,953	8	92	516,189	41	59
2012年	22,711	8	92	505,720	42	58

（財務省「貿易統計」）

年）の68万頭からピーク時の1986年（昭和61年）には152万頭まで2倍以上に増加したが，その後牛肉の輸入自由化，BSEの発生などの影響により減少に転じ，近年は120万頭程度になっている．1頭当たりの枝肉重量は年々，大きくなる傾向にあり，1960年（昭和35年）の206 kgから2012年（平成24年）の435 kgまで2倍以上になっている（表1-5）．近年は年間約50万tの枝肉生産があるが，その構成割合は和牛が45%，乳用牛が30%，交雑種が20%であり，わが国の牛肉の半分以上は酪農と密接に結びついて生産されている．（表1-6）．

わが国の牛肉の消費量は，1960年の15万tから年々増加を続けBSE発生前の2000年（平成12年）には155万tと10倍以上となった．しかし，2001年（平成13年）のBSE発生後は115万tまで大幅に落ち込み，近年はやや回復して約120万tで推移している．このうち約4割の50万tが国内生産された牛肉で，残りの6割に相当する70万tが輸入牛肉で賄われている（図1-3）．牛肉の主要な輸入先国はオーストラリア，アメリカ，ニュージーランド，カナダ等であるが，オーストラリアとアメリカで全体の約9割を占めており，輸入牛肉の約4割は生鮮・冷蔵で，約6割が冷凍の状態で輸入されている（表1-7）．

秦　　寛（北海道大学）

参考文献

農林水産省「畜産統計」http://www.maff.go.jp/j/tokei/kouhyou/tikusan/index.html
農林水産省「畜産物流通統計」http://www.maff.go.jp/j/tokei/kouhyou/tikusan_ryutu/
財務省「貿易統計」www.e-stat.go.jp/SG1/estat/List.do?lid=000001060933

3. 肉牛経営の特徴と動向

(1) 経営の特徴と経営形態

肉牛経営の特徴は，子牛や肥育牛などの販売価格や，素畜（もとちく）や飼料などの購入価格の変動が大きく，それによって収益性も大きく左右されることである．肥育牛の販売価格の変動には，**ビーフキャトルサイクル**のような周期的変動（循環変動）や季節的な変動などが見られる．子牛販売価格は肥育経営にとっては素畜費であり，費用の約3〜5割を占める．また飼料費も3〜6割近くを占める．このため子牛については，「肉用子牛生産者補給金制度」（子牛基金），肥育牛については，「肉用牛肥育経営安定対策」（新マルキン）によって，経営の安定化が図られている．子牛基金は，国（農畜産業振興機構），都道府県および生産者が拠出した積立金を財源として，子牛価格が決められた水準を下回った時に価格補填が行われ，マルキンについてはやはり国と生産者の拠出に基づいて，粗収益が生産費を下回った場合に，差額の8割が補填される仕組みとなっている．

肉牛経営は繁殖経営，哺育育成経営，肥育経営，一貫経営に大別されるが，さらに飼養している品種によって，肉専用種の繁殖，肥育，一貫経営と，乳用種（ホルスタイン種等および交雑種）の哺育育成，肥育および一貫経営に細分される．また，いくつかの品種を合わせて飼養している経営もあり多様である．

1）肉専用種

①繁殖経営

肉専用種（黒毛和種，褐毛和種，日本短角種など）の繁殖経営（子取り経営）は，繁殖雌牛を飼養して子牛を生産し，その子牛を9〜10カ月齢で280〜290 kg程度までに育成し，子牛市場や相対取引などで販売する形態である（図1-4）．農家戸数は50,300戸（2013年現在）と，肉牛経営全体の約8割を占める（表1-8）．この10年間に戸数では約4割，頭数は5%減少し，1戸当たり頭数はほぼ1.5倍の16.4頭（子牛を含む）となったが，依然として小規模である．子取り用めす牛の飼養頭数規模別に見ると，1〜4頭飼養戸数割合が48.9%で，9頭までで71.7%を占める（2013年，畜産統計）．北海道は規模拡大が進んでいるが，それでも100頭以上層は6.1%にすぎない．繁殖経営は都府県を中心に高齢化・後継者不足問題を抱えている．

②肥育経営

肉専用種肥育経営は子牛を市場などから購入し，黒毛和種の場合は29〜30カ月齢まで肥育して平均750〜760 kgで卸売市場などに出荷販売する経営である．戸数は2013年現在5,460戸で，1戸当たり飼養頭数は

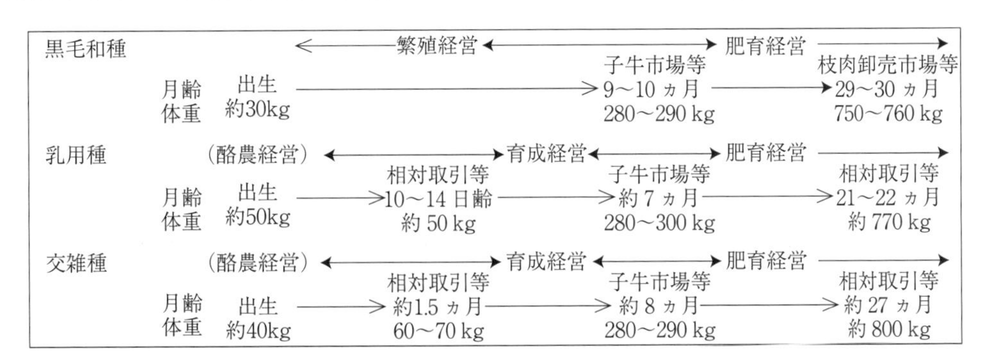

図1-4　肉用牛経営の経営形態
資料）畜産物生産費調査（平成24年度）

表1-8　経営タイプ別戸数・頭数

単位：戸

		肉用種経営					乳用種経営			
		小　計	子取り経営	肥育経営	その他	うち一貫	小　計	育　成	肥　育	一　貫
戸数										
2003年（A）	97,700	92,300	80,600	8,550	3,130	2,580	5,430	750	4,140	540
2013年（B）	60,900	58,200	50,300	5,460	2,410	1,960	2,730	416	2,030	282
B/A（%）	62.3	63.1	62.4	63.9	77.0	76.0	50.3	55.5	49.0	52.2
頭数										
2003年（A）	2,765,000	1,784,000	866,200	679,800	238,400	201,200	980,800	187,700	667,800	125,400
2013年（B）	2,618,000	1,847,000	823,800	683,900	339,700	289,900	770,400	147,100	533,800	89,500
B/A（%）	94.7	103.5	95.1	100.6	142.5	144.1	78.5	78.4	79.9	71.4
1戸当たり頭数										
2003年（A）	28.3	19.3	10.7	79.5	76.2	78.0	180.6	250.3	161.3	232.2
2013年（B）	43.0	31.7	16.4	125.3	141.0	147.9	282.2	353.6	263.0	317.4
B/A（%）	151.9	164.2	152.4	157.5	185.1	189.7	156.2	141.3	163.0	136.7

出所：畜産統計より作成

125.3頭となっている．この10年間の推移を見ると，頭数は横ばいだが，戸数は4割近く減少し，1戸当たり頭数はほぼ1.6倍になっている（表1–8）．

③一貫経営

一貫経営は，繁殖と肥育を合わせて行う経営で，子牛の市場相場に左右されずに肥育素牛を確保でき，また出荷枝肉の格付け評価を基にした改良も行えるなどの利点があるが，肉牛専用種，特に黒毛和種の場合は繁殖と肥育の技術が大きく異なり，その双方の習得が容易ではないこと，子牛生産から肥育牛の出荷まで約2年半かかることから資金回転が長いなど経営的な難しさも抱える．養豚経営では，かつては繁殖と肥育経営に分離していたが，現在はほとんど一貫経営に移行していることと対照的であるのは，以上の2つの要因と考えられる．

一貫経営戸数は2013年現在1,960戸と全体の3%程度だが，1戸当たり頭数は147.9頭で，頭数全体の1割以上を占める．この10年間で戸数は3/4になったが，1戸当たり頭数は約1.9倍となっている（表1–8）．

2）乳用種（ホルスタイン種等および交雑種）

①育成経営

ホルスタイン種（おす牛）の育成経営は，酪農家から生後1～2週間のヌレ子（50 kg程度）を購入し，肥育経営に販売するまでの約7カ月間育成するもので，一方，交雑種育成経営は，同様に酪農家から黒毛和種との F_1（F_1 めす牛と黒毛和種を掛け合わせた F_1 クロスを含む）を1.5カ月齢で購入し，約8カ月齢で280～290 kgまで育成し，販売する経営である（図1–4）．畜産統計ではホルスタイン種等と交雑種で細分されていないので，それぞれの飼養頭数はわからないが，乳用種全体では1戸当たり353.6頭と規模が大きい．飼養戸数は416戸と2003年時に比べ約45%減少し，総頭数でも2割以上の減となっている（表1–8）．

②肥育経営

ホルスタイン種去勢牛の肥育経営では，7カ月齢の育成牛を購入し，21～22カ月齢まで肥育し770 kg程度で出荷する．また交雑種の肥育経営は，8カ月齢程度の肥育素牛を購入し，27カ月齢まで肥育し約800 kgで出荷する経営である（図1–4）．乳用種の肥育経営の1戸当たり飼養頭数は263.0頭と大規模化が進んでいる．この10年間に戸数は4,140戸から2,030戸へと半数以下になり，頭数も約2割減少したが，1戸当たり頭数は約1.6倍となった（表1–8）．

③一貫経営

乳用種の場合は，哺育育成から肥育まで行う経営を**一貫経営**と呼ぶ．一貫経営の戸数は282戸で，この10年でやはりほぼ半減している．1戸当たり頭数は317.4頭である（表1–8）．

乳用種では，肉専用種の繁殖経営に当たるのは酪農経営であるが，酪農経営にとって子牛は生乳生産のための副産物である．しかし，酪農経営にも乳用去勢牛の育成や肥育，あるいは肉専用種の繁殖・肥育を取り入れている乳肉複合経営も見られる．近年，受精卵移植技術の発達や雌雄判別精液・受精卵の流通によって，和子牛生産や和牛肥育を経営の1つの柱にしている酪農経営も現れている．いわゆる酪農におけるメガファームには，乳肉複合経営を行っている経営もあり，その規模は乳牛1,000頭，肉牛5,000～6,000頭のような大規模経営も見られる．こうした経営は，酪農部門から交雑種や黒毛和種の素牛を安定的に供給できることに加え，酪農は毎月乳代が精算されるため，資金回転が遅い肉牛肥育経営と組み合わせることによって資金循環が改善されるなどの**複合化のメリット**がある．

(2) 飼養戸数・頭数の推移

肉牛の飼養戸数は1960年に2,031,000戸だったが急速に減少し，1980年には364,000戸，2000年には116,500戸に，そして2013年現在61,300戸となっている．一方，肉牛飼養頭数は，図1–5のように1960年代前半まで減少傾向を見せたが，その後増加し1994年をピークに再び減少に転じている．

1960年代前半までは牛は役畜として耕作や運搬に飼養された後に，肉として利用されていた．そのため，機械化の進展によって，多くの農家が農作業のために使用していた牛の飼養を中止したため，戸数，頭数とも減少した．しかし，高度経済成長に伴う所得上昇や食の洋風化の影響から，用畜としての牛の飼養が開始されだし，1978年には200万頭を超えるまでに回復し，さらに増加していった．

60年代は役畜として使われていた黒毛和種などの和牛がほとんどを占めたが，70年代に乳用種の若齢去勢肥育が開始された．つまり，それまでは子牛のうちに屠畜されていた乳用おす牛を肥育することで，牛肉需要の高まり，特に低価格の牛肉需要に応える形となった．酪農の発展による乳牛頭数の増加とともに，肉牛頭数に占めるウエイトも高まり，乳用種の頭数割合は1971年の約10% から79年には30% を超え，80年代後半以降は40% 前後を占めるまでになった．乳用種去勢牛肥育は肉質向上や個体販売額を増加させるために肥育期間が長くなり，出荷重量も700 kgを大きく超えるようになったことから，正肉に占める割合はさらに大きくなった．乳用種を飼養する戸数も，統計がとられるようになった1974年の75,700戸をピークに減

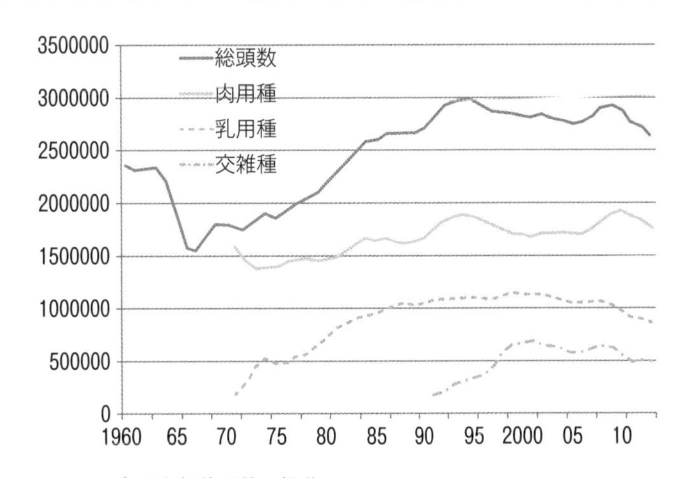

図1–5　肉用牛飼養頭数の推移
出所：農水省「畜産統計」より作成

少を続け2013年では6,100戸となっている．肉牛飼養戸数に占める割合は1970～80年代のほぼ10%から90年代に入って7～8%台まで落ち込んだが，2013年現在は10.0%となっている．

肉牛頭数はその後，1994年の297万頭をピークとして，300万頭を目前に減少に転じた．これは91年の牛肉輸入自由化の影響と見られる．その後，BSEの国内発生や米国での発生を受けての輸入制限などを経て一旦は増加気味に推移したが，2013年現在264万頭までに減少している．牛肉輸入自由化以降の頭数に見る特徴としては，第一に交雑牛の登場と増加があげられる．1988年の日米・日豪牛肉交渉により91年度からの牛肉輸入自由化と関税率の順次引き下げ（50%から38.5%までへ）が決まると，輸入牛肉と品質的に競合する恐れがある乳用種肥育の生産者は，品質の違いから影響が少ないと見られた黒毛和牛の肥育へ転換する経営も現れた．しかし，肥育技術の違いなどから経営を悪化させる経営もあり，和牛肥育への転換の成功例は多くはなかった．一方，酪農経営にとっても副産物である乳オス子牛の個体販売額が低下したため，高付加価値化を狙って黒毛和牛の精液を人工授精する酪農家が増え，黒毛和種とホルスタイン種の交雑種（F_1）の肥育が盛んになった．交雑種は1998年には乳用種の50%を超え，現在も50～60%の割合となっている．

第二に頭数の減少は主に乳用種の減少の結果であることが指摘できる．頭数がピークの94年と2013年を比較すると，肉用種では6%程度の減少だが，乳用種は20%減と大幅である．これは主に酪農生産の縮小に伴う乳用牛頭数の減少の結果で，乳用種の肉牛頭数が大幅に減少したためである．

第三点として，肉専用種のうち**地方特定品種**と呼ばれる褐毛和種，日本短角種の飼養頭数が激減していることが指摘される．褐毛和種には熊本系，高知系の2系統があるが，1999年の59,300頭から2013年には21,700頭と半分以下にまで減少した．飼養戸数は，熊本県で1,282戸（16,838頭，2011年），高知県で138戸（1,720頭，2013年）となっている．また岩手，北海道，青森などで主に飼われている日本短角種も大幅に減少して，現在は岩手県に400戸，4,010頭（2012年），青森県に31戸（内試験研究機関3）762頭（同167頭，2012年）となっている．こうした減少の理由としては，褐毛和種，日本短角種ともに放牧特性などの良い点を持つものの，脂肪交雑の点では黒毛和種ほどではないため市場での評価が低く，生産を中止する生産者や，輸入牛肉との競合から脂肪交雑を重視する市場に対応するため，黒毛和種飼養に転換する生産者が続出したためと見られる．

(3) 地域別飼養戸数・頭数の推移

1960年以降の地域別肉牛飼養戸数の推移を見ると，60年の地域別割合は九州（21.6%），関東東山（17.4%），中国（15.1%），近畿（12.3%），東北（11.4%）などの順だったが，90年代初めまでは九州と東北が割合を増加させ，関東東山，東海，近畿，四国などが減少する傾向が続いた（図1–6）．中国はその割合を70年代初めまで維持したが，以後減少に転じた．90年代以降は東北が徐々にその割合を減少させ，2013年には27.1%となっている．九州は増加傾向を維持し，2013年現在では43.9%で最大の割合である．北海道も一貫して増加し，現在は4.6%までに増えている．その他の地域は減少傾向を続け，2000年以降は中国を除きほぼ横ばいで推移し，中国のみは減少を続けている．

一方地域別飼養頭数割合では，60年には九州（24.1%），中国（16.7%），関東東山（16.1%），東北および近畿（11.2%）の割合であったが，60年代には九州が増加して1969年には39.1%に，また東北も16.5%まで，北海道も0.1%から2.1%に増えているが，他の地域はすべて減少傾向を見せている（図1–7）．70，80

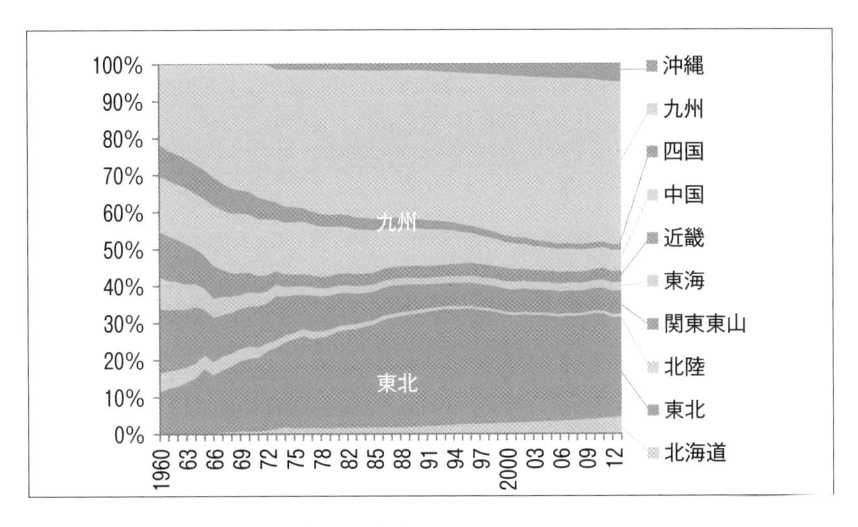

図 1-6　地域別肉用牛飼養戸数割合の推移
資料：畜産統計

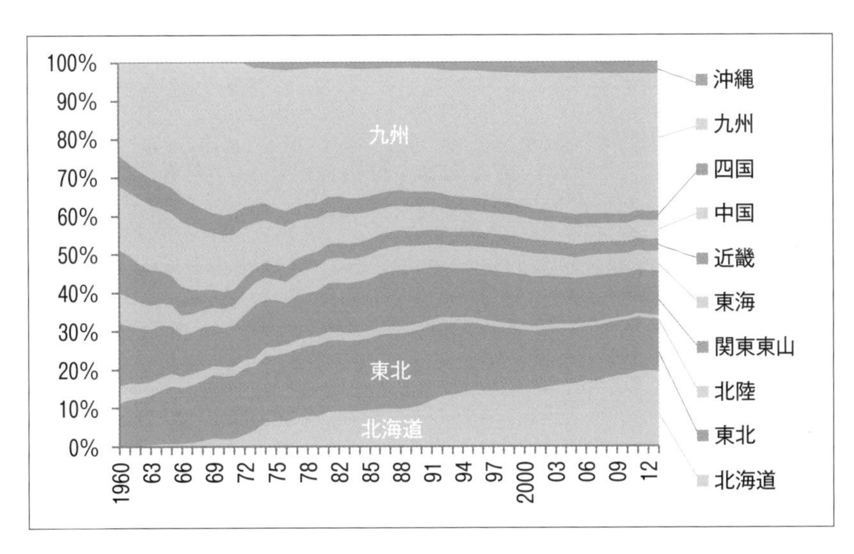

図 1-7　地域別肉用牛飼養頭数割合の推移

年代では九州が減少に転じる中，北海道，東北は増加を続け，関東東山も下げ止まった．一方，中国，四国，近畿は減少を続け東高西低の様相を呈している．90 年代以降になると再び九州の割合が増加して 2013 年現在では 35.8%に，次いで北海道の 19.5%，東北 13.6%，関東東山 11.6% と続く．60 年には 3 割を占めていた近畿，中四国は現在 1 割程度を占めるまでに減少しており，全体として，北海道と東北で 1/3，九州と沖縄で約 4 割を占めており，中間地帯が落ち込む，いわゆる **V 字構造**をなしている．

2013 年現在の品種も踏まえた地域別飼養頭数の割合は，北海道が全体の 19.5% を占めているが，肉専用種では 10.2% に止まる一方，乳用種では 38.4% と最大の割合を占めている（表 1–9）．これは北海道の乳用種割合が 65.1% に達しているからである．ただし，**交雑種割合**は 34.6% と全国平均の 57.0% を大きく下回り最低の割合となっており，北海道が乳牛頭数の半数以上を占めるわが国最大の酪農生産地帯であることを背景として，乳用種の肥育地帯として伸びてきたことを反映した品種構成となっている．それと対照的なのが九州で，総飼養頭数に占める割合は 35.8% と最も多いが，肉専用種ではさらに高くなり 46.5% とほぼ半数を占める．一方で乳用種割合は 13.1%と低く，肉専用種の繁殖・肥育地帯として展開していると言える．

表1-9　地域別肉用牛頭数（平成25年）

		総飼養頭数	肉専用種	うちめす牛	乳用種	うち交雑種	乳用種割合	交雑種割合	1戸当たり頭数
全国	頭	2,642,000	1,769,000	1,141,000	873,400	497,900	%	%	頭
全国	%	100.0	100.0	100.0	100.0	100.0	33.1	57.0	43.1
北海道	%	19.5	10.2	11.0	38.4	23.3	65.1	34.6	183.0
都府県	%	80.5	89.8	89.0	61.6	76.7	25.3	71.0	36.4
東北	%	13.6	15.7	16.8	9.3	10.0	22.6	61.3	21.6
北陸	%	0.9	0.6	0.5	1.4	1.8	52.3	72.0	47.6
関東・東山	%	11.6	8.7	7.1	17.5	22.4	49.7	73.1	80.3
東海	%	5.1	4.2	4.3	6.9	10.0	44.7	82.9	97.1
近畿	%	3.2	4.0	3.9	1.8	2.5	18.2	78.8	44.1
中国	%	4.8	4.2	4.2	6.1	7.1	42.0	66.0	37.1
四国	%	2.5	1.6	1.5	4.3	5.8	57.2	76.9	72.2
九州	%	35.8	46.5	45.6	14.2	17.0	13.1	68.2	35.2
沖縄	%	2.9	4.3	5.1	0.1	0.1	0.9	68.1	25.4

資料：畜産統計より作成

3番目に飼養頭数割合が多い東北は，九州と同様に肉専用種割合が高く，肉専用種の繁殖・肥育地帯である．
　乳用種割合が北海道に次いで高いのは，四国（57.2%），北陸（52.3%），関東東山（49.7%），東海（44.7%）などで，こうした地域は交雑種割合が都府県の平均である71.0%より多く，交雑種中心の肥育が行われている．

小林信一（日本大学）

参考文献

肉用牛（牛肉）をめぐる情勢　農林水産省　平成21年5月

4. 生産性と経営

(1) 肉牛経営に及ぼす技術的要因

　肉牛経営は農家生活を支えるための所得を得る手段であり，所得は収入－経費で計算され，収入や経費はさまざまな要因によって変動する．
　生産物（子牛や肥育牛）の販売価格や生産に必要な飼料などの資材価格は需給状況や流通経費など経営外の要因で変動し，農家所得に大きな影響を与える．その一方で，販売価格は経営外の要因の他，子牛の発育や枝肉の品質に大きく左右され，飼料費は飼料の組み合わせや飼料効率によって左右されるなど，所得は技術的な要因によっても変動する．すなわち種々の技術的な要因が収入や経費に影響を及ぼし，所得を左右する．

表 1-10 繁殖牛 100 頭群における分娩間隔延長による損失額試算
(分娩間隔 12 カ月に対する損失額)

分娩間隔(月)	子牛生産頭数	子牛販売頭数	遺失販売額	経費減少額	実質損失額
12.0	100	83	0	0	0
12.5	96	79	1,586,822	295,220	1,291,602
13.0	93	75	3,142,700	590,440	2,552,260
14.0	88	69	5,491,988	1,033,269	4,458,719
15.0	83	63	7,841,277	1,476,099	6,365,177

注 1) 更新した牛のすべてが分娩し,経産牛のすべてが上記の分娩間隔で分娩したとして計算した
注 2) 子牛生産頭数＝100 頭×子牛生産率
子牛生産率＝初産牛割合(更新率 16.4%)＋経産牛割合(83.6%)×12 カ月÷分娩間隔
注 3) 子牛販売率＝子牛生産率－更新率(16.4%)
(更新率は北海道農業生産技術体系第 4 版に示されている更新率を用いた)
注 4) 遺失販売額＝分娩間隔 12 カ月と比較した販売損失額(子牛価格 40 万円/頭)
注 5) 経費減少額(販売子牛減少に伴う経費減少分)＝販売子牛の飼料費＋その他経費
その他経費＝(敷料費＋光熱水費＋諸材料費＋獣医医薬品費)/3
その他経費は H23 年度農水省畜産物生産費から算出し子牛にかかる経費として 1/3 を計上した
注 6) 実質損失額＝遺失販売額－経費減少額
注 7) 更新率,飼料給与量は北海道農業生産技術体系第 4 版から引用
注 8) 自給飼料の単価は H. 23 畜産物生産費,購入飼料単価は H. 22 北海道事例を用いた

1) 繁殖経営における生産性と経営に影響する要因

①子牛の販売頭数に影響する要因

繁殖経営では子牛を生産し,生産した子牛を販売することで利益を得ることを目的としている.そのため,子牛をどれだけ販売できるかが繁殖経営を左右する大きな要因となる.

繁殖経営の生産性を見る尺度として**分娩間隔**がよく用いられる.分娩間隔とは当産次の分娩と前産次の分娩の間隔をさす.分娩間隔が延長すると生まれる子牛数が減り,収入源である子牛の販売が減るため,経営に影響する指標の一つとして用いられており,継続的に生産性を判断したり,空胎(分娩してから受胎するまでの期間)が経営に及ぼす影響を考えるときに有効である.

しかし,分娩間隔は,分娩した牛についてしか計算できないので,初産牛や分娩していない長期不受胎牛は計算対象にならない.そのため,生産性が経営に及ぼす影響をより正確に示すためには,初産牛や不受胎牛を含めた全繁殖牛が子牛を生んだ割合(**子牛生産率**＝生産子牛頭数÷繁殖牛頭数)と合わせて判断することが

表 1-11 子牛販売率に影響する要因と生産技術

要 因	要因に対する原因	影響する技術
子牛生産率	受胎率	発情発見,授精技術,繁殖牛の栄養管理,育成技術
雌子牛保留率	繁殖牛の淘汰更新,死亡	繁殖牛の栄養管理,受胎率に影響する技術,改良などの選抜淘汰,繁殖牛の疾病対策
子牛淘汰率	子牛の死亡事故,疾病	分娩時の対応,初乳給与,栄養管理,疾病対策,飼養環境

表 1-12 子牛の発育と販売成績

1 日当たり体重 以上―未満	頭 数	販売価格(円)
-0.7	79	172,633±71,660
0.7-0.8	311	254,932±55,955
0.8-0.9	1,394	326,472±61,756
0.9-1.0	4,351	385,181±58,623
1.0-1.1	7,270	431,345±59,139
1.1-1.2	6,521	459,943±56,324
1.2-1.3	3,421	471,603±56,030
1.3-1.4	1,116	477,359±63,952
1.4-	298	477,346±56,455

注 1) 1 日当たり体重＝販売時体重÷日齢
注 2) H. 24 年ホクレン家畜市場販売成績より作成

表1-13　種雄牛ごとの販売成績

種雄牛	頭数	販売価格
A	1,760	472,139
B	1,326	445,451
C	1,052	445,394
D	2,246	437,627
E	1,632	427,373
F	2,440	416,337
G	1,114	412,079

注1)　1日当たり体重＝販売時体重÷日齢
注2)　H. 24年ホクレン家畜市場販売成績より作成
注3)　市場上場1,000頭以上の種雄牛のみ

必要である．

分娩間隔延長による収入面から見た経済損失について，繁殖牛がすべて分娩した時の試算を表1-10に示した．分娩間隔の差は子牛販売頭数の違いに現れ，収入が減少し，経営を左右することになる．

また，子牛を何頭販売できるかに影響する要因を表1-11に示した．販売できる牛の数は，生産子牛－雌子牛の繁殖向け保留頭数－子牛の死亡頭数であるが，この式にあるそれぞれの項目に繁殖経営における技術が影響し，結果として繁殖経営の収支を左右する．

②子牛の販売価格に影響する要因

子牛の販売価格は，発育や血統，栄養度などによって左右される．子牛の発育と販売成績の関係を表1-12に示した．市場に上場される牛の生時体重が不明なため発育を1日当たり体重で示したが，発育による価格差は非常に大きい．

子牛の発育には，分娩時の介助や初乳の給与，給与飼料の種類や量，飼養環境，疾病，在胎時における母牛の栄養管理など多くの要因が影響するので，経営内の技術の検証と基本技術の実践が重要である．

また，表1-13に示したように種雄牛による価格差も大きい．種雄牛や交配組み合わせは，価格ばかりでなく，発育や繁殖性，強健性など生産性にも影響する．近年，全国和牛登録協会では，繁殖牛の経済性を高めるため，**4歳時子牛生産指数**（4歳を超えて初めて迎えた分娩までに出産した頭数を4歳時点に換算した値）を用い繁殖性に対する遺伝的改良を進めている．

③生産性が生産コストに及ぼす影響

前項では生産性の経営への影響を収入面から述べたが，繁殖性は子牛の生産コストに直結する．施設や機械などの固定費や繁殖牛にかかる経費は子牛の数にあまり影響されないため，子牛の生産頭数が減少すれば子牛1頭当たりの生産コストは上昇する．

2）肥育経営における生産性と経営に影響する要因

①肥育経営における費用と経営への影響

肥育牛の生産費は**素畜費**と飼料費が大半を占めるが，素畜費と飼料費の割合は品種によって大きく異なる．子牛価格の高い黒毛和種では素畜費が飼料費より割合が高く，素牛価格が比較的安価な乳雄肥育では飼料費の割合が高い（図1-8）．

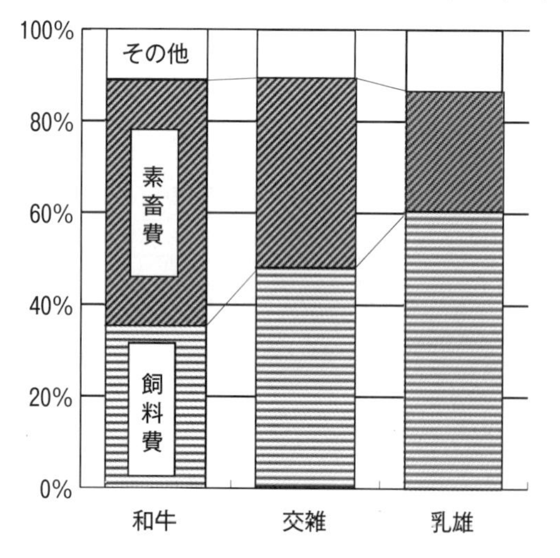

図1-8　肥育における品種ごとの費用割合（農林水産省畜産物生産費H23年）

素畜費の比率が高いと言うことは，死亡事故や発育不良などによる廃用による損失が大きいことを意味する．素畜費は導入時にすでに経費としてかかっているもので，飼養期間の長短にかかわらず，事故があればそのまま損失となる．一方，飼料費は飼養期間が短ければかかる飼料費は少ないが，出荷時期には経費に占める割合は高くなり，その時点の廃用は大きな損失となる．また，飼料効率が良ければ出荷までの飼料費が少なくなるため，飼料効率を高める肥育方法が求められる．

②肥育素牛の発育と肥育経営への影響

肥育素牛の発育はその後の肥育成績と肥育牛の販売額に影響を及ぼす．表 1–14 は，市場上場された牛の発育とその後の肥育成績の関係を示したものである．発育の良い（1 日当たり体重の大きな）素牛ほど枝肉重量が大きく，ロース芯も大きくなる傾向がある．脂肪交雑は増体の悪かった素牛で低い傾向があり，総合的に増体の良い素牛ほど肥育成績が良く，枝肉販売価格が高い．

しかし，増体の良い素牛は市場評価が高く，収益に結びつく枝肉販売価格と素牛価格の差額は，枝肉販売価格の差ほどは大きな開きはない．さらに肥育成績には血統も大きく影響するため，素牛の購入には発育や血統，素牛の栄養状態に加え，自分の肥育技術を考慮して購入価格を決定するという高度な経営判断が求められる．

③肥育飼料が肥育経営に及ぼす影響

肥育結果は飼料の種類や形状，飼料の給与方法によって影響を受ける．たとえば表 1–15 にあるとおり，同じトウモロコシでも加工の方法によって消化性の違いから採食性と飼料要求量に違いがある．ひき割りは採食性が良く肥育成績の向上が期待されるが，飼料要求率が大きく，飼料が多く必要となる．一方，フレークの摂取量はひき割りより少ないが，同じ増体であればひき割りより少ない飼料で済む．この結果は，**加工形態**による第一胃の消化速度や下部消化管での消化性の違いによるものと考えられる。

このような加工形態と飼料の種類の違いが肥育の産肉性と経済性に及ぼす影響を黒毛和種で検証した成績が表 1–16 である．圧片大麦が多い A 区では飼料要求率は低いが摂取量が少なく，枝肉重量が小さい．一

表 1–14　肥育素牛の発育が肥育成績に及ぼす影響
（富岡康裕，十勝農業改良普及センター）

肥育素牛の 1 日当たり体重（以上—未満）	頭数	素牛体重（kg）	枝肉重量（kg）	ロース芯面積（cm^2）	BMS-No.	素牛価格（円）	枝肉販売価格（円）	差額（円）
-0.8	88	249	396	51.6	4.5	334,932	731,025	396,093
0.8–0.9	285	269	425	55.0	5.3	380,719	776,897	396,178
0.9–1.0	630	287	446	56.9	5.6	409,821	814,344	404,523
1.0–1.1	775	299	466	58.2	6.0	454,428	878,886	424,458
1.1–1.2	451	314	490	59.5	6.3	477,619	937,965	460,346
1.2–1.3	140	323	504	60.0	6.1	484,343	934,207	449,864
1.3–	40	338	535	61.9	6.2	482,950	979,344	496,394
全体	2,409	295	461	57.7	5.8	436,231	860,483	424,252

注 1）2005～2011 年のホクレン枝肉市場に上場された肥育牛のうち子牛市場成績がわかった去勢牛についてとりまとめたもの
注 2）1 日当たり体重＝販売時体重÷日齢
注 3）差額＝枝肉販売価格－素牛価格

表 1–15　トウモロコシの加工形態と肥育成績

	粉砕	ひき割り	フレーク	ペレット
頭数（頭）	20	20	20	20
日数（日）	126	126	126	126
開始体重（kg）	266	265	266	266
1 日平均増体量	1.49	1.54	1.63	1.58
1 日濃厚摂取量	8.2	8.83	8.29	8.38
飼料要求率	6.5	6.7	5.8	6.3

（Hentges ら 1966，長崎県畜産協会肥育経営マニュアルより引用）

表1-16　飼料中の穀類の構成割合及び形状が肥育の生産性及び収入に及ぼす影響
（鹿児島県畜試，1994）

区名		配合飼料中の給与割合		DG	枝肉重量	配合飼料摂取量		収入－飼料費千円
		前期～中期364日	後期182日			1日当たり	増体1kg当たり	
A	圧片トウモロコシ	30	20	0.72	420.7	6.09	8.5	728.3
	圧片大麦	35	67					
B	圧片トウモロコシ	30	60	0.76	445.3	6.64	8.7	798.5
	圧片大麦	35	20					
C	粉砕トウモロコシ	30	60	0.78	453.3	7.33	9.5	746.0
	圧片大麦	35	20					
濃厚飼料給与方法		制限	飽食					

注1）　各区の配合飼料の栄養価（DCP及びTDN）は，肥育期間を通しほぼ同等
注2）　各区の粗飼料給与は同じで，前期トウモロコシサイレージ，中期～後期は稲わら
注3）　粉砕トウモロコシは1.41 mm～3 mmの中粒

表1-17　肥育前期における濃厚飼料増給パターンの違いによる生産性への影響

区名	肥育開始時配合飼料給与量	肥育前期における配合飼料増給速度	飽食時期（月齢）	DG	枝肉重量（kg）	ロース芯面積（cm²）	BMS-No.	配合飼料摂取量		飼料費	収入－飼料費（円）
								1日当たり	増体1kg当たり		
P1	4.0 kg	1.5 kg/月	15	0.81	460	57.2	4.8	8.6	10.6	198,107	592,173
P2	4.0 kg	1.0 kg/月	16	0.89	490	63.5	6.8	8.9	10.0	207,003	636,513
P3	4.0 kg	0.5～1.0 kg/月	17	0.73	456	50.5	4.5	8.0	10.9	200,310	587,136

注1）　北海道立新得畜産試験場，1998年の成績により作成
注2）　サンプリングのため枝肉として販売できなかったため，枝肉単価は品質差を考慮せず一律1,700円/kgとした

方，圧片大麦が少なく粉砕トウモロコシ割合の多いC区では**飼料効率**は悪いが摂取量が多く枝肉重量は大きい．この試験では，結果として経済性の一番高かった区は圧片トウモロコシ割合の高いB区であったが，この経済性の結果は飼料ごとの価格や出荷時における格付けごとの枝肉相場などによっても異なる．そのため，飼料の組み合わせは，用いる飼料によって得られる結果（枝肉重量や品質）や品種，飼料価格などの条件を考慮した肥育目標によって決定する必要がある．

④飼料の給与方法が肥育経営に及ぼす影響

同じ飼料でも給与方法（肥育前期における濃厚飼料の**増給パターン**）によって肥育結果に違いが出ることを示したものが表1-17である．この試験ではP2区の増給方法が最も肥育効率が良く，枝肉重量，枝肉品質及び経済性が高いことを示している．

濃厚飼料を急激に増給するとアシドーシスになりやすく長期間の採食量維持が難しくなり，逆に増給速度が遅いと肥育期間が延長し目標の月齢では十分な枝重と品質が得られない．

⑤その他の肥育経営に影響を及ぼす要因

肥育期間が長くなると飼料や資材などの変動費の増加だけでなく，**肥育回転率**（常時頭数に対する年間出荷頭数の割合）が低下し，施設・機械費などの1頭当たりの固定費が増加する．また，バラツキは単なる出荷時期のバラツキにとどまらず，仕上がりの遅れた牛が牛房を占拠することで，経営全体の肥育回転率の低下を増幅させる．

このように導入する素牛の増体や血統，飼料の加工形態，給与方法など，枝肉重量や品質出荷時期に影響

を及ぼす種々の技術や廃用に結びつく飼養管理の不備が肥育経営に影響を及ぼす.

森本正隆（宗谷農業改良普及センター）

参考文献

1）北海道農業生産技術体系第4版，p 376，北海道農政部食の安全推進局技術普及課，2013
2）農林水産省畜産物生産費 H23 年
3）肥育経営マニュアル，p 18，社団法人長崎県畜産協会，1995
4）堤　知子，大田　均，溝下和則，鹿児島県畜産試験場研究報告 27 号，p 10–23，1994
5）佐藤行信ら，黒毛和種去勢牛に対する濃厚飼料の増給パターンおよび配合割合に関する試験，北海道立新得畜産試験場，1998

5. 銘　柄　牛

銘柄牛とは，一般に産地・品種・飼育方法・肉質の等級などについて一定の基準を満たした牛あるいはその牛からとれる牛肉のことをいい，生産者団体等が生産者理念の発信，特産品・差別化商品作出，地域肉用牛生産の振興などのために任意に銘柄（**ブランド**）の基準を設けて認定・管理をしている.

現在，全国各地に 300 以上の銘柄牛が存在し，その半数以上は関東以北のブランドである（表 1–18）．品種別にみると一つのブランドで複数の品種を使用しているケースもあるが，銘柄牛として使われている品種は黒毛和種が 7 割と最も多く，次いで交雑種（ホルスタイン種×黒毛和種），乳用種の順であり，それ以外の品種を使っているものは 1 割程度である（表 1–19）.

ブランド化には一定の基準を定義する必要があるが，2008 年（平成 20 年）に行われた実態調査によると，黒毛和種・交雑種では 9 割の銘柄でブランドの定義がなされているが，乳用種ではブランドの定義をしているものは 8 割に満たない（表 1–20）．ブランドの定義を消費者等に説明できる規約またはそれに準ずる明文化した資料を有する銘柄は黒毛和種で 7 割，交雑種で 6 割，乳用種で 5 割と必ずしも十分に整備されているはいえない．名称やデザインの商標登録をとっている銘柄牛は 3～5 割程度で，とくに乳用種では少ない．黒毛和種のブランドでは牛肉の高級化としての差別化を図るため比較的古くから設立されているものも多いが，2001 年（平成 13 年）の BSE 発生以後はいずれの品種でも消費者への説明責任や製造保障等の意味合いも含めてブランド化が進められている（表 1–21）.

銘柄牛の約 7 割が肉質等級をブランドの規格として定義しているが，黒毛和種では 3 等級以上，交雑

表 1–18　銘柄牛の地域別のブランド数

	ブランド数	（%）
北海道	58	18
東北	55	17
関東	58	18
甲信越	11	3
北陸	4	1
東海	24	7
近畿	23	7
中国	28	9
四国	10	3
九州・沖縄	50	16
合計	321	100

銘柄牛肉ハンドブック（2013）より作成

表 1–19　銘柄牛の品種別のブランド数

	ブランド数	（%）
黒毛和種	221	69
交雑種	88	27
乳用種	42	13
褐毛和種	10	3
日本短角種	9	3
無角和種	1	0
その他	10	3

銘柄牛肉ハンドブック（2013）より作成

表 1–20　銘柄牛のブランド化の状況

	黒毛和種	交雑種	乳用種
ブランドの定義がある割合	92%	89%	76%
規約等明文化した資料がある割合	72%	64%	47%
名称の商標登録をしている割合	50%	50%	29%
商用デザインの商標登録をしている割合	39%	38%	26%

早川（2008）

表1-21　銘柄牛のブランド設立時期の分布割合

	黒毛和種	交雑種	乳用種
1991年以前	39%	17%	23%
1992年～2001年	22%	39%	36%
2002年以降	39%	44%	41%

早川（2008）

表1-22　肉質等級をブランドの規格として定義している銘柄牛

	黒毛和種		交雑種		乳用種	
	実数	（%）	実数	（%）	実数	（%）
総銘柄数	221			88		42
定義している銘柄数	152	69	58	66	33	79
定義の内容						
4等級以上	55	36	-	-	-	-
3等級以上	81	53	13	22	2	6
2等級以上	12	8	39	67	23	70
その他	4	3	6	10	8	24

銘柄牛肉ハンドブック（2013）より作成

表1-23　銘柄牛の出荷頭数規模の分布

年間出荷頭数	黒毛和種		交雑種		乳用種	
	ブランド数	（%）	ブランド数	（%）	ブランド数	（%）
499頭以下	80	38	18	21	6	16
500頭～1999頭	85	41	45	54	14	37
2000頭以上	43	21	21	25	18	47
合計	208	100	84	100	38	100

銘柄牛肉ハンドブック（2013）より作成

牛と乳用牛では2等級以上とするものが最も多い（表1-22）．かつては肉質等級を5等級に限定していた銘柄（松阪牛・飛騨牛・佐賀牛など）もあったが，BSE問題や産地偽装事件などの発生後は，2003年（平成15年）の牛肉トレーサビリティ法が施行された前後に基準を引き下げたものが多く，現時点で肉質等級を5等級に限定しているのは1銘柄（仙台牛）だけとなっている．銘柄牛の年間出荷頭数規模は最小20頭から最大2万4千頭まで大きな幅があるが，黒毛和種と交雑種のブランドでは500頭から2千頭未満，乳用牛のブランドでは2千頭以上のものが最も多い（表1-23）．

秦　　寛（北海道大学）

参考文献

1）食肉通信社，「銘柄牛肉ハンドブック2013」，(2013)
2）日本食肉消費総合センター，「銘柄牛肉検索システム」，http://jbeef.jp/brand/index.html
3）早川　治，「産地銘柄（ブランド）牛肉実態調査の結果分析」，(2008)
4）http://jbeef.jp/suishin/suishin_index04_file01.pdf

6. 肉用牛の機能と役割

ウシはヒトが利用することができない繊維質の多い草資源（**粗飼料**）を良質で風味豊かなタンパク質へ置換する機能を持っており，これは**草食獣**としての本来の姿である．肉用牛は筋肉，すなわち牛肉の生産を通して，ヒトに必要な動物性タンパク質を供給するという役割を持っている．「酪農及び肉用牛生産の近代化を図るための基本方針（酪肉近）」[1)]においては，「わが国における酪農及び肉用牛生産の役割と機能」として，(1) 重要な動物性タンパク質の供給源，(2) 地域資源の活用による地域の活性化，機能強化，(3) 国土の保全等の多面的機能，(4) 資源循環があげられている．一方，わが国の肉用牛生産は輸入穀物飼料多給による加工型畜産とも称され，飼料の多くを輸入に依存しているため為替相場や世界経済の影響を受けやすい．飼料自給の現状は，2007年度の穀物飼料の輸入割合は可消化養分総量（TDN）ベースで90%，粗飼料の輸入割合は同 22% となり，飼料自給率は同じく 25% となっている[2]．草食獣としての機能を十分に活かすことなく，**穀物飼料**多給による肉用牛生産が行われる背景には，生産期間の短縮，安価な輸入飼料への依存，国内飼料生産基盤の脆弱性，脂肪交雑の高評価などがあげられる．しかし，酪肉近では「脂肪交雑重視から多様な和牛肉生産への転換」を提唱しており，これは健康志向を背景とする消費者の牛肉に対する多様なニーズに応えるため，適度な脂肪交雑の和牛肉の生産を促すと共に，地域振興の観点から地域飼料資源を活用し，品種特性に応じた肉用牛の生産を推奨している．このことにより，輸入穀物飼料への依存を抑え，肉用牛の機能を活かした，自給飼料資源の有効活用，環境負荷の低い持続可能な肉用牛生産が期待される．

(1) 動物性タンパク質供給源としての肉用牛の機能と役割

日本飼養標準[3]によると，体重 500～600 kg，肥育中期の肉用種去勢牛の 1 日当たり TDN 要求量は約 6.5 kg である．出穂期のイタリアンライグラスの TDN 含量は日本標準飼料成分表[4]によると，原物で 10.7%（乾物で 69.9%）であり，肉用種去勢牛の TDN 要求量 6.5 kg を満たすには原物で約 60 kg（同 9.3 kg）が必要となる．一方，肉用牛の動物性タンパク質生産の観点からみると，肥育終了時の体重 700 kg の肉用牛では片側の枝肉重量は約 230 kg で，これから皮下脂肪，筋間脂肪，体腔脂肪，骨を除いた赤身肉の重量は約 110 kg となる[5]．少し飛躍するが，ヒトが栄養源として利用できない草資源（出穂期のイタリアンライグラス相当の栄養成分）を肥育中期の肉用牛へ 1 日当たり原物で約 60 kg 給与すると，計算上は枝肉重量で約 460 kg，このうち良質な動物性タンパク質源としての赤身肉は 220 kg 得られることになる．都市部から郊外へ出かけると目にする畔や耕作放棄地，野山に存在する草資源は，肉用牛を介することでヒトが栄養源として必要な良質なタンパク質，すなわち牛肉へと変換することができる．

(2) 肉用牛による地域資源の活用と地域の活性化

肉用牛の栄養源となる牧草は，ヒトの食用作物の栽培にはあまり適さない冷涼な地域あるいは時期に栽培されるものが多い．これらの生産物は容積が大きく，運搬費用がかさむために，生産地の近郊において肉用牛飼養が定着する傾向にある．また，他産業への就業機会の少ない中山間地域や離島等においては，飼料作物生産ならびに**地域資源**を活用した肉用牛飼養が定着している．このように肉用牛の生産は地域の基幹産業としての役割を担っており，その生産物についても加工，流通等の関連産業の裾野が広く，地域経済の活性化あるいは雇用創出などの効果を有している．また，高齢化が進む農村地域や過疎地域においては，小規模移動放牧による省力的な子ウシ生産あるいは肉用牛生産が集落単位で実施されており，地域コミュニティの維持・強化にも大きく貢献している．

(3) 肉用牛による国土の保全の多面的機能

肉用牛生産のための放牧や飼料作物の生産は，中山間地，林地あるいは野草地等の自然環境の保全，良好な景観形成とその管理，耕作放棄地の拡大防止等の国土保全のための**多面的機能**を有している．耕作放棄地は農村の過疎化や高齢化の進行により年々増加し，平成 22 年には 39.6 万 ha に達しており，これは 20 年前の 2 倍に相当する面積である[6]．また，耕作放棄が都市近郊にまで拡大する中，野生鳥獣による農作物や人への被害が頻発している．こうした中，耕作放棄地での放牧は，省力的な除草管理を可能にすると共に，肉用牛への粗飼料資源の供給，良好な景観形成を提供している．また，耕作放棄地を飼料作物や飼料用イネの生産に再利用することは，粗飼料生産基盤の拡充・強化につながるだけでなく，鳥獣害対策の推進ならびに国土の保全に寄与している．

（4）肉用牛による資源循環

肉用牛の生産では，排泄物の適切な処理が求められており，これらを堆肥として調製し，自給飼料生産に有効活用することは，窒素を基軸とする「土」，「草」，「牛」の資源循環を実現し，牛肉等の健全な畜産物生産に貢献している．また，堆肥は肥料としての役割を考慮すると，飼料生産に活用されるだけでなく，耕種農家による種々の作物への利用の拡大が見込まれるため，肉用牛生産は耕畜連携による資源循環を通して，土地利用型農業全般にも大きく貢献するものである．

（5）牛肉生産からみた肉用牛の役割

わが国で生産される牛肉は大別して，**霜降り牛肉**と**赤身牛肉**の２種類が存在し，これらは役割や機能，生産方法が異なる．霜降り牛肉は，大量の穀物飼料給与によって生産され，脂肪含量が多いため高カロリーとなり，風味が良いとされ，嗜好的要素が大きい．また，この牛肉はわが国において独自に発展してきた飼養方法のもとで生産され，近年，諸外国においてもその評価が高まり，輸出も行われている．一方，赤身牛肉は，穀物飼料を粗飼料等に代替して生産されるものが多く，脂肪交雑は少ない，あるいはほとんどないため低カロリーとなり，脂肪の風味よりも赤身肉の味が強く，タンパク質供給源としての役割が色濃い．このような牛肉生産における特徴は和牛の中でも品種による違いがあり，黒毛和種では粗飼料を多給した場合に適度な脂肪交雑の赤身肉となる．日本短角種では穀物飼料を多給した場合でも赤身が中心の牛肉となり，褐毛和種は両品種の中間的な牛肉となる．牛肉生産においては，その目標とする牛肉の質に応じた品種，飼養方法を選択し，その中で肉用牛として備わっている機能を十分に発揮させる環境を整えることが重要である．

柴田昌宏（（独）農研機構 近畿中国四国農業研究センター）

参考文献

1）酪農及び肉用牛生産の近代化を図るための基本方針（平成22年７月），農林水産省
2）平成20年度食料・農業・農村白書（平成21年５月19日），農林水産省
3）日本飼養標準 肉用牛（2008年版），中央畜産会
4）日本標準飼料成分表（2009年版），中央畜産会
5）村元隆行ら，日本畜産学会報，73：57-62，2002
6）耕作放棄地の現状について（平成23年３月），農林水産省

第２章　わが国における肉用牛産業

1．品　　種

家畜牛が朝鮮半島を経由して日本に渡来したのは弥生時代後期の３世紀から古墳時代の５世紀にかけてであるとされている．わが国へのウシの導入は農耕や運搬などの役畜としてだけでなく牛肉食も導入されたと考えられている．６世紀の渡来人による搾乳の普及，７世紀の蘇（チーズの一種）の献上，牧の設置などがあり，律令時代の８世紀には本格的なウシ飼養が見られたが，675年に天武天皇による肉食禁断の詔勅がありウシの用途は搾乳，農耕・運搬などの使役，採肥が主であった．

ウシの地方種が描かれている鎌倉時代後期の「国牛十図」の中に「西は牛，東は馬」とあるようにウシは主に関西，中国，九州地方で飼われていた．中国山地は古くから鉄の産地であったが，ウシは製鉄の資材運搬に用いられていた．そこでは鉄山などによって資本を蓄積した豪商が大量のウシを所有しその改良に取り組んでウシの預託などが行われた．1700～1800年代にはこのような時代背景のもと中国地方を中心に「竹の谷蔓」をはじめとした**蔓**の造成が行われ，その遺伝集団が日本固有のウシ品種，黒毛和種の成立に貢献した．江戸時代に彦根藩による牛肉味噌漬けの将軍家への献上などはあったものの表向きは肉用としての利用は禁じられていたが，明治維新の文明開化とともに牛肉や牛乳の食文化が広がっていった．また外国種の輸入により，明治の中期に使役に用いられていた在来種を改良するために，ブラウン・スイス種やシンメンタール種などの乳肉兼用の外国種を交雑した集団を閉鎖育種して1912年に**改良和種**と呼称された．改良和種からは黒毛和種が，地方在来種と外国種との交雑により褐毛和種，無角和種，日本短角種が作出され，これら４品種は和牛と総称された．一方現在わが国には固有の在来品種として見島牛と口之島牛がおりいずれも希少品種である．そして和牛が役肉用から肉専用への用途転換期にあった1960年の肉牛の繁殖雌牛頭数割合は黒毛和種76.4％であったが，牛肉が輸入自由化された1991年には黒毛和種の飼育割合が86.2％に増加した．黒毛和種以外の３品種はコスト面で輸入牛肉に対抗できると期待されたが，その後輸入牛肉に対する戦略が肉質の改良にシフトしたために2010年には遺伝的に脂肪交雑の入り易い黒毛和種が95.6％を占め，反対に３品種はいずれも減少している．現在牛肉の自給率は41％である．2010年の国産牛肉の43％は和牛から，57％はホルスタイン種及び黒毛和種との交雑種などからのものである．ホルスタイン種を受卵牛とした受精卵移植による黒毛和種生産も増加している．国産牛の多くはブランド牛肉として販売され，その数は200銘柄を越えている．

本項では日本の在来品種と固有品種である和牛及びその成立に寄与した外国種と戦後輸入された主な肉牛品種を写真とともに紹介する．なお品種写真下右端の（　）内には写真の提供元を記載している．米国農務省（USDA）肉畜研究センター（MARC）の去勢肥育成績の屠殺月齢はアバディーン・アンガス種とヘレフォード種が15.7カ月，その他の品種は15.0カ月である．脂肪交雑の程度を示すmarbling score（MS）は400～499：ほんのわずか，500～599：少量で，値の大きいものほど脂肪交雑の程度が高いことを表している．

写真 2-1　見島牛（雌）（山口県農林総合技術センター）

写真 2-2　口之島牛（雌）（牛の博物館）

(1) 日本の在来品種

1) 見島牛 Mishima Cattle，肉用種（写真 2-1）

山口県萩市の西北 44.3 km の海上にある見島で古来より飼育され，1928 年に「見島ウシ産地」として国の天然記念物に指定された．脂肪交雑の入り易い特性は黒毛和種に引き継がれている．毛色は黒色，晩熟で小格，雌の体高・体重は 113 cm，266 kg，去勢肥育牛の DG は 0.17 kg である（山口県畜試報告，1998，2001）．1967 年に「見島ウシ保存会」が，1999 年に「見島ウシ保護・振興対策委員会」が設立され保全活動と経済振興が図られているが，現在の飼育頭数は 100 頭未満で絶滅が危惧されている．乳用種との交雑牛は見蘭牛として地域ブランドとなっている．

2) 口之島牛 Kuchinosima Cattle，肉用種（写真 2-2）

鹿児島県トカラ列島の北端にある口之島で野生化した在来種で見島牛と同様に外国種を交雑しないまま集団が維持されている．体格は見島牛と同程度で毛色は黒，褐色の他，白斑など変異がある．現在，口之島に約 50 頭が観光資源として島民により保全されている．この他，鹿児島大学に約 20 頭，上野動物園をはじめ全国の動物園などに見島牛とともに数頭が教育展示されているが絶滅が危惧されている．

(2) 日本の固有品種（和牛）

1) 黒毛和種 Japanese Black，肉用種（写真 2-3）

在来牛の改良を目的として兵庫，広島，岡山，島根，鳥取などの地方在来種と 1900 年頃から輸入されたブラウン・スイス種，ショートホーン種，デボン種などの外国品種との交雑が行われた．その集団を閉鎖育種により固定化し，1912 年に「改良和種」が成立した．1944 年に一品種として認定し，1948 年に登録が開始された．毛色は黒単色，1960 年代から肉用種として改良され現在に至っている．体格は和牛としては中型で成雌の体高・体重は 130 cm，474 kg である．去勢肥育牛の産肉能力は DG 0.72 kg，肉質等級 3.7 と最良である（農水省，2010）．全国一円で飼養され，繁殖雌牛頭数（2 歳以上）は 597,419 頭で和牛の 97.6% を占めている（2010）．

写真 2-3　黒毛和種（雌）（牛の博物館）

写真 2-4　褐毛和種（熊本系雌）（熊本県農業研究センター）

写真 2-5　褐毛和種（高知系雄）（牛の博物館）

2）**褐毛和種 Japanese Brown，肉用種（写真 2-4，5）**

原産地は熊本県と高知県である．熊本系は朝鮮牛を基礎とした在来の肥後褐牛にシンメンタール種を交配して成立し，高知系は朝鮮牛の血液が濃い．放牧適性に富み，1944 年に褐毛を基準に同一品種として認定された．熊本系は和牛の中では大型で早熟，成雌の体高・体重は 134 cm，500 kg である．去勢肥育牛の産肉能力は DG 0.89 kg，肉質等級 2.5 で黒毛和種に次ぐ（農水省，2010）．高知系は目の周囲，鼻，角，蹄などが黒い「毛分け」が特徴であり，体格は黒毛和種と同程度である．現在，熊本系は日本あか牛登録協会が，高知系は全国和牛登録協会が登録を行っている．繁殖雌牛頭数は 11,127 頭で和牛の 1.8% を占めている（中畜 2010）．

3）**無角和種 Japanese Polled，肉用種（写真 2-6）**

山口県阿武郡で地方在来種とアバディーン・アンガス種を交配して 1924 年に成立した．1944 年に無角和種として認定され，全国和牛登録協会が登録を行っている．完全無角で毛色は黒味が強い．体型は典型的な肉用牛タイプである．放牧適性に富み粗飼料利用性と泌乳性が優れている．肉質は黒毛和種に比べて劣っているが，枝肉の歩留は良い．和牛の中では小型で成雌の体高・体重は 126 cm，422 kg 前後で，去勢肥育牛の産肉能力は DG 0.86 kg，肉質等級 2.0 である（山口県，2010）．繁殖雌牛は 160 頭（中畜 2010）で絶滅が危惧され，山口県において無角和種振興公社が維持増殖に取り組んでいる．

写真 2-6　無角和種（雌）（山口県農林総合技術センター）

写真 2-7　日本短角種（雌）（牛の博物館）

写真2-8　ホルスタイン種（雌）（牛の博物館）

写真2-9　ブラウンスイス種（雄）（米国 New Generation Genetics）

4）日本短角種 Japanese Shorthorn，肉用種（写真2-7）

南部牛にショートホーン種を交配して作出された短角種系が岩手，青森，秋田の各県でそれぞれ登録されていたが，1957年にこれらを統一して日本短角種登録協会が設立された．毛色は赤褐色が多い．体型は和牛の中では最大で，成雌の体高・体重は132 cm，570 kg，去勢肥育牛はDG 0.87 kg，肉質等級2.0で他の和牛に劣る（農水省，2010）．繁殖能力，泌乳能力，放牧適性の優れた品種である．繁殖牛は放牧によるマキ牛繁殖が主要な飼養形態である．褐毛和種，無角和種とともに地方特定品種に認定されている．繁殖雌牛頭数は3,319頭である（中畜2010）．

（3）和牛成立に寄与した外国種

1）ホルスタイン Holstein，乳用種，原産国：オランダ（写真2-8）

オランダ，フリースランド原産である．1874年に登録協会が設立された．アメリカとカナダにおいてめざましい泌乳能力の改良が図られた．毛色は黒白斑または赤白斑で体格は大型である．乳量は乳用種中最も多い．鹿児島県で改良和種の作出に用いられた．本種及び黒毛和種との交雑種はわが国の重要な牛肉資源となっている．交雑種の去勢肥育牛の産肉能力はDG 1.25 kg，肉質等級2.0である（農水省，2010）．

2）ブラウン・スイス Brown Swiss，乳肉兼用種，原産国：スイス（写真2-9）

原産地はスイス北東部の山岳地帯で19世紀前半に成立し，高品質のチーズ製造向けに改良された．1901年以来輸入され京都，兵庫，広島，鳥取，島根，山口，大分，鹿児島各県の改良和種の造成に貢献した．わが国では乳用種としてホルスタイン種，ジャージー種に次いで多い．毛色は灰褐色で色調は濃淡さまざまである．体格は中～大型で乳量はホルスタイン種に次ぐ．

3）ショートホーン Shorthorn，肉用種，乳用種，原産国：英国（写真2-10）

18世紀末に成立し世界中の多数のウシ品種の改良に貢献した．日本短角種の作出及び兵庫，岡山，広島各県の改良和種の造成に供用された．毛色は赤褐色，白色及び粕毛の3種である．放牧適性があり泌乳性が高い．体格は中～大型で去勢肥育牛の産肉能力はDG（離乳後の1日当たり平均増体量）1.24 kg，枝肉歩留61.0%，MS 566である（MARC，1996）．

4）デボン Devon，乳肉兼用種，原産国：英国（写真2-11）

1884年に登録協会が設立されている．日本には明治の初めに輸入され島根県で改良和種の作出に，熊本

写真 2-10　ショートホーン種（雄）（牛の博物館）

写真 2-11　デボン種（雄）（英国 The Kew Herd of Pedigree Devon Cattle）

県では褐毛和種の初期の造成に用いられた．毛色は赤褐色で角，鼻鏡，蹄は肉色である．体格は小～中型で，去勢肥育牛の DG 1.05 kg，枝肉歩留 60.7%，MS 517 である（MARC，1996）．

5）シンメンタール Simmental，乳肉兼用種，原産国：スイス（写真 2-12）

シンメンタールは，1890 年に登録協会が設立され，乳肉役三用途の兼用種であった．わが国には 1900 年に輸入され熊本県及び高知県の褐毛和種の成立と島根県，大分県の改良和種の成立に寄与した．毛色は淡黄褐色で頭部と四肢が白色である．体格は中～大型で去勢肥育牛の DG は 1.24 kg，枝肉歩留 60.5%，MS 510 である（MARC，1996）．

6）エアシャー Ayrshire，乳肉兼用種，原産国：英国（写真 2-13）

1877 年に登録協会が設立された．毛色は赤色白斑または褐色白斑で前方に屈曲した細長い角を持つ．体格は中型で厳しい環境下でも能力を発揮する．1878 年にわが国にはじめて輸入され，奨励品種として全国で広く飼養された．広島，島根，山口各県の改良和種，秋田県の短角種系の成立に寄与した．わが国では 1918 年に登録が開始された．

7）韓牛 Hanwoo，肉用種，原産国：韓国（写真 2-14）

朝鮮半島の在来牛で朝鮮牛とも呼ばれていた．役用牛であったが，現在は肉用に改良されている．1918 年以後わが国への輸入が増加し，褐毛和種の成立に貢献した．特に高知系褐毛和種は韓牛の影響が強い．第二次世界大戦中に日本に大量に輸入され，役牛として用いられた．韓国では主要な肉牛品種で総頭数は

写真 2-12　シンメンタール種（雄）（牛の博物館）

写真 2-13　エアシャー（雄）（Viking Genetics）

写真 2–14　韓牛（雄）（李周煥博士）

写真 2–15　アバディーンアンガス（雄）（牛の博物館）

294.6万頭である（2010）．毛色は黄褐色であるが濃淡に変異がある．海外からの牛肉輸入の圧力が強まり1990年代以後肉質とくに脂肪交雑の改良が進められ，肥育期間も長期化した．韓国在来の肉牛「済州黒牛」と「葛韓牛」は韓牛とは別の品種である．

8）アバディーン・アンガス Aberdeen Angus，肉用種，原産国：英国（写真 2–15）

原産地はイギリス北スコットランドで1867年に品種として公認された．毛色は黒色で雌雄ともに無角である．早熟で体格は中～大型，泌乳能力は肉用種として中程度である．肉質は外国種の中でも最良と言われる．肉付き良好であるが，赤肉生産能力は低い．去勢肥育牛の産肉能力 DG 1.42 kg，枝肉歩留 61.4%，MS 578である（MARC，2001）．1916年にイギリスから輸入され，その後無角和種の成立に貢献した．1960年代中頃から種牛として北海道，青森，岩手，長野及び熊本の各県に導入された．

（4）戦後海外から輸入された肉用種

1）ヘレフォード Hereford，肉用種，原産国：英国（写真 2–16）

イングランド西南部のヘレフォード地方に古くから飼われていた在来牛が肉用種に改良された．1878年に登録協会が設立された．毛色は暗赤色で顔，頸，胸部，腹部，尾部が白い．無角と有角がある．やや晩熟で，体格は中型，泌乳能力は肉用種の中でも低い．環境適応性が高く，放牧に適している．早熟で繁殖能力が優れている．肉付きは良好であるが，赤肉生産能力は低く，サシの入りは良くない．去勢肥育牛の産肉能力は DG 1.42 kg，枝肉歩留 61.4%，MS 506である（MARC，2001）．1961年にアメリカより岩手，秋田，

写真 2–16　ヘレフォード（雄）（牛の博物館）

写真 2–17　シャロレー（雄）（牛の博物館）

写真 2–18　リムジン（雄）（牛の博物館）

写真 2–19　サラー（雄）（英国サラー協会）

北海道に輸入された．現在の飼養頭数はごくわずかである．

2）シャロレー Charolais，肉用種，原産国：フランス（写真 2–17）

フランス南東部のシャロレー地方の在来種を改良して乳肉役兼用種とした．1864 年に登録協会が設立された．イギリスでは最初に輸入された大陸品種である．毛色は乳白色からクリーム色単色まである．晩熟で難産の発生率が高い．体格は大型で後軀が充実している．無角と有角がある．発育が良く筋肉質の体型をしており，赤肉生産能力が非常に高い．去勢肥育牛の産肉能力は DG 1.31 kg，枝肉歩留 61.0%，MS 523 である（MARC，1996）．わが国へは 1963 年にはじめて輸入された．現在ではほとんど飼育されていない．

3）リムジン Limousin，肉用種，原産国：フランス（写真 2–18）

19 世紀にフランスの中央マッシフで成立し 1886 年に登録簿が発行された．毛色は桜赤色で有角と無角がある．体格は中～大型で筋肉質の体型をしている．ミオスタチン遺伝子の機能欠損により筋肥大を引き起こすため赤肉の生産能力が高い．1990 年に山形県の米沢郷牧場がカナダより導入した．黒毛和種との交雑試験により脂肪交雑や赤肉の遺伝子の特定に用いられた．去勢肥育牛の産肉能力は DG 1.13 kg，枝肉歩留 61.1 %，MS 477 である（MARC，1996）．

4）サラー Salers，乳肉兼用種，原産国：フランス（写真 2–19）

フランス中部の中央マッシフ高地で成立し 1908 年に登録が開始された乳・肉・役兼用種であった．高原草地でチーズ生産用に改良された．日本では北里大学八雲牧場（北海道）にサラー種と日本短角種との交雑種が肥育牛として飼育されている．毛色は赤褐色または黒色で通常有角である．体格は大型で，去勢肥育牛の産肉能力は DG 1.23 kg，枝肉歩留 61.4%，MS 515 である（MARC，1996）．

5）マレー・グレー Murray Grey，肉用種，原産国：オーストラリア（写真 2–20）

オーストラリア東南部のマレー地方原産でショートホーン種とアバディーン・アンガス種との交雑によって作出された新しい品種である．1965 年に登録簿が発行され日本にも肥育素牛として輸入された．毛色は灰褐色で無角である．体格はアバディーン・アンガス種より小型で DG 1.24 kg，歩留基

写真 2–20　マレーグレー（雄）（全国肉用牛基金協会）

準値72.8%，BMS 2.5である（家畜改良センター十勝牧場，1977）．性格は温順，粗飼料の利用性が高い．

内田　宏・川田啓介（奥州市牛の博物館）

参考文献

1）加茂儀一：家畜文化史．法政大学出版局．東京．1973.
2）市川健夫：日本の馬と牛．東京書籍．東京．1981.
3）吉田忠：牛肉と日本人．農山漁村文化協会．東京．1992.
4）斎藤正二：日本人と動物．八坂書房．東京．2002.
5）Namikawa K.：Breeding History of Japanese Beef Cattle and Preservation of Genetic Resources as Economic Farm Animals. Wagyu Registry Association. 2nd Edtion. Kyoto. 1992.
6）農林省畜産局編：畜産発達史本編．中央公論事業出版．東京．1966.
7）MARC, http://www.ansi.okstate.edu/breeds/research/marccomp.htm, 1996.
8）MARC, http://www.digitalcommons.unledu/hruskareports/193, 2001.
9）農林水産省：家畜改良増殖目標Ⅲ肉用牛．2010.
10）中央畜産会：家畜改良関係資料Ⅱ肉用牛関係資料．2011.
11）廣岡博之：ウシの科学．朝倉書店．東京．2013

2. 登　　録

(1) はじめに

イギリスでは，19世紀には，イギリスを起源とする3大肉用種のうちアンガス，ヘレフォードが相次いで品種協会（日本でいう登録協会）を設立し，登録簿を発刊するなど，登録制度が確立し，組織的に新しい品種の特徴や能力を保持，改良するようになった．家畜の品種の造成や改良ではロバート・ベイクウェルがよく知られているが，イギリスで18世紀に造成された品種が，最終的に品種協会を設立させ，登録事業の近代的な展開が行われることで，世界的な広がりを持つ品種に育って行ったといえる．

イギリスのブリーダーが活躍したこの時期は，わが国では日本最古の「**つる**（蔓）」（系統）が相次いで造成された時期にあたるが，残念ながら，「分けづる」を生じながら特徴を次第に消失していったということであり，イギリスの動きと対照的になったことは否めない．また，各国ではそれぞれ独自にさまざまな品種の登録協会が設立されており，各国の品種協会間の関係は，それぞれの協会の登録事業が信頼にたるものかにより判断される．自由化とともに，日米の衛生協定により，アメリカを通じて和牛遺伝子の海外流出が起こったが，期せずして，アメリカ，オーストラリアに和牛の登録組織が設立されたことでも，登録組織の重要性は明らかである．

わが国における**和牛登録事業**は，牛籍整理が実施される中で，1919年に鳥取県が因伯種標準体型を制定し，同時に審査標準を作成し，翌年より登録規程により登録を実施し始めたことに端を発している．

以来，90有余年が経過し，和牛は「**農用牛**」として位置付けられた時代を経て，わが国独特の肉専用種としての歩みを始めてからも半世紀に至り，今や世界でも第一級の肉専用種として，大きな注目を浴びるまでになっている．これは，「登録事業を基礎とした和牛の改良」という一貫した考えが，今日まで貫かれたことによるものである．本節では，黒毛和種を中心に，簡単に，これまでの登録事業の歴史的経過を振り返り，登録事業が改良に果たした役割を浮き立たせ，登録事業の課題を整理しておきたい．

(2) 雑種奨励時代と和牛

和牛の改良に対する方針が打ち出され，和牛の登録事業と改良に後々まで大きな影響を与えたのは，1900年に，種牛改良調査会が政府の諮問に応えて外国種との交雑による改良方針を打ち出し，雑種奨励時代がはじまったことである．この時代は1910年までの10年の間にしか過ぎないが，外国種との交配により雑種化した和牛と在来の和牛が混在し，雑ぱくな状態を作り出した．とくに，零細な農家の耕地を耕し，堆肥づくりに欠かせない「農用牛」として求められる能力を無視した改良方針は，致命的な欠陥を持っていた．

その後，約10年の改良方針のない期間を迎えるが，在来和牛と外国種の優れた点を備えた和牛づくりを方針とし，その改良過程にある牛という意味で「**改良和種**」という言葉が使われたのは，1912年に姫路市で開催された第6回中国6県連合和牛共進会の時であった．しかしながら，この方針では具体的な改良目標が定まっておらず，漠然とした意味で使われており，改良の進捗は極めて遅かったようである．

(3) 登録事業の幕開けと固定種の造成

このような中で，鳥取県（因伯種）を皮切りに，大正末期から昭和にかけて，兵庫（但馬種），島根（島根種），大分（豊後種），熊本（肥後種），山口（防長種），岡山（備作種），広島（広島種）など，中国地方や九州の各県で，一県一品種的な固定種造成のための登録事業が行われるようになった．

これらの登録事業では，標準体型，審査標準並びに登録規程によって運営された．**標準体型**とは，各県毎に実施された体型調査をもとに定められた理想とされた体型であった．この目標を実現するための選択基準が**審査標準**であった．審査標準は，体格部位の具備すべき理想的な形質を記述的に示しているが，各項目の改良上の重要度に応じて評点を適正に配分し，選択の基準として用いられた．

一般的には，「体軀，乳房，肢蹄が良く，強健で性質温順」な牛を「**補助登記**」し，それらの交配による産子で審査標準による体型条件を満たしたものを「**予備登録**」とし，祖父母並びに父母が予備登録牛であるものの中から予備登録よりは更に体型条件を満たしたものを「**本登録**」するという方式であった．いわば，血統と体型による登録ということであった．

表2-1　和牛4品種に発展する固定種造成のための登録組織の例

品　種	県　名	開始年度	登録規程	標準体型等
黒毛和種	鳥取県	1920	鳥取県畜牛登録規程	因伯種標準体型
褐毛和種	熊本県	1922	赤毛肥後種牛登録規程	肥後種審査標準
無角和種	山口県	1924	山口県畜牛登録規程	防長標準体型
日本短角種	岩手県	1945	登録規程，審査標準	「褐毛東北種」

(4) 中国和牛研究会と品種の成立

その後，1927年に岡山，広島2県によって開催され，中国6県等が漸次加入した中国和牛研究会等の開催により，各県の和牛に対する特殊性ではなく普遍性を認識し尊重することによって，統一の気運が高まり，審査標準の統一に対する検討が行われた．1938年には本登録のみ中央団体で登録が実施されるようになり，1944年には，和牛を固定種と見なして，改良和種から黒毛和種，褐毛和種（赤毛肥後種），無角和種（無角防長種）とされた（日本短角種が品種として認められるのは1956年である）．

(5) 全国和牛登録協会設立と登録事業

全国和牛登録協会は，1948年3月3日，兵庫県の城崎町で設立総会を迎え，種畜法に基づく特殊公益社団法人として発足した．その後，法律の改正により，1950年12月1日に民法による社団法人となり，家畜改良増殖法に定める登録事業を行う公益法人として存続し，公益法人制度改革が進められる中，2012年4月1日には公益法人認定法により公益性が認められ，公益社団法人へ移行した．

和牛は，第二次世界大戦直後の食糧難にはじまり，その時代の要求に応えながら農用種から肉専用種としての歩みを遂げ，牛肉の自由化時代，また，経済不況と災害の現在に至るまで．それら時代を和牛はどのように切り抜けてきたか，登録事業を通した特徴点を次にまとめておきたい．

1）**第二次世界大戦直後の登録事業**

第二次世界大戦後の荒廃の時期に当たり，戦後の食糧難の時代であったことや農地改革により多くの自作農が創設されたことにより，「農用牛」としての和牛を一層使役に利用しやすいものとし，農家における栄養向上に向けた和牛乳の飲用が奨められた時代でもある．登録協会設立当時に採用された審査標準によると，乳徴と歩様の配点が重視されており，泌乳能力の改良に重点が置かれたことが窺われる．

また，1950年の規程改正では，新たな登録区分として**高等登録**が設けられ，高等登録牛は，繁殖成績等を資格条件としたいわば後代検定済みの優良牛として，和牛の改良と集団育種事業に大きな役割を果たすことになった．また，「遺伝的不良形質除去計画」を定め，遺伝的不良形質の除去に着手し，**閉鎖登録制度**に移行したのもこの年のことである．

「**蔓牛規程**」を定め，集団育種事業を協会の事業として位置付け，展開し始めたのもこの年であり，この事業は，優秀個体計画生産研究会に引き継がれ，1962年に育種組合結成に結実し，育種組合の優良牛を育種登録牛として区分し，集団育種事業が本格的に展開される時代に繋がっていくことになる．

2）**高度経済成長と和牛の肉専用種化**

戦後の復興期が過ぎ，1955年代に入り，高度経済成長が始まると農村に自動耕耘機が導入され，和牛の役利用が衰退し，反面，都市への人口の集中に伴い，食肉の需要が拡大してきた．食肉需要の増加に対応するように，中央卸売市場が開設され，枝肉の規格取引が始められた．このように和牛は急速に肉専用種としての役割が求められるようになり，産肉能力の改良を進めるために種雄牛の**産肉能力検定法**の整備や，肉用牛としての特徴を重視した審査標準の改正（1962年）等が実施された．改正された審査標準では，審査得点に占める肉専用種としての体型に係わる審査項目の割合が，63%と3分の2近くの割合を占めるようになった．ちなみに，登録協会設立当時の審査標準では53%であり，この審査標準の改正は，肉用牛体型を重視した審査標準に改正して肉専用種化への道を開こうというものであった．今日の和牛の発育性能や体積豊かな牛づくりの原点となっている．

3）**牛肉輸入自由化の時代の対応**

1985年頃から牛肉輸入自由化交渉が大詰めを迎え，政府は1991年に自由化に踏み切った．同時に，日米の衛生協定が締結され，海外への和牛遺伝子の流出が可能な時代を迎え，国際化時代の幕開けとなった．この時期，登録協会は，登録規程の改正を実施し，各産地の牛づくりに柔軟に対応できるように育種登録制度を廃止し，**育種牛制度**に変更した．また，優良和牛遺伝子保留協議会の一翼を担うとともに，平成3年度から，アニマルモデルに基づく産肉能力に関する**育種価評価**を実施し，種雄牛造成や雌牛保留に活用することによって，急速に産肉能力の向上が図られた．また，登録証明書への育種価の指標表示を開始し（1994年），2000年の登録規程の改正により，本原登録と高等登録の資格条件に産肉能力の育種価を取り入れ，とりわけ肉質については，世界でも例のない改良が実現されたところである．交雑による肉牛生産が主流とな

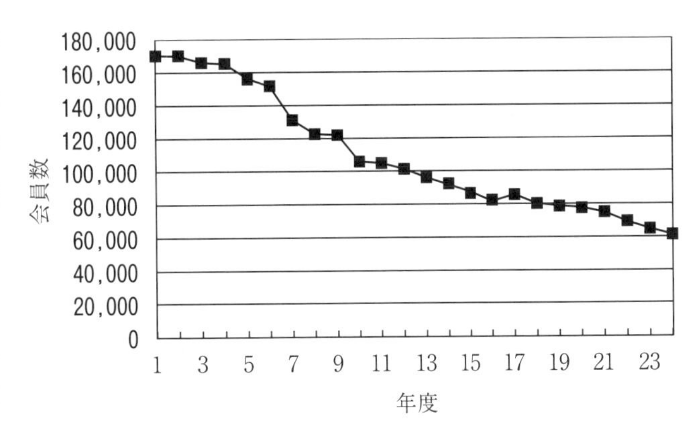

図 2-1　会員数の推移（平成元年以降）

っている世界的な趨勢とは異なり，わが国では純粋種による肉牛生産が重要な役割を果たしており，登録事業の普及により血統情報が整備されていることが，育種価の正確度を高め，改良の成果をもたらすところとなった．

4）**新しい時代に向けて**

自由化以降，バブル経済の影響を受けたものの，とくに1998年以降はBSEの発生により，登記・登録証明書の重要性が再認識されたこともあり，会員数は減少したが，登記・登録件数は年を追って増加した（図 2-1，2）．

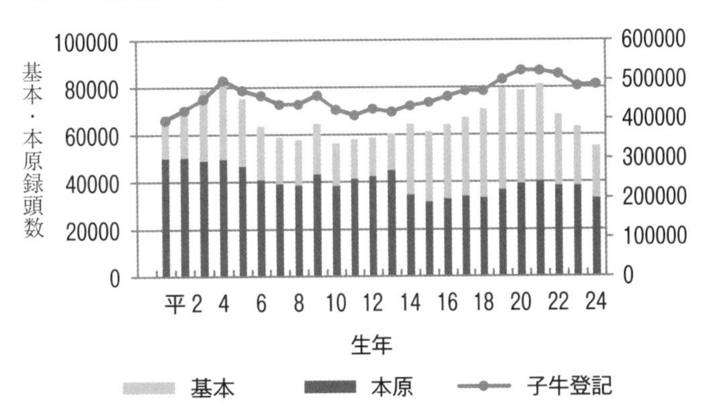

図 2-2　登記・登録と数の推移

しかしながら，近年の石油価格や飼料価格の高騰，世界的な不況に加えてわが国では，口蹄疫の発生や東日本大震災と原発事故の影響により，かつてない生産コストの上昇と枝肉価格の下落に見舞われており，2011年を境に極めて厳しい状況に直面している．一方では，子牛生産頭数の減少に伴う子牛価格の上昇が見られ，また，和牛肉の海外輸出への期待感があるなど，複雑な状況であり，生産環境としては，不安定な状態である．

このような状況の中で，当面の和牛の改良としては，生産効率に配慮して，種牛能力や繁殖性の向上，飼料利用性の改善，早熟性の確保，消費者が求める「美味しい和牛肉」の追求等が改良上の重要課題となっており，また，上記に係わる形質の改良を保証する**遺伝的多様性**の確保のための系統再構築が必要である．また，肉用種としての特徴の改良に繋がったこれまでの審査標準を，種牛性の改良に重点を移すことを目的とした新しい審査標準に改正し，2012年4月の基本・本原登録から施行したところである．

2012年に開催された第10回**全国和牛能力共進会**は，上記の当面の和牛改良の課題の実証展示の場として大きな成果を上げたが，引き続き，登録協会として，これらの課題の実現に向けた改良手法等の開発に研究機関の協力を得ながら取り組み，実際の改良に活用していく予定である．また，当面，新しい審査標準に基づく成果を，体型審査の条件に反映した登録規程の改正を行う準備を進めており，将来的には，能力を基準とした登録の資格条件等に反映させ，登録事業をベースとした和牛の改良に取り組む予定である．

(6)「黒毛和種種牛審査標準」の改正について

これまでの審査標準は，和牛が肉専用種としての道を歩み始めた時期に改正され，この審査標準の適用により，肉用種としての発育・体積の改良が大きく進んだ．今後の改良の方向性は，肉用種としての特徴を維持しながら，種牛能力の改良による生産性の向上を図ることが大きな柱である．こうした時代に適合する審査標準への改正を行うために，中央審査委員会に審査標準改正部会を2002年に設置し，8回に亘る作業部会の改正に係わる協議を経て，2009年に中央審査委員会で成案として採択され，理事会承認を受けた．

表 2-2　黒毛和種種牛審査標準

総称		審査項目	審査細目	説明	標点		減率協定		
							普通		最良
					雌	雄	雌	雄	
肉用種の特徴(50)	増体性 飼料利用性 早熟性	体積（50）	体積	月齢に応じた良好な発育をし，体軀広く，伸びよく，体積豊かなもの。栄養適度で，肉付均等，各部の移行なだらかなもの。	18	18	20	17	6
			前軀	幅と張りとに富み，充実し，深いもの。 胸は広く，深く，胸底平らで，胸前，肘後ともに充実しているもの。 肩は胸及びきこうへの移行なだらかで，肩後は充実しているもの。	6	6	18	16	6
			中軀	幅と張りとに富み，深く，伸びのよいもの。 背腰は広く，長く，強く，平直であるもの。 肋は付きがよく，角度大でよく張り，長く，肋間の広いもの。腹は豊かで，ゆるくなく，後方まで深いもの。	12	12	16	14	4
			後軀（尻・腿）	尻は腰角，かん，坐骨ともに幅広く，長く，傾斜少なく，形よく，充実しているもの。腰角は突出せず，十字部は平らで，かんの位置よく，せん骨は高くなく，尾は付着よく，まっすぐにさがったもの。 腿は上腿，下腿ともに広く，厚く，充実し，腿下がりのよいもの。	14	14	22	19	10
種牛性(50)	体軀構成 健全性	均称（18）	均称	頭，頸，体軀，四肢相互が月齢に応じた釣合いをし，前，中，後軀の釣合いよく，体上線，体下線ともに平直で，体軀が充実しているもの。	12	12	20	17	6
			肢蹄・歩様	肢勢は正しく，関節は強く鮮明で，筋けんはよく発達し，肢の長さは体の深さに釣合い，蹄は大きく厚いもの。歩様は確実で，肢の運びのまっすぐなもの。	5	8	22	20	12
	繁殖性 連産性 長命性	品位（17）	品位	輪郭鮮明で体緊り，骨緊りともによく，品位に富み，雌雄それぞれの性相を現わし，性質温順なもの。 肩は緊密に付着し，ほどよく傾斜し，肩端の突出していないもの。 性器は正常なもの。	12	12	20	17	6
			頭頸	頭部は形よく，鮮明で，体軀に釣合っているもの。額は平らで広く，鉢緊りよく，眼はいきいきとして温和なもの。頬は豊かで，顎は張り，鼻梁は長さ適度で，口は大きいもの。耳は大きさ中等で，項は広いもの。 頸は短めで，頭部と前軀への移行よく，雌は厚さ適度で，顎垂少なく，雄は厚く，頸峯と胸垂は適度に発達しているもの。	5	6	22	20	10
	資質	資質（8）	資質	資質のよいもの。 被毛は黒く，わずかに褐色をおび，光沢があり，細かく柔らかく，密生しているもの。 皮膚はゆとりがあり，厚さ適度で，柔らかく，弾力に富むもの。 角，蹄は質ちみつで，色沢よく，管は平骨で鮮明なもの。	8	8	20	17	6
	泌乳性 哺育性	乳徴（7）	乳徴	乳房は均等によく発達し，容積があり，質は柔軟で弾力があるもの。乳頭は配置よく，大きさ適度で，柔らかく，乳脈はよく発達しているもの。	7	4	20	19	6
				合計	100	100	80.1	82.6	93.1 (93.0)

この審査標準改正にあたっては，基本・本原登録時に記録が取られた体型測定値，減率審査項目，外貌記載法審査項目とその後記録が収集される経済形質（繁殖成績，産子の枝肉成績）間相互の遺伝的関連性を整理した上で，新審査標準の原案が検討された．最終的に，肉用種としての特徴と種牛性を1：1とし，各審査項目が示す能力を総称として示し，審査細目によって審査を実施する審査標準に改正された．

(7) 和牛登録制度の特色

最後に，現在の和牛登録の特徴を網羅的に既述しておく．

1) **開放式から閉鎖式登録制度へ**

1950年の登録規程改正により，閉鎖式登録制度となり，父母，祖父母とも登録牛で**登記証明書**が発行されているものでなければ，登録されることはない．

2) **選択登録制度**

「**選択登録制度**」とは，外貌や能力について一定の基準を設けて，この条件を満たしたものだけを登録する制度であり，時代とともに変遷する．現在の登録の種類は「基本登録」，「本原登録」，「高等登録」であり，登録の補助手段として子牛登記が実施されている．

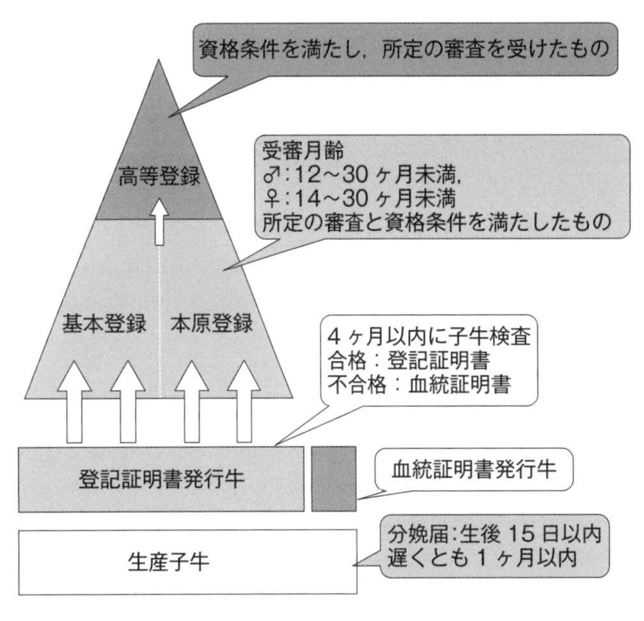

図2-3　登録の流れ

3) **遺伝的不良形質の排除，発現の抑制**

①**「遺伝的不良形質の除去計画」**

1950年代の「新づる造成」事業の展開の中で，長期在胎，無毛，下顎関節強直，先天性盲目，単蹄，遺伝的肢れん縮等遺伝的不良形質が発生した．当時は，保因が疑われる種雄牛と関連牛の交配結果によって保因牛を同定（「種雄牛の遺伝的不良形質検定」）し，不良形質の排除にあたった．

②**「遺伝的不良形質の排除，発現の抑制に係わる規程」**

ここ十数年間に，遺伝的多様性の消失とともに新たな遺伝的不良形質が発生している．これらの不良形質は遺伝子型検査によって対処が可能なものも多く，登録協会における遺伝的不良形質の排除は，新規登録牛の遺伝子型検査により保因牛を排除することを基本として実施している．

4) **個体識別法として「鼻紋」を採用**

個体識別の原則は生物固有のユニークな指標を利用することにある．鼻紋や指紋，掌紋，斑紋，旋毛，虹彩，SNPs（一塩基多型）の活用等がそれに相当する．現在は，鼻紋が採用されているが，将来的にはDNA情報を活用する方法が注目される．個体識別機能に加えて遺伝的関係をも検索可能にすることができる点で，優れた方法といえる．

5) **育種牛制度の実施**

平成元年より実施し，自主性・独自性を重視した育種組合の在り方と牛群の能力に照らした改良目標と選抜基準を設け，地域の牛づくりの中核組織として位置付けられる体制を整えている．

(8) 登録のシステム

①**登記・登録区分の特色**

a) **子牛登記**

登録規程では「登録の補助手段」（登録規程第3条）としての位置付けている．子牛登記証明書が発行されていることが基本・本原登録の条件（登録事業の基礎）となる．子牛検査の結果，異毛色等により失格扱いされた牛には，「血統証明書」を発行することができる．

b）**基本登録**

繁殖牛として必要な基本的資格条件を満たした牛．であり，位置付けとしては肥育もと牛生産用としての色合いが濃い．ただし，能力の極めて高い牛は，高等登録を経て，経営あるいは地域の改良の柱となる種牛となる道が開かれている．

c）**本原登録**

和牛の改良・増殖を集団的に取り組んでいる地域（和牛改良組合）のベースを構成する牛であり，主な役割は，改良の基礎となる種牛を供給することである．この中から能力の優れたものが高等登録牛として改良の中核的な牛群を構成する．とくに和牛育種組合を結成し育種事業を展開しているところでは，選抜によって小数のエリート集団となる育種牛群に，常に能力の高い種牛を幅広く供給する役割を担う．

d）**高等登録**

生産に用いられ，繁殖成績や産子成績が判明し，血統・体型・繁殖成績・産子成績・産肉能力・不良形質に関する5つの資格条件を満たした種牛に対して与えられる，最も高次の登録種類である．

吉村豊信（（公社）全国和牛登録協会）

参考文献

1）石原盛衛，和牛飼育法．養賢堂．東京．1963.
2）上坂章次編，和牛全書．朝倉書店．東京．1956.
3）家畜登録団体協議会，家畜登録事業発達史．pp 327-555．家畜登録団体協議会．東京．1980.
4）全国和牛登録協会編，最新の和牛．産業図書．東京．1950.
5）全国和牛登録協会編，これからの和牛の育種と改良（改訂版）．全国和牛登録協会．京都．2007.
6）全国和牛登録協会編，和牛登録事務必携．全国和牛登録協会．京都．2013.
7）羽部義孝，和牛の改良．中央畜産会．東京．1925.
8）羽部義孝，和牛の改良と登録．養賢堂．東京．1940.
9）羽部義孝編，和牛全講．養賢堂．東京．1968.

3. 黒毛和種の育種改良と展望

（1）育種改良の歴史

牛はわが国に弥生時代中期に大陸から渡来したと考えられ，日本書紀や続日本記，風土記には役利用や食用に利用した記載があり，平安時代の絵巻や1310年に寧直麿が著した「国牛十図」からも，各地に特徴をもった牛が存在していたようである．往時の姿は現存する見島牛や口ノ島牛から偲ばれ，それらの在来牛を素材に，江戸末期には，中国地方の篤農家を中心に竹の谷蔓（1830年，岡山県），岩倉蔓（1843年，広島県），周助蔓（1845年，兵庫県），卜蔵蔓（1855年，島根県）などの系統が作出され，地域の環境や農業に適応した農用牛の系統が作出されていた．

今日の和牛に至る体系的な育種改良の幕開けは明治維新にさかのぼる．時の政府は，近代化と富国強兵にともなう乳肉の需要拡大に応えるべく，当初，乳肉兼用の外国種を導入して純粋繁殖によって需要を満たすことを目指したが，風土に適さず，地域に根ざした在来牛を改良する気運が高まった．20世紀初頭からは外国種との交雑が推進され，各県・地方では，大型化と泌乳能力を高めるという漠たる方針により様々な外国種が交雑に用いられ，雑種は体格や増体能力，泌乳能力に改善が見られたものの，斉一性を欠き役用牛としての能力が劣化し，肉利用においても肉質や可食肉量の低下を招き，雑種奨励はわずか10年間で終焉を迎えた．

交雑種生産とその混乱を経て，在来牛と外国種の美点を兼備する改良和種造成の方針が出され，1919年以降，1県1品種の方針の下，各県が独自の理想像を設けて固定種の造成に取り組み，鳥取県を初めとして，主要生産県では標準体型を定め，整理固定をめざした．各県ともに目標とする体型・資質には大差がなくなり，全国的に統一された本登録が1937年頃に開始され，共通の審査標準の運用により，外貌の斉一化が進められた．今日一般に和牛と称される肉用品種は，第2次世界大戦の終戦前年1944年に一定の斉一性を具備したとして「黒毛和種」，「褐毛和種」，「無角和種」が，遅れて1957年に「日本短角種」が品種として認定され，4品種が成立した．

終戦直後，1948年には全国和牛登録協会が創立され，全国一律の選択登録制度により，品種としての斉一性を高め役肉用牛としての改良が促進された．1950年からは，新たな蔓（系統）の造成が開始，4蔓牛が認定，1958年に優秀個体計画生産研究会が発足し，1962年には育種を推進する核となる育種組合が設置され，育種登録制度の導入により能力による選抜が図られた．

高度経済成長期を迎え，堆肥生産や役用の用途は急激に薄れる一方，増加する牛肉需要に応えられる肉専用種への転換が急がれ，産肉能力の遺伝的評価が不可欠となった．1968年から雄牛の増体能力や飼料利用性を評価する**能力検定**（和牛種雄牛産肉能力**直接検定法**）と後代の枝肉形質から産肉能力を評価する**後代検定**（同**間接法**）が公認の検定場において開始された．1970年代初頭までは，肉量の絶対供給量を増やすために赤肉量の改良に重きがおかれていたが，徐々に質量兼備に移行した．1980年代には肉質重視へと向い，1991年の牛肉輸入自由化を契機に輸入牛肉に対する国産牛肉の優位性を保つために，一層の肉質の向上と斉一化が急務となった．

時を同じくして遺伝的能力評価法として，世界的に注目を浴びていたBLUP法を採用する環境が整い，1991年度から全国和牛登録協会では，枝肉市場から収集された枝肉格付記録を活用した**アニマルモデルBLUP法**による育種価評価事業を道府県単位で開始し，その後，育種価情報の生産現場への普及によって，種雄牛の産肉能力検定は現場後代検定法へと漸次移行した．1999年度より国は県域を越えた肉用牛広域後代検定推進事業を開始して全国的に供用できる種雄牛評価を開始した．現在では産肉能力，とりわけ枝肉形質の育種価評価情報は，計画交配の指針，種牛候補の選抜，子牛市場名簿への表記など生産現場において不可欠の改良増殖指針として活用され，脂肪交雑に飛躍的な改良をもたらした．さらに今日，分子生物学がめざましい進展を遂げており，DNA情報を活用した形質に係わる遺伝子の探索やゲノム選抜など新たな育種改良手法の導入が検討されている．

(2) 量的形質改良の基本原則

家畜の体重や脂肪交雑のように効果の小さい多数の遺伝子（**ポリジーン**）に支配され，さまざまな環境の影響を受けて連続的に変異し，測定可能な特性である**量的形質**の改良を行う場合，

・改良目標を明確にする

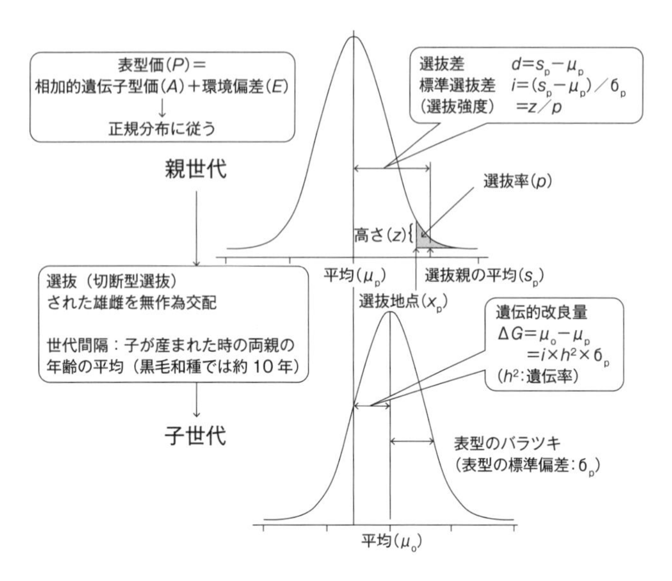

図 2–4　形質の分布と切断型の個体選抜による遺伝的改良量の模式図

表 2–3　選抜率と選抜地点，選抜強度の関係

選抜率 p	選抜地点 x_p	選抜強度 i
0.01	2.326	2.665
0.05	1.645	2.063
0.10	1.282	1.755
0.20	0.842	1.400
0.30	0.524	1.159
0.40	0.253	0.966
0.50	0.000	0.798

数値は標準正規分布（平均 0，分散 1）の値

・遺伝的変異の確認（遺伝的多様性）
・集団内の個体の遺伝的能力評価
・選抜と交配の最適化
・遺伝的改良量の確認
・社会経済的需要の再評価

の確認が基本原則となり，育種改良方式は対象とする家畜品種や形質によって異なってくる．黒毛和種は，純粋種を用いた繁殖牛生産を行いながら肥育もと牛生産を担っており，外国種のように育種群や改良増殖群，コマーシャル群のように機能分化しておらず，農家や地域の牛群がそれらの機能を担い，さらには 1 頭の雌牛も年齢に応じてその牛群内で果たす役割が変化せざるを得ない．したがって，地域としての改良目標の設定や選抜・交配指針が曖昧であれば，育種改良の成果は望めない．

改良は選抜と交配によって対象とする形質に好ましい効果を与える遺伝子の頻度を高め，集団の平均水準を望ましい方向に変化させることであり，選抜法としては，一定の方向に集団平均を高める定向化選抜，平均は維持してバラツキを小さくする安定化選抜，さらには平均の異なる分集団の造成を目指す分断化選抜に大別される．

黒毛和種では改良の対象とする形質の多くは一定方向へ能力を高めることが目標となっており，選抜の基準となる指標を用いた**切断型選抜**を例にとり遺伝的改良量の推定法を説明する．

図 2–4 に，ある一定の表型価以上（切断点・選抜地点 x_p）の個体を親として**個体選抜**（切断型選抜）を行った場合に期待される**遺伝的改良量**についての基本概念を図示した．ここで，選抜された親の平均値（S_p）と元の親集団の平均値（μ_p）との差を**選抜差**（d）という．なお，選抜差は形質ごとに特性や測定単位が異なるために，形質の標準偏差（σ_P）で除した値（標準化）を**標準選抜差**（**選抜強度**，i）として形質や集団間の選抜の強さを比較するために用いられる．また，選抜強度は**標準正規分布**の選抜地点の高さ（z）を選抜された割合（**選抜率**，p）で除して算出できる（z/p）．表 2–3 には選抜率に対応する選抜地点と選抜強度の値を示した．

選抜された雄と雌をランダムに交配（**無作為交配**）して後代が生産され，後代集団の平均値（μ_o）と親集団の平均値の差を遺伝的改良量（**選抜反応**，ΔG），**世代間隔**（後代が誕生した時の両親の平均年齢，L）で除した値を**年当たりの遺伝的改良量**（ΔG_Y）と定義している．

$$年当たりの遺伝的改良量=\frac{選抜強度\times選抜の正確度\times相加的遺伝標準偏差}{世代間隔}$$

表型価に基づく個体選抜により期待される年当たりの遺伝的改良量は，

$$\Delta G_Y = \frac{i \times h^2 \times \sigma_P}{L} = \frac{i \times \sqrt{h^2} \times \sigma_A}{L}$$

として予測できる．なお，育種価の表型価への回帰係数あるいは形質の**表型分散**（σ_P^2）に占める**相加的遺伝分散**（σ_A^2）の割合を（狭義の）**遺伝率**，

$$h^2 = \frac{\sigma_A^2}{\sigma_P^2} \quad (0 \leq h^2 \leq 1)$$

と定義し，量的形質の遺伝の程度を示す重要なパラメータとなる．σ_A は相加的遺伝標準偏差であり，遺伝率の平方根は個体選抜を行った場合の選抜の正確度である．なお，**選抜指標**は改良目標と同じ形質であってもよいし，異なる形質であってもかまわない．測定が困難な形質を改良する場合には遺伝子の**多面作用**によって生じる**遺伝相関**を通じた**相関反応**を利用した**間接選抜**を行うこともある．指標の選択は若齢時に，簡便かつ安価に測定記録できることが重要であり，ロース芯面積の改良に生体での体測定値を活用する場合などがその一例である．

「**選抜の正確度**」は改良目標とする形質の真の育種価と選抜指標との相関として定義され，個体を選ぶ（順序づける）際の精度である．BLUP 法による推定育種価も選抜指標の一つであり，偏りがなく正確度の高い推定育種価が得られ，個体の真の育種価がより正しく順位づけられる．正確度は形質の遺伝率や個体がもつ記録数，血縁からの情報量によって決まる．「**選抜強度**」は同一の選抜指標をもつ多数の個体のなかから将来の種牛（種雄牛や繁殖雌牛）として選ぶ個体の割合であり，多数からできるだけ少数を選ぶことによって選抜強度は高められる．3 項目の「**相加的遺伝標準偏差**」は，改良目標形質の遺伝的変異の大きさを表し，黒毛和種のようにわが国にのみ維持される品種ではいかに減少を抑えるかが大きな課題となっている．とくにアニマルモデル BLUP 法による推定育種価に基づく選抜は，同一家系の個体を選抜する確率が高まり，近交係数を高める懸念があり，その動向には留意しておかなければならない．これらの 3 要因は分子にあり，いずれが高くなっても遺伝的改良量は大きくなる．逆に，分母の「**世代間隔**」が長くなれば改良速度は低下する．一定の年限のなかで種牛集団がどれだけ交代できるかが重要であり，育種改良にたずさわる者が比較的にコントロールしやすい要因でもある．

選抜強度を強めれば遺伝的変異が減少し，正確度を高めようとすれば選抜強度の低下をきたす，さらに正確度と強度を高めようとすれば，世代間隔が伸びる，というように各要因は互いに拮抗関係にある．以上の 4 要素をうまく組み合わせることによって改良速度を高めることができるが，各要素を最適化するための経費を無視することはできず，これらの諸要因を種牛の選抜と交配システムにうまく組み込むことが**育種戦略**の要諦となる．

牛や馬のような大家畜では，世代が重複し，さらに雄と雌の選抜強度や正確度が異なることが普通であり，父から息子（SS），父から娘（SD），母から息子（DS），母から娘（DD）へのそれぞれの遺伝子の伝達経路ごとに遺伝的改良量を，父から息子への遺伝的改良量（$\Delta G_{SS} = i_{SS} r_{AI(SS)} \sigma_A$），母から息子への改良量（$\Delta G_{DS} = i_{DS} r_{AI(DS)} \sigma_A$）のように個別に予測し，4 経路の重み付け平均，

$$\Delta G_L = \frac{\Delta G_{SS} + \Delta G_{SD} + \Delta G_{DS} + \Delta G_{DD}}{L_{SS} + L_{SD} + L_{DS} + L_{DD}}$$

として算出することがある．なお，i および r_{AI} は選抜強度および選抜の正確度を示し，下付き添字はそれぞ

れの経路を示している．

わが国では人工授精に加えて受精卵移植技術が普及しており，*SS* と *DS* 経路の寄与が大きい．現在の黒毛和種の世代間隔は，L_{SS} では 13-14 年，L_{SD} で 10 年，L_{DS} で 8 年，L_{DD} で 6 年となっており，4 経路の平均は約 10 年と諸外国の肉用牛の平均 6-7 年に比べ長くなっている，とくに父から息子への経路が長くなっているが，4 経路ともに世代交代の加速が必要である．ただ，世代交代の促進といえば若齢での淘汰と誤解されがちであるが，1 頭当たりの経済価値の高い黒毛和種では生涯生産期間も重要であり，年齢により育種用素材としての利用や肥育もと牛生産用など機能的な活用を図る，すなわち次世代を担う後継牛を若齢で生産し，その後は市場性が高くなる子牛生産向けの交配を行うなど年齢による役割分担を行うことにより世代交代の促進と矛盾は生じない．繁殖牛の保留には，家畜としての基本的能力である**繁殖能力**や**哺育能力**，**飼料利用性**など飼養管理に関する形質に重点をおき，生産効率の優れた雌牛集団の造成を図ることが基本原則であることを忘れてはならない．

(3) 現行の遺伝的能力評価法

第 2 次世界大戦以降，家畜の遺伝的能力評価法に関して精力的に研究が進められ，同一年次や季節，さらには牛群単位で検定牛の能力（後代検定であれば検定牛の後代）を比較する**同期比較法**[1)]が基本的な手法となった．しかし，遺伝的改良の進展とともに選抜による偏りや年次を超えての比較が困難になるなどの問題が生じ，1973 年以降はコーネル大学のヘンダーソン博士により提唱された，年次や季節，飼養管理環境，出荷市場など大環境効果である**母数効果**と，ランダムに親から子へ伝わる遺伝の効果や個体特有の効果などの**変量効果**を同時に予測推定するための BLUP 法[2)]が，北米の乳牛の遺伝的評価法として試みられた．理論的には 1950 年頃にはすでに提示されていたが，巨大な**混合モデル方程式**（**BLUP 方程式**とも呼ばれる）を解かなければならず，応用上の制約となった．その後，コンピューターの処理能力が飛躍的に向上し，さらには統計遺伝学の理論や計算手法の進展により 1980 年代後半以降に広く普及し始めた．

BLUP（Best Linear Unbised Prediction）は**最良線形不偏予測量**と呼び，表型価を母数効果（大環境効果）や変量効果（個体の育種価）の線形関数（Linear）としてモデル化して予測できる変量効果（育種価）の解のなかで，予測誤差分散が最小（最良，Best），しかも予測に偏りがない（不偏，Unbiased）という優れた統計的特徴を備えている．また，年次や季節，肥育環境や出荷市場などのさまざまな母数効果についても最**良線形不偏推定量**（BLUE）が得られることが証明されている．したがって，BLUP は統計的特性の意味であるとともに，分析手法名としても用いられている．

当初は，計算量の制約から父牛の効果を予測する**種雄牛モデル**が用いられていたが，母牛への選抜や任意交配からの偏りなどの影響を考慮するために**母方祖父モデル**，さらに進んで両親の影響を考慮した**配偶子モデル**などが用いられ，現在では個体自身の遺伝的能力を予測でき，多形質や母性効果など複雑なモデルに拡張可能な**アニマルモデル BLUP 法**[3)]が遺伝的能力評価法の世界的標準として採用されている．

わが国では，1988 年に牛枝肉取引規格が改正され，全国の枝肉市場から同一基準に基づいた枝肉 6 形質が得られる環境が整ったことから，黒毛和種についても試行され[5)]，1991 年からは全国和牛登録協会において BLUP 法による育種価評価事業として生産圏単位に開始された．

1）アニマルモデル BLUP 法による育種価評価

現在，黒毛和種では，枝肉形質だけではなく繁殖能力（初産月齢，分娩間隔，子牛生産指数）や飼料利用性（余剰飼料摂取量）など種々の経済形質の遺伝的能力評価が，アニマルモデルBLUP法により実施されている．本法は，枝肉形質や泌乳能力のように本牛が記録を備えていなくても，集団中の血縁関係（遺伝子の共有割合）を考慮して，全ての個体の遺伝的能力（育種価）を予測できるという特性を備えており，評価単位内であれば年次を超えた比較も可能である．このためには，記録の間違いは論外であるとしても，血統情報の完備と正しさが保証されなければならない．

算出方法は以下の**線形モデル**に基づく混合モデル方程式を解くことにより，偏りがなく，予測誤差分散の最も小さい育種価（BLUP：$\hat{\mathbf{a}}$）や種々の大環境効果（BLUE：$\hat{\mathbf{b}}$）が予測・推定できる．

$$\mathbf{y} = \mathbf{X}\mathbf{b} + \mathbf{Z}\mathbf{a} + \mathbf{e}$$

$\mathbf{y}$：形質からなるベクトル

$\mathbf{X}$：母数効果を記録に関連付ける生起行列

$\mathbf{b}$：未知の母数効果のベクトル

$\mathbf{Z}$：変量効果を記録に関連付ける生起行列

$\mathbf{a}$：未知の個体の育種価からなるベクトル

$\mathbf{e}$：残差からなるベクトル

$$\begin{bmatrix} \mathbf{X'X} & \mathbf{X'Z} \\ \mathbf{Z'X} & \mathbf{Z'Z}+\alpha\mathbf{A}^{-1} \end{bmatrix} \begin{bmatrix} \hat{\mathbf{b}} \\ \hat{\mathbf{a}} \end{bmatrix} = \begin{bmatrix} \mathbf{X'y} \\ \mathbf{Z'y} \end{bmatrix} \quad \alpha = \frac{\hat{\sigma}_E^2}{\hat{\sigma}_A^2}$$

$\mathbf{A}^{-1}$：相加的血縁行列の逆行列

なお，BLUP法では偏りのない分散成分（σ_A^2，σ_E^2）を用いることが必須である．

2）和牛のBLUP法による遺伝的評価方法の進展

アニマルモデルBLUP法では，種々の大環境効果と個体の育種価を未知変数とする連立方程式（混合モデル方程式）が解かれるが，その際，BLUPの特性を満たすためには，偏りのない真の育種価の分散の残差分散に対する比の情報が必須である．しかし，事前には分散（比）の値は未知であることから，**制限付き最尤**（Restricted Maximum Likelihood；REML）**法**[4,6]による両分散の推定と推定値の比を用いた育種価予測がセットとして実施されている．

REML法は最良の分散成分推定法の一つであるが，推定値の反復計算が必要である（図2–5）．すなわち，i）分散比の値を設定して混合モデル方程式が解かれ，ii）次に，得られた解や混合モデル方程式の係数などの情報を用いて，REML法の計算式に従って育種価分散と残差分散の推定値が算出される，iii）次いで，それらの推定値から再び分散比の値が計算され，i）のステップに戻って，新たな分散比の値の下で再び混合モデル方程式が解かれる．反復計算の最初の段階では，分散比に適当な初期値を設定して計算が開始され，i）～iii）の一連のプロセスの計算が反復して実施される．最終的に分散の推定値が変化せず，推定値が収束に達した時点の推定値が分散のREML推定値であり，最後の反復計算における混合モデル方程式の解が最終的な大環境効果の推定値や育種価の予測値となる．

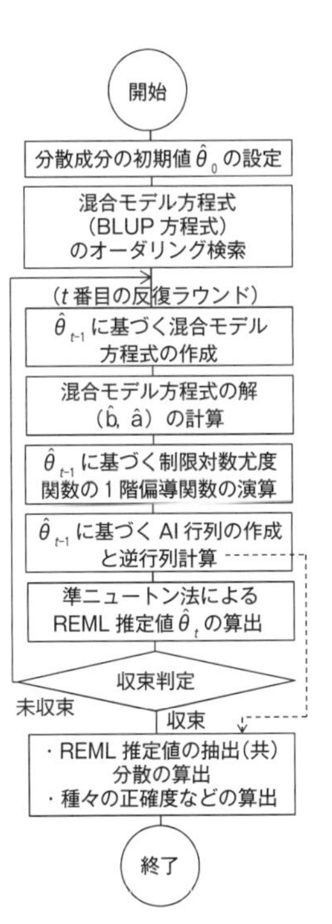

図2–5　REML法における反復推定の概要

和牛では，1978年に初めて，広島県の肥育農家から出荷された黒毛和種肥育牛の約1千のフィールド記録を用いて，種雄牛モデルのBLUP法による枝肉形質の遺伝的評価が行われた．分散の推定は，当時はREML法には依らず，その類似の反復推定法である最尤（ML）法[7]が用いられた．その後，種雄牛のみならず母方祖父の効果をも取り上げた母方祖父モデル[8]などが応用されたが，全国和牛登録協会と全国の道府県が連携して実施している枝肉形質の育種価評価事業を例にとれば，1991年にアニマルモデルのREML法を用いて開始された．

アニマルモデルによる育種価予測では，前述のように，演算の実質的な部分であるREML法の計算負荷が大きいため，その軽減に多くの工夫が施されてきた．当初は，REML法の算法として期待値最大化（EM）と呼ばれるアルゴリズム[4]が利用され，その後しばらくは，計算の効率化を図る目的で，加速EMアルゴリズムや推定値の収束加速法を応用したアルゴリズムが利用された．また，（加速）EMアルゴリズムでは，推定値の抽出（共）分散や標準誤差の情報が直接的には得られないため，それに対応するための疑似分散アプローチ[9]が開発利用された．

現在の44道府県における枝肉形質の和牛育種価評価事業は，平均情報（AI）アルゴリズ[10,11]に基づくREML法によって実行されている．AIは，現時点での最も効率的なアルゴリズムであり，一連の反復計算の終了時に，育種価の予測値や正確度とともに，育種価分散・残差分散の推定値と標準誤差などが同時に算出される．また，このAIアルゴリズに基づくREML法は，全国和牛登録協会による初産月齢や分娩間隔などの遺伝的評価，和牛種雄牛産肉能力検定直接法での余剰飼料摂取量や発育データの全国規模での遺伝的評価の際などにも利用されている．

なお，黒毛和種繁殖雌牛の100万頭を超える個体の生涯にわたる繁殖成績をアニマルモデルによって分析する際には，対象データが膨大であるため，AIアルゴリズによるREML法ではもはや対応できない．そこで，この種の大容量フィールドデータによる遺伝的評価では，REML法に相当する推定値を与えるギブス・サンプリングによるベイズ法[12]を用いた演算システム[13]が利用され，今日ではDNA多型情報を組み込んだより大規模かつ複雑な数学（分析）モデルによって種々の能力の予測が可能になっている．

(4) 種雄牛の造成方式

黒毛和種種雄牛の造成は，各道県および地域の改良増殖方針にしたがって改良基礎雌牛から育種基礎雌牛を選定し，基幹種雄牛との計画交配により生産された雄子牛の選定・保留・登記に始まる．その後，血統や外貌上の特性による予備選抜を経て，各道県の一定の検定条件を満たした検定場において発育能力や飼料利用性の評価を目的とした**和牛種雄牛産肉能力直接検定法**（**能力検定**）を実施し，選抜された候補雄牛が枝肉形質の遺伝的能力評価のために**間接検定法**あるいは**現場後代検定法**にかけられ，最終的に種雄牛として選抜される．

1）直接検定法

検定法は，時代時代に応じて検定期間や飼料の給与方式などの改正を経て現在に至っているが[14]，2002年度からは検定期間は112日とし，肥育的な飼料給与法による造精能力などへの弊害を避けるために，給与飼料の配合割合はTDN（可消化養分総量）を73%から70.0%に抑制し，CP（粗タンパク質）を15.5%に増加させ，給与量は濃厚飼料を体重の1.0〜1.3%の制限給与，粗飼料は禾本科乾草の飽食給与に変更して，種牛能力評価の基礎資料を得るための検定法に改正された．一方，体重すなわち増体に応じて飼料給与量が

表 2-4　余剰飼料摂取量の基本統計量

形　質	飼料摂取量平均（kg）	余剰飼料摂取量（RFI）				
		平均	標準偏差	最小値	最大値	遺伝率
濃厚飼料	424.3	0.0	49.5	−189.0	181.6	0.24
粗飼料	480.4	0.0	65.0	−202.1	252.9	0.28
可消化養分総量 TDN	543.1	0.0	41.7	−171.4	217.6	0.19
粗タンパク質 CP	97.3	0.0	12.4	−40.2	47.8	0.42
		平均	標準偏差	最小値	最大値	遺伝率
1 日あたり増体量 DG（kg）		1.12	0.18	0.53	1.77	0.29
濃厚飼料要求率		3.43	0.63	1.54	7.39	0.12

粗タンパク質 CP については 2007 年度から 2011 年度中の 1,320 頭

調整されることにより，発育や飼料利用性の指標としてきた**1 日当たり増体量**（DG）や**飼料要求率**（1 kg の増体に要する飼料量）が必ずしも有効な指標として機能しなくなる懸念があり，現在では**余剰飼料摂取量**（Residual Feed Intake; RFI）が**飼料利用性**の指標として育種価評価の対象形質として取り上げられている．

RFI は選抜指数式の概念を応用したもので，増体を維持しながら飼料摂取量を減らすことを目的にしたものである．飼料摂取量から維持ならびに増体に必要な飼料量を差し引き，いわば無駄な飼料摂取量を推定して飼料利用性を評価しようとする指標であり，絶対値が大きい個体ほど効率が劣ることになる．直接検定では，濃厚飼料摂取量（kg），粗飼料摂取量（kg）ならびに可消化養分総量（TDN）と粗タンパク質（CP）の RFI が算出されている．

濃厚飼料の RFI を例にあげれば，

$$\text{濃厚飼料摂取量} - (b_1 \times \text{増体量} + b_2 \times \text{代謝体重} + b_3 \times \text{粗飼料摂取量} + C)$$

により推定できる．なお，b_1，b_2，b_3 および C は重回帰分析による偏回帰係数と回帰定数であり，代謝体重は $\left(\dfrac{\text{検定開始時} + \text{終了時体重}}{2}\right)^{0.75}$ として推定している．粗飼料 RFI の場合は濃厚飼料摂取量と粗飼料摂取量を入れ替えればよく，TDN と CP では b_3 の項を除外して推定する．

表 2-4 には 2002 年から 2011 年度までに検定を受けた 2,924 頭の直接検定結果の基本統計量と遺伝率推定値を示した[15]．各 RFI の平均は定義から 0 となり，効率のよい個体と劣る個体では非常に大きい差があることがわかる．また，遺伝率は可消化養分総量 RFI と濃厚飼料要求率を除き 0.25 以上の中程度の推定値が得られている．当然，RFI は体重や DG とは遺伝的拮抗関係にはなく，濃厚飼料 RFI の推定育種価では −30 から 40 kg の変異があることから飼料利用性の選抜指標として有効に利用できる．ただ，1 歳齢前の発育期間中の飼料効率であることから，肥育牛に直ちに適用することはできないが，発育ステージが異なっても発育・増体能力として遺伝的に無関係ではなく，飼料自給率が 30% に満たないわが国の現状を考えれば，肉牛の生産効率の改良に大きく貢献できるはずである．

検定頭数は，道県によって 1，2 頭から 30 頭程度と異なるが，近年，減少傾向にあり，全国でも 1991 年には年間 400 頭程度受検していたものが近年では約 250 頭に減少している．しかし，今後の和牛生産にとって生産効率の改良は避けては通れない命題であり，現状では他に個体ごとの飼料摂取量を体系的に測定できる場はなく，発育能力や飼料利用性を評価する重要な検定と位置付けるべきである．

2）後代検定法

1968 年から実施されてきた検定場方式の間接検定は，費用と施設の制約から検定頭数が限られ，選抜の

正確度と選抜強度の課題が残り，検定調査牛には父親の遺伝的効果以外に牛房の共通環境が交絡するという問題が指摘された．さらに，同期比較法を原理にした検定場方式では，異なる年次に検定を受けた種雄牛の比較が困難であり，遺伝的改良が進むと，遺伝的能力には関わらず，数値上は古い種雄牛が新しい種雄牛よりも優れているという逆転現象が生じることが課題となった．

1991年に開始したアニマルモデルBLUP法を用いた枝肉形質の育種価評価事業は全国的に普及し，現場から収集される枝肉格付情報を活用した現場後代検定の導入が試みられた．1997年には，枝肉記録の収集期間，調査牛の肥育場への配置や肥育終了月齢など新たな現場後代検定法の実施要領が取り決められ[14)]，現在では，一部の例外があるが，検定場方式の間接検定から現場後代検定法に移行し，年間130頭程度が検定に供されている．

育種価評価に用いている数学モデル（線形混合モデル）には，母数効果（大環境効果）の主効果として，出荷年，出荷季節（出荷月），性（去勢，雌）および枝肉市場を，回帰として，出荷月齢への1次と2次回帰および個体の近交係数への1次回帰を取り上げている．地域によっては特定の枝肉市場に集中的に出荷するなど，データ配置の問題から枝肉市場の効果を取り上げられない場合もある．変量効果は，個体の育種価，肥育農家および残差である．肥育管理技術の効果として，農協や町村単位にグルーピングし母数効果として取り扱うこともあるが，現在では，予測誤差分散を小さくするために肥育農家は変量効果として処理している．ただし，予測の偏りを避けるためには，肥育農家当たりの記録数がおよそ20頭以上にもなれば，母数効果として取り扱うことも可能であろう．

なお，現行の現場後代検定法は，調査牛の性比は問わず15頭以上を複数の肥育施設において一般出荷と同じ肥育管理を行い，評価地域内において供用されてきた多数の基幹種雄牛の肥育後代の成績とともに育種価評価を実施すれば，おおむね0.85以上の正確度が得られるという予備検討を踏まえての諸条件設定となっている．

ちなみに，2012年度に終了した現場後代検定受検種雄牛83頭（家畜改良事業団検定分38頭は除外）の種雄牛当たりの調査牛頭数の平均は20頭（去勢12.4，雌7.5頭）であり，種雄牛の推定育種価の正確度の平均はバラの厚さの0.87（0.83～0.92）から脂肪交雑の0.92（0.88～0.94）までと，括弧内に示すように評価地域によって若干の差異はあるが，いずれの形質も想定以上の正確度を示していた．また，育種価評価体制が整備された後の直接検定では，検定牛のほぼ全頭が枝肉形質の**期待育種価**（両親の推定育種価の平均で正確度は0.55～0.65程度）を備え，第一段階での枝肉形質に対する選抜の正確度と強度は飛躍的に改善されている．仮に両親の推定育種価の正確度が共に1とすれば期待育種価の正確度は0.71となり，無数の全きょうだい（受精卵）の平均値によるきょうだい検定の正確度と同じ値となる．選抜指標として期待育種価の正確度は高いほどよいが，予備選抜の精度としては十分であり，世代間隔短縮の効果は大きい．

(5) 枝肉形質の育種価評価と改良成果

育種価評価事業の進展により，多数の個体が改良すべき形質の正確な選抜指標を備えるようになり，強い選抜強度を加えることが可能となった．現在，全国50道府県・地域において枝肉形質の育種価評価が実施されており，種雄牛についてはほぼ全頭が評価済みで，雌牛については評価地域内で供用中の個体に限れば約41万頭が評価され，現存雌牛の育種価判明率は56.5%に達し，期待育種価の判明率を加えれば既に90%を超えている地域もあり，順調に評価が進展している．しかし，道府県ごとに見ると70%から20%程度と育種価判明率のバラツキも大きく，出遅れた地域での整備が課題といえる．

図 2-6 には，各地域で供用されている雌牛の誕生年ごとの枝肉 6 形質の推定育種価の推移（**遺伝的趨勢**）を相加的遺伝標準偏差単位で表示した．平成に入り，全国的に最も重要視されてきた脂肪交雑は最も増加速度が大きく，推定育種価による選抜保留の効果が歴然としている．2000 年頃までは，枝肉重量やロース芯面積，バラの厚さなど肉量に係わる形質の増加率は脂肪交雑に比べて低く，地域間でも大きな差があったが，2003 年以降の増加率は脂肪交雑と大差がなくなっている．一方，あまり意識されない皮下脂肪厚については当然ながら変化が見られない．

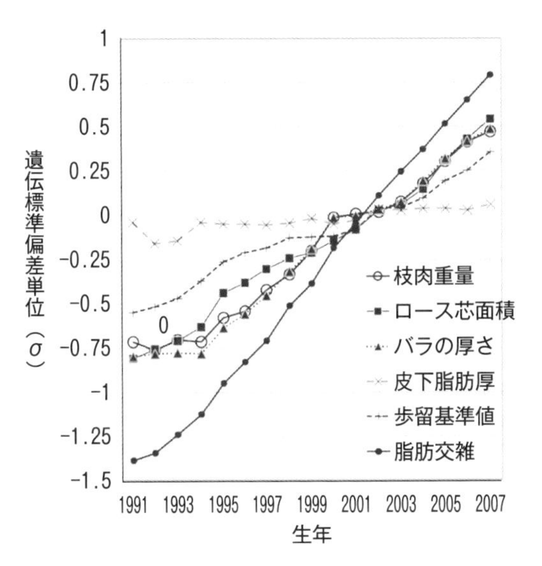

図 2-6　黒毛和種繁殖雌牛集団の枝肉形質の遺伝的趨勢
（主要地域の遺伝的趨勢の平均値から算出）

このような産地における繁殖雌牛群の遺伝的趨勢は生産現場の枝肉形質に大きな効果をもたらす．表 2-5 には，2012 年 10 月長崎県で開催された第 10 回全国和牛能力共進会ならびに肉用牛枝肉情報全国データベースの枝肉形質の平均値および全国の道府県・地域における育種価評価に用いられた枝肉記録から推定された遺伝率の平均値を示した．

枝肉情報全国データベースで，黒毛和種 1 世代に相当する 9 年間の比較をすると，枝肉重量で 42.4 kg，ロース芯面積では 6 cm^2 と肉量に係わる形質では年率 10% 程度と飛躍的に増加しているが，歩留基準値は重量増とロース芯面積増が拮抗して変化は認められない．BMS No. については 0.5 大きくなっているが，皮下脂肪厚は変化しておらず，脂肪蓄積は部位によって異なっており，黒毛和種の優れた特性といえる．これらの形質の変化は図 2-6 に示した繁殖雌牛集団の遺伝的趨勢を反映したものといえる．なお，BMS No. は，格付上は 1% 弱の増加量ではあるが，ロース芯断面の**粗脂肪含量**は現行の格付規格施行当時には BMS No. 12 で 33% 程度であったものが，現状では No. 6 程度でも 30% を超え，No. 12. では 50% を超えると言われ[16]，筋肉内脂肪含量は BMS No. 以上に着実に増加している．しかしながら，と殺月齢は依然 29.5 カ月と長期にわたり，濃厚飼料の需給が逼迫する状況下では，同じ枝肉の質にいかに早く到達するか，すなわち早熟性を重要な能力として重視すべきであろう．

全国和牛能力共進会では肉牛の部のと殺月齢は，効率的な牛肉生産を目指すという観点から 24 カ月に設

表 2-5　枝肉 6 形質の平均ならびに遺伝率

		と殺月齢（カ月）	枝肉重量（kg）	ロース芯面積（cm^2）	バラの厚さ（cm）	皮下脂肪厚（cm）	歩留基準値	BMS No.
遺伝率 *		—	0.46	0.47	0.36	0.51	0.55	0.58
第 10 回全共肉牛の部 **		23.5	447.3	58.4	7.6	2.4	74.3	6.7
枝肉情報データベース***	2002 年	29.6	437.5	52.6	7.45	2.4	73.6	5.3
	2011 年	29.5	479.9	58.6	7.8	2.4	73.8	5.8

* 遺伝率は全国 50 道府県・地域の平均値で推定に用いた記録のと殺月齢は 29.7 カ月
** 2012 年に開催された第 10 回全国和牛能力共進会での肉牛の部出品牛 175 頭の平均
*** 枝肉形質の平均は肉用牛枝肉情報全国データベースの 2002 年ならびに 2011 年度の黒毛和種去勢牛の平均

定されており，早期出荷の遺伝的能力と肥育技術を競っている．第10回全共の成績と一般出荷とは6カ月の差があり，枝肉重量は30 kg程度劣っているが，他はいずれも十分な実績を示しており，能力と技術ともに出荷月齢の早期化が可能であることを実証している．

脂肪交雑は多汁性や柔らかさに大きく関与するが，食味にはグルタミン酸やイノシン酸含量，脂肪酸組成，さらには和牛香の関与が指摘されている．近年，口あたりや風味，さらには健康にも好ましいとしてオレイン酸に代表される**一価不飽和脂肪酸**（MUFA）が注目され，近赤外線による非破壊測定機器も開発され，脂肪酸組成の遺伝的解析が精力的に進められている．井上ら[17]およびNogiら[18]はオレイン酸などの脂肪酸含量の遺伝率が0.5から0.6と高い推定値を報告しており，種雄牛間の遺伝的能力差が大きく選抜・交配によって改良できる可能性を示唆している．

また，脂肪交雑はその蓄積状態が視覚だけではなく食感に大きく係わることから，ロース芯断面の脂肪蓄積量だけではなく脂肪交雑の形状が重視され，口田ら[19]が開発した画像解析装置を用いて細かさ指数やあらさ指数の遺伝的特性が検討されている．丸山ら[20]や小浜ら[21]は交雑状態の遺伝分析を実施し，細かさ指数ではおおむね0.5程度の遺伝率推定値を報告している．

以上のように，生産現場からの膨大な枝肉格付情報を用いた遺伝的能力評価体制の確立と飼養管理技術の改善により，脂肪交雑だけではなく肉量についても顕著な進展を遂げ，今や「Wagyu」として世界的に認知される肉用品種にまでなった．育種価情報を指針とした選抜交配の活用がその原動力となったことは間違いなく，明確な改良目標，情報の収集と解析，選抜交配への活用，という育種改良の原則に従った成果と言えよう．一方，牛肉に対する消費者ニーズは多様化しており，今後の国際競争をも視野に入れた食味性のさらなる改良に向けた客観的評価技術の開発と現場後代検定への導入など選抜交配情報としての普及活用を促進する必要がある．

(6) 繁殖能力の現状と改良

1991年の牛肉の輸入自由化以降，黒毛和種は，その特質である肉質，とくに市場取引において重視される脂肪交雑の改良に重点をおいた選抜・交配が行われ，家畜としての基本的能力である飼い易さや繁殖能力，哺育能力等がややもすると疎かにされてきた．**繁殖能力**は生産農家にとっては生産コスト，収益に直結する経済能力であり，繁殖集団の生産効率を高めることが安定的な和牛経営にとって必須である．

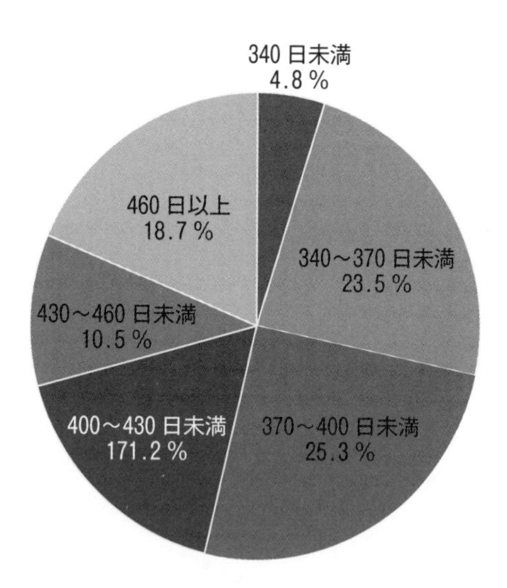

図2-7　2012年度に繁殖記録を有する現存雌牛の分娩間隔分布
（425,407頭分の平均：平均年齢7歳，産次数4.9産）

図2-7には全国で繁殖に供用され，2012年度に分娩した雌牛の分娩間隔の分布を示した．平均年齢が7歳，産次数4.9産で，**初産月齢**の平均と標準偏差は25.5±5.8カ月，**分娩間隔**が413.6±69.6日となっており（なお，これらの数値はデータ解析前の観察値であり，解析のためのデータ編集後の平均はそれぞれ値は24.9カ月，411.6日と若干異なる），発育能力の改良にともなって初産月齢の若齢化が進んでいる．一方，分娩間隔は長らく1年1産が叫ばれながらも目標に比べ50日程度長く，430日以上が実に約30%にも上っている．なお，妊娠期間の平均についても289.0±3.9日と従前にく

らべ4日程長くなる傾向にある.

繁殖能力は種の保存にとって必須の能力であり, 長い進化の過程で自然淘汰により遺伝的変異が減少し, 遺伝率が低く改良には家系選抜が有効とされてきた. 黒毛和種では, 初産月齢の遺伝率は0.15程度, 分娩間隔は0.1以下と推定されている[22]. 一方, 妊娠期間は0.4程度と比較的高く[23], 種雄牛による差異も認められている.

生産性の向上には繁殖効率の改善, とりわけ分娩間隔の短縮が喫緊の課題であることから, 全国和牛登録協会では, 一定年齢までに何頭の子牛を生産するかを**子牛生産指数**として改良の指標や生産農家の指導情報として活用をはかっている. 子牛生産指数の遺伝率は産歴を重ねるとともに高くなるが, できるだけ早期にかつ多数の個体が評価でき, 加えて産肉能力の育種価評価と同時期に繁殖性に関する評価値が判明することが選抜保留情報として望ましいとの観点から, 4歳時における初めての分娩時までの産歴をもとに, 4歳時点で産んだ子牛頭数に換算した値を指標としている.

その算出方法は,

4歳時での子牛生産指数＝(4－初産年齢) / 平均分娩間隔(年)＋1

となる. 仮に, 初産月齢が24カ月で1年1産をすれば子牛生産指数は3頭となる. 2012年時点での4歳時の子牛生産指数の平均は2.747となっており, 遺伝率は0.1と必ずしも高くはないが, 4歳時と5歳時以降の生産指数との育種価間の相関は0.9から0.6程度と産次を経ると低下するが, 中程度以上の値を示していた.

育種価評価の数学モデルには農家の効果が変量効果として考慮されており, 図2-8に農家の推定値の分布を示した. 最大 (0.420) から最小 (－0.573) の範囲は極めて大きく, 農家の技術レベルの優劣により4歳時ですでに1頭程度の差異が生じており, 指導情報として有用であろう.

図2-9には, 子牛生産指数の標準偏差単位の推定育種価の分布ならびに4歳時で評価され, 引き続き繁殖に供された雌牛の4歳以降の分娩間隔の実績値を折れ線グラフで併記した. 子牛生産指数の優れた個体の実績値も優れており反復性が高い. 遺伝率自体は0.1程度と低いが, 推定育種価の正確度の平均は供用中雌牛では0.65程度となっており, 血縁情報を組み込んだBLUPの特性が現れている. 遺伝的に優秀な個体と劣る個体の差異は0.5頭程度であり, 5歳以降の生産指数の推定育種価とも高い相関があり, 生涯生産性の指標として有効に機能することがわかる.

なお, 繁殖性に係わる記録は, 優秀な個体ほど多くの記録を有し, 劣る個体は早くに淘汰され記録を残さ

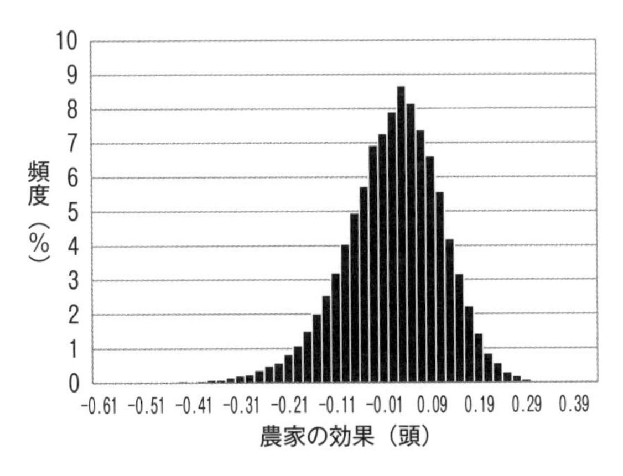

図2-8 子牛生産指数に関する生産農家の効果の分布

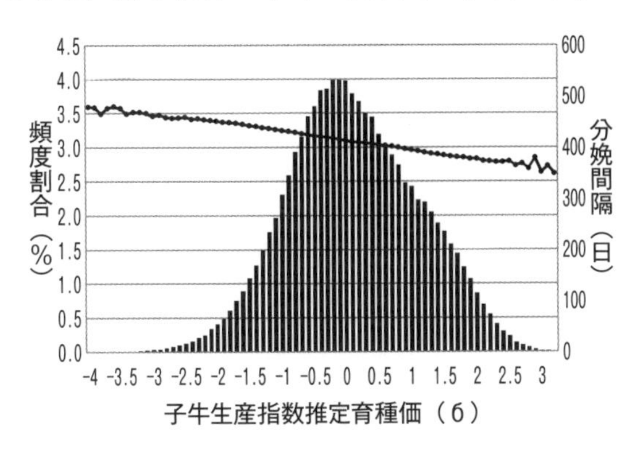

図2-9 子牛生産指数の育種価の分布ならびに各推定育種価に属する雌牛の4歳以降の分娩間隔の実績値（折れ線）

ないという特徴があり，その取り扱いと解釈には慎重である必要がある．同時に，個々の個体の評価と農家での実績値が完全に一致することは難しく，指導上は大きな課題となり，一定期間での生産頭数あるいは一定頭数を生産するのに要する期間など多角的な検討が必要でもある．今後は受精回数，初産月齢や生涯にわたる分娩記録など永続的環境効果を考慮した繁殖能力の育種価情報の生産現場の還元が欠かせない．

(7) 遺伝的多様性の現状

平成に入り国際競争と産地間競争の激化により，肉質に対する改良と生産意欲が急速に高まり一定の成果がもたらされてきた．同時に種々の問題点が浮かび上がってきているが，なかでも**遺伝的多様性**の減少が危惧されている．多様性の減少がもたらす問題点は，

・近交退化や遺伝的不良形質の発現
・遺伝分散の減少による早期の選抜限界
・遺伝的改良量の偶然による変動
・環境（需要）の変化に対する適応能力の低下

等があり，人工授精が95% 以上を占める黒毛和種集団では種雄牛の供用頻度や世代間隔が集団構造に大きな影響を及ぼす．

1）種雄牛の供用頻度の推移

アニマルモデルBLUP法による推定育種価を用いた選抜・交配は，短期的には改良量を高める一方で，血縁関係にある個体を選抜する可能性が高くなり，急激に集団の近交係数を高める危険性がある．加えて，全国的な特定種雄牛への供用偏重が，これまで集団内に存在していた多数の系統の消滅をもたらしている．

図2-10には，生産頭数の多い上位5頭の種雄牛によって生産された登録牛の全登録牛に占める割合を示した．2000年前後には，その割合は，実に50% を超え，遺伝的多様性の減少への懸念が高まり，一時期30〜40% にまで減少したが，再び上昇し始めている．種雄牛の実際の供用頭数は年間におよそ7〜800頭程度と実頭数の減少は70% 程度に止まっているが，問題は後代の生産頭数のバラツキ（分散）が2000年には1985年の12倍以上にも達し，その後減少はしているが，依然として大きなバラツキを示している点である．

年間300頭程度の種雄牛が新たに登録され供用されているが，種雄牛間の血縁関係（種雄牛の共通祖先の遺伝子を共有する確率：**共祖係数**）と**供用頻度**を考慮して推定した遺伝的に有効な種雄牛数は高々5頭程度に減少しており，遺伝的にはわずか数頭の血縁関係のない種雄牛が生産に寄与していることを意味している．

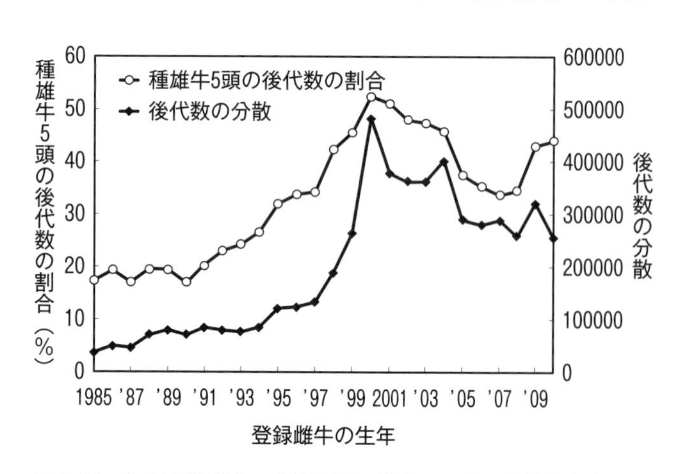

図2-10　生産頭数が多い上位5頭の種雄牛による登録雌牛生産割合と後代数の分散の推移

2）集団の有効サイズと近交係数の変遷

黒毛和種集団は1千頭弱の種雄牛と65万頭の雌牛群からなる．一方，遺伝的に無関係な頭数に換算した頭数が**集団の有効サイズ**である．

有効サイズは，繁殖に供用される雄（N_m）と雌牛（N_f）頭数が大きく異なる場合は，

$$N_e = \frac{4N_mN_f}{N_m+N_f}$$

で推定でき，さらに雌牛に比べ供用される雄牛が圧倒的に少ない場合は，雄の頭数の 4 倍，$N_e=4N_m$ で推定できる．

また，仮に雌雄同数の N 個体が任意交配し，後代数のバラツキ（V_k）がある場合には，有効サイズは，

$$N_e=\frac{4N-2}{2+V_k}$$

となり，図 2–10 で示したように産子数のバラツキが大きいと有効サイズが急激に減少することが予測できる．表 2–6 には黒毛和種集団の有効サイズの推移を示し，参考に世界の主要な品種の有効サイズを併記した（Nomura ら[24]，Boichard ら[25]，Sölkner ら[26]，Weigel[27]）．

表 2–6　黒毛和種と外国種の集団の有効サイズの比較

品　種（国）		有効サイズ（Ne）	年当たりの登録雌牛数
黒毛和種	1960 年頃	1,724	約 50,000 頭
	1980 年頃	125	約 70,000 頭
	1989 年頃	82	約 60,000 頭
	1993 年頃	48	約 60,000 頭
	1998 年以降	約 24	約 70,000 頭
アボンダンス（フランス）		106	2,500 頭
ノルマンディ（フランス）		47	75,000 頭
シンメンタール（フランス）		258	50,000 頭
ブラウンフィー（オーストリア）		109	15,000 頭
ピンツガウアー（オーストリア）		232	3,000 頭
グラウフィー（オーストリア）		73	800 頭
エアシャー（アメリカ）		161	—
ブラウンスイス（アメリカ）		61	—
ガーンジー（アメリカ）		63	—
ホルスタイン（アメリカ）		39	—
ジャージー（アメリカ）		30	—

黒毛和種は各県の育種方針の基づき成立した歴史的背景があり，1960 年頃までは 1 品種としては例外的に大きな集団の有効サイズを維持していた．しかし，1959 年頃から凍結精液の利用により人工授精が普及したために，有効サイズは急速に減少して 1993 年以降は 50 頭以下に激減している．なお，米国のホルスタイン種は，インターブルによる能力評価により世界的規模で種雄牛が供用されるようになり，1980 年代の約 100 頭から 39 頭に減少しており，他の多くの品種においても有効サイズは減少傾向にある．一方，黒毛和種よりも登録頭数が少ない品種でも 50 頭程度を維持している品種も存在している．黒毛和種の 24 頭という数値を人間の集団に例えれば，血縁関係にない 12 人の男女からなる学級クラスと遺伝的にはほぼ同等と言える．外国種はあくまで 1 地方種として常に他の集団から遺伝子の流入が期待できるが，黒毛和種は多くの外国種と異なり外に閉じたわが国にしか存在しない品種であり，他に遺伝子給源がなく今後の育種改良を考える上で，集団の有効サイズをできるだけ大きく維持しておくことが重要である．

図 2–11 には黒毛和種集団の構造を表す代表的なパラメータである**近交係数**（ライトの ***F*–統計量**）の推移を示した．F_{IT} は集団を構成する個体の近交係数の平均であり，F_{ST} は集団内の種雄牛と雌牛間で**ランダム交配**が行われた場合に期待される近交係数であり，集団の有効サイズの減少に伴い上昇し，世代をおって不回避的に蓄積してゆく．F_{ST} と有効サイズとの関係は

$$\Delta F_{ST}=\frac{1}{2N_e}$$

と反比例の関係にある．

F_{IS} は黒毛和種集団全体としてランダム交配からのズレを示すパラメータであり，$F_{IS}=0(F_{IT}=F_{ST})$ の時，集団全体としてランダム交配が行われ，$F_{IS}>0(F_{IT}>F_{ST})$ では，集団内で平均的なレベルより高い血縁関係にある個体同士の交配がランダム交配で期待されるよりも高い頻度で行われたり，集団が分集団に別れたりして，その分集団内での交配頻度が高いことを示している．逆に，$F_{IS}<0(F_{IT}<F_{ST})$ では，集団内

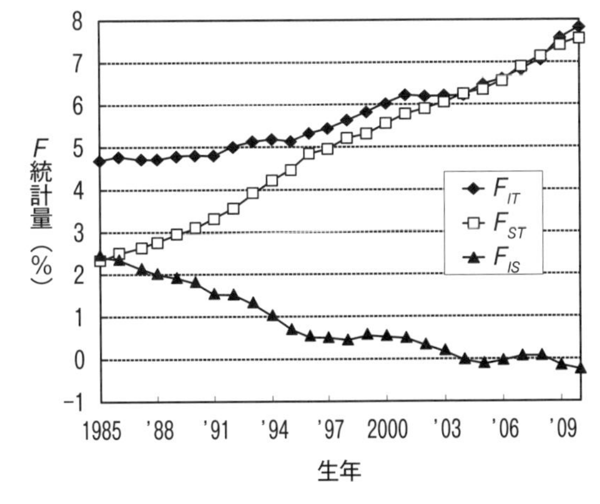

図 2–11　*F*–統計量（各種近交係数）の推移

で近親交配を回避したり，分集団相互の交配が頻繁に行われていたりする場合である．

1985年頃までは，F_{IS}が2程度を推移しており，種牛産地が分集団として存在し，産地内での交配が行われていたが，1991年以降，F_{IT}とF_{ST}との差が急速に縮まりF_{IS}が0となり，黒毛和種全体が1集団として交配が行われるようになったことを表している．ちなみに，現在のF_{IT}の平均は8%弱と実用品種としては高い水準にある．注目すべきは，F_{ST}に関しても8%程度にまで上昇している点で，世代当たり2%程度の上昇を示している．この近交はF_{IT}とは異なり，集団が閉鎖している限り低下させることはできない．

近交係数はどの程度までが許容範囲かという問いが頻繁になされるが，但馬牛のように22%程度に達する集団もあり，歴史的に弱有害遺伝子をどれだけ排除してきたかという集団の育種過程に依存し，絶対値を示すことは困難である．むしろ，その上昇速度が重要であり，できるだけ上昇量を抑えるような選抜・交配法を採用することが黒毛和種の改良上不可欠である．ただし近年，F_{IT}とF_{ST}との差が急速に縮っており，今後F_{IT}を人為的に低下させることは従来に比べて困難となっている．ちなみに，野生動物などを維持・保存する上で世代当たりの上昇量の目安として2%程度と言われており，これを集団の有効サイズに換算すると25頭に相当する．表2-6に示したように1998年以降の登録牛による推定値も25頭程度に減少しており，少なくとも50頭程度に維持すべき方策を緊急に立てることが肝要である．

(8) 和牛の展望と課題

1991年の牛肉自由化はわが国の肉用牛生産構造に大きな変化をもたらし，肉質の一層の向上と斉一化への改良増殖の重点化は和牛4品種の頭数分布にも少なからず影響を与えた．繁殖雌牛集団の構成は黒毛和種が96%超となり，無角和種や日本短角種，高知の褐毛和種は激減し，熊本を起源とする褐毛和種も1万頭弱に減少している．まさに，脂肪交雑という肉質への生産目標の偏重が肉用種の構成に深刻な影響を及ぼし，時代の要求に適用できなければ品種の消長に係わるという字義通りの現象が生じている．選抜・交配が集団の遺伝的構造に及ぼす影響は諸刃の剣であり，特定の形質へ偏った選抜は供用種雄牛の偏重を招き，和牛改良の源泉となった多様な系統の消失を引き起こし，中長期的には育種改良の停滞や需要の変化に対応できなくなるだけではなく，品種の維持にも係わる問題である．

世界の食料事情の逼迫，食料自給率の低下や食品の安全性への懸念，TPPなど国際化の拡がりなど経済社会状況の変化を見据えれば，今後農業の基幹作目として，貴重な遺伝的かつ経済的資源として黒毛和種の重要度が増すことは間違いない．黒毛和種に求められる能力は，繁殖から育成，肥育管理にいたる飼い易さや強健性（抗病性など）に代表される飼育管理形質に加え，繁殖性や母性能力，飼料利用性など反芻動物としての生産効率であり，さらに人口の年齢構成の変化による多様な消費者ニーズに応えるためには，脂肪交雑だけではなく風味が優れた精肉割合が高い「枝肉の質」の改良が必要になろう．このような多岐にわたる目標達成のためには遺伝的多様性の維持拡大が喫緊の課題であり，和牛という生物集団に遺伝的負荷を与え，適応度の低下（**遺伝的荷重**）をもたらす遺伝的不良遺伝子の排除にも留意しなければならない．

育種改良は，目標とする形質の遺伝的能力の優れた雄雌（種牛）を的確な選抜指標を用いた選抜を実施し，計画的な交配から生産された後代のなかから早期に次世代を担う種牛を選抜し，交配するという絶え間のない作業により，集団全体の能力の水準を向上させ，経済的メリットを高めることであり，同時に目標は不変ではなく，生産物の最終消費者のニーズを先取りして目標を見直し，選抜交配に反映させていくことが必要である．

向井文雄（(公社）全国和牛登録協会）

参考文献

1） Robertson A, Rendel J. Journal of Genetics, 50 : 21–31.1950.
2） Henderson CR. Sire Evaluation and genetic trend. Pages 10–41 on Proceeding of Animal Breeding and Genetics Symposium in Honor of Dr. J.L. Lush ASAS and ADSA, Champaign, IL, 1973.
3） Henderson CR, Quaas RL. Journal of Animal Science, 43 : 1188–1197. 1976.
4） Dempster AP, Laird NM, Rubin DB. Journal of the Royal Statistical Society, B39 : 1–38. 1977.
5） 向井文雄，和牛，41：16–29，1990.
6） Patterson HD, Thompson R. Biometrika, 58 : 545–554. 1971.
7） Hartley HO, Rao JNK. Biometrika, 54 : 93–108. 1967.
8） Quaas RL, Everett RW, McClintock AC. Journal of Dairy Science, 62 : 1648–1654. 1979.
9） Asida I, Iwaisaki H. Japanese Journal of Biometrics, 16 : 9–17. 1995.
10） Johnson DL, Thompson R. Journal of Dairy Science, 78 : 449–456. 1995.
11） Asida I, Iwaisaki H. Animal Science Journal, 70 : 282–289. 1999.
12） Wang CS, Rutledge JJ, Gianola D. Genetics Selection Evolution, 25 : 41–62. 1993.
13） Arakawa A, Iwaisaki H. Animal Science Journal, 80 : 491–497. 2009.
14） 全国和牛登録協会，種雄牛の各種検定方法改正について―検定法改正に伴う事務要領（平成21年度版），京都，2009.
15） 全国和牛登録協会，肉用牛の繁殖性・飼料効率等改良推進事業　余剰飼料摂取量を用いた飼料利用性の改良手法の普及啓発資料，京都，2013.
16） 堀井美那・櫻井由美・神辺佳弘・笹井勝美・浅田　勉・小林正和・山田真希夫・林　征幸・甫立京子，日本畜産学会報，80：55–61，2009.
17） 井上慶一・庄司則章・小林正人，日本畜産学会，79：1–8，2008.
18） Nogi T, Honda T, Mukai F, Okagaki T, Oyama K. Journal of Animal Science, 89 : 615–621. 2011.
19） 口田圭吾・高橋健一郎・長谷川未央・堀　武司・本間稔規・波　通隆・小高仁重，肉用牛研究会報，80: 56–62，2005.
20） 丸山 新・小林直彦・松橋珠子・星野洋一郎・植田拓也・中橋良信・口田圭吾，肉用牛研究会報，90: 59，2011.
21） 小浜菜美子・小路怜子・秋山敬貴・坂瀬充洋・岡章生・福島護・大山憲二，第117回日本畜産学会演要旨集，p 74，2013.
22） 全国和牛登録協会．肉用牛の繁殖性・飼料効率等改良推進事業　子牛生産指数と黒毛和種種牛審査標準を用いた繁殖能力の改良手法の普及啓発資料．京都，2013
23） Ibi T, Kahi AK, Hirooka H. Animal Science Journal, 79 : 297–302. 2008.
24） Nomura T, Honda T, Mukai F. Journal of Animal Science, 79 : 366–370. 2001.
25） Boichard D, Maignel I, Verrier É. Genetics Selection Evolution, 29 : 5–23. 1997.
26） Sölkner J, Filipcic L, Hampshire N. Animal Science, 67 : 249–256. 1998.
27） Weigel KA. Journal of Dairy Science, 84（E. Suppl.）: E177–E184. 2001.

4. ゲノム育種

ゲノム情報に基づく資源動植物の育種は，**ゲノム育種**と総称される．ゲノム育種の重要な柱の一つは，DNA情報に基づいた選抜（淘汰）であり，単純な遺伝様式に従う遺伝的欠陥のような質的形質はもちろん，より複雑な遺伝様式に従う量的形質の経済形質も対象となる．

（1）遺伝性疾患の遺伝子診断法の発達

肉用牛を含む家畜のゲノム育種において，**遺伝性疾患**の**遺伝子診断**と淘汰は重要な課題の一つである．表2-7は，近年において報告されている和牛の遺伝性疾患の例[1]（http://liaj.or.jp/giken/kensabu/2ka/main.htm）であり，バンド3欠損症，血液凝固第XIII因子欠損症および尿細管形成不全症は国の指定遺伝性疾患である．原因となる突然変異の同定により，遺伝子型の検査を通じて特定される．

遺伝性疾患の発生は，大きな経済的損失をもたらし，また，将来の育種改良のための遺伝的な潜在力を低下させる可能性がある．したがって，原因遺伝子を集団から除去することは，生産性を向上させるうえで極めて重要である．血統情報や産子検定によるキャリアの識別によって対処された時代もあったが，近年では，ゲノム解析の技術による原因遺伝子の単離・同定の手法が発達し，遺伝子診断法が急速に確立されてきており，キャリア個体の判別に大きく貢献している．

表2-7　和牛の遺伝性疾患例

疾患名	臨床症状	品種	遺伝子
バンド３欠損症[1]	溶血性貧血	黒毛和種	EPB3(SLC4A1)
血液凝固第XIII因子欠損症[1]	臍帯出血，血腫，止血不良	黒毛和種	F13
尿細管形成不全症（クローディン16欠損症）[1]	腎不全，過長蹄	黒毛和種	CL16/PCLN1
チェデアック・ヒガシ症候群	出血傾向，淡色化	黒毛和種	LYST
眼球形成異常症	小眼球，眼球形成異常	黒毛和種	WFDC1
モリブデン補酵素欠損症	腎不全	黒毛和種	MCSU
血液凝固第XI因子欠損症	血液凝固遅延	黒毛和種	F11
前肢体筋異常症	肩部外貌異常，振戦	黒毛和種	GFRA1
IARS異常症	生時起立困難，発育不良，吸乳欲減退	黒毛和種	IARS
マルファン症候群様不良形質	削痩	黒毛和種	FBN1
X連鎖無汗性外胚葉形成不全症	貧毛，歯列欠損	黒毛和種	EDA
軟骨異形成性矮小体躯症	四肢短小，関節異常	褐毛和種	LIMBIN
血友病A（第VIII因子欠損症）	血腫，止血不良	褐毛和種	F8

1）国の指定遺伝性疾患．

(2) DNAマーカーとマーカーアシスト選抜

DNAマーカーによる選抜（淘汰）は，**マーカーアシスト選抜（MAS）**と総称される．DNAマーカーは，間接マーカー（連鎖マーカーともいう）と直接マーカーとに大別され，間接マーカーは標的の遺伝子座の対立遺伝子の伝達状況が確率的に把握できるようなマーカーである．一方，直接マーカーは遺伝子座内に位置し，正確に遺伝子の指標となるようなマーカーであり，直接マーカーによる選抜は**遺伝子アシスト選抜（GAS）**とも呼ばれる．DNAマーカーには，概して，1980年代には制限酵素断片長多型が利用され，90年代以降は縦列型反復配列（STR）の利用が主であったが，ウシではとくに2008年以降，ゲノムの全域にわたる多数の**一塩基多型（SNP）**が利用できるようになった．次世代シーケンサーが利用できる今日では，SNPアレイに係るタイピングの費用は，PCRアレイによるSTR時代の百分の一程度にまで低減してきている．

間接マーカーによるMASは，マーカー座と遺伝子座との**連鎖不平衡（LD）**に依拠した選抜法である．いま，間接マーカーの例として，Qとqを標的の**量的形質遺伝子座（QTL）**の対立遺伝子，Mとmをその遺伝子座に強く連鎖したマーカー座のアリルとすれば，LDとは，2つの座位についてのハプロタイプ（MQ，Mq，mQおよびmq）のうち，特定のもの（たとえば，MQおよびmq）の頻度が無作為交配下でチャンスによって期待される頻度から有意に異なっている状態をいう．異ならない状態は，連鎖平衡（LE）と呼ばれる．集団レベルで上記のような強いLDがあり，Qが望ましいほうの対立遺伝子であるとすると，マーカーアリルMを保有する個体を選抜すれば，対立遺伝子Qを保有する個体の選抜が期待できることになる．したがって，間接マーカーによるMASでは，望ましい対立遺伝子の頻度を高めるうえで，マーカー座のジェノタイプすなわちマーカー型を指標とした選抜が実施される．ただし，マーカー座とQTLとが集団レベルでLDの場合でも，**連鎖相**は集団ごとに異なっている可能性があるため，MASでは対象集団での連鎖相の把握が非常に重要である.

量的形質を対象としたMAS（GASを含む）では，通常は効果の大きな**メジャージーン**の利用が想定され，そのようなMASのためのBLUP法，すなわち**マーカーアシストBLUP（MA-BLUP）**法も開発されている．1980年代末から21世紀の初頭にかけて，配偶子モデル[2,3]，染色体セグメントモデル[4]などのMA-BLUP法や混合遺伝モデル[5]による育種価評価法が開発された．量的形質についての品種内MASが有効に実施されると，一般に，選抜の正確度の向上や選抜強度の増加，世代間隔の短縮を通じて，遺伝的改良の加速が期待できる．とくに，改良効率の点でのMASの有効性は，遺伝率の低い形質，片方の性でしか発現しない形質（乳量など），性成熟に達する前には記録が得られない形質（繁殖性など），と畜しないと測定できない形質（と肉性など）などの場合により高いと考えられている．しかし，量的形質を対象としたMASの有効性には，マーカーによってマークされたQTLの対立遺伝子効果の大きさ，対立遺伝子の頻度，マーカーとそのQTLとの組換え価，マークされたQTL以外の残りのQTLによる遺伝分散の大きさ，選抜の世代数，集団構造などの要因が関与するため，期待できる効果を合理的に考慮に入れて実施の有無を決定し，適切な戦略を立てて取り組む必要がある.

(3) 量的経済形質に関するDNAマーカー（関連遺伝子）の探索

和牛では，近年，おいしさやヒトの健康にとって好ましい牛肉の観点から，牛肉内脂肪の脂肪酸組成の改良，とくに不飽和脂肪酸の含有量の改良の方向が打ち出されている．これまでに，牛肉内脂肪の脂肪酸組成には，SCD（脂肪酸不飽和化酵素），FASN（脂肪酸合成酵素），SREBP1（脂肪酸合成制御因子）などの遺伝子の関与が報告されており[6,7]，種牛選抜に有用なマーカーの観点から注目されている．また，脂肪交雑へのEDG1（スフィンゴシン-リン酸受容体）やTTN（タイチン）の遺伝子の関与，枝肉重量へのGhrR（グレリンレセプター），PLAG1（多形性腺腫遺伝子1）や*CW-1*，*CW-2*および*CW-3*[8]と呼ばれる領域の関与，さらに，STAT2（シグナル伝達性転写因子2）やPAPP-A2（妊娠関連血漿タンパク質A2）のような遺伝子の繁殖性への関与の可能性なども報告されている．しかし，一部の遺伝子の場合を除き，個々の遺伝子によって説明される表型分散の割合は一般に大きくなく，しかも，望ましいほうの対立遺伝子の頻度は既に高い場合が多いようである.

米国では既に，肉用牛を対象とした10種を上回る数の**DNAテスト**（民間サービス）が実施に移されており，対象には，遺伝性疾患や毛色はもちろん，BSE抵抗性なども含まれる．また，脂肪交雑や肉質等級に関するチログロブリン遺伝子や肉の柔らかさに関するカルパスタチン，μ-カルパイン座位のマーカーなど，量的経済形質のマーカーが含まれている．しかし，一般には，いずれのパネルでもマーカー個々が説明する表型変異は大きくないようである.

したがって，経済形質の原因変異やマーカーの探索は肉用牛の場合においても非常に重要な課題であるが，効果の大きなメジャージーンは国内外を通じて一部以外には検出されていないのが現状である．そのため，多くの経済形質は多数の効果の小さな**ポリジーン**によって制御されているという共通認識が改めて形成されつつあり，その結果，メジャージーンを想定したMASの方式は，現状では従来の遺伝的評価（育種価評価）に基づく選抜に取って代わるものではなく，あくまでも補助的なアプローチの一つと位置づけられている.

(4) 全ゲノム予測とゲノミック選抜

前述のように，肉用牛の多くの経済形質は効果の小さな多数の遺伝子によって制御されていると考えられ，それらのうちのいくつかが同定され，まとめて選抜に用いられたとしても，**選抜反応**への寄与はわずかなものに過ぎないことは明らかである．

そこで，近年では，21世紀の初頭に提唱された**ゲノミック選抜**（**GS**）と呼ばれる選抜法[9]の実用化に向けた多くの研究が推進されている．GSは，全ゲノム選抜とも称され，MASの一種ではあるが，個々のQTLのマーカーを同定して選抜に利用するという従来のMASの考え方とは発想を異にした選抜法である．GSでは，ゲノムの全域にわたる多数のSNPの情報が同時に利用されるため，個々のQTLと少なくとも一つのSNPとがLDであることが期待できる．その結果，多数のSNPによる遺伝分散の可能な限りの説明が行われ，各SNP（あるいはハプロタイプ）の効果の推定を通じて，個体の**ゲノム育種価**（**GBV**）の予測が行われる．ゲノム育種価は分子育種価とも呼ばれ，GSに関連してゲノム育種価を予測することを**全ゲノム予測**（**WGP**）あるいはゲノミック評価という．したがって，WGPによる予測ゲノム育種価を選抜基準とする選抜がGSである．

今日では，高密度SNPの情報を用いた**ゲノムワイド関連解析**（**GWAS**）が盛んに行われているが，GWASは，厳密な統計的検定を通じて，形質発現に関与する遺伝子やその発現調節などに関わるSNPなどを正確に特定しようとする手法である．これに対して，WGPは，利用できるすべてのSNPを同時に用いて形質の遺伝分散をできる限り説明し，可能な限り正確にゲノム育種価を予測しようとする手法である．

1）ゲノミック選抜の検討のプロセス

GSでは，通常，実用化までに3つの段階が踏まれる（図2-12）．まず，形質情報と多数のSNPの情報とを備えたトレーニング群（リファレンス群ともいう）を用いて，各SNPの効果が推定され，ゲノム育種価の予測式が作成される．次いで，この予測式が検証群（テスト群）に適用され，実用性が確認されると，実際の育種群に応用される．GSの本来の考え方では，実用の段階では個々の対象個体はSNP型の情報のみを備えていればよい．このようなGSの実施のために必要なプロセスは，従来のMASとの対応でいえば，トレーニング群がマーカーの同定のためのマッピング群に相当し，応用段階がマーカー型による選抜の段階に相当する．

2）SNP情報によるゲノム育種価予測式の導出

トレーニング群を用いたゲノム育種価予測式の導出は，通常，BLUP法による遺伝的評価，SNP型を備えた個体の形質情報を被説明変数とする各SNPのアリル置換効果の推定，予測式の導出という複数のステップを踏んで行われる[10]．予測のための典型的な線形式の一つは，

$$y_i = b_0 + b_1 x_{i1} + b_2 x_{i2} + \cdots + b_j x_{ij} + e_i$$

であり，被説明変数y_iは個体の形質情報で，信頼度の高い**期待後代差**や予測育種価（場合によっては表現型値）の情報が利用され，疑似記録と呼ばれる．x_{ij}はi番目の個体におけるj番目のコード化されたSNP型（ここでは，すべてのSNPのジェノタイプを含む），b_jは推定対象のSNPアリル置換効果である．

この種の予測式に基づいた肉用牛での検討結果が，数年前に米国のアンガス種で初めて報告されている[11]．2千頭規模のAI種雄牛について，Illumina Bovine 50KチップによるSNPデータを用い，形質の疑似記録には期待後代差の情報を用いてゲノム育種価予測を行って，交差確認の手法により正確度が検討された．その結果，枝肉形質を含む対象形質の疑似記録と予測ゲノム育種価との相関は概して0.5～0.7であり，

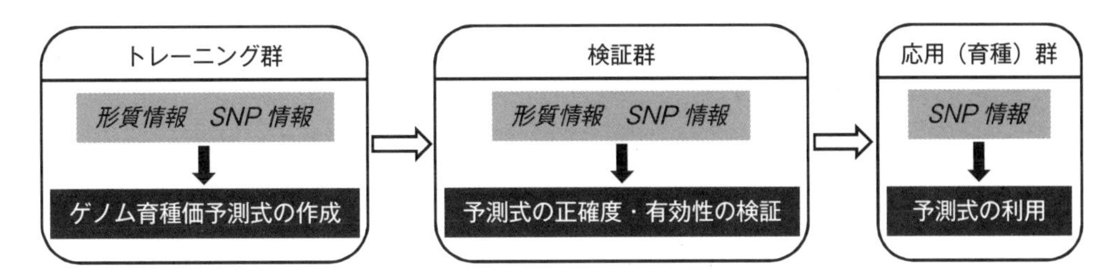

図 2–12　ゲノミック選抜の検討のプロセス

50K SNP 情報によって相加的遺伝分散の 25〜50% 程度が説明された．このような結果は，仮に遺伝率が 0.25 の形質を想定すると，この場合の WGP の正確度は，概ね 6〜16 頭の調査牛による後代検定の正確度に相当することを示している．黒毛和種においても，枝肉形質を対象とした WGP の研究が既に行われており[12, 13]，表 2–8 は去勢肥育牛の枝肉 6 形質を対象とし，予測ゲノム育種価の正確度を和牛で初めて検討した結果である[14]．疑似記録に 1,602 頭の表現型値の情報を用い，正確度の検討はここでも交差確認によっている．検証データでの正確度はトレーニングデータでの正確度よりも明らかに低いが，0.5 レベルの正確度の形質も見受けられる．

これらの結果は，肉用牛における WGP の有効性について，ある程度の期待を抱かせるものといえるが，この種の解析では，被説明変数（疑似記録）の数に比べて説明変数（SNP 効果）の数のほうがはるかに多い（p≫n 問題という）．それ故，現状では，最良の統計的方法を用いたとしても，説明される遺伝分散やゲノム育種価予測の正確度は過大評価の可能性が高く，得られた予測式を別の集団に当てはめた場合の正確度は一般にかなり低下することに留意しておく必要がある．

表 2–8　遺伝率推定値および交差確認による正確度（予測ゲノム育種価と表現型値との相関）

形質	SNP[1] データ	遺伝率[2]（全データ）		正確度[2]（トレーニングデータ）		正確度[2]（検証データ）	
		BRR[3]	BB[3]	BRR	BB	BRR	BB
枝肉重量，kg	HD	0.56	0.50	0.93	0.91	0.55	0.58
	50K	0.53	0.46	0.93	0.91	0.54	0.57
	LD	0.47	0.40	0.90	0.88	0.53	0.54
ロース芯面積，cm^2	HD	0.60	0.52	0.94	0.92	0.45	0.44
	50K	0.58	0.50	0.95	0.93	0.43	0.42
	LD	0.48	0.41	0.90	0.89	0.40	0.40
バラ厚，cm	HD	0.44	0.37	0.87	0.84	0.42	0.42
	50K	0.41	0.35	0.88	0.85	0.42	0.42
	LD	0.37	0.31	0.85	0.82	0.41	0.40
皮下脂肪厚，cm	HD	0.40	0.34	0.84	0.81	0.29	0.28
	50K	0.37	0.31	0.88	0.85	0.27	0.27
	LD	0.32	0.26	0.84	0.81	0.25	0.24
歩留基準値，%	HD	0.56	0.48	0.93	0.90	0.40	0.40
	50K	0.52	0.44	0.93	0.91	0.38	0.38
	LD	0.43	0.36	0.89	0.87	0.37	0.36
脂肪交雑，BMS	HD	0.60	0.52	0.94	0.92	0.49	0.49
	50K	0.58	0.49	0.94	0.92	0.48	0.47
	LD	0.51	0.43	0.91	0.88	0.46	0.45

1）QC 後の SNP 数：HD＝565,837；50K＝31,231；LD＝6,073.
2）標準誤差はいずれも 0.05 以下.
3）分析方法：BRR＝ベイジアンリッジ回帰法；BB＝ベイズ B 法.

3）本格的なゲノミック選抜の特徴と利点

将来において，高い正確度で本格的なGSが実現された場合には，いくつかの利点が考えられる．まず，**メンデリアン・サンプリング**の正確な評価が可能となり，個体の生時段階（あるいは受精時の段階）において，現行法による期待育種価（両親の予測育種価の平均）よりも高い正確度の評価値（すなわちゲノム育種価）が得られることになる．また，和牛種雄牛の現行の選抜では，一般に予備選抜，直接能力検定，現場後代検定により，供用開始までに6～7年を要するが，本格的なGSでは能力検定や後代検定が不要となる．すなわち，計画交配による後代の誕生直後にゲノム育種価の評価と選抜が行われ，精液が採取できる1歳前後の時点で検定済み種雄牛として利用できることになる．雌牛においても同様に早期の選抜が可能となり，しかも現行の育種価評価では予測育種価の信頼性は種雄牛と繁殖雌牛とでは異なるが，予測ゲノム育種価の信頼性は雌雄間で等しい．このような利点により，より正確な予測育種価に基づく選抜に加えて，何よりも世代間隔の大幅な短縮が実現され，遺伝的改良速度の加速が期待できることになる．また，現行の選抜の場合に比べて，近交度上昇の抑制の点でも利点があると考えられる．

現時点では夢のような話であるが，今後，繁殖生物学とバイオテクノロジーが急速に進展し，“試験管内での世代経過”が可能な時代が到来するとすれば，WGPとGSのスキームの応用により，ゲノム育種の飛躍的な発展的展開が期待できる，GSは，少なくとも概念的には，そのようなスキームを想像させ得る選抜の手法といえる．

4）測定記録，血統情報およびSNP情報を用いた育種価の評価

多数のSNPの情報に基づいて個体間の遺伝的関係を記述した行列を**ゲノム関係行列**（G行列）といい，血統情報に基づく**相加的血縁行列**（A行列）の代わりにこのG行列を用いたBLUP法を**ゲノミックBLUP（GBLUP）法**という[15]．また，**ssGBLUP法**と呼ばれるBLUP法も開発されており[16,17]，この方法は，測定記録，血統およびSNPの情報を用いるとともに，A行列とG行列とを統合したH行列と呼ばれる行列を取り込んだBLUP法である．ssGBLUP法は，理論的な意味では未だ発展途上にある方法であるが，SNP情報のみによる本格的なゲノム育種価予測式が実現できるまでの間の過渡期の育種価予測法として，現時点においては実用性の高い方法とも考えられる[18]．

なお，A行列では，両親が未知の個体は通常は互いに無血縁，非近交の個体と仮定されるため，A行列の各要素は，そのような基礎集団に由来する個体の間の相対的な血縁関係（同じ遺伝子座の対立遺伝子が同祖的（IBD）である確率の期待値）を表す．一方，G行列では，SNPアリルの共有状態（IBS）に基づいて個体間の遺伝的関係が記述され，A行列の場合よりも過去の共通祖先からのIBDが考慮される．たとえば，図2-13は，黒毛和種産肉能力検定直接法の検定雄牛512頭について，A行列とG行列の要素を比較したものである[19]．ここでのG行列は，約4万のSNPの情報に基づいているが，メンデリアン・サンプリングおよび連鎖による遺伝的関係のバラツキがより正確に考慮されていることがわかる．

(5) ゲノミック選抜とゲノム育種の展望

先に見たように，現時点での実情，すなわち検討対象の形質の範囲や達成されている正確度では，和牛を含む肉用牛でのWGP/GSの技術的到達点は理想的なレベルには到底及んでいないことは明らかである．よって，現時点でのレベルをもって応用にチャレンジするとすれば，将来の種牛候補の若雄や若雌の予備選抜における（補助的な）利用と考えられる．今後，WGP/GSの肉用牛育種における利用価値を高めるために

は，正確度を向上させるうえでの方策の検討が極めて重要である．

WGP/GSの正確度にはいくつかの要因が関与する．多数のポリジーンのみによって制御されている形質の場合には，集団の有効な大きさ，ゲノムの長さ，トレーニング群の大きさと形質情報の信頼度などが関係する[20]．たとえば，ゲノム長が30Mで，ゲノムの全域にわたる十分な数のSNPが利用でき，形質情報（疑似記録）の信頼度が0.8の場合を想定したとしても，0.8程度の正確度を確保するためには，和牛のように集団の有効な大きさが100をはるかに下回るケースでも，少なくとも数千頭以上の規模のトレーニングデータが必要である．したがって，GSの観点からは，今後，和牛の場合においても，研究の推進に必要な関連データを国家的規模で組織的に収集し，蓄積していくための本格的な体制を敷いていくことが極めて重要である．全国の育種・生産現場における多数の個体から，いかにして自動的かつ継続的にDNA抽出用サンプルや関連データを収集していくか，その組織化が最重要の課題の一つである．

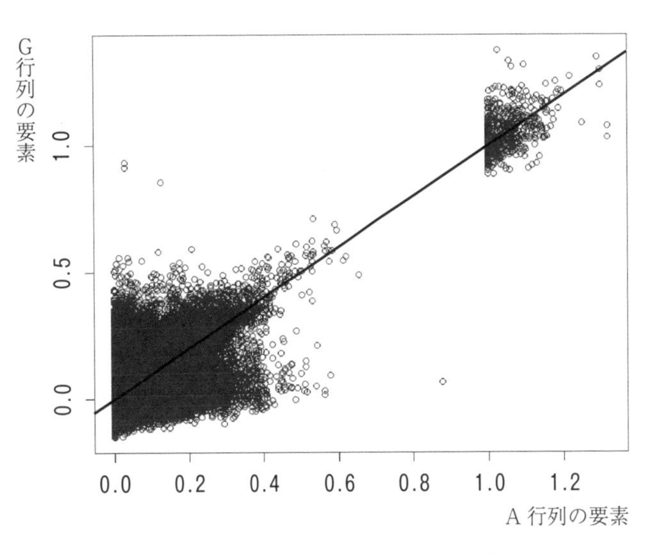

図2-13　AおよびG行列の要素のプロット図（相関：0.61）

また，家畜の表現型（値）に関して，より精密な形質の定義のためのデータ，すなわち分子レベルから個体レベル，さらには群レベルまでの多種多量なデータの収集とそれらの統合的ネットワークの体制を整えていく必要がある．GWASやWGPの有効性を高め，また，遺伝子やマーカーと形質発現との関係をより深くかつ詳細に把握していくうえでは，正確度，信頼性および再現性のより高い表現型情報を取得し，利用することがますます必要となる．

なお，本節で取り上げたゲノム育種の概念には，既述のDNA・ゲノム情報に基づく選抜育種に加えて，**遺伝子改変**の技術の利用による育種も含まれる．現時点では，ニワトリやブタでは，病原菌・ウイルス耐性，環境浄化やバイオリアクターなどに関連して，非食用の遺伝子導入動物に関する研究も行われている．しかし，肉用牛を含むウシでは，この種の研究は一般には行われていない．この点に関して，さまざまな生物・培養細胞（ES細胞，iPS細胞を含む）での人工ヌクレアーゼによる**ゲノム編集**と遺伝子改変の技術が急速に進歩しつつある．この種の技術では，細胞内で人工ヌクレアーゼがゲノムDNAの標的配列に結合し，制限酵素によるDNA 2本鎖の切断が誘導される．そのDNA切断は，細胞内での内因性DNA修復機構によって修復され，ゲノムDNAのさまざまな編集が可能となる．現時点では，ZFNおよびTALEN[21]の人工ヌクレアーゼとRNA誘導型のCRISPR/Cas 9システム[22]が開発されており，非相同末端連結修復過程による欠失・挿入変異の導入と遺伝子破壊，さらには相同組換え修復過程によるドナー構築と外来遺伝子の挿入により，ノックアウト・ノックイン動物の作成や遺伝子機能の解析などに利用されつつある．この種の新技術は，肉用牛においても将来的には，従来のオーソドックスな**順行遺伝学**に対して，**逆行遺伝学**による遺伝子と表現型値との関連付けに寄与する可能性がある．また，原因変異の効率的同定においてはもちろん，外来遺伝子の導入に基づかないゲノム編集を通じ，新たな育種素材の創出と利用にも貢献する可能性がある．

祝前博明（京都大学）

参考文献

1） Kunieda T. Animal Science Journal, 76: 525–533. 2005.
2） Fernand RL, Grossman M. Genetics Selection Evolution, 21: 467–477. 1989.
3） Saito S, Iwaisaki H. Genetics Selection Evolution, 28: 465–477. 1996.
4） Matsuda H, Iwaisaki H. Heredity, 88: 2–7. 2002.
5） Meuwissen TH, Goddard ME. Genetics, 146: 409–416. 1997.
6） Ohsaki H, Tanaka A, Hoashi S, Sasazaki S, Oyama K, Taniguchi M, Mukai F, Mannen H. Animal Science Journal, 80: 225–232. 2009.
7） Mannen H. Animal Science Journal, 82: 1–7. 2011.
8） Nishimura S, Watanabe T, Mizoshita K, Tatsuda K, Fujita T, Watanabe N, Sugimoto Y, Takasuga A. BMC Genetics, 13: 40. 2012.
9） Meuwissen TH, Hayes BJ, Goddard ME. Genetics, 157: 1819–1829. 2001.
10） VanRaden PM. Journal of Dairy Science, 91: 4414–4423. 2008.
11） Garrick DJ. Genetics Selection Evolution, 43: 17. 2011.
12） Watanabe T, Matsuda H, Arakawa A, Yamada T, Iwaisaki H, Nishimura S, Sugimoto Y. Animal Science Journal, 85: 1–7. 2014.
13） Ogawa S, Matsuda H, Taniguchi Y, Watanabe T, Nishimura S, Sugimoto Y, Iwaisaki H. BMC Genetics, 15: 15. 2014.
14） Ogawa S, Matsuda H, Taniguchi Y, Watanabe T, Nishimura S, Takasuga A, Sugimoto Y, Iwaisaki H.（submitted）
15） Habier D, Fernando RL, Dekkers JCM. Genetics, 177: 2389–2397. 2007.
16） Misztal I, Legarra A, Aguilar I. Journal of Dairy Science, 92: 4648–4655. 2009.
17） Aguilar I, Misztal I, Legarra A, Tsuruta S. Journal of Animal Breeding and Genetics, 128: 422–428. 2011.
18） Onogi A, Ogino A, Komatsu T, Shoji N, Simizu K, Kurogi K, Yasumori T, Togashi K, Iwata H. Journal of Animal Science, 92: 1931–1938. 2014.
19） 松田洋和，祝前博明．平成 23 年度和牛産肉能力検定委員会資料．（公社）全国和牛登録協会．2011.
20） Goddard ME. Genetica, 136: 245–257. 2009.
21） Tesson L, Usai C, Menoret S, Leung E, Niles BJ et al. Nature Biotechnology, 29: 695–696. 2011.
22） Cong L, Ran FA, Cox D, Lin S, Barretto R et al. Science, 339（6121）: 819–823. 2013.

第3章　繁　殖

1. 雌牛の繁殖生理（発情，妊娠―妊娠診断，分娩）

(1) 発　情

雌牛の繁殖生理を考える際，内分泌学的な変化に伴う生殖細胞の変化を考える必要もあるが，本項の**発情**では内分泌学的及び行動学的な側面から記載する．

1) 性成熟

ウシは，ある月齢（6～12カ月齢）に達すると，雌雄が交配して妊娠しうる状態になる．このように繁殖活動期を迎えることを**性成熟**に達するといい，雌の性成熟到来の指標には，初回発情が一般的に用いられている．

性成熟に達すると，雌雄ともに繁殖可能ではあるが，この月齢では体の発育が不十分で，妊娠により母体の発育が阻害されたり，分娩後の泌乳量不足から子牛の成長が抑制される可能性があるため，繁殖供用開始時期は，性成熟よりも遅らせることが多く，14～22カ月齢とされる．性成熟には，気候や栄養が関与しており，適切な飼養管理を行うことが重要である．

2) 発情周期の長さ

ウシは周年繁殖で，1**発情周期**の長さは経産牛で平均21日，未経産牛で平均20日である[1,2]．

3) 発情周期中の性ホルモンの変化

雌牛の発情周期は発情期と黄体期からなる．生殖機能に係るホルモンは，**視床下部**（**性腺刺激ホルモン放出ホルモン：GnRH**）―**下垂体**（性腺刺激ホルモン：**FSH，LH**）―**卵巣**（性ステロイドホルモン：**エストロジェン，プロジェステロン**）軸などが相互に関連している．発情が近づき卵胞が発育するのに伴い，血中エストロジェン濃度が上昇しピークを示す．エストロジェンレベルが一定の閾値を超えると**LHサージ**が誘起される．LHサージとは脳下垂体から分泌されるLHがスパイク状の急激で一過性に分泌されることをいう．

多数の小卵胞は，性周期の間に2～3回の卵胞発育の波があり，これを**卵胞波**と呼んでいる．一つの卵胞波は多数の小卵胞の発育から始まり，その中から1個の卵胞のみが成熟し，これが**主席卵胞**となる．2番目（三つの卵胞波がある場合は3番目）の卵胞波の主席卵胞が，発情周期の終わりに向けて成熟卵胞を経て，LHサージの約25時間後に排卵する．プロジェステロン濃度は発情期を通して低値で推移し，排卵後，黄体の発育に伴って次第に増加し，1～2週間で最高値に達する．妊娠が成立しないと，黄体の退行期に**子宮**からの$PGF_{2\alpha}$が分泌され，プロジェステロン濃度が低下する（図3-1）[3]．

4) 発情周期中の生殖器の変化

①卵巣の変化

発情周期に伴う卵巣の変化は図3-2に示すとおりである[2]．排卵に至る卵胞は，発情開始まで徐々に発育するが発情期に入ると急激に発育し，排卵直前には膨張して，発情開始後平均28時間で排卵する．排卵直後の卵胞は収縮し，少量の血液と卵胞液を含むが，間もなく黄体が形成される．黄体形成は，排卵後7～8

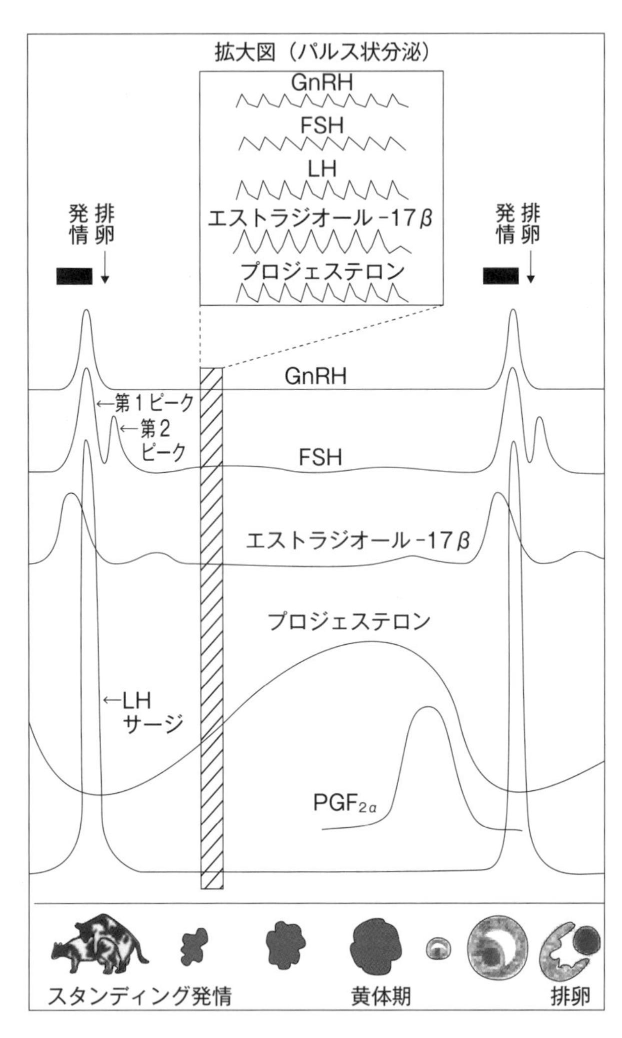

図3-1　牛の発情周期における性ホルモンの血中濃度の変化の模式図（森・菊池，1996）

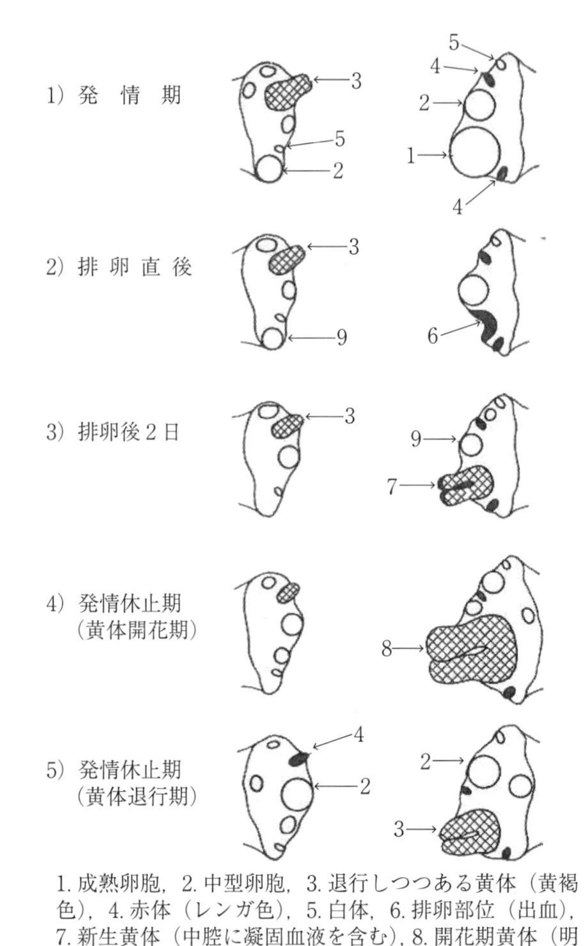

図3-2　牛の発情周期に伴う卵巣変化の模式図（山内：1992）

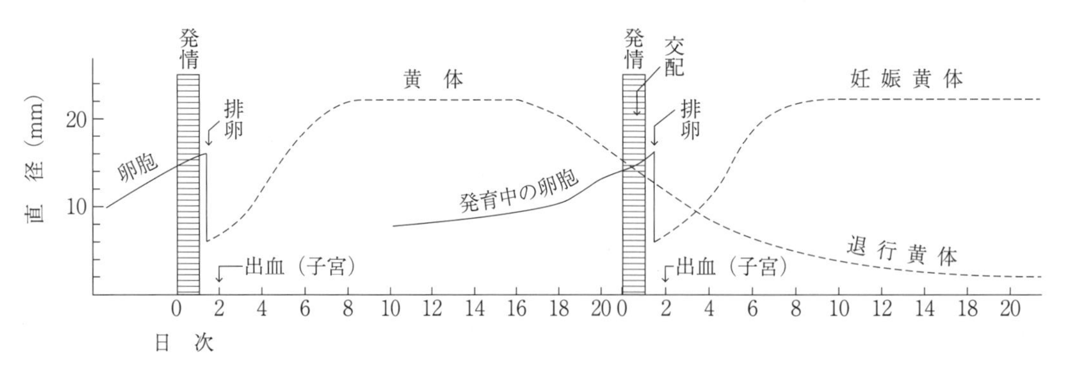

図3-3　牛の卵巣周期の模式図（山内，1992）

日で完了し，その後8～9日間，機能性（開花期）黄体としてプロジェステロンの分泌活動を持続する．その形状はキノコ状の突起を形成するものが多い．

妊娠が成立すると開花期黄体が**妊娠黄体**へと移行し，妊娠が不成立の場合には**退行黄体**と呼ばれ，次の発情が現れる前の排卵後14～15日で機能が衰え，退化していく（図3-3）．発情周期中も卵胞の発育があり，個体によって2～3回の卵胞波があるが，機能性黄体が存在する時期には排卵せずに閉鎖していく．

②**副生殖器の変化**

発情期では，子宮頸管から腟及び**外陰部**は，充血，腫脹して，光沢を増して湿潤になる．子宮頸管の外子宮口は弛緩する．頸管粘膜からは透明で水分を多く含み軟らかく牽糸性の高い粘液が多量に分泌され，外陰部からも漏出して垂れ下がり，尾や尻に付着している．子宮平滑筋の自律的な収縮が亢進しているため，直腸検査での触診に対して，子宮が敏感に反応して収縮し，硬くなるのが触知できるようになる．

発情の翌日には，子宮内膜の浮腫性は弱くなると同時に，充血していた子宮内膜の血管のいくつかが破れることがあり，これが発情後2〜3日頃に観察される発情後出血の原因とされる．

黄体期になると，子宮頸管は緊縮し，プロジェステロンの作用で分泌される粘度の高い粘液によって外子宮口は塞がれる．外陰部は，緊縮し陰唇に皺がみられる．

5）発情兆候，発情持続時間及び排卵

雌牛は発情期を迎えると**発情兆候**を示し，目つきが鋭くなり独特の高い鳴声で咆哮し，立っていることが多くなる．群飼されている場合には，他の牛の外陰部を嗅ぐ行動や，乗駕したり（マウンティング），乗駕されたりする．発情牛を見出すために重要なことは，発情期にだけ観察される**スタンディング**（他の牛に乗駕されたままじっとしていて動かない状態）を観察して発情兆候とすることである（写真3–1で下の牛が発情牛）．その他，食欲の減退，外陰部からの粘液の流出，外陰部の腫脹なども発情期に現れる兆候である．

発情持続時間は，年齢，牛群サイズ，管理方法，観察の頻度や発情の定義の仕方などによって異なる．最も個体差が少ない方法は，最初のスタンディング発情から最後のスタンディング発情までを発情時間とした場合で，平均11時間前後である．

排卵は，発情開始後平均28時間とされている．また，発情終了から排卵までの時間は10〜15時間とされている．

6）授精適期

排卵時に多数の受精能獲得精子が，卵子との受精の場所である卵管膨大部に到達しているように授精時期を選ぶことが重要である．本来，雌牛はスタンディング発情時に雄牛と交尾するが，人工授精で使用する凍結融解精液は射出精液に比較して精子数も少なく，凍結保存によって少なからず精子の機能が低下している．つまり，凍結融解後の精子の受精能保有時間は新鮮精液中の精子よりも短くなることから，スタンディング発情終了後を授精時期に設定している．

授精適期の実用的指針として「**AM–PM法**」が用いられている．すなわち，授精適期は，①発情を午前9時以前に発見した場合には，同日午後，②発情を午前9時から正午の間に発見した場合には，同日夕刻または翌日の早朝，③発情を午後に発見した場合には翌日の午前中というものである．AM–PM法を応用する場合でも，できるだけ正確な発情発見と発情開始時期の推測が必要であり，この精度を高めることが受胎率向上のポイントになる．

写真3–1　スタンディング発情

7）分娩後の発情回帰

自然哺乳を実施している雌牛では，分娩後一定期間は子牛の授乳刺激があることから，無発情状態になる．分娩後30日以降に初回排卵が見られる．子牛が斃死したり，超早期母

子分離（7日以内に母子を分離する管理形態）したりで授乳を行わない母牛の場合は，10～20日で初回排卵がみられる．初回排卵時には，子宮の修復も完了していないため発情兆候を伴わない場合もある．子宮修復が完了していない時期の発情時の授精では，受胎率は低い．

(2) 妊娠―妊娠診断

1）妊娠の生理

①妊娠による母体の変化

発情を反復していた雌牛は，**妊娠**すると発情や排卵が停止する．これは，排卵後にできた黄体が妊娠黄体として長く存続し，血中プロジェステロン濃度が高いためである．胚が子宮内に進入，着床して発育すると妊娠した子宮角は膨満するため，子宮角は左右非対称となる．妊娠中期には子宮動脈の肥大と振動が始まり，妊娠後期には腹囲膨大と乳房や乳頭の腫脹が見られる．

②妊娠期間

妊娠期間は正確には受精が成立してから分娩するまでの期間をいうが，通常の計算では最終の授精日から分娩までの日数をいう．平均妊娠期間は黒毛和種で285日，褐毛和種で287日とされている．最近，母牛の大型化や交配種雄牛により延長傾向があるという報告もあるものの，実際の計算に当たっては既報の日数を利用して分娩の準備をすることが望まれる[4)]．

2）妊娠診断

①直腸検査法

直腸検査法は，臨床的な早期**妊娠診断**法として，妊娠40日以降全期間にわたって診断可能であり，慎重に行えば流産などの危険はない．本法は，妊娠診断ばかりではなく，繁殖障害の診断，治療にも応用される．妊娠40日前後からは，子宮壁をとおして子宮腔全体に広がる胎膜の触診（胎膜触診法）や子宮の非対称の確認，中期以降では，子宮小丘や子宮動脈の触診，後期では，腹腔に沈下した子宮における骨盤前縁を垂直に走る膨大した子宮頸への触診で妊娠を確認できる．

②ノンリターン法

牛は一定の周期で発情を反復しているが，妊娠すると発情が回帰しなくなることから，発情の停止を妊娠の兆候とみなすことを**ノンリターン法**と呼ぶ．授精後28～35日までの間に発情が回帰しなかったものを28～35日ノンリターン率と表現して受胎率に代えて用いられる．

不妊の場合でも発情が回帰しない場合や妊娠の場合でも発情を示す個体もいるので，発情の停止だけでは妊娠とはいえないが，ノンリターン法は早期に概要を把握する意味で有効な手法である．本法だけに頼らず，後日，必ず直腸検査等による妊娠診断を実施する．

③超音波診断法

超音波診断法は安全性の高い超音波機器を用いた妊娠診断法である．直腸検査用探触子を直腸内に挿入し，モニタ画像を確認しながら子宮角上を走査し，**胎嚢**または胚の断面画像によって妊娠を確認する．授精20日頃から胎水が貯留する胎嚢が黒く抜けた（エコーフリー）像として子宮腔内に確認でき，30日を超えると胎嚢中に羊膜に包まれた胚または胎子を確認できるようになる．

(3) 分　娩

1）分娩の兆候

①外陰部の腫脹

分娩が近づくと外陰部は充血，腫大する．分娩の2〜3日前から子宮頸管をふさいでいた粘液栓が軟化し，膣の深部を経て水あめ様の粘液となり，外陰部から漏出する．子宮膣部は，拳手大にまで腫大して子宮外口は2〜3指を挿入できるほど開いてくる．

②骨盤靱帯の弛緩

分娩の数日前から骨盤は，その縫合または靱帯が弛緩して可動性を増すようになる．その結果，胎子の娩出に必要な産道が確保される．牛では，仙坐靱帯，仙腸靱帯の弛緩により尾根部両側の陥没が明瞭になり，分娩の2〜3日前は明瞭となる．

③乳房の肥大

乳房の肥大は分娩が近づくにしたがって明瞭となり，搾るとグリセリン様の液を漏らすが，次第に初乳様の液体に変化する．

④その他

分娩が近づくと雌牛は，落ち着きがなくなり，不安そうに分娩室内を歩き回り，起臥を繰り返したり，前肢で床をかいたり，後肢で腹部をかくようなしぐさをする．排尿や糞便の回数も増え，軟便になる牛もいる．

妊娠末期になると，体温の変化がみられ，分娩前約4週には平温よりも高くなるが，分娩1日前になると約1℃下降する．体温は日内変動するので定刻での比較が必要であり，夕刻17時など一定の時刻とすると，その変化を確認しやすいし，夜間の分娩の有無を確認できることからも有効である．

2）正規分娩の経過

分娩の経過は，開口期，産出期，後産期の3期に区分される．

①開口期

開口期は，外見上明白ではないが，産道を形成し，胎子を産出する準備をする重要な時期である．この状態は3〜6時間持続する．開口期の陣痛は，規則的な子宮筋の収縮によるものであり，当初は10〜15分間隔であるが，分娩が経過するに従い強さを増して，3〜5分間隔になる．この時期の胎子は，より活動的になり，産道に合う姿勢を整えて分娩姿勢に変わる．子宮頸管を押し広げる主なものは，胎子ではなく，胎水を満たした胎膜であり，形を変えながら徐々に子宮頸管を広げる．

②産出期

産出期とは，子宮口が完全に開き，胎子が娩出されるまでの時期をいう．牛ではこの期間に胎子が娩出される．この期間も平均3時間持続する．産出期の開始は，開口期での子宮筋の収縮による陣痛に加えて，腹壁の収縮ないし怒責との複合した収縮によることから，開口期と区別できる．子宮が1回収縮する間に怒責は8〜10回おこる．尿膜と絨毛膜は，胎盤で子宮に付着しているため胎子の移動にともなって，移動できずに破裂する（**第1破水**）．胎子を包んでいる羊膜は，比較的容易に移動できるので，陰部の外に露出して足胞（写真3-2）となり，これが破裂することを**第2破水**と呼ぶ（写真3-3）．第1破水は通常胎胞の頸管通過時におこる．胎子後頭部が陰門に露出するころに，陣痛と怒責は最も強くなり，外陰部を胎子胸部が通過すると産出は速やかに終了する．

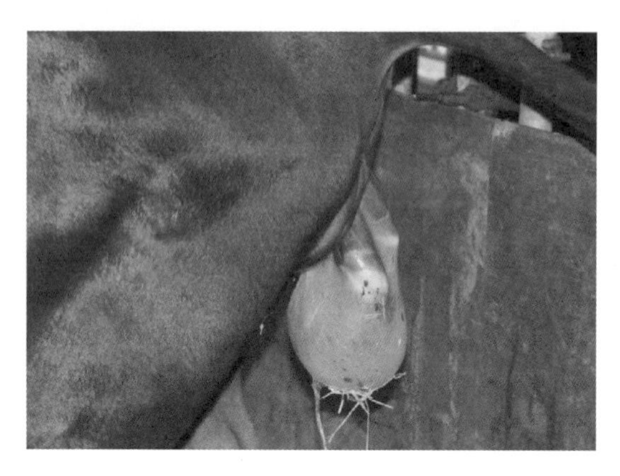

写真 3–2　足胞が確認できる正常分娩

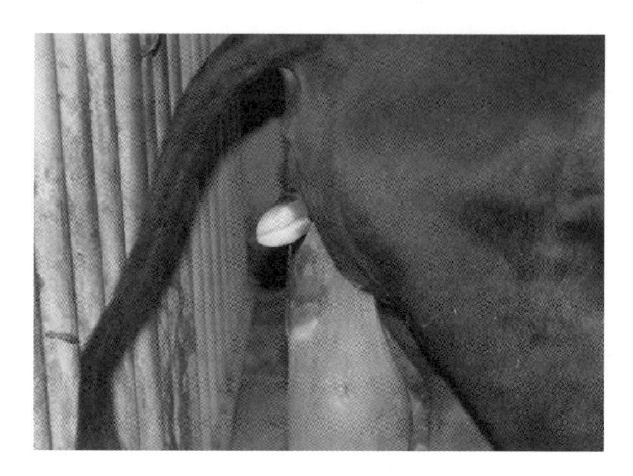

写真 3–3　第 2 破水による胎子露出

③**後産期**

後産期は，胎子が娩出された後，後産が排出されるまでの時期をいう．牛では，子宮小丘が筋繊維を欠き収縮しがたいため，後産排出に時間を要し，通常 3～6 時間を要する．胎子産出後に腹壁の収縮はほとんど休止し，子宮収縮によって後産を排出する．

3）**分娩時の注意**

正常位の娩出では上記の経過で進行するので，多少時間がかかっても見届けることが肝要である．しかし，第 1 破水後陣痛があるにもかかわらず 60 分以上経過しても**足胞**が現れない（写真 3–4）場合や陣痛が継続しているが弱くなってきた場合や進展が無いような場合には**介助**（助産）を検討し，獣医師に連絡をする．**難産**とは，自然分娩が困難で介助が必要な場合をいう．

なお，介助に当たっては，①母牛が自力で産めない失位や過大子などの要素がある，②母牛が弱っている，③胎子が相当弱っている場合などに限るべきだとされている[5]．胎子が弱っているかどうかは，足の場合には蹄の間や顔面が出ている場合には舌（写真 3–5）をつねって反応があるかを確かめて判断する．

また，衛生的な環境で分娩できるように清潔な敷料を用意することは言うまでもない．

4）**グルーミング（子なめ）**

初生子は体温の発生及び放散防止の機構が不十分なため出生後一時的に体温が下がるが，これは数時間で回復する．母牛は初生子の，頭部をはじめ全体表をなめて乾かすが，これを**グルーミング**（**子なめ**）と呼ぶ（写真 3–6）．寒冷時には感染症の予防のために布や柔らかいわら等で体表を摩擦して乾燥させてやることも

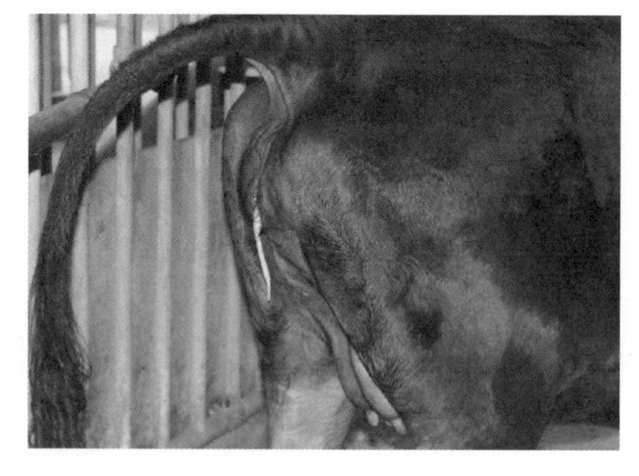

写真 3–4　第 1 破水後足胞が確認されない例

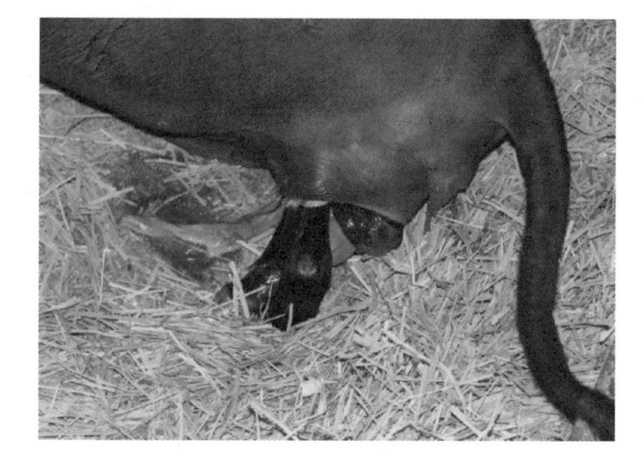

写真 3–5　正常分娩の経過
（舌や前肢をつねると子牛が反応する）

必要である.

5）**産褥の生理**

分娩後，子宮やその他の器官が妊娠および分娩による変化から妊娠以前の状態に回復するまでの期間のことを**産褥**という.

通常，子宮は約3週間で妊娠前の大きさに回復する．子宮修復には飼養環境が影響し，舎飼牛は放牧牛に比較して遅れることが多く，哺乳によって子宮修復が促進されることも認められている.

写真3-6　出産後の母牛のグルーミング

福島護之（兵庫県立農林水産技術総合センター）

参考文献

1）大澤健司，獣医繁殖学．pp 67-78．文永堂出版（株）．東京．2007.

2）星 修三・山内 亮，改訂新版家畜臨床繁殖学．pp 82-89．（株）朝倉書店．東京．1992.

3）高橋政義，牛の繁殖技術マニュアル．pp 8-13．（社）日本家畜人工授精師協会．東京．2007.

4）福島護之・吉田恵実・小浜菜美子・秋山敬孝・坂瀬充洋・大山憲二，但馬系黒毛和種における在胎日数の年次推移とそれに影響を及ぼす要因の解明，肉用牛研究会報，94：51-52，2013.

5）堀 仁美，「その分娩，本当に子牛の牽引が必要⁉」．pp 14-35．㈱デーリィ・ジャパン社．東京．2009.

2. 雄牛の繁殖生理

（1）性成熟

1）春機発動と性成熟

動物がある月齢に達し，視床下部—下垂体—生殖腺軸が機能しだすことで，生殖機能の一部が明らかに認められるようになる状態が**春機発動**である．一方，**性成熟**とは，春機発動を経て，生殖に関する全ての機能が確立された状態である．春機発動と性成熟の各用語が区別されずに用いられることもある．さらに，性成熟期を春機発動から性成熟までの発達過程の時期とする解釈もあるので，これらの用語を含む文脈の解釈には，注意を要する.

雄の場合，春機発動とは，精巣が急激に発育し，精子を生産する機能が備わり，精細管に精子が出現する状態を，また，性成熟とは，雌と交尾して受精可能な精子を射精する機能が完成された状態を指す．一般に，**雄牛**の春機発動は，6〜7カ月齢，性成熟は，14カ月齢とされる（大沼，1972）．性成熟を迎えても，直ちに繁殖に利用することはできない.

①内分泌的な変化

春機発動を迎えた雄では，性腺刺激ホルモンの分泌増加に反応し，**テストステロン**濃度が著しく低い値から，成熟レベルまで徐々に増加する．そして，血中テストステロン濃度が一定レベルまで増加すると，負のフィードバック作用によって性腺刺激ホルモンの分泌が調節される．春機発動に伴い，顕著な第2次性徴が発現する．それによって，容貌，体形ならびに性質における性的な特徴が明確になってくると同時に，生殖器官の大きさや重量が著しく増加する.

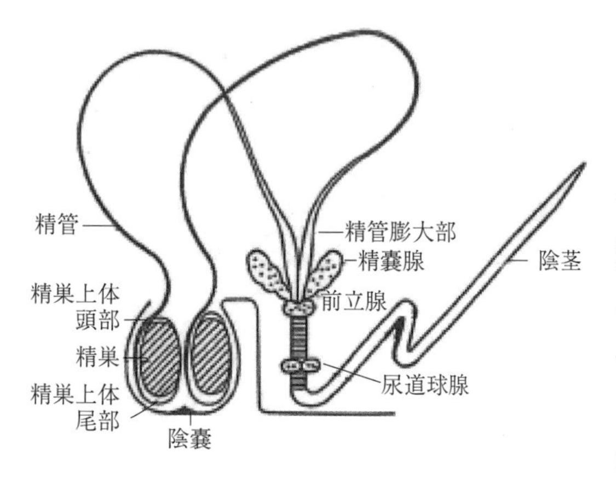

図 3-4　雄性生殖器官の構成図（ウシ）

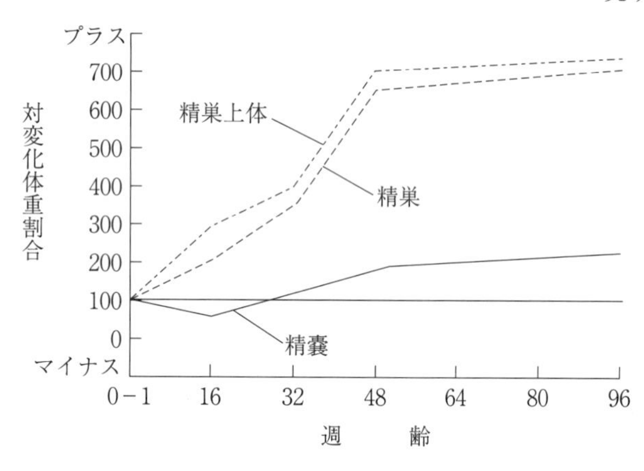

図 3-5　雄牛の生殖器官の比較成長（Asdell, 1955）器官が体重と同率に成長したとすれば，その器官の成長は基準線に平行な線として表わされる．精巣上体は最初の年に急成長する．精嚢は，精巣がテストステロンを供給するまでに十分成長するまでは，体重よりもゆっくりと成長する．

②生殖器の発育

生殖器は，生殖腺，生殖道，副生殖腺よび外生殖器に区分される．雄において，生殖腺は，**精巣**，生殖道は，**精巣上体**，**精管**および尿道，副生殖腺は，**精嚢腺**，**前立腺**および**尿道球腺**，外生殖器は，**陰茎**である（図 3-4）．生殖器の発育は，動物の成長に伴う体重増加とは異なる挙動を示す（図 3-5）．

ホルスタイン種の報告によると，5 カ月齢より精巣の急速な発育を示す．6〜7 カ月齢で，精細管内に初めて精子が出現する．9 カ月齢以後になると精巣重量は 84 g 以上となり，精子が精細管腔に遊離している．13 カ月齢で精巣重量が 150 g 前後の頃に 70〜80% の精細管内に精子が認められる．13〜14 カ月齢になると，精細管口径が平均 200 μm 以上，精巣重量は 160 g となる．16 カ月齢の精巣重量は 200 g に達する（釘本，1941）．

③精液生産能力の変化

精液量は，性成熟後，月齢とともに増加し，やがてプラトーに達する．ホルスタイン種の報告によると，精液量は，11〜13 カ月齢以降で 2 m*l* 以上，13〜15 カ月齢以上で 4 m*l* 以上となり，その後，17〜18 カ月齢まで漸次増加する．一方，**精子濃度**は，12〜13 カ月齢以降で 4 億/m*l* 以上，12〜13 カ月齢以降で 1 回に射出される靖子数が 10 億以上になる．これらの値は，15 カ月齢までは増加するが，それ以後には，月齢による変化は認められない（枡田，1950）．射出精液の性状が安定してくるのは，14 カ月齢頃からとされる．

④繁殖供用適期

春機発動に達した時点で造精機能は，質的には，完成しているが，能力的には，未完成である．また，春機発動直後の動物では，体も生殖器も十分に発育していない個体が多い．そのため，春機発動以降，種雄牛としての繁殖供用時期が早すぎると，発育や繁殖機能の障害が発生することで，生産上不利になる可能性がある．その不利を避けるため，発育状態など，雄牛の状況を総合的に判断して，その牛の繁殖供用時期を決定する．この時期は，**繁殖供用適期**と呼ばれている．雄牛の場合，性成熟に達してから数カ月後となる 15〜20 カ月齢が繁殖供用適期の目安である（大沼，1972）．

2）性成熟に影響を及ぼす要因

①品種・系統

一般に，乳用種は，肉用種よりも早熟という傾向がある．たとえば，肉用種であるアンガス種とヘレフォード種は，ホルスタイン種より約 1 カ月，性成熟が遅い（Wolf ら，1965）．しかし，和牛の性成熟は，ホルスタイン種に比べ約 1 カ月早いと報告されている（釘本ら，1944）．一方，品種間の交雑によって生れた子は，純粋種より性成熟が早くなり，近親交配によって生れた子の性成熟は遅れる．

②**栄養状態**

栄養状態では，特にエネルギー摂取量が牛の性成熟に対して大きな影響を及ぼす．低栄養の場合，運動精子を初めて射精する時期は遅れるが，高栄養の場合には，早くなる傾向がある．射出精子数は，高栄養の場合に急増するが，2歳になると，差が認められなくなる（Flipse と Almquist，1961）．春機発動の開始には，年齢より体重との関連性のほうが深いことも，栄養状態が性成熟に深く関わっていることを示唆している．

③**温　度**

温度による影響では，26.7℃ で飼育された雄牛の性成熟は，10.0℃で飼育された個体より，やや遅れる傾向があったことが報告されている（Dale ら，1959）．

（2）造精機能

精巣と精巣上体が協同して成熟精子をつくりだす機能が**造精機能**である．精巣では，**精子形成**が，また，精巣上体では，**精子の成熟**が行われている．造精機能は，春機発動以降に現れる重要な雄の繁殖機能である．

1）精子形成

春機発動以降の雄において，精巣の精細管上皮に存在する生殖細胞（精細胞）は，管壁側から管腔側へ移行する過程で，**精子発生**と呼ばれる一連の細胞分裂（体細胞分裂および減数分裂）とそれに続く**精子完成**と呼ばれる細胞分裂のない形態変化（変態）を経て，**精祖細胞**から精子が形成される（図 3-6）．この際，生殖細胞を支持している**セルトリ細胞**（支持細胞）は，生殖細胞が直接利用できない物質に由来する代謝産物を生殖細胞に提供している（セルトリ細胞による生殖細胞の養育）．家畜の精子形成に要する日数は，50〜60 日である．牛精巣 1 g で 1 日当たりの生産される精子数は，13〜19×10^6 個である．

①**精子発生**

精子発生とは，精細管内の精上皮における「精祖細胞→1 次精母細胞→2 次精母細胞→精細胞」の過程である．精細管内の生殖細胞周辺では，血液—精巣関門と呼ばれる免疫学的，薬学的な透過性関門によって，特定物質の侵入が拒絶され，精細管の管腔区画におけるアンドロジェン結合タンパク質，インヒビン，酵素阻害剤などの特異的濃度が維持されている．

a）精粗幹細胞の形成

哺乳類において，始原生殖細胞は，胚発生時に卵黄嚢から遊走して生殖巣に到達する．性分化後，性索を形成し，さらに，精祖細胞に分化するまでの始原生殖細胞は，胚芽細胞と呼ばれている．生後間もなく，胚芽細胞が増殖を開始し，精細管の周辺部に移動する．春機発動期の直前から胚芽細胞の分化が開始される．それによって，**精祖幹細胞**が形成される．

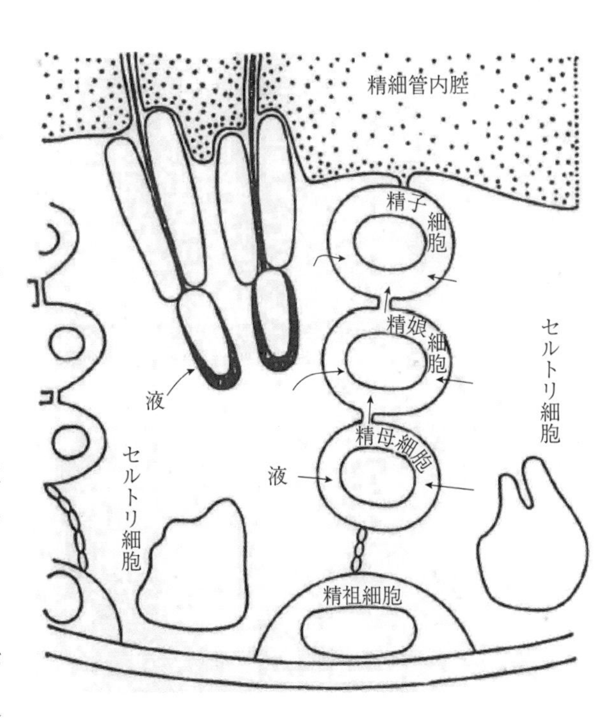

図 3-6　精細管内におけるセルトリ細胞と精子形成細胞群の配列

b）精粗細胞から精子細胞への分化

精祖幹細胞の不等分裂により，精子を形成する細胞を生み出し続ける幹細胞自身と分化方向に進む分化型**精祖細胞**が形成される．分化型精祖細胞は，さまざまなタイプに分類されている．たとえば，げっ歯類では，核染色質が微細で淡染されるA型精祖細胞，核染色質が粗大で濃染されるB型精祖細胞に分類される．牛の場合では，さらに，A型とB型の中間型精祖細胞が存在している．精祖細胞は何回かの体細胞分裂を経た後，**第1精母細胞**を形成する．第1精母細胞では，DNA含量が2倍に増加する．その後，減数分裂前期の核変化を受けた後，この細胞は分裂し，染色体数が半減した**第2精母細胞**を形成する．それ以上のDNA合成がない状態で，第2精母細胞は再び分裂し，**精子細胞**と呼ばれる半数体細胞を形成する．牛の場合，精祖細胞から円形精子細胞への分化に約45日を要する．

②精子完成

円形精子細胞は，変態と呼ばれる一連の構造的，発生的な変化を経て，鞭毛を有する精子となる．この過程は，**精子完成**と呼ばれる．その過程では，ゴルジ期，頭帽期，先体期および成熟期の4期を経て，先体，ミトコンドリア鞘，鞭毛（精子尾部）など，精子機能と密接な関わりを持つ特徴的な形態が精子細胞に備わる．完成した精子は，精細管上皮から，精細管腔に放出される．これを**精子放出**という．

③精上皮周期

精細管の管壁側から管腔側に向かう生殖細胞の細胞集団では，牛の場合，12段階の分化程度が異なる細胞の規則的組み合わせが認められる．精上皮の特定部位で生じる細胞集団の外観または分化の一連の変化は，**精上皮周期**と呼ばれる．1回の精上皮周期に要する時間は，牛では14日である．

2）精巣上体移行に伴う精子の成熟

精細管の中で形成された精子は，多量の水分とともに精巣上体に流れ込む．精巣上体は，この水分を吸収すると同時に，管壁の局所収縮によって精巣から精管へ精子を輸送している．精子が精巣上体を移行するのに，牛では約7日を要する．その間の精子には，（ア）鞭毛装置の質的，量的な変化などの細胞小器官の成熟，（イ）精子核クロマチンの質的変化，（ウ）原形質膜表面の性質の変化，（エ）細胞質滴（ゴルジ装置の遺残物）の精子頸部から尾部へ移動と尾部からの離脱，（オ）代謝能力の変化，などが認められる．（Bedford，1975）．このような変化を受けた精子には，運動能力と受精能力が備わる．牛では，精巣上体の分泌成分である前進運動タンパク質が精巣上体精子の前進運動能獲得に重要とされている（Acottら，1984）．成熟した精子は，管腔が比較的広い精巣上体尾部に数十億/ml程度の高濃度な状態で射精時まで貯蔵される．精巣上体尾部には，雄体内の精子の約70%が貯蔵されている．一方，精管に貯蔵されている精子はわずか2%にすぎない（Amann，1981）．なお，射精されなかった精子は，尿中に排出されるといわれている．

3）造精機能に影響を及ぼす主な要因

①温　度

精巣の内部は精子形成に都合の良い温度環境に維持されている．すなわち，（ア）外気温の変化に応じた陰嚢の伸縮，（イ）精索内を縦に走っている蔓状静脈叢の迂曲した動脈と静脈との間の熱交換，によって，精巣温度は腹腔内温度よりも4～7℃低く保たれている（図3-7）．しかし，高温高湿の状態になると精巣温度の調整能力の限界を超えてしまい，精子形成が減退する．そのため，このような条件下で飼育された雄牛より採取された精液では，精子活力の低下，奇形率の増加，精子濃度の減少などの精液性状の悪化による受胎率の低下が認められることが多い．この症状を**夏季不妊症**と呼ぶ．

②**栄養状態**

造精機能は，栄養状態に影響されることが知られている．長期の低栄養により，下垂体からの性腺刺激ホルモンの血中濃度が低下することで，精子形成が低下する．一方，高栄養による過肥も奇形精子の異常増加を引きおこすことがある．なお，雄牛の滋養強壮を目的にした飼料添加物を給与する飼育機関もあるが，それらが造精機能に及ぼす効果は不明である．

③**加　齢**

造精機能は，壮齢期まで増加する．しかし，それ以降の機能は次第に悪化していく傾向がある．しかし，中には，10 歳を過ぎても，良質な精液を生産する個体も存在する．

④**運　動**

種雄牛では，1 日 1～2 時間の引き運動が造精機能を改善するといわれている．種雄牛に対し，運動機を用いた強制運動を行う飼育機関もある．

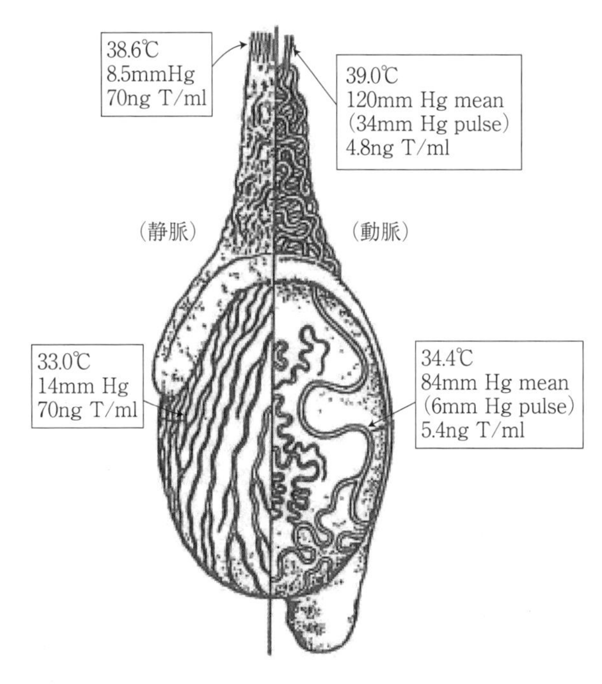

図 3-7　羊精巣の血管分布と血液濃度，血圧，血中テストステロン濃度（Setchell，1977）

(3) 精　液

精液には，射出精液のほか，研究や診断などの目的で採取される精巣精液や精巣上体精液が含まれる．しかし，一般的に，精液とは，射出精液を指すことが多い．射出精液は，精巣上体尾部や精管に貯蔵されていた精子と各副生殖腺液の分泌液とが射精時に混合されたものである．精液の漿液部分を**精漿**という．牛の射出精液は，1 m*l* におよそ 10 億の精子が含まれる乳白色の液体である．精液性状が良好な精液では，透明な試験管に入れ，明るいところで観察すると，雲霧状混濁（集団的渦流運動）が認められる．

1) 精　子

哺乳動物の**精子**の基本的構造は，ほぼ共通である．精子は，一般に，頭部と尾部（鞭毛部）に分けられる．尾部は，さらに頸部，中片部，主部，終部に細分される（図 3-8）．中片部には，ミトコンドリアが含まれる．なお，頸部を尾部から独立させ，頭部，頸部，尾部の 3 部に分ける場合もある．牛精子の全長は 60～65 μm である．精子においては，他の細胞とは異なり，損傷を受けた場合，機械的あるいは化学的など，損傷の種類に関わらず，細胞が修復されることはない．

精子形成の過程を経て，精子は代謝に関与する多くの小器管を失っている．しかし，形成された精子には，解糖，トリカルボン酸回路，脂肪酸酸化，電子伝達などの生化学反応に必要な酵素群が備わっている（Mann，1964）．

射出精子には，（ア）受精能，（イ）運動能，（ウ）代謝能が備わっている．射出精子は，精漿に感作されているので，精巣内精子（精巣精子）や成熟途上の精巣上体内精子（精巣上体精子）とは，異なる性状を有している．

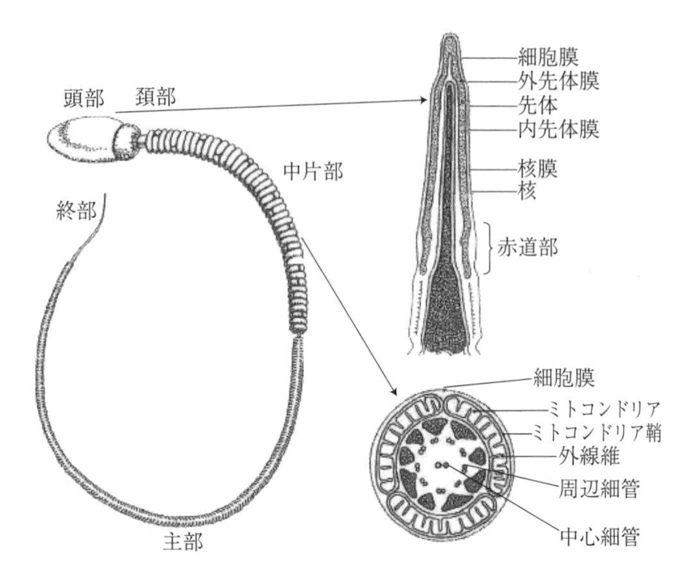

図 3-8　精子の構造（Fawcett，1975 改変）

①精子頭部

精子頭部の外形は，牛や豚では，しゃもじ，ないし卓球のラケットのような扁平形である．頭部の大部分は体細胞の6倍以上に濃縮されたクロマチンを含む核である．精子核の染色体数は，精子形成時の減数分裂によって，体細胞の半数になっている．それに伴い，精子のDNA含量も体細胞の半分である．

X，Y精子間でDNA量の差を比較すると，牛では，X精子のほうがY精子より3.8% ほど多い．その差異を利用して，フローサイトメーター・セルソーターで分離した牛のX精子やY精子がわが国でも市販されている．それを人工授精に用いることで，約90% の確率で**雌雄産み分け**が可能とされる（メーカーによりその確率は異なる模様）．

精子頭部の前半部分の表面には**先体**が存在している．先体には受精に関与する各種酵素が含まれているため，この部分が損傷を受けると，精子の受精能力が著しく低下する．先体部分は，低温衝撃（コールドショック）による損傷を受けやすいので，精液を凍結する際には，この衝撃を精子に与えないように注意する必要がある．

a）クロマチン

クロマチンの主成分は，精子特有の塩基性核タンパク質であるプロタミンとDNAとの複合体である．プロタミンは，多くの脊椎動物で認められる精子核特異的タンパク質である．プロタミンとDNAの複合体は，ヌクレオプロタミンと呼ばれる．哺乳類のクロマチン内には，高含量（8～18%）のシステインによるジスルフィド架橋結合に起因するプロタミン分子の網目構造が存在している．

b）先体酵素

精子の先体には，リン脂質と糖タンパク質が結合したリポ糖タンパク質が含まれている．この中には，さまざまな**先体酵素**が認められている．具体的には，アクロシンなどのタンパク質分解酵素，ヒアルロニダーゼ，ノイラミニダーゼおよびグルコサミダーゼなどの糖鎖を切断する酵素，さらに，酸性ホスファターゼ，β-N-アセチルグルコサミニダーゼ，ノイラミニダーゼ，ホスホリパーゼAおよびホスホリパーゼCなどのリソゾーム（ライソゾーム）系の酵素が先体内に存在している．これらの酵素の多くが受精に関与していると考えられている．

②精子尾部

この部位の最も重要な機能は**鞭毛運動**である．この運動の原動力は尾部の中心部を全長にわたって貫通している軸糸が担っている．軸糸の中心的な構造は，2本のシングレット微小管（中心小管）と，そのまわりに放射状に配置された9本のタブレット微小管である（9+2構造）．

特に，中片部では，この9+2の微小管の周囲を取り囲んでいる9本の粗大線維が，それぞれ，軸糸の9本の微小管とつながっている．中片部の軸糸と粗大線維の周囲には，**ミトコンドリア鞘**と呼ばれる螺旋状に連なった多数のミトコンドリアが存在している．ミトコンドリア鞘では，精子の運動に必要なエネルギーを生成している．また，尾部全体には解糖に必要な酵素が分布すると考えられている．

a）鞭毛運動

精子尾部の中心部を縦に貫通しているタブレット微小管は，チュブリンと呼ばれるタンパク質で作られている A 管と B 管で構成される．A 管から 2 本の腕（ダイニン腕）が B 管に伸びている．この腕の相互作用による隣り合う微小管同士の滑り運動によって，鞭毛運動の屈曲波が作り出されている（Satir，1979）．滑り運動の原動力は，タイニン腕の ATP アーゼによる ATP の加水分解である．精子尾部の屈曲運動は，中心に位置している 2 本のシングレット微小管により調整されている．牛精子の前進速度は，120 μm/ 秒と報告されている．

b）解　糖

i ）嫌気条件下での解糖

精子は，嫌気条件下において，体細胞にも広く認められるエムデン・マイヤーホフ経路による**解糖**を行い，運動のエネルギーを獲得している．精子が分解できる糖は，グルコース，フラクトース，マンノースなどである．しかし，精漿中の主要な糖は，フラクトースなので，精漿中の解糖は，事実上，フラクトース分解のみといえる．この際，1 分子のフラクトースから 2 分子の乳酸と 2 分子の ATP が産生されている．解糖活性は，牛，めん羊，山羊の精子で高く，馬，豚の精子で低い．

ii ）好気条件下の解糖

精子は，酸素の存在下での解糖，すなわち好気的解糖も可能である．この際，解糖で生じた乳酸やピルビン酸は，呼吸によって炭酸ガスと水に分解される．牛とめん羊の精子では，好気条件下において，精漿成分の一つであるソルビトールをフラクトースに変換し，解糖経路で代謝する．

c）呼　吸

精子は，好気条件下で，乳酸，ピルビン酸，ソルビトール，グリセロール，グリセロリン酸，酢酸やその他数種の脂肪酸，いくつかのアミノ酸などを基質として**呼吸**を行っている．精子の呼吸では，一般の動物組織と同様，ミトコンドリア鞘の中に存在するミトコンドリア内の TCA サイクル（クエン酸回路）と電子伝達系による基質の酸化分解，それに続く酸化的リン酸化反応により，ADP と無機リン酸から ATP を合成している．1 分子のフラクトースから 4 分子の水，6 分子の炭酸ガス，そして，38 分子の ATP を呼吸により生成できる．呼吸による ATP の生産効率を解糖経路の場合と比較すると 19 倍高い．

精子によって産生された ATP の多くは，鞭毛運動に利用される．その一部は，生命にかかわるイオン成分が精子から漏出するのを防ぐ膜の能動輸送過程の統合維持にも使われている．周辺に基質が存在しない場合，精子では，細胞内に貯蔵するプラズマロジェンを利用した短期間のエネルギー獲得が可能である（White，1980）．

2）**精　漿**

精漿には，少量の精巣液をはじめ，精巣上体（頭部，体部，尾部），精嚢腺，前立腺，尿道球腺などの副生殖器からの分泌液が含まれている．精漿において，各器官の分泌液が占める割合は，同一動物種内でも個体差がある．さらに，同一個体内でも精液採取時の状態によって変動する．精漿生化学成分の多くは，副生殖腺で合成されたものであるが，血漿の生化学成分とは，質，濃度ともに大きく異なっている．精漿生化学成分の中には，その量的変化とホルモンの消長との間に密接な関連を示すものがある．その一方で，機能が不明な精漿生化学成分も多い.

自然交配において，精漿は，精子の運搬や保護の媒液として必須の要素である．特に，牛などの腟内に射精する動物種では，子宮内に射精する豚などの場合と比較して精漿の重要性は高い（White ら，1977）．精漿の生理的意義としては，（ア）射精直前の尿道の洗浄作用，（イ）射精時の精子の運搬体としての作用，（ウ）精子の保護作用，（エ）子宮運動の刺激作用，（オ）精子運動の賦活作用があげられる．

受精に関連する精漿化学成分としては，受精能獲得抑制因子（あるいは受精能破壊因子）が古くから知られている．射出された精子は，精漿と接した時点で，この因子で被覆され，子宮内あるいは卵管内まで運ばれるといわれてきた．そのため，精漿は，受精に悪影響を及ぼすと長く信じられてきた．しかし，近年，精漿に受精を促進する成分が含まれるという報告もみられるようになってきた．その結果，精漿成分と受精との関連性を積極的に評価しようとする機運が高まっている．

次に，精漿において特異的に認められる数種の化学成分を概説する．なお，これらの成分は血液中ではほとんど認められない．

①フラクトース（果糖，フルクトース）

精漿中の炭水化物を代表する六炭糖が**フラクトース**である．精子の主要なエネルギー基質の一つであることから，この糖は，血漿中のグルコースに相当する重要な意義を持つ．フラクトースは，精子内でヘキソキナーゼによってリン酸化された後，解糖系に入り，好気的，あるいは，嫌気的なエネルギー生産に利用される．この糖は，牛を含む多くの家畜で，血中グルコースを材料として，精嚢腺で生産されている．その濃度は，家畜の種類，品種，個体，季節により大きく異なっている．精漿のフラクトース濃度は，血中アンドロジェンの消長と密接な関係がある．そこで，精嚢腺の分泌機能検査や内分泌機能診断のため，精漿のフラクトース濃度が利用できる．なお，馬および精嚢腺のない犬において，フラクトースは，ほとんど出現しない．

②クエン酸

家畜精漿の中で，フラクトースと並ぶ主要成分が**クエン酸**である．その由来は，動物種により異なるが，牛や豚では，精嚢腺由来である．クエン酸も血中アンドロジェンとの量的関連が明らかな精漿成分なので，フラクトースと同様，その精漿濃度を精嚢腺の分泌機能検査や内分泌機能診断のために利用可能である．クエン酸では，フラクトースの場合とは異なり，精子が代謝できないので，運動性の活発な精子を含む精液をしばらく放置しても，クエン酸濃度の変化はないという検査上の利点がある．クエン酸は，精子に対し，その凝集を防止すると同時に，カルシウムと結合することで，カルシウムイオンの害を低減していると考えられている．

③グリセロリン酸コリン

家畜精漿中の**グリセロリン酸コリン**は，主に精巣上体に由来する．そこで精漿中のグリセロリン酸コリンの濃度を測定することで，精巣上体の機能を推定できる．　グリセロリン酸コリンは，精子に利用されないため，精液中では比較的安定している．しかし，卵管や子宮液に含まれるグリセロリン酸コリンジエステラーゼにより分解生成されたグリセロールは，好気的条件下で精子の代謝基質として利用可能である．

渡邊伸也（(独) 農研機構 畜産草地研究所）

参考文献

1) 西川義正監修，飯田勲編，哺乳動物の精子，学窓社．東京，1972.
2) 日本家畜人工授精師協会，家畜人工授精講習会テキスト，家畜人工授精編，日本家畜人工授精師協会．東京，1989.
3) 杉江佶編著，養賢堂，家畜胚の移植，1989.
4) Hafez ESE 編著，吉田重雄，正木淳二，入谷明監訳，ハーフェツ家畜繁殖学第 5 版，西村書店．東京，1992.
5) 毛利秀雄監修，森沢正昭，星元紀編，精子学，東京大学出版会．東京，1992.
6) 田先威知夫監修，養賢堂，新編畜産大事典，1996.
7) 毛利秀雄，星元紀監修，森沢正昭編，新編精子学，東京大学出版会．東京，2006.

3. 人工授精と胚移植

(1) 人工授精

1) 人工授精の実際

①精液採取

人工授精において**精液**は，人工腟と台牛または疑牝台を使って採取される．採取頻度は，一般的に週 2 日，1 日当たり 2 回採取（射精）である．採取される**精液量**は，個体差があるが，ホルスタイン種では約 6〜8 ml，黒毛和種では 5〜6 ml が平均的である．**精子濃度**は 12〜15 億/ml である．総精液量は 1 日当たり 10〜15 ml で，総精子数は 110〜150 億/ml である．採精日当たりの凍結精液の作製本数は，ストロー 1 本当たり封入精子数を 3,000 万すると 360〜500 本である．

②精液の凍結

わが国では，ウシ**精液の凍結**には，卵黄系の希釈液（卵黄クエン酸ソーダ液）が主に用いられており，凍結保護物質は**グリセリン**が用いられる．グリセリンの最終的な濃度は 7% である．精液の凍結処理は，まず採取した精液に第一次希釈液を添加し，冷蔵庫で徐々に 4℃ まで冷却する．ついで，グリセリンを含む第二次希釈液で希釈し，最終グリセリン濃度が 7% となるように調整する．二次希釈した後グリセリン平衡を 2 時間行い，プログラムフリーザーを用いて 4℃ から −8℃ まで 1.5〜2 分，−130° まで 3〜4 分，−130℃ から 196℃ まで 1 分で冷却する．

③発情観察

人工授精を適期に行うためには，**発情観察**が最も大切である．発情が発現した牛では，外陰部が腫脹し充血するとともに子宮頸管粘液が漏出するなどの特徴的な変化が見られる．また，発情した雌牛は雌牛同士でも互いに乗駕しあう行動を示す．発情牛は他の牛に乗駕されるとそれを許容し動かない行動を示す．これを**スタンディング行動**という．一方，他の牛に乗駕する行動を**マウンティング行動**という（写真 3-7）．繋ぎ飼いの場合はスタンディング行動ができないため，外陰部の腫脹，子宮頸管粘液の漏出，咆哮などの行動から総合的に判断しなければならない．

写真 3-7　マウンティングする牛とスタンディングする牛

一般に最初のスタンディング行動がみられた時点を発情のはじまりとし，最後のスタンディング行動を発情の終わりとし，この間を**発情持続時間**とする．発情の持続時間は牛群構成や牛舎環境によって影響を受ける．牛の発情持続時間は，個体間の差が大きいが平均7～15時間である．

発情は，時間に関係なく，一日中始まっており，発情を見逃さず適期に人工授精を実施するためには，1日に2～3回，1回当たり15～30分程度の観察が必要である．

発情観察を正確かつ省力的に行うために，ヒートマウントディテクターやテールペイントなどの発情発見補助器具が利用される．牛の肢に歩数計を装着して，歩数を自動的に測定して発情牛を見つけることができる．歩数計を使用すると発情の開始を知ることができ，より正確に適期に人工授精することができる．

④人工授精の適期

高い受胎率を得るためには，受精能力を獲得した多くの精子と受精能の高い排卵直後の卵子がタイミングよく受精部位で出会うように人工授精を行わなければならない．授精された精子は子宮から卵管峡部に送られ，排卵まで貯留される．十分な数の精子の貯留に必要な時間は7～10時間と考えられている．精子は排卵が起こると卵子が待ち受ける受精部位に向かって動き出す．このとき，精子は最終的な受精能を獲得する．

牛の平均的な**排卵時間**は，発情開始から25～32時間である．タイミングよく受精が起こるように人工授精するためには，精子が貯留されるために必要な時間を考慮して排卵10時間前までに，また発情開始後17～18時間までに，人工授精を実施しなければならない．これまでの研究の結果，牛の人工授精の適期は発情開始後6～16時間である．しかし，実際には発情開始時間を正確に知ることは難しいため，発情発見が午前9時以前であれば同日の午後，午前9時～正午であれば同日の夕方または翌早朝，正午以後であれば翌日の午前中に人工授精を実施することが推奨されている．

⑤凍結精液の融解

凍結精液の融解は，ストローを液体窒素から取り出し，直ちに35～37℃の温湯に40～45秒間浸漬して行う．融解精液は，直ちに子宮内に注入する必要がある．融解精液は，温度の変化を極力避けなければならない．特に，寒冷の感作を受けると精子の生存率や運動性に悪影響を与え受胎率低下の原因となる．そのため，融解精液は注入するまで，術者の胸元や腋の下に挟むか，専用の保温器にいれて授精する牛の所まで運ぶ必要がある．

⑥精液の注入

精液は，子宮頸管の深部，子宮体または子宮角基部に注入する．ただし，子宮角の深部に無理に注入すると子宮角の内膜を傷つける恐れがあるため，子宮角の基部周辺に注入する必要がある．

(2) 胚移植

1) 胚移植の実施状況

国際胚移植学会による胚移植の調査では，2012年に世界で移植された胚は，体内受精由来胚約505,900個，体外受精由来胚約457,500個，合計約963,400個である．なかでも北米が多く，わが国はアジアで最も多く，北米を除くと日本が最も多い移植頭数である．2012年の移植頭数は，体受精由来胚約62,000頭，体外受精由来胚約11,500頭，合計約73,500頭であるに移植されている（農水省調査）．

2) 胚移植の実際

①胚の生産

牛の胚移植に用いられる胚は，体内受精由来胚と体外受精由来胚である．体内受精由来胚は，主にホルモン剤を投与して行う**過剰排卵誘起処置**により生産される．体外受精由来胚は，と畜場由来の卵巣から採取した卵子を用いる方法と生体の卵巣から超音波診断装置を用いて卵子を採取（生体卵子吸引法）する方法がある．

a）体内受精由来胚の生産

供胚牛の選定

供胚牛は遺伝的能力に優れ，経済価値の高い能力を有し，繁殖機能が正常でなければならない．過剰排卵誘起処置前には，2回以上の正常な発情周期が確認されていることが大切である．分娩後間もない牛ではホルモンに対する反応性が低い．育成牛では，性成熟に達し正常な発情周期を営んでいることが重要である．

i）一胚採取

過剰排卵誘起処置を行わず発情時に人工授精を行い，発情後6～8日目に1つの胚を採取（**一胚採取**）する．一胚採取は，過剰排卵誘起処置による反応性の低いウシで行われることが多い．

ii）過剰排卵誘起処置

過剰排卵誘起処置には，主に卵胞刺激ホルモン（FSH），性腺刺激ホルモン放出ホルモン（Gn-RH），プロスタグランディン $F_{2\alpha}$（PGF）が用いられる．

発情後8～14日目にFSH投与を開始し，FSHを3～6日間にわたって投与するのが一般的である．第1回目のFSH投与後，48時間あるいは72時間目にPGFを1回ないしは2回投与して発情を誘起する．人工授精は，PGF投与後2日目の午後と翌朝の2回行う場合が多い．

最近では，腟内留置型の**プロジェステロン**製剤と**エストラジオール**製剤を用いて，卵胞発育ウエーブを調節して過剰排卵誘起処置を行う方法が用いられるようなった．この方法では，供胚牛の発情周期に関係なくプロジェステロン製剤を腟内に挿入し，同時にエストラジオールを投与し，その4日後にFSH投与を開始し，上記と同様にFSHとPGFを投与して人工授精を実施する．プロジェステロン製剤はPGF投与日に抜去する．このような方法で過剰排卵誘起処置を行うと，胚回収日を計画的に設定できる利点がある．

②胚の採取，洗浄，評価

受精卵の採取は，バルーンカテーテルを用いて子宮洗浄の要領で行う（写真3-8）．回収される胚のステージは桑実期以降である．**胚回収**は発情後7日目に実施されることが多く，後期桑実期から胚盤胞期の胚が採取できる．胚回収に用いられる還流液は，子牛血清を0.5～1% 添加した1～2 *l* のダルベッコリン酸緩衝液または乳酸リンゲル液が一般的である．

回収した胚は，形態的な状態によって品質評価を行う．**胚の品質評価**は，国際受精卵移植学会が示している基準に従って行うのが一般的である．受精卵の発育ステージは9段階，品質は4段階にそれぞれ分類される．胚の発育ステージは，発情後の経過日数に適合したステージであるかどうかを判定する（写真3-9）．

胚を移植あるいは凍結保存する前には，粘液，細菌，ウイルス等を除去するため洗浄する必要がある．胚の洗浄は，新しい保存液に胚を移し替えることにより行う．洗浄は，保存液を2 m*l* 以上を満たした直径35 mmのプラスチックシャーレ等を用いて，10回以上行う必要がある．また，供胚牛ごとにシャーレと洗浄液を準備し，洗浄液ごとにパスツールピペット等の器具も交換する必要がある．

③胚移植

受胚牛は，繁殖機能が正常であり，妊娠の継続および分娩に支障のない体格を有することが必要条件であ

写真 3-8　胚回収の風景

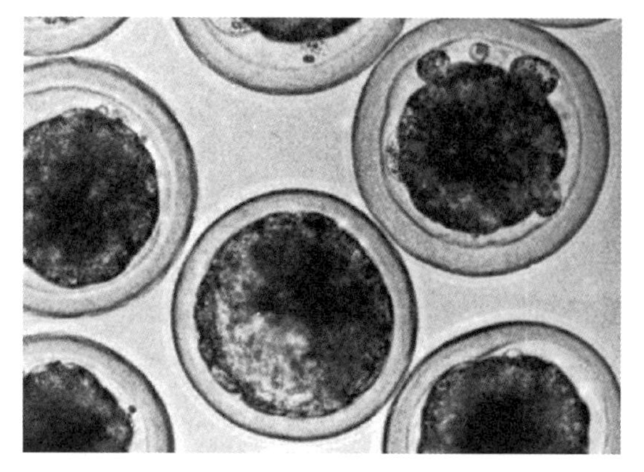

写真 3-9　発情後7日目に回収された胚後期桑実胚から初期胚盤胞

る．正常な発情が確認され，胚移植時に機能的な黄体が形成されていることが重要である．一般に未経産牛のほうが経産牛より受胎率が高く，受胚牛として優れている．

ウシの**胚移植**は**子宮頸管経由法**が主で，発情後6〜8日目採取した後期桑実胚〜拡張胚盤胞までの胚が移植に用いられる．胚を移植する際には，供胚牛と受胚牛の発情周期が同期化していることが重要である．

胚移植の受胎率に影響する要因には，胚の品質，供胚牛と受胚牛の発情同期化，受胚牛の栄養状態および移植技術者などがある．

最近では，子宮の深部に胚を移植することのできるカテーテル型の移植器が開発され，経産牛でも容易に移植することができ，受胎率も向上している．

④胚の凍結保存

ウシ**胚の凍結**には8〜10% のグリセリンかエチレングリコールが用いられる．凍結媒液は20% 子ウシ血清を添加したリン酸緩衝液に凍結保護物質を加えたものを用いる．胚を凍結媒液に直接入れて10〜30分間平衡した後，凍結媒液とともに0.25 ml ストローに吸引して，プログラムフリーザーで －30〜－35℃ まで毎分0.3℃で冷却して液体窒素に投入して凍結する．融解は，液体窒素からストローを取り出し，空気中に5〜10秒間保持したのち，30〜38℃ の温水に浸漬して行う．

グリセリンを用いて凍結した胚は，融解後，グリセリンを希釈しなければならない．エチレングリコールおよびグリセリンに0.25モルのショ糖を加えて凍結した胚は，融解後，凍害防止剤を希釈することなく受胚牛に移植することができる．この方法を**直接移植法（ダイレクト法）**と呼び，今日広く普及している．

近年，哺乳動物胚を液体窒素中に直接投入して保存する**ガラス化法**も広く利用されている．ガラス化法が凍結と異なる点は，30〜40% の高濃度の凍結保護物質を用いることと，液体窒素中に直接投入して保存できることである．ガラス化法は，エチレングリコール，ジメチルスルホキシドなどの凍結保護物質とショ糖やフィコールなどを加えたガラス化溶液に胚を入れ，0.25 ml ストローに吸引して1分以内に液体窒素に投入する．最近では，冷却速度を早くするために，0.5〜3 μl の微量のガラス化溶液とともに胚を吸引できる容器を用いてガラス化する超急速ガラス化法が開発され，高い生存率が得られている．

⑤凍結胚の融解

凍結した胚は，液体窒素からストローを取り出し，空気中に5〜10秒間保持したのち，20〜38℃ の水に10〜20秒浸漬して融解する．ストローを空気中に保持せず直接水に浸漬すると透明帯の破損が高率（30〜40%）に発生し，場合によっては胚細胞を分断するような亀裂が発生する．空気中に保持すると透明帯の破損は数パーセントに低減される.

⑥**胚移植技術の利用**

近年，乳用牛への肉用牛胚の移植による肥育素牛生産や，人工授精の受胎率が低下する暑熱期や長期不受胎牛への胚移植による受胎率向上等の目的で，胚移植技術が利用されている.

堂地　修（酪農学園大学）

参考文献

1）杉江　佶編著，家畜胚の移植，養賢堂.（1989.）
2）金川弘司編著，牛の受精卵（胚）移植　第2版第2版，近代出版.（1988.）

4. 繁殖障害

繁殖障害とは雌畜および雄畜において，一時的または持続的な繁殖の停止あるいは繁殖が障害されている状態をいう．その原因は多岐にわたり，主要な原因は後述の通りである．生殖器の異常や疾患に基づく繁殖障害は不妊症と称される.

雌牛の繁殖障害は，その発生時期から，性成熟または分娩後の生理的空胎期以降の時期，妊娠期ならびに産褥期に大別されるが，本節では分娩後の生理的空胎期以降の時期を中心に述べる.

(1) 繁殖障害の原因

1）先天異常および遺伝的要因

スウェーデンハイランド種では，常染色体単純劣性遺伝子により，雄では精巣形成不全，雌では卵巣発育不全が発生することが知られている．また，白い毛色のショートホーン種において，白色遺伝子と関連した劣性遺伝子により生殖器道の一部に形成不全が起こる**ホワイトヘイファー病**を認める．なお，ホワイトヘイファー病の卵巣機能は正常であり，膣弁遺残の症例では膣弁の切除により受胎は可能ではある．しかし，これらの遺伝的形態異常牛は，基礎牛として用いず，淘汰が望ましい．異性双胎あるいは異性多胎では，雌胎子は生殖器の形成異常により不妊となる**フリーマーチン**が90% 以上多発する．その他にミューラー管に由来する副生殖器の形態異常として，子宮角の欠如，二重子宮口，膣狭窄などが知られている.

2）内分泌要因

①**雄畜の内分泌異常と繁殖障害**

性腺刺激ホルモン（gonadotropic hormone; GTH）は精巣の造成機能を促進し，一方，精巣から分泌されるアンドロジェンおよびエストロジェンが視床下部を介してGTHの分泌を抑制（負のフィードバック）することで恒常性が維持される．視床下部や下垂体から分泌されるホルモンあるいは精巣からの**アンドロジェン**の分泌不足ならびに**エストロジェン**の過剰は性腺や副性腺の発育不全，交尾欲の減退，精液異常や造成機能の障害などを引き起こす.

②**雌畜の内分泌異常と繁殖障害**

卵巣上の主要な構造物として黄体と卵胞が存在し，雄よりもさらに複雑なホルモン支配を受け，発情周期が繰り返し営まれる．内分泌異常の多くは，**卵巣疾患**を引き起こし**異常発情**となり，交配ができない，または適期授精が困難となるため，それぞれ繁殖供用率と受胎率の低下を招く．

a）黄体期初期の内分泌異常と繁殖障害

視床下部からのパルス状の**性腺刺激ホルモン放出ホルモン**（gonadotropin releasing hormone; GnRH）分泌により**下垂体**から**黄体形成ホルモン**（luteinizing hormone; LH）と**卵胞刺激ホルモン**（follicle stimulating hormone; FSH）が分泌され，黄体形成および一次主席卵胞の発育を促すことがこの時期の特徴である．そのことから，この時期のGnRH/LH分泌不足は黄体形成不全を引き起こし，さらに分泌の欠如は**卵巣静止**の原因となる．また，**黄体形成不全**では，黄体ホルモンの分泌が低く子宮内膜の着床性増殖が十分に起こらないため，受胎率の低下を招く．なお，卵巣静止では**無発情**を呈し不妊となる．

b）黄体開花期の内分泌異常と繁殖障害

黄体開花期では，機能的な黄体が持続しており，他の時期より内分泌学的変化は少ない．この時期に発症する卵巣疾患はあまりない．ただし，高濃度の黄体ホルモン環境下では細菌が増殖しやすく，子宮，子宮頸管または腟への不衛生なアプローチは生殖器道の炎症を引き起こす危険性がある．

c）黄体退行期の内分泌異常と繁殖障害

子宮粘膜由来の$PGF_{2\alpha}$により**黄体退行**が起こることが，黄体退行期の特徴であり，この後に起こる発情発現には急激な黄体退行が重要となる．そのことから，$PGF_{2\alpha}$の分泌低下あるいは$PGF_{2\alpha}$の感受性が低い発育不全黄体などでは，黄体の退行が緩慢となることがあり，この後の卵胞発育に大きな異常を認めない場合でも**無発情**，微弱発情～**鈍性発情**の原因となる．また，**子宮蓄膿症**や重度の子宮内膜炎では，$PGF_{2\alpha}$の分泌が欠如し黄体退行が起こらないため，**黄体遺残**，**永久黄体**となり，長期にわたり無発情となる．

d）卵胞期の内分泌異常と繁殖障害

卵胞期はパルス状のGnRH分泌が高進し，FSHによる卵胞発育および成熟が進む．FSHの分泌～欠如では十分な卵胞発育が起こらず，**卵巣静止**に移行する原因となる．またFSHの持続的な過剰分泌は**卵巣嚢腫**発症の一因となる．

e）排卵前後の内分泌異常と繁殖障害

卵胞から分泌されるエストロジェン濃度の上昇は，サージ状のGnRH/LH分泌を誘起し，成熟卵胞が排卵に至ることがこの時期の特徴となる．したがって，GnRH/LHの分泌不足は，無排卵を引き起こし，**排卵障害**，**卵巣静止**あるいは**卵巣嚢腫**の原因となる．

3）**栄養要因**

エネルギー水準の不足あるいは過剰は，雄畜，雌畜ともに繁殖機能に対して負の影響を及ぼし，雌畜では受胎率の低下と繁殖障害の発生の増加を招く．具体例として過剰な飼料給与は**卵巣嚢腫**を引き起こし，持続的な低栄養条件は**卵巣機能不全**または**卵胞発育障害**を引き起こす原因となる．また，雄畜では，エネルギー水準の低下が下垂体前葉からのGTH分泌の低下を招き，性機能が低下することが知られている．なお，負のエネルギーバランスによる性機能への抑制は，成熟した牛より若齢の牛でより大きな影響を受ける．さらに，育成期に極度の栄養不足が続くと，エネルギー水準を適正に戻した場合でも，成熟した牛と比べ若齢の個体では繁殖機能の回復が困難であるといわれている．

無機物やビタミンも繁殖機能との関連性が高い．**リンの不足**は卵巣機能不全の一因であり，**ビタミンA欠乏**は雄では下垂体からのGTHの分泌抑制を介した精子形成障害を引き起こし，雌では妊娠末期の**流産**，**死産**，虚弱児，**胎盤停滞**または不妊症の原因となる．また，**セレン欠乏**（血漿中濃度0.05 ppm＜）は，後産停滞の原因となり，ビタミンEも関連するとされている．雄では亜鉛，銅，マンガン，コバルトは造精機能や受精能力に影響を与えることが知られている．これ以外にカルシウム，鉄，およびヨードなども繁殖機能との関連性がある．

4）**環境要因**

暑熱環境は繁殖性に負の影響を及ぼすことが知られている．夏の高温多湿環境は，雄において造精機能を減退させ，受胎性が低下する**夏季不妊症**を引き起こす．国内での子畜生産は主に人工授精や胚移植により行われており，特に黒毛和種では凍結精液の需要は経済形質に優れた種雄牛に集中することから，優秀な種雄牛における夏季不妊症は大きな経済損失を招く．一方，暑熱環境下において雌では**鈍性発情**や**無発情**の発生率が増加するため，繁殖供用率の低下がおこる．

5）**微生物の感染**

微生物感染による繁殖障害を表3-1に示した．微生物の感染による繁殖障害の多くは流死産の原因となる．また一部のものでは**子宮頸管炎**や**子宮内膜炎**を引き起こし，不妊の原因となる．節足動物により媒介されるウイルス性の流死産は一旦発生すれば大発生となるが，定期的なワクチン接種により確実にその発生を抑制できる．また，ブルータング，カンピロバクター症，トリコモナス病などは，種雄牛が感染源となり接触により伝搬することから，過去には大きな問題であったが，人工授精の普及や1974年の家畜改良増殖法の改訂により検査が義務づけられたことから，近年では大きな発生を認めていない．

6）**繁殖管理失宜**

不適切な繁殖管理は人為的な繁殖障害や受胎性低下を招く．粗暴または不衛生な腟検査，頸管粘液採取，子宮洗浄ならびに子宮内膜スワブなどの繁殖検査では，一次的または二次的な感染を引き起こす危険性があり，不十分な稟告や授精適期判断の誤りによる人工授精は受胎率低下に直結する．

繁殖牛群の管理では，発情観察とその記録は重要である．これを確実に行っていない生産現場では**発情の見逃し**が増加し，再三の見逃しでは畜主から無発情との稟告が訴えられ，繁殖障害の疑似患畜が増加する．このような繁殖管理失宜は繁殖障害本来の原因ではないものの，繁殖供用率を低下させるため無視できない原因といえる．なお，現在，飼養頭数の多頭化なども発情見逃しを増長させる一因となっている．

さらに，牛舎環境や温度環境も発情発見に影響を及ぼす[2)]．牛床が滑走しやすく，発情行動のための十分な広さが確保できない牛舎では，発情行動は通路が空く深夜に多く発現することが知られている．また，寒冷環境下では乗駕活動が低下し，発情行動は寒さが緩和する日中に集中する．一方，暑熱環境下での発情行動は，涼しくなる早朝や深夜に多くなる．これらの発情行動様式の変化は，畜主による発情発見率を低下させる原因となる．

(2) 繁殖障害の種類

牛の主な繁殖障害を表3-2，3-3に示した．雌での繁殖障害の多くは散発的な発生である．しかし，鈍性発情は暑熱期に牛群で多発し，肉用牛で夏季の繁殖供用率を大きく低下させることから現在でも大きな問題である．さらに，乳牛では季節にかかわらず常在化している地域が存在し，今後さらにその解決は重要であ

表 3-1　微生物の感染による牛の繁殖障害

病原分類	病名	病原	臨床症状	対策	その他
ウイルス	カスバウイルス病	カスバウイルス （レオウイルス科オルビウイルス属）	先天異常（内水頭症，小脳の欠損または形成不全，秋–春）	ワクチン接種	ヌカカによる媒介
	牛伝染性鼻気管炎	牛ヘルペスウイルス 1 （ヘルペスウイルス科アルファヘルペスウイルス亜科バリセロウイルス属）	流産，陰門・膣粘膜・包皮に膿胞形成，陰門・陰茎の腫脹・腫大	同上	届出伝染性疾患
	パラインフルエンザ（輸送熱）	パラインフルエンザ 3 ウイルス （パラミクソウイルス科パラミクソウイルス亜科パラミクソウイルス属）	流産	同上	
	アカバネ病	アカバネウイルス （ブニャウイルス科ブニャウイルス属）	流死産（秋季），先天異常（関節湾曲症，内水頭症，冬季）	ワクチン接種 妊娠前期の接種が望ましい	ヌカカによる媒介
	ブルータング	ブルータングウイルス （レオウイルス科オルビウイルス属）	流死産，虚弱子，先天異常	ワクチン接種	ヌカカによる媒介
	牛ウイルス性下痢・粘膜病	牛ウイルス性下痢・粘膜病ウイルス （フラビウイルス科ペスチウイルス属）	胎齢 90 日以内の感染；胎子死 胎齢 100–150 日の感染；流産，先天異常（水頭症，小脳形成不全）	同上	
	牛パルボウイルス病	牛パルボウイルス （パルボウイルス科パルボウイルス亜科パルボウイルス属）	流産（妊娠初期）	ウイルス拡散防止に努める	
	牛エンテロウイルス病	牛エンテロウイルス （ピコルナウイルス科エンテロウイルス属）	流産，死産，不妊，新生子死	早期の摘発淘汰	
	リフトバレー熱	リフトバレー熱ウイルス （ブニャウイルス科フレボウイルス属）	流産	ワクチン接種	
細　菌	ブルセラ病	Brucella abortus	流死産（妊娠 6–8 ヵ月）	摘発淘汰	法定伝染病
	カンピロバクター症	Campylobacter fetus	不妊，流産（妊娠 5–7 ヵ月），子宮頸管炎，子宮内膜炎	抗生物質の投与，包皮腔洗浄，子宮内膜炎の治療	
	サルモネラ症	Salmonella Dublin	早産、流死産	抗菌剤・抗生物質の投与	
	レプトスピラ症	Leptospira interrogans	流死産	抗生物質の投与	
クラミジア	流産・不妊症（流行性牛流産）	Chlamydia psittaci	流産（妊娠 7–8 ヵ月），死産，虚弱子，流産後不妊症	汚染の拡大防止	
真　菌	カンジダ症	Candida albicans その他	子宮内膜炎，流産	抗生物質の投与 予防	
	真菌性流産	Aspergillus fumigatus その他	流産（妊娠 6–8 ヵ月）	予防	
原　虫	トリコモナス病	Trichomonas foetus	不妊，流産（早期），子宮蓄膿症，カタル性膣炎，包皮炎	人工授精および胚移植 感染種雄牛の淘汰	届出伝染性疾患
	ネオスポラ症	Neospora sp.	流死産（妊娠 3–9 ヵ月），ミイラ胎子		

（清水悠紀臣ら（1995）獣医伝染病学第四版 1）より改変）

表 3-2　雌牛における主な繁殖障害

	病名	生殖器所見	原因	外部兆候	治療法	治癒機転	その他
卵巣を原因とするもの	卵巣機能不全または卵胞発育障害 卵巣発育不全 卵巣静止 卵巣萎縮	卵巣上に明瞭な卵胞および黄体が認められない状態が持続.	・低栄養 ・GTH 分泌能の低下	無排卵 無発情	・栄養状態の改善 ・GTH 製剤（hCG, eCG), LH-RH 製剤の投与 ・膣内留置型黄体ホルモン製剤器具の処置	卵胞発育・排卵の誘起	
	卵巣嚢腫 卵胞嚢腫 黄体嚢腫	・一側または両側に，直径 25 mm 以上の卵胞様構造物が単一または複数存在. ・黄体は認めない. ・黄体嚢腫では嚢腫卵胞内壁に黄体組織を認める.	・濃厚飼料多給 ・FSH 分泌過剰あるいは LH 分泌低下 ・遺伝的要因	無発情，思牡狂（持続的で強い発情兆候)，これらの中間型～移行型	・GTH 製剤（h CG, eCG), LH-RH 製剤の投与	嚢腫卵胞の排卵または黄体化の誘起	卵巣嚢腫は遺伝性があるため，摘発淘汰が望ましい.
					・膣内留置型黄体ホルモン製剤器具の処置	卵胞発育・排卵の誘起	
	排卵障害 排卵遅延 無排卵	発情を伴う卵胞発育を認めるが，排卵までに長時日を要する（排卵遅延）または排卵が起こらない（無排卵).	LH 分泌不足	正常発情 ＊無排卵の場合は無排卵性発情または正常様発情と称する.	・GTH 製剤（hCG, eCG)，LH-RH 製剤の投与	排卵の誘起	
	鈍性発情	卵巣上構造物（黄体・卵胞）およびその周期的変化に明瞭な異常を認めない.	・暑熱環境 ・ＧＴＨの分泌異常 ・E2，P の分泌異常あるいはその量的不均衡 ・緩慢な黄体退行	無発情，微弱な発情	・黄体退行薬の投与 ・ヨード剤の子宮内注入	プロジェステロンの急激な低下を介した明瞭な発情誘起	・卵巣疾患の中で最多. ・分娩後の初回および２回目の排卵では発情を伴わないことが多いが，これは生理的現象であり，繁殖障害の範疇には含めない.
					・膣内留置型黄体ホルモン製剤器具の処置		
					・GTH 製剤（hCG, eCG)，LH-RH 製剤の投与	黄体機能賦活化による，それに続く黄体退行の正常化	
	黄体形成不全 発育不全黄体 嚢腫様黄体	・黄体の発育が悪い ・黄体開花期に黄体は大きな内腔を有し，黄体壁は薄く，波動感を伴う（嚢腫様黄体).	・LH 分泌機能の低下 ・黄体退行因子の生産過剰	発情周期の短縮	・GTH 製剤（hCG, eCG)，LH-RH 製剤の投与	黄体機能の賦活化	嚢腫様黄体に関しては，近年の牛では内腔を有する黄体は高頻度に観察されるが，黄体機能は正常であるものが多い.内腔を有する黄体のうち，黄体壁が薄く，黄体ホルモン濃度が低いもののみを繁殖障害の範疇とすべきである.
					・黄体退行薬の投与 ・ヨード剤の子宮内注入	正常な黄体発育誘起のための黄体退行の誘起	
	黄体遺残 永久黄体	黄体が永く存続し，黄体機能が持続.	・子宮内の異物の存在 ・子宮粘膜からの黄体退行因子の生産阻害 ＊ミイラ胎子，子宮蓄膿症，子宮粘液症	無発情	・黄体退行薬の投与 ・ヨード剤の子宮内注入	黄体退行の誘起	
					子宮洗浄（子宮疾患が合併する場合）	子宮内の清浄化	
子宮・膣を原因とするもの	子宮内膜炎	・異常分泌物（膿，硝子様粘液）の漏出 ＊潜在性子宮内膜炎では分泌物の漏出を伴わない.	・細菌，原虫感染 ・子宮膣部～頸管炎からの併発 ・流産，難産，胎盤停滞	正常発情，鈍性発情，無発情	・ヨード剤，抗生物質の子宮内注入 ・子宮洗浄	子宮内の清浄化	・子宮疾患の中で最多. ・分娩後２ヵ月までの乳牛において，子宮内膜炎の発生率は 15%，また潜在性子宮内膜炎の発生率は 15% <.
	子宮蓄膿症	・子宮腔内の膿汁の貯留停滞 ・子宮の膨満，子宮壁の菲薄化	・妊娠早期の死滅胎子の融解化膿化 ・トリコモナス原虫，細菌の感染	無発情	・黄体退行薬の投与 ・子宮洗浄	・黄体退行後の子宮収縮増強による排膿 ・子宮内の清浄化	・永久黄体の合併が多い. ・妊娠との鑑別が必要.
	子宮膣部炎 頸管炎	・子宮膣部の充血腫脹 ・第１環状皺襞の反転露出 ・膿様分泌物の漏出	・子宮内膜炎からの併発 ・流産，難産，胎盤停滞 ・粗暴な繁殖器具の操作	・軽症では正常発情 ・子宮内膜炎併発の場合は鈍性発情，無発情	・子宮膣部の洗浄 ・ヨード剤，抗生物質の塗布	子宮膣部の清浄化	
	尿膣	膣深部の尿の貯留	・栄養不良や老齢化 ・子宮広間膜，膣壁および周囲組織の弛緩	正常発情	人工授精前の膣洗浄	膣内の清浄化	慢性化し頸管炎～子宮内膜炎を併発したものは難治.
その他	リピートブリーディング 低受胎	・明らかな異常を認めない. ＊3回以上，交配あるいは人工授精を行っても妊娠に至らない.	・種々の因子が関連. ・特異的な原因は不明. ・受胎障害，早期胚死滅（？） ・子宮環境の欠陥（？).	正常発情	授精前後の子宮洗浄，薬剤注入（特異的な治療法ではない）		・発生率は 10.1-24%（乳牛).

（山内　亮，星　修三 (1983)　新版家畜臨床繁殖学 3) より改変）

表 3-3　雄牛における主な繁殖障害

異常を認める部分	病名	症状	原因	治療法	その他
交尾欲	交尾欲減退～欠如症	発情雌畜に強い関心を示さない. 短時間内に交尾～射精に至らない.	アンドロジェン分泌機能低下	hCG, GTH, テストステロンの投与	雄畜の繁殖障害として発生率は最多.
			甲状腺の機能不全	サイロキシンの投与	
			栄養状態	栄養状態の改善	
			精神的原因	休養	
交尾能力	交尾不能症 乗駕障害 勃起不能症 陰茎挿入障害	交尾欲は正常 雌畜と交尾する能力を欠く	後肢の障害（乗駕障害） 後軀および後肢関節等の炎症や脱臼等を原因	原因に対する対処的治療	
			勃起不能症 ・先天性（陰茎の発育不全，陰茎後引筋の伸長不全） ・精神的原因	精神的原因によるものは休養とその後の発情雌牛への試乗	
			陰茎および包皮の疾患（陰茎挿入障害） 陰茎の裂傷，陰茎脱，腫瘍，炎症	原因に対する対処的治療	重度のものは予後不良
造精機能	生殖不能症 無精液症，精液欠如症 無精子症，精子欠如症 精子減少症および精子無力症 精子死滅症 血精液症	交尾欲・交尾能力は正常 雌畜を受胎させる能力を欠く	無精液症，精液欠如症 ・先天性：精管の閉鎖・狭窄，副生殖腺の発育不全 ・後天性：副生殖腺の炎症・腫瘍，過度の繁殖供用	先天的なものは治療法なし．過度の繁殖供用を原因とする場合は，休養させる	
			無精子症，精子欠如症 造精機能の障害， 精子排出路の閉塞	栄養障害や V.A や V.E 欠乏を原因とする場合は，給与により改善を図る	
			精子減少症および精子無力症		精子減少症：精子数は 5 億 /ml 以下 精子無力症：活発な精子が 50% 以下
			精子死滅症 精巣炎等による造精障害 尿道の炎症等による尿の混入	原因に対する対処的治療	精子死滅症：死滅精子が 50% 以上
			血精液症 陰茎の出血性疾患，尿道結石	原因に対する対処的治療	造精機能とは無関係
	精巣機能減退	交尾欲減退，精子減少症、精子無力症や軽度の精子死滅症の全てまたはいくつかが合併	アンドロジェンの分泌不足 造精機能の低下	性腺刺激ホルモンの投与	交尾欲減退，精子減少症、精子無力症や軽度の精子死滅症を総括した総称
	陰睾・潜在精巣	交尾欲は正常 1 側性の陰睾では、受胎能力はほぼ正常 両側性の陰睾は、生殖不能	遺伝的要因（馬）	特になし	牛での発症は少ない
射出精子の生存性や受精能	夏季不妊症	高温多湿の時期に一時的に精液性状の不良化，受胎成績低下	暑熱による造精機能の減退 外部寄生虫による陰嚢皮膚炎	飼養環境の改善 夏季の休養 冬から春季に製造した凍結精液の活用	
	陰嚢炎および精巣炎	造精機能の低下～停止	打撲，細菌感染	炎症性疾患に対する治療	
	精嚢炎	受胎率低下 外見上は異常を認めない 膿精液症（化膿性分泌物等が精液に混在）	細菌感染		子宮内膜炎，頸管炎や流産などを誘発する危険性がある

（山内　亮，星　修三（1983）新版家畜臨床繁殖学 3)；ハーフェツ（1992）家畜繁殖学 4) より改変）

る．また，**潜在性子宮内膜炎**や**リピートブリーディング**は，肉用牛ではその発生状況は正確に把握されていないが，乳牛では分娩後の牛群で比較的高い発生を認める．これらの繁殖障害では，正常発情を示し人工授精が実施されるが，早期の発見が困難であり，分娩間隔の延長を引き起こすため問題視されている．

假屋尭由，竹之内直樹（(独) 農研機構 九州沖縄農業研究センター）

参考文献

1) 清水悠紀臣・鹿江雅光・田淵　清・平棟孝志・見上　彪，獣医伝染病学〈第四版〉，pp 42–169，近代出版，東京，1995.
2) Phillips C. J. C. CATTLE BEHAVIOUR, pp 126–127, Farming Press. 1993.
3) 山内　亮・星　修三．新版家畜臨床繁殖学．pp 200–271．浅倉書店．東京．1983.
4) ハーフェツ，家畜繁殖学．pp 420–431．西村書店．新潟．1992.

5. 最近の繁殖技術

ウシの胚生産技術は，受精卵移植技術の普及とともに進展し，付加価値を付与するような技術開発が行われてきた．フィールドにおける受精卵の生産は，一般的に過剰排卵処理 - 人工授精 - 採卵により行われているが，最近では，と体由来あるいは生体由来の**卵子**を用いた体外受精技術による胚生産が実用段階となっている．

付加価値を付与する胚生産では，胚での性判別ばかりでなく，雄側の**精子**についても性選別技術が実用化され，性選別精子の利用によって，よりフィールドの必要性に見合った胚生産が可能となり，その応用範囲も広がっている．家畜の育種改良においては，**割球分離**技術や胚の**切断２分離**技術等の胚操作技術が発展し，信頼度の高い検定方法による種畜生産と育種改良の迅速化が試みられている．また，**核移植**技術による**クローン**牛の生産技術は，未だに生産効率が低いことや消費者のコンセンサスが得られにくいこと，また倫理観などから家畜生産現場では用いられてはいないが，生理活性タンパク質などの有用物質の生産や基礎研究への貢献など，人間の社会生活を豊かにする上で今後は有効な技術となり得る可能性があることから，その技術の概要についても概説したい．

(1) 体外受精技術

通常，ウシの体内における受精は，雌の生殖器内で**卵子**と**精子**が出会うことによって行われる．体外受精技術は，この受精現象を体外環境において再現する技術であり，一般的には，採取した未成熟卵子を成熟させる**体外成熟**，成熟卵子と受精能獲得精子との培養によって行われる**体外受精**，受精卵を７日間程度体外にて培養する**体外発生**から構成される．

体外受精による産子は，1982 年 Brackett らにより体内成熟卵子を用いて誕生した[1]．その後，1986 年に Hanada らが体外成熟卵子の体外受精により子ウシの生産に成功した[2]．1987 年には Lu らによって体外成熟・受精・発生のすべての行程が体外にて可能になった[3]．体外受精技術は，廃棄される運命の卵子を有効活用できるほか，卵管閉塞などの繁殖障害や怪我などで回復見込めない優良牛の産子を残す手段としても有効である．また，乳用牛から高品質な和牛生産が可能となり，酪農経営へ寄与しつつ資質の高い素牛増産にもつながっている．肉用牛においては，枝肉形質の明らかな雌牛から採取した卵巣が有効活用され，育種改良の分野では肥育中の雌牛から**生体卵子吸引**技術と体外受精技術により早期に産子を得て，迅速な種畜生産が試みられている．

このような利点がある一方で，体外生産胚は体内生産胚に比べ受胎率が10％程度低下することに加え，過大子や流産の問題もある．最近の研究では，これらの課題をクリアするために，従来の形態的な胚の評価法だけではなく，発育段階や生理活性機能を測定することにより，良質胚の選別技術の開発が行われている．

1）**卵子の採取**

現在，卵子の採取には，と体から得た卵巣から卵子を採取する方法と，生体から卵巣を割去しその卵巣から卵子を採取する方法，**超音波画像診断**装置を用いて生体卵巣から卵子を採取する方法が用いられている．これらでは，採取した卵巣や卵子の個体識別，取扱いを適切に行うことにより，生産された胚由来の産子の血統を明確にすることができる．

①**卵巣の採取**

と体からの卵巣採取は，主に食肉処理場で行われるが，わが国では牛海綿状脳症（BSE）発生以後，BSE検査により母体の陰性結果が公表されるまでは持ち出しが制限されているため，法令に則り適切な手続きと管理の下に卵巣の処理を行わなければならない．と体から採取または生体から割去された卵巣は，生理食塩水で血液等を洗い流し，抗生物質の入った生理食塩水に浸漬する．BSEの検査結果が判明するまで卵子が採取できない場合は20℃のクールインキュベーター内で一晩保管する．

②**卵子の採取**

一般に卵巣から採取される卵子は，未成熟卵子であり，卵核胞期にある．採取方法には注射針のついた注射筒を用いて卵胞液とともに卵子を吸引する吸引法と，メスや剃刃を用いて卵巣皮質を切り刻み卵胞を破壊して卵子を洗い出す細切法がある．吸引法は細切法に比べて，卵巣当たりの採取卵子数は少ないが，採取に要する時間が短く，発生率も若干高い．吸引法では，直径2～6 mmの卵胞から卵子を採取し，卵丘細胞の付着が良く，細胞質に異常がない卵子を選別し，体外成熟に用いる．

2）**体外成熟**

採取された卵子は，未成熟状態である第1減数分裂前期で分裂休止期となっているため，受精が可能となる第2減数分裂中期まで培養によって成熟させる必要がある．体外成熟の培養液には，5～10％子牛血清（CS）添加TCM199のマイクロドロップを用いて，5～10 μl 当たり卵子1個を導入し，インキュベーター（5％ CO_2，95％大気，湿度飽和，38.5℃）で20～22時間静置培養する．また，成熟培地には各種ホルモンや成長促進因子等を添加して用いるなどの様々な手法がある．

3）**体外受精**

体外受精（媒精）は，成熟卵子と受精能獲得精子との培養により行われる．成熟卵子は，前述のように未成熟卵子を体外で成熟培養する場合と，ホルモン処置等により体内で成熟させた卵子を用いる場合がある．体外受精に用いる精子は，人工授精用に調整され市販されている凍結精液を融解して用いるのが簡易で一般的である．

①**精子の処理**

精子が卵子と受精するためには**受精能獲得**を誘起する必要がある．凍結精液には凍結保護物質と精漿が含まれているため，精子洗浄によりこれらを除去する必要がある．また，未成熟精子および死滅精子等を除去するためにパーコール密度勾配法を，運動性のある精子の採取するためにスイムアップ法を用いることがある．精子洗浄および受精培地には，BO 液[4]が基礎培地として用いられることが多く，受精能獲得のためにヘパリンを添加するのが一般的である．また，精子の活力維持のためカフェインやテオフェリン，ハイポタウリンなどが添加される．添加する試薬の効果は，種雄牛の個体ごとに異なるため，媒精前に条件を検討しなければならない．

②体外受精

媒精時の精子濃度は，精子の活力，種雄牛や培養系により至適濃度が異なってくるが，$1.0〜10 \times 10^6$ 匹/m*l* 程度になるように調整するのが一般的である．したがって，媒精前に精子数を計測し，目的の濃度となるように希釈液により調整して用いる．媒精は，精子懸濁液へ卵子を導入する場合と卵子浮遊液へ精子を導入する場合があるが，いずれにしても，成熟卵子と精子懸濁液を流動パラフィン下のマイクロドロップ（100 μ*l* ドロップに対し成熟卵子 10–20 個）で培養し，インキュベーター（5% CO_2，95% 大気，湿度飽和，38.5℃）にて 5〜8 時間静置する．

4）体外発生

媒精後の卵子は，精子が卵丘細胞に付着し多精子侵入の可能性があるため，発生培養へ移行する前に卵丘細胞を除去する必要がある．これらの除去は，ピペッティングやボルテックスにより機械的に行う．ピペッティングによる方法では，卵子の外径よりやや太めのピペットを作成し，複数の卵子を一緒にピペッティングし，卵丘細胞とともに精子を剝離する．また，媒精時の培養液は，受精卵の発生に適さないので体外発生用の培養液へ移さなければならない．

体外発生では，受精卵移植が可能な発育ステージに達するまで 7〜9 日間培養する必要がある．培養液には，CR1 や SOF を基礎培地としたもの，あるいは体外発生用に作成された市販の培養液などが用いられている．CR1 や SOF には，必須アミノ酸や非必須アミノ酸を添加するほか，血清の添加や成長因子も用いられている．血清を添加すると成長因子添加の必要性はなくなるが，胚盤胞への脂質の蓄積等による耐凍性の低下などの懸念がある．これまでも動物由来物質が添加されない完全合成培地の検討が行われているものの，血清のようにバランスよく胚発生因子を含む添加剤は未だあきらかにされていない．

また，体外受精卵の培養には他の細胞との共培養による方法とそれらを用いない非共培養による方法がある．共培養系で用いられる細胞には，卵丘細胞，卵管上皮細胞，子宮内膜上皮細胞，バッファローラット上皮性肝細胞（BRL 細胞）およびアフリカミドリザル腎臓上皮細胞（Vero 細胞）などがあり，5% CO_2，95% 大気，湿度飽和，38.5℃下で培養されることが多い．一方，非共培養系では，5% CO_2，5% O_2，90% N_2，湿度飽和，38.5℃下で培養されることが多い．共培養系において，高酸素環境下では細胞の呼吸により酸素分圧が低下するため胚への過酸化状況が回避され，逆に低酸素環境下では少ない酸素を細胞が呼吸により消費するため胚および細胞は酸素欠乏状態に陥り活性が低下することが懸念される．

体外発生培養は，7〜9 日間ほど行われるが，培地交換が行われることもある．培地交換は，培養期間中に数回程度行われ，とくに共培養系では細胞も同時に培養されているため培地中の栄養分の枯渇が憂慮されることから行われる．

（2）生体卵子吸引技術

生体卵子吸引法（ovum pick-up；**OPU**）は，ウシの生体卵巣から卵子を吸引採取する技術である．ウシでの **OPU** は，1988 年に Pieterse ら[5]によって開発され，ヒトの卵子吸引採取法をウシに応用したものである．OPUには，超音波診断装置，採卵針ガイドを取付けた5～7.5 MHzのコンベックス型プローブ，吸引ポンプ，17Gの採卵針および試験管保温機を用いる．経膣プローブをドナー牛の膣内に挿入し，直腸を介して保持した卵巣をプローブへ誘導し，超音波画像により卵胞を確認しながら，採卵針を膣壁から腹腔内へ貫通して卵胞を穿刺し，吸引圧（90～120 mmHg）で卵子を卵胞液とともに採取する．卵子を含む採取液は，受精卵検索用フィルターで混入した血液の色がなくなるまで，希釈および濾過を繰り返す．その後，採取液を格子状に線が入った90 mmシャーレに移し，卵子を検索する．採取した卵子は，体外受精技術により移植可能な発育段階まで胚発生させる．

（3）核移植技術

ウシ**核移植**技術は，同一の遺伝子を有する個体を複数生産できる技術であり，生産された個体は**クローン**牛と呼ばれる．一般的に，ウシのクローンは大きく分けて受精卵クローンと体細胞クローンに分けられ，それらは**ドナー細胞**の由来により分類される．受精卵クローンは16～32細胞期胚の割球をドナー細胞として用い，体細胞クローンでは成体 あるいは胎子から採取した体細胞をドナー細胞として用いる．

体細胞を用いた核移植は，1962年にGurdon[6]がカエルで成功し，その後，1997年にWilmutら[7]がヒツジ成体の体細胞から体細胞クローンの誕生に成功した．動物における受精卵クローンは，1986年にヒツジで成功している[8]．

成体由来の体細胞からの体細胞クローン牛の作出には，1998年に近畿大学と石川県畜産総合センターのグループが初めて成功し[9]，その後も多くの機関で体細胞クローン牛の作出が行われてきたが，その生産効率は低く，現在でも低率のままである．しかし，最近の研究ではドナー細胞の初期化異常を改善するためにトリコスタチンAなどのヒストン脱アセチル化酵素阻害剤を用いた方法により生産効率を向上させることに成功している．核移植技術は，絶滅危惧種の保護や絶滅種の復活，優良種畜や遺伝子組換え動物の複製，生理活性タンパク質等の動物工場による生産など利用可能な範囲は広いことから，さらなる生理機能の解明と技術の進展により作出効率の改善が待ち望まれる．

図3-9にウシにおける核移植の概要を示した．次に，それらに関する各項目を順を追って説明する．

1）レシピエント卵子

レシピエント卵子には，一般的に卵丘細胞を除去した体外成熟卵子を用いており，第一極体が放出され，かつ卵細胞質が均一な卵子を，カッティングニードルを用いて，第一極体上の透明帯の一部を切開する．カッティングニードルによって卵子の真上から押さえるように圧迫して切開部から第一極体と極体下に存在する卵細胞質を全体の1/3～1/4量を押し出す．これは，成熟卵子の核は，第一極体直下の細胞質に位置することが多いためである．その他の除核方法としては，ピペットにより，第一極体とその直下の細胞質を吸引する方法がある．

2）ドナー細胞

受精卵クローンでは，初期胚の透明帯をアクチナーゼにより溶解するか，カッティングニードルで大きく切開して透明帯の中の胚を取り出し，胚をピペッティング等により割球を分離して用いる．体細胞クローンでは，体細胞を組織培養のシャーレに培養し，核移植前にトリプシン処理により剥離し，洗浄・分散後，細胞浮遊液中の細胞をドナー細胞として用いる．

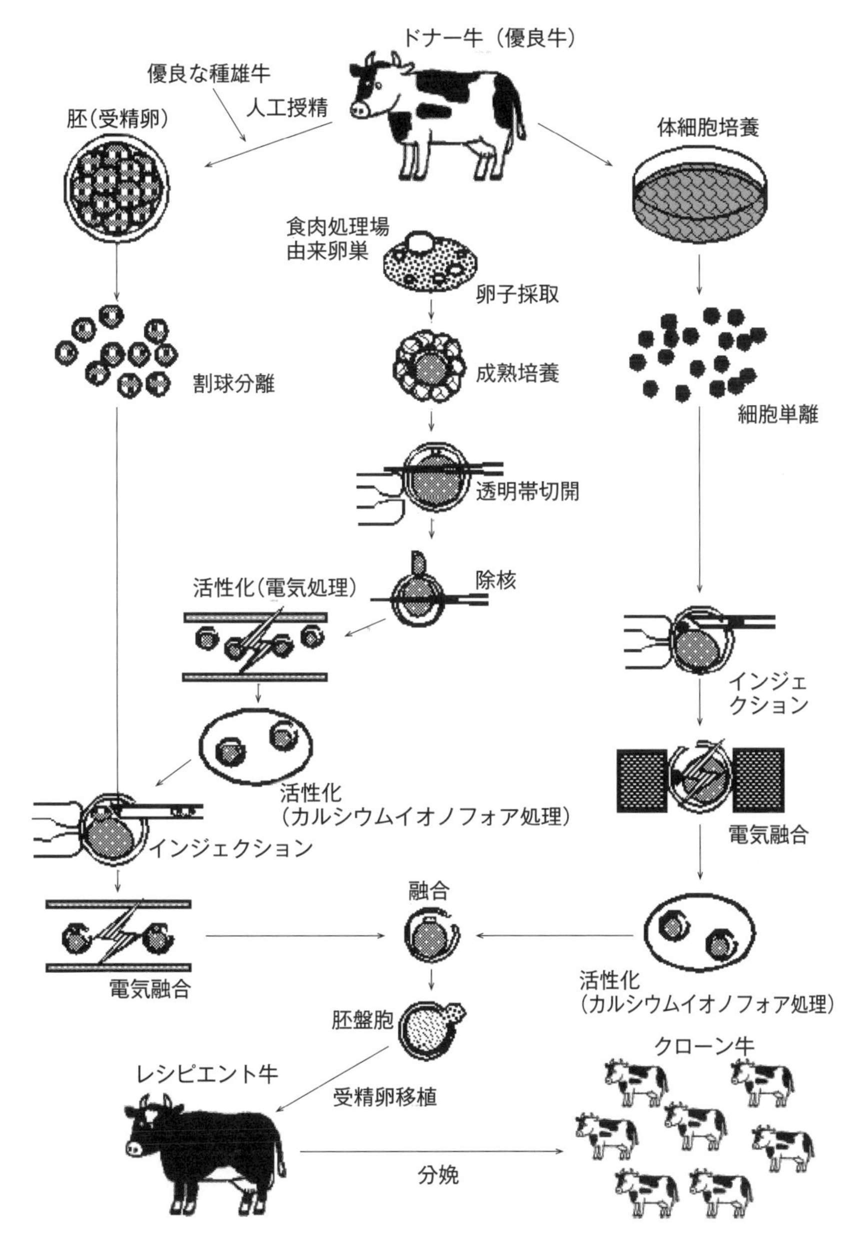

図 3-9　核移植技術の概要

3）**インジェクション**

インジェクションでは，大きさに対応したインジェクションピペット内にドナー細胞を吸引し，レシピエント卵子の除核時に切開した開口部へピペット先端を誘導し，透明帯内で卵子細胞質とドナー細胞が密着するように注入する．体細胞のインジェクション法には，レシピエントの卵細胞質内へ直接注入する方法（卵細胞質内注入法）もある．

4）**細胞融合**

ウシのクローン作製作成のための核移植における**細胞融合**には，一般的に電気融合法が用いられる．融合には，一度に複数個処理できる融合チャンバーによる方法と，ニードル型電極による方法がある．電気融合では，交流電流によりドナー細胞とレシピエント卵子の細胞をできるだけ広く密着させ，直流電流によって接触した細胞膜同士を一時的に開裂させ細胞膜を結合させている．細胞融合させる際は，ドナー細胞とレシピエント卵子の接触面が電流方向に対して垂直になるよう電極を位置させる必要がある．

5）**活性化処理**

通常，卵子は精子と受精するとカルシウム濃度が変化して胚の活性化が誘起されるが，核移植ではこの現象を人為的に行う必要がある．**活性化処理**には，電気刺激法，カルシウムイオノフォア法，イオノマイシン法，塩化ストロンチウム法等があり，単一もしくは複数を組み合わせて行う．

山之内忠幸（(独）家畜改良センター）

(4) 一卵性双子生産技術

本技術は，胚移植技術を基盤として成り立つ．特定の形質を備えた個体の倍増を可能とし，得られた双子は同じ胚に由来する遺伝的に同一な**一卵性双子**であることから，双子生産においてフリーマーチンが発生せず，また各種比較試験では精度を落とすことなく供試頭数を低減できるといったメリットがある．さらに，肉用牛では検定システムへの利用が極めて有効である．すなわち，双子の一方を候補種雄牛として保留し，もう一方を去勢して肥育を行い，と畜後の枝肉成績により保留したものを種雄牛として選抜することにより，効率的な種雄牛造成が行える[18]（図3-10）．一卵性双子の作出には，**胚の切断2分離**（分割）技術または**割球分離**技術が用いられる．

1）**胚の切断2分離技術**

体内から採取した胚あるいは体外受精により作出した胚を切断により2分離（分割）し，短時間の培養後に各分離胚を受胚牛に移植して双子を得る方法である．ウシでは，1982年[19]に世界ではじめて双子生産に成功し，その後相次いで報告がなされた[20~22]．わが国においては1984年に農林水産省種畜牧場（現在の独立行政法人家畜改良センター）で国内初の双子産子が得られた[23]．

切断2分離には，2細胞期から脱出胚盤胞までの発育段階の胚を用いることができるが，発生のごく初期段階の胚は卵管からの外科的な採取が必要となる．また，桑実期までの発育段階では比較的大きな割球を切断時に損傷，あるいは離脱させてしまうことから用いることは少ない．桑実胚で受胎率が低下する報告[22, 24]があり，一般に収縮桑実胚から拡張胚盤胞の発育段階の胚が用いられる．また，胚の品質が良好なものほど切断の成功率，培養後の発育性，移植受胎率が高い[24]ことや収縮桑実胚以降では切断胚の透明帯の有無が受胎率に影響しない[25]ことが報告されている．

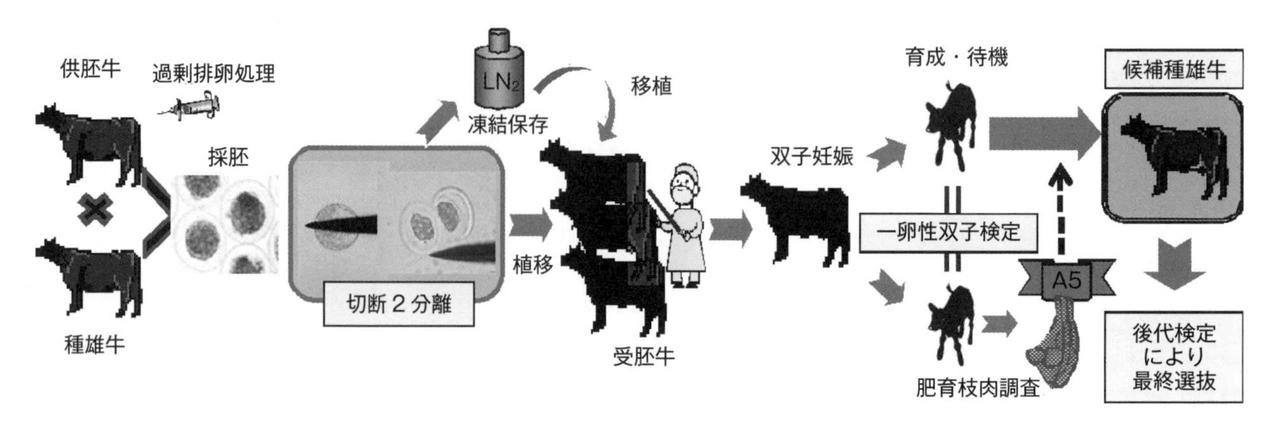

図3-10　胚の切断2分離技術を活用した肉用牛の一卵性双子検定

切断には，微細な操作が可能なマイクロマニピュレーターに装着した薄い金属刃[19, 20]や細いガラス針[21]を用いる．技術が開発された当初は，胚をホールディングピペットで保定して切断を行っていたが，現在は保定することなく金属刃を透明帯上に垂直に押し当てて圧断する方法[26]が一般的である．**切断2分離**の成否に影響する技術的な要点として，胚の均等な分離，切断操作による細胞の物理的損傷の抑制があげられ，ショ糖液[26]などの切断溶液の検討も行われている．とくに，分化した細胞群が観察される早期胚盤胞以降の発育段階では，将来胎子となる内部細胞塊および胎膜，胎盤に発生する栄養外胚葉の各々の均等な分離が必要となる．

2）胚の割球分離技術

切断2分離による双子生産の成功[19]に先駆けて，**割球分離**により1981年に8細胞期胚の分離割球に由来する3子[27]が生まれ，その後4細胞期胚から4子[28]も生産されている．双子生産では，2から16細胞期胚を用いる．これらの透明帯を機械的あるいは酵素処理により除去した後，各割球をピペティングなどにより分離する．2細胞期胚を用いた場合は，分離割球を各々個別に体外培養し，4細胞期胚以上の胚では，分離した割球を2群に分ける．

空の透明帯あるいは培養皿の微小な凹みに入れた各割球（割球群）は培養過程で集合し，45～65%[29]が胚盤胞に発育する．OPUにより採取した卵子に由来する8細胞期胚を用いた割球分離-集合させた4/8胚の2胚移植後の双子受胎率は40%である[29]．用いる発生初期の胚は，外科的に卵管から採取することも可能であるが，技術構築が進んだ体外受精系を基盤とすることにより，比較的容易，かつ効率的に作出が行えるため，本技術には高位安定的な体外受精技術が求められる．さらに，OPU技術と結合することにより，育種改良の迅速化に大きく貢献すると期待される．

（5）雌雄判別技術

1）胚の雌雄判別

胚の段階で性を判定する方法には，採取した細胞の性染色体像を観察する染色体検査法[30]と雄特異的DNAの検出による方法がある．染色体検査法は，作成標本の染色体像が明瞭であれば確実に判定できる．雄特異的DNAの検出による方法では，少数の細胞から特定の遺伝子を大量に増幅するPolymerase Chain Reaction（PCR）法[31]を用いて，電気泳動により雄特異的遺伝子を検出する．本方法では，95～100%の確率で雌雄判定が可能である．

また，近年開発されたLoop-mediated Isothermal Amplification（LAMP）法[32]によるDNA増幅では，キットを用いた反応液の変色により約40分で判別が可能であり，PCR法にかかる4時間と比較して，より短時間で判定が可能であるため，生産現場における利用性が高い．**雌雄判別**胚は，受胚牛の頭数が半数で済むためコストが半減でき，また雌雄の明らかな胚を販売できるといったメリットがある．その一方で，胚細胞の採取に必要なマイクロマニピュレーターやDNAの増幅器などの専用機器を要し，また凍結胚の受胎率が低下[33]することや一般的に検査胚の約半数が無駄になり，判別した胚にかかるコストが倍になるといった問題がある．

2）精子の雌雄判別

精子における**雌雄判別**では，フローサイトメーター，セルソーターと呼ばれる機械が使用され，精子のDNA量が1匹ずつ測定され，X精子とY精子を90%以上の確率で分別する**フローサトメトリー法**[34]によ

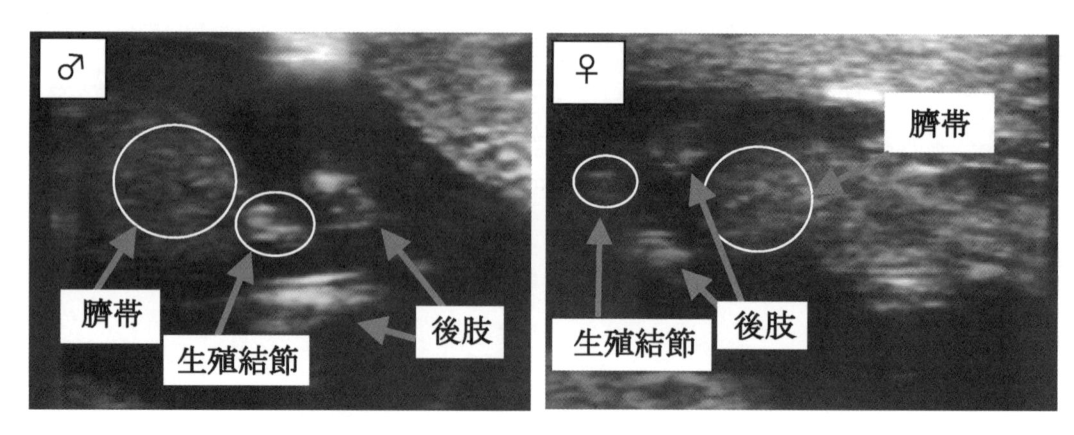

写真3-10　超音波診断装置を用いた胎子の雌雄判別
（家畜改良センター十勝牧場提供）

り行われる．現在，乳用牛においては雌，肉用牛では雄生産用の凍結精液が流通しており，乳用牛では輸入精液も利用可能である．

この方法は，X精子はY精子に比べ，DNA量が3.8％多いことに基づいている．**性選別精液**を利用すると，通常の人工授精で雌雄の産み分けが可能であり，胚の性判別における煩雑な検査や胚を無駄にすることがないなど，生産現場での利用性が格段に高い．さらに，過剰排卵処置による胚生産では，希望する性の胚を多数生産できるといった有効性もある．

しかし，選別精液では，1ストロー当たりの精子数が通常の非選別精液の15〜30％程度であり，人工授精の受胎率は未経産と比較して経産牛では低く[35,36]，また過剰排卵処置時の人工授精に用いた場合も同様に採胚成績において経産牛の正常胚率が低下する[37]．この対策として，適期での授精，授精ストロー本数の増加，多回数の授精，子宮角深部での精液注入などが検討されている．そのほかの課題として，高コスト，選別速度の限界，選別処理による精子の受精能低下，選別効率における種雄牛の個体差など[36]がある．

3）**胎子の雌雄判別**

現在，生産現場では分娩事故の軽減やより計画的な経営を図るなどの目的から，超音波診断画像により胎子の性を判定する技術が普及しつつある．

胎子の**雌雄判別**は，妊娠55〜85日齢で胎子の**生殖結節**の観察により行う．生殖結節は，分化の過程で胎子の後肢から，雄では臍帯側に，雌では尾側に移動する．雌雄の判定は，臍帯，後肢および尾と生殖結節との位置関係に基づいて行う[38]．すなわち，エコー輝度が高い二葉性の像としてイメージされた生殖結節が，臍帯の後方に観察された場合を雄とし，尾部付近に観察されたものを雌とする[39]（写真3-10）．判定の正確度は，熟練者で95％以上である．本方法の長所は，いかなる繁殖を行った後でも妊娠牛すべてで実施可能なことである．一方，問題点は高価な超音波診断装置を用いることと熟練した技術が必要なこと，診断可能な妊娠時期が限定されることである．

橋谷田豊（（独）家畜改良センター）

参考文献

1）Brackett BG, Bousquet D, Boice ML, Donawick WJ, Evance JF, Dressel MA. Biology of Reproduction, 27 : 147–158. 1982.
2）Hanada A. The Japanese journal of animal reproduction, 31 : 21–26. 1985.
3）Lu KH, Gordon I, Gallagher M, HcGovern H. Veterinary Record, 121 : 259–260. 1987.

4） Brackett BG, Oliphant G. Biology of Reproduction, 12 : 260–274. 1975.
5） Pieterse MC, Kappen KA, Kruip ThAM, Taverne MAM. Theriogenology, 30 : 751–762. 1988.
6） Gurdon JB, Developmental Biology, 4 : 256–273. 1962
7） Wilmut I, Schnieke AE, McWhir J, Kind AJ, Campbell KHS. Nature, 385, 810–813. 1997.
8） Willadsen SM. Nature, 320 : 63–65. 1986.
9） Kato Y, Tani T, Sotomaru Y, Kurokawa K, Kato J, Doguchi H, Yasue H, Tsunoda Y. Science, 282 : 2095–2098. 1998.
10） 濱野晴三，福田芳詔，家畜人工授精講習会テキスト（家畜体内受精卵・体外受精卵移植編），pp 121–133，社団法人日本家畜人工授精師協会，東京，2011.
11） 独立行政法人家畜改良センター，家畜改良センター技術マニュアル 19　ウシ生体卵子吸引・体外受精技術マニュアル，pp 1–71，独立行政法人家畜改良センター，福島，2009.
12） 鈴木達行，最新バイオテクノロジー全書 8　家畜の繁殖と育種，pp 168–170，農業図書株式会社，東京，2002.
13） 梶原豊，米谷尚子，菱山和洋，最新バイオテクノロジー全書 8　家畜の繁殖と育種，pp 171–183，農業図書株式会社，東京，2002.
14） 堀内俊孝，生殖工学のための講座　卵子研究法，pp 186–195，養賢堂，東京，2001.
15） 今井敬，田川真人，日本胚移植学雑誌，28（1），29–35，2006.
16） 独立行政法人家畜改良センター，家畜改良センター技術マニュアル 3　ウシ核移植技術マニュアル，pp 1–47，農林水産省家畜改良センター，福島，1999.
17） 赤木悟史，高橋清也，長谷川清寿，松川和嗣ぐ，水谷英二，技術リポート 9 号　牛における核移植胚作出と胚の品質評価のためのマニュアル，pp 1–27，独立行政法人食品産業技術総合研究機構畜産草地研究所，茨城，2011.
18） Hashiyada Y, Goto Y. Livestock Technology, 3 : 49–53. Japan livestock technology association, Tokyo, 2000.
19） Ozil JP, Heyman Y, Renard JP. Veterinary Record, 6 ; 110 : 126–127.1982.
20） Williams TJ, Elsden RP, Seidel GE. Theriogenology, 17 : 114.1982.
21） Lambeth VA, Looney CR, Voelkel SA, Jackson DA, Hill KG, Godke RA. Theriogenology, 20 : 85–95.1983.
22） Williams TJ, Elsden RP, Seidel GE. Theriogenology, 21 : 276. 1984.
23） 高倉宏輔．日本農業新聞，12 月 15 日（上），12 月 22 日（下），（株）日本農業新聞，．東京．1984.
24） McEvoy TG, Sreenan JM. Theriogenology, 33, : 1245–1253. 1990.
25） Warfield SJ, Seidel GE, Elsden RP. Journal of Animal Science, 65 : 756–761. 1987.
26） 橋谷田 豊，金山佳奈子，浅田正嗣，作田直之，小西一之，斉藤則夫．日本畜産学会報，78 : 29–36. 2007.
27） Willadsen SM, Polge C. Veterinary Record, 108 : 211–213. 1981.
28） Johnson WH, Loskutoff NM, Plante Y, Betteridge KJ. Veterinary Record, 137 : 15–16. 1995.
29） Tagawa M, Matoba S, Narita M, Saito N, Nagai T, Imai K. Theriogenology, 69 : 574–582. 2008.
30） Yoshizawa M, Konno H, Zhu S, Kageyama S, Fukui E, Muramatsu S, Kim S, Araki Y. Theriogenology, 51 : 1239–1250. 1999.
31） 渡辺伸也，高橋清也，小西秀彦，今井　裕，粟田　崇，高橋秀彰，桝田博司，安江　博．日本畜産学会報，63 : 715–720. 1992.
32） Hirayama H, Kageyama S, Moriyasu S, Sawai K, Onoe S, Takahashi Y, Katagiri S, Toen K, Watanabe K, Notomi T, Yamashina H, Matsuzaki S, Minamihashi A. Theriogenology, 62 : 887–896. 2004.
33） Agca Y, Monson RL, Northey DL, Peschel DE, Schaefer DM, Rutledge JJ. Theriogenology, 50 : 129–145. 1998.
34） 湊 芳明．ET ニュースレター，（社）家畜改良事業団，32 : 1–10，2008.
35） 早川宏之．北海道牛受精卵移植研究会会報 28 : 49–52.2009.
36） 浜野晴三．北海道牛受精卵移植研究会会報 28 : 53–54.2009.
37） Hayakawa H, Hirai T, Takimoto A, Ideta A, Aoyagi Y. Theriogenology, 71 : 68–73. 2009.
38） Curran S, Ginther OJ. Theriogenology, 36 : 809–814. 1991.
39） 打座美智子．日本胚移植学雑誌，32 : 95–100. 2010.

第4章　栄　　養

1．肉牛飼料の栄養成分

栄養素は，炭水化物，タンパク質，脂肪，ビタミン，ミネラルの五大栄養素に大別される．炭水化物，タンパク質，脂肪は，多量に摂取する必要があることから**主要栄養素**と呼ばれ，ビタミン，ミネラルは少量の摂取で要求が満たされるので**微量栄養素**と呼ばれている．これらに加え，水を栄養素に含める場合もある．本書では，主に肥育牛に特徴的な栄養素を概説する．一般的な動物における栄養素，飼料の消化，栄養素の代謝に関しては，それらを詳述した成書がある[1)]．

（1）炭水化物

ウシにおいて**炭水化物**は主要なエネルギー源であり，さまざまな生体内分子の炭素骨格の前駆物質でもある．

牛飼料の炭水化物には，細胞壁を構成している**セルロース**，**ヘミセルロース**，**β-グルカン**，**ペクチン**などの**構造性炭水化物**（**繊維**とも呼ばれる）と，**デンプン**などの**非構造性炭水化物**がある．ペクチンは細胞間隙にも多く分布している．飼料，牧草などの粗飼料は多くの構造性炭水化物を含んでいる．**リグニン**は，炭水化物ではないが細胞壁構成成分であるので，繊維に含める．

炭水化物は，反芻胃内微生物により解糖系でピルビン酸に代謝され，次いで，ピルビン酸から**酢酸**，**プロピオン酸**，**酪酸**など**短鎖脂肪酸**（short-chain fatty acid, SCFA）が生成される．なお短鎖脂肪酸は**揮発性脂肪酸**（volatile fatty acid, VFA）とも呼ばれる．解糖系では，ピルビン酸に代謝される過程で水素が生じる．ピルビン酸からアセチル CoA を生成する際にも水素が発生し，次いで酢酸を生成する際にも水素が発生する．一方，アセチル CoA からは酪酸も生成されるが，その過程では水素を消費する．また，ピルビン酸またはホスホエノールピルビン酸からプロピオン酸が生成される過程でも水素が用いられる．すなわち，酢酸発酵では水素が生成され，プロピオン酸発酵では水素が消費されると言える．

粗飼料を多給されたウシの反芻胃内における**酢酸：プロピオン酸比**は高く，穀類などデンプンの多い肥料を多給すると，繊維の消化が抑制され，酢酸：プロピオン酸比が減少する．この原因としては，デンプン由来のコハク酸や乳酸からのプロピオン酸生成が増加すること，デンプンの急速な発酵による反芻胃内の pH 低下が繊維分解微生物の生育を阻害すること，デンプンを利用する微生物と繊維分解微生物間でさまざまな栄養素の競合が生じ，その結果，繊維分解微生物の増殖が抑制されること，いくつかの繊維分解微生物では，繊維よりも利用しやすい糖が多い場合，繊維分解酵素発現が低下することが挙げられる．

メタン細菌は反芻胃内で生じる水素を用いて**メタン**を生成する．酢酸発酵はメタン細菌に水素を供与して，メタン生成を促進する．反芻胃内での水素の蓄積は，繊維分解微生物の活性を低下させるので，メタン細菌と繊維分解微生物は水素利用を介した共生関係にあると言える．

一般的に穀類は乾物当たり 70～80% のデンプンを含む．デンプンは穀類の胚乳中に 1～100 μm の大きさが異なるデンプン粒として存在している．デンプンには，多数の D-グルコースが α（1→4）グリコシド結

表4-1　トウモロコシの加工とそのデンプンの消化率（%）[2]

	反芻胃内消化率	下部消化管消化率		総消化管消化率
	（摂取%）	（摂取%）	（流入%）	（摂取%）
乾式圧ぺん（ロール）	76.2	16.2	68.9	92.4
蒸気圧ぺん（フレーク）	84.8	14.1	92.6	98.9
粉砕	49.5	44	86.5	93.5

合により直鎖状に繋がった**アミロース**と，α（1→4）結合に加えα（1→6）結合により分枝鎖を有する**アミロペクチン**がある．アミロペクチンは加水下で加熱すると糊化する．デンプンは多くの場合20〜30%のアミロースから構成されているが，アミロースとアミロペクチンの割合は，種や品種により大きく異なっている．ワキシー型のトウモロコシやグレインソルガムはほとんどアミロースを含まない．一方，ハイアミローストウモロコシではデンプンの60%以上がアミロースである．

穀類に含まれているデンプンの反芻胃内発酵や小腸での消化・吸収は，デンプンの組成・形態，穀類の加工処理により大きく異なる．ワキシー型のグレインソルガムでは，他の型のグレインソルガムより反芻胃内のデンプン消化は速やかである．また蒸気圧ぺんにより穀類中のアミロペクチンは糊化し，反芻胃内発酵や小腸でのデンプン消化は促進される．また，トウモロコシを粉砕すると，反芻胃内で発酵を免れるデンプンが増加し，その多くが，下部消化管で消化される（表4-1）．

肉用牛を含め反芻動物では，反芻胃内発酵産物であるプロピオン酸などを用いて**糖新生**を積極的に行っているが，グルコースを吸収する場合と比べると，効率は極めて低い．したがって，穀類多給時には，反芻胃内発酵が飼料中エネルギーの利用効率を下げると言える．反芻胃内でのデンプンの分解を抑制するとグルコースとして吸収されるデンプンが多くなり，効率は高まる．反芻胃内におけるデンプン消化を抑制するために，穀類の粉砕，水酸化ナトリウム処理，アンモニア処理，有機酸処理，タンニン処理が試みられている．

肥育牛の皮下脂肪組織は酢酸を脂肪酸合成の基質として用いており，脂肪酸に含まれる炭素の70〜80%が酢酸由来である．一方，筋肉内脂肪組織における脂肪酸合成の主な基質はグルコースであり，脂肪酸合成への酢酸の貢献が10〜20%であるのに対して，グルコースの貢献は50〜75%に達することが報告されている[3]．筋肉内脂肪組織は**脂肪交雑**として重要であり，反芻胃内発酵を免れて吸収されるグルコース量が脂肪交雑に大きな影響を及ぼしている可能性がある．

セルロースは，六炭糖であるD-グルコースがβ（1→4）グリコシド結合により直鎖状に繋がったβ-グルカン鎖から形成されている．この直鎖状β-グルカン鎖が水素結合によって同じ方向に配列し，結晶化したミクロフィブリルを形成している．セルロースには，結晶構造が乱れた非結晶部位もある．結晶性の高い部位は，細菌などの酵素による発酵を受けにくい．

β−グルカンもグルコースがβ-グリコシド結合した炭水化物であり，広義ではβ（1→4）結合のみを有するセルロースを含むが，通常は，β（1→4）結合に加え他のβ-グリコシド結合を有する炭水化物を示すことが多い．大麦やえん麦はβ（1→4）結合とともにβ（1→3）結合を有するβ-グルカンを多く含む．

粗飼料中の**ヘミセルロース**の主成分は五炭糖であるキシロースや六炭糖であるマンノースがβ（1→4）グリコシド結合したキシランやマンナンであるが，キシランの一部はアセチル化されたり，キシロース残基とα（1→3）結合したアラビノース，α（1→2）結合したグルクロン酸ならびにメチル化したグルクロン酸を含んでいたりする．このようにヘミセルロースは植物種によって大きく異なり，単一の化合物ではない．

ペクチンはガラクツロン酸がα（1→4）結合した直鎖を主成分とする酸性多糖であり，一部のガラクツロン酸残基が，ラムノースに置換されている．このラムノース置換のため，糖鎖は折れ曲がり複雑な立体構造をとるようになる．ラムノース残基からはガラクタンやアラビナン側鎖が分枝している場合がある．また，一部のガラクツロン酸残基のカルボキシル基がメチル化されている．

粗飼料では，これら多種の繊維成分が複雑に結合しており，セルロースミクロフィブリルの間隙はヘミセルロース，ペクチン，リグニンで埋められている．このような複雑な構造のため，反芻胃内微生物による分解には多様な酵素が必要となる．

(2) タンパク質

タンパク質はL–アミノ酸から構成される高分子である．タンパク質の種類は数千にものぼり，それぞれが異なった機能を持っている．また，アミノ酸の一部は，それ自体が生理活性物質として働くとともに，動物体内でさまざまな生理活性物質に変換される．肉用牛にとり，アミノ酸の炭素骨格は重要な糖新生の原料でもあり，去勢牛では肝臓で合成されるグルコースの10～30% がアミノ酸由来である．

反芻胃内では，飼料中のタンパク質やアミン，アミド，核酸，遊離アミノ酸や硝酸塩など非タンパク態窒素に含まれる窒素は，微生物によってアンモニアを介し，タンパク質に合成される．これらの微生物由来のタンパク質（**微生物タンパク質**）と，微生物による分解を免れた飼料中タンパク質（**非分解性タンパク質**）は，下部消化管に移行し，ウシに利用される．ウシが消化・吸収し，利用できる微生物タンパク質と非分解性タンパク質を合せて**代謝タンパク質**（metabolizable protein, MP）と呼ぶ（図4–6）．

ウシの体内のアミノ酸異化により生じるアンモニアは尿素となる．血液中の尿素は尿中に排泄されるが，一部は，唾液を介して反芻胃内へ分泌されるとともに反芻胃上皮から反芻胃内へ拡散する（**リサイクル窒素**）．反芻胃内へ移行した尿素は，飼料中の非タンパク態窒素と同様に，微生物に利用される．このような反芻胃内への尿素の流入は，単胃動物であれば尿に排泄される窒素が，タンパク質として利用されることになり，ウシのタンパク質栄養に大きく貢献する．

ウシを含む動物では，その体タンパク質を構成するすべてのアミノ酸が必要であるが，自ら合成できない，または合成できても必要な量を充足できないアミノ酸があり，これらを**必須アミノ酸**と呼び，十分量を合成できるものを非必須アミノ酸と呼ぶ．他の多くの哺乳動物同様にウシでもメチオニン，リジン，ヒスチジン，フェニルアラニン，トリプトファン，スレオニン，ロイシン，イソロイシン，バリン，アルギニンが必須アミノ酸であるとされている[5]．しかし，ウシではヒスチジンは肝臓・腎臓・筋肉での合成，アルギニンは腎臓での合成によって必要量が充足される可能性も示唆されている．

ある飼料を給与した場合，不足する必須アミノ酸を**制限アミノ酸**と呼び，特に最も不足するアミノ酸を第一制限アミノ酸と呼ぶ．微生物タンパク質には，必須アミノ酸がすべて含まれている．ウシでは，微生物タンパク質の消化率は85%，生物価は76% 程度であると考えられており，その正味タンパク質利用率は65%となり，ヒトにおける大豆タンパク質の正味タンパク質利用率60% を上回る．

反芻胃以降にアミノ酸を注入した育成牛の窒素出納や血漿中遊離アミノ酸濃度変化などを調べた試験結果から，**メチオニン**や**リジン**は不足しがちであり，第一制限アミノ酸となることが示されており，**イソロイシン**や**スレオニン**も制限アミノ酸である可能性がある（表4–2）．肉用牛が飼料に含まれる非分解性タンパク質に大きく依存する場合は，制限アミノ酸についても考慮することが重要になる．

表 4-2 去勢牛における制限アミノ酸の要求量[6,7]

体重（kg）	増体（kg/d）	基礎飼料	CP（%）	アミノ酸要求量 g/kg $BW^{0.75}$/d				
				Met	Thr	Lys	Ile	その他
200	1	—		0.24	0.21	0.25	0.18	0.29（Leu） 0.16（Val）
110–160	0.4	濃厚飼料＋ワラ		0.19–0.25		0.48		
270	0.52	半精製飼料	9.5	0.17				
353	0.3	半精製飼料	9.5	0.18				
274	0.73	トウモロコシ・エンバク＋コーンコブ	9.5	0.22	0.22	0.33		0.05（Trp）
211	0.64	ビートパルプ＋尿素	11.4	0.4		0.8	0.38	
313–383	1.1	トウモロコシ＋コーンサイレージ	8.6	-		0.51–0.55		

CP, 粗タンパク質；Met, メチオニン；Thr, スレオニン；Lys, リジン；Ile, イソロイシン；Leu, ロイシン；Val, バリン；Trp, トリプトファン

(3) 脂　質

脂質は，エネルギー源，細胞膜など生体膜の構成成分，およびプロスタグランジン，ステロイドホルモン，胆汁酸など生理活性物質の前駆物質として重要である．また，飼料中の脂質は，脂溶性ビタミンの吸収を促進する．多くの脂質は炭水化物やタンパク質に比べて重量当りのエネルギーが多く，熱量増加が少ない．

ウシの飼料に含まれる主な脂質として，**トリアシルグリセロール**，**リン脂質**があり，牧草には**ガラクト脂質**も多く，ウシに利用される．これら脂質中の脂肪酸組成としては，長鎖の多価不飽和脂肪酸である**リノール酸**，**α-リノレン酸**が比較的多く，特に牧草の脂質には *α*-リノレン酸が多く含まれる．また，パーム核粕など中鎖脂肪酸を多く含む飼料もある．一方，牧草の葉の表面をワックスとして覆っている長鎖の**アルカン**も脂質であるが，消化されずに糞中に排泄される．

脂肪酸は，炭素数によって短鎖，中鎖，長鎖脂肪酸に分類される．**中鎖脂肪酸**は炭素数が 5 または 6～10 の脂肪酸を示し，それ未満の炭素数の脂肪酸を**短鎖脂肪酸**，それを超える炭素数の脂肪酸が**長鎖脂肪酸**である．

炭素間に二重結合を有しない脂肪酸を**飽和脂肪酸**，二重結合を有する脂肪酸を**不飽和脂肪酸**と呼ぶ．特に，2 つ以上の二重結合を有する脂肪酸は**多価不飽和脂肪酸**または**高度不飽和脂肪酸**と呼ばれる．脂肪酸は炭素数と二重結合数を元に Cn：m（n は炭素数，m は炭素間の二重結合数）と表記される．脂質に含まれている脂肪酸の鎖長が長いほど，また不飽和結合が少ないほど融点が高くなる．

また，炭素数と二重結合数が等しくても，二重結合の位置が異なる場合がある．カルボキシル基の炭素を 1 位の炭素とし，各炭素に番号がつけられており（図 4-1），二重結合の位置は，この番号を用いて示されている．リノール酸を例にとると，9 位と 12 位の炭素に二重結合があるので Δ^9，Δ^{12}C18：2 または（9，12）C18：2 と表記され，さらに，リノール酸の有する二重結合は *cis* 型の立体配置であり，立体異性体を区別する必要がある場合は *cis*-9，*cis*-12C18：2 と示されることがある．

ウシの乳腺や脂肪組織では脂肪酸が合成されており，カルボキシル基端での鎖の伸長や二重結合の導入（不飽和化）も生じる．動物の**不飽和化酵素**（デサチュラーゼ）には 4，5，6，9 位の炭素に二重結合を導入する Δ^4 不飽和化酵素，Δ^5 不飽和化酵素，Δ^6 不飽和化酵素，Δ^9 不飽和化酵素があり，ステアリン酸（C18：0）は Δ^9 不飽和化酵素（ステアロイル CoA デサチュラーゼ，SCD）によりオレイン酸（(9) C18：1）に変換され，リノール酸（(9，12) C18：2）は Δ^6 不飽和化酵素により（6，9，12）C18：3 になる．（6，9，12）C18：3 は *γ*-リノレン酸と呼ばれ，*α*-リノレン酸（(9，12，15) C18：3）と区別されている．また，*α*-

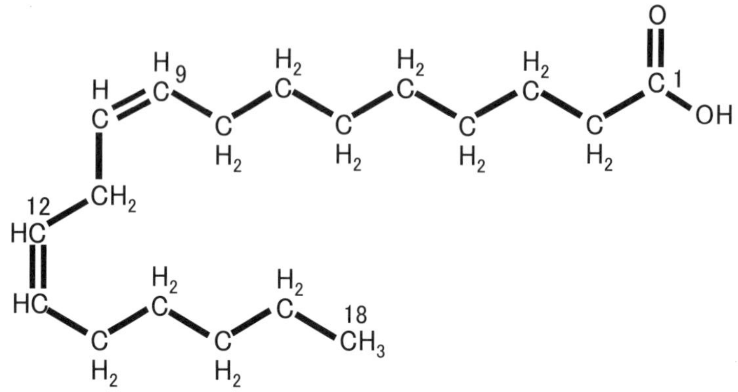

図4-1　リノール酸（*cis*-9, *cis*-12 C18：2）の構造
カルボキシル基の炭素が1位である．9位および12位の炭素が二重結合を有している．二重結合は全て*cis*型であるため，その場所で鎖は折れ曲がる．

リノレン酸やその鎖長が伸びた脂肪酸のように，CH_3端から3番目の炭素が二重結合を持つ脂肪酸を**n—3系脂肪酸**（前に記した様にnは脂肪酸の炭素数を示しており，α-リノレン酸では炭素数は18であるので，15（=18-3）位の炭素が二重結合を有していることを示している．），または**ω3系脂肪酸**と呼ぶ．リノール酸やその鎖長が伸びた脂肪酸のように，CH_3端から6番目の炭素が二重結合を持つ脂肪酸を**n—6系脂肪酸**または**ω6系脂肪酸**と呼ぶ．リノール酸をC18：2（n-6），γ-リノレン酸をC18：3（n-6），α-リノレン酸をC18：3（n-3）と示すことがある．

動物体内における脂肪酸の不飽和化部位は限られており，リノール酸やα-リノレン酸を合成できない．リノール酸やα-リノレン酸ならびにこれらの体内代謝によって合成されるアラキドン酸やイコサペンタエン酸（エイコサペンタエン酸），ドコサエキサエン酸などは，生体膜の構成成分として重要であり，また生理機能を有するさまざまな物質に変換されるので，**必須脂肪酸**と呼ばれている．子牛では必須脂肪酸欠乏が生じる場合があるが，育成牛や肥育牛では，後述のように反芻胃内で不飽和脂肪酸の飽和化が生じるにもかかわらず，必須脂肪酸欠乏は生じにくい．

反芻胃内微生物による不飽和脂肪酸の**水素添加**で二重結合は減少し，**飽和化**が進む．このため，牛脂は多くの飽和脂肪酸を含み融点が高い．飼料に含まれる不飽和脂肪酸の二重結合のほとんどは*cis*型であるが，水素添加の過程で*trans*型の二重結合となる場合がある．*cis*型の二重結合では脂肪酸鎖は大きく折れ曲がるが（図4-2），*trans*型の二重結合ではほぼ直線となる．このような立体構造上の相違のため，*cis*型脂肪酸と比べ，*trans*型脂肪酸の融点は高いなど物性が異なり，ヒトが多量に摂取すると虚血性心疾患などのリスクが高まる．一方，*trans*型二重結合を有する脂肪酸でも，二重結合が共役（-C=C-C=C-）しており，二重結合の一方が*cis*型で他方が*trans*型である**共役リノール酸**（Conjugated Linoleic Acid：CLA）は，ヒトの健康を増進する機能を有していることが報告されている．反芻胃内で生成される代表的なCLAとしては，ルーメン酸（*cis*-9, *trans*-11C18：2）と*trans*-10, *cis*-12C18：2がある（図4-2）．

反芻胃内では*trans*型の二重結合を一つ有する*trans*-バクセン酸（*trans*-11C18：1）も生成されている．*trans*-バクセン酸は吸収後にウシの体内で不飽和化され，ルーメン酸が生成される．不飽和脂肪酸を多く含む飼料を給与すると畜産物中のCLAが増加する．CLAは乳牛の体内で脂肪酸合成を抑制し，乳脂肪を低下させるとされている．肥育牛の脂肪酸合成におけるCLAの作用に関しては検討が必要である．

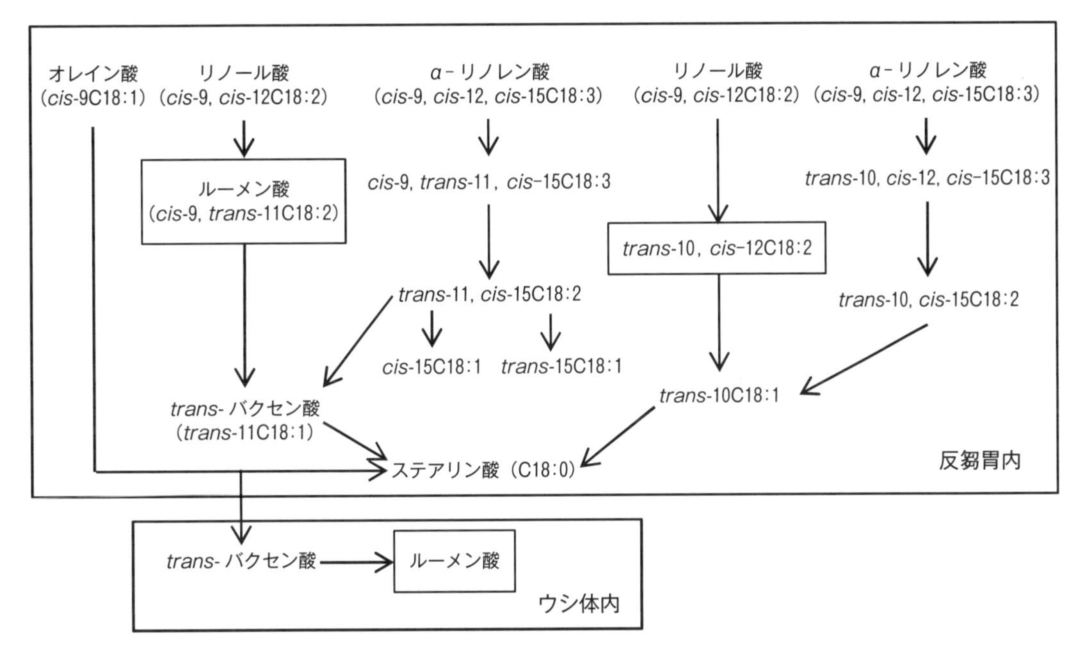

図 4-2 反芻胃におけるヒトの健康に貢献すると考えられている共役リノール酸の生成

飼料中のトリアシルグリセロール，リン脂質，ガラクト脂質は，反芻胃内微生物によって加水分解され，長鎖脂肪酸，グリセロール，ガラクトースなどが生じる．グリセロールやガラクトースは，反芻胃内発酵によって短鎖脂肪酸に代謝されるが，長鎖脂肪酸は，反芻胃内ではほとんど吸収されず，また短鎖脂肪酸や二酸化炭素に代謝されないが，水素添加を受け飽和化される．長鎖脂肪酸は飼料粒子や微生物の細胞膜に付着する．長鎖脂肪酸は微生物に対し毒性を有するが，繊維分解微生物は特に影響を受けやすく，脂質を多給すると繊維の消化率が低下する．

反芻胃内微生物はグルコースや酢酸から長鎖脂肪酸を合成している．反芻胃内微生物が合成する主な長鎖脂肪酸は炭素数が偶数であるパルミチン酸やステアリン酸である．また，少量ではあるがプロピオン酸（C3：0）や吉草酸（C5：0）からは炭素数が奇数の長鎖脂肪酸が合成され，イソ酪酸やイソ吉草酸からは側鎖を有する長鎖脂肪酸が合成される．飼料中の主な脂肪酸やウシが合成する脂肪酸は炭素数が偶数であるが，ウシの生産物には，反芻胃内微生物が合成した炭素数が奇数の長鎖脂肪酸や分枝鎖を有する長鎖脂肪酸も少量ではあるが含まれる．

(4) ビタミン

ビタミンは体組織の構成成分やエネルギー源としては意味を持たないが，正常な生理機能に必須な有機物であり，体内で合成されないか，合成量が必要量を満たさないため，微量であるが摂取する必要がある栄養素と定義される．ウシを含め反芻動物では，反芻胃において合成される多種のビタミンが利用されている．

ビタミンの化学構造に共通性はなく，脂溶性と水溶性の2群に分けられ，脂溶性のビタミンとしては**ビタミンA，ビタミンD，ビタミンE，ビタミンK**があり，水溶性のビタミンには，ビタミンB群とビタミンCがある．脂溶性のビタミンの中で，ビタミンA，ビタミンD，ビタミンEは，肉用牛でも単胃動物と同様に摂取する必要がある．一方，ビタミンKは反芻胃内微生物によって十分な量が合成され，特殊な場合を除き欠乏しない．

主なビタミンA源には，植物性飼料に含まれ消化管細胞内でレチノールに変わり得るプロビタミンAと，飼料添加物として用いられるレチノールおよびその脂肪酸エステル（レチニルエステル）がある．ウシでは摂取したレチノールやプロビタミンAの40～70%が反芻胃内で分解される．主要なプロビタミンAである**β-カロテン**からレチノールへの変換効率はウシでは低く，2.5～4.2μgのβ-カロテンは1 IUのビタミンAに相当する．レチノールは体内でall-*trans*-レチノイン酸や9-*cis*-レチノイン酸に変換される．これらはそれぞれ異なる核内転写因子と結合し，その活性化を行うことによって，遺伝子発現を調節することが明らかになっている．ウシを含む動物の血漿中には，飼料中ビタミンAやプロビタミンAに由来し小腸で生成されるパルミチン酸エステルを主体とするレチニルエステルと肝臓から他の組織へ輸送される形態であるレチノールが存在する．血漿中レチニルエステルはレチノールと同程度の濃度になることも報告されている．血漿中ビタミンA濃度を測定する場合は，レチニルエステルを鹸化し，レチノールに変換した後に総レチノールとして測定する．この場合は，ビタミンA濃度（単位はIU/dl）として示す．一方，ビタミンA栄養状態の指標に用いられるのは血漿中レチノール濃度である．ビタミンAの栄養状態を調べるため，鹸化処理なしにレチノールの血漿中濃度を測定し，ビタミンA濃度（IU/dl）として表記している論文が見受けられるが，これは厳密には正しくない．ビタミンAと肉質に関しては，10章を参照されたい．

ビタミンEは脂肪酸エステルとして生草，特にアルファルファに多く含まれ，穀類の胚芽にも多い．飼料添加物としては酢酸エステル（酢酸*dl*-α-トコフェロール）などが用いられている．ビタミンEもビタミンAと同様に反芻胃内で分解されるがその程度は低い．ビタミンEの主な役割は抗酸化作用である．子牛ではセレン欠乏により白筋症が生じるが，ビタミンE欠乏が発症を促進する．また，厳しいビタミンE欠乏自体も筋疾患を発生させる．ビタミンE欠乏は後産停滞のリスクとなる．ビタミンEと肉質に関しては10章を参照されたい．

反芻胃機能が発達した反芻動物では，反芻胃内微生物によるビタミンB群の合成量が多く，これらが欠乏することはまれであると考えられてきた．しかし，肉用種育成牛を用いた試験では，ビタミンB_2，葉酸の摂取量と十二指腸通過量に大きな差はなく，パントテン酸の十二指腸通過量は摂取量を下回ることが示されている（表4-3）．また，肥育牛において**ビオチン**補給により蹄の質が改善されたこと，**ナイアシン**補給が肥育牛の増体を促進したことが報告されている．さらに，濃厚飼料多給による乳酸アシドーシス時や飼料中の硫酸根が多い場合には，**ビタミンB_1**欠乏に陥り，灰白脳軟化症が発症する場合がある．

表4-3　肉用種育成牛における水溶性ビタミン摂取量と十二指腸通過量(mg/d)[8)]

	摂取量	通過量
	mg/d	
ビタミンB_1	9.8	26.2
ビタミンB_2	37.6	39.2
ナイアシン	67.0	277.4
ビタミンB_6	14.6	29.0
パントテン酸	24.5	11.0
葉酸	1.2	1.1
ビオチン	1.2	3.6
ビタミンB_{12}	0.03	10.4

体重約200 kgの肉用種牛に45%乾草・45%圧ぺんトウモロコシを給与した。

反芻胃内での**ビタミンB_{12}**合成にはコバルトがその構成成分として必要であり，コバルト欠乏は二次的なビタミンB_{12}欠乏を生じる．ウシを含め多くの家畜ではコリンはビタミンBの一種とされている．**コリン**はメチオニンから合成されるので，コリン補給はメチオニン要求量を下げる．コリン補給により肥育牛では増体が促進されることが報告されている．これら以外に，いくつかの水溶性ビタミンが反芻胃内発酵を促進することも報告されている．

給与飼料により反芻胃内における**ビタミンB群**の分解と合成は大きく変化する場合があり，生産性の高い肉用牛や高ストレス下の肉用牛はより多くの水溶性ビタミンを必要とすると考えられる．飼料に由来して反芻胃内で分解されないビタミンB群と反芻胃内で合成されるビタミンB群を合計すると，多くの肉用牛に対しては十分であるが，給与飼料や肉用牛の生理状態によっては，ビタミンB群の補給が必要になる場合があると考えられる．一方，反芻胃機能が未熟な子牛では単胃動物同様に水溶性ビタミンを摂取する必要がある．ビタミンCに関しては，10章を参照されたい．

(5) ミネラル

本来，**ミネラル**という用語に正確な定義はなく，一般的に飼料や動物体に含まれるすべての無機元素を意味し，これらの無機元素は飼料や動物体を完全に燃焼させた後に残存する灰分を構成している．肉用牛はその生命の維持や生産のため多様な無機元素を必要とするが，これらを**必須元素**と呼び，ミネラルと呼ぶこともある．必須元素でも過剰に摂取すると健康上の問題を生じる．必須元素は，肉用牛の体内で機能するだけではなく，リン，塩素，ナトリウム，カリウムなどは反芻胃内の浸透圧とpHを調節し，反芻胃内発酵に大きな影響を及ぼす．

必須元素は，その体内における存在量により，**多量元素**（ナトリウム，カリウム，塩素，カルシウム，リン，マグネシウム），**微量元素**（鉄，銅，亜鉛，マンガン，ヨウ素，セレン，モリブデン，コバルト，クロム）および必須性が提唱されている超微量元素（リチウム，ホウ素，フッ素，ケイ素，バナジウム，ニッケル，ヒ素，臭素，ルビジウム，カドミウム，スズ，鉛）に分類される．超微量元素の必要な量は極めてわずかであるので，実際の飼育環境では不足することはない．

必須元素の利用性は，飼料に含まれる他の無機元素やその他の成分に影響を受ける．また必須元素の要求量は肉用牛の生理状態等によって大きく変動する．必須元素の要求量は，飼料乾物中の濃度として適正値と範囲が示されている（表4–4）．動物と植物では必須元素の種類やその必要とする量が異なっている．肉用牛の飼料は植物または植物由来のものが多い．そのため，肉用牛が必要とする量の必須元素を飼料から得られない場合や，飼料中の無機元素が動物にとって過剰となるといった問題が生じ得る．植物に少ないため，肉用牛で不足しやすい必須元素としては，カルシウムとナトリウムがある．また，植物の生育する土壌の性質などによって，含まれる必須元素は大きく変化する．牧草などを主体に飼育されている繁殖牛や子牛では，銅や亜鉛が不足する場合がある（表4–4）．

表4–4　肉用牛の微量元素要求量と育成子牛並びに繁殖雌牛に給与されていた飼料中微量元素濃度（mg/kg DM）

	要求量4)			育成子牛9)			繁殖雌牛10)		
	適正値	範囲	MTL4)	摂取濃度[a]	＜適正値[b]	＞MTL[c]	摂取濃度[a]	＜適止値[b]	＞MTL[c]
鉄	50	50–100	1000	342±267	0	1.7	349±355	0.3	4.1
銅	8	4–10	100	9.6±4.2	44.8	0	9.7±6.8	53.4	0
コバルト	0.1	0.07–0.11	10	0.65±0.56	0.9	0	0.63±0.64	4.8	0
亜鉛	30	20–40	500	55±19	3	0	60±45	14.1	0
マンガン	40	20–50	1000	108±76	5.2	0	170±138	1.7	0.3
ヨウ素	0.5	0.2–2.0	50	– –	–	–	– –	–	–
モリブデン	–	–	6	0.82±0.27		0	0.76±0.42		0
セレン	0.2	0.05–0.30	2	– –	–	–	– –	–	–

MTL，最大許容量
[a]平均±SD
[b]要求量の適正値を下回った農家の割合（%）
[c]最大許容量を上回った農家の割合（%）

松井　徹（京都大学）

参考文献

1) 石橋　晃，板橋久雄，祐森誠司，松井　徹，森田哲夫編，動物飼養学，養賢堂．東京，2011.
2) Huntington GB. Journal of Animal Science, 75: 852-867. 1997.
3) Smith SB, Crouse JD. Journal of Nutrition, 114: 792-800. 1984.
4) 農業・食品産業技術総合研究機構，日本飼養標準肉用牛（2008年版），中央畜産会，東京．2008.
5) National Research Council (NRC), Nutrient Requirements of Beef Cattle: Update 2000, National Academy Press, Washington, D.C. 2000.
6) Buttery PJ, Foulds AN, in Recent Development in Ruminant Nutrition 2. (eds, Haresign W, Cole DJA). pp 19-33. Butterworths. London. 1988.
7) Titgemeyer EC, Merchen NR, Berger LL, Deetz LE. Journal of Dairy Science, 71: 421-434. 1988.
8) Zinn RA, Owens FN, Stuart RL, Dunbar JR, Norman BB. Journal of Animal Science, 65: 267-277. 1987.
9) 鳥居伸一郎，松井　徹．肉用牛研究会報，92: 28-33．2012.
10) 鳥居伸一郎，松井　徹．日本畜産学会報，82: 131-138．2011.

2. 消化と反芻生理

(1) 前胃（反芻胃）の発達

子牛は，ミルクを吸飲すると**第二胃溝（食道溝）反射**を起こす．この反射は，第二胃溝のヒダを管のように丸め，ミルクを前胃（第一・二胃）をバイパスして第三胃・四胃に流入させる．水や重曹（$NaHCO_3$）の吸飲もこの反射を起こすが，ミルクと水のバイパス率はそれぞれ88および25%程度である．それら以外に子ヒツジには反射を起こす物質として硫酸銅が知られている．

食道溝反射は，離乳後，加齢とともに消失する．しかし，一日一回のミルク給与を持続した子ヤギにおいて，6カ月齢以上まで反射を持続することが可能であった．

食道溝反射の機構に関しては，「口腔の後部，咽頭あるいは食道上部にある（化学）受容器に対する刺激が，求心路である前喉頭神経を経て延髄の中枢に至り，頸部迷走神経を経て，胸部背側迷走神経中の食道溝に分布する線維によって収縮する」と松本（1971）は記述している．したがって，この反射は迷走（副交感）神経幹切断や**アトロピン**投与によって抑制される．

写真4-1は，スターターを1日当たり1kg程度消費していた離乳直前（6週齢）のホルスタイン雄子牛の胃を示す．子牛の前胃は離乳時期に向かって急速に発達するが，この時期では第一胃の第四胃に対する比率はまだ小さい．

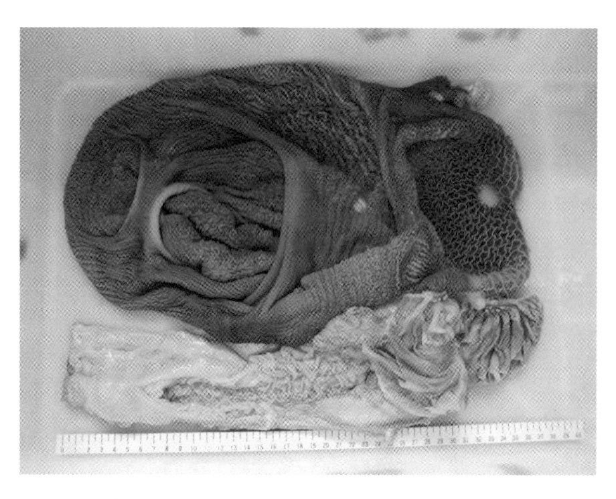

写真4-1　6週齢仔牛の胃
(左上：第一胃，右上：第二胃，右下：第三胃，左下：第四胃)（全体の幅：40 cm）　加藤和雄ら（2012）

玉手（1971）は，「固形飼料の摂取に伴う物理的および化学的刺激がルーメン（第一胃）の発達にとって重要であるので，哺乳の持続は前胃の発達を停滞させ，第一胃絨毛の発育を遅延させる」と記述している．すなわち，スターターや良質の乾草の十分な給与は前胃の発達を促進する．ただし，**第一胃絨毛**の発育にとって粗飼料の摂取は必須ではあるが，**粗飼料/濃厚飼料の比率**は問題ではない．また，Tamateら（1962）は，第一胃発酵産物である**短鎖脂肪酸**（Short Chain Fatty Acids: SCFA，伝統的にはVFA）の第一胃内への投与が絨毛の発育を促進すると報告している（酪酸の化学的刺激効果）．しかし，ハンガリーの研究者グループは，酪酸を培養絨毛細胞へ添加すると細胞増殖が抑制されることを示した．したがって，生体におけるSCFAの刺激効果は，神経系や内分泌系（消化管ホルモン）などの活性化を介した二次的作用である．

（2）第一・第二胃運動と反芻行動

第一・二胃の運動は連動している．運動には，①第二胃の二相性の収縮に始まり第一胃の後腹盲嚢に至る蠕動運動（**A型運動**）と，②第一胃の後部から前部に至る第一胃に限定した逆蠕動運動（**B型運動**），の2種類がある．B型運動に伴って「**あい気反射**」が生じて，メタン，二酸化炭素およびアンモニアが呼気として排泄される．この反射の中枢は延髄にあり，迷走神経内の求心性神経を介する．

「反芻（rumination）を行う動物が**反芻動物**である」と，ドイツの研究者P. Langer教授は述べていた．**反芻**は第二胃収縮に始まり，食道の逆蠕動を伴って，食塊を口腔内に戻す一連の運動である．第二胃収縮は重要であるが，アトロピンで運動を抑制しても反芻は生じる（津田ら，2004）．口腔内に戻された食塊は咀嚼され，繊維質の中の微生物を含む水分が絞り出される．新たな唾液と混合された食塊は再度，嚥下される．したがって，「反芻」の生物学的意義は，再咀嚼による繊維質の粉砕と繊維質中で消化活動をしていた微生物を交換することで，再嚥下後の微生物による繊維消化を新たに促進することにある．

（3）消化の特徴

子牛によって吸飲されたミルクは，第四胃や膵臓から分泌される**消化酵素**で中間的な大きさの分子にまで消化され，小腸上皮に組み込まれている消化酵素で終末消化と**吸収**が行われる．これに対して，離乳後の牛では，前胃内に確立した固有の微生物叢の嫌気的発酵によって，飼料中の炭水化物や脂質はSCFAに変換されて，主にルーメン上皮で吸収される．また，微生物や飼料由来のタンパク質（ペプチドあるいはアミノ酸を含む）の消化・吸収は，第四胃や小腸で起こる（微生物による草類の嫌気的発酵については他の総説などを参考にされたい）．

消化液（唾液，胃液，膵液，胆汁，腸液）の一日分泌量は，離乳前の子牛では19～25リットル，成獣では36～64リットルである．その比率は，以下の通りである（Guilloteau & Zabielski, 2005）．

	〈離乳前反芻仔牛〉	〈反芻仔牛〉
唾液：	13%	60%
胃液：	16%	18%
膵液：	5%	4%
胆汁：	32%	3%
腸液：	34%	15%

また，離乳前子牛に特徴的な消化酵素は，キモシン（第四胃から分泌される凝乳およびタンパク質分解酵素），エラスターゼ（膵臓から分泌されるタンパク質分解酵素）およびラクターゼ（小腸上皮膜に存在し，乳糖をグルコースとガラクトースに分解する酵素）の三つである．

1）唾　液

成獣では，粗飼料を咀嚼するためと前胃内で生産されたSCFAを中和するために，多量の高$NaHCO_3$濃度（高pH）の**唾液**が必要である．また，主な唾液腺である耳下腺から分泌される唾液のイオン組成は，離乳期に顕著に変化する（小原，2006）（図4-3）．すなわち，重炭酸イオンは，細胞内で二酸化炭素と水が結合して生じるが，この反応を促進する炭酸脱水酵素活性の離乳時期の増大は，重炭酸イオン濃度の増大と塩化物イオン濃度の低下を生じさせる．また，このイオン組成の顕著な変化は粗飼料を給与せずにミルク給与のみで飼育すると小さくなる．したがって，前胃内にSCFA混合液を持続的に注入することで，成獣の唾液イオン組成をある程度再現できる．しかし，アミラーゼ活性は低い．一方，成獣の唾液中尿素濃度は高い．これは，前胃発酵の発達に伴ってアンモニアの吸収が増し，肝臓での尿素合成関連酵素の活性が増大するために，アンモニアの尿素への変換が増大するためである．

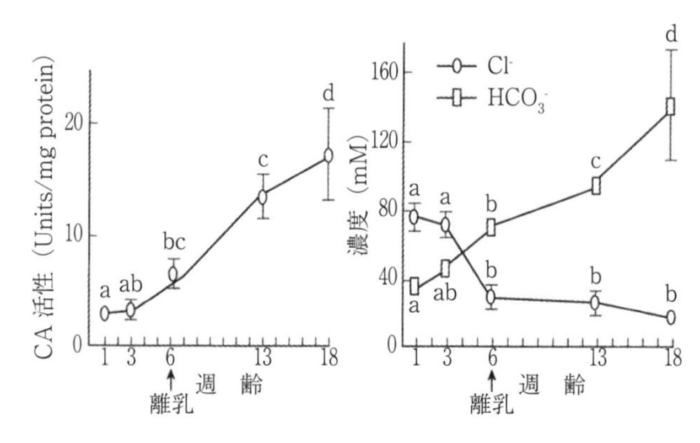

図 4-3　子牛の耳下腺組織中のCA活性と耳下腺唾液中HCO3-とCl-濃度の週齢に伴う変化　　小原嘉昭（2006）

2）**胃　液**

第四胃内pHは離乳前後であまり変化せず，2.5〜5.0程度である．離乳前子牛の第四胃では，**キモシン**（κ-カゼイン分子内のPhe-Met結合を切断する）が分泌されミルクや代用乳のタンパク質の1/4を分解するために，ペプシンよりも重要な役割を持つ．

3）**膵　液**

成獣の膵液中イオン組成は唾液と逆である．すなわち，多量に消化酵素を含むが，尿素や重炭酸イオン濃度は唾液ほど高くない．

離乳時期に顕著に変化する酵素は，キモシンとアミラーゼである．これは摂取するミルクや飼料成分に依存する（表4-5）．また，**エラスターゼⅡ**は，離乳前子牛に特徴的な二番目の酵素である．βラクトグロブリン分解作用はトリプシン（膵タンパク質分解酵素）などと大差はない．一方，最も高いトリプシン活性は，生後2週間（母乳時期）内に見られる．

成獣膵液では膵**リボヌクレアーゼ**活性が高い．すなわち，第一胃内には微生物が豊富に棲息しているの

表4-5　子牛における胃粘膜と膵組織の酵素比活性（/mg タンパク）
（Le Huerou-Luron ら，1992を改変）

屠殺日齢	哺乳子牛			離乳子牛	
	0	56	119	56	119
キモシン（ng）	212±54	78±8	64±9	37±5	23±6
ペプシン（ng）	50±6	57±5	58±5	46±10	119±23
リゾチーム（kU）	26±3	23±4	19±3	24±4	35±5
トリプシン（kU）	12.5±1.2	9.0±1.5	5.1±2.12	9.0±1.7	6.8±0.7
キモトリプシン（kU）	4.7±0.8	6.3±0.5	7.2±1.0	5.8±0.6	10.0±1.0
エラスターゼ（U）	0.30±0.03	0.60±0.08	0.60±0.09	0.64±0.07	0.82±0.05
カルボキシペプチダーゼA（U）	1.9±0.1	2.0±0.1	1.8±0.2	1.8±0.1	2.8±0.2
カルボキシペプチダーゼB（U）	18±4	30±2	22±3	24±2	20±2
リボヌクレアーゼ（U）	40±7	56±3	61±8	43±2	48±3
アミラーゼ（U）	0.08±0.02	1.83±0.12	3.57±0.43	4.41±0.50	5.75±0.48
リパーゼ（U）	21±1	20±2	27±4	28±1	65±4
コリパーゼ（U）	28±1	20±2	14±2	19±2	10±1
ホスホリパーゼA2（U）	0.95±0.08	0.82±0.6	0.87±0.22	0.97±0.15	0.75±0.04

加藤清雄（1998）

で，その微生物の核酸の消化に必須なのである．人の活性の1,000倍以上ある．また，ミルク給与下でのアミラーゼ活性は低いままだが，固形物を摂取し始めると数倍に増加する．しかし，多量のデンプンを処理できるわけではない．最後に，脂質の消化に必須のリパーゼ活性を最大にする効果を持つコリパーゼの分泌は不十分なので，脂質の消化・利用性は悪い．

4）小腸絨毛の膜酵素

誕生1週間以内の**ラクターゼ**活性は非常に高く，ミルク中のラクトースを分解するには十分な活性を示す．

5）胆　汁

離乳前子牛の胆汁分泌が多い理由は，ミルク中の脂肪をより効果的に分解する必要からであろう．逆に，成獣では，飼料から脂肪を摂取する機会は通常は少ないので，分泌の必要性は低いと考えられる．

6）消化液の分泌調節機構

人などの膵液や胃液の古典的な分泌調節機構は，頭相・胃相・腸相に分けられていた．新生子牛の膵液分泌では頭相（誕生後から学習する機構で，給餌を予想することで，採食前にもかかわらず消化液の分泌などを増加する機構）は関与するが，胃相・腸相はない．なぜなら，カゼインは第四胃で凝固・消化されて，徐々に十二指腸に流出してくるので，胃相・腸相は必要ないからである．

最近の調節機構は，胃液や膵消化液分泌は消化管ホルモンや**迷走神経**（アセチルコリン）で調節されるとしている．ミルク吸飲や**CCK**（cholecystokinin，コレシストキニン）による消化液分泌刺激効果は，迷走（副交感）神経を介するかもしれない．なぜなら，神経の冷却やアトロピン投与で消失するからである．**セクレチン**分泌は，第四胃内容物の十二指腸への流入による十二指腸内pHの低下が刺激となり，**消化管**・器からの$NaHCO_3$分泌を増大する．消化管ホルモンの生成・分泌は，離乳前後やSCFA投与によって変化する．

以上のように，誕生後数週間の子牛の消化器官の形態および機能は，離乳期前後にかけて顕著に変化する．したがって，この時期の栄養管理は将来の子牛の生産能力に大きく影響すると考えられる．今後も栄養素や給餌の仕方などの影響を詳細に検討して行く必要がある．

加藤和雄（東北大学）

参考文献

1）Guilloteau P, Zabielski R. Calf and heifer rearing. 159–189. Garnsworthy PC（ed.）Nottingham University Press, Nottingham, UK. 2005.
2）加藤和雄ら．仔牛のサイエンス（1），pp 429–434．畜産の研究．養賢堂　東京．2012.
3）加藤清雄．反芻動物の栄養生理学，pp 113–129．佐々木康之（監修）．農山漁村文化協会　東京．1998.
4）松本英人．乳牛の科学，pp 69–71．梅津元昌（編）農山漁村文化協会　東京．1971.
5）小原嘉昭．ルミノロジーの基礎と応用，pp 98–107 小原嘉昭（編）．農山漁村文化協会　東京．2006.
6）Tamate H, McGilliard AD, Jacobson NL, Getty R. Journal of Dairy Science, 45: 408–420. 1962.
7）玉手英夫．乳牛の科学，pp 48–56．梅津元昌（編）農山漁村文化協会　東京．1971.
8）津田恒之ら．第二次改定増補　家畜生理学，pp 166–167．津田恒之，小原嘉昭，加藤和雄（編）養賢堂　東京．2004.

3. 肉牛の第一胃内微生物群

(1) ルーメン微生物の種類と機能

ルーメン環境は温度，pH および浸透圧などが比較的安定に保たれており，**細菌**，**プロトゾア**および**真菌**など多種多様な微生物が生息している．飼料と共にルーメン内に流入する酸素は通性嫌気性細菌により速やかに消費されるため，ルーメン内は極めて高い嫌気状態が保たれる．したがって，ルーメンに生息する微生物の大部分は偏性嫌気性の微生物である．微生物間には増殖基質をめぐる協調もしくは競合があり，絶妙なバランスのもとでルーメン発酵が行われている．

一般的に，**ルーメン微生物**の生息密度は内容物 1 g 当たり細菌；10^{10}～10^{11} 個，プロトゾア；10^5～10^6 個，真菌；10^4～10^5 個である．数的には細菌が最も多いが，プロトゾアの体積は細菌の 1,000～10,000 倍であるためバイオマスとしては両者は同等と言える．ルーメン細菌はこれまでに 68 菌種が分離同定されているが[1)]，10^7/g 以上の密度で分布するものは 20 種程度で，これらが**ルーメン発酵**において主要な働きをしていると考えられる．一方，近年の分子生物学的手法による解析ではルーメンには 5,000 種以上の細菌が存在し，その大部分は未だ分離培養されていない未知細菌であることが示されている[2)]．これまでに分離培養されたルーメン細菌の機能を大別するとセルロース分解菌，ヘミセルロース分解菌，ペクチン分解菌，デンプン分解菌，脂質分解菌，水溶性糖類利用菌，中間代謝産物利用菌およびメタン生成菌である（表 4–6）．ただし，それぞれの細菌が単一の機能を有するとは限らず，例えば多くの細菌種はタンパク質分解活性を示す．また，メタン菌は古細菌（Archaea）に属する細菌であり，真正細菌（Bacteria）とは系統分類的に明確に異なる細菌である．

表 4–6　主要ルーメン細菌とその機能

菌種名	基準株名	分離源
セルロース分解菌		
Eubacterium cellolosolvens	6	ヒツジルーメン
Fibrobacter succinogenes	S85	ウシルーメン
Ruminococcus albus	7	ウシルーメン
Ruminococcus flavefaciens	C94	ウシルーメン
ヘミセルロース分解菌		
Butyrivibrio fibrisolvens	D1	ウシルーメン
Provotella ruminicola	23	ウシルーメン
ペクチン分解菌		
Lachnospira multipara	D32	ウシルーメン
デンプン分解菌		
Ruminobacter amylophilus	H18	ヒツジルーメン
Ruminococcus bromii	VPI6883	ヒト糞便
Streptococcus bovis	NCDO597	ヒツジルーメン
脂質分解菌		
Anaerovibrio lipolytica	VPI7553	ヒツジルーメン
水溶性糖類利用菌		
Selenomonas ruminantium	GA–192	ウシルーメン
Succinivibrio dextrinosolvens	24	ウシルーメン
Treponema bryantii	RUS–1	ウシルーメン
中間代謝産物利用菌		
Megasphaera elsdenii	BE2–2083	ヒツジルーメン
Wolinella succinogenes	FDC602W	ウシルーメン
メタン生成菌		
Methanobrevibacter ruminantium	MI	ウシルーメン
Methanomicrobium mobile	I	ウシルーメン

ルーメンプロトゾアのほとんどが繊毛虫類で，虫体の一部に繊毛を有する貧毛虫と体表全体が繊毛で覆われている全毛虫に大別される．貧毛虫として *Diplodinium* 属，*Entodinium* 属，*Epidinium* 属，*Eudiplodinium* 属，*Polyplastron* 属および *Ophryoscolex* 属の 6 属，全毛虫として *Dasytricha* 属および *Isotoricha* 属の 2 属，計 8 属のプロトゾアがルーメンから見つかっている[3)]．ルーメンプロトゾアは飼料中の繊維，デンプンおよびタンパク質を分解するが，アンモニアを窒素源として利用しない点で細菌と明確に異なる．そのため，窒素源としてはおもに細菌を捕食して生育する．発酵産物として主に酢酸と酪酸を生成し，プロピオン酸はほとんど生成しない．

ルーメン真菌は既知の真菌類のなかで唯一の絶対嫌気性真菌である．これまでに *Neocallimastix* 属，*Piro-*

myces 属，*Orpinomyces* 属，*Caecomyces* 属および *Anaeromyces* 属の5属17種が知られている[4]．いずれも分布密度は低いものの，強力な繊維分解能を有しており，植物細胞壁を破壊しながら菌糸を飼料片の奥深くまで伸ばすことが知られている．この作用は植物飼料片の物理化学的消化に貢献するものと考えられる．

(2) ルーメン微生物の定着

子牛のルーメンでは出生直後から多くの細菌が検出される．これは母獣との接触や畜舎内に飛散する唾液飛沫を介して多種類の細菌がルーメンに侵入するためである．生後すぐにみられるのは大腸菌や *Streptococcus* 属など通性嫌気性細菌であるが，生後2～3日ごろになると絶対嫌気性細菌が10^9/g程度まで増加し，通性嫌気性細菌や好気性細菌を凌駕する．このことは生後数日のうちにルーメン内で嫌気的条件が確立されることを示している．デンプン分解菌，ペクチン利用菌，乳酸資化菌などは出生直後から10^7～10^9/gの高レベルで検出されるが，セルロース分解菌やメタン菌はやや遅れて定着し，約10週頃には成牛と類似の菌叢に達する（図4-4，Minato ら[5]）．

ルーメン真菌は生後10日頃から出現するが，その後の定着は給与飼料の種類に大きく影響を受ける．粗飼料主体の飼料を与えた幼獣ではルーメン真菌は高い密度でみられるが，デンプン主体の飼料の場合は低くなる．

ルーメンプロトゾアの定着は細菌や真菌に比べて遅く，生後2週間でもほとんど見られない．生後15日～20日で貧毛虫の *Entodinium* 属が検出され，全毛虫の *Isotricha* 属は生後50日頃に出現する．細菌や真菌にくらべて定着時期が遅いため，プロトゾアの定着が見られる前に幼獣を隔離するとプロトゾアを持たない動物を作出することが可能である．

(3) ルーメン細菌の存在様式

ルーメン内は胃壁部，液状部と固形部および気相部からなる不均一な構造であり，それぞれの部位に存在する細菌の種類は異なることが知られている．生態学的には①遊離型菌群②固形性飼料固着菌群③ルーメン上皮固着菌群④プロトゾア固着菌群の四つに群別される[6]．

遊離型菌群　ルーメン内の液状部には各種細菌が浮遊した状態で生息しており，これらは広食性のセルロース分解菌およびデンプン分解菌，ヘミセルロース分解菌，グルコースなどの水溶性糖類利用菌，コハク酸などの中間代謝産物利用菌，および脂質分解菌などで構成されている．

固形性飼料固着菌群　ルーメン内の固形性飼料に付着ないし局在している菌群で，ルーメン内の全細菌の50～75% を占める．したがって，固形性飼料固着菌群はルーメン発酵において重要な役割を果たしている．このグループはセルロース分解菌やデンプン分解菌およびそれらが産生する分解代謝産物を利用する多様な細菌群で構成される．固形性飼料は

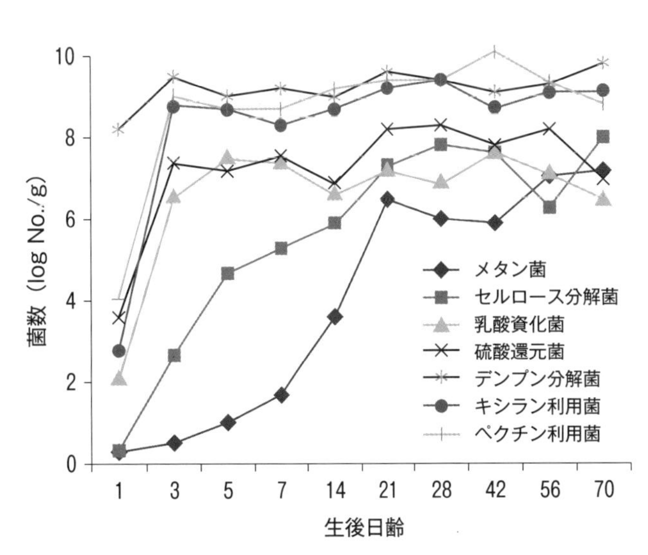

図4-4　生後日齢に伴う子牛のルーメン細菌叢変化
（Minato ら，1992 のデータを元に作成）

液状部に比べてルーメン内滞留時間が長いため，飼料に付着して存在する細菌は液状部の遊離型菌群よりも長い時間ルーメンに留まることができる．この結果，固形性飼料固着菌群は生態的に優位に立つことができる．また，この菌群が産生するセルラーゼやアミラーゼなど各種飼料分解酵素は液状部に拡散することなく，直接飼料に作用させることができるので分解産物は細菌に効率よく取り込まれる．そのため，遊離型菌群にくらべて**飼料分解**活性は高く維持される．

ルーメン上皮固着菌群　ルーメン粘膜上皮には主にグラム陽性の通性嫌気性細菌が多く生息している．ルーメン粘膜上皮からは血液中の酸素の一部が拡散するが，通性嫌気性細菌がこれを速やかに除去し，ルーメン内の嫌気性維持に貢献している．また，上皮細胞は常に一定の割合で剝離し脱落するため，これに付着するタンパク質分解菌によって細胞のタンパク質は消化される．さらに，血液中に含まれる尿素の一部がルーメン上皮から流入するが，これは上皮に固着する尿素分解菌によりアンモニアに転換され他の細菌の窒素源として利用される．したがって，上皮固着菌群は嫌気度の維持と家畜の窒素利用性向上に役立っている．

プロトゾア固着菌群　プロトゾアの体表には数種の細菌が付着し，プロトゾアが産生する発酵産物を利用している．なかでもメタン菌はプロトゾアにとって重要な存在である．プロトゾアは発酵産物として水素を産生し，プロトゾア体表に付着するメタン菌はこの水素を利用して二酸化炭素を還元し，メタンを生成する．水素は微生物の発酵を阻害するため，メタン菌による水素の除去はプロトゾアの活性維持に貢献しており，両者は相利共生の関係といえる．

(4) 濃厚飼料多給とルーメン細菌叢

濃厚飼料を多給するとルーメン内では *Butyrivibrio* 属，*Prevotella* 属，*Ruminobacter amylophilus*，*Ruminococcus bromii*，*Streptococcus bovis* などデンプン分解菌に加え，*Selenomonas ruminantium* や *Succinivibrio dextrinosolvens* など水溶性糖類利用菌，*Megasphaera elsdenii* のような中間代謝産物（乳酸）利用菌が活発に増殖する．通常，ルーメン発酵の過程で生じる発酵産物は速やかに代謝，吸収され過度の蓄積は起こらない．

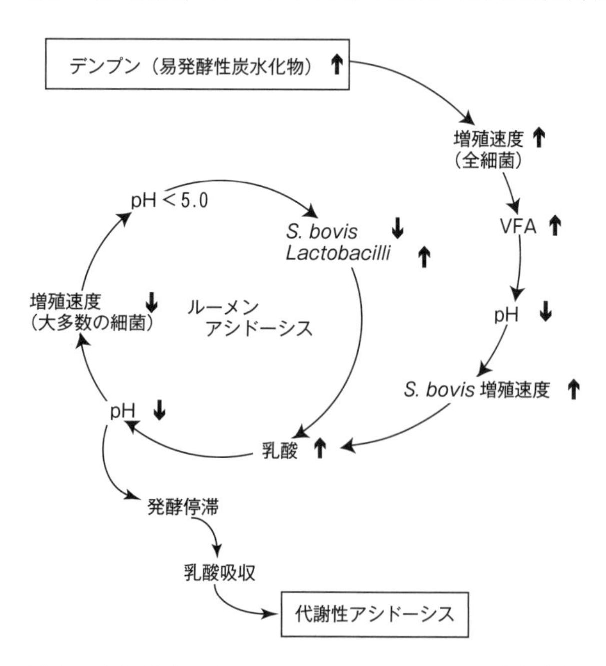

図4-5　反芻家畜におけるルーメンアシドーシスの発生機序
（Necek，1997 を改変）

しかし，デンプンのような易発酵性基質がルーメン内で急速に分解発酵を受けると，短鎖脂肪酸や乳酸など発酵産物が蓄積し，ルーメン pH は低下する．多くのルーメン細菌は低 pH に耐性が無いため活性が落ちるのに対し，デンプン分解性の乳酸菌である *Streptococcus bovis* は pH の低下に影響を受けない．*S. bovis* のルーメン内密度は通常1% 以下であるが，濃厚飼料多給に伴う pH 低下により他菌の活性が下がると，本菌種は生態的ニッチを獲得して急速に増加をはじめる．その結果，*S. bovis* の産生する乳酸によりルーメン内の pH はさらに低下し，*S. bovis* や他の乳酸菌がさらに増殖を続ける．こうしてルーメン内で大量に産生された乳酸が吸収されると血液の pH が低下し**アシドーシス**を引き起こす（図4-5，Nocek[7)]）．イオノフォア系抗生物質がアシドーシス予防に効果を示すのは乳酸産生菌の活性を選択的に阻害するためである．一方，濃厚飼料多給時に乳酸を産生しないデンプン分解菌（*Prevotella bryantii*）や乳酸分解菌（*Megasphaera elsdenii*）を投与することでルーメン発酵の安定をはかる研究[8,9]も着手されており，今後プロバイオティクスによるアシドーシス予防について進展が待たれる．

小池　聡（北海道大学）

参考文献

1） 三森眞琴，湊　一，新ルーメンの世界．pp 43-85．農山漁村文化協会．東京．2004.
2） Kim M, Morrison M, Yu Z. FEMS Microbiology Ecology. 76 : 49-63. 2011.
3） 牛田一成，新ルーメンの世界．pp 29-43．農山漁村文化協会．東京．2004.
4） 松井宏樹，新ルーメンの世界．pp 86-102．農山漁村文化協会．東京．2004.
5） Minato H, Otsuka M, Shirasaka S, Itabashi H, Mitsumori M. Journal of General and Applied Microbiology, 38 : 447-456. 1992.
6） 湊　一，ルーメンの世界．pp 108-141．農山漁村文化協会．東京．1985.
7） Nocek JE. Journal of Dairy Science. 80 : 1005-1028. 1997.
8） Henning PH, Horn CH, Steyn DG, Meissner HH, Hagg FM. Animal Feed Science and Technology. 157 : 13-19. 2010.
9） Chiquette J, Allison MJ, Rasmussen M. Journal of Dairy Science, 95 : 5985-5995. 2012.

4. 日本飼養標準

(1) 日本飼養標準の役割

家畜や家禽が健康を保ちつつ，正常な発育や繁殖性を示し，畜産物を効率的に生産するためには，必要とするエネルギー，タンパク質，ミネラルおよびビタミンを過不足なく摂取する必要がある．家畜や家禽の養分要求量は品種，雌雄，成長速度，泌乳量，産卵率，妊娠の有無などで異なるため，生育ステージや生産レベル別に適正な養分要求量を示したものが日本飼養標準である．わが国では1965年に乳牛の飼養標準が初めて公表されて以来，肉用牛，豚，家禽およびめん羊（平成８年のみ）の日本飼養標準が設定されてきた．また，日本標準飼料成分表には多種多様な飼料の成分組成，消化率や栄養価などが記載されており，日本飼養標準と日本標準飼料成分表を組み合わせて利用することで，わが国の飼養形態，気象条件，飼料資源などに適応した家畜や家禽の飼料設計や飼料の配合を行うことが可能になる．

日本飼養標準や日本標準飼料成分表は，家畜栄養学・生理学・飼養学の進歩，育種改良による生産性の向上，肉質，環境問題などに関する新たな研究成果の蓄積，畜産を取り巻く情勢の変化などに対応するため改訂が行われてきた．改訂作業の流れとしては，農林水産省農林水産技術会議事務局に設置された飼養標準研究会，平成13年度からは独立行政法人農業技術研究機構（現：農業・食品産業技術総合研究機構）に設置された家畜飼養標準等検討委員会のもと，改訂のためのデータとする部会と作業部会が立ち上げられている．学識経験の豊富な有識者や行政部局の協力を得ながら，国内外の最新の研究成果の収集や現行のデーターの見直しなどの検討を重ね改定案を作成し，家畜飼養標準等検討委員会での審議を経て改訂がなされてきた．日本飼養標準や日本標準飼料成分表には幅広い最新の知見が織り込まれているため，家畜生産者，普及指導者，公設試験研究機関，民間企業などの畜産従事者への家畜・家禽の飼養管理指標として広く用いられている．さらに，畜産を学ぶ学生にとっても家畜・家禽の栄養・飼養学の教科書的な役割など教育的な役割も果たしている．

(2) 日本飼養標準・肉用牛

肉用牛の飼養標準が最初に公表されたのは昭和45年の「肉用牛の飼養標準設定に関する研究成果」であり，昭和50年，昭和62年，平成7年および平成12年に改訂が行われ，現在の日本飼養標準・肉用牛2008年版[1)]に至っている．

日本飼養標準・肉用牛2008年版[1)]の構成としては，1章に栄養素の意義や養分要求量の求め方，2章では標準的な飼養条件でのエネルギー，粗蛋白質，カルシウム，リン，ビタミンの養分要求量，3章では水分要求量のほか，主要および微量ミネラル要求量と摂取許容限界が記載されている．養分要求量は飼養条件により異なることから，4章では養分要求量に及ぼす要因と飼養条件の違いが養分要求量に及ぼす影響を取り上げている．5章は飼料を給与する場合の注意すべき事項，6章は飼養標準の使い方と利用上の注意事項，7章では養分要求量の算定式の説明とその根拠，8章は参考文献が記載されている．また，参考資料として，和牛の発育値，飼料成分表および飼料中のβ-カロテン，ビタミンE含量が記載されている．さらに，利用者の利便性を高めるために索引が設けられている．付属のCDには肉用牛の養分要求量算出・飼料設計プログラムが収録されている．

このように日本飼養標準・肉用牛2008年版には肉用牛を合理的に飼養するための新たな数多くの知見が包括的に記載されている．本稿ではそれらの中から日本飼養標準・肉用牛2008年版のポイントについて説明する．

1) エネルギー要求量

養分要求量は維持，育成および肥育，妊娠（胎子の発育），産乳に必要なそれぞれの要求量を合計したもので，養分要求量が1日当たりまたは飼料中の各栄養成分含量として示されている．養分要求量は標準的な能力の肉用牛を対象にした標準的な値であるため，飼料成分の変動などを考慮した安全率は含まれていない．また，日本飼養標準はエネルギー単位として**代謝エネルギー**（ME：Metabolizable Energy）を使うことを奨励しているが，家畜飼養現場での利便性も考慮し**可消化エネルギー**（DE：Digestible Energy）や**可消化養分総量**（TDN）も併記されている．

日本飼養標準・肉用牛2008年版[1)]では近年の肥育牛の大型化に伴い，肉用種去勢肥育牛のME要求量の見直しが行われ，体重800 kgまでのME要求量が示されている．肥育に必要なエネルギー量は，1．家畜が生命を維持する上で体温を保ちながら体内での物質代謝が行われるが，体内でのエネルギーの蓄積も損失もない状態での維持エネルギー量と，2．増体に要するエネルギー量の合計である．代謝体重（$kg^{0.75}$：以下$W^{0.75}$）当たりの肥育牛の維持のME要求量（MEm）は，飼養試験結果から群飼による活動量の増加を見越して，肉用種が112.4 kcal（式①），乳用種が129.1 kcal，交雑種が120.8 kcalである．一方，去勢牛の育成および肥育に必要な正味エネルギー要求量（NEg）は，$0.0546 \times W^{0.75} \times$ 増体日量（DG：kg/日）である（式②）．また，肥育に必要なME（MEm）にその利用効率（kf）を乗じた値がNEmである（式③）．

維持のME要求量（MEm：kcal）＝$0.1124 \times$ 代謝体重（$W^{0.75}$）－①

増体のNE要求量（NEg：kcal）＝$0.0546 \times$ 代謝体重（$W^{0.75}$）$\times$ 増体日量（kg/日）－②

$MEg \times /kf = NEg$　　$MEg = NEg/kf$ と変換できる．－③

$kf = 0.78 \times$ エネルギー代謝率（q）$+ 0.006$－④

qは標準的な給与飼料のエネルギー代謝率で，飼料のME含量/GE含量で求める．

肥育牛の大型化に伴いME要求量推定式を見直した結果，要求量と実測値の偏りがあったため，q-式④や

kf の補正係数（Cheg）−式⑤の見直しを行っている．

q = 0.4834 + 0.008959 × DG + 0.0002088 × 体重（W：kg）−④　　2008 年版

q = 0.5304 + 0.0748 × DG　　2000 年版

Cheg = 1.416 − 0.0008948 × W である．−⑤　2008 年版

Cheg = 1.653 − 0.00123 × W　　2000 年版

その結果，黒毛和種去勢肥育牛の ME 要求量（MERC：kcal）は，

MERC = MEm × 1.1 + NEg/kf × Cheg

で求められる．

2）**粗タンパク質要求量**

日本飼養標準・肉用牛 2000 年版[2]までのタンパク質要求量の基本単位は**粗タンパク質**（**CP**）と**可消化粗タンパク質**（**DCP**）であった．反すう家畜では飼料より摂取したタンパク質は，第一胃内でペプチド，アミノ酸，アンモニアと分解される**分解性タンパク質**（**CPd**）と分解されない**非分解性タンパク質**（**CPu**）に分けられる．CPd は第一胃内微生物の増殖に使われ，**微生物タンパク質**（**MCP**）として第一胃から下部消化管へ流出し，CPu とともに消化・吸収される．このような，反すう家畜が真に利用可能な**代謝タンパク質要求量**（**MPR**）ならびにその供給量の基づいた給与体系が代謝タンパク質給与システムであり，欧米の多くの飼養標準においてこのシステムが導入されている．そのため，2008 年版においても，従来の CP 要求量（CPR）の算定式は使いつつ，海外の代謝タンパク質システムを参考にしながら代謝タンパク質システムを基軸とした MPR への変更がなされている．肉用牛のタンパク質給与の考え方は図 4-6 のとおりである．

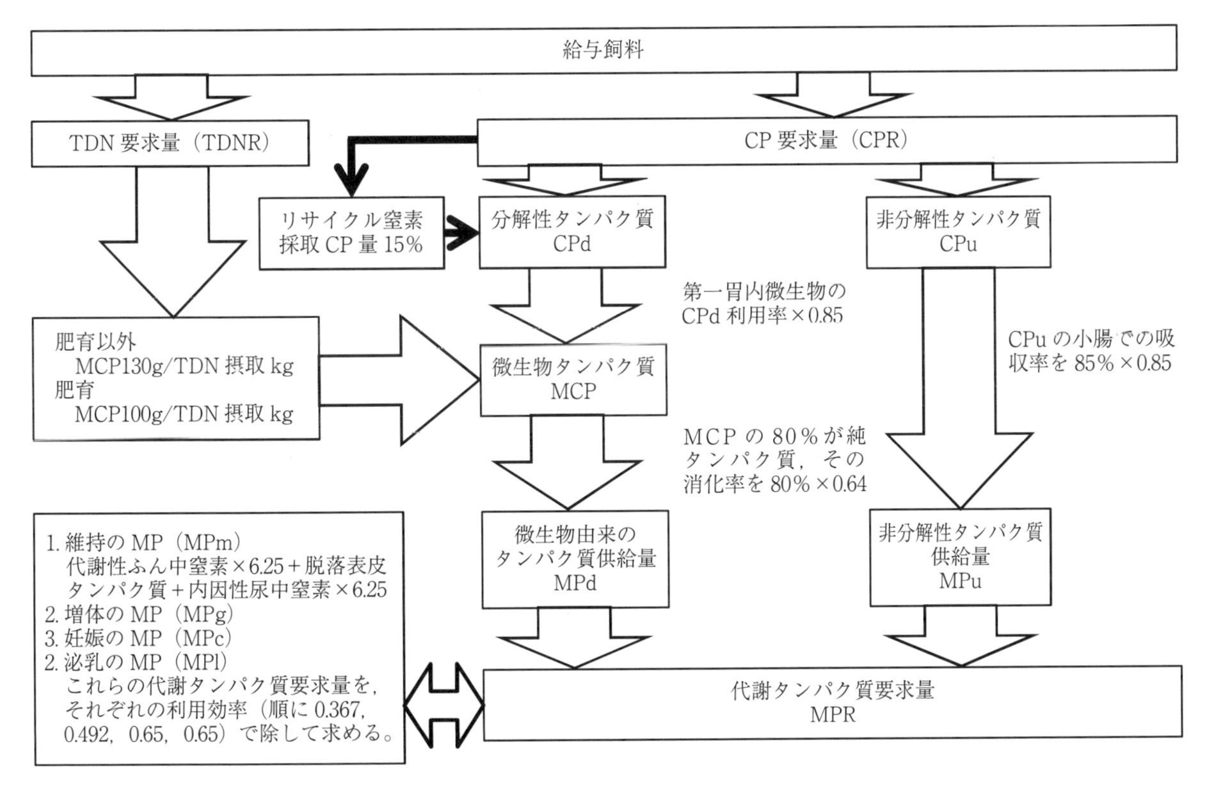

図 4-6　肉用牛での粗タンパク給与の考え方
日本飼養標準・肉用牛 2008 年版より作成

代謝タンパク質要求量（MPR）は，維持，増体，妊娠および泌乳に必要なMPを求め，それぞれの利用効率で除して肉用牛の生育ステージや生産ステージに応じたMPRを求める．一方，飼料からのMCP供給に関しては，TDN摂取量1 kg当たりのMCP合成量は肥育以外の牛が130 g，肥育牛が100 gで，消化率などを考慮し，MCP合成量の64％が微生物由来のタンパク質供給量（MPd）として供給される．MPRからMPdを引くことで，維持や生産に必要となる非分解性タンパク質供給量（MPu）が求められる．一方，MCP合成に必要なCPdの利用率，MPuの小腸での吸収率は，ともに85％と設定されており，MCPやMPu供給量を0.85で除したものがCPdやCPuである．さらに，摂取窒素量の15％がリサイクル窒素として利用されることを考慮して求めたものがCPRである．CPRの単位としてはCPが用いられており，2008年版では2000年版でのCPRが全体的に見直されて記載されている．

3）**その他の生産現場で関心が高い事項**

飼料自給率の向上は家畜生産費に占める飼料コストが50％近い肉用牛経営の安定・強化を図る上で重要である．そのため，2008年版[1)]では**稲発酵粗飼料**等自給飼料および**製造副産物**の飼料特性と利用法，放牧飼養での留意点などの記載の充実が図られている．稲発酵粗飼料に関しては，肥育で**ビタミンA制御**を取り入れる場合でのβ-カロテン含量の把握や低減の必要性が記載されている．ビタミンA要求量は1995年版[3)]より体重1 kg当たり66国際単位（IU）から42.4 IUに変更になったが，日増体量が1 kgを超える場合に血中のビタミンA濃度が低下することが明らかとなり，2008年版では日増体量が1 kgを超える場合でのビタミンA要求量を66 IU/体重1 kgに変更している．また，環境負荷軽減に関してふん尿中の窒素やリンの低減，メタン抑制に関する記述の充実が図られている．

肉質ではおいしさに関する項目の追加として遊離アミノ酸やラクトン類の記載，新たな肉質評価に関しては過剰な粗脂肪含量の問題点，**脂肪交雑**の状況を発光白色ダイオードによる照明，高性能デジタルカメラによる撮影で従来より高精度な画像の解析が可能となり，細かな脂肪交雑の状態（コザシ）を数値化した脂肪交雑基準が記載されている．また，オレイン酸，トランス脂肪酸，共役リノール酸など脂肪酸について食品栄養学的な視点からの記述がなされている．これらは牛肉の**おいしさ**や健康志向を背景とした消費者ニーズの多様化に対応する牛肉生産を反映した記述となっている．

（3）日本飼養標準の課題

日本飼養標準の利用拡大を図るためには，改訂作業において生産者，実需者，消費者ニーズを的確に把握・反映することが重要である．改訂作業では公設試験研究機関が中心となった協定研究や共同研究のデーター提供など，多くの関係者の支援を受けて進められている．しかし，肉用牛の肥育試験は2年近くを要するなど，データー収集や更新は必ずしも容易ではなく，これまでの研究基盤や協力をさらに強固にした取り組みが必要となっている．日本飼養標準は養分要求量や飼養管理の情報源であるとともに，将来を見据えた先駆的な家畜飼養技術の指標でもあるため，肉用牛飼養研究勢力の集大成として引き続き重要な役割を果たす必要がある．

永西　修（（独）農研機構 畜産草地研究所）

参考文献

1) 独立行政法人農業・食品産業技術総合研究機構編，日本飼養標準・肉用牛 2008 年版．中央畜産会．2009.
2) 農林水産省農林水産技術会議事務局編，日本飼養標準・肉用牛 2000 年版．中央畜産会．2000.
3) 農林水産省農林水産技術会議事務局編，日本飼養標準・肉用牛 1995 年版．中央畜産会．1995.

5. 育成，肥育，繁殖牛の栄養

(1) 育成牛の栄養

肉牛では，**育成期**とは一般に離乳から肥育開始月齢までの期間を指す．黒毛和種では，おおむね 9 カ月齢前後までを育成期としている事が多い．育成期は，牛の体組織成長が最も盛んな時期であり，育成期の栄養管理はその後の肥育成績など生産性に大きく影響する．育成期には，内臓器官や骨格の成長が活発に行われている．特に育成期は筋肉の成長が活発であり，3 カ月齢ごろから重量の増加が大きくなり，10 カ月齢ごろに最大の増加を迎える[1]．したがって，肉用牛の育成期では，良質な粗飼料を十分給与し消化管の発育を促すと共に，筋肉や骨の発育に必要な栄養素を十分給与し体骨格の充実を図ることが重要となる．

このように活発な体組織成長を賄うため，育成期の飼料中には十分なエネルギーやタンパク質が含まれていることが必要である．体重 200 kg の肉用種去勢牛が 1 kg 増体する場合，必要とされる飼料中の 1 日当たりの TDN は 4.0 kg，CP は 844 g とされている[2]．粗飼料を多給する場合，給与する粗飼料の質が悪いと成長に必要とされるエネルギーやタンパク質が不足する場合もあるので，特に育成期に給与する粗飼料の栄養価には十分留意する必要がある．一方，育成期の早い段階から濃厚飼料を多給しすぎると**過肥**となり，その後の増体や肉質に悪影響を及ぼすことが報告されていることから[3]，肥育素牛の若齢時における体脂肪の過剰な蓄積には注意が必要である．

(2) 肥育牛の栄養

肥育期とは，一般に育成が終了して肥育用飼料の給与が開始されてから出荷されるまでの期間を指す．我が国における肉用牛の肥育期間は肉質の向上を目的として長期化する傾向にあり，特に黒毛和種では，9 カ月齢前後から肥育を開始し，おおむね 30 カ月齢程度で出荷されている．この肥育期間は，肥育前期と後期や，肥育前期・中期・後期といった様に数段階にステージが区切られ，それぞれの肥育時期に適応したエネルギーやタンパク質等を含んだ飼料が給与されている．一般に肥育前期用の**配合飼料**は，後期用飼料と比較して CP 含量が高めでエネルギー含量が若干低目に設定されているものが多い．**粗飼料**の給与に関しては，肥育の前期では肥育後期とくらべ粗飼料の給与量が多めに設定されていることが多いが，肥育後期では粗飼料給与量が減少することから，特に黒毛和種のように長期間の肥育に供する場合は，濃厚飼料の多給と粗飼料摂取量の不足に起因する消化管障害の発症に注意する必要がある．

肥育期では，体重の増加と共に脂肪組織が大きく成長していく．**脂肪組織**は脂肪細胞数の増加と個々の脂肪細胞の肥大化によって増大していくが，これらは前駆脂肪細胞の増殖及び脂肪細胞への分化，ならびに脂肪細胞の終末分化によって制御されている．肥育期間中の体構成の変化に関しては，タンパク質の比率は体重の増加と共にわずかに減少するが，脂肪の比率は急激に増加する[4]．この時，脂肪 1kg 当たりのエネルギー含量は 9.367 Mcal，タンパク質 1 kg では 5.686 Mcal であり，脂肪組織の増加の方が，筋肉の増加よりも必要とされるエネルギー量が多くなる[5]．従って，肥育の進行に伴い飼料効率は順次低下していくことになる．

現在，ロースの筋肉内脂肪含量の増加を目的として，**ビタミンA制御**型の肥育が広く行われている[6]．ビタミンA（レチノール）は，飼料中に含まれるβ-カロテンが消化管より吸収され，生体内でレチノールに変換されることによって生じる．1 mgのβ-カロテンは，400 IUのビタミンAに変換される[7]．レチノールは，脂肪細胞の分化を抑制することから[8]，給与粗飼料中のβ-カロテンを低減させることにより，体内のビタミンA濃度が低下する結果，筋肉内脂肪含量が増加すると考えられている．また，黒毛和種肥育牛の脂肪交雑を向上させるには，特に肥育の中期にビタミンAの血中濃度が低下することが重要であるとの報告がある[9]．一方，血中のビタミンA濃度が30 IUを下回ると，食欲不振や視力障害等のビタミンA欠乏症が発症する[7]．肥育牛の配合飼料は，ビタミン制御肥育に用いるために飼料中のビタミンAやβ-カロテン含量を低く設定している場合もあり，特に稲わら等，肥育期間に給与する粗飼料のβ-カロテン含量が非常に低い場合は，給与飼料中のビタミンAが，生体の健康維持に必要な要求量を満たしていない場合もあるため注意が必要である．

家畜の成長に必要なミネラルを必須無機物と呼び，カルシウム，リン，マグネシウム，カリウム，ナトリウム，塩素，鉄，銅，亜鉛，コバルト，セレン等が該当する．ミネラルは，骨の主要な構成成分であると共に，細胞内の情報伝達や，浸透圧の調整，酵素の活性化等，生体機能の維持に重要な役割を果たしている．これら必須無機物のうち，カルシウムとリンは生体内では骨や歯に多く存在しており，生体内での代謝は主に上皮小体ホルモンやカルシトニン，活性型ビタミンD_3によって調節されている[10]．

特にリンは，濃厚飼料，フスマや米糠に多く含まれており，濃厚飼料が多給されている肥育牛では，リンの給与量が潜在的に過剰な状態だと考えられる．リンの供給量が過剰となるとカルシウムの吸収が阻害される．カルシウムの含量は穀類や乾草，稲わらでは少ないことから，肥育牛におけるこれらリンの過剰状態が**尿石症**発症の主要な要因となっていると考えられる．尿石症は，特に肥育牛に多く発症し，腎臓や尿道中にリン酸塩の結石が生じ，重症の場合は排尿困難から膀胱破裂により廃用に至るなど，経済的な損失が大きい生産病である[11]．さらに，**ビタミンA欠乏症**を発症した肥育牛では，尿道の上皮細胞の角化と剥落が生じ，これが結石の核となると考えられることから，肉質の向上を目的としたビタミン制御型の肥育では，尿石症への対策が重要となってくる．したがって，肥育牛に給与する飼料は，飼料中のカルシウムとリンの比率が，1.5：1から2：1程度になるようカルシウム含量を調節すること，特にビタミン制御型の肥育では，欠乏症を発症しないよう血中ビタミン濃度を適切にコントロールすることが，肥育牛における尿石症の発症を防ぐためにも重要となる．

山田知哉（(独) 農研機構 畜産草地研究所）

(3) 繁殖牛の栄養

1）繁殖供用までの栄養

育成期間の**栄養水準**は，**発育速度**が**性成熟**，繁殖供用開始時期に影響を与えるため重要である．高栄養水準で飼育すると性成熟は早くなり，繁殖供用開始時期が早まるが，難産や乳腺組織の発達が妨げられ，分娩後の泌乳量の低下を起こす可能性がある[12]．低栄養水準では，性成熟の時期が遅れ，通常の雌牛では10カ月齢で性成熟に達するが，DGが0.4 kg以下になると性成熟は15カ月齢と大幅に遅れることが示されている[13]．しかし低栄養条件では，性成熟は遅延するが，卵巣機能は損なわれず[14]，栄養条件を回復させることにより改善効果も認められている[15]．通常繁殖供用開始の体格条件は，最低でも体重300 kg，体高116 cm以上とすることが望ましいとされており，平均的な開始月齢は15カ月齢であるが1～2カ月早期化することが目標とされている[16]．

2）分娩前後の栄養

繁殖牛は，2～3産次までは，成長を続けるため，発育に見合った飼料の給与が必要であり過不足なく必要な飼料を給与することが重要である．放牧[17]や適切な粗飼料給与により[18]，濃厚飼料を給与せず受胎，分娩させた事例も報告されているが，分娩前後は**栄養要求量**も増加するので，増加に対応した適切な栄養管理が必要である．分娩前後の栄養要求量の増加としては，妊娠期間の胎児の発育や妊娠にともなう母体側の組織の発達による要求量の増加と，分娩後，授乳による要求量の増加がある．飼養標準（2008年版）[19]によると妊娠末期2カ月間に維持に加える養分量はTDNで0.83 kg，CPで212 gであり，授乳期に維持に加える養分量は，牛乳1 kg当たりTDNで0.36 kg，CP 97 gである．ビタミンAは，妊娠末期，授乳期ともに体重1 kg当たり33.6 IUを維持量に加えるとしている．

栄養水準が，泌乳性や子牛の発育に与える影響では，**妊娠末期**に低栄養状態で飼育すると，母牛の体重は大きく減少するが，子牛の生時体重は大きな影響を受けないとされている[20,21]．**授乳期**も低栄養で飼育すると母牛の体重は減少するが，乳量や子牛の発育は影響を受けないとされている[20]．ただし，2～3産までは発育途上であるので，このような母牛の発育の阻害は，母牛のその後の発育に大きな影響を与える可能性がある．また妊娠末期から授乳期まで低栄養で飼育すると泌乳量の低下を招くという報告[21]，2年以上の低栄養は子牛の生時体重の低下や子牛の発育の停滞があるという報告[22]もあり，長期にわたる低栄養は，泌乳量や子牛の発育に影響を与えると思われる．妊娠末期の高栄養は，母牛の脂肪の過剰な蓄積につながり，子牛の生時体重は飼養標準に基づき飼育された子牛と比較して差はないが，泌乳量の低下が若干認められている[23,24]．

栄養水準が母牛の繁殖成績に及ぼす影響では，分娩前後の低栄養水準では，初回発情，子宮収復に遅延傾向がみられ[25,26]，その影響は初産から3産次の発育途上の牛で大きいと言われている[25]．妊娠末期の高栄養では初回発情の遅延が認められるが，初回排卵での発情発現割合が高くなる傾向が示された[27]．

3）超早期母子分離における母牛の栄養

超早期母子分離とは，黒毛和種繁殖経営において分娩後1～6日の早い時期に離乳し，子牛は人工哺育を45～60日行う技術であり，空胎期間の短縮と子牛の損耗防止等に効果があるとされている．超早期母子分離では分娩後，栄養水準は維持期の100%とした場合に不受胎もなく空胎期間が約50日となり，11カ月で1産が可能となった[28]．

中西直人（(独) 農研機構 畜産草地研究所）

参考文献

1）山崎敏雄．中国農業試験場研究報告，B23：53-85．1977
2）独立行政法人　農業・食品産業技術総合研究機構．日本飼養標準　肉用牛．pp 64．中央畜産会．東京．2008
3）Nade T, Okumura O, Misumi S, Fujita K. Animal Science Journal, 76: 43-49. 2005

4）善林明治．ビーフプロダクション，pp 29-31．養賢堂．東京．1994
5）独立行政法人　農業・食品産業技術総合研究機構．日本飼養標準　肉用牛．pp 55．中央畜産会．東京．2008.
6）甫立京子．栄養生理研究会報，39：157-171．1995.
7）独立行政法人　農業・食品産業技術総合研究機構．日本飼養標準　肉用牛．pp 27-28．中央畜産会．東京．2008
8）Ohyama M, Matauda K, Torii S, Matsui T, Yano H, Kawada T, Ishihara T. Journal of Animal Science, 76 : 61-65. 1998.
9）Oka A. Journal of Animal Genetics, 24 : 31-36. 1996.
10）動物栄養科学，pp 58-64．朝倉書店．東京．1995.
11）独立行政法人　農業・食品産業技術総合研究機構．日本飼養標準　肉用牛．pp 134．中央畜産会．東京．2008.
12）中西雄二，滝本勇次，美濃禎次郎，犬童幸人，八木満寿雄．九州農業研究 42：96-97．1980.
13）鈴木修，佐藤匡美．草地試験場研究報告，16：96-103．1979.
14）中西雄二．農林水産技術会議事務局　研究成果，119：202-221．1979.
15）浅野元生，平方明男，丸山藤三郎，北原友栄．畜産の研究 29.3：27-32．1975.
16）独立行政法人　農業・食品産業技術総合研究機構．日本飼養標準　肉用牛，：64-67．中央畜産会，東京．2008.
17）中西雄二，渡辺伸也，進藤和政，山本嘉人，萩野耕司．肉用牛研究会報，70：22-23．2000.
18）傍島英雄，松野　弘，大坪光広，坂上重治，喜多一美，平尾一平．肉用牛研究会報．74：16-19．2003.
19）独立行政法人　農業・食品産業技術総合研究機構．日本飼養標準　肉用牛：31-35．中央畜産会，東京．2008.
20）近畿中国地域技術連絡会議．近畿中国地域共同研究成集録，7：1-73．1979.
21）久馬　忠，滝沢静雄，高橋政義，菊池武昭．東北農業試験場研究報告，60：73-90．1979.
22）鈴木　修，佐藤匡美．草地試験場研究報告．27：62-69．1984.
23）東井磁能，安達善則，吉岡弘陸．京都碇高原総合牧場試験研究報告書，3：93-98．1981.
24）高橋政義．これからの和牛繁殖―その飼養管理と繁殖技術：29-38．日本畜産振興会．東京．1996.
25）高橋政義，田中彰治．畜産の研究．37．(8)：10-16．1983
26）徳本　清，横山文秦，穎川秀壱，江藤祐一郎，臼杵直孝，長友邦男．九州農業研究　44：135．1982.
27）高橋政義，菊池武昭，久馬　忠．東北農業研究．29：147-148．1981.
28）福島護之，木伏雅彦，野田昌伸，柳田興平，倉橋準典．肉用牛研究会報，68：30-31．2000.

6．栄養と肉牛の疾病

(1) 栄養素と免疫機能[1)]

肥育牛の栄養を含めた環境条件が，感染症の発症に影響することは多くの断片的な臨床事例でよく知られている．ヒトにおいても「ストレスと栄養」として多くの研究がなされており，機能性食品の開発などに応用されている．動物の免疫に関与する栄養素には，ビタミンA，C，Eや各種ミネラル，特殊成分がある．

栄養素と**免疫**のメカニズムについて，近年，免疫学，細胞生理学的，遺伝子工学的に多くの研究が進んでおり，例えば各種飼料給与時の鶏腸管免疫能の発達の比較，高炭水化物または高脂肪飼料給与時の腸管免疫能の発達との関係，酵母細胞壁やアガリスクなど各種のきのこ類に含まれる多糖体であるβ-d-グルカンによる細胞性免疫の強化，天然物や飼料素材・物質などに含まれる各種免疫賦与物質のスクリーニングなど多くの研究がある．これらの研究成果は，抗菌剤を含まない飼料の開発に応用できるものと期待されている．同時に，これらの研究は家畜の免疫系に影響を及ぼすさまざまな因子の相互関係や免疫機序の解明に関しても貢献している．免疫応答の個体差は，環境要因と遺伝要因により支配されており，近年これらは免疫遺伝学として研究分野が確立している．肉牛の疾病や成長，脂肪酸組成など生産物の質などを支配する遺伝子も特定されつつある．また牛肉の美味しさに関連するとされる脂肪酸不飽和化酵素（SCD）遺伝子の発現は栄養にも支配されることが最近解明されつつあるように，多くの**遺伝子の発現**は栄養に支配されている．表4-7に栄養成分による免疫機能および免疫応答制御の調節の関係をまとめた[2)]．

表 4-7　栄養成分による免疫機能および免疫応答制御の調節

栄養素の区分	栄養素	栄養状態	作　用
タンパク質	タンパク質	欠乏	急性期タンパク質合成低下，一酸化窒素合成低下，グルタチオン合成低下
アミノ酸	アルギニン	欠乏	一酸化窒素合成低下，胸腺の重量低下
	システイン	欠乏	急性期タンパク質合成低下，抗体産生低下
ビタミン	ビタミン A	欠乏	抗体産生低下，T 細胞機能低下
		過剰	T 細胞機能低下，抗体産生低下，抗原への接着性増加
	ビタミン D	欠乏	T 細胞反応低下，胸腺の重量低下
	ビタミン E	欠乏	T 細胞機能低下
		過剰	抗体産生低下
	ビタミン B6	欠乏	抗体産生低下
	パントテン酸	欠乏	抗体産生低下
ミネラル	マグネシウム	欠乏	インターロイキン 6 産生増加
	亜鉛	欠乏	抗体産生低下
	鉄	欠乏	インターロキン 1 産生低下，粘膜グロブリン A，M の低下
		過剰	DNA 損傷，脂質過酸化
	銅	欠乏	抗体産生低下，活性酸素消去酵素活性低下，胸腺，脾臓の重量低下
	セレン	欠乏	好中球・リンパ球の機能低下
ポリフェノール類	カテキンなど*	補充	活性酸素消去 (*カテキン，アントシアニン，イソフラボン，セサミン，クルクマリンなど)
多糖類	β-グルカン	補充	免疫調整機能，抗酸化作用

木村信熙（2012）を改変

(2) わが国の肉牛肥育方式に起因すると栄養性疾患と免疫低下の可能性

近年のわが国肥育牛の疾病発生状況をみると，肥育末期での原因不明の突然死や，従来は肥育牛ではとくに注目されなかった**肺炎**や**心不全**などで死亡する例が多く見られる[1]．これは栄養や環境を含めた肥育牛の飼養条件の変化が免疫力を低下させ，感染症を誘発し症状を増強させるなど，従来とは異なった衛生状態に変化している可能性を想像させる．栄養と免疫の関連性は新しい概念ではなく，畜産業界で従来から肉牛に対する濃厚飼料の過給は多くの消化性の疾病を起こす，飼料の急変などの栄養性ストレスが疾病を誘発したり重篤化させたりする，という表現で栄養と疾病の関連性が認識されてきた．したがって濃厚飼料過給を回避しストレスを軽減させる飼養管理として，飼育環境や飼料内容，給与法などの改善が指摘されてきたが，畜産現場において飼養管理の変化による免疫低下の認識はさほど強くはない．

1）濃厚飼料（穀物）の多給による免疫の低下

①濃厚飼料多給による栄養疾患

発酵性の高い炭水化物の多量給与は，ルーメン pH を低下させ，ルーメン内に**乳酸**を産生させ，急性のルーメンアシドーシスを起こす．産生された乳酸のうち，L-乳酸は肝臓などで代謝されるが，D-乳酸は代謝されないため体内に吸収されて血液 pH の低下によるアシドーシスの原因になる．

またルーメン pH の低下にともない，有害アミンである**ヒスタミン**産生が高まり，ルーメンおよび血液で濃度が高まる．ヒスタミンはルーメン運動の停止作用を持つことから，**ルーメン発酵**不全や第 1 胃粘膜異常の原因になることも考えられる．また蹄真皮の毛細血管に作用し，その拡張と鬱血をもたらす（**蹄葉炎**）と考えられている．

濃厚飼料の過給は，ルーメン内乳酸の増加，pHの低下，ルーメン運動の低下，唾液流入量の低下を招き，ルーメン粘膜の不全角化や粘膜損傷，潰瘍形成なども含めた**第一胃炎**発生に進展する．ルーメン内常在菌であるFusobacterium necrephorumは，損傷した粘膜上皮より粘膜内に進入し，血管系から肝臓に到達し，肝膿瘍形成の原因となる．

②濃厚飼料多給による微生物を介在した免疫低下

発酵性の高い濃厚飼料を多給すると，ルーメン内の優勢菌が**グラム陰性菌**から乳酸産生**グラム陽性菌**にとって代わり，**乳酸**産生によるpHの急激な低下により，グラム陰性菌を死滅させる．この死滅死菌体の細胞膜破壊により産生したリポ多糖類は，**エンドトキシン**（ET：内毒素）として作用する[3]．

このETは多様な生物活性を示すが，直接第一胃粘膜や微生物に作用するものは少なく，ルーメンより血管系に進入し，肝臓のクッパー細胞やマクロファージなどで処理される際に種々の**サイトカイン**などを産出させる．サイトカインは生体内で免疫，炎症，造血機能に関与し，その多くは直接的あるいは間接的に感染や腫瘍などの病態発生の原因ともなる．

またETはルーメン運動や第四胃平滑筋運動にも抑制的に作用するため，**第四胃変位**発生への関与も考えられる[3]．

濃厚飼料の過給は，未消化の飼料が急速に小腸に送られることになり，pHの上昇を起こし，大腸の常在勤である大腸菌やクロステリジウムが小腸に遡行することがある．このような場合，未消化飼料の利用などによるクロステリジウムの急激大量増殖が菌体外毒素を産生放出させ，腸管の出血や壊死病変の発症を引き起こし，さらには毒素の吸収が引き起こす敗血症による突然死の原因になることもある．クロストリジウム感染症の重篤化は，このように濃厚飼料過給も関与する．これらを含めた壊死性腸炎による急死は，**心不全**として処理されている可能性がある[4]．**肥育素牛**への**生菌剤**投与によるクロステリジウムの抑制による**壊死性腸炎**発生の抑制は，生菌剤の投与などにより腸内細菌叢を整えることにより結果的に免疫能のコントロールになることを示唆している[5]．

2）ビタミンA欠乏による免疫の低下

脂肪交雑との関係で，わが国では近年肥育中期でビタミンAを低下させるという**ビタミンA制御**方式が一般化してきた（第10章5（2）ビタミンと肉質を参照）．これに伴う**ビタミンA欠乏**が肥育牛の免疫低下が介在した死廃の一因とも考えられる．

ビタミンAは，粘膜の保護作用や体内活性酸素による酸化作用を防止することにより感染防御に関与している．活性酸素は細菌感染防御や免疫細胞の接着を阻害する．ビタミンA，C，Eや亜鉛，銅，セレンなどは体内抗酸化作用を有する．近年における細菌性の**肺炎**や心不全による肥育牛の死廃率の増加が，ビタミンAコントロールによる肉質改善肥育方式の普及と時期的に重なっているようである．

3）その他の変化要因による免疫低下

単独では死廃に至るほどではないが，濃厚飼料多給から誘発された各症状やビタミンA欠乏などの栄養的要因以外に，肥育牛の生産性の低下や，時には死廃にまで至る可能性のある，肥育方式のわが国独自の変化要因が存在する．

①舎内肥育の普及

環境問題，衛生管理などの理由で，わが国で肉牛は現在ほとんどが**舎内肥育**されている．初期の乳用種去勢牛の濃厚飼料多給による**屋外肥育**では，泥濘化した環境で**肝膿瘍**が多発したが肺炎などの感染症は少なかった．牛舎内の塵埃の増加，アンモニア濃度の上昇などが肺や気管の粘膜上皮を損傷させ，**細菌感染**を高めている可能性もある．

②長期肥育の増加

肉質向上，肉量の増加のために，肥育期間が年々延長されてきた．これは肥育牛が大型化し，肥満が亢進されたことを意味する．肥育牛の大型化に対応しない旧サイズのままの群飼牛舎では，従来よりも過密状態になり，相対的にストレス負荷が高まることになる．また過剰な脂肪蓄積は，脂肪組織からのアディポサイトカインの放出を高め，これによる免疫応答の低下や腫瘍形成の可能性も想像される．

③遺　伝

肉質追及の育種改良，系統選抜は，結果として遺伝的抗病性の強い個体を排除する危険性を有している．免役応答力の強い個体はワクチンがよく効く．抗生物質の使用制限が再検討されている現在，免役抵抗性を選択因子とした抗病性系統の作出へ，いずれ免役応答遺伝子（MHC 遺伝子）を意識した育種手法の導入も必要となるかもしれない．

木村信熙（木村畜産技術士事務所代表，日本獣医生命科学大学名誉教授）

参考文献

1）木村信熙．家畜感染症学会誌，1：59–63．2012.
2）木村信熙・後藤篤志．臨床獣医，30（12）：16–21．2012
3）元井葭子．ルミノロジーの基礎と応用，pp 196–204．農文協．東京．2006.
4）函城悦司．養牛の友，平成 25 年 11 月号：42–45．2013.
5）加藤敏英ら．家畜感染症学会誌，1：9–18．2012.

第5章　飼　　料

1. 濃厚飼料

濃厚飼料は，粗飼料，濃厚飼料および特殊飼料という飼料の大分類の中の重要な一つである．この濃厚飼料は主にエネルギーを供給するもの，主にタンパク質を供給するもの，およびその中間的なものの3者に分けられる．飼料として利用される穀類は，多くの場合物理的な処理を施される場合が多く，その加工処理は乾式処理と加水を伴う湿式処理，またその温度条件で低温処理と高温処理に大別でき，この組み合わせで多様な飼料を製造可能である．

(1) エネルギー飼料

エネルギー飼料は，主にエネルギーを供給するもので，一般に粗タンパク質含量が20% 以下，粗繊維含量が18%（ADF では22%）以下のものをいう．エネルギーは肉用牛の繁殖・哺育・育成・肥育に不可欠であり，特に肥育段階では重要となる．エネルギーを供給するものとして主要なものは穀類である．地域によっては，カンショ等の塊茎類や飼料用ビート等の根菜類，糖蜜あるいは油脂類もエネルギー供給飼料として利用できる．穀類はその栽培環境から，南方型のトウモロコシやソルゴー等と北方型のエン麦，大麦，小麦等に分けられる．一般にエネルギーを供給する穀類は，カルシウムやビタミンが少なく，リン含量が高い傾向にある．

1) トウモロコシ

トウモロコシには大別して6種類があり，デントコーンとフリントコーンが主に用いられている．色調では黄色系と白色系があり，いずれもエネルギー飼料として用いることができる．黄色系は**βカロテン**含量が10〜13 mg/kg 乾物と高いため，ビタミンA前駆体供給源としても使用できる．トウモロコシは表5–1に示したようにエネルギー価が非常に高く，かつ肉用牛の嗜好性もすぐれている．このため穀類多給型の肉用牛生産システムを生み出した米国では，飼料の大半をトウモロコシが占めた肥育体系を作り出してきた．しかし，トウモロコシのエネルギー価はTDN で約80%，代謝エネルギー3.1 Mcal/kg と高いが，粗タンパク質，カルシウム等のミネラルやビタミン含量が低いため，飼料配合に当たっては栄養成分に偏りがないようにすることが必要である．トウモロコシの粗タンパク質はその物理的処理によって，反芻胃での分解率が低下して消化率等も異なってくる．一般に消化性の高い**圧片処理**や**蒸気圧片処理**が用いられるが，飼料全体での構成割合が少ない場合は，全粒のまま使用することもできる．

近年，**アントシアニン**含量が高く抗酸化作用等を示す紫トウモロコシ等が注目され，乳牛等への応用が試みられている．

2) グレインソルガム

グレインソルガム（表5–1）は，トウモロコシの代替飼料として広く用いられてきた．表5–1にみるように，エネルギー飼料としてはトウモロコシの97% 程度の栄養価をもっているので，飼料のエネルギー含量を微調整する場合に用いることができる．また，カルシウム等のミネラルやビタミン含量は，トウモロコシ

表 5-1 エネルギー飼料

飼料名	水分, %	化学成分, g/100 g 乾物								ビタミンE, mg/kg	栄養価, 乾物当たり	
		粗タンパク質	タンパク分解率1)	粗繊維	NDFom2)	粗灰分	Ca	P	リノール酸		TDN3), %	ME4), Mcal/kg
トウモロコシ	14.5	8.8	60	2.0	12.5	1.4	0.03	0.30	2.16	26	93.6	3.62
グレインソルガム	13.5	10.1	55	2.2	10.0	1.7	0.04	0.31	1.44	7	90.4	3.49
大麦	11.5	12.0	85	5.0	22.7	2.3	0.06	0.37	1.02	7	84.0	3.22
エン麦	11.3	11.0	91	11.6	33.0	3.0	0.07	0.31	2.31	7	80.1	3.05
ライ麦	12.0	11.4	86	2.1	15.4	2.0	0.05	0.31	−	17	86.6	3.33
小麦	11.5	13.7	85	2.7	11.5	1.9	0.05	0.36	0.87	17	89.0	3.43
カンショ（芋）	72.1	5.7	−	2.9	−	3.2	−	−	−	−	83.3	3.19
バレイショ（芋）	81.3	10.2	−	2.1	−	4.9	0.05	0.23	−	−	80.5	3.07
玄米	14.8	8.8	82	0.7	−	1.6	0.03	0.37	−	−	84.9	3.68
飼料用ビート	89.8	11.8	−	6.9	−	11.8	1.70	0.27	−	−	83.5	3.20
綿実	9.0	21.9	81	26.9	−	4.1	0.18	0.59	−	−	89.0	3.43
サトウキビ糖蜜（国産）	26.8	13.1	−	0.1	−	18.6	−	−	−	−	70.6	2.65
サトウキビ糖蜜（輸入）	27.3	4.3	−	0.0	−	11.4	−	−	−	−	83.2	3.19
テンサイ糖蜜（ステファン式）	18.6	13.3	−	0.0	−	7.6	−	−	−	−	89.9	3.47

1) 反芻胃内でのタンパク質分解率, 2) NDF 有機物画分, 3) 可消化養分総量（牛）, 4) 代謝エネルギー（牛）

（日本標準飼料成分表 2009 より作成）

と同程度である．粗タンパク質は 8.8% でトウモロコシよりも若干高い．一般に嗜好性もよいが，**タンニン**含量が 0.2〜3.6% と変動が大きく，その含量によって嗜好性が変わる．しかし，タンニン含量が高いと，反芻胃でのタンパク質の分解が抑制されるという利点もある．

3）綿　実

綿実（表 5-1）は綿花生産の副産物飼料であり，飼料価格も比較的廉価である．ただ，消化率や嗜好性が相対的に低く粗繊維含量も 24% と高いが，油脂成分を含むために，トウモロコシと同程度のエネルギー価がある．綿実の配合割合を多くすると，飼料全体の繊維含量が高くなる．綿実はトウモロコシと比べて，粗タンパク質，脂肪，カルシウム等のミネラル含量およびビタミン含量が高く，バランスのとれたエネルギー飼料といえる．ただ，綿実は生殖器，肝臓，心臓での組織障害を起こす多価フェノール性アルデヒドである**ゴシポール**を含むため，飼料への配合割合は 15% までが適当だと考えられている．

4）大　麦

大麦（表 5-1）はトウモロコシについで広く利用されているエネルギー飼料である．全粒のままでは消化率が低いため，一般に圧片処理がされており，皮付きと皮なしのものがある．表 5-1 にあるように大麦の栄養価は比較的高く，エネルギー飼料としてはトウモロコシの 92% 程度であるが，粗タンパク質や粗繊維含量は少し高めである．大麦は嗜好性もよく，広く用いられている．また大麦は黄色系のトウモロコシと比べて**β-カロテン**等の含量が低いため，肥育牛の脂肪の黄色化を抑えるために用いられる場合がある．栽培された飼料用大麦は，脱穀した穀実に加水して水分約 30% の**ソフトグレインサイレージ**として利用すれば，消化性も改善してエネルギー価も向上する．EU 等では大麦は雄牛肥育の主原料として用いられている．脱皮大麦は，皮付きと比べてエネルギー価が約 3% 改善される．

5）**エン麦**

エン麦（表5–1）は繊維含量が比較的高いため，エネルギー含量は低くなる．エネルギー価はトウモロコシの87% 程度で，大麦と比べてもエネルギー価が低い．粗蛋白質は約9.8% と比較的高く，バランスのとれたエネルギー飼料といえる．穀皮が20% 以上を占めるため，皮付きと皮なしでエネルギー価が大きく異なる．皮付きの場合は粗繊維含量が10.3% と高く，エネルギーとともに繊維成分の供給源として利用できる．

6）**ライ麦**

ライ麦（表5–1）のエネルギー価はトウモロコシの約94% で比較的高く，粗蛋白質含量も10% 程度で比較的高いが，2～6% の**ペントーザン**含量があり，嗜好性があまり良くない．肉用牛の飼料として使用する場合は，濃厚飼料の一部として給与すべきであると考えられる．皮付きと皮なしのものがあり，そのエネルギー価はトウモロコシの90% 程度である．

7）**小　麦**

小麦（表5–1）のエネルギー価はトウモロコシと匹敵し，粗白質含量も12% 程度と高く，飼料として優れている．ただ，粘性蛋白質である**グルテン**含量が多いため飼料への配合割合が高くなると嗜好性が低くなるので，その配合割合は35～50% までといわれている．わが国で小麦は食料用の栽培がほとんどで，多くは食品製造原料として輸入されているため，価格が高くて飼料としての利用は困難である．

8）**カンショ（サツマイモ）**

カンショ（表5–1）の規格外品は，国産飼料として大きな価値がある．嗜好性はよく，主成分はデンプンや水溶性糖類である．エネルギー価は風乾物当たりでトウモロコシの89% 程度であり，粗蛋白質含量も乾物でも5.7% と低い．ただ，**発酵混合飼料**の原料として用いれば，嗜好性の高い良質な発酵飼料の調製が可能である．

9）**バレイショ（ジャガイモ）**

バレイショ（表5–1）の規格外品も，国産飼料として大きな価値がある．そのエネルギー価は風乾物当たりでトウモロコシの86% 程度であるが，粗蛋白質含量は10% 程度でカンショと比べるとかなり高い．バレイショもカンショと同様に，**発酵混合飼料**の原料として活用できる．

10）**飼料用ビート**

飼料用ビート（表5–1）の嗜好性はよく，主成分はデンプンや水溶性糖類で粗繊維成分は約7% で比較的多い．ヨーロッパ等では肉用牛や乳牛等反芻家畜の冬季飼料として広く使用されている．エネルギー価はトウモロコシの89% 程度であり，風乾物当たりに換算すると，大麦と同等と考えてよい．粗蛋白質含量も乾物当たりでは12% 程度と高く，カルシウム含量も現物当たり約1.7% でかなり高く，バランスのとれた飼料といえる．

11）**サトウキビ糖蜜（国産）**

サトウキビ糖蜜（表5–1）のエネルギー価は乾物当たりでトウモロコシの75% 程度であり，粗蛋白質も9.6% 程度で比較的高い．ミネラルやビタミン含量も高い．**テンサイ糖蜜**はサトウキビ由来のものと比べて，1.2倍程度のエネルギー価がある．糖蜜は混合飼料の**サイレージ発酵基材**として使用され，同時に配合飼料の嗜好性改善の添加剤として利用できる．後述するように，尿素と混合した**尿素糖蜜飼料**は，栄養補給飼料として重要であり，肉用牛の放牧飼育や発展途上国で用いられている．

(2) タンパク質飼料

タンパク質飼料は，一般に粗タンパク質含量が20% 以上のものをいう．タンパク質は肉牛の繁殖・哺育・育成・肥育に不可欠であり，特に哺育と育成では重要な要因となる．タンパク質を供給するものとして重要なものは，穀類から油脂類を除去した油粕類であり，代表的なものは大豆粕等である．製造粕をさらに精製したものとして精製大豆タンパクやコーングルテンミールがある．油粕にはヘキサン等の溶媒で油脂類を抽出したものと機械搾油したものがあり，前者のタンパク質含量が高くなる．タンパク質飼料は一般に高価であるため，安価な非タンパク態化合物としての尿素を代替飼料として活用し，反芻胃での微生物体タンパク質の合成を促進する飼料添加物として利用できる．

1) 大豆粕

大豆粕は，米国の穀類多給型の肉用牛生産システムで，エネルギー飼料としてのトウモロコシに対応するタンパク質供給飼料として用いられてきた．表 5-2 に示すように粗タンパク質含量が高いだけでなく，エネルギー含量もライ麦に匹敵して飼料としての価値が高い．同時に，肉用牛の嗜好性も高い．ただ，タンパク質飼料で課題となっている反芻胃での分解率は74% で相対的に高く，**加熱処理**等の物理的な処理でその分解率を約 55% に低下させることができる．同時に，この加熱処理で大豆粕に含まれる**トリプシンインヒビター**が失活する．大豆粕は高価であるが，アミノ酸組成が比較的良く，ミネラルやビタミン含量も高く，栄養成分としてはバランスがとれている．

2) 菜種粕

菜種粕（表 5-2）の粗タンパク質含量は，大豆粕の 83% 程度である．反芻胃での分解率は 78% で，加熱処理で 62% に低下する．菜種粕は**グルコシノレート**が高く，甲状腺機能障害や飼料摂取量の低下を起こす**ゴイトリン**を生成するため，多給は控えるべきである．しかし，近年ではグルコシノレート含量の低い品種の**カノーラ**が広範に栽培されてきており毒性は低下している．大豆粕と比べてカルシウム，マグネシウム，リン，マンガン等微量要素が豊富である．

3) 綿実粕

綿実粕（表 5-2）の粗タンパク質含量は約 35% で大豆粕の 78% 程度であり，反芻胃での分解率は約 72% である．粗繊維含量が約 13.8% と高いため，エネルギー価は大豆粕の 73% 程度である．**ゴシポール**を 1 kg 当たり 200～5,000 mg を含んでおり，綿実と同様な障害を起こす．ただ，綿実粕は加熱処理されたものが多

表 5-2　タンパク質飼料

飼料名	水分, %	化学成分, g/100 g 乾物								ビタミン E, mg/kg	栄養価, 乾物当たり	
		粗タンパク質	タンパク分解率[1]	粗繊維	NDFom[2]	粗灰分	Ca	P	リノール酸		TDN[3], %	ME[4], Mcal/kg
大豆粕	10.3	51.1	74(55)[5]	6.0	15.5	7.3	0.37	0.72	0.82	3	87.0	3.35
綿実粕	11.3	40.0	72	15.6	36.3	6.4	0.21	1.11	0.56	16	65.4	2.43
ナタネ粕	11.8	42.3	78(62)	10.7	27.2	7.5	0.71	1.26	−	54	74.6	2.82
アマニ粕	11.6	40.7	71(59)	8.9	25.9	6.1	0.42	0.92	1.15[6]	−	80.1	3.05
ヒマワリ粕	10.2	35.6	83	24.9	−	6.9	0.56	0.90	−	12	48.9	1.73
ゴマ粕	8.5	50.6	−	9.8	31.6	14.8	2.40	1.33	−	−	68.0	2.54
コーングルテンミール（CP60）	9.9	70.7	38	0.9	−	3.6	0.02	0.38	1.64	46	88.4	3.41
尿素	0.5	285.4	100	0.0	0.0	0.0	0.00	0.00	0.00	0	0.0	0.00

1）反芻胃内でのタンパク質分解率，2）NDF 有機物画分，3）可消化養分総量（牛），4）代謝エネルギー（牛），5）加熱処理したもの，6）圧搾したもの（日本標準飼料成分表 2009 より作成）

く，ゴシポールは熱処理でかなり分解するため多給しない限り，家畜ではあまり問題とならない.

4）**ゴマ粕**

ゴマ粕（表5-2）の粗タンパク質含量は約46%で，大豆粕より若干高い．油脂抽出法の違いで，TDNは62〜80%まで変動するが，粗タンパク質含量には大きな違いはみられない．反芻胃での分解率は，大豆粕よりもかなり低い.

5）**アマニ粕**

アマニ粕（(表5-2）の粗タンパク質含量は約36%で，大豆粕の80%程度である．反芻胃での分解率は71%程度であるが，加熱処理で59%に低下する．油脂の圧搾抽出法で粗タンパク質含量は約31%に低下するが，エネルギー価はあまり変化しない．「**ムシラージ**（Mucilage)」という水溶性ポリサッカライドが0.3〜10%含まれている．また，青酸配糖体である**リナマリン**と関連酵素を含んでいてシアン生成の可能性があるが，熱処理等で酵素は失活する.

6）**コーングルテンミール（CP 60%）**

コーングルテンミール（表5-2）の粗タンパク質含量は約64%で，大豆粕の1.4倍程度であり，反芻胃での分解率は38%と低く，肉用牛のタンパク質供給源として優れている．エネルギー価は大豆粕よりも高く，トウモロコシに匹敵するため，配合飼料の栄養成分調整に用いられる場合がある.

7）**尿　素**

尿素（表5-2）は42〜45%の窒素を含むため，粗タンパク質含量に換算すると約265%となる．尿素はタンパク質飼料として価値が高いが，その飼料中含量が高すぎると肉用牛に**尿素中毒**症を起こすため，利用に当たっては細心の注意が必要である．肉用牛飼料の添加剤として，風乾物換算で全飼料の1%以下，飼料中窒素含量の3分の1以下，あるいはタンパク質飼料の10〜15%以下に留める必要がある．同時に，尿素を利用する場合には，糖蜜やカンショ等の易発酵性炭水化物を含むエネルギー飼料と混合して給与することが必要である．尿素は反芻胃で分解されてアンモニアとなり，これが**微生物体タンパク質**に合成されるときに，すぐに利用できるエネルギー源が不可欠なためである．尿素とエネルギー飼料を混合した**尿素糖蜜飼料**は，飼料添加剤として市販されているものもあり，自家配合飼料の添加飼料として用いることでコスト削減を図れる．ただ，飼料中の尿素含量を高めすぎると，肉用牛の中毒症を起こす危険性が高まるだけでなく，添加した尿素の排出に必要なエネルギー負荷を起こして生産性低下の要因となり，同時に糞尿中に多量の尿素やアンモニアを排泄して環境汚染のもととなるので注意が必要である.

(3) 中間的な飼料

エネルギー飼料とタンパク質飼料の中間的な飼料として，米麦等を精白する際に分別されるヌカ類と農産製造粕類が挙げられ，フスマやビートパルプ等が代表的である．これらは，肉用牛の飼育条件によっては基幹的な給与飼料として用いられる場合もみられるが，一般的には配合飼料や混合飼料の栄養成分を調整する原料として用いられることが多い.

1）**フスマ**

フスマ（表5-3）は小麦の精麦過程で産出される副産物で，粗繊維含量が高くてエネルギー含量は少し低めであるが，粗タンパク質含量は約15%で比較的高い．リン，ビタミンB群やビタミンE含量も高い．フスマには通常の精麦で製造される一般フスマと製粉歩留りを少なくした特殊フスマがあり，後者のエネルギ

表 5-3　中間的な飼料

飼料名	水分, %	化学成分, g/100 g 乾物								ビタミン E, mg/kg	栄養価, 乾物当たり	
		粗タンパク質	タンパク分解率1)	粗繊維	NDFom2)	粗灰分	Ca	P	リノール酸		TDN3), %	ME4), Mcal/kg
フスマ	13.2	18.1	82	10.9	42.7	5.9	0.12	1.14	2.59	21	72.3	2.72
脱脂米ヌカ	12.0	21.1	60	11.7	36.8	14.4	0.07	3.02	–	11	63.3	2.35
ビール粕（生）	72.3	24.8	66	16	67.2	4.3	0.30	0.61	–	27	72.1	2.72
ビール粕（乾燥）	8.3	25.5	49	15.1	62.5	4.1	0.27	0.57	–	27	71.5	2.69
ビートパルプ（乾燥）	11.5	9.6	64	19.5	48.7	5.7	0.83	0.09	–	–	76.0	2.88
バレイショデンプン粕（乾燥）	13.4	6.4	56	15.9	–	2.3	0.16	0.10	–	–	69.4	2.60

1）反芻胃内でのタンパク質分解率，2）NDF 有機物画分，3）可消化養分総量（牛），4）代謝エネルギー（牛）

（日本標準飼料成分表 2009 より作成）

ー含量は前者より 10～18% 高い．フスマは配合飼料や混合飼料のネネルギー含量や粗タンパク質含量を調整する飼料として用いられる場合が多い．リン含量が高いためにフスマを多給すると，肉用牛では**尿石症**の原因となる場合があり，配合には注意が必要である．フスマと類似した飼料として**大麦ヌカ**があるが，繊維が多くエネルギー価が 24% 程度，粗タンパク質では約 50% 低くなり，栄養価が劣る．

2）脱脂米ヌカ

米ヌカは油脂含量が比較的多く，夏季等に変敗を起こす場合があるため，**脱脂米ヌカ**（表 5-3）として利用する場合が多い．脱脂米ヌカは精米過程で産出される副産物を脱脂処理したもので，フスマに比べてエネルギー含量は 13% 程度低いが，粗タンパク質含量は 18.6% 程度でフスマよりも高い．リン含量は約 3% で，粗灰分含量も高い．

3）ビール粕

ビール粕（表 5-3）は従来から重要な**製造副産物飼料**として肉用牛だけでなく，乳用牛にも広く用いられてきた．ビール粕の TDN 含量は生で約 20%，乾燥品で 65.6% 程度であり，乾物当たりでみるとフスマより若干低い．反芻胃でのタンパク質の分解率は 66% で比較的低く，加熱処理で 49% に低下する．粗繊維含量も乾物当たりでみると約 14% と高く，栄養素のバランスもとれている．カルシウム含量も約 0.27% で副産物飼料としては比較的高い．**生ビール粕**は，ビール酵母を高濃度に含むため**プロバイオティク**の給与効果が期待できる．

4）ビートパルプ

ビートパルプ（表 5-3）は，ビート（砂糖大根）から蔗糖を製造する時に産出される副産物である．炭水化物含量が比較的高いためエネルギー含量はフスマよりも約 8% 高く，同時に粗繊維含量も 17.3%，NDF も 43.1% と高いために以前から泌乳牛の飼料として広く用いられてきた．粗タンパク質は約 8.5% で，反芻胃でのタンパク質の分解率は 49% と低い．カルシウム含量は 0.8% 以上と高く，リン含量は低い．ビートパルプは，肉用牛の**発酵混合飼料**の原料としての利用も可能である．

5）バレイショデンプン粕（乾燥）

バレイショデンプン粕（表 5-3）はバレイショからデンプンを分離した**製造副産物**である．エネルギー価はフスマよりも約 5% 低く，粗タンパク質含量も 5.5% 程度で低い．粗繊維含量は約 13.8% で，乾物当たりでビール粕よりも高い．肉用牛飼料として活用できる．

飛岡久弥（東海大学）

参考文献

1）（独法）農業・食品産業技術機構，日本標準飼料成分表．（社）中央畜産会．東京．2009

2.　粗飼料とその生産

（1）粗飼料とは

粗飼料とは，濃厚飼料に比べて，一般に容積（ガサ）が大きく，その割に可消化養分が少ない飼料で，牧草・飼料作物やわら，野草などがこれにあたる．比較的粗繊維（植物細胞壁構成物質）含量が高いのが特徴で，肉用牛を健康に飼育するためには必ず給与しなければならない飼料である．

（2）粗飼料の栽培

1）粗飼料の種類

粗飼料には，世界各地のさまざまな気候や土壌の地域に自生する**野草**を，放牧や刈取りなどの人為的な選抜・淘汰圧によって作物化された草本植物である**牧草**，人間の食料となる穀実類を転用し，主に穀実が完熟する以前の茎葉が緑色を保持する時期に刈取り利用する**青刈作物**や**根菜類**などを含む**飼料作物**，食用作物である水稲の穀実を収穫・脱穀した後の茎葉（**稲わら**）およびその他の野草類を含んでいる．肉用牛の，特に繁殖経営にあたっては，できる限りコストを抑えた粗飼料の確保が経営の安定にとって必須となる．

①**牧　草**

牧草には，植物学的分類によると**イネ科**と**マメ科**が大部分で，一部アブラナ科などが含まれる．また，生育年限（寿命）により**1年生**と**多年生**，生育適温（栽培時期）により，欧州や地中海沿岸・中近東などの温帯地域を原産とする**寒地型草種**と，アフリカ・中南米などの熱帯・亜熱帯地域を原産とする**暖地型草種**に分けられる．

さらに牧草は，**草型**から**株（叢状）型**と**匍匐（芝状）型**に分けられ，一般に前者は**刈取り利用**に，後者は**放牧利用**される．寒地型イネ科牧草には，1年生のイタリアンライグラス，多年生のペレニアルライグラス，オーチャードグラス，チモシー，トールフェスク，メドーフェスク，リードカナリーグラス，ケンタッキーブルーグラスなどがある．暖地型イネ科牧草には，バヒアグラス，ローズグラス，ギニアグラス，ネピアグラス，青刈ヒエ，*Digitaria* 属草種，*Brachiaria* 属草種などがある．寒地型マメ科牧草には，シロクローバ，アカクローバ，アルファルファ，クリムソンクローバなどが，暖地型マメ科牧草には，サイラトロ，スタイロ，ギンネムなどがある．

②**飼料作物**

狭義の飼料作物とも呼ばれ，穀実類では，**暖地型草種**のトウモロコシ，ソルガム，テオシント，パールミレットなどと，**寒地型草種**の飼料麦類（オオムギ，エンバク，ライムギ）が，根菜類では飼料用カブや飼料用ビートが含まれる．未熟な穀実を含む茎葉部を刈り取って，そのまま（青刈）給与，あるいはサイレージや一部乾草に調製後に給与される．

③**稲わら**

稲わらは稲の穀実完熟後の茎葉（乾草）であるので栄養価はそれほど高くないが，粗繊維の含量が高く，嗜好性に優れるため，肉用牛の肥育用飼料として広く用いられる．

④**その他**

わが国の自然/半自然草地における重要な野草としては，短草型の**シバ**（*Zoysia japonica*），長草型の**ススキ**（*Miscanthus sinensis*），その他ササ類（*Sasa* spp.），メダケ類（*Pleioblastus* spp.）があり，長草型ではカリヤスやトダシバなどを含み，短草型では**チガヤ**，トダシバ，ネザサなどを混生する．野草類の草地では，軽度の**輪換放牧管理**が永続性を保つ観点からは必須である．暖地では夏型雑草（**メヒシバ**，**エノコログサ**，**イヌビエ**など）の採草利用も散見される．

2）**牧草・飼料作物の栽培**

①**作付け体系**

農林水産省生産局策定の牧草・飼料作物の**気象地帯区分**によると，年平均気温（MT）が 8℃以下の**寒地型牧草限界地帯**では，**チモシー**を基幹草種とするが，**オーチャードグラス**では冬枯れの危険性があり，MT が 8～12℃の**寒地型牧草地帯**では，チモシー，オーチャードグラス，トールフェスクを基幹草種とし，MT が 12～14℃の**中間地帯**では，**トールフェスク**を基幹草種として永年草地を造成するか，夏期のトウモロコシ栽培が主流となっている．一方，関東地方以西の低標高地で年平均気温が 14～16℃の**短期更新地帯**では，寒地型多年生草種は夏期の夏枯れ程度が激しく永年草地を維持できず，夏作としての暖地型草種と冬作としての寒地型草種の組み合わせにより，多様な作付け体系の確立が可能である．MT が 16℃以上で九州・四国南岸部以南に位置し，暖地型牧草の永年草地が維持できる**暖地型牧草地帯**においても，同様の作付けが可能であるが，夏作選択の幅が拡大できる．

飼料作物の作付けにあたっては，冬作としての**イタリアンライグラス**の良質・多収性，調製加工適性（ロールベール調製）の高さなど，夏作としての**トウモロコシ**の多収，良質・高エネルギー特性，サイレージ適性など，**ソルガム**の耐湿性・再生力・多収性など，**ローズグラス**などの暖地型牧草種の高繊維性，乾草適性やロールベール適性などを組み合わせて，作付け計画を策定する．夏作としてのソルガムあるいはトウモロコシなどと冬作としてのイタリアンライグラス，あるいはエン麦などの**飼料用麦類**の**1年2毛作体系**が一般的であるが，土地や気候条件を有効に活用した早晩性品種の採用（水田でのイタリアンライグラスの極早生品種の秋播きと早春における早期水稲の作付け，あるいはイタリアンライグラス晩生品種の多回刈り栽培），ソルガムの 2～3 回刈りとイタリアンライグラスを組み合わせた体系，夏作としてスーダングラスやローズグラスなどの採草利用や，一部では**バヒアグラス**，ネピアグラスなどの放牧利用などが採用される．夏/冬作の切替え時期における労力の分散（早晩性品種や草種の組合せ），調製・加工・給与の流れを考慮した作付け計画（青刈り，乾草，サイレージ調製の組合せ），長期間の安定多収（暖地型の**矮性ネピアグラス**の輪換放牧利用など）が求められる．

②**肥培管理**

施肥による成長量の増加や熟期の促進などの生育に対する反応は，草種により異なるため，適切な施肥を行うことによって，イネ科とマメ科の草種割合や被度の維持が可能となる．たとえば，イネ科とマメ科の混播草地において窒素施肥に対する反応はイネ科牧草が顕著であるが，多収をねらった**窒素**の過剰施用は，**マメ科率**の低下を招く原因となる．一方，マメ科牧草では継続的な**リン酸**施用が，**根粒菌**の活性を促進するために必須であり，液状厩肥（尿）などに含まれる**カリ**の過剰施用は，**苦土（マグネシウム）**含量の低下により，飼料品質の低下を招く．**石灰（カルシウム）**は，草地・飼料畑造成時の**酸度矯正**（土壌 pH（H_2O）6.5）を目標とするため，永年草地造成後も，酸度の低下やカルシウムの欠乏に備えて，定期的に石灰を施用することが望ましい．

施肥量は，草地・飼料畑の前歴，立地条件，目標収量，草種構成により変動するが，各地域の対象作物種における施肥標準を参照して決定する．

施肥量＝(収穫物中の養分量－天然養分供給量）×100/ 肥料養分の吸収利用率

なお，収穫物中の養分量＝年間目標収量×各養分の含有率である．**天然養分供給量**は，窒素，リン酸，カリの3要素試験から推定する．肥料養分の**吸収利用率**は変動が認められるが，概して窒素 50～70%，リン酸 10～20%，カリ 60～80% とされる．リン酸肥料の施用目標は，**リン酸吸収係数**の 10% レベルとされている．

施肥の時期と施肥量の配分は，牧草・飼料作物の養分吸収量に応じた施肥が望ましい．しかし，リン酸と苦土は土壌中での移動，流亡，溶脱が生じにくいため，基肥として生育初期に施用される．一方，窒素とカリは土壌中における**保持力**が低いため一般に分施されるが，遅効性肥料を含む**緩効性肥料**の施用も検討されている．

環境保全に配慮し，土壌―飼料作物・牧草―家畜―土壌の物質循環を効率的に管理するためには，家畜糞尿を適切に有機質肥料に調製し，土壌に還元することが求められる．ha 当たり牛糞堆肥を 30 t 施用することにより，窒素 45 kg，リン酸 30 kg，カリ 90 kg の節減効果が認められている．近年，有機性廃棄物を嫌気的条件で**メタン発酵**させ，コージェネレーションシステムにより発電するとともに，ほとんど無機養分のみを含む**発酵消化液**の飼料畑や放牧草地への施用が試行されている．

窒素の過剰施用は葉色が濃緑となり，アミノ酸やタンパク質へ合成されず，硝酸塩のような水溶性窒素が増加し，**硝酸塩中毒**を引き起こす恐れがある．カリは，過剰に施用されると，水溶性の塩として「ぜいたく吸収」され，苦土含量の低下により，**グラステタニー**を発症する恐れがある．

③**その他（病虫害，播種・採種，生育特性）**

ｉ）**播種・採種**

牧草の種子は一般に小さく（**千粒重**で 1 g 未満から数 g 程度），種子中の貯蔵養分に依存した従属栄養期間は短く，発芽・発根後に速やかに土壌中の養水分を吸収する必要がある．そのため，播種にあたっては播種床をできるだけ均一に準備すること，種子と土壌が密着し，土壌の乾燥を防ぐように**鎮圧**を励行すること，気象災害の発生に備えて，生育時期の異なる牧草種を混播することが重要である．

冬作の寒地型草種（イタリアンライグラス，飼料用ムギ類）の**発芽率**は高く（80% 以上に達し），**発芽勢**も高く速やかな造成が可能であるが，暖地型牧草は一般に，発芽率が低く，発芽までの日数が長く，発芽勢も低く，夏型雑草との競合に遭いやすい．南九州の小規模肉用繁殖牛農家向けの暖地型草種として，造成当年から放牧利用が可能で，低標高地では多年利用できる矮性ネピアグラスの普及が進められている．

牧草の採種は，わが国の梅雨期，夏期における多雨や気温較差が大きいことから適さず，国内育成品種においても，国内では**原種生産**のみを行い，寒地型草種ではアメリカ，オーストラリア，南米などに，暖地型草種では東南アジア，オーストラリアなどに輸出して，増殖種子を再び輸入する契約採種体制をとっている．

ii）病害虫

牧草に**病害**が発生すると，草地の牧養力の低下，維持年限の短縮，消化性・嗜好性などの品質の低下，**アルカロイド**などの有害物質の生成などの草地管理上の問題を引き起こす．寒地型草種の主要病害としては，雪腐褐色小粒菌核病（イタリアンライグラス），すじ葉枯病（オーチャードグラス），炭そ病（オーチャードグラス），白絹病（シロクローバ），輪紋病（アカクローバ），かさ枯れ病（エン麦），根くびれ病（飼料用カブ）など，暖地型草種では，すす紋病（トウモロコシ），褐斑病（トウモロコシ），南方さび病（トウモロコシ），黒穂病（トウモロコシ），麦角病（*Paspalum* 属草種）などがある．牧草の病害に対して農薬散布は行われず，防除対策としては，**病害抵抗性品種**の採用，無菌種子の利用や**種子消毒**による病原菌の侵入防止，適作物・品種による病害発生の回避，連作を避け適正な**輪作**を行い，適正な施肥を行うなどの耕種的対策をとることが重要である．

牧草に対する**虫害**は，播種時のタマナヤガの幼虫，ハリガネムシ類，コガネムシの幼虫，茎葉に対してはハスモンヨトウ，ウリハムシモドキ，アワノメイガ，アブラムシによるものなどがある．防除にあたっては耕種的対策を重視し，剪葉（刈取り，放牧）の回数を増やし，適切な混播，輪作の採用に努め，薬剤の使用は播種時の害虫防除などの特別な場合に限ることが重要である．

iii）生育特性

牧草類の**刈取り適期**としては，十分な収量と再生力を確保し，飼料品質の低下を抑えられるように，寒地型・暖地型草種ともに，**出穂始期〜出穂期**であるとされるが，刈遅れしないように計画的な栽培管理を心掛けることが肝要である．暖地型草種では発芽・定着が遅く，夏型雑草に被圧される恐れが高いので，晩春〜初夏播きでは**掃除刈**を行い，また**晩夏播き**による雑草害の回避も採用されることがある．

(3) 粗飼料の加工・調製および貯蔵

1）サイレージ

サイレージは，比較的水分の高い牧草・飼料作物をサイロ内で発酵させて貯蔵性を付与した粗飼料である．

水分によって，**高水分サイレージ**（水分 75% 以上），**中水分サイレージ**または**予乾サイレージ**（75〜65%），**低水分サイレージ**または**ヘイレージ**（65% 以下）に分類される．また，子実を茎葉と一緒に混合して調製したものは**ホールクロップサイレージ**（WCS），2 種類以上の材料を混合して主要な養分全てを含むようにしたものは**オールインワン（コンプリート，TMR）サイレージ**，中〜低水分の材料をロールベールとしてストレッチフィルムで被覆（ラッピング）したものは**ロール（ラウンド）ベールサイレージ**などと呼称される．

高水分サイレージでは，1）サイロに密封された材料草は，最初の約 3 日間は，糖（可溶性炭水化物）を使って呼吸を続ける．また好気性の微生物が活動する，その結果，酸素が消費されて二酸化炭素が生成され，サイロ内が徐々に嫌気化するとともに温度が上昇する．2）その後温度が低下し嫌気性が進行するにつれて，材料に付着していた嫌気性の乳酸菌が活動を強め，材料中の糖を使って乳酸を生成する．3）乳酸の量が 1.5〜2.0% となり，pH がおよそ 4.2 以下になると，すべての微生物の活性が弱まり発酵が停止する．この間，材料中のタンパク質は一部アミノ酸にまで分解される．また，少量の酢酸やアルコールなどが生成する．ここまでに 2〜3 週間を要し，乳酸の生成量が十分であれば**良質発酵サイレージ**として安定的に貯蔵される．4）約 4 週間経過しても乳酸の生成量が不十分であったり，その他の不良条件が重なると嫌気性の酪酸菌が増殖し，乳酸を消費して酪酸を，タンパク質やアミノ酸を消費してアンモニアを生成し**不良発酵サイレージ**となる．

良好に発酵し，飼料価値が高い良質サイレージを調製するためには，まず良質な材料草を使用しなければならない．トウモロコシでは黄熟期，ソルゴーでは乳～糊熟期，ムギ類では出穂～乳熟期，イネ科牧草では穂ばらみ～出穂期，マメ科牧草では開花初期が収穫・調製の適期である．また，材料草の水分含量は発酵を大きく左右し，その結果，調製・貯蔵中の養分損失や採食性に影響を及ぼすので，水分70%を目標に，予乾するか収穫時期を調節することが望ましい．

サイロ内の嫌気的状態は，良好な発酵と安定的な貯蔵に不可欠である．このため，材料の詰め込みを出来るだけ速く完了し，直ちに完全に密封することが重要である．さらに貯蔵中は気密性の維持に十分注意する．

高水分サイレージでは，材料を細切して，乳酸菌の栄養源となる汁液が滲み出るのを促す必要がある．踏み付けや重しによる加圧はこれを助長するとともに，埋蔵密度を高め，空気の排除に役立つ．中～低水分サイレージにおいての細切は，乳酸発酵の点からは必ずしも必要ではないが，加圧の効果を高める．細切は一般に採食性を高めるが，反面，サイレージの粗飼料因子（RVI）を減ずるので10 mm以下にすることは避ける．疎剛な材料ほど細切と加圧の効果が著しい．

以上の措置を適切に実施しにくい条件下では添加物の使用が必要となる．添加物は，1）乳酸発酵促進型，2）不良発酵抑制型，3）1）と2）の兼用型，に大別される．1）には乳酸菌，糖類，穀類，セルラーゼ，2）には蟻酸，プロピオン酸などの有機酸およびその塩，抗菌剤，3）にはフスマ，ビートパルプ，稲わらなどがある．

サイレージの品質とは，広義には飼料価値（養分含量，消化性，採食性など）を示し，狭義には発酵の良否すなわち**発酵品質**を示す．両者の関係は，サイレージの飼料価値＝材料の飼料価値×発酵品質（このとき発酵品質≦1）と表現できる．したがって，発酵品質が不良であると材料の飼料価値を損ない，サイレージの飼料価値が低下することになる．

発酵品質は，簡易には1）臭い，2）味，3）色，4）触感などの感覚で，化学的には1）pH，2）有機酸，3）アンモニアなどの数値で評価する．pHが4.2以下であれば良好な発酵品質と判定するが，水分が70%以下の場合は発酵全体が抑制されて乳酸生成量が少なくなるので，良好な発酵であってもpHは4.2以下を示さない．また，総酸に対する乳酸の比率が高いものほど，酪酸の比率が低いものほど，および全窒素に占めるアンモニア態窒素の割合が10%以下のものを良好な発酵品質と判定する．

サイロ開封後にカビや酵母が増殖して生じる好気的変敗（腐敗）を一般に**二次発酵**と呼ぶ．発熱を伴い品質が劣化する．この防止のために，サイレージへの空気の接触・侵入阻止，プロピオン酸やその塩，抗菌剤の添加などが講じられる．

2）乾　草

乾草は，牧草・飼料作物を乾燥して腐敗しないようにした貯蔵飼料で，水分が15%以下であれば安定的に保存できる．

乾草調製には，なによりも天候が優先される．加えて，材料草の収量，性状（水分，飼料価値）を考慮して調製の時期を決定する．イネ科牧草の1番草は，刈り遅れると茎部の増加と硬化が進み，急激に飼料価値が低下するので，穂ばらみ～出穂期までに刈取るのが望ましい．

材料草としては，乾燥しやすく，機械作業に適する草種を選ぶ．長大作物は特に茎部が乾燥しにくく，マメ科牧草は調製中に養分含量の高い葉部の脱落が多い．

乾燥が速ければ速いほど良質の乾草が得られ，養分の損失も少ないし，天候の急変による危険も回避できる，圧砕，反転，集草などを適宜行って乾燥を促進する．

貯蔵の失敗，特に水分の再吸収はカビを発生させ，養分の損失や品質の低下を招く．場合によっては発熱し，発火に至ることさえある，水分を15% 以下にして湿気の少ない風通しの良い場所に貯蔵する．

乾草の品質は，養分含量，消化性，採食性などによって判断されなければならないが，外観や感覚的に把握できる項目（草種，生育段階，葉の割合と緑度，茎の太さや柔軟度，臭い，乾燥度，カビの有無，異物の混入度など）と密接に関係するので，これらを見極めれば一定の評価ができる．

ペレット，**ヘイキューブ**，圧縮梱包乾草などは，運搬，貯蔵および給与の便のため，乾草を種々の大きさや固さに成型したものである．現在わが国での生産はほとんどなく，輸入量が増えている．一部に，硝酸含量が高いもの，エンドファイトに汚染されているもの，異物が混入しているものなど，肉用牛への給与に適さないものが流通することもあるので注意したい．

川村　修・石井康之（宮崎大学）

3. 自給飼料の生産と利用（飼料稲，エコフィード，TMR）

肉用牛生産費調査（農林水産省 2013 年）によると，子牛と肥育牛の総生産費のうち飼料費が占める割合は，それぞれ 52 と 36〜62% となっている．子牛を生産する繁殖雌牛は従来稲わらなどの自給飼料を主体とする飼料で飼育されてきたが，最近では輸入乾草を与える事例も見られる．肥育牛用飼料の約 90% は濃厚飼料でほとんどが輸入であり，粗飼料も輸入ワラを与えることが多い．このようにわが国の肉用牛は輸入飼料に依存する割合が高い．しかし，アメリカ合衆国でのトウモロコシ穀実からのエタノール生産の開始，中国，インドなどの新興国の経済発展に伴う飼料需要増加，オーストラリアでの干ばつの長期化などの影響によって飼料価格が安定しない状況が続いており，このことが肉用牛経営を不安定にしている．このような傾向は今後とも続くと予想され，国内での飼料増産が強く望まれている．

ここでは，自給飼料として飼料用稲，エコフィードについて紹介するとともに，TMR（Total Mixed Rations）としての飼料給与法についても解説する．

（1）飼料用稲

米の消費量が低下し，転作田が 100 万 ha 以上に達している一方，飼料自給率は 25% と低い．そこで，農林水産省は 2000 年から転作田でも栽培できる飼料用稲の生産・利用を普及する取組みを開始した．現在では稲発酵粗飼料用と**飼料用米**の稲の栽培面積はそれぞれ 25,672 ha と 34,525 ha に達しており，合わせて 60,197 ha の飼料用稲が栽培されている（農林水産省　2013 年）．

水稲を飼料として用いる場合には，米飯としての品質や食味が問われる食用品種とは異なり，1）収量性，2）飼料適性（家畜のし好性および栄養価（可消化養分総量：TDN）が高い），3）栽培特性（倒れにくく作りやすい），4）病害抵抗性という四つの特性が特に重要になる．このため，外国品種など多様な遺伝資源を利用して，優れた飼料用品種が開発されている（作物研究所　2013年）.

1）**稲発酵粗飼料**

①**稲発酵粗飼料用イネ品種**

稲発酵粗飼料用イネ品種の最も重要な特性は，収穫した地上部を牛に給与して，消化される部分の収量を示すTDN収量が高いことである．現在までに稲発酵粗飼料用に育成された稲品種は24品種あり，北は北海道南部から九州南部まで専用品種を利用できる（日本草地畜産種子協会　2012年）.

②**栽　培**

食用稲と同様に栽培できる．ただ，栽培コスト低減のためには収量を高めることが重要であり，飼料稲専用品種を用い，その収量の潜在能力を発揮させるために多肥料（たとえば，10 a当たり12 kgの窒素施肥）で栽培することが望ましい．この場合，畜産農家との連携を図り，牛糞尿堆肥を10 a当たり2 t程度施肥することによって窒素肥料を節約できる（草ら　2009年）．栽培経費削減のためには，育苗・移植の栽培法よりも直播栽培が好ましい.

病虫害防除に農薬を用いる場合には，飼料用稲に散布しても稲発酵粗飼料に残留しないことが認められている農薬を用い，その利用方法を守って利用しなければならない（日本草地畜産種子協会　2012年）.

③**収穫，サイレージ調製**

a）化学成分組成・栄養価と刈取り適期

出穂後生育に伴って稲発酵粗飼料の収量は増加し，粗蛋白質と繊維の含量は低下するが，TDNは増加する（表5-4）．しかし，完熟期の稲を牛に与えると未消化で糞に排出されるモミが多くなり，消化率は低下する．そのため，稲発酵粗飼料用の稲は出穂後25～35日に収穫することが推奨されている.

b）収穫方法

牧草用収穫機と飼料イネ専用収穫機を用いる体系がある．牧草収穫用機械体系は，稲を刈り倒し→予乾→集草→ロール成形→ラッピングする体系で，飼料イネ専用収穫機を用いる場合よりも作業速度が速いという利点がある．しかし，大型機械を数回水田に導入する必要があり，雨が降って水田に水がたまると晴天になってもしばらくは収穫できなくなり，刈遅れるという欠点がある．飼料イネ専用収穫機体系は写真5-1に示す体系であり，機械が高価であるという欠点はあるが，多少の雨が降っても翌日には収穫できるという長所がある.

稲にはサイレージ発酵に適した乳酸菌が少なく，乳酸菌のエネルギー源となる糖類の含量も少ない．そこで，稲の糖類を効率よく乳酸に変換できる乳酸菌が開発され，（蔡ら　2003年）サイレージ添加剤として市販されている．経費はかかるものの，乳酸菌添加によって発酵品質がよくなり，牛の稲発酵粗飼料の嗜好性も高まる.

表5-4　稲発酵粗飼料の熟期別化学成分組成と栄養価

項目	糊熟期	黄熟初期	黄熟後期	完熟期
収量　乾物kg/10 a	1,065	1,213	1,253	1,326
乾物　%	28.6	34.3	38.0	39.6
化学成分と栄養価　乾物中%				
粗タンパク質	9.6	7.5	7.2	6.8
粗脂肪	3.4	2.8	2.8	2.5
デンプン	20.8	24.0	34.3	40.7
酸性デタージェント繊維	31.6	28.6	26.1	22.9
可消化養分総量	51.9	56.1	56.5	58.8

名久井ら（1988年）

④**肉用牛への給与**

a）繁殖雌牛

稲発酵粗飼料を主体にして粗蛋白質，エネルギーなどを補足すれば**肉用繁殖雌牛**を飼育できる．黒毛和種繁殖雌牛の基本飼料として稲発酵粗飼料を10 kg与え，補足飼

写真 5-1　飼料イネ専用収穫機体系による稲発酵粗飼料の調製

料として乾草，アルファルファヘイキューブ，配合飼料を給与することによって各繁殖ステージの牛の健康状態，繁殖性および子牛の発育に問題はなく，1 年 1 産を達成することも可能である（井出　2006 年）.

b）肥育牛

肥育中期においては，体内でビタミン A に変換される**β-カロテン**含量の低い飼料を与えて脂肪交雑を促進するのが一般的である．しかし，稲発酵粗飼料は稲ワラに比べてβ-カロテンが多いことから，給与方法を工夫したり，β-カロテンを低くするような収穫法を考案したりして稲発酵粗飼料を利用している．一方，稲発酵粗飼料に**ビタミン E**（α-トコフェロール）が多いことを活用してビタミン E 含量が高い牛肉を生産できる.

i）黒毛和種

肥育中期まではβ-カロテン含量の低い飼料を与えて，肥育後期（生後 23 カ月齢以降）に稲発酵粗飼料の給与量を 1 日 1 頭当たり 2，5，8 kg と変えても枝肉重量，脂肪交雑に悪影響を及ぼさずにα-トコフェロール含量の高い牛肉を生産できる（山田ら　2007 年）.

稲を刈り倒した後に予乾し天日に当てることによってβ-カロテン含量を低減した稲発酵粗飼料は，黒毛和種去勢牛の肥育全期間（8-24 カ月齢）において乾草や稲わらの代替粗飼料として，給与可能である（高平　2011 年）．また，完熟期に収穫・調製した稲発酵粗飼料はβ-カロテン含量が低く，これを黒毛和種去勢牛に与えることで品質の高い牛肉を生産できる（阿部ら　2012 年）.

ii）交雑種

稲発酵粗飼料を肥育全期間にわたって給与すると，肥育中期に稲わらを給与した前後期稲発酵粗飼料給与区，前期にチモシー乾草，中後期に稲わらを給与した対照区に比べ発育成績は良好で，枝肉重量も高いが，肉質については対照区が優れる傾向にある．また，前後期給与区の発育成績は対照区と同程度で肉質は他の2区の中間となる（井出　2006年）．稲発酵粗飼料を全期間または前後期に給与して生産した牛肉のα-トコフェロール含量は対照区よりも高く，α-トコフェロールの抗酸化作用によって牛肉の冷蔵保管中の褐色化や脂肪酸化を低減できる（中西　2007年）．

表5-5　トウモロコシ，玄米，籾米の化学成分組成の比較（乾物中%）

項目	トウモロコシ	玄米	モミ米
粗タンパク質	8.8	8.8	7.5
粗脂肪	4.4	3.2	2.5
可溶無窒素物	83.4	85.6	73.7
粗繊維	2.0	0.8	10.0
可消化養分総量（牛）	93.6	94.9	77.7

日本標準飼料成分表（2009年）より

2）**飼料用米**

①**飼料用米イネ品種**

飼料用米品種は，穂重型の草型で稈が太く耐倒伏性が高く，同量の窒素施肥量であれば普通品種よりも高い収量を挙げることができる（吉永　2013年）．飼料用米として育成された品種だけでなく，飼料米・稲発酵粗飼料兼用品種も利用でき，現在は飼料用米品種4品種と飼料米・稲発酵粗飼料兼用品種13品種を利用できる（作物研究所　2013年）．

②**栽　培**

基本的には食用米と同様の技術で栽培できる．栽培経費を抑える方法としては直播栽培だけでなく，疎植栽培も有効である．寒冷地の東北日本海側において多収品種「べこあおば」の収量は標準移植の70株/坪に対し，約半分の37株/坪の条件でも同等の収量が得られている（吉永　2013年）．

飼料用米生産においては，食用米と同様に保存性を高めるために子実の水分含量を15%程度になるように乾燥させる必要がありその経費は総生産費の大きな部分を占める．稲が完熟に達してから収穫を1～2週間程度遅らせてモミの水分を16%程度まで低下させる，「**立毛乾燥**」によって乾燥費を低減することも検討されている（吉永　2013年）．

③**化学成分組成と栄養価**

玄米は化学成分，可消化養分総量ともにトウモロコシに近く，モミ米はトウモロコシに比べて繊維が多く可消化養分総量も低い（表5-5）．牛においてはモミ米，玄米ともに未処理のものを与えると未消化のまま糞に排出される部分があり，可消化養分総量は60～70%にとどまることから，粉砕などの**加工処理**を行って与えることが望ましい（独立行政法人 農業・食品産業技術総合研究機構　2013年）．

④**肥育牛への給与**

黒毛和種去勢牛に対して，ウルチ米またはモチ米の粉砕玄米を市販濃厚飼料の25%代替して11カ月齢から30カ月齢まで肥育できる（表5-6）．

(2) エコフィード

1）エコフィードとは

食品製造副産物や余剰食品，調理残さ，農場残さを利用して製造された家畜用飼料である．**エコフィード**（ecofeed）とは，“環境にやさしい”（ecological）や“節約する”（economical）等を意味する“エコ”（eco）と“飼料”を意味する“フィード”（feed）を併せた造語であり，社団法人配合飼料供給安定機構が平成19年6月15日に商標登録を取得している（農林水産省生産局畜産部畜産振興課　2013年）．

表5-6　黒毛和種肥育牛への飼料用米給与が発育，肉質に及ぼす影響

項目	飼料処理区		
	対照区	ウルチ米区	モチ米区
供試牛[1]　頭数	4	4	4
飼料配合割合　原物％			
市販配合飼料	50	40	40
ウルチ米[2]	−	25	−
モチ米[2]	−	−	25
穀類[3]	30	5	5
その他[4]	20	30	30
飼料栄養価　原物％			
粗タンパク質	13.5	13.4	13.4
可消化養分総量	72.0	72.4	72.4
発育成績			
肥育日数	587	613	582
飼料摂取量　kg	5,166	4,925	4,821
増体日量　kg/日	0.81	0.77	0.81
枝肉成績			
枝肉重量	493.8	498.5	491.8
ロース芯面積　cm^2	61.8	61.8	59.5
脂肪交雑（BMS）	7.0	6.8	5.5
格付	A5，A5，A4，A4	A4，A4，A4，A4	A4，A4，A4，A3

[1]去勢牛，[2]2 mm メッシュ粉砕した玄米
[3]圧ペントウモロコシ，圧ペン大麦，[4]大豆粕，フスマ

（三上ら　2012年）

①エコフィードの原料

食品製造副産物としてパン屑，菓子屑，製麺屑，豆腐粕，醤油粕，焼酎粕，ビール粕，ジュース粕等，余剰食品として売れ残りや食品としての利用がされなかったもの，調理残さとして野菜のカットくずや非可食部等，調理の際に発生するもの，農場残さとして規格外農産物等がある．身近で発生するものであるが，資源として有効に利用されていない，あるいは利用率の低いものが対象となる．ただし，牛には特定のもの以外動物性飼料の給与は禁止されているので注意する．

②製造・利用の意義，とメリット

畜産業側がエコフィードを活用するメリットは，①飼料費の削減，②生産性の向上などであり，食品産業側が食品残さ等を飼料化に仕向けるメリットは，①廃棄物処理費の削減，② CSR（corporate social responsibility：企業の社会的責任）としてのアピールなどである．さらに，畜産業と食品産業との連携等によって生産される畜産物をブランド化して販売することも期待されている．

2）エコフィードの処理・加工方法

食品残さ等は，一般に水分が多く，変敗しやすい性質のものが多いため，これらを飼料として利用するためには，保存性の向上や家畜の嗜好性を高めるような処理・加工が必要となる場合が多い．乾燥法，サイレージ調製法などがある．

(3) TMR

TMR（Total Mixed Rations：混合飼料やコンプリートフィードとも呼ばれる）は，牛が必要とする養分を

過不足なく摂取できるように粗飼料，濃厚飼料，ミネラル類，ビタミン類のすべてを混合したものである．粗飼料と濃厚飼料を分離給与する場合に比べて，省力的であり牛の選択採食を防止できることから代謝障害が発生しにくいという長所がある．短所としては飼料の計量器や混合機などの装備に経費がかかることが挙げられる．自身の畜舎で混合，給与する場合と**TMRセンター**と呼ばれる飼料配合工場が調製し，畜産農家へ配達する場合がある．

1）**配合原料**

粗飼料としては購入輸入乾草の利用が多い．しかし，今後は稲発酵粗飼料，青刈りトウモロコシや牧草のサイレージなどの国産粗飼料の利用割合を高めることが望まれる．濃厚飼料としてはトウモロコシ，大麦，フスマなどの従来の飼料が利用されるが，エコフィードを活用している事例も多い．ミネラル，ビタミン類は市販のものを用いる．

2）**製造工程**

製造工程は自身の畜舎で調製，給与する場合には，飼料配合設計→配合飼料原料の準備→飼料計量→混合→給与となる．TMRセンターでの調製では混合後の飼料を飼料運搬用トラックで畜産農家に届ける場合と，梱包，袋詰めし乳酸発酵させて貯蔵性を高めた後，畜産農家に運搬する場合がある．TMRセンターで

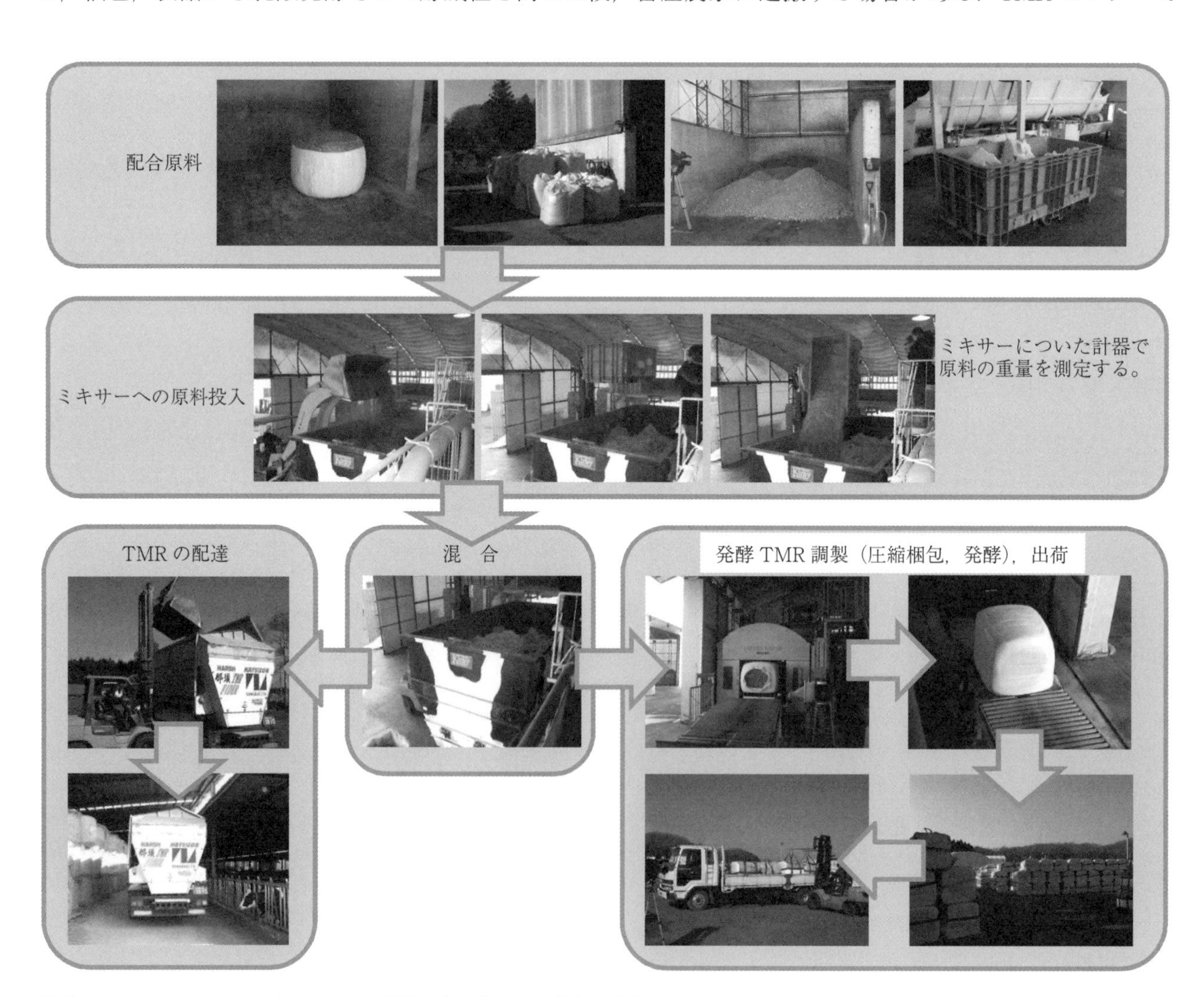

写真5-2　TMRセンターにおけるTMR調製，畜産農家への配達，発酵TMR調製

表5-7　分離給与とTMR給与で肥育された黒毛和種去勢牛の発育と枝肉成績の比較

項目	試験区	
	分離給与区	TMR給与区
供試牛数	3	4
飼料摂取量　kg/日		
粗飼料	0.9	1.5
濃厚飼料	9.2	8.9
合計	10.1	10.4
発育成績		
日増体量　kg/日	0.85	0.86
枝肉成績		
枝肉重量　kg	483	470
ロース芯面積　cm^2	60.3	52.3
歩留基準値	74.9	72.8
BMS　No.（脂肪交雑）	5.3	5.5
肉質等級	3.3	3.3
内臓廃棄率　%		
肝臓	100	0
腸	67	25
胃	67	25

（浅田ら　2009年）

の製造工程の一例は写真5-2に示すようである．

3）研究報告

浅田ら（2009年）は黒毛和種去勢牛に肥育用飼料をTMRとして与えると，分離給与で与えるよりも粗飼料摂取量が多く，内臓廃棄率も低かったと報告している（表5-7）．これより，**肥育牛**へのTMR給与は，粗飼料採食量のバラツキを少なくし，経済性を向上させることが示唆される．

山田ら（2012年）は稲発酵粗飼料とエコフィード主体の発酵TMR給与で黒毛和種去勢牛を肥育できることを示唆しており，今後はTMRセンターが地域で生産された稲発酵粗飼料などの自給飼料，発生するエコフィードの受け皿となり，発酵TMRを肉牛用飼料として活用していくことが望まれる．

石田元彦（石川県立大学）

参考文献

1）独立行政法人 農業・食品産業技術総合研究機構　作物研究所　米とワラの多収を目指して2013．つくば．2013
2）社団法人日本草地畜産種子協会，稲発酵粗飼料生産・給与技術マニュアル〈平成23年度版〉．東京．2012
3）草佳那子，他5名，2009年中央農業総合研究センター研究成果情報，http://www.naro.affrc.go.jp/project/results/laboratory/narc/2009/narc09-23.html，独立行政法人 農業・食品産業技術総合研究機構．つくば．2009
4）蔡 義民，他6名，日本草地学会誌，49：477-485. 2003
5）名久井忠・柾木茂彦・粟飯原友子，東北農業試験場研究報告，78：161-174. 1988
6）井出忠彦，肉牛ジャーナル，219：肉牛新報社．2006
7）山田知哉・河上眞一・中西直人，畜産草地研究所2007年の成果情報，http://www.naro.affrc.go.jp/project/results/laboratory/nilgs/2007/nilgs07-10.html，2007
8）高平寧子，他5名，日本草地学会誌，56：245-252. 2011
9）阿部 巌・三上豊治・野川 真・石山 徹・渡辺一博，平成21年度東北農業研究成果情報，http://www.naro.affrc.go.jp/org/tarc/seika/jyouhou/H21/kachiku/H21kachiku002.html，2009
10）中西直人，他5名，畜産草地研究所2007年の成果情報，http://www.naro.affrc.go.jp/project/results/laboratory/nilgs/2007/nilgs07-01.html，2007
11）吉永悟志，畜産技術，698：4-5. 2013
12）独立行政法人 農業・食品産業技術総合研究機構　飼料用米の生産・給与技術マニュアル〈2012年度版〉．http://www.naro.affrc.go.jp/nilgs/project/jiky_pro/029451.html，2013［2013年10月11日］
13）三上豊治・野川　真・阿部　巌・庄司則章，山形県農業研究報告，4：49-55，2012
14）農林水産省生産局畜産部畜産振興課，エコフィードをめぐる情勢，http://www.maff.go.jp/j/chikusan/sinko/lin/l_siryo/pdf/ecofeed_201309. pdf，2013
15）浅田 勉・角田成幸・黒沢 功，群馬県畜産試験場研究報告，15：9-20. 2009
16）山田 知哉・樋口 幹人・中西 直人，肉用牛研究会報，92：4-9. 2012

第6章　生理と発育

1. 生体機構

本章では，肉用牛の生体機構について述べる．そもそも**生体機構**とは，この語を提唱した加藤嘉太郎 博士によると解剖学と生理学を扱うが，その両者のいずれでもないとされる．すなわち形態（解剖学）を主体として，その機構を明らかにするための裏付けとして，生理学との関連を考察する分野である，と述べられている．肉用牛における生体機構の探求は，経済動物の生産性を高める上で動物体の基盤的なしくみ，さらにそこから，その機能的意味を考察するものであり，何よりも先に理解しておくべき分野であろう（筆者は故・加藤先生の九州大学大学院家畜生体機構学研究室の出身）．本章では，肉用牛は骨格とそこに付着する骨格筋の量が生産性を裏付けることから，ウシの生体機構について骨格，草食獣の口腔と歯および骨格筋等を中心とした生体機構について述べたい．内臓などについては他書に委ねる．

(1) 骨　格

肉用牛は，肥育において，4足で体を支える．肉用牛は，肥育が進むにつれて，発達する骨格筋や，蓄積する脂肪さらには草食動物がもつ大きな反芻胃を支えなければならない．骨格はどのように体を支えているのか．産肉性を高めるには，堅強な骨格とその合理的しくみが必要である．まず，骨格は頭蓋，胴骨および肢骨に大きく分けられる．胴骨はさらに脊柱，肋骨および胸骨に，肢骨は前肢骨と後肢骨に分けられる．

1）骨の構造

骨格を構成する動物の骨は，堅牢性と運動性が必要とされる．建築物の柱のように頑丈でなければならないが，それでは動物体の動きに対して機能できない．骨は関節による連結を持っており，そのために関節軟骨，関節頭，関節窩，関節唇，関節包からなる．また関節以外の結合として，縫合，骨結合という形態をなす．骨は硬さと軽さも要求されるため，骨端，骨幹，髄腔，海綿質，髄小室，緻密質，骨髄，長骨，短骨，扁平骨，外板，内板，板間層および合気骨といった形態で構築されている．さらに骨の硬さと頑丈さのために，内または外基礎層版，ハーバース層版および介在層版といった構造を持つ．これだけでなく，骨は造血組織であり，Ca や P の貯蔵所でもあり，多面的機能を持っている，まさに動物体の基礎なのである．

2）骨格の軸：脊柱

骨格の中でも重要な主軸は，脊柱である．ウシの脊柱は，7 個の頸椎，13 個の胸椎，6～8 個の腰椎，20 個の尾椎からなる．脊柱は個々の脊椎からなり，脊椎は椎骨，椎弓，椎孔，脊椎管，脊髄，椎間孔および椎間円板という，実に精巧につくられていて，脊柱の神経伝達する脊髄・神経の保全と機動性という両面を守っている．

脊柱は，重い頭部や臓器を，重力に対して支えなければならないが，その効率性と骨格筋に対する負担を軽減するため，力学的な点から絶妙に彎曲している．すなわち重い頭部を支えるため，地表に対しての角度を高めるよう頭部と頸部には頸部彎曲がある．それに続き，ルーメンをはじめとする重い内臓をつるすため，脊柱は頸胸彎曲から腰部彎曲へとゆるやかに隆起している[1)].

また，草地における採食時の頭部の上下等の必要があるが，重い頭部を支えるために，脊椎上部に項靱帯，項索および項板の構造があるが，それをうまくつなぎ支えるように脊椎の棘突起が発達している．このようにして，脊柱は肉用牛の体を軸となって支える．

(2) 肉用牛の食物の入り口：ウシの歯，口腔および舌の構造と採食行動

ウシの口腔内の構造において，特徴的な構造はウシの上顎の切歯がないことである．草食獣として徹底した特徴的な構造であると言える．ウシの歯の数は，分子を上顎の歯数，分母を下顎の歯数として表すと，まず飼料を噛切るための歯，ピンポンのラケット型で歯根が丸く，深い「切歯」は0/4である．次に犬歯は0/0であり，すなわち欠損しているので槽間縁を形成する．ウシに液状の薬をボトルで飲ませるときは，ここから指を入れると口が開き，飲ませることが容易である．奥に行くと，前臼歯は3/3で，後臼歯が3/3である．臼歯の咬合面は，硬いエナメル質の稜状物が畝を作って複雑に隆起している．その間に低くゾウゲ質やセメント質がつまって露出している．凹凸に富んでいて，ひき臼の面のようになっており，その形状から月状歯とも言われる．採食にあたり，舌は，草を絡めながら引きちぎり，上顎の歯床板と下顎の切歯を，あたかもまな板と包丁のように使って切断する．歯床板は，厚く硬い角質化した上皮で，深層の真皮には，弾性力も持つように繊維が縦横に走っている．その後，採食した草は奥に進み，咀嚼筋を稼働し，臼歯により咀嚼粉砕して，堅い植物性飼料の線維膜を噛切り，唾液を十分に染み込ませることになる．

この時，採食物にからめる**唾液**も重要で，唾液腺（漿液性唾液腺，粘液性唾液腺）より分泌され，食塊を湿らす．唾液は，無色，無臭，無味であり，粘着性を持つ．また，唾液は微アルカリ性（pH 8.3程度）を示し，ルーメン内のpHの恒常性に重要な役割を果たしている[1]．

舌は，食肉の**タン**としても近年注目されている部位である．舌は，おもに横紋筋性の「固有舌筋」および舌以外の部位に始まり，舌に終止する「外舌筋」により構成される．これらの固有舌筋の間には脂肪を含む疎性結合組織が多量に存在するので柔軟性が高い．そこでは筋線維が浅縦，深縦，横および垂直の3方向に，固有舌筋は，自在に，そして微妙に運動する．固有舌筋表層は厚い粘膜で覆われている．

(3) 骨格筋

肉用牛の骨格筋はと畜されることで食肉となる．本来，骨格筋は，食肉のための構造物ではなく，肉用牛の体の動態を支える支持および運動器官である．食肉市場では，食肉部位によりその価値が異なるが，それは骨格筋の機能と栄養代謝と密接な関係がある．ここでは，骨格筋の基本構造，ウシの脂肪交雑と柔らかさ，抗重力筋としての骨格筋間の関係および骨格筋の組織化学的特質について述べる．

1) 骨格筋の基本構造

骨格筋は直径10～100 μm，長さ数cmから数十cmの多くの筋線維が長軸方向に並び，結合組織によって束ねられて構成されている．さらに，これらの筋線維が生理機能を果たすためには血管と神経の分布が必要であり，筋線維周囲の結合組織中を走っている．筋線維では筋収縮の動力源である筋原線維，筋収縮調節に関与する**筋小胞体**（sarcoplasmic reticulum），エネルギー供給に関係するミトコンドリア，ならびにエネルギー源であるグリコーゲンおよび脂肪顆粒等が**筋形質**（sarcoplasm）に含まれている．核は筋鞘下に局在し，筋線維直径に相当する間隔ごとに多数存在する．筋形質膜と基底膜の間には**筋衛星細胞**（satellite cell）が認められる．筋衛星細胞は筋芽細胞が残ったものであり，損傷を受けた場合には筋肉の再生に関与し，新しい

筋線維になり得る能力を保持している．

それぞれの筋線維はコラーゲン線維と少しの弾性線維および線維芽細胞を含む**筋内膜**（endomysium）で包まれている．さらに，筋線維は数本から数十本ずつ**筋周膜**（perimysium）によって束ねられ，**1次筋束**（primary fiber bundle）を形成する．1次筋束がいくつか集まって大きく束ねられ**2次筋束**（secondary fiber bundle）を作り，さらにいくつか集まって3次筋束（tertiary fiber bundle），4次筋束等が形成される．個々の骨格筋は**筋上膜**（epimysium）で覆われている．これらの結合組織性の膜は生理的にも重要な役割を果たし，筋線維の収縮によって発生した力の伝達や筋線維相互のズレを調節する．

骨格筋では運動に必要なエネルギー代謝が速やかに行われるように，**血管**が豊富に走っている．それらの血管は，動脈と静脈が伴走して，筋上膜から直接筋肉内に進入するか，あるいは筋中隔を通して筋肉内に入る．進入した血管は分枝して，小動・静脈から細動・静脈となり，筋束間血管として筋束間の疎生結合組織のところを走る．筋束内に進入した細動・静脈は，多数の毛細血管を出して，はしご状に個々の筋線維を囲み毛細血管床を形成する[3]．

2）**骨格筋の構造と牛肉の脂肪交雑および柔らかさとの関係**

ウシは肥育することによって豚肉や羊肉とは異なる脂肪交雑の著しい牛肉を生産する．それはウシの骨格筋がブタやヒツジの骨格筋とは**筋束**の構築で異なっているためであると考えられている．ブタやヒツジでは骨格筋は第1次筋束のみを示すが，ウシの場合はそれ以上の第2次，3次筋束が発達している．また血管分布にも種間の差異が認められ，ウシでは筋束間の血管は細血管のまま筋束の中央部に進入し，そこで3～5 mm縦走しているが，ブタやヒツジの場合には，このような細血管は存在しない．ウシの発育途上で栄養分の吸収が器官形成に必要な量を超えると，脂肪組織がこの細血管の周囲に形成され，全体として牛体骨格筋の横断面に見られるような脂肪交雑となる[3,4]．

筋上膜，筋周膜ならびに筋内膜を構成する結合組織は骨格筋あるいは骨格筋の部位によって，それを構成する膠原線維や弾性線維の量が異なる．それらの主成分であるコラーゲン量の多少やその種類は骨格筋の食肉としてのやわらかさと密接に関係しており，一般的にはその量が多いほど肉は硬い[5,6]．筋線維の直径も骨格筋や骨格筋内の部位間で異なることが報告されており，それが大きいほど食肉が硬くなることが報告されている[7,8]．

3）**骨格筋と抗重力筋**

①**前肢帯**：四脚歩行をする家畜では，肩甲骨が前肢帯を構成する唯一の骨格である．肩甲骨と胴骨との間には直接の結合がない．この両者を結合するのは，ウシでは20種類の前肢帯筋で，胴骨から起こった前肢帯筋が，前肢帯（肩甲骨）を胸郭の側壁に寄せるために，肩甲骨および上腕骨の上部から中部に終わる．

前肢帯筋は以下の20種類の骨格筋から構成される：胸鎖乳骨筋（上腕頭筋，胸骨頭筋），鎖骨下筋，肩甲横突筋，**僧帽筋（ろうすかぶり）**，**菱形筋（かたばらのまくら**等），**腹鋸筋**（頸および胸，かたばら　および**かたろうす**），**広背筋（うらみすじ）**，胸筋（浅胸筋，深胸），**三角筋（みすじ）**，**棘上筋（とうがらし）**，棘下筋（みすじ），小円筋（みすじ），肩甲下筋（うらみすじ），大円筋（うらみすじ），**上腕三頭筋（しやくしのさんかく）**，肘筋，前腕筋膜張筋（しやくしのさんかく），**烏口腕筋（しやくしのすね）**，上腕筋および肩関節筋（しやくしの**すね**）．

このほかに，肩甲下筋（肩甲骨内面の肩甲下窩を埋める筋）が，体幹の下層の諸筋と疎性結合組織を介してゆるやかに結合している．前肢では，歩行や走行の際，後肢の推進力に推しだされた体幹による重圧に堪

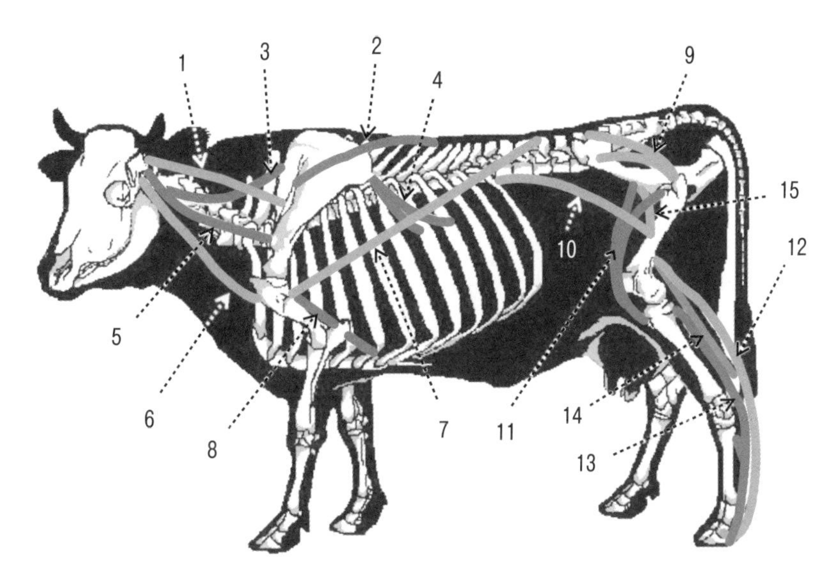

図 6-1　ウシの前肢帯筋および後肢帯筋と胴骨の関係
1. 頸僧帽筋　2. 胸僧帽筋　3. 頸腹鋸筋　4. 胸腹鋸筋　5. 肩甲横突筋
6. 上腕頭筋　7. 広背筋　8. 胸筋　9. 殿筋　10. 腸腰筋
11. 大腿四頭筋　12. 浅趾屈筋　13. 深趾屈筋　14. 腓腹筋　15. 恥骨筋

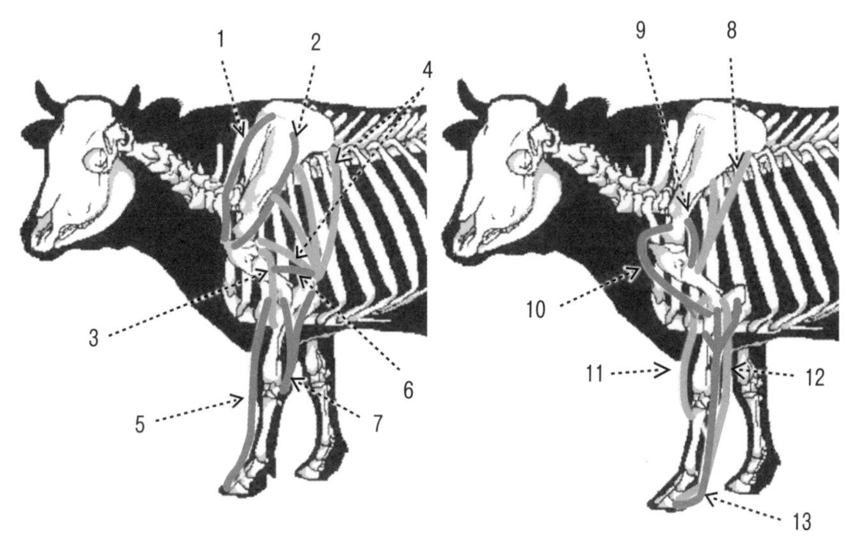

図 6-2　肩関節と肘関節と抗重力筋の関係
1. 棘上筋　2. 棘下筋　3. 上腕筋　4. 上腕三頭筋　5. 総指伸筋　6. 肘筋
7. 尺側手根屈筋　8. 三角筋　9. 小円筋　10. 上腕二頭筋
11. 橈側手根伸筋　12. 浅指屈筋　13. 深指屈筋

えて前進し，着地する．その際，肩甲骨と胴骨の結合の様式にゆとりがあるため，これがスプリング（弾性）の役割を果たし，緩衝的に作用して，大地から受ける反動を軽減する（図 6-1）．この点から見て，四脚歩行の家畜の前肢帯と胴骨との結合の仕方に合理性を認める[2)]．

②**肩関節と肘関節**：前肢と後肢は，立位で静止しているときでも，互いに協力して体幹を支える（図 6-2）．肩関節と肘関節が前肢において重要な部分となり，体重の圧迫に対して，関節の角度を必要以上に屈しないように，中間位固定を保ち立っている．

抗重力筋は互いに反対する二つの拮抗筋群に分かれ，立っている限りは，持続的に緊張を示している．

筋電図による調査より，肩関節では抗重力筋として上腕二頭筋，棘上筋，棘下筋，上腕三頭筋，三角筋，小円筋，小円筋および烏口腕筋等が働き，肘関節では上腕三頭筋，上腕二頭筋，肘筋および前腕筋膜張筋が働いていることがわかっている．これらの骨格筋で重要な役割を果たしているのは，上腕三頭筋および上腕二頭筋であり，これら2筋の拮抗によって肩関節と肘関節が保定される．骨格としてウシでは，尺骨近位端の肘頭隆起が発達し，強大な上腕三頭筋（肩関節の屈筋）の終止点となる[2)]．

抗重力筋は腱質を多く含むことで，強靱な補助ロープのような役割を果たす．上腕二頭筋は，特にその性質が大きいが，そのため通常の筋組織と異なり，緊張や収縮を必要せず，エネルギーの消耗がなく，全体として疲労を軽減することができる．ウシでは，ウマに比較すると上腕二頭筋が劣勢であり，それを挽回するために上腕二頭筋の協力筋である棘上筋や棘下筋を発達させている．これを骨格の形態から見ると，これら2つの協力筋の起始点となる肩甲棘はウシでは大きな肩峰を造っている．棘上筋と棘下筋の終始点となる大結節をウマより高く発達させ，これらの筋の厚い筋頭，筋尾を付着させるのに充分な条件を示す[2)]．このほかに協力者として，抗重力筋の手関節や指関節の各種手根屈筋や指屈筋が参加する．

③**後肢帯**：後肢では，前肢帯と異なり，寛骨が直接胴骨の脊柱と仙腸関節で結ばれ，後肢帯を構成する．しかもこの関節は強固な半関節となっている．このため歩行や走行の際には，後肢の強力な蹴り上げにより発生した推進力が，直接に胴骨に波及して，エネルギーの無用な損耗を低減して，効果的に体幹を前方へ押し出す．前肢では，脚の挙上と前進に使われる屈筋群（特に上腕三頭筋）が有勢であるが，後肢は関節の屈曲度が大きく，前進の際にはこれを伸展させて大地を蹴る必要があるので，伸筋群（殊に大腿四頭筋（しんたま），大腿二頭筋（なかにく，いちぼ等），半腱様筋（しきんぼう），半膜様筋（うちもも），下腿三頭筋（はばき）等）の発達が目覚ましい[2)]．

④**股関節の抗重力筋**：股関節の寛骨と大腿骨の形態と関連して，屈筋群として腸腰筋（大腰筋および腸骨筋，いわゆるひれ）と恥骨筋があり，これに拮抗する伸筋群として殿筋があり，これらの筋を基軸にして股関節を一定角度に保定する．体幹の重い大家畜ではこれらの筋群は協力に発達する．

⑤**膝関節の抗重力筋**：家畜では大腿骨と脛骨が垂直線に対して大きく傾斜するので，膝関節は股関節や足関節（飛節）とともに，抗重力的に重要である．膝関節の強力な伸筋は大腿四頭筋でこの筋は抗重力筋にも膝関節の保定のために大事な役割をもっている．大腿から下腿にかけては，この大腿四頭筋に比肩し得るような半膜様筋，大腿二頭筋などの強力な諸筋があって，後肢の運動に大きく協力する．しかしながら，筋電図による調査から，抗重力筋として大腿四頭筋に拮抗するのは予想外に一段遠位の足関節の伸筋である腓腹筋と浅趾屈筋であって，上記の強力筋は抗重力的には全く活動しない．これらの抗重力筋が大型の家畜で小型の家畜より発達している[2)]．

大型家畜の大腿四頭筋は全体として発達がよい上に，この筋の太い終腱に含まれ膝蓋骨を大腿骨遠位端の内，外側上顆と結ぶ内，外側大腿膝蓋靱帯や脛骨粗面と結ぶ膝蓋靱帯はいずれも幅広く太く，ウマ，ウシでは膝蓋靱帯はさらに外側，中間，内側の3膝蓋靱帯に分かれて著しく堅牢である．

抗重力筋として機能する腓腹筋はヒラメ筋の一頭を合わせて下腿三頭筋となり，その終腱が強靱なアキレス腱として踵骨隆起に終わる．浅趾屈筋はアキレス腱を包みながら踵骨隆起を越えて趾端に向かう[2)]．大家畜で浅趾屈筋は，ほとんど腱質からできている．このことは，抗重力筋として姿勢保持において，筋組織と違って収縮に要するエネルギーの節約となり，疲労を防ぐ意味からも有利である．小型の反芻類家畜では，浅趾屈筋ははるかに筋質に富んでおり，ウシの特徴と言える．

4）骨格筋の組織化学的特性と筋線維型構成および肉質

骨格筋は肉眼的な観察で，その色調の違いから大きく**赤色筋**と**白色筋**に分かれる．1951年以来，酵素組織化学の発達により多くの研究者が骨格筋線維の異質性およびそれらの型の分類に関する研究が盛んに行われた．赤色筋を主に構成している筋線維は**赤色筋線維**といわれ，白色筋は**白色筋線維**によって主に構成されている．また，それらの**中間型筋線維**も存在する[9]．哺乳類の骨格筋では白色筋線維と赤色筋線維が混在しており，どちらの筋線維が多いかによってその骨格筋の外観的な色調が決まる．酵素組織化学的方法による白色および赤色筋線維の分類は主にミトコンドリアに局在する**コハク酸脱水素酵素**あるいは還元型（nicotinamido adenine dinucleotide：**(NADH) 脱水素酵素**の活性を検出することによって行われる．このことはJames（1968）およびMorita et al.（1969，1971）によって組織化学的なミオグロビン反応の強さと先に述べた脱水素酵素活性の強さが比例していることが確認され，赤色と白色型筋線維が実証された．筋線維はこれまで述べてきた脱水素酵素と**ミオシンATPase**活性によって典型的な3種類の型に分類される．それらの名称は研究者によってさまざまである．それらの組織化学的特徴と簡単な機能および代表的研究者のつけた名称をそえて筋線維型をまとめる．

A：アルカリ処理後のミオシンATPase活性が低いが，コハク酸脱水素酵素あるいはNADH脱水素酵素活性の高い筋線維．この筋線維は酸化的エネルギー代謝能力が高く，収縮は遅いが疲労しにくい．長時間の持続的運動能力に富む．主に姿勢の保持に関係している．βR型[13]，Ⅰ−R型[14]，slowtwitch oxidative[15]，Ⅰ型[16]およびC型[17~19]筋線維などとよばれる．

B：アルカリ処理後のミオシンATPase活性が高く，NADH脱水素酵素活性も高い筋線維．この筋線維は酸化的および嫌気的代謝能力の両方に優れ，収縮速度も速いが疲労もしにくいという強力な運動を長時間行う際に働く．αR型，Ⅱ−R型，fasttwitch oxidative glycolytic，ⅡA型およびA型筋線維などとよばれる．

C：アルカリ処理後のミオシンATPase活性が高いが，NADH脱水素酵素活性の低い筋線維．この筋線維はグリコーゲンをエネルギー源とした嫌気的代謝能力に優れ，収縮速度は速いが乳酸の蓄積によって疲労しやすく，瞬発的な運動を行う際に働く，αW型，Ⅱ−W型，fasttwitch glycolytic，ⅡB型およびB型筋線維などとよばれる．写真6-1挿入

Buller *et al.*（1960a，b）はネコを用いて**速筋**に接合する神経と**遅筋**に接合する神経を外科的に交換すると，速筋は遅く収縮し遅筋は速く収縮するようになると報告した．このように神経を交叉接合すると筋線維型の変換が起こることも報告された[22,23]．以上のことから骨格筋線維の組織化学的性質や機能は神経によって コントロールされていると考えられる．哺乳動物において，骨格筋の筋線維型構成と運動機能とは密接に関係しており[24~26]，運動の種類によって筋線維型の変換が起こり，特にミオシンATPase活性とNADH脱水素酵素活性が高い筋線維の増加が報告されている[24,27~29]．しかしながら，近年，ウシの妊娠中の栄養状態により，新生子牛の筋線維型構成や脂肪交雑に影響すること[30]，子牛の哺乳期の栄養により，その後の筋線維型構成あるいは肉質に影響を与えることが報告されている[31,32]．

5）和牛の骨格筋の組織化学的特質

次に和牛特に黒毛和種骨格筋について組織化学的に詳細に検討し，その特徴と産肉および肉質特性との関係について述べる．ウシの体各部位骨格筋を観察すると，体表に近い大きな骨格筋は，Ⅱ型筋線維の割合が多く，骨に近い深層部ではⅠ型筋線維が多くなっている（Gotoh *et al*., 1999）．黒毛和牛を用いて，産肉生理

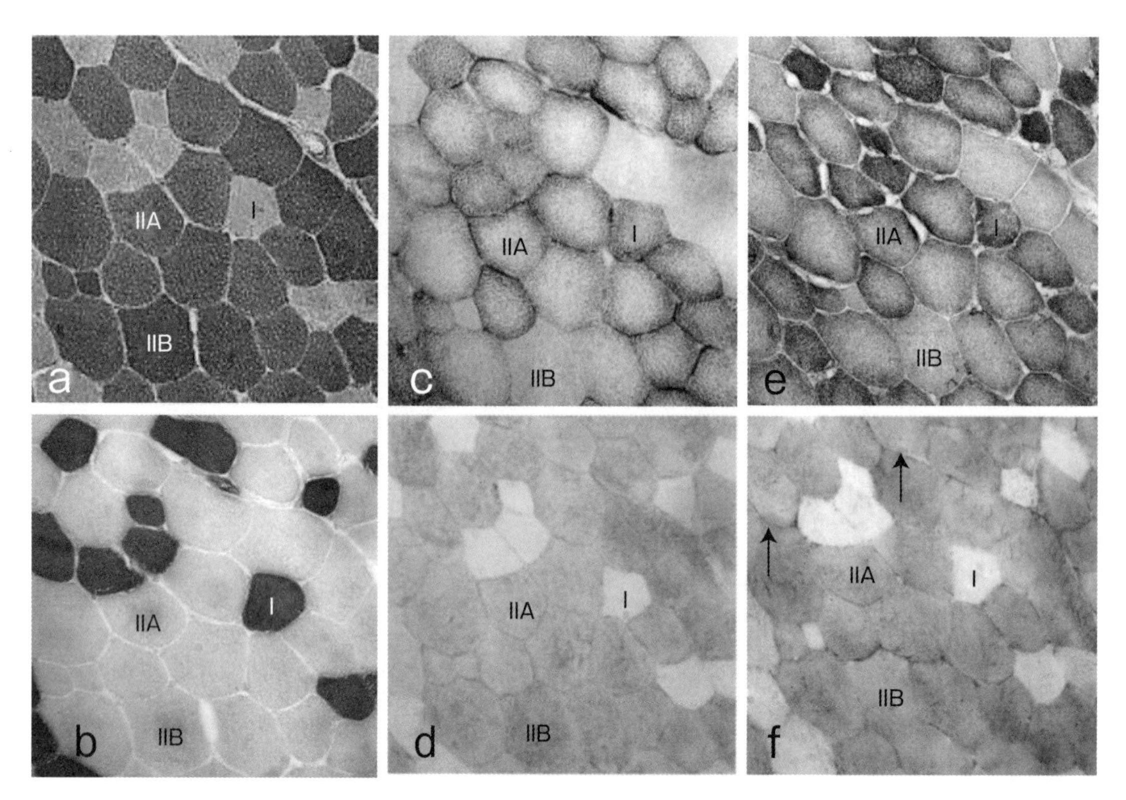

写真 6-1　ウシの骨格筋（大腿二頭筋近位）における組織化学的特質
Ⅰ：Ⅰ型筋線維，ⅡA：Ⅱ型筋線維，ⅡB：ⅡB 型筋線維.
a：pH 10.5 前処理 ATPase 活性，b：pH 4.3 前処理 ATPase 活性，c：NADH 脱水素酵素活性，d：リン酸酵素活性，e：スダン黒染（＊脂肪滴がⅠ型筋線維内に，次にⅡA 型筋線維で多く観察される．ⅡB 型筋線維で最も少ない.），f：PAS 染色（＊ⅡA 型およびⅡB 型筋線維でグリコーゲンが多い.）185 倍顕微鏡写真.（Gotoh 2003）

上特に重要な大きな骨格筋である大腿二頭筋（ランプおよび外モモ）と胸最長筋（ロース芯）において，**筋線維型構成**の部位間での違いを検討すると，肥育去勢牛，若齢去勢牛および肥育雌牛のすべてにおいて大腿二頭筋は近位部（殿部，ランプ）から中位部（大腿部，外モモ）にかけて顕著な筋線維型構成の変化を示す．すなわち，近位部ではⅠ型筋線維の割合が，中位部ではⅡ型，特にⅡB 型筋線維の割合がそれぞれ他の部位より大きい．中位部から遠位部（膝部）にいたる 筋線維型構成の変化は小さい．胸最長筋でも肥育去勢牛では前位（第6胸椎位）で 中位（第11 胸椎位）および 後位（第5腰椎位）よりもⅠ型筋線維の割合が大きく，ⅡB 型筋線維の割合が小さい[34]．また中位から遠位にかけて筋線維型構成の変化は認められない．これらの結果は個々の骨格筋において部位間でも特徴的に筋線維型構成が変化することを示唆する．食肉としては，前位から中位がリブロース，中位以降から後位までがサーロインとなる．

筋線維型構成に関する性差が肥育去勢牛と肥育雌牛の間で明らかにある．前肢帯筋の一つである腹鋸筋では体重の大きい去勢牛の方でⅠ型筋線維の割合が大きく，良く発達する．それに対して，雌牛では去勢牛よりⅡA 型筋線維の割合が大きい．また，大腰筋では雌牛でⅠ型筋線維，外側広筋ではⅡA 型筋線維の割合が大きい．筋線維直径は体重の軽い雌牛の方で去勢牛よりも大きい傾向が認められたが，体重支持に関与する腹鋸筋（バラ肉）のⅠ型筋線維では体重の重い去勢牛の方で大きかった[35]．

筋線維型構成は成長に伴って変化する．若齢去勢牛と肥育去勢牛の筋線維型構成を比較したとき，その変化はおもにⅡA 型からⅡB 型筋線維への変換である．それに加えて，腹鋸筋，中殿筋（ランプ）および大腿二頭筋前部の中位・遠位部ではⅡA 型からⅠ型筋線維への変換も認められる．さらに，生検法（Biopsy）を用いて4カ月齢より15カ月齢まで大腿二頭筋前部の近位部における筋線維型の構成割合の変化を調査した結果では，若齢去勢牛の11カ月齢よりも以前から筋線維型構成の変化が起こっており，Ⅰ型筋線維が緩やかに増加し，逆にⅡA型とⅡB型筋線維が減少する．

BMS No.と筋線維型の構成割合との間では，肥育去勢牛，若齢去勢牛の大腿二頭筋前部の近位部で，ⅡB型筋線維の割合との間で正の相関関係が認められた．また，肥育去勢牛ではⅠ型筋線維，若齢去勢牛ではⅡA型筋線維の割合との間で負の相関関係を示した．皮下脂肪厚およびバラの厚さは肥育去勢牛の胸最長筋でⅡB型筋線維の割合との間で正の相関関係を示した．以上のようにⅡB型筋線維の割合が増加すれば脂肪の蓄積が促進されるかもしれない．

また各県の種牛の系統でも筋線維構成は異なり，また雄牛で去勢牛よりも赤色筋線維が発達している[37]．

体重と筋線維型の構成割合との間でもさまざまの相関関係が認められている．胸最長筋では体重とⅡB型筋線維の割合との間に正，Ⅰ型筋線維の割合との間に負の相関関係を認めたが，大腿二頭筋前部の近位部では逆の関係を得た．これは胸最長筋が典型的な白色筋であるのに対して，大腿二頭筋前部の近位部が赤色筋に属し，特にⅠ型筋線維が半数以上を占めていることによるものであると考えられた．すなわち，大腿二頭筋近位のようなⅠ型筋線維が多く，体重支持に働く骨格筋では体重の増加に伴ってⅠ型筋線維の割合が 大きくなり，また，その直径も大きくなることが要求されるものと考えられる．それに対して，胸最長筋のようにⅡ型筋線維が多く，いわゆる白色筋では最も直径の大きいⅡB型筋線維への変換が促進されるものと推察している．

6）骨格筋の組織化学的特性と産肉能力に関する研究

ウシの筋線維型構成に関する研究では多くの報告がある．Hunt and Hedrik（1977）は胸最長筋，大腰筋，中殿筋，半膜様筋および半腱様筋の筋線維型構成，生化学的および生理学的分析を行い，これらの骨格筋の嫌気的および好気的代謝能力を検討した．その結果，半腱様筋で**嫌気的代謝能力**が最も高く，大腰筋で最も低いこと，逆に大腰筋で**好気的代謝能力**が最も高く，半腱様筋で最も低いことを報告している．Suzuki *et al.*（1976）は3ペアの双子のホルスタイン種去勢牛を高栄養と低栄養の2形態に分けて飼養し，それらの胸最長筋，半膜様筋，半腱様筋および上腕三頭筋・長頭の筋線維型構成の変化を検討した．その結果，高栄養で育ったウシの骨格筋で低栄養のウシよりもⅡB型筋線維が多くなることを報告した．

May *et al.*（1977）はシンメンタール種×アンガス種，ヘレフォード種×アンガス種およびリムジン種×アンガス種の交雑種去勢牛を離乳後200，242，284日の3段階でと畜し，それらの胸最長筋の筋線維型構成，脂肪含量およびタンパク質含量を検出し，交雑種間および成長による変化について比較検討した．その結果，リムジン種×アンガス種の胸最長筋でⅡB型筋線維が多いこと，飼育日齢がのびるほど脂肪含量が増加し，タンパク質含量が減少することを報告した．Melton *et al.*（1974）はヘレフォード種雄の胸最長筋の筋線維型構成を調査し，赤色筋線維（Ⅰ型＋ⅡA型筋線維）の横断面積と肉の柔らかさに相関関係があることを報告した．Young and Bass（1984）は4ペアの双子の雄ウシをもちいて去勢による胸最長筋と板状筋の筋線維型構成の変化を検討した．胸最長筋では去勢によりⅡA型筋線維が減少し，ⅡB型筋線維が増加すること，板状筋では去勢による筋線維型構成の変化は少ないが，成長による筋線維断面積の増大が抑えられることを報告した．また，雌の胸最長筋の筋線維型構成についても検討し，ⅡA型筋線維が半分以上の割合を占めることを報告した．

Calkins *et al.*（1981）はウシの赤色筋線維の割合が多いと肉の柔らかさ，脂肪交雑度が増加することを示した．これに対し Seideman *et al.*（1986）は，雄牛，去勢牛および estrogenic compound を投与した雄牛の胸最長筋の筋線維型構成を調査し，赤色筋線維を多く持っていた雄で肉の柔らかさと脂肪交雑度は低かったと報告した．

鈴木ら（1978）は，黒毛和種とホルスタイン種の骨格筋の筋線維型構成を比較し，黒毛和種で ホルスタイン種よりもⅡB 型筋線維が多く，その直径も大きいことを報告し，肉用種と乳用種での骨格筋の違いを示した．岩元ら（1991）は，わが国の肉用種の大部分をしめる黒毛和種，褐毛和種 およびホルスタイン種去勢牛の 18 種類の骨格筋の筋線維型構成を比較し，脂肪交雑度の高い黒毛和種で，産肉量の多い褐毛和種およびホルスタイン種よりもⅠ型筋線維が多い傾向にあることを報告した．

以上のように筋線維型構成と肉質の関連性に関する研究は数多くなされている．個々の骨格筋ごとに各型の筋線維の混合割合は著しく異なっていて，それぞれの骨格筋の食肉としての味，性状に深く関与している．TPP 等，輸入自由化によってわが国の牛肉生産業は変革を求められており，その中で和牛は肉質の優れているという点で著しく重要な役割を担っている．これからはわが国でも食肉に対して単に美味というだけでなく，欧米のように健康志向が高まってくるのは必至である．真に美味で健康的な牛肉とはどのようなものなのか，人類にとって肉牛の生産はどうあるべきなのか，和牛の肉においても脂肪交雑度が高いというだけでなく，生体機構を基盤として生産システムも含めて追求していかなくてはならない．

後藤貴文（九州大学）

参考文献

1）加藤嘉太郎，家畜の解剖と生理―家畜生体機構―．増訂改版，養賢堂．pp 1-13．2008．
2）加藤嘉太郎，家畜解剖図説（上）．第二次増訂改版，養賢堂．東京．pp 186-200．1983．
3）星野忠彦，畜産のための形態学．川島書店．東京，pp 46-66．1990．
4）星野忠彦・新妻澤夫・玉手英夫，牛筋組織の構成単位としての筋束の構築，日畜会報，58：817-826．1987．
5）Dransfield, E. J. Sci. Food Agric., 28: 833-842. 1977.
6）Light ND, Champion AE, Voyle C, Bailey AJ. Meat Science, 13: 137-149. 1985.
7）Tuma HJ, Venable JH, Wuther PR, Henrickson RL.Journal of Animal Science, 21: 33-36. 1962.
8）Crouse JD, Koohmaraie M, Seideman SD. Meat Science, 30: 295-302. 1991.
9）Ogata T, Mori M. Journal of Histochemistry & Cytochemistry, 12: 171-182. 1964.
10）James NT. Nature, 219: 1174-1175. 1968.
11）Morita S, Cassens RG, Briskey EJ. Stain Technology, 44: 283-286. 1969.
12）Morita S, Cassens RG, Briskey EJ. Journal of Histochemistry & Cytochemistry, 18: 364-366. 1971.
13）Ashmore CR, Tompkins G, Doerr L. Journal of Animal Science, 34: 37-41. 1972.
14）Khan MA. Progress in histochemistry and cytochemistry, 8: 1-48. 1976.
15）Peter JB, Barnard RJ, Edgerton VR, Gillespie CA, Stempel KE. Biochemistry, 11: 2627-2633. 1972.
16）Brooke MH, Kaiser KK. Journal of Histochemistry & Cytochemistry., 17: 431-432. 1969.
17）Suzuki A. The Japanese Journal of Zootechnical Science, 42: 39-54. 1971a.
18）Suzuki A. The Japanese Journal of Zootechnical Science, 42: 463-473. 1971b.
19）Suzuki A. The Japanese Journal of Zootechnical Science, 43: 161-166. 1972a.
20）Buller AJ, Eccles JC, Eccles RM. The Journal of Physiology, 150: 399-416. 1960a.
21）Buller AJ, Eccles JC, Eccles RM. The Journal of Physiology, 150: 417-439. 1960b.
22）Burke RE, Levine DN, Zajac FN, Tsairis P III, Engel WK. Science, 174: 709-712. 1971.
23）Burke RE, Levine DN, Tsairis P, Zajac FE. The Journal of Physiology, 234: 723-748. 1973.
24）Saltin, BJ, Henrikson E, Nygaard P, Anderson, Jansson E. In "Marathon: Physiological, Medical, Epidemiological, and Psychological Studies", ed. by P. Milvy, Annals of the New York Academy of Sciences, 301: 3-29. 1977.

25) Gunn HM. Journal of Anatomy, 127 : 615–634. 1978.
26) Snow DH, Guy PS. Research in Veterinary Science, 28 : 137–144. 1980.
27) Faulkner JA, Maxwell LC, Lieberman DA. The American Journal of Physiology, 222 : 836–840. 1972.
28) Guy PS, Snow DH. Research in Veterinary Science, 31 : 244–248. 1981.
29) Goldspink G, Ward PS. The Journal of Physiology, 296 : 453–469. 1979.
30) Du M, Zhu M. Applied Muscle Biology and Meat Science, pp. 81–96, CRC press Taylor & Francis Group LLC. 2009.
31) Greenwood PL, Tomkins NW, Hunter RA, Allingham PG, Harden S, Harper GS. Journal of Animal Science, 87 : 3114–3123. 2009.
32) Gotoh T, Etoh K, Saitoh K, Saitoh K, Sakuma K, Sakuma H, Kaneda K, Abe T, Etoh T, Shiotsuka Y, Matsuda K, Suzuki H, Hasebe H, Ebara F, Saitoh A, Wegner, J. The proceeding of the 7th World Congress on Developmental Origins of Health and Disease, September 18–21, Portland, USA. 2011.
33) Gotoh T, Iwamoto H, Nakanishi Y, Umetsu R, Ono Y. Animal Science Journal, 70 : 512–520. 1999.
34) Gotoh T, H. Iwamoto, Y. Ono, S. Nishimura, K. Matsuo, Y. Nakanishi, R. Umetsu, H. Takahara. Animal Science and Technology, 65 : 454–463. 1994.
35) Gotoh T. Animal Science Journal, 74 : 339–354. 2003.
36) 後藤貴文，黒毛和種の産肉能力と骨格筋の組織化学的特質に関する研究．学位論文，1997.
37) Iwamoto H, Gotoh T, Nishimura S, Ono Y, Takahara H. Animal Science Journal, 70 : 490–496. 1999.
38) Hunt MC, Hedrick HB. Journal of Food Science, 42 : 513–517. 1977.
39) Suzuki, A, Tamate H, Okada M. Tohoku Journal of Agricultural Research, 27 : 20–25. 1976.
40) May ML, Dikeman ME, Schalles R. Journal of Animal Science, 44 : 571–580. 1977.
41) Melton C, Dikeman M, Tuma HJ, Schalles RR. Journal of Animal Science, 38 : 24–31. 1974.
42) Young OA and Bass JJ. Meat Science, 11 : 139–156. 1984.
43) Calkins CR, Dutsun TR, Smith GC, Carpenter ZL and Davies GW. Journal of Food Science, 46 : 708–710. 1981.
44) Seideman SC, Crouse JD, Cross HR. Meat Science, 17 : 79–95. 1986.
45) 鈴木　惇・大和田修一・玉手英夫．日本畜産学会報，49：262-269．1978.
46) 岩元久雄・尾野喜孝・後藤貴文・西村正太郎・中西良孝・梅津頼三郎・高原　斉．日本畜産学会報，62：674-682．1991.
47) 岩元久雄，後藤貴文，西村正太郎，高原斉．日本畜産学会報，66，807-809，1995.

2. 発育と成長

肉用牛は，成熟するまで年齢とともに体が大きくなっていく．**成長**は，成熟までの量的な増加をいい，細胞の大きさや数の増加から骨や筋肉，結合組織などの量的増大を含める．**発育**は，成熟までのさまざまな過程を含めた質的な変化をさし，細胞の分化や体型の変化などが含まれる[1]．成長と発育は，年齢に伴う肉用牛の変化を示すものであるが，両者を分けて考えることは難しく，成長と発育は特に区別せずに扱われることが多い．

(1) 胎子期の成長

精子と受精した卵子は，卵割を繰り返し排卵後4～7日で桑実胚となり，7～12日で胚盤胞となる[2]．卵割期には卵の大きさはほとんど変化しないが，細胞分裂は活発に行われている．胚盤胞の期間に組織の分化が起こる．外胚葉はのちに脳，脊髄，皮膚，毛に分化する．中胚葉は，骨格，骨格筋，結合組織に分化する．内胚葉は，消化管，肺，膀胱等へ分化する[1]．このような器官や体組成の初期形成は，妊娠の第2週から第6週にかけて生じる[2]．器官形成がはじまると，細胞の増殖と肥大によって，その大きさや重量が増加するようになる．胎子の重量は，妊娠の前半は穏やかであるが，妊娠後半は急速に増加し，妊娠末期2カ月の増加が著しい．

(2) 出生後の成長

黒毛和種繁殖牛の体重は，誕生時では成熟値の7%であり，哺乳期（誕生時から6ヵ月齢）の終了時には成熟値の37%，育成期（6ヵ月齢から24ヵ月齢）の終了時には95%に達している．したがって，哺乳期と育成期が肉用牛の発育を考える上で重要である．誕生時は，成熟した個体と比較して体型がかなり異なっており，頭が比較的大きく，足が長く，体幹部が小さく，体高より後ろの十字部高の方が高い．黒毛和種繁殖牛を例にとると，誕生時は，成熟値に比較して体高は52%，十字部高は54%と，四肢の部分はかなり発達しているが，体長は39%，腰角幅27%，胸幅29%と体の伸びや体の幅に関する部分の発達は遅れている．成長にしたがって，誕生直後はまず体の高さが大きくなるが，ついで体の伸びがでて，最後に体の幅が成長して体格が完成すると考えられる．

牛体の成長に伴う体組成の変化では，消化管内容物を除いた牛体の化学成分は，水分がつねに最大の値を示している．蛋白質は，成長初期には水分に次ぐ第二の体成分であるが，成長の後半の肥育になると脂肪と順位が入れ替わって第三の成分となる．脂肪の蓄積は，すでに出生時からみられ，肥育期に入ると急速に進む．灰分は，成長に伴いほぼ一定の増加を示す[3]．

(3) 組織の成長

1) 骨の成長

骨の発生様式は，結合組織中の未分化間葉細胞が骨芽細胞へと分化して骨組織をつくる**膜性骨化**と軟骨内支柱に骨が形成される**軟骨内骨化**に区部され，大部分の骨は軟骨内骨化により形成される．長骨の長さの成長は骨端軟骨で行われるが，骨端軟骨では新しい軟骨細胞が増殖により骨幹に向かって列の後に追加され，古い軟骨細胞が死滅し，骨組織に置換されることにより成長が行われる[4]．成長の盛んな時期は，骨端軟骨の層は厚いが，性成熟期が近づくにつれ，骨端軟骨層は次第にその厚さが小さくなり消失する．これを骨端閉鎖と言い．骨の成長が止まる[5]．骨は，大量のカルシウムとリンが沈着して骨を形成しているため，支持組織であるとともにカルシウムやリンなどのミネラル貯蔵器官でもある．

2) 筋肉（骨格筋）の成長

誕生後，筋肉では**筋線維数**は顕著には増加しないとされている．したがって分娩後の筋肉の成長は，筋線維の太さと長さの増大によって起こる．筋肉の太さは，筋肉の種類によって異なるが，その違いは筋肉を形成する筋束の大きさやそれに含まれる筋線維の数の差による．ただし，同じ品種の同じ筋肉における差異は筋線維の太さの差異によるもので，体格，月齢，性，栄養状態がこれに関係し，一般に，体格の大きい牛は小さい牛より，雄は雌より，子牛より成熟した牛の方が太い筋線維を持つ．また高栄養飼養では低栄養飼養より筋線維の太さが大きくなる[5]．

筋肉の主成分は水分に次いでタンパク質であり，筋肉の成長に伴って多量のタンパク質が蓄積されるため，筋肉はタンパク質の貯蔵庫ともなる．筋線維には，組織化学的な染色により赤色筋線維（βR型），中間型筋線維（αR型）白色筋線維（αW型）に分類される．βR型は収縮が遅く長期間の収縮に耐える．αR型は収縮が速く長期間の収縮に耐える．αW型は収縮が速いが，短時間の収縮で疲れる性質を持っている．成長にともないこれらの筋線維の分布に変化が生じると言われている．また筋肉は，筋肉全体と同じ速度で成長する訳ではなく，筋肉によって成長の盛んな時期が異なっており，高成長型，低成長型，平均成長型に区分されている[5]．

3) 脂肪の蓄積

成長に伴い，体内に脂肪が蓄積する．脂肪組織は蓄積する部位により，大網膜脂肪，腸間膜脂肪，腎臓脂

表 6-1　家畜の成長と発育に影響を与えるホルモン

ホルモン	分泌部位	主な作用
成長ホルモン	下垂体前葉	体細胞の成長―特に筋肉と骨の細胞
副腎皮質刺激ホルモン	下垂体前葉	副腎皮質を刺激し，副腎皮質ステロイドホルモンを分泌させる
糖質コルチコイド	副腎皮質	タンパク質を炭水化物に転換
電解質コルチコイド	副腎皮質	ナトリウムとカリウムのバランスを調整．水分バランスを調整
甲状腺刺激ホルモン	下垂体前葉	甲状腺を刺激し，甲状腺ホルモンの分泌を促進
甲状腺ホルモン	甲状腺	代謝率の促進
テストステロン	精巣（間質細胞）	性線の発達を促す．雄の二次性徴と筋肉の成長を促す
エストロジェン	卵巣（卵胞），胎盤	雌の繁殖器官の成長促進．雌の二次性徴の発現．乳腺の成長
プロジェステロン	黄体，胎盤	子宮の発達，乳腺の乳腺胞の発育
バソプレッシン	下垂体後葉	腎臓での水分損失を抑える
アドレナリン	副腎髄質	血糖の増加
ノルアドレナリン	副腎髄質	血圧の維持
インスリン	膵臓	血糖を下げる．脂肪の生合成を促進
上皮小体ホルモン	上皮小体	カルシウムとリン代謝
グルカゴン	膵臓	血糖を上げる

（Thomas 2007）

肪，骨盤腔脂肪，皮下脂肪，筋間脂肪，筋肉内脂肪などに分類される．脂肪組織には脂肪前駆細胞が存在し，これが増殖して脂肪細胞に分化することによって脂肪細胞の数が増加する．脂肪細胞の数は，これまで胎生期に決定されるとされてきたが，現在では，高いエネルギー摂取条件では，成熟動物でも脂肪細胞の数が増加することが明らかになっている[6)]．

脂肪細胞は肥大にともなって脂肪滴を蓄積して大きくなり，肥大化した内臓脂肪細胞は 200 μm を超えるものも見られる．反芻動物の脂肪細胞分化は，さまざまな栄養素，ホルモン，生理活性物質によって影響を受ける．ビタミン C や多価不飽和脂肪酸は脂肪細胞の分化を促進し，ビタミン A とビタミン D は，分化を阻害する[6)]．わが国の肥育では，肉質の向上を目的としたビタミン A のコントロールが広く行われている．

4）内分泌システム

成長は，内分泌システムにも依存している．内分泌器官からは，ホルモンが分泌され，器官や体全体に影響を与える．成長に影響を与えると考えられる主なホルモンの作用とそれを分泌する内分泌器官を表 6-1[1)]に示した．

5）成長曲線

通常出生後の年齢に対する体重，体型測定値をグラフにとったものを成長曲線と言うが，成長曲線は一般に S 字状の曲線となる．肉用牛の単時間当たりの成長量を成長速度というが，成長曲線から求めた成長速度は，出生後値が徐々に大きくなり，性成熟期に最大となる．性成熟期から成熟期にかけては発育速度が低下する．成長曲線に当てはめた場合は，性成熟期までに肥育を終了することが最も効率が良いが，わが国では一般的に海外に比較して長期の肥育が行われている．

成長に関しては胎生期から成熟期に至るまでに，一定の傾向があることが認められており，これは発育理論として Hammond（ハモンド）らによって以下のようにまとめられている[7)]．①**求心的成長説**：成長には一種の波があり，成長の第 1 波は頭部から顔面部に下がり，さらに頸部から前駆を経て後駆の腰部に向かう．成長の第 2 波は，四肢の管骨部から蹄部に下がる一方，体の上方に向かい軀幹部に沿って腰部に達する．成長の第 3 波は尾部から後駆を経て腰部に向かう．腰部は，最もおそく成熟する部位である．②器官，組織の**発育順位説**：体の各部が成長の波にしたがって頭，頸，胸，腰の順番に成長してゆくように，各器

表6-2　黒毛和種去勢牛の組織の発育が盛んな月齢

	体重	内臓	骨	筋肉	脂肪	筋肉内脂肪
始め	4	1.6	−0.6	2.7	12.4	14.5
発育最大	12.3	6.4	5.1	10.8	17.9	22.6
終わり	20.7	11.2	10.7	18.0	23.4	30.6

筋肉内脂肪は，リブロース部位の胸最長筋の値（山崎　1977）

官，組織にも発育の順位があるとする考え方である．すなわち，生命に必要な脳や中枢神経が最初に成長し，骨，筋肉，脂肪の順に成長する，また同じ脂肪組織のなかでも腎臓脂肪，筋間脂肪，皮下脂肪，筋肉内脂肪の順に蓄積するとしている．③栄養素の**利用順位説**：飼料から血液中に取り込まれた栄養は，発育の順位に従って組織にとりこまれるとする考え方である．黒毛和種去勢牛では，組織の発育が盛んな時期が推定されており[8)]，生命の維持に必要な内臓や，体を支える骨の発育開始時期は早くから始まり，生命の維持に直ちに必要としない脂肪組織の発育開始時期は遅くなっている（表6-2）．

ハモンドらの発育理論は，Berg と Butterfield[9)]により枝肉構成の研究をもとに，一部修正が加えられた．その要点は，以下のようである．①正の成長速度が維持されている限り，成長速度に関わりなく，筋肉と骨は，一定の速度で成長し筋肉／骨比は維持される．しかし飼料中の栄養比が変わると筋肉／骨比が変化することがある．さらに体重が減少するような低栄養水準では筋肉／骨比は低下するが，低下の程度はタンパク質とエネルギーの摂取量によって変化する．②筋肉と骨に対する脂肪の増加は，エネルギーの摂取量によって変化し，過剰なエネルギー摂取は，脂肪の過剰な蓄積となる．逆に体重の減少は，脂肪，筋肉，骨の量を減少させ，脂肪のみを減少させるのでない，というものである．

中西直人（（独）農研機構　畜産草地研究所）

参考文献

1）Thomas GF, Scientific farm animal production. pp 311–332. Pearson Education. Ohio. 2007.
2）福原利一，畜産全書．PP 39–52．農村漁村文化協会．東京．1983.
3）福原利一，畜産全書．PP 91–111．農村漁村文化協会．東京．1983.
4）矢野秀雄，動物栄養学．PP 217–218．朝倉書店．東京．1995.
5）岡田光男，肥育のすすめ．PP 27–52．チクサン出版社．東京．1991.
6）矢野秀雄，反芻動物の栄養生理学．PP 381–388．農山漁村文化協会．東京．1998
7）並河 澄，和牛大成．PP 160–164．養賢堂．1984
8）山崎敏雄，中国農業試験場報告 B 第 23 号：53–85．1977.
9）Berg,TR, Butterfield RM. New concepts of cattle growth. Sydney University press. Sydney 1976.

3．子牛・育成牛

(1) エネルギー要求量

日本飼養標準[1)]において，肉用種および乳用種の育成に要する**代謝エネルギー**（MEg）は，育成に要する**正味エネルギー量**（NEg）をそれらに対する ME の利用効率（kf）で除することによって求められている．その際，NEg はわが国の飼養成績をもとに推定し，kf についてはわが国における一般的な育成時の給与飼料中のエネルギー代謝率（q）を想定し，次式に基づいて推定されている．

$$kf = 0.78 \times q + 0.006$$

表6-3には舎飼いの肉用牛雌および去勢牛，乳用種去勢牛の育成期におけるエネルギー要求量を示した．詳細は，日本飼養標準[1)]を参考にされたい．

表 6-3　肉用種雌牛，去勢牛および乳用種去勢牛の代謝エネルギー要求量[1)]

体重 (kg)	日増体量 (kg)	肉用種 雌牛・去勢牛 ME (MJ)	乳用種 去勢牛 ME (MJ)
25	0.4	9.77	
	0.6	12.16	
	0.8	14.55	
	1.0	16.95	
50	0.4	13.82	
	0.6	16.54	14.16
	0.8	19.26	16.16
	1.0	21.97	18.16
75	0.4	18.21	
	0.6	21.62	22.49
	0.8	25.04	25.28
	1.0	28.46	28.02
100	0.4	22.45	
	0.6	26.62	27.00
	0.8	30.79	30.17
	1.0	34.96	33.28
	1.2	39.13	36.34
125	0.4	26.27	27.68
	0.6	31.06	31.32
	0.8	35.86	34.88
	1.0	40.65	38.37
	1.2	45.44	41.80
150	0.4	31.16	31.48
	0.6	36.14	35.52
	0.8	40.57	39.47
	1.0	44.55	43.35
	1.2	48.14	47.16
175	0.4	34.98	
	0.6	40.57	
	0.8	45.54	
	1.0	50.01	
	1.2	54.03	

(2) 成長に伴う体成分の変化

動物体の各部位の成長は，ハモンドによれば図 6-3 のように頭，頸，胸，腰の順に成長し，体脂肪は，骨に次いで筋肉の成長が完成した後に最大に増加する[2)]．また脂肪の蓄積は，腎臓，筋肉間，皮下，筋肉内の順に行われる．各部位の成長は，早熟種の方が晩熟種よりも早く，また同一種であっても高栄養にすれば早まる．図 6-3 は体の部分あるいは組織は，動物の機能維持に関して重要なものから発達することを示しているが，これを**組織発達順位説**という．

なお，生後から肥育の開始期に当たる体重 220〜250 kg 程度までは，雄牛，去勢牛および雌牛の**枝肉構成**にはほとんど違いがない．また，枝肉構成への栄養水準の影響は，生体重 250 kg 前後までは少ない．

体成分は，図 6-4[3)] に示したように，成熟するまではタンパク質，水分，脂肪とも高い率で増加するが，成熟後は脂肪を除いたほかの成分増加率は著しく低下するため，全体重に占めるタンパク質の割合はほぼ一定となる．一方，脂肪は，水分の減少分を補う形で割合が増加し，両者の和は約 80% の一定値が維持され

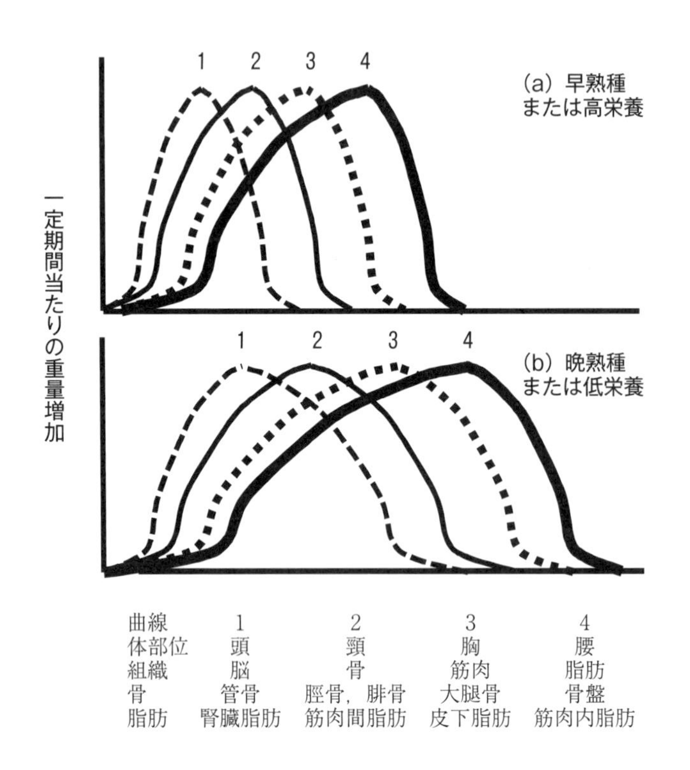

図6-3　成長に伴う体の各部，各組織の1日当たりの増加割合[2)]

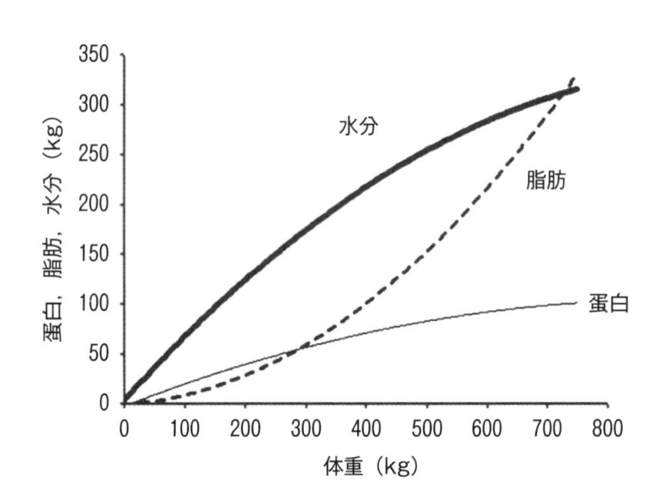

図6-4　体重と蛋白，脂肪および水分蓄積量の関係[3)]

る．各体部位や組織の成長の速度は種々の影響を受けるが，発達の順序はいずれも影響されない．

(3) 高温高湿度の影響

気候変動による温暖化の進行によって，地球規模での暑熱負荷が懸念される．日本の夏季は高温多湿であり，高温環境下での高湿度も生産性へ負の影響をもたらす大きな要因の一つと考えられる．子牛・育成牛は成牛と比較して体重に対する体表面積の割合が大きく，熱放散がしやすく，エネルギー要求量も小さいので，高温による負の影響は小さいと考えられる．

野中ら[4, 5)]は，200～250 kg のホルスタイン種育成雌牛に高温・高湿度の負荷をかけて，窒素・エネルギー代謝に及ぼす影響について検討した．その結果，相対湿度60% においては，環境温度28℃では熱放散機能が働き，体温上昇は認められず，乾物摂取量や増体量の低下はなかった．環境温度33℃では，体温上昇および乾物摂取量低下を認めた．エネルギー蓄積量は，体タンパク質としてではなく，体脂肪として蓄積された（図6-5）．相対湿度80%，環境温度28℃では飼料摂取量とエネルギー摂取量の減少，窒素蓄積量，エネルギー蓄積量と日増体量の減少がみられた．また，**蓄積エネルギー**は，体タンパク質より体脂肪へ多く配分された．環境温度33℃では，上記の影響がさらに大きくなった．脂肪としての体蓄積量は，負の蓄積，すなわち体脂肪の動員が認められた（図6-5）．タンパク質としての蓄積は，有意に低下したが，負の値を示さなかった．つまり，高温時において摂取エネルギーが維持量を満たさない場合には，体タンパク質よりも体脂肪が優先して動員されていると考えられる．

(4) 成長の調節

動物の成長は，遺伝，栄養，病気，ホルモン，組織に特異的な成長因子，および環境要因によって影響される[2)]．動物の大きさを最終的に決定する細胞数は，もともと遺伝的にすでにほとんど決まっている．動物体の大部分を占める筋肉は，多くの場合胎子期の中期までの細胞分裂によって数が最終的に決定され，その後は細胞の肥大によって成長する．この成長は，図6-3によるように低栄養時より高栄養時に優れ，それぞれの家畜に適した温度条件下で一層高くなる．

成長に関係するホルモンは，骨の成長，タンパク質の合成，窒素蓄積あるいは基礎代謝に対して同化的に働く**成長ホルモン**，**甲状腺ホルモン**，**精巣ホルモン**と，異化作用を持つエストロジェンやグルココルチコイドなどがある．そのほか，動物成長促進物質には，**ホルモン様物質**（IGF，insulin-like growth factors），抗生物質などがある．

西田武弘（帯広畜産大学）

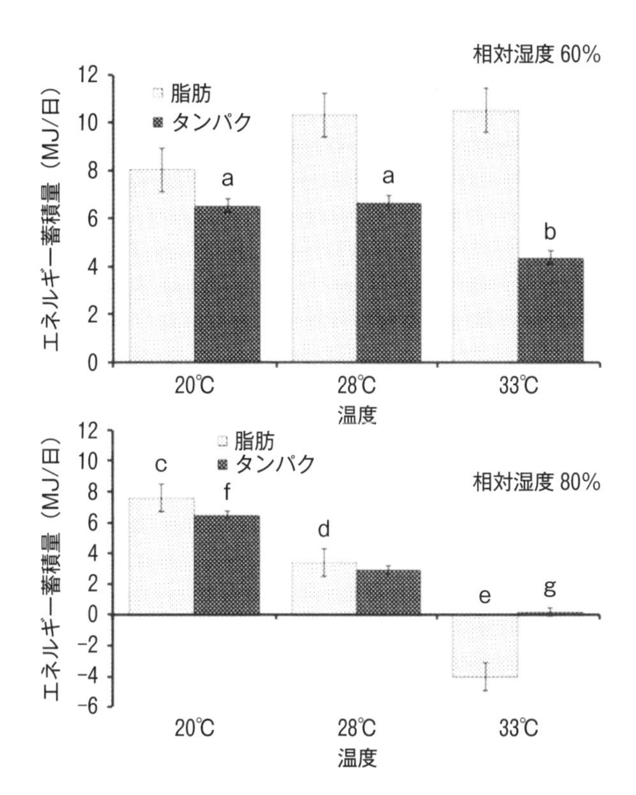

図 6-5　暑熱環境がホルスタイン種育成雌牛の体蓄積構成に及ぼす影響（異符号間で有意差あり，平均±標準誤差，n＝4）[4,5]

参考文献

1） 農業・食品産業技術総合研究機構，日本飼養標準 肉用牛，pp 55–57．中央畜産会．東京．2008．
2） 田先威和夫，新編畜産大事典．pp 210–212．養賢堂．東京．1996．
3） National Research Council, Nutrient Requirements of Beef Cattle. pp 22–24. National Academy Press. Washington, D.C., USA. 2000.
4） Nonaka I, Takusari N, Tajima K, Suzuki T, Higuchi K and Kurihara M. Livestock Science, 113 : 14–23. 2008.
5） 野中最子，樋口浩二，田鎖直澄，田島清，鎌田八郎，栗原光規．日本畜産学会報，83 : 133–144．2012．

4. 肥　育　牛

（1）肥育の過程と様式

肥育とは，ウシの正常な成長に必要な水準以上の栄養を与え，場合によっては各種の栄養・生理的なコントロールを図ることによって，本来ウシが持っている発育能力を発揮させたうえに，十分な筋肉や脂肪の蓄積および肉質の向上を図る飼養管理をいう．

ウシの生体を構成する組織のうち，消化管内容物を除いたものが**空体**といい，そこから皮膚，血液，各種臓器，消化器官，内臓脂肪（大網膜脂肪と腸間膜脂肪），横隔膜等頭，頭部，四肢の先端，尾等を除いたものが**枝肉**である[1]（表 6-4）．

枝肉を構成する骨，筋肉，脂肪のうち成長の初期に大きく増加するのは骨，つづいて筋肉，脂肪の順で成長のピークを迎える．したがって十分に肥育されたウシでは，骨および筋肉の発達は本来そのウシが持っている能力が発揮され，脂肪の蓄積が多い．一方，**体構成**を化学成分の変化としてとらえると，成長の初期には水分，タンパク質，無機質（ミネラル）の割合が多く，肥育が進むにしたがって水分と置き換わる形で脂肪の割合が上昇する．

十分な栄養を与えられたウシは図 6-6 のような**成長曲線**を描いて体重が増加し，おおむね 50 カ月齢まで

表6-4　ウシの生体組織機構構成割合（善林）

	成体 550 kg（100%）				
	kg	%		kg	%
非枝肉部分	220.0	40.0	枝肉部分	330.0	60.0
皮膚・被毛	45.3	8.2	筋肉	191.4	34.8
消化管内容物	55.8	10.1	クビ	14.8	2.7
血液	19.0	3.5	カタロース	18.2	3.3
臓器	21.0	3.8	カタバラ	12.1	2.2
肺臓・気管	9.3	1.6	ウデ	28.0	5.1
肝臓・胆嚢	6.8	1.3	リブロース	12.1	2.2
脾臓	2.6	0.5	ロインロース	12.1	2.2
心臓	2.3	0.4	モモ	67.2	12.2
消化管	19.6	3.6	トモバラ	26.9	4.9
第一～三胃	11.9	2.2	腱・じん帯	7.2	1.3
第四胃	1.8	0.3	脂肪	87.4	15.9
小腸	3.6	0.7	皮下脂肪	27.0	4.9
大腸	2.3	0.4	筋間脂肪	40.0	7.3
脂肪	29.4	5.4	体腔内脂肪	6.4	1.1
大網膜脂肪	15.5	2.8	腎臓脂肪	13.9	2.6
腸間膜脂肪	13.9	2.6	骨	43.9	8.0
頭（舌を含む）	15.1	2.7	四肢	21.8	4.0
四肢先端	7.2	1.3	脊椎	8.8	1.6
尾	1.9	0.4	肋骨・胸骨	9.6	1.8
横隔膜・その他	5.7	1.0	寛骨	3.7	0.6

に成熟する．代表的な肥育方法として，離乳後から肥育を開始し，体重が成熟値の1/2から1/3の範囲の成長が効率的に行われる時期に行われる肥育方法を**若齢肥育**と呼び，わが国では一般に去勢牛と未経産牛を用いる．

一方，肥育開始時期が遅いため，成熟度が進んだ段階で肥育を開始する方法がある．わが国では，雌牛を繁殖供用して一産あるいは二産させたものを素牛として肥育に用いる一産取り・二産取り肥育，成熟に達した乳用種雌牛や肉用種繁殖雌牛から淘汰されるものを用いた老廃牛肥育が知られる．これらの肥育方式を中心に，肥育素牛の生産，飼料の供給と価格，牛肉の消費動向を反映した食肉市場の動向などに対応して，肥育方法はさらに細分化される．

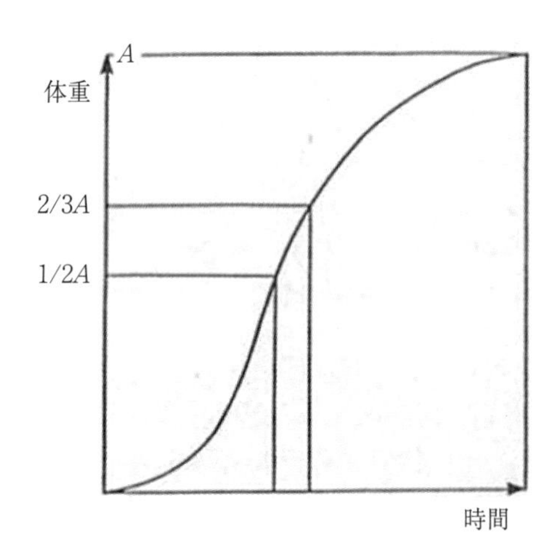

図6-6　成長曲線　A：成熟値

本節では，肥育に伴う体構成の変化とその生理について，わが国の若齢肥育を例に品種，性，飼養管理方法の影響を中心に論述する．これらはすでに成書で詳細に網羅されているが，必要に応じて一産取り・二産取り肥育や老廃牛肥育について説明を加え，諸外国の品種や飼養管理方法についても例示する．

(2) 肥育に伴う体構成の変化とその変動要因

ウシは，体全体としては図6-6のような成長曲線を描いて体重が増加するが，その体を構成する器官や組織は全成長過程で，各々が互いに，そして体全体に対しても異なる率で成長する．このような場合，同一の体重や成熟率において特定の器官・組織重量（y）と他の器官・組織あるいは全体の重量（x）との比を考察する考え方や，x と y の成長率を比較して得られる**相対成長率**を考察する考え方が有効である．（x が y に対して成長率が上回っている場合を優成長，同等である場合を等成長，下回っている場合を劣成長という．）

1）**生体の組織構成の変化とその変動要因**

表6-4に示す例では，**枝肉割合**は60％で，特にウシでは非枝肉部分のなかでは，消化器官とその内容物の割合が多く，若齢牛ほど内臓と皮の割合が大きい．また，一般に，乳用種は肉用種に比べて腹腔内脂肪の割合が多く，粗飼料割合の高い飼料を長期に与えられたものは，消化器官の割合が高くなり，これらが生体に対する空体割合および枝肉割合（**枝肉歩留**）に影響を及ぼす．わが国におけるウシの品種では一般に早熟な日本短角種の枝肉歩留は高く，次いで黒毛和種，ホルスタイン種の順となる．これは早熟な日本短角種が黒毛和種，ホルスタイン種に比較して枝肉部分の脂肪の蓄積度が大きいことによるためである．雌牛と去勢牛を同じ体重で比較すると，通常は雌牛のほうで成熟率が高く，脂肪蓄積度が高いため枝肉歩留が高い．

2）**枝肉の組織構成（骨，筋肉，脂肪）の変化とその変動要因**

①品種の影響

枝肉重量の増加に伴う枝肉の組織構成の変化を日本短角種，黒毛和種，ホルスタイン種で比較すると，枝肉重量に対する脂肪量の相対成長率は，特に日本短角種で非常に高く，筋肉量の相対成長率は逆に低い（図6-7）．黒毛和種はホルスタイン種とほぼ同様の筋肉と脂肪の成長の様相を示すが，枝肉重量に対する骨重量の比は常にホルスタイン種が日本短角種と黒毛和種に対して高い．枝肉を構成する組織のなかで，最も早期に成長のピークを迎える骨の成長に対する筋肉と脂肪の成長を比較することは，産肉性の指標として有効で，特に筋肉と骨の重量比は正味の牛肉生産能力を示すといわれる．肥育が進んだウシの**筋肉対骨比**は黒毛和種で5，ホルスタイン種で4，外国の品種ではシャロレー種は筋肉重量，骨重量ともに多く5，リムーザン種とピエモンテーゼ種は6以上である．

②性の影響

生後から肥育開始時の体重250～300 kg程度までは，雄牛，去勢牛，雌牛の枝肉構成にはほとんど違いがないが，その後は肥育が進むにつれて，枝肉重量に対する脂肪重量の相対成長率は雌＞去勢牛＞雄の順，筋肉重量の相対成長率は逆に雄＞去勢牛＞雌の順となり，骨重量の相対成長率も同様の傾向を示す．

③飼養管理方法の影響

肥育技術のなかで，飼料の構成や給与量で変化する**栄養水準**が，最も肥育成績に影響する項目であり，枝肉の組織構成について特に関係が深い．わが国で一般的にみられる濃厚飼料を多給する肥育方式では，すべての枝肉組織が順調に成長する状態で飼養されるが，粗飼料を多給する期間を設ける場合や肥育過程に放牧を取り入れる場合は，その間の栄養水準の低下や，栄養水準が刻々と変化することが考えられる．性の影響と同様に，肥育開始時の体重

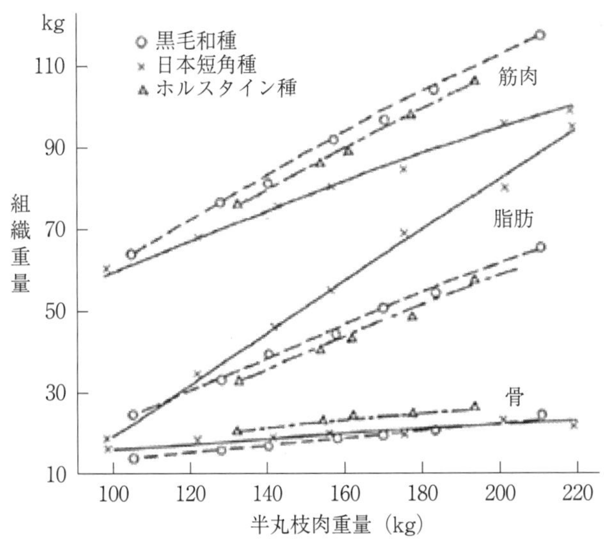

図6-7　枝肉を構成する筋肉，脂肪および骨の品種による違い（善林）

250〜300 kg 程度までは，過酷な条件におかない限り，枝肉の組織構成への栄養水準の影響はほとんどない．その後は栄養水準によって枝肉重量に対する脂肪重量の比に大きな差が生じる．濃厚飼料自由摂取で飼養されたウシの枝肉重量に対する脂肪重量の比は，粗飼料を多給する場合や放牧を取り入れる場合に比較して明らかに高い．

枝肉重量の増加に伴う枝肉の組織構成の変化を栄養水準間で比較すると，同一枝肉重量において，枝肉重量に対する筋肉重量の比は低栄養水準の場合が高栄養水準の場合よりも高い．これは脂肪の蓄積に左右された結果である．一方，筋肉と骨の重量比は高栄養水準の場合が低栄養水準の場合よりも高く，骨の割合が低い枝肉となっている点で正味の牛肉生産能力の点では優れているといえる．このような筋肉と骨の成長率の差には，栄養水準の他，タンパク質とエネルギーの比も影響するという報告もあり，粗飼料を多給する際や放牧を取り入れる際には注意を要する．

粗飼料を多給する際や放牧を取り入れる肥育方式は飼料費の低減に効果的であるため，検討の余地は大きい．問題は放牧条件でよく見られるように一時的に増体の停滞あるいは体重の減少が生じる場合である．そしてその後栄養水準の改善が図られると，一般に代償性成長といわれる増体の急激な上昇が生じる．この現象を利用した飼養技術の検討もなされているが，代償性成長の際の枝肉の組織構成の変化は，通常の成長とは異なる．すなわち，枝肉重量に対する脂肪重量は，一時的な増体の停滞あるいは体重の減少時に最も大きく減少し栄養水準を回復させても回復は遅れるが，枝肉重量に対する筋肉重量は栄養水準回復後の成長は順調である．これは前述の通り栄養の利用順位が骨，筋肉，脂肪の順に行われるからである．

一産取り肥育の場合は通常 24〜28 カ月齢で初産後，**二産取り肥育**は通常 34〜40 カ月齢で二産後の母牛が対象である．通常は妊娠後期から栄養水準を増加させ，分娩後に産子の授乳を終えた後が本格的な肥育期間となる．繁殖供用されていた期間は栄養水準が低く，妊娠期間中には胎子や妊娠関連器官に，授乳中は産子に栄養素が優先的に供給される．黒毛和種と F_1 の母牛を対象に分娩後1週間で離乳させてその後6カ月間肥育した場合では，15 週齢で離乳させてその後6カ月間肥育した場合に比較して，TDN 要求率と正肉の生産効率は改善するが，筋肉や脂肪組織の量的生産関係に対する離乳時期と肥育期間の影響は品種によって異なるようである．

老廃牛肥育の場合，基本的に繁殖供用時は維持に近い栄養条件で飼養されているため，生体中の脂肪蓄積は多くなく，場合によっては筋肉の成長も十分ではない．このような状態で肥育に入ると，代償性成長を伴う急激な増体を示す．通常この急激な増体は2カ月から3カ月続き，この間に急激に脂肪蓄積が進む．それ以降も肥育を続けた場合，全肥育期間が7カ月までは肉量の増加が見込めるが，それ以上の肥育期間を設けても日増体量は低下し，枝肉重量に対する筋肉重量の割合が低下するようである[2)]．

(3) 肥育に伴う骨，筋肉および脂肪組織を構成する各部分の成長とその変動要因

1) 各骨の成長

去勢によって骨の成長は低下するが，その低下は，個々の骨で一様ではなく，寛骨，肩甲骨，上腕骨等，前躯を構成する骨に大きく影響が出る．特に成長の遅い段階で成長のピークがある肩甲骨に対して，去勢による成長抑制の影響が強い．栄養の低下は，一般に骨では最も盛んに成長する時期に当たる部位に最も大きい影響を与えるといわれるが，肥育期間中における個々の骨の相対成長率に影響することはほとんどない．

2) 各筋肉の成長

骨と同様，栄養の低下は，筋肉においても最も盛んに成長する時期に当たる部位に最も大きい影響を与える．成長の早い段階における相対成長率の高い四肢の末端部や腹壁部の筋肉は，子牛時期の栄養水準にその発達が大きな影響を受ける．代償性成長のように，体重の減少を伴うような栄養水準の低下の後に再び栄養水準を回復させた場合にも，その時期における相対成長率の高い筋肉が大きな影響を受ける．ただし，通常の増体低下程度では，モモ，ロース，カタ等比較的高価な肉を生産する後肢基部，脊椎周囲部，前肢基部の筋肉群は栄養水準の影響をほとんど受けない．

3) 脂肪組織の分配と分布

牛肉生産の観点では，体脂肪を多く蓄積するような生産方式は，正味の牛肉生産効率を低下させる原因となるが，脂肪蓄積を極端に抑制すると，肉質や肉のおいしさの点で評価を下げることになるため，適度な脂肪蓄積を行う必要がある．生体中の脂肪組織は，内臓脂肪として大網膜脂肪と腸間膜脂肪，枝肉脂肪として腎臓脂肪，皮下脂肪，筋間脂肪，体腔内脂肪および筋肉内脂肪に分けられる（表6-4）．これら各々の脂肪組織への脂肪の分配と，枝肉の各部位への脂肪の分布および特に肉の価値を左右する筋肉内脂肪の蓄積について述べる．

①各脂肪組織への脂肪の分布

出生直後の脂肪の分配割合は，筋間脂肪が最も多くて全脂肪組織の55～60％を占め，内臓脂肪，腎臓脂肪，皮下脂肪がほぼ同じで各15％を占める．その後体重100～150 kgで内臓脂肪が急激に増加して約25％を，続いて皮下脂肪と腎臓脂肪が増加して各々20％を占め，その結果筋間脂肪の割合は減少する．肥育開始後の枝肉脂肪への分布に注目して，黒毛和種，日本短角種およびホルスタイン種を比較すると，ホルスタイン種は枝肉中の全脂肪割合が最も低いが，腎臓脂肪と骨盤腔内脂肪合計の割合とその相対成長率が高い．日本短角種は枝肉中の全脂肪割合が最も高く，筋間脂肪の相対成長率が高い．枝肉重量に対する脂肪重量の相対成長率は雌が雄より大きいが，各脂肪組織の相対成長率に性差は認められない．一般に肥育期間中の栄養水準が各脂肪組織の相対成長率に及ぼす影響は少ない．

②枝肉の各部位への脂肪の分布

一般に肥育期間中においては腹部や胸部への脂肪の蓄積が多く，頸部と四肢で少ない．枝肉の全皮下脂肪と全筋間脂肪に対する各々の相対成長係数も，これらの部位で高い．黒毛和種，日本短角種およびホルスタイン種を比較すると，ホルスタイン種と日本短角種は前躯への蓄積が多く，黒毛和種では比較的むらなく蓄積する．この傾向は皮下脂肪と筋間脂肪でも同様である．枝肉の全皮下脂肪と全筋間脂肪に対する腰部と胸部への脂肪蓄積の相対成長係数は雌が雄よりも高い．このように枝肉の各部位への脂肪分布には品種間や性差があるが，その違いは枝肉全体への蓄積量の多寡ほどは大きくない．一般に肥育期間中の栄養水準が，枝肉の全皮下脂肪と全筋間脂肪に対する各部位への脂肪蓄積**相対成長率**に及ぼす影響はわずかである．

③筋肉内脂肪の蓄積

筋肉内脂肪の自体は肥育の進行とともに増加するが，肥育期間における枝肉中の全脂肪に対する筋肉内脂肪の相対成長係数は1かそれ以下である．各部位の筋肉に含まれる筋肉内脂肪の相対成長率に差はないが，腹壁部および頸部から前肢・胸部にかけての部位の筋肉内，特にロースとトモバラに相当する胸腰最長筋と内腹斜筋中の脂肪含量が高く，四肢の下部で低い．これらの筋肉毎の筋肉内脂肪含量の序列には品種や性別の影響は少ない．枝肉内でもっとも価値の高い胸腰最長筋内では筋肉の前方と後方で筋肉内脂肪の蓄積が多く，中ほどで少ない．筋肉内脂肪含量は明らかに品種，系統の差があり，黒毛和種は系統等による変異が大きいが，一般に筋肉内脂肪含量が高い．同じ成熟率で黒毛和種，日本短角種およびホルスタイン種の胸最長筋内脂肪含量を比較すると，その増加の傾向に差はない．

熊谷　元（京都大学）

参考文献

1）善林明治，ビーフプロダクション　牛肉生産の科学．pp 3–82，254–273．養賢堂．東京．
2）Sugimoto M, Saito W, OOI M, Oikawa M. Animal Science Journal, 83 : 460–468. 2012.

5．産肉生理

肉畜の**産肉生理**に関する研究は1930年代に実施され，わが国では1977年にと体調査から黒毛和種去勢肥育牛の体組成の発育順序が示された．一方では体型測定調査から黒毛和種の正常**発育曲線**が公表されている．また，近年では超音波測定装置（エコー）を用いることでと体調査することなく経時的に肉用牛の形質の発育調査が可能になった．産肉生理理論を理解することは飼養技術の改善や育種改良を行う上で重要である．

産肉生理に関する研究は1930年代に**ハモンド**らにより羊や豚を用いて実施された．そして，1955年にハモンドが提唱した発育原理は，第1の説として**求心的成長説**で，動物の成長には波があり，腰部が最も遅く発育するとする説（図6–8）．第2の説として器官および組織間の**発育順位説**．第3の説に栄養素の**利用順位説**がある[1]．しかし，これらの考え方は，と体に関する研究が進む中で矛盾が指摘されている．そして，1977年に山崎が黒毛和種去勢肥育牛33頭を供試して正常発育における牛体各組織の6～30カ月齢まで月齢に伴う発育をと体調査し，得られたデータの解析に発育曲線を適用することで各組織の発育期間と最も発育する時期を示した[2]．すなわち，生体重や枝肉の発育期間は4～21カ月齢で，最も盛んな時期が12～13カ月齢である．また，骨および肝臓や心臓，消化管などの内臓実質は1.6～11カ月齢までにほぼ発育が終了する．そして，第1+2胃は13カ月齢までに発育が終了する．一方，枝肉脂肪や内臓脂肪の蓄積期間は12～24カ月齢で，重量が最も増加するのは16～18カ月齢である（図6–9）．

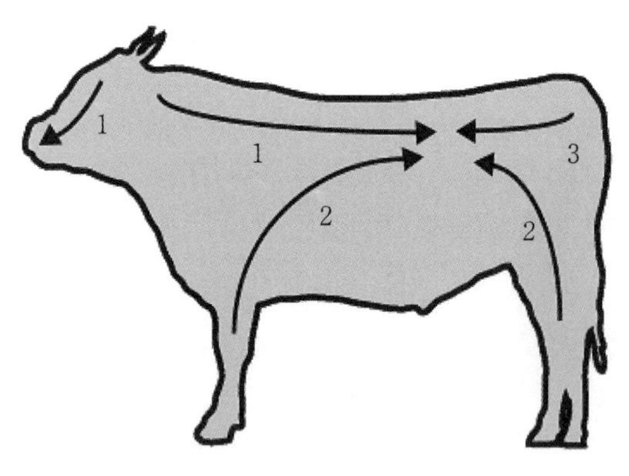

図6–8　ハモンドの求心的成長説
第1波：頭蓋骨に発し一つは顔面部分の方向に進み，もう一つは腰部の方向へ進む
第2波：四肢の中足骨と中手骨から発して蹄の先に向かうものと四肢を上方に進み腰部に至る
第3波：尻部から発して腰部に向かう

さらに，山崎は黒毛和種去勢肥育牛の6～30カ月齢までの部分肉内脂肪含量の月齢的変化を示した[3]．それは，ネック，カタロース，リブロース（レブ）の順に8.3カ月齢，10.7カ月齢，14.5カ月齢から部分肉内脂肪含量の増加が始まり，最大増加月齢はそれぞれ17.7カ月齢，20.3カ月齢，22.6カ月齢であり，その後30カ月齢まで増加する．また，サーロイン，カタバラおよびソトモモは10カ月齢頃から脂肪含量の増加が始まり，最大増加月齢は16カ月齢前後であり，

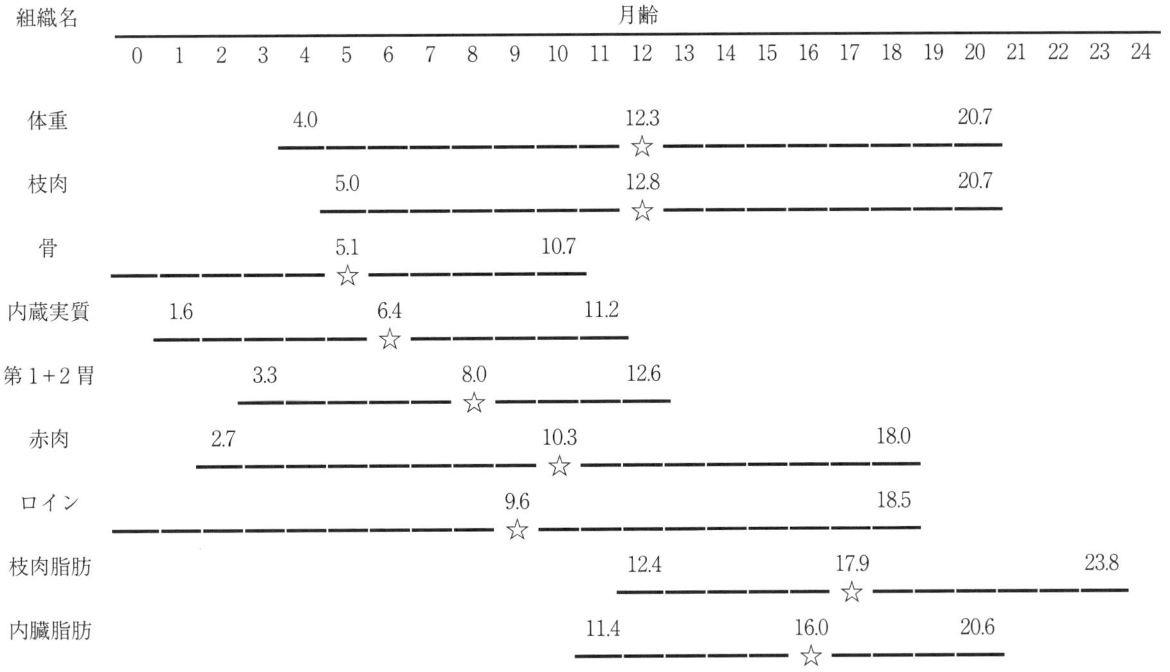

組織名	月齢		
体重	4.0	12.3 ☆	20.7
枝肉	5.0	12.8 ☆	20.7
骨		5.1 ☆	10.7
内蔵実質	1.6	6.4 ☆	11.2
第1+2胃	3.3	8.0 ☆	12.6
赤肉	2.7	10.3 ☆	18.0
ロイン		9.6 ☆	18.5
枝肉脂肪	12.4	17.9 ☆	23.8
内臓脂肪	11.4	16.0 ☆	20.6

図6-9　黒毛和種肥育牛の各組織の発育時期
☆：発育の最も活発な時期（山崎（1977）から作図）

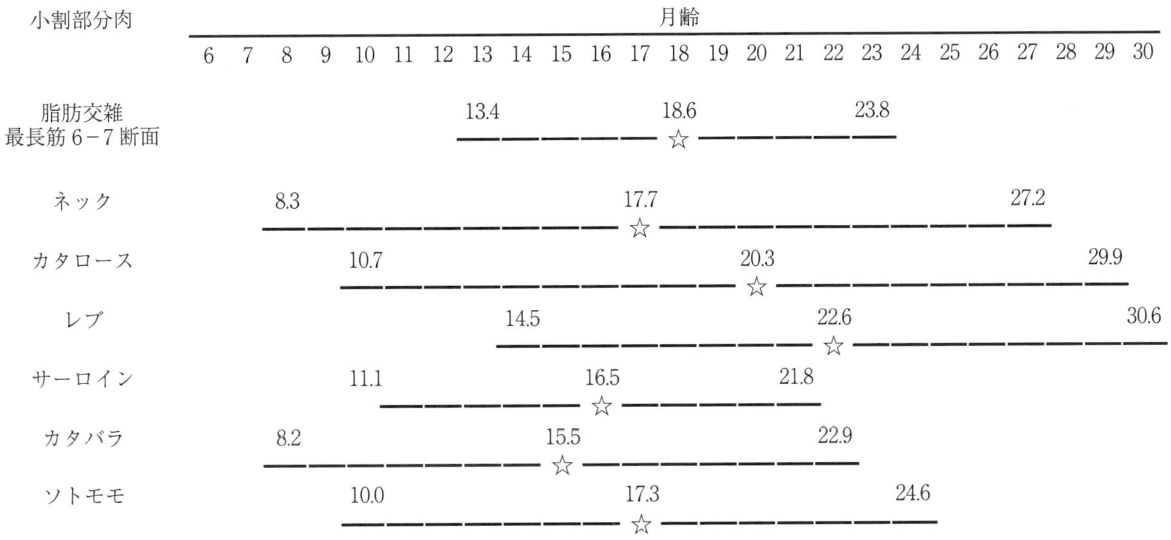

小割部分肉	月齢		
脂肪交雑 最長筋6−7断面	13.4	18.6 ☆	23.8
ネック	8.3	17.7 ☆	27.2
カタロース	10.7	20.3 ☆	29.9
レブ	14.5	22.6 ☆	30.6
サーロイン	11.1	16.5 ☆	21.8
カタバラ	8.2	15.5 ☆	22.9
ソトモモ	10.0	17.3 ☆	24.6

図6-10　黒毛和種肥育牛の各部分肉内脂肪含量の月齢的変化
☆：最大増加月齢　山崎（1981）から作図

その後25カ月齢頃まで増加する（図6-10）．部分肉内脂肪含量の増加期間は，さきほどの枝肉脂肪や内臓脂肪の蓄積期間を含み，さらに部位によっては30カ月齢まで続く．このため，肥育期間を長期化することで脂肪含量の増加は期待できるが，近年の遺伝的改良と飼養技術の向上による牛肉の脂肪含量の急激な増加を十分認識して肥育期間を設定することが必要である．

また，体型測定調査から黒毛和種の発育を示した報告としては，公益社団法人全国和牛登録協会が全国和牛能力共進会に出品された牛の体型測定値に基づいて推定した黒毛和種正常**発育曲線**を1983年まで発行している．それ以降は登録時の体型測定値等を用いて黒毛和種集団全体により適合する曲線を公表している．そして，平成10年から体型測定調査を行い，発育曲線推定のため非線型発育モデルを検討し，体重はGompertzのモデル，体高，体長および胸囲などその他の部位についてはBrodyのモデルを採用して黒毛和種正常発育曲線を2004年に公表した[4]．黒毛和種去勢肥育牛の体重，体高の正常発育曲線はつぎのとおりである．

$$\text{体重（平均）} = 748.39\,e^{-2.95962\,e^{-0.12055t}} \qquad t：月齢$$

$$\text{体高（平均）} = 145.35(1.0-0.51952\,e^{-0.09396t}) \qquad t：月齢$$

また，近年では超音波測定装置（エコー）を用いることでと体の調査をすることなく，肥育牛の胸最長筋（ロース芯面積），バラ厚および皮下脂肪など体組織の経時変化を推定することができる[5,6]．エコーを用いて測定した黒毛和種の各形質の発育に生後月齢に対する3次の近似回帰曲線をあてはめ，この3次曲線を生後月齢で微分して得られる導関数の解が各形質の発育期間とし，さらに微分した2次関数の解が最大発育期であるという解析方法[7~9]から，ロース芯面積には14.3カ月齢から17.7カ月齢に最大発育期が推定されている（図6-11）．また，バラ厚および筋間脂肪については10～23カ月齢の発育速度が速く，17カ月齢に最大発育期が認められる．このように，山崎の産肉生理理論が現在の黒毛和種にも適応することが確認できる．

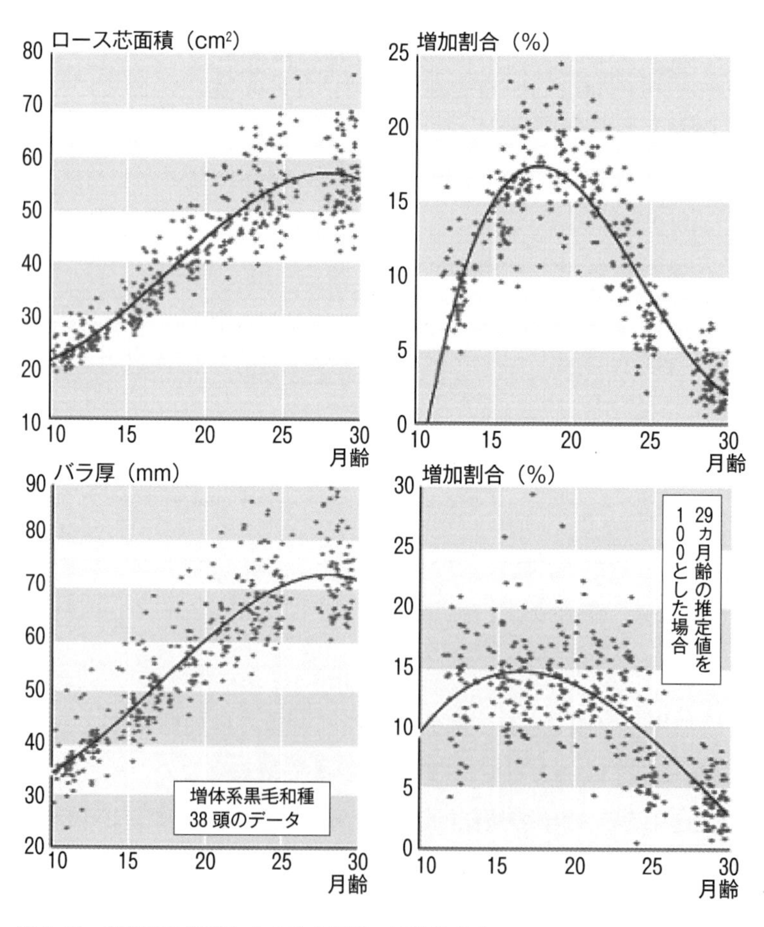

図6-11　超音波診断機による枝肉形質の経時的変化
全農飼料畜産中央研究所（2010）

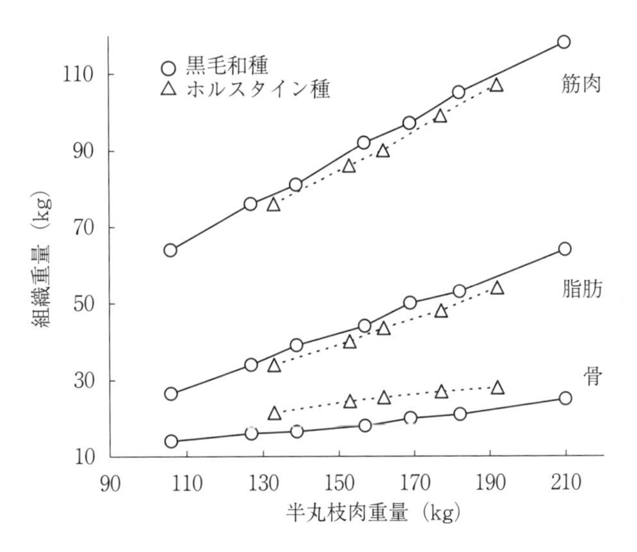

図 6-12　品種と枝肉構成
善林ら（1990）から引用

また，黒毛和種の産肉に関わる特徴はホルスタイン種と比較して組織重量のうち骨の重量が少なく筋肉と脂肪の重量比が多いことが示されている[10]．すなわち，枝肉 400 kg の場合，黒毛和種の筋肉は 57%，脂肪は 30% そして骨は 12% であるのに対し，ホルスタイン種の筋肉は 55%，脂肪は 28% そして骨は 15% である（図 6-12）．

このように，黒毛和種は歩留まりが優れているという特徴を認識し，産肉生理理論を理解した上で肉用牛生産を行うことが重要である．すなわち，育成期は骨，内臓および第 1＋2 胃の発育期と捉え，5～8 カ月齢を中心に 12 カ月齢まで粗飼料の品質，割合および飼料中粗蛋白質含量を考慮することが必要である．そして，12 カ月齢からは肥育期と捉え，脂肪の付着と脂肪交雑の増加を意識して TDN 含量を設定することが重要である．ただし，骨格筋は育成期から肥育期にわたり発育することから，全期間を通して常に飼料中粗蛋白質含量等を考慮することが必要である．

丸山　新（岐阜県畜産研究所）

参考文献

1） Hammond, John Jr, Progress in physiology of farm animals. 395–543. Oliver and Boyed Co., London. 1955.
2） 山崎敏雄．中国農業試験場報告，B23：53–85．1977.
3） 山崎敏雄．草地試験場研究報告，18：69–77．1981.
4） 黒毛和種正常発育曲線，pp 2–29．社団法人全国和牛登録協会．京都．2004.
5） 原田　宏．日本畜産学会報，67：651–666．1996.
6） 宮島恒晴．西日本畜産学会報，44：35–42．2001.
7） 高取　等・岡本英夫・立花　明・大本憲康・野口哲夫・山崎義明．鳥取県畜産試験場研究報告，29：53–56．1999.
8） 田中　健・吉田茂昭・斉藤勇一．肉用牛研究会報，64：29–34．1998.
9） ちくさんクラブ 21，No. 66．全国農業協同組合連合会．2010.
10） 善林明治・江本行宏．日本畜産学会報，61（10）：883–890．1990.

第7章　飼養管理

1. 繁殖管理と経営

和牛繁殖経営は，技術目標である一年一産を可能とすることを前提に，子牛生産効率のよい飼養管理をすることが必要である．この技術目標が達成できない限り繁殖経営が成り立たないことになる．そこで，経営内における基本技術の確立と，それぞれの地域における粗飼料生産基盤を前提にして，生産システムを構築することが重要である（図7-1）．

和牛繁殖経営において，子牛生産効率の低下は子牛生産コストの増加となり，受胎までの授精回数，廃用牛の増加につながる．この子牛生産効率に関与する要因は多岐にわたっている．**子牛生産効率**の向上を図るためには，分娩後の繁殖機能回復の早期化と斉一化に関わる基本技術と，確実な発情発見と人工授精の高い受胎率の確保が必要となる．まずは，飼養管理の基本技術を確実に実行して，経営内で効率的な子牛生産システムを完成させることである．

(1) 肉用牛飼養の経営類型と飼養方式

肉用牛飼養は，大別して肉用種と乳用種の飼養に分けられ，飼養目的別に子牛生産（繁殖）と肉牛生産（肥育）に分けられる．ここでの乳用種の飼養は，子牛が酪農における牛乳生産に付随して生産されるため肉牛生産（肥育）に限られる．また飼養する牛の種類別に経営類型を整理すると以下のようになる．

肉用種の場合は，**繁殖経営**，**肥育経営**，繁殖・肥育**一貫経営**である．乳用種の場合は，哺育・育成経営，肥育経営，哺育・育成・肥育一貫経営となる．

繁殖肥育一貫経営は比較的少なくて，肉用種では繁殖と肥育，乳用種では哺育・育成と肥育が別個の経営

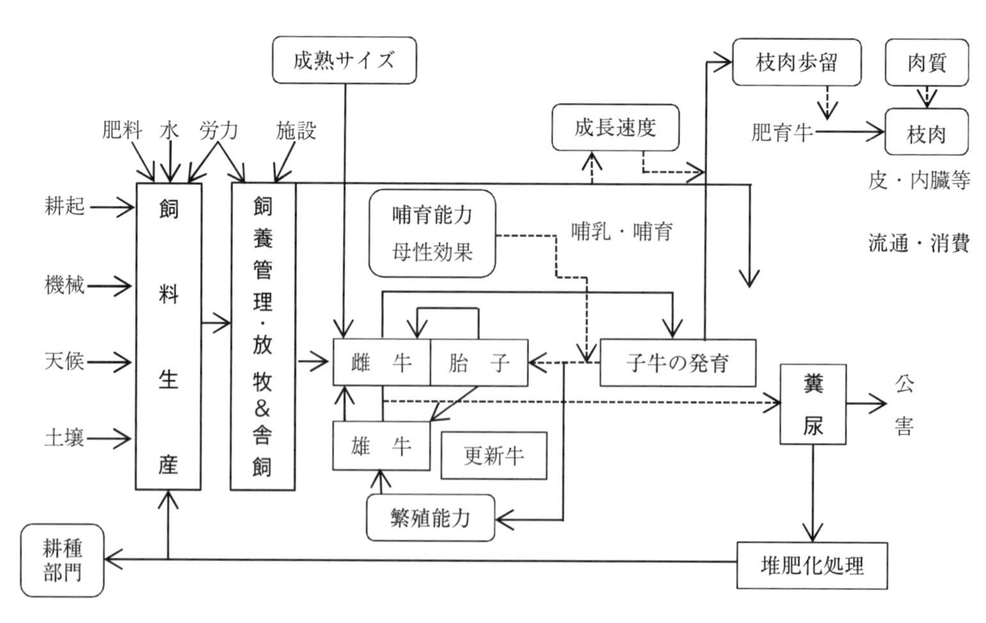

図7-1　牛肉生産システムの流れ

で行われている場合が多い.

肉用牛飼養の全体をみると，肉用種の繁殖経営，肥育経営，乳用種の各経営類型の比率の相違は，飼養頭数規模の相違を反映しているといえる．繁殖経営の比率の高さは他の経営類型に比較して飼養頭数規模が小さいことによる.

肉用牛飼養の経営類型は多様であるが，肉用牛飼養方式もまた多様である．肉用牛の飼養管理方式は大別して，**舎飼い**方式，**放牧飼養**方式，舎飼いと放牧を組み合わせる飼養方式の三つに分けられる.

年間を通じて放牧する**周年放牧**方式は，気象条件，土地条件等の制約があり，周年放牧が可能な地域に限られることになり，沖縄県その他の西南暖地，一部の島しょ部に限られる．このため，一般的には，舎飼い方式，舎飼いと放牧を組合わせた**夏山冬里**方式となる.

飼養方式の選択は，繁殖，肥育等の経営類型，立地条件，経営条件，利用する土地の種類・地形，その他の土地利用条件等によって規制されることになる.

肥育経営は，肉用種，乳用種とも，現状においては流通飼料への依存度が高く，市場条件の影響もあって集約的な飼養管理が一般的で，舎飼い方式が殆どである.

(2) 飼養管理の基本的考え方

牛にとっての飼養環境とは，単に牛舎構造だけのことではない．給与される飼料の種類や，その量，質に至るまですべてが環境要因となる．給与飼料の養分量が個体の要求量に見合うかどうか，つまり各発育ステージ，繁殖ステージにおいて生理的な必要量（養分要求量）より多い，少ないが個体にとって問題になる．この給与量の決定は，「日本飼養標準・肉用牛」に養分要求量として示されているので，これを活用して地域の粗飼料資源をベースに1日当たりの給与量を算出し給与する．思いやりで増減したりせず，科学的根拠に立った給与を心がける．給与量計算は，簡易に算出できる計算ソフトがあるので活用すべきである.

次に大切なのは，舎飼い飼養の場合，**運動量**の確保である．これは自由に運動できる条件（場所）を与えてやることである．和牛の繁殖雌牛のように，長年に渡って繁殖に供用する場合には，特に重要な要件となる．発育ステージ・繁殖ステージによって運動の生理的効果は若干異なるが，産褥期（分娩前後）を例にとると，歩行すること，他の牛に乗駕（のる）等の行動によって，生殖器道（子宮，卵管，卵巣）への刺激や子宮内悪露の排出を促進することから，子宮の収復に効果的である．この他に血液循環が良好となることから，代謝刺激によって生理機能の亢進に役立つ．これらの効果は，分娩後の繁殖機能回復に促進的に作用することになる.

給与量が適切であること，運動場を設置し自由運動をさせることは，いずれもごく当たり前のことであるが重要な要件となる.

(3) 飼養規模及び管理条件と繁殖管理について

肉牛の飼養環境として管理条件をみると，**個別飼養**と**集団飼養**では，置かれる環境としては大差がある．個別飼養では，単房，スタンチョン等，集団飼養においても舎内と屋外等によって大きく異なる．飼養管理方式としてみると，舎内でのフリーバーン（追い込房），野外での放牧飼養とでは飼養管理条件が異なる．夏山冬里や周年無畜舎，周年放牧等の飼養方式も具体的に検討されている.

今後の肉牛生産では，低コスト子牛生産技術の確立を前提に，多頭化，省力化に対応した飼養管理方式の選択と，飼養管理技術の組み立て如何が生産効率を左右する．舎内，屋外飼養方式ともに多頭飼養のメリットを出しながら，効率的な子牛生産を可能とする生産システムを組立てていくことが課題となっているといえる．そこには飼養管理技術に規模の概念が入ってくることになり，これまでの個別対応の技術だけでは対応しきれない新たな問題が派生する．

(4) 飼養管理技術としての繁殖技術

人工授精（種付け）は，人工授精師がやることで，受胎するもしないも授精師の技術しだいと思われている場合が多いが，それは間違いである．半分は否定できないが，他の半分は飼養管理する者の責任である．日常の飼養管理の中でやるべき任務に，飼料給与とボロ出しの他に発情発見を含めた牛の観察があるからである．

まずは，個体観察の記録を取ること．例えば発情牛を見つけたことの記録は，どのような徴候で発情牛と確認したか，いつまで続いたか，授精したら授精日として記録し，不受胎で発情回帰した場合，次の発情予定日はいつか等をメモする習慣をつけることが大切である．このような日常の記録が発情発見の工夫につながり，授精師への連絡時期，授精適期の判定，これらの結果として1回の授精当たりの受胎率に大きく影響してくるところである．

また妊娠診断（判定）も，日常管理の中で実行する．日常的に通常の管理の中で発情牛を見つけたり，異常牛を見つけたりすることが重要で，その努力と過程が繁殖技術の基本型であるといえる．

(5) 子牛生産効率向上の視点

牛の繁殖に関わる問題は，個々の牛と牛群全体の問題に分けられるが，繁殖効率，子牛生産効率の向上を図るためには，まずは分娩後の繁殖機能回復の早期化と斉一化に関わる基本技術と，確実な発情発見と人工授精の高い受胎率確保が必要である．

繁殖成績を問題にするときに，発情発見率，初回授精の受胎率，延べ頭数当たりの受胎率，実頭数当たり受胎率，一受胎当たりの授精回数，妊娠率，分娩間隔等がよく使われる．和牛繁殖経営では，特に子牛生産効率を重視すべきである．

黒毛和種における空胎日数と分娩間隔（空胎日数＋妊娠期間）を確認してみると，分娩後の空胎日数が80日の場合は分娩間隔が12カ月，同様に110日で13カ月，140日で14カ月となる．

和牛繁殖経営の技術目標である分娩間隔で12カ月を達成するためには，経営内での飼養管理技術システムの確立と，既存の飼養管理技術の有効な活用が重要である．子牛生産効率関与する要因は，図7-2に示す事柄になる．以下に具体的な技術的対応について述べる．

1）繁殖管理システム：交配期間の選択，発情調整，繁殖技術

2）日常管理：省力化，管理記録，技術集約

3）集団衛生：防疫対策，日和見感染症対策

4）空胎期間：通年の栄養管理，早期離乳，母子分離管理，超早期母子分離

5）子牛生存率：分娩予知，難産・分娩事故の低減対策，哺育期における損耗防止対策

6）後継牛の育成：栄養管理，体軀の発育バランス，繁殖供用開始月齢

7）妊娠維持：栄養管理，BCSの活用

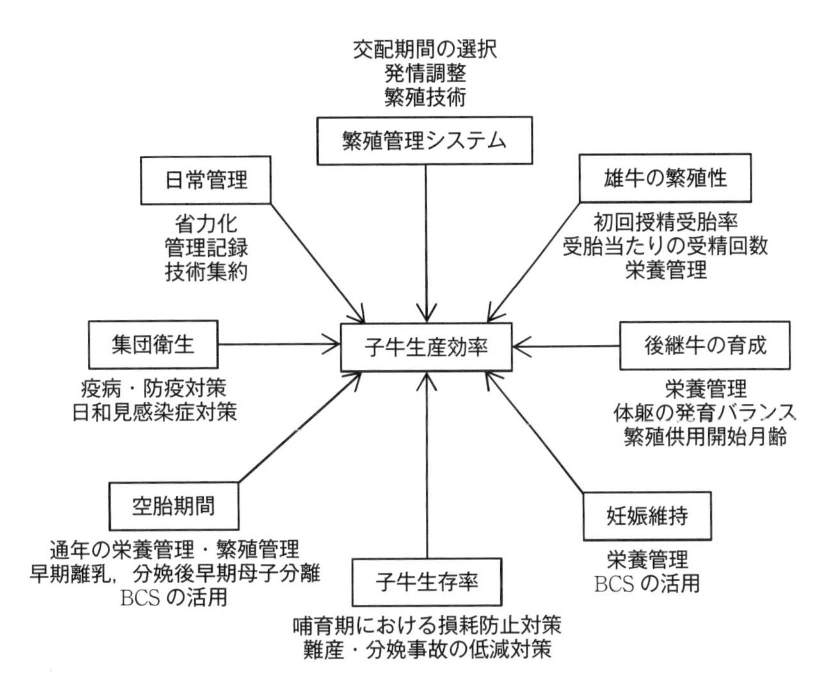

図 7-2　子牛生産効率に関与する要因と対策

8）人工授精技術：発情発見率，初回授精受胎率，延べ頭数受胎率，実頭数受胎率，一受胎当たりの授精回数，栄養管理

(6) 繁殖ステージ別の問題点と対応

繁殖ステージ別の問題点と対応について表 7-1 に示した．春機発動，性成熟，繁殖供用（交配）開始月齢までの飼養管理，初受胎・妊娠維持，初産分娩月齢，分娩期，分娩後・授乳期（自然哺乳　人工哺乳），分娩後の繁殖機能回復過程までの各ステージに，経営内の基本技術を再確認するとともに，欠落している基本技術を再構築することが必要である．

表 7-1　繁殖ステージ別の問題点と対応

繁殖ステージ区分	問題点と対応
春機発動	早過ぎもトラブルの原因となる
性成熟	繁殖供用開始前であればよい
繁殖供用（交配）開始	月齢，フレームサイズ（体高発育の重視）
初受胎・妊娠維持	飼養管理技術
初産分娩月齢	月齢，フレームサイズの目安を持つ
分娩期	分娩予知・助産技術の活用
分娩後・授乳期 1. 自然哺乳 2. 人工哺乳	子牛の哺育方式の選択と繁殖機能回復の実態確認 産歴（初産・2 産・3 産以上）別対応 哺育・育成技術の整備とマニュアル化
分娩後の繁殖機能回復	卵巣・子宮・受胎性の回復促進技術 発情再帰の早期化・斉一性，連産性 育成期からの飼養管理技術 発情生態の熟知，授精適期の把握，人工授精技術
生涯生産性	飼養管理・繁殖技術，人工授精技術

(7) 飼養管理方式と繁殖性

個々の経営に立ち入ってみると，牛の置かれる飼養環境は一様ではない．基本的な相違は，個別飼養か集団飼養かで，そのなかで個別給与（個体の栄養管理）が可能な給与方式か否かである．個別飼養では個体管理ができるメリットがあり，集団飼養では省力性がある．低コスト肉牛生産を前提に多頭化，省力化が望まれるが，多頭・省力化により低コスト肉牛生産をなし遂げる過程で，いかにして個体管理を斉一にするかが重要な鍵を握る．

通年の飼養管理体系が舎飼いか，夏山冬里方式のような放牧飼養も入るか，また地域の条件によっては，周年放牧や周年屋外飼養（無畜舎飼養）等も選択肢に入ることになる．

肉用種繁殖牛の飼養では，連産性，生涯生産性の高い牛群を維持することが経営の成否にかかわってくるので，技術の省力化，集約化の過程においても繁殖効率の向上が大前提となる．ここで留意しなければならないのは，個別飼養では繁殖ステージに合った給与と運動量の確保である．集団飼養では群編成であり，各種の生理段階および繁殖ステージにある個体が同一群として飼養される場合には，給与方式の工夫が必要となる．

採食競合により栄養状態にアンバランスを生じるようでは，基本的に繁殖牛飼養としては不適格であり，繁殖経営は成立できない．

(8) 繁殖機能の人為的調節技術（繁殖技術）

牛群の繁殖効率向上には，日常的に行われている飼養管理の影響が大きく関与している．また群の繁殖効率を考える時に，繁殖活動を人為的に制御することが可能であれば，繁殖管理を計画的に行うことができるとともに，子牛生産効率の向上を図ることができる．このための対応として，繁殖機能の人為的調節技術が開発されている（表7–2）．いずれも各繁殖ステージにおいて，飼養管理上で派生する問題点を改善するもの，あるいは作業の省力化及び効率化を図ることを狙いとするものである．

表7–2　繁殖効率向上並びに省力化のための繁殖技術と内容
—繁殖機能の人為的調節に応用されている事項—

技術項目	技術の内容
Ⅰ　性周期の調整	発情の同期化（$PGF_{2\alpha}$及び同アナログ，CIDR），発情の誘起，季節繁殖（CIDR）
Ⅱ　交配（授精）適期	発情牛の性行動，フェロモン，人工授精（AI）の適期判定，自然交配（まき牛），排卵時期の調整（Gn-RH及び同アナログ）
Ⅲ　妊娠診断	ミルク及び血中プロジェステロン測定，子宮頸管粘液検査（スメア検査），子宮頸管粘液電気抵抗測定（AIテスター），超音波診断，直腸検査
Ⅳ　分娩の調整	誘起分娩（$PGF_{2\alpha}$及び同アナログ，デキサメサゾン），計画分娩，昼間分娩誘起
Ⅴ　胚移植	単子生産，双子生産，多胎子生産（双子以上，品胎・要胎・周胎）
Ⅵ　胚・精子等の操作	胚・精子の性判別，胚の分割による双子，顕微受精，クローニング
Ⅶ　産子数の増大	受胎率の向上，早期胚死滅の防除，流産の防止，排卵数の増大（誘起多胎），多子生産
Ⅷ　分娩回数の増大	分娩間隔の短縮（分娩後の繁殖機能回復），早期離乳，分娩後母子分離し人工哺育・繁殖機能回復促進，分娩後の発情・排卵の誘起（Gn-RH及び同アナログ）
Ⅸ　生涯生産性の増大	性成熟の早期化，早期繁殖供用，繁殖供用開始月齢とフレームサイズ，連産性の確保，耐用年数の延長

これまで現場サイドでは，繁殖技術に関わる事柄は，人工授精師を始めとする周辺の技術者，指導者のやるものとの誤った認識があった．人工授精を依頼するにしろ，飼養管理者自身の発情発見，授精適期に関する基礎知識が必要であり，その理解の程度と具体的な実施が受胎率に現れてくることになる．また発情生態に基づく発情牛の発見法や，発情進行経過から人工授精の適期を把握することのできる技術等が明らかにされており，これらの技術を飼養管理技術として，具体的に実行することが必要である．

牛の妊娠診断についても，日常管理の中で活用できる実用的方法が示されており，飼養管理の中に取り込む必要がある．このことはまた繁殖障害の早期発見にもつながる事柄である．分娩期の管理技術としての分娩前徴候等については，これまでの経験的知識も大きく活用できる部分が多い．

これまでの繁殖牛の飼養では，繁殖技術が日常の飼養管理と遊離した存在であったが，今後は繁殖効率向上を図るため，実際の飼養管理技術として使いこなすことが重要であり，このことが，個々の経営における繁殖効率を左右することになり，経営の成否のカギを握ることになる．

(9) 繁殖管理記録の実施

繁殖管理記録は，ほとんどの農家で実施している．繁殖記録の方法は，手帳，ノート，黒板，繁殖・授精台帳，繁殖カレンダー，繁殖管理盤，パソコンによって行われている．手帳，ノート，黒板については，一次記録といえる方法でもある．繁殖・授精台帳，繁殖カレンダー，繁殖管理盤，パソコンは，一次記録を下に整理記録する方法といえるが，繁殖・授精台帳を最終記録として整理し，繁殖管理をすることが望ましい．

繁殖管理記録では，個々の経営に合った，使いやすい方法によって個体情報を把握することが重要である．繁殖管理記録の内容については，生年月日，分娩年月日，発情発見年月日，授精年月日，妊否，流早死産年月日，繁殖障害初診年月日，治療内容の各項目がある．近年では，繁殖管理ソフトの活用によって，効率的に管理項目を記録整理することが可能である．

(10) 繁殖管理作業チェックシートの活用

表 7-3 に，農家の繁殖管理作業チェックシートを示した．チェック項目としては，

Ⅰ．**毎日の作業**：1．発情発見と人工授精（AI），(1) 発情要注意牛を把握する，(2) 発情の観察，(3) AI の依頼，
　2．分娩の監視と分娩後の管理，(1) 分娩予定牛の観察，(2) 分娩後の牛の観察，
Ⅱ．**定期的な繁殖管理作業**：1．AI，
Ⅲ．**分娩前後の栄養・衛生管理**

をチェック項目としている．農家の繁殖管理作業は，日常管理の中で確実に実行してこそ経営全体の繁殖効率向上につながるものといえる．

表7-3　農家の繁殖管理作業チェックシート

Ⅰ．毎日の作業
1．発情発見と人工授精（AI）
（1）発情要注意牛を把握する．
- □ 分娩後40〜50日以上経過して未授精
- □ 前回発情から18〜24日
- □ AI後18〜24日（不受胎牛の早期発見）
- □ 発情誘起のためのホルモン剤投与後1〜5日
- □ 生後12か月齢以上の育成牛

（2）発情の観察
1）少なくとも1日3回は行う
- □ 1回目：朝，全ての作業の前に
- □ 2回目：昼ごろ
- □ 3回目：夜，全ての作業終了後に

2）観察する項目
- □ 乗駕の許容（スタンディング）
- □ 他の牛への乗駕（マウンテイング）
- □ 落ち着きがなく，そわそわする
- □ 鳴く
- □ 外陰部の充血と腫脹
- □ 粘液の漏出

（3）AIの依頼
- □ 早朝に発見した場合は，午前中にAI
- □ 昼ごろまでに発見した場合は，午後遅くにAI
- □ 夕方から夜にかけて発見した場合は，翌日午前中早めにAI

2．分娩の監視と分娩後の管理
（1）分娩予定牛の観察
- □ 骨盤靱帯の弛緩と坐骨の沈下
- □ 乳房の腫脹
- □ 体温の低下

（2）分娩後の牛の観察
- □ 体温測定（分娩後10日間）
- □ 食欲，元気の有無（分娩後10日間）
- □ 悪露の量，性状および臭い（分娩後14日間）

Ⅱ．定期的な繁殖管理作業（月1，2回）：定期健診の準備
1．AI後不受胎牛の早期発見
- □ AI後18〜24日の発情再発のチェック（毎日の作業）
- □ AI後30〜35日以降の早期妊娠診断

2．発情不明牛の検査
- □ 分娩後60日前後まで発情不明
- □ 生後14〜15か月齢まで発情不明

Ⅲ．分娩前後の栄養・衛生管理
- □ 周産期のBCS検査
- □ 蹄病の早期発見と治療

生産者のための牛の繁殖管理マニュアル．日本家畜人工授精師協会刊より引用（中尾　2008）

高橋政義（元（社）畜産技術協会非常勤参与）

参考文献

1）金田義宏・中尾敏彦・高橋政義・岡田啓司・木田克弥．生産者のための牛の繁殖管理マニュアル．日本家畜人工授精師協会．東京．2008.

2．哺育管理

（1）黒毛和種の哺育管理

肉用牛の飼養形態は繁殖・肥育と大きく二つに区分されるが，適正な子牛の哺育管理はすべての始まりである．健康で月齢に応じた発育をさせ，本来持っている遺伝的能力を最大限発揮できるように飼養管理する

ことが大切である．本章では，哺育期において留意すべき飼養管理技術について紹介する．

1）出生時の管理

子牛の管理は生まれる前から始まっており，分娩前から出生時までの母牛の管理も怠ってはならない．分娩予定日の少なくとも1週間前，できれば2週間前には母牛を分娩房に移動させ，分娩の兆候をよく観察するようにすることが重要である．分娩が近づいたら分娩房に清潔な敷料を十分に入れて準備し，子牛が出生時に汚れた床やバーンクリーナーに触れないように心がける．敷料には，十分な免疫力や体力を備えていない出生直後の子牛に対する疾病予防と保温効果があるためである．子牛出生時には**臍帯炎**の予防のため臍帯消毒を実施する．臍帯炎は発生頻度の高い疾病であり，子牛が肝膿瘍や多発性関節炎を併発する場合もあるため注意が必要である[1)]．

また，異常分娩が発生した場合には，適切な**助産**が必要となる．分娩兆候を見つけてから5～6時間経っても破水しない，破水後2時間経過したが足が見えない，頭だけが出ている，陣痛が微弱，胎盤が胎子よりも先に出てきた場合などの異常な兆候が見られた場合は，速やかに獣医師または助産の経験豊富な人に連絡を取り，対処する必要がある．助産により生まれた子牛は羊水を飲んでいる場合が多いので，生後すぐに両後肢をつかんで逆さまに吊り下げ，気道内の羊水を排出させ，自発呼吸させることが重要である．

2）初乳の給与

良好な子牛生産には，子牛を病気にさせないことが重要なポイントの一つである．牛は胎盤を通して免疫グロブリンが子牛に移行しない動物なので，出生直後の子牛は感染に対して全く抵抗力を持たない．出生後に摂取した初乳を小腸で吸収して初めて，**免疫グロブリン**を獲得することから，初乳の摂取は子牛にとって必要不可欠である．**初乳**は免疫グロブリンだけでなく，タンパク質，ミネラルやビタミンを多く含み，子牛のエネルギー源となるだけでなく，胎便を排泄させる働きがあり，重要な役割を担っている．

子牛が初乳から免疫グロブリンを吸収する能力は出生後の時間経過とともに急速に低下するので，初乳は出生後にできるだけ早く飲ませることが重要である．効率的に免疫グロブリンが吸収できるのは出生後4～6時間とされており，出生後24時間を過ぎると吸収する能力はほぼ失われることから，遅くとも6時間以内に摂取させるべきである[2)]．野外における初乳摂取までの時間は50～100分との報告があることから[3)]，出生後2時間程度は初乳を摂取しているかどうか注意深く観察することが大切である．しかし，すでに子牛が出生しているのを発見した場合は，母牛の乳房の張りや子牛の口元，腹まわりをよく観察し，初乳を確実に飲んだことを確認する．もし，初乳を飲んでいない場合には，虚弱でないか，胎便がつまっていないか，前歯が歯肉をかぶっていないかなどを確認し，対処すべきである．

また，初乳を飲んでいても初産の子牛，生時体重が軽い子牛，虚弱子牛などは注意が必要である．哺乳量や哺乳時間が少なく（表7-4），十分な量の抗体を獲得できない場合があるため，**初乳製剤**の活用が有効である．初乳製剤を利用する場合は，哺乳瓶を用い，しっかり**唾液**を出させながら飲ませるとよい．唾液は消化を助け，哺乳瓶で少量ずつ摂取することで免疫グロブリンの吸収効率が上がるとの報告がある[2)]．初乳を飲まない状態が6時間以上経過したときは，**ストマックチューブ**などによる強制投与を検討すべきである．しかし，強制投与した場合は誤嚥や腹が張る事例があるので投与時には十分な注意が必要である．また，下痢や風邪などの病気が多発している農場では，分娩前の母牛に下

表7-4　子牛生時体重と第1回目の初乳摂取状況

生時体重	ほ乳までの時間（分）	ほ乳時間（分）	ほ乳量（g）
20 kg 未満	104±61	36±11	540±350
20～25 kg	93±48	43±14	670±320
25 kg 以上	96±60	47±14	760±390

（野田ら　1996）

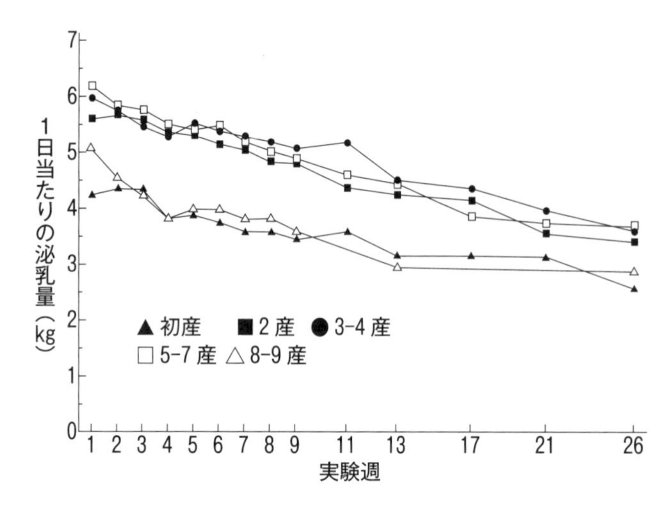

図7-3　産次別泌乳量（島田ら 1993）

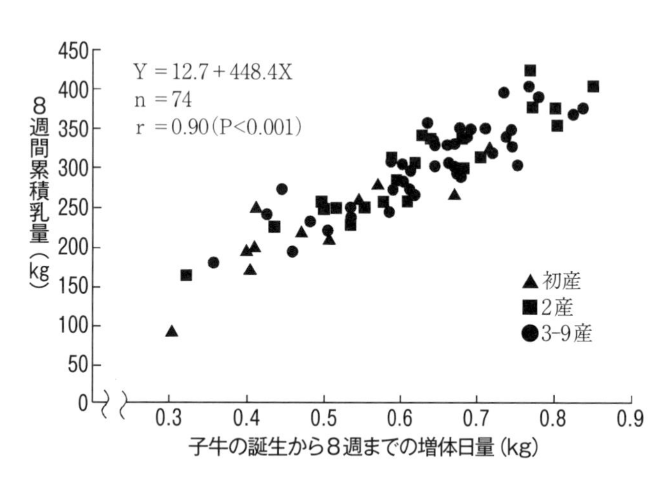

図7-4　泌乳量推定（島田ら 1993）

表7-5　黒毛和種子牛の平均的な哺乳量

週齢（週）	1	4	8	12	16	20	24
ほ乳量（kg）	6.9	7.0	6.3	5.6	4.9	4.2	3.6

（日本飼養標準・肉用牛 2008）

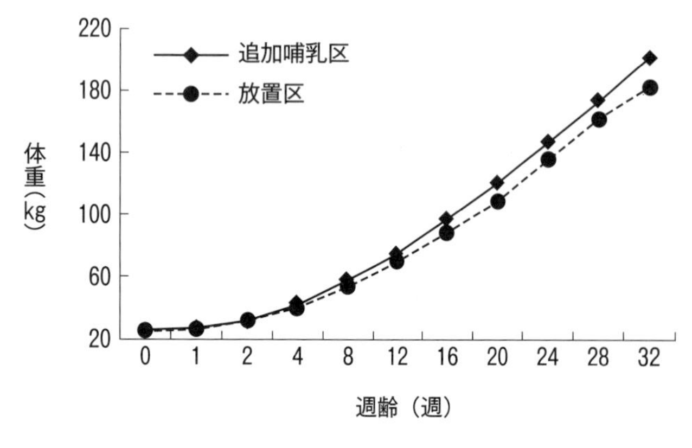

図7-5　追加哺乳の有無による体重の推移

痢や呼吸器のワクチンを接種して，子牛の免疫力を強化させることも対処法の一つとして検討すべきである．

3）**哺　乳**

子牛市場出荷時の体重は，生まれて3カ月齢までの発育と相関が高いことから，3カ月齢までの発育を良好にすることが重要である．生後8週齢までは子牛が発育に必要な養分量の80% 以上を母乳に頼っているとの報告[4]があるように，若齢時の子牛は母乳への依存度が高く，母牛の**泌乳量**は子牛の発育に大きく影響する．泌乳量は遺伝的な要因だけでなく飼養管理方法にも影響を受けると言われており，個体毎の泌乳量を把握することは大切なことである．

一方，肉用牛は乳用牛と異なり，泌乳量の計測が困難である．そのため，母牛の特徴や子牛の発育の程度から泌乳量を推定する方法が実用的である．なお，島田ら[5]によると黒毛和種の産次別1日泌乳量は1産次と8〜9産次は他の産次より少なく（図7-3），1産次は3産次の時と比較すると約30% 少ないとのことから，泌乳量を推定するうえで産次は考慮すべきである[4]．また，子牛の吸乳において，哺乳時間が短い，哺乳回数が多い，乳頭を頻繁に変える，乳房を突き上げる回数が多いなどの行動を示している場合，乳量が十分でない可能性が考えられるので注意が必要である．さらに，泌乳量と発育との高い相関から，子牛の増体量を利用して母牛の**推定泌乳量**を算出することが可能である（図7-4）[5]．黒毛和種子牛の平均的な哺乳量を表7-5に示す[6]．定期的に子牛の体重を測って母牛の泌乳量を把握し，子牛の管理だけでなく，母牛の飼料給与量の調整や更新時の参考にすべきである．

子牛生産と泌乳量は関係が深いことから，泌乳能力の高い母牛の選抜，産歴等による母牛の更新は繁殖経営を行う上で重要であると考えられる．しかし，実際には泌乳能力の選抜を行うには年数を要することや，娘牛に期待通りの泌乳能力が遺伝しない場合がある．そのような場合は，不足する乳量に対して代用乳を追加して哺乳することで子牛の発育を改善することができる．**追加哺乳**を行った結果，32 週齢時で約 20 kg の体重増加が確認された（図 7–5，写真 7–1）．しかし，**代用乳**の追加を行いたくても，子牛が飲まない場合がある．そのような場合は，母乳を飲んでいる時に飲ませたり，母牛と数時間離すなどを試みたりすることにより，比較的給与しやすくなる．また，早い時期から哺乳瓶への馴致を開始したり，代用乳を作る作業，給与する作業はできる限り同じ人が行い，規定の温度と希釈倍率を守ることも大切なポイントである．

写真 7–1　追加哺乳による体型の違い

4）**飼料給与**

第 3 項で若齢牛における母乳の大切さについて紹介したが，月齢が進むと，母乳だけでなく固形飼料も重要になってくる．反芻家畜において飼料を利用する上で重要な役割を果たす第一胃は，出生時は未発達な状態で，週齢が進むにつれて発達していく[7]．発育や飼料効率の良い子牛を作るには，早期に胃を発達させることが重要である．**第一胃の発達**は胃内の微生物発酵によって作られる揮発性脂肪酸と乾草などの粗剛な物質の両方に影響を受けている．母乳だけでは第一胃は十分に発達しない．揮発性脂肪酸による絨毛の発達を促すには，人工乳をいかに早期に食べさせるかが重要であり，嗜好性のよい新鮮な人工乳を生後 3 日齢から給与し，早めの馴致を心がける．

また，第一胃の筋層や容積の発達を促すには，1 カ月齢までに粗飼料給与を開始したい．給与量は少量から馴致を始める．粗飼料を給与しないと体毛や敷料などを摂取したり，逆に給与量が多すぎると人工乳の摂取量を低下させたりする可能性があるため注意が必要である[2]．3 カ月齢以降は子牛用配合飼料に切り替え，子牛の様子を見ながら配合飼料を増給していくとともに粗飼料を十分に摂取させることが重要である．採食を促す上で，牛の状態を観察し残飼がないように給与したり，飼槽および飲水施設を常に清潔に保ったりすることなども重要である．

5）**離　乳**

黒毛和種子牛の**離乳**は遅くとも 5 カ月齢までに行うのが一般的であるが，最近は，飼養コストの低減や母牛の発情回帰日数の短縮などを目的に離乳を早める農家が増えている[8]．しかし，離乳時期を誤ると離乳後に発育停滞をおこすこともあり，子牛の状態を見極めることが重要である．離乳後は母牛からの栄養が無くなり，固形飼料からの栄養のみになるため，離乳までに第一胃を発達させ，粗飼料や濃厚飼料を十分量摂取する能力と効率よく利用できる能力を備えておくことが重要である．

離乳は栄養源の変化だけでなく，母牛と離れる，同居牛が変わる，牛房が変わるなど環境的なストレスが同時に加わる行為である．ストレスは免疫力を低下させるため，できるだけストレスを与えないように配慮する必要がある[2]．母牛の濃厚飼料の給与量を減らし，乳房の張りを抑えることで固形飼料への馴致を進めたり，段階的に母子分離時間を延ばしていく制限哺乳により母子分離のストレス軽減と繁殖機能回復促進[9]

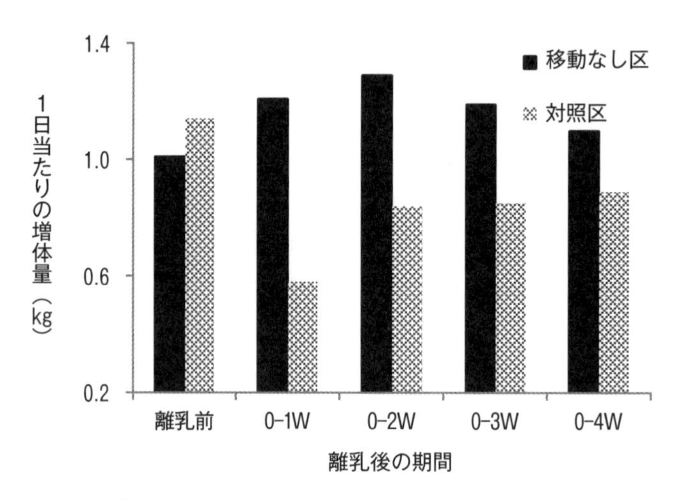

図7-6　離乳時の牛房移動の有無による子牛の離乳後DG

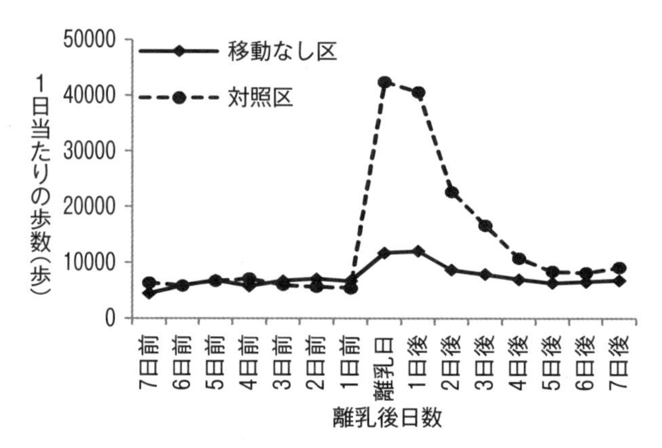

図7-7　離乳時の牛房移動の有無による子牛の歩数の推移

を図ることができる．

また，子牛を母牛と離した後，子牛専用の牛房へと移動するという離乳方法ではなく，母子分離と牛房移動を同時に行わずに離乳する方法も，子牛の発育改善に効果的である（図7-6）．母子分離と牛房移動を同時に行わないことで，離乳後の歩数や発声回数を抑制することができる（図7-7）．

6）**人工哺乳**

子牛の哺育の方法には**自然哺乳**と**人工哺乳**の2種類がある．自然哺乳は母乳により飼育する方法で，多くの繁殖農家で実施されている．人工哺乳は哺乳瓶などにより代用乳を給与して飼育する方法である．母牛の分娩間隔の短縮や乳牛への受精卵移植等により，人工哺乳を取り入れる農家も増加している[2)]．

人工哺乳の子牛は必ず初乳を摂取しているのを確認した後，生後1週間以内に母子分離し，哺乳瓶と**代用乳**の馴致をしっかり実施する．生後10日目までは粉乳0.5～0.8 kg/日に制限し，その後徐々に増量する．子牛の生時体重が35 kg以下であれば，10日目から体重が50 kgになるまでの間，十分な哺乳量（1 kg/日）を給与する（図7-8）．体重が50 kg以上か**人工乳**を0.7 kg/日以上摂取できるようになってから，代用乳を徐々に減量し，離乳する．代用乳の漸減期間は2週間から4週間かけて行うことで，離乳時の発育停滞を軽減することができる．また，漸減期間中は人工乳の摂取量が急激に増加するので食餌性の下痢に注意する．

7）**人工哺乳における哺乳量**

従来，黒毛和種子牛においてもホルスタイン種子牛と同様に代用乳400～500g/日哺乳という体系がみら

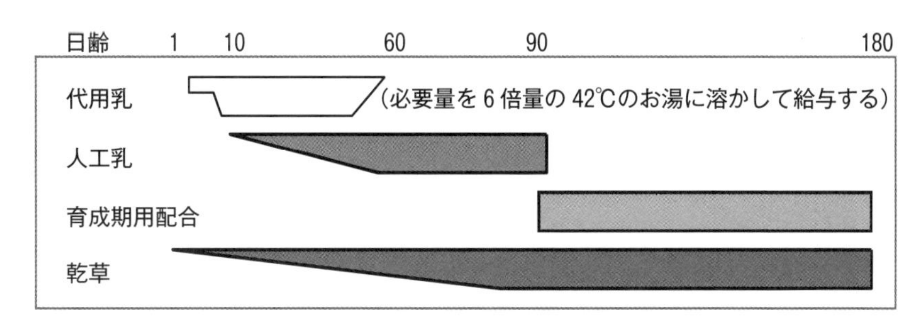

図7-8 人工哺乳における飼料給与

れた．しかし，前述したように黒毛和種子牛の標準発育には6kg以上の哺乳が必要であり，これは代用乳では1kg/日程度の哺乳が必須となると考えられる．黒毛和種子牛において哺乳量が多く必要となる理由として，体格の大きなホルスタイン種子牛は，代用乳が不足すると固形飼料である人工乳を摂取して不足分を補えるが，体格の劣る黒毛和種子牛では，必要量の人工乳が摂取できないためである．人工乳の摂取量は生後日齢ではなく体重に依存しており，500g/日摂取するためには40kg，700g/日摂取するためには50kgの体重が必要である[10]．つまり，黒毛和種子牛では50kgに達するまでは，代用乳を1kg/日程度哺乳して確実な発育を促す管理を行う必要があると考えられる．

8）**哺乳ロボット**

子牛の人工哺乳においては**カーフハッチ**を利用した個別管理が一般的であった．カーフハッチは個体飼育することで衛生環境を良好に保つことができ，子牛間の伝染性疾患も予防でき，哺育期の事故率を大幅に抑えられるため広く普及した．しかし，近年の規模拡大傾向から，より省力的な方法として乳用種で普及した哺乳ロボットが肉用種でも活用されるようになった．哺乳ロボットは従来のカーフハッチより省力化が可能である，若齢時から群に順応するので離乳後に群飼育になる場合よりストレスが小さいなどメリットがある．しかし，疾病の発生率が高い，へそ吸いなどにより尿を飲む場合があり発育不良の個体があるなど，数々の問題点も含んでいる[9]．

9）**牛舎環境**

哺育期のみならず，すべての期間において牛舎環境を快適かつ清潔にすることは，肉用牛の飼養管理において重要なことであり，特に子牛は抵抗力が弱く，環境の影響を受けやすいので十分な対策が必要である．季節に応じて**暑熱対策**と防寒対策を適宜実施する．暑熱は採食量減少など生産性に影響を及ぼすだけでなく，体温調節能が十分でない子牛では熱中症を起こすこともある．換気扇や断熱材の利用，白系塗料や石灰乳の屋根・壁への塗布，散水，細霧システムの設置など気温が上昇する前に取り組むと効果的である．

防寒対策も重要である．子牛は皮下脂肪が薄く，筋肉量や採食量も少ないため寒冷ストレスの影響を受けやすい．保温用ヒーターや投光器，カーフジャケットの利用，清潔な敷料を入れてできるだけ牛床を乾いた状態に保ち，体を冷やさないように心がけ，疾病予防に努める．

また，見落としがちだが，子牛の牛舎移動や群編成の変更は子牛にとって大きなストレスとなり，発育が停滞する一つの原因となる．子牛市場に出荷するまでできるだけ同じ場所，同じ群のまま管理することも生産性を向上させるためには重要である．

吉田恵実（兵庫県立農林水産技術総合センター畜産技術センター）

参考文献

1）獣医繁殖学教育協議会編，獣医繁殖学マニュアル．134．文永堂出版．東京．2002.
2）日本家畜臨床感染症研究会編，子牛の科学．74-201．チクサン出版社．東京．2009
3）野田昌伸・太田垣進・岡章生．兵庫農技研報，32：29-34．1996
4）全国家畜畜産物衛生指導協会，生産獣医療システム肉牛編．31-51．農山漁村文化協会．東京．1999
5）島田和宏・居在家義昭・鈴木　修・岡野　彰・竹之内直樹・大島一修・大石孝雄・小杉山基昭・高橋政義．中国農研報，12：57-123．1993
6）農業・食品産業技術総合研究機構編，日本飼養標準肉用牛（2008年版）．55-63．中央畜産会．東京．2009
7）小原嘉昭，ルミノロジーの基礎と応用．97-98．農山漁村文化協会．東京．2006
8）農畜産業振興機構，黒毛和種飼養管理マニュアル第4編．3-17．全国肉用牛振興基金協会．東京．2009
9）農畜産業振興機構，黒毛和種飼養管理マニュアル第3編．16-17．全国肉用牛振興基金協会．東京．2009
10）農畜産業振興機構，黒毛和種飼養管理マニュアル第7編．1-16．全国肉用牛振興基金協会．東京．2009

(2) 乳用種去勢牛の哺育・育成管理

乳用種雄子牛や交雑種の子牛は，酪農家で出生の後，初乳を飲み，それぞれの経営にもよるが1週間から1か月程度の哺育期間を経て，新たな農場において飼養管理されることになる．

1）母子ともに栄養管理が大切

初乳給与の重要性については他でも述べられている通りで，分娩後6時間以内に2リットル以上を飲ませることで，母牛からの免疫抗体が移行される．重要なことは，妊娠末期の母牛の栄養管理である．分娩2か月前は胎子が急激に発育することから，これに合わせて母牛への増飼いが必要である．母牛の妊娠末期2か月間におけるストレス低減と栄養状態が満たされることにより，胎子の「初乳抗体を受け入れるための腸管の成熟」と「生まれてからの免疫機能を左右する胸腺の発育」が向上する．また，初乳中の抗体が増加することで品質が高まり，子牛は健康で元気に発育することができる．さらには母牛のその後の体力回復や発情回帰，泌乳，受胎まで関係してくるといわれている．生まれた後の初乳の給与時間や給与量もさることながら，母牛の乾乳期の栄養管理に十分注意を払うことも併せて重要である．

2）哺育子牛は粗飼料は苦手

成牛は反芻動物であり草食動物である．しかし生まれたばかりの**初生子牛**は第四胃でミルクを消化する赤ちゃん牛である．微生物相と第一胃絨毛は未発達な状態で固形物，ましてや粗飼料の消化・吸収機能はなく，その後の飼養管理で草食動物・反芻動物に変身していく動物である．牛の消化生理は第四胃主体の哺乳期から第一胃主体の反芻獣へと変化・成長していく．これは「代用乳を栄養源とする哺乳時期」「人工乳で栄養をとり絨毛を発育させる時期」「良質乾草の消化ができるようになり腹づくりをする時期」であり，それぞれの時期における適切な飼養管理が大切で，この時期に粗飼料の給与が不必要という意味ではない．また子牛は第一胃の機能が未発達で成牛のような冬季の発酵熱による体温維持を期待できない．体重あたりの体表面積が大きく体毛も短く保温性に乏しい寒さに弱い動物である．

3）哺育期の飼養管理

子牛の導入施設は，一般的には**カーフハッチ**（単飼）あるいは**自動ほ乳機**（群飼）による飼養管理で，哺乳方法もバケツ哺乳，ニップル哺乳，自動ほ乳などがある．カーフハッチは1頭ごとの飼養管理ができるので，個体観察や飼料の摂取状況がつかみやすい．農場によっては，代用乳，人工乳の給与量を毎日記録し，その日々の摂取量の動きから，異常子牛の早期発見に利用しているところがある．カーフハッチは野外に設置することから，管理作業は天候や季節の影響を受けやすいため，屋根を設けて，その下にカーフハッチを設置する事例が増えている．飼槽に雨や雪が入り込み，飼料が濡れる，カラスなどの鳥の糞の影響がなくな

表1　自動ほ乳機による給与プログラムの事例（生後10日齢のスモール導入・北海道冬季）

導入後日数	哺乳量（リットル/日）	代用乳（g/日）	備　考（6倍希釈・142g/リットル）	人工乳	軟い乾草
1～6	4～5	568～710	基準量が飲めない子牛には哺乳瓶で飲ませる	人工乳は「おやつ」残さない程度の定量給与	無給与
7～21	5～6	710～852	ばらつき・下痢に注意		咀嚼の練習おしゃぶり
22～28	6.5	923	最大量・1週間継続		
29～35	6.5～3	923～426	離乳に向けての調整	人工乳の漸増	
36～37	温湯	0	離乳ストレス減と飲水量確保		

○飲水は清潔な水を常時飲めるようにする.
○導入後日数における哺乳量は自動ほ乳機が設定する. 代用乳の総量は26.7kg.
○自動ほ乳機の北海道冬季の事例. 実際には仔牛の状態や代用乳の品質, 環境や地域など, 各自の農場の給与プログラムを作成する必要がある. また季節により給与量の調整も必要.

り良好な飼養管理ができる. 自動ほ乳機はコンピュータが1頭ごとの個体を識別し哺乳量や給与回数が設定できる. 省力化ではあるが, 25頭程度の群飼であることから, 子牛同士の接触感染の影響が出やすい. また体調不良や発病初期の子牛の発見には注意が必要であるが, 乳用種雄子牛では普及してきている. なお, 群飼における呼吸器病発生予防の消毒方法としては日々の空中散布や煙霧消毒が有効である.

初生子牛は**代用乳**の栄養を主としている時で, 子牛の消化器官が固形物に対応できるまでは, 赤ちゃんとして扱うべきで, 代用乳給与による「赤ちゃん太り」の方が体力もあり疾病に対しても抵抗力がある. 一般的には生後6週齢（42日）まで給与し, 以後離乳となる.

代用乳の給与量は体重の5～10%が基本的とされている. 環境温度が低い冬季には地域にもよるが, 子牛の体力維持に必要なエネルギーが増加するため, 代用乳の給与量を増加させることが必要である. 希釈倍率はメーカーでも異なるが, 6倍希釈がよさそうである. 大切なことは与える給与容量（リットル）でなく, 代用乳の重量（g）が基本で, 子牛に対して, どれだけの栄養を与えたかである. 自動ほ乳機では1日に哺乳時間・回数が設定できるが, カーフハッチなどのバケツ哺乳, ニップル哺乳では, 1日に1～2回程度の哺乳回数となる. 代用乳の溶解温度は45～50℃で子牛が飲むときには38～40℃にしたい.

哺乳期の**飲水**は清浄な水を代用乳の給与時から自由に飲ませることである. 哺乳時期の飲水は乾物である人工乳の食い込みに大きく関係する. 代用乳は第四胃に入るが, 人工乳・乾草・水は第一胃に入り発酵, 反芻の練習となる. 冬季はぬるい温水が望ましい.

4）人工乳の給与

人工乳は導入当初から与えるが, 最初は30gとか50g程度である. 人工乳は梅雨時期など変質しやすいので, きれいな飼槽で少量ずつ給与する. 急激な増量は下痢・軟便にもなりやすいので注意する. 多少の軟便でも糞の色, 臭いに異常がなければ特に問題にはならない.

子牛の絨毛の発育には人工乳を摂取し産生されるVFAの影響が大きく, 乾草給与による影響力は小さい. 人工乳を与えずに乾草だけではVFAの産生が少なく, 絨毛の発育は乏しいものである. 哺乳段階での乾草の役割は, 咀嚼の練習とルーメン内のブラッシング効果, 第2胃への刺激の付与による反芻刺激の開始で, 腹づくりはまだ先の話で, 急ぐ必要はない. 子牛の胃腸の発育に合わせた気配りが重要である.

写真 7-2　ロボット哺乳の人工乳給与

写真 7-3　単飼の状態から，人工乳 500g/日量を超えるころ，中仕切り板を外すことで 3～4 頭の群飼に移行できる．

5）粗飼料と乾草のコントロール給与

初生子牛では生後 3 週齢までは繊維を分解するセルロース分解菌がルーメン内には非常に少ない状態である．反芻は生後 14 日程で開始されるが，4 週齢あたりから増加しはじめ，さらに人工乳の 1 日当たり摂取量が 500 g 以上になると乾草の摂取量も増加し，反芻時間も増加していく．しかし，まだ反芻動物ではなく栄養の多くは代用乳からで，乾草は「おしゃぶり」である．「人工乳の摂取量を妨げない程度の乾草の給与量」という言い方が適正で，人工乳の 5% 程度（重量比）が目安とされる．子牛の第一胃が消化の悪い粗飼料で満たされると人工乳が食べられず，エネルギー不足から発育・抵抗力が下がる原因になりかねない．

大切なことは，乾草の品質である．やっと発育し始めた絨毛を傷つけるような硬い粗悪な粗飼料給与では問題である．チモシーの良質な 2 番草，あるいは葉の部分が多く軟らかい乾草を与える．手で握って痛くない，柔軟で消化率の高いものを選ぶ．あくまで反芻・咀嚼の練習である．哺乳時の乾草はスモールが摂取するから生理的に必要としているわけではなく，乾草の未消化による下痢や軟便があることも認識し，粗飼料の害も考慮することである．哺乳時の不適切な粗飼料給与が子牛に対し弊害を与えていることを改めて考慮したい．

6）離乳から 3 か月齢まで

人工乳を 1 日あたり 700g 以上，連続して 3 日間摂取できれば離乳が可能である．42 日齢になれば実際には 1 kg 以上は摂取しているが，やはり個体によっては数日間哺乳を延長し離乳を遅らせることも個体管理上必要である．

離乳は子牛にとって大きなストレスである．代用乳の液状飼料から人工乳や乾草などの固形飼料に移行する時である．離乳と牛舎の移動は同時に行わないようにしたい．またカーフハッチから群飼にする場合も，離乳してから 1 週間後になるように時間差を設けてストレスを分散させる．

生後 3 か月齢までは，「人工の乳」を摂取する月齢である．乾草は軟らかいものを給与するが，まだ腹づくりを急ぐ月齢ではない．人工乳も食い込みが上がり 1 日 3kg を超えると軟便傾向になることがあるので，給与量の調整が必要である．

換気は重要であるが，直接子牛に風があたるようなすきま風に注意し敷料は厚めに敷いて腹を冷やさないようにする．敷料交換の時も厳寒期には，できるだけ短時間に終わらせるようにする気配りが大切である．

また，有効な予防接種プログラムを作成し，免疫の谷間をうまく経過する必要がある．特に牛 RS ウイルス感染症（RSV）は大きな影響を後々まで残しかねないので対策が必要である．この時期に受けたダメージの影響が子牛のその後の成長や生産性に大きな影響を与えることが多い．

7）育成期の腹造り（4～6 か月齢）

第一胃の成長月齢は 3.3～12.6 ヵ月齢で，その最大成長月齢は 8 か月齢とされている．育成期は良質な乾草を給与し，腹づくりを始める月齢であるが，牛が痩せるような粗飼料多給の腹づくりは問題である．配合飼料は **1 日 1 回給与**で朝か夕方のどちらでも大きな差は無い．粗飼料は 1 日数回給与する．基本は全頭が並ぶことができる飼槽幅で，飼槽を清掃し乾草を給与，2 時間以上はそのままにすることで，全体が乾草を摂取する．その後，育成用配合飼料を給与する．給与量は月齢見合（満）で，4 か月齢であれば 4 kg から開始し 4.5 kg，そして 5 kg へと漸増していく．4→5 kg にはしないで 0.5 kg の調整を入れる．配合飼料は半日もしないでなくなり，後は乾草だけの時間帯になり全頭が乾草を摂取することで，平均した腹づくりが可能である．配合飼料の 1 日量を数回に分けて給与すると，強い牛が給与回数だけ，どうしてもたくさん摂取してしまう．配合飼料は 1 日 1 回の場合は強い牛が配合飼料を何時間も摂取し続けるわけではない．牛が垂れ腹で肋張りが出ないようなときには，粗飼料の栄養価が少なく，品質に問題がある．

写真 7-4　全頭が一斉に並んで 1 日 1 回の配合飼料摂取

8）除角と去勢

除角と去勢は生後 3 ヵ月齢までには終わらせる．群飼である以上，競合防止のためには除角は必要である．牛にとって角は武器である．除角により競合や牛のばらつきが減少し，またストレスやアタリも減少する．牛が成長するほど，除角のストレスは大きくまた出血を伴うものになる．

平　芳男（前）全国開拓農業協同組合連合会・北海道チクレン農業協同組合連合会

参考文献

1）「乳用種肉用子牛　飼養管理技術マニュアル」p 10-71 中央畜産会 H22. 3

3. 肥育管理

(1) 黒毛和種の肥育と管理

1）去勢牛の肥育

①歴　史

今から約 50 年前の昭和 30 年代は和牛の肥育についての確固たる技術体系はなく，役牛や繁殖の廃用牛の肥育が主体であり，一部の地域で雌子牛を長期間肥育する伝統的な手法が受け継がれていた．この頃の子牛価格は低迷し，和牛経営は副業的存在から脱し切れず，子牛の付加価値を高めるための方策が強く求められていた．昭和32年に京大農学部で行われた去勢牛を20カ月齢まで肥育し，枝肉で評価するという斬新な試験をきっかけに**若齢肥育**への関心が高まり，東海近畿地域の公設試験場も加わって実用的な試験研究が開始された（上坂ら[1]）．個体管理方式を改めて数頭単位の群飼養とし，競合を無くす**自由採食方式**が考えられ，設備投資を抑えるための**屋外飼育方式**は旧来からの肥育に対する概念を大きく転換するものであった．その後環境面への配慮から**閉鎖追込型牛舎**による管理方式へと変わったが，この過程において手がけた通年同一配合，**配合飼料単純化**，**理想肥育**，**肥育パターン**，肥育月齢差など試験成果のいくつかは今日の飼養現場にも生かされている（並河[2]）．中でも「和牛去勢牛の理想肥育の可能性」は京大他，東海，近畿，中国，九州など多くの公設試験場が参画し，各地域産の供試牛を使ったこともあって多くの示唆を与えられた（上坂ら[3]）．現在は素牛も飼料事情も大きく変遷しているが，当時の肥育経営の体系を考えるうえで大きな契機となった試験であった．

②去勢牛肥育における留意点

a）**肥育素牛**の重要性

最近の子牛は全体的に発育が向上し，平成24年度における子牛取引状況によると，黒毛和種の場合，全国平均は雌が日齢288日，体重268 kg（1頭381千円），雄（去勢）が日齢276日，体重286 kg（同453千円）となっている（農畜産機構[4]）．肥育経営において生産費に占める素畜費の割合は多く約55％を占め，素牛の良否が直接経営に大きく影響している．肥育牛の産肉性は血統によって影響される部分が大きいが，近年は育種価評価が進んで各地で高能力な種雄牛が誕生し，その産子が多く上場されている．系統によって飼いやすさ，増体，肉質それぞれの特色があり，経営に合ったものを導入する必要がある．子牛市場名簿にも育種価が記載される事例も多く，各公設試験場や家畜改良事業団で公表されている種雄牛の育種価や全国各地の枝肉共進会成績などは参考になる．また，家畜改良センターの肉用牛情報全国データベースは一定の手続きを経て，協力農家に登録されれば詳細な情報の入手が可能となっている．

b）管理方式と牛舎

管理方式は旧来の個別管理が改められ群での管理が普及している．一群4～6頭の**追込牛房**を10牛房程度並べ，飼槽，通路を間に向かい合わせの方式が多く採用されている．この方式は省力化が可能であり，牛同志の競食性が働いて採食量を増加させる効果があるが，個体への観察は十分配慮する必要がある．スペースは1頭当たり約5 m^2（1.5坪）以上を当て，全頭が一斉に採食できるように1頭当たり90～100 cmの飼槽幅が必要である．敷料はオガクズ等を厚めに敷き牛床の乾燥に留意し，採食後はゆったりと横臥して反芻できるようにする．内部構造はシャベルローダーでの堆肥交換を容易にする為に，可動する間仕切り柵を設置，採光と換気のために屋根中央部を吹き抜けとし，牛房上部に換気扇を付けるなど環境の向上に配慮している事例が多い．

また飲水環境を整えることも重要で，和牛肥育牛の行動調査では飲水行動と採食行動を交互にくり返すことを確認している（中丸ら[5]）．表7-7で示すように**給水方法**の違いにより飲水量が大きく変わり，水

表7-6　和牛去勢牛の理想肥育試験　（京大・東海近畿中国九州公立試　1974）

頭数	開始時		終了時		DG	飼料摂取量（濃厚飼料）	1 kg 増体 TDN	枝肉重量	脂肪交雑（5段階）
	日齢	体重	日齢	体重					
40	269日	253 kg	728日	630 kg	0.82 kg	3,486 kg	7.27	388 kg	3.2

表 7–7　給水方法が和牛去勢牛の肥育に及ぼす影響　（全農飼料研　木村ら　2013）

区分（n）	体重（kg）			月齢（月）	枝肉量（kg）	ロース芯（cm^2）	バラ厚（cm）	BMS	上物率（%）	採食量（kg）	飼料要求率
	開始	終了	DG								
水槽区（6）	302	866	0.93	30.0	546	66	9.2	6	83.3	5,024	10.9
カップ区（7）	301	786	0.80	30.3	479	56	7.7	5	42.9	4,913	12.4

写真 7–5　飼養環境に配慮した肥育牛舎（高山市清見町 I 畜産）

槽式で十分に飲水が出来ることによって採食量が増し，結果的に増体成績，枝肉成績共に大きく改善することにつながっている（木村ら[6]）．

③**肥育ステージの推移における管理の要点**

一般的な肥育方式は約 9 カ月齢程度の子牛を導入し，約 20～21 カ月間肥育し 29～30 カ月齢程度で出荷するのが一般的であり，肥育期間を前，中，後期に分けて管理する場合が多い．

a）肥育前期における粗飼料給与の重要性

発育が盛んな時期であり第 1 胃及び骨格の発達を促す必要がある．将来的にある程度の枝肉量を得るためには，初期の粗飼料給与量が大きく影響する．岐阜肉試の事例では肥育前期（6～13 カ月齢）の**粗飼料率**を DM 割合 40%，中期 20%，後期 10% として 25 カ月齢仕上げとしたが，前期に粗飼料割合を多くしたものが枝肉量は大きく，それに伴って肉質も良くなっている（丸山ら[7]）．24 カ月仕上げの長崎畜試の事例（橋元ら[8]），27 カ月仕上げの栃木畜試の事例（堀井ら[9]）でもほぼ同様の結果が得られており，いずれも前期における粗飼料多給は中期以降の採食量を向上させ，結果的に増体，肉質へ良い影響を及ぼしていることが示されている．この時期の粗飼料はタンパク質含量が多く，カロチンも豊富なチモシー等を十分に摂取させ，血中ビタミン A は 100～120 IU/d*l* 程度を維持しておけば，中期以降の**ビタミン A** のコントロールは円滑に行くようになる．

b）肥育前期の**増体スピード**と**産肉性**

各肥育ステージの増体をコントロールすることも重要なことである．導入後 7 カ月間（約 9 カ月齢から 16 カ月齢）の増体スピードを高（DG 1.0 kg 程度），中（同 0.75 kg），低（同 0.5 kg）とし，後は出荷まで高（不断給餌）として同じ体重に仕上げて比較した試験がある（表 7–9）．前半に増体を良くした場合には後半は鈍化し，逆に前半に制限したものは後半に取り戻している．しかし，前期から飽食させ増体スピードを早くしたもの（高―高区）は，過食となって飼料効率は良くない．一方脂肪交雑は高―高区，中―高区が優れ，低―高区は劣り皮下脂肪も厚くなっている（川島ら[10]）．つまり，子牛を導入直後から目一杯に増体させるのではなく，しばらくは粗飼料割合を多くするなど増体をコントロールし，その後に高め

表7–8　肥育初期における粗飼料率と産肉性

試験場所	終了月齢	頭数	粗飼料率（%）			終了体重 kg	DG kg	枝肉重量 kg	皮下脂肪 cm	BMS	飼料要求率
			前期	中期	後期						
岐阜肉試（1997）	25	6	40	20	10	651	0.87	394	2.4	7.3	6.4
		6	20	20	10	622	0.81	374	2.4	5.5	6.9
長崎畜試（2006）	24	5	45	11	11	729	0.84	447	3.3	4.6	6.9
		5	33	10	10	713	0.91	438	3.6	4.0	7.1
栃木畜試（2007）	27	3	40	15	10	804	0.88	530	3.1	8.0	7.2
		3	15	15	15	754	0.81	494	3.9	7.0	7.3

※前期：岐阜6～13カ月齢，長崎7～12カ月齢，栃木8～12カ月齢

表7–9　和牛去勢牛の肥育パターンの差異と産肉性　（京大・岐阜肉試他　1985）

区分	頭数	体重（kg）		DG（kg）		飼料摂取量（kg）		枝肉重量（kg）	脂肪交雑（5段階）
		開始時	終了時	前期	後期	全量	要求率		
高—高	10	296	650	1.01	0.66	3,661	10.3	412	2.6
中—高	12	289	645	0.76	0.72	3,675	10.3	402	2.5
低—高	8	270	649	0.61	0.81	3,938	10.4	405	2.0

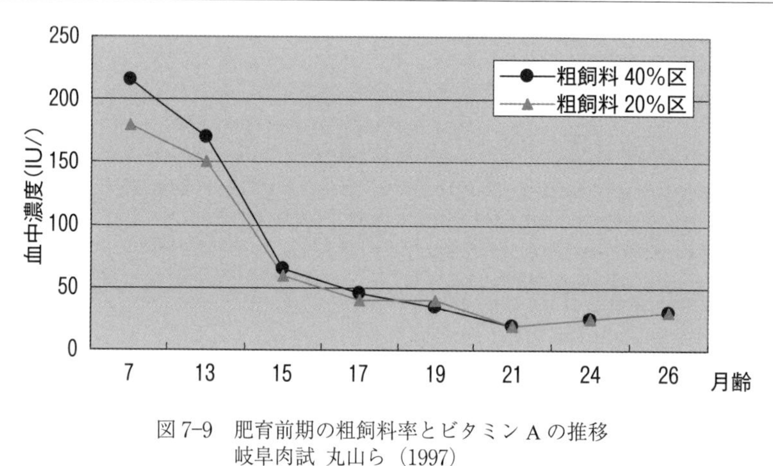

図7–9　肥育前期の粗飼料率とビタミンAの推移
岐阜肉試 丸山ら（1997）

た方が飼料効率の面からも，肉質の面から良い結果が得られている．また肥育後半に急激に濃厚飼料を増やして増体させても皮下脂肪や筋間脂肪を厚くするだけで，肉質改善にはつながっていないことも分かっている．

c）肥育中期におけるビタミンAのコントロール

中期は筋肉が大きく発達し増体が一段と進み，筋間脂肪の蓄積が始まり，さらに筋肉内の脂肪細胞が発達し脂肪交雑へと進む重要な時期である．そのためには飼料の食下量を維持し，十分な栄養が供給されるように配慮する必要がある．前期における第1胃の発達の効果が現れる時であり，また**ビタミンA**のコントロールを必要とする時期でもある．先の粗飼料率の試験において，当初は良質なものを与え，13カ月齢以降全面的に稲わらに切替えた結果，血中ビタミンA含量は徐々に低くなり18～21カ月齢には最低必要量とされる30 IU/d*l*までに下がっている．つまり肥育初期段階にはかなりの割合の良質粗飼料を与えても，中期に入る時点で稲わらなどビタミンA含量の少ないものに切り換えれば，自然的にビタミンA濃度は下がって理想的なコントロール状態となる（丸山ら[7]）．ただ，稲わらのビタミンA含量は飼養標準の調査事例では4 mg/kgが示されているが収穫時期によって大きく異なるので注意が必要である．

d）肥育後期における健康状態のチェック

筋肉の発育に加えて，筋肉内の脂肪交雑が進み，さらに末期には脂肪蓄積が増して皮下脂肪が厚く付着するようになる．出荷時期が近づくにつれ食下量は停滞しがちなので配合に工夫して採食量を維持させる必要がある．いわゆる食い止まりは第1胃の機能低下によるものが多く，**ルーメンアシドーシス**になっている場合もある．対応としては濃厚飼料を減らして粗飼料割合を若干増やす，目先を変え嗜好性のあるものの給与，生菌剤の投与などの対策が必要である．給餌に際して粗飼料を先に給与する習慣はルーメンアシドーシスを予防することにもつながる．またビタミンA濃度が低下したままでは採食量が低下し，水腫になる可能性があるので，肝臓機能等に注意し，随時血中のA/G比や，AST（GOT），ALT（GPT），BUN（尿素態窒素）等について獣医師の診断を受け，異常が認められた場合にはヘイキューブ等の給与，ビタミン製剤や強肝剤の補給等を行う必要がある．

e）肥育中における蹄の管理

特に肥育後期において蹄の状態をチェックすることも重要である．後肢の蹄がソリ状になった過長蹄で800 kg近い体重を支えるには無理があり，大きなストレスの原因にもなっている．肥育牛における**削蹄**の効果を具体的に示した報告はあまりなされていなかったが，最近明らかにされた報告が表7–10である（日本装削蹄協会[11]）．対象牛はいずれも枝肉で出荷された和牛肥育牛であるが，1日当たり増体量でみるとM農場では9.8%，A農場では6.1%も向上しており，削蹄による改善効果は予想以上に大きい．乳牛の場合，正しい削蹄により起立時間が長くなり，粗飼料の摂取量が増加，ルーメン環境が正常化して発酵状態が亢進され，エネルギー充足が改善されて産乳量が大幅に増えたという報告もある（岡田ら[12]）．

④飼料給与モデルと共進会に見る枝肉成績

和牛去勢牛400頭を飼養する農場で，出荷月齢28カ月齢，枝肉重量460 kgを目標とした飼料給与モデル[13]のイメージ図を図7–10に示す．9カ月齢での導入から12カ月齢までは良質のチモシーを日量4 kg程度給与し，その後稲わらまたは小麦ストローに切り替えている．濃厚飼料は2種類の配合飼料（CP 11.5%，TDN 73.0%及びCP 10.0%，TDN 75.0%）に加え，15カ月齢まで加熱処理大豆を主とした高蛋白飼料（CP 41%，TDN 78%）を日量0.5～0.7 kg給与する．以降は肥育が進むにつれて濃厚飼料を1カ月に1 kg程度増量，15カ月齢で7 kg，16カ月齢で8 kg程度とし，17カ月齢以降は9.5 kgを基準とするが，実際の採食量は若干下回る場合もある．その他18カ月齢以降出荷までビタミンB・Ca混合製剤を日量10 g程度，さらに24カ月齢から出荷までビタミンA・D・Eとミネラル混合製剤を1週間に1回50 g添加している．

農家の段階ではこの給与モデルを基に独自の修正が加わるが，それによって飼養された牛が多く出品される，岐阜県内での枝肉共進会成績を示すと表7–11のとおりである．出品月齢は県畜産共進会では28カ月齢以内を条件としているが，県下農協共進会では制限はないためやや多くなっている．出荷が30カ月齢を越えなくても外観から見る枝肉の厚み，幅，皮下脂肪の付着等は十分である．また枝肉重量も過大でなく，肋部切断面のロース芯，ばら厚など充実したものが多い．肉質面でも脂肪交雑の状態，肉色，きめ，しまりなど全体的に良好なものが多く，格付けにおいても全国的な成績に比較して遜色はない．販売価格は県下農協共進会の場合，開催時期が12月ということもあってこの年は平均枝肉単価は2,931円（1頭当たり139万円）であ

表7–10　和牛肥育牛における削蹄効果

農場名	削蹄回数	頭数	肥育期間（月）	体重（kg）		
				導入	出荷	DG
M	2	20	24.2	277	737	0.775
	1	20	24.2	276	697	0.706
A	1	10	20.5	314	746	0.693
	無削蹄	9	21.2	306	727	0.653

（日本装削蹄協会　肉牛ジャーナル：2013.6）

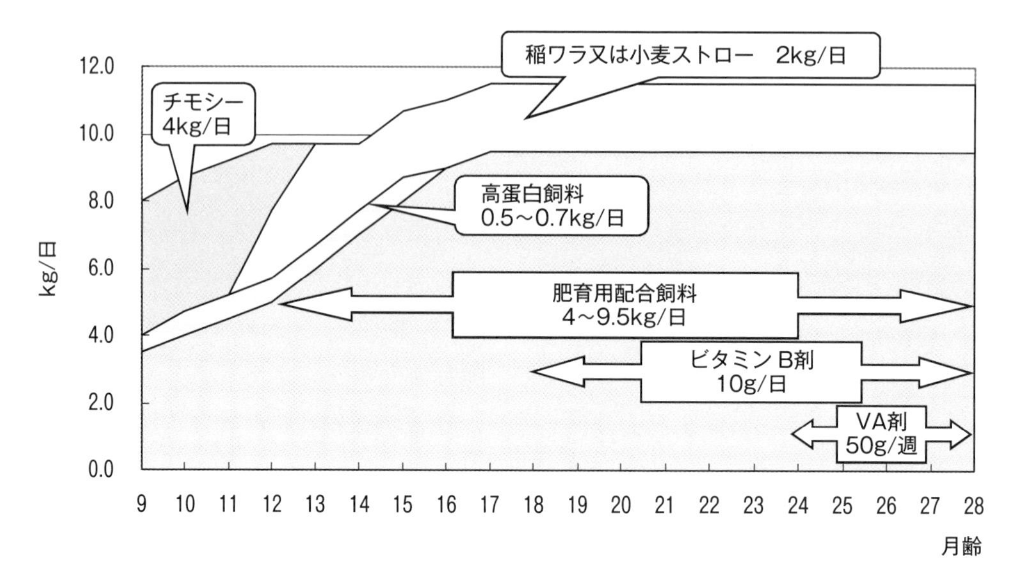

図7-10　和牛去勢牛の飼料給与モデル
（全農岐阜実証展示農場BCファーム）

表7-11　岐阜県内枝肉共進会にみる枝肉成績（平成24年度　和牛去勢牛）

共進会名	頭数	月齢（月）	枝肉重量（kg）	ロース芯（cm²）	バラ厚（cm）	皮下脂肪（cm）	歩留（%）	BMS	5等級率（%）
岐阜県畜産共*	109	28.1	467	58	7.9	2.6	74.1	9.0	76
岐阜県下農協共**	151	29.5	475	61	8.5	3.0	74.4	8.1	60

*岐阜県畜産協会資料　　**肉牛ジャーナル（2013. 2）

った[14, 15]．

⑤**出荷月齢と経済性**

全国的な枝肉での出荷実態を肉用牛情報全国データベースによる枝肉成績とりまとめ（家畜改良センター[16]）よりみると表7-12のとおりである．平成23年度は出荷月齢29.6カ月，枝肉重量479.9 kg，BMS 5.8であるが，4年前の19年度に比べ出荷月齢はやや長くなっており，月齢別分布割合を見ても30カ月齢以上の割合が増加傾向にある（図7-11）．

枝肉の付加価値を高めるために**出荷月齢**を延ばし，枝肉重量を大きくしようとする動きもあるが，経営面から見た限界域を考えておく必要がある．確かに月齢を多く飼えば筋肉中の水分が脂肪に置き換わってしまりが良くなり，総体的な見場は良くなるものの，そのための生産コストが増える割に，枝肉単価の上昇幅は意外と少ないのが現実である．出荷時期は仕上がり程度や枝肉相場などを判断して決められるが，いたずらに出荷時期を延ばすことはコストのかかることであり経営的には問題がある．図7-12は出荷月齢別に試算した**生産費**に1頭当たりの**販売価格**を重ねて示したものである．飼料費込みの管理費720円/日は県内肥育センターでの実勢価格で，最近の農水省畜産物生産費調査[17]とほぼ同額である．販売価格は平成24年度東京市場の共励会で販売された2,887頭を月齢別にした平均値である．素牛価格を45万円とすると生産費の試算額は28，30，32カ月齢それぞれ86.0万円，90.4万円，94.7万円となるが，実際にはさらに販売手数料，共済費，金利など約5万円を上乗せす

表7-12　和牛去勢牛出荷時の産肉性
（家畜改良センター：平成24年度枝肉成績概要より作表）

年度	月齢	枝肉重量（kg）	日齢枝肉（kg）	ロース芯（cm²）	BMS
19	29.3	461.2	0.517	54.2	5.43
23	29.6	479.9	0.534	56.6	5.80

※月齢は日齢枝肉重量より算定

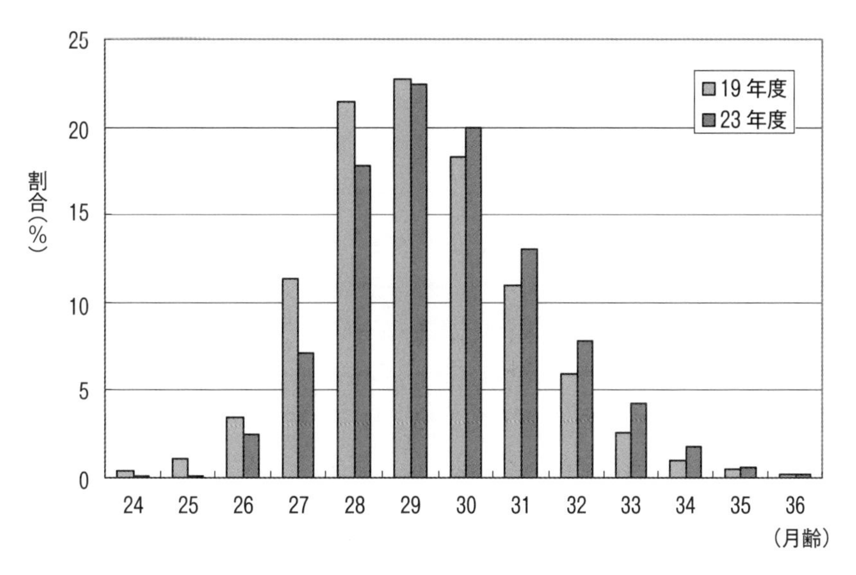

図 7-11　和牛去勢枝肉出荷時の月齢分布
（家畜改良センター：24 年度枝肉成績概要より作図）

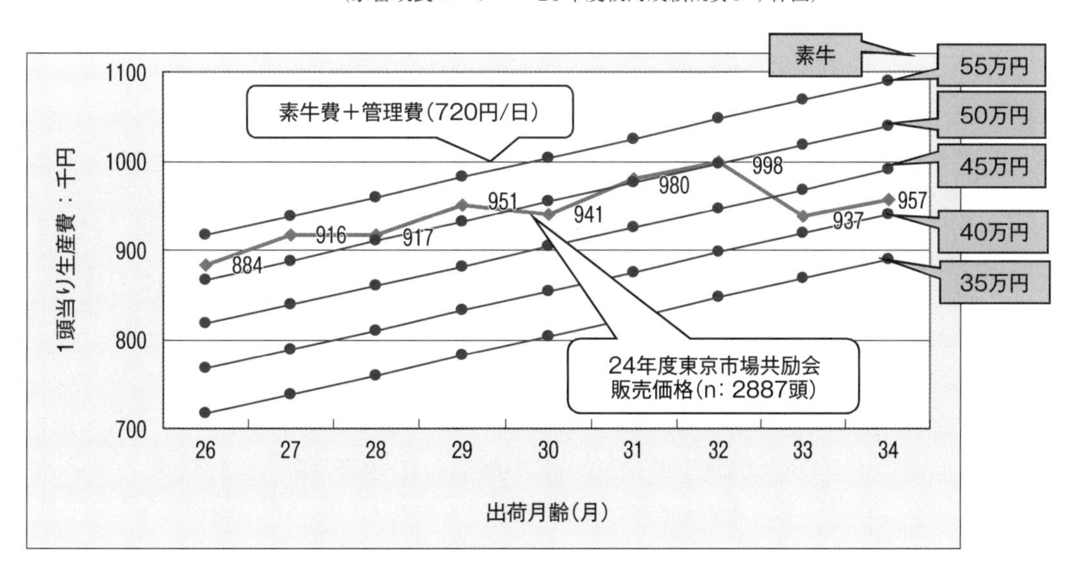

図 7-12　月齢別枝肉販売価格と生産費（試算）の比較（中丸，2013）
（枝肉価格：平成 24 年度東京市場共励会，資料：肉牛ジャーナル）

る必要がある．素牛 45 万円でも諸費用込みではおおよそ 50 万円のラインとなるが，販売価格と重ね合わせてみると，30 カ月齢前に出荷した方が，採算的には良いように思われる．

長期間かけて肥育を行っている伝統的な肥育地帯は別として，和牛の改良が進んで産肉能力が一段と高くなっている現在，その能力をもってすればこの月齢でも十分なものが得られている．若齢肥育が始まった頃の理念であった，和牛を多くの消費者に受け入れてもらうということを再認識し，効率的な肥育を心掛け，持続性のある健全な肥育経営を行いたいものである．

中丸輝彦（中丸畜産技術士事務所）

参考文献

1)　上坂章次ら，去勢牛の若齢肥育に関する研究，京大高原畜研報，1号，1957
2)　並河　澄，ウシの肥育技術の現状と問題点，日本畜産学会報，49（10），1978
3)　上坂章次ら，屋外飼育による去勢牛の体重600 kg仕上げの可能性について，京大　岐阜　京都　福井　三重　大分　宮崎　岡山　愛知協定試報，1972
4)　（独）農畜産業振興機構，畜産の情報（肉用子牛取引情報），2013
5)　中丸輝彦ら，屋外飼育における牛の行動に関する調査，岐阜県種畜場試報，第10号，1967
6)　木村修幸ら，給水方法が黒毛和種去勢牛の肥育に及ぼす影響，第51回肉用牛研究会講演要旨，2013
7)　丸山　新ら，黒毛和種の早期からの肥育における粗飼料比が発育及び肉質に及ぼす影響，肉用牛研究会報，No. 64，1998
8)　橋元大介ら，黒毛和種早期肥育における肥育前期の濃厚飼料給与量の違いが肥育成績に及ぼす影響，肉用牛研究会報，No 82，2006
9)　堀井美那ら，黒毛和種去勢牛の短期肥育における前期粗飼料給与水準が発育及び肉質に及ぼす影響，栃木県畜試研報　第22号，2007
10)　川島良治ら，和牛去勢牛における肥育パターンの差異が飼料効率及び肉質に及ぼす影響，京大　岐阜　福井　愛知　和歌山協定試報，1981
11)　（公社）日本装削蹄協会，肥育牛における削蹄の効果，肉牛ジャーナル（2013. 6），2013
12)　岡田啓司，成乳牛における健康蹄の定期的削蹄がもたらす生産性向上効果，家畜診療第52巻11号，2005
13)　JA全農岐阜畜産部・JA東日本くみあい飼料（株），和牛肥育マニュアル，2013
14)　肉牛ジャーナル編集部，平成24年度枝肉共励会の傾向，肉牛ジャーナル（2013. 5），2013
15)　（公社）岐阜県畜産協会，岐阜県畜産共進会枝肉成績とりまとめ，2013
16)　（独）家畜改良センター，枝肉成績とりまとめ（平成23年度），2012
17)　農水省大臣官房統計部，平成23年度肉用牛生産費，2012

2）雌牛の肥育

雌牛は去勢牛に比べて増体性が劣り[1)]，**雌牛肥育**を難しいと考える生産者は少なくない．雌牛肥育の飼養管理（**肥育管理**）に関する報告は去勢牛に比べて少なく，生産現場では去勢牛の肥育方法に準じて行われている場合が多い．しかし，雌牛は去勢牛に比べて体内に脂肪が付着しやすく[2)]，去勢牛に準じた飼料給与量では**肥育前期**から脂肪が付着し，肥育中期以降の増体性の低下や体内脂肪増加による枝肉成績の低下が考えられる．このことから，雌牛では去勢牛に比べて肥育前期の濃厚飼料を制限し，徐々に肥育を進めていかなければならない．しかし，その場合は肥育前期の飼料給与量および**と畜月齢**（肥育期間）について検討する必要があり，雌牛の産肉生理に合った飼養管理を行う上で最も重要な点であると考えられる．ここでは，但馬牛雌牛を用いて雌牛の肥育前期のエネルギー給与水準，さらに，枝肉成績から見た雌牛のと畜月齢について検討したのでその概要について紹介する．

①肥育前期のエネルギー給与水準

Okaら[3)]は但馬牛去勢牛の肥育前期（10～17カ月齢）の1日増体量（DG）を0.6 kgまたは1.0 kgとし枝肉成績への影響を検討した結果，0.6 kgに制限すると胸最長筋の粗脂肪含量が有意に増加することを認めている．今回の肥育試験では10カ月齢の但馬牛雌牛20頭を用いて表7–13に示したとおり，肥育前期（10～15カ月齢）の目標DGを10～12カ月齢は0.3 kgまたは0.5 kg，13～15カ月齢は0.5 kgまたは0.7 kgとする試験区分を設け，雌牛における肥育前期のエネルギー給与水準が枝肉成績に及ぼす影響について検討した．

表7–13　試験区の目標1日増体量（DG）

区分	頭数	DG（kg）	
		10–12カ月齢	13–15カ月齢
1	5	0.3	0.5
2	5	0.3	0.7
3	5	0.5	0.5
4	5	0.5	0.7

枝肉成績を表7–14に示した．脂肪交雑は2区が他の区に比べて高くなる傾向を示し，ロース芯面積および歩留基準値も2区が他の区に比べて大きく，いずれも1区および4区との間に有意な差が認められた．このことから，雌牛の肥育前期のエネルギー給与水準は，肥育開始後3カ

表7-14　肥育前期のエネルギー水準が枝肉成績に及ぼす影響

項　　目		1区（0.3–0.5）	2区（0.3–0.7）	3区（0.5–0.5）	4区（0.5–0.7）
枝肉重量	kg	349.0	359.2	361.0	342.7
脂肪交雑	BMS No.	4.6	6.0	5.2	5.0
肉　　色	BCS No.	4.2	3.8	4.0	4.0
ロース芯面積	cm^2	47.0[ab]	54.8[c]	51.4[bc]	42.6[a]
バラ厚	cm	6.9	7.2	7.2	6.7
皮下脂肪厚	cm	2.7	2.5	2.6	2.6
歩留基準値	%	73.4[ab]	74.5[c]	74.1[bc]	72.8[a]
枝肉単価	円/kg	1,600[a]	2,245[b]	1,930[ab]	1,900[ab]

[a,b,c] 異符号間に有意差あり（$P<0.05$）.

月間は去勢牛に比べてより制限し，4カ月目以降は去勢牛と同程度まで高めることにより，脂肪交雑，ロース芯面積および歩留基準値が改善されることがわかった．

②**枝肉成績から見た雌牛のと畜月齢**

平成20年から平成24年の過去5年間に出荷された但馬牛27,037頭（去勢牛21,392頭，雌牛5,645頭）の枝肉成績から，と畜月齢とBMS No.との関係について検討した．去勢牛のBMS No.は29カ月齢以降ほぼ横ばいとなり，35カ月齢で低下したが，雌牛では33カ月齢まで増加し，以降横ばいで推移した（図7-13）．黒毛和種去勢牛の胸最長筋の粗脂肪含量は24カ月齢から30カ月齢までのと畜月齢の延長により増加するが[4)]，30カ月齢から34カ月齢までの延長による増加量はわずかである[5)]ことが報告されている．今回の調査における去勢牛のBMS No.の推移はこれらの報告とほぼ一致している．雌肥育牛においても去勢牛と同様にと畜月齢が進むとBMS No.が上昇し，やがて，横ばい状態で安定するが，その月齢は去勢牛に比べておよそ4カ月遅くなることがわかった．

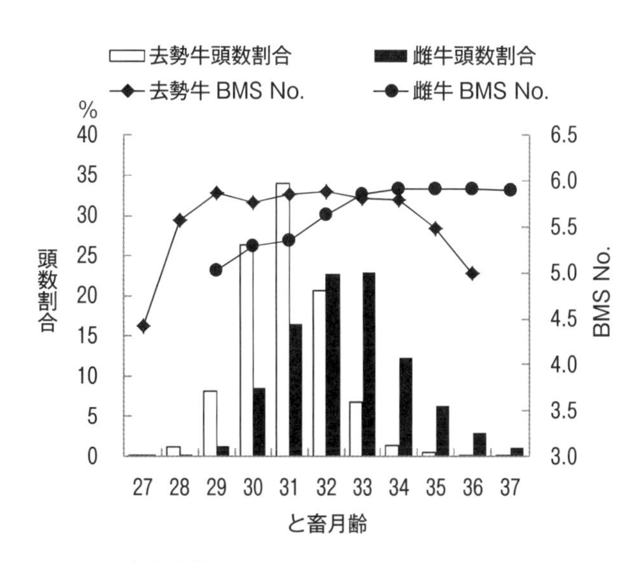

図7-13　と畜月齢とBMS No.の関係

以上の二つの検討から，雌牛の肥育では肥育開始後3カ月間のエネルギー給与量およびと畜月齢を見直すことで肥育経営の改善が見込まれるものと考えられる．

岩本英治（兵庫県立農林水産技術総合センター　畜産技術センター）

参考文献

1）岩本英治・岡　章生．兵庫県立農林水産技術総合センター研究報告（畜産編），47：6–10．2011.
2）善林明治．日本畜産学会報，64：260–266．1993.
3）Oka A, Iwaki F, Iwamoto E, Tatsuda K. Animal Science Journal, 78: 142–150. 2007.
4）Okumura T, Saito K, Sakuma H, Nade T, Nakayama S, Fujita K, Kawamura T. Journal of Animal Science, 85: 1902–1907. 2007.
5）Iwamoto E, Oka A, Iwaki F. Animal Science Journal, 80: 411–417. 2009.

(2) 褐毛和種の肥育管理

褐毛和種（**あか牛**）の肥育牛は，去勢牛，雌牛とも出荷月齢25～26カ月齢，体重は去勢750 kg，雌680 kg前後で出荷されている．

褐毛和種の肥育方式には，大きく分けて**濃厚飼料多給**方式，**粗飼料多給**方式がある．前者は，脂肪交雑の向上を目標としながら，増体を図り，肉量も確保することを目的とする方法である．後者は，褐毛和種の特性と言われている粗飼料の利用性が高いことを取り入れた方法で，反芻動物本来の草を利用した肥育方式である．また，近年牧草地が十分にあるところでは，放牧肥育方式も行われている．

ここでは，これらの肥育管理について述べる．

1）濃厚飼料多給方式

この方式は一般的にとられている肥育方式である．この方式では，肥育前期はCP（粗タンパク質）が高く，TDN（可消化養分総量）が低い濃厚飼料と，チモシーやイタリアンライグラスの乾草を粗飼料として使い，肥育中期から終了まではCPが低く，TDNの高い濃厚飼料と稲わらを給与するのが一般的である．また，食欲が落ちないように，嗜好性の高い発酵ビール粕を濃厚飼料に混合する肥育農家も多いようである．これらについての詳細は，肥育牛管理マニュアル[1)]を参考にしていただきたい．

一方，褐毛和種は黒毛和種に比べ発育速度が早く肥育期間が短いため，肥育前期から濃厚飼料を多給し，肥育開始から3～4カ月目には1日10 kg程度の濃厚飼料を摂取させ，その量をできるだけ維持していく方式も開発されている[2)]．この方式では，普通は肥育後期に使われるTDNが高く（74％程度），CPが低い（11％）濃厚飼料を，肥育全期間給与する．その成績としては，発育が良く，ロース芯面積も大きく，皮下脂肪が薄く，脂肪交雑の良い枝肉が生産されている．

これらの濃厚飼料多給の方式では，脂肪交雑向上を目標としているため，脂肪交雑形成を抑制する作用がある**ビタミンA**を含まない飼料を給与することが多い．そのため過去においては，四肢の浮腫や盲目の症状のような**ビタミンA欠乏症**が発生したり，発育停滞や枝肉における水腫が発生したりする事例が見られることがあった．しかし，血中ビタミンA濃度を肥育中期までは低下させていくが，肥育後期に入る18～20カ月齢程度からはビタミンAを投与したり，それを含む飼料を給与したりして血中ビタミンA濃度を上昇させても脂肪交雑には影響がないことがわかったため[3,4)]，今日ではこのビタミンAコントロール方法が採られている．

2）粗飼料多給方式

この方式は，褐毛和種の特性と言われる粗飼料の利用性が高いことから取り組まれている方式であり，昭和50年代から多くの試験が実施されてきた．

その多くは，肥育前期に良質な粗飼料を飽食させ，自給飼料の利用率を高めるとともに，肥育後期には濃厚飼料を多給することにより代償性発育を活用して発育促進し，低コストでの牛肉生産を図るものであり，一般的に，脂肪交雑の向上をねらった肥育方式というより，**赤身肉**生産を目標とした方式である．

肥育前期に用いられている**粗飼料**は，これまでイタリアンライグラス，オーチャードグラス，トールフェスクなどの乾草が主であったが，イタリアンライグラス生草，同サイレージ，大麦ホールクロップサイレージ（WCS）やトウモロコシサイレージなども試験で使われ，最近は飼料イネWCSを使った試験も行われている．

飼料イネWCSを肥育で用いる場合には，脂肪交雑が向上する肥育中期を避け，肥育前期のみに給与するか，肥育前期および同後期に給与する．これらの時期に，飼料イネWCSをある程度多給しても，24カ月齢で体重770 kg，枝肉重量490 kg，肉質等級3等級となり，発育や枝肉成績は良好である[5]．

また，草資源の豊富な阿蘇地域の一部では，**放牧**主体で育成された子牛を使って全期粗飼料多給方式の肥育が取り組まれている．主な粗飼料は，この地域の草資源である寒地型永年牧草の乾草やヘイレージ（低水分サイレージ）であり，濃厚飼料は，市販配合飼料に国産を主体としたフスマや大麦などを混合したものを給与している．

放牧を取り入れた肥育方式も試験的に実施されているが，これについては，第7章の5.放牧管理を参考にして頂きたい．

守田　智（熊本県農業研究センター畜産研究所）

参考文献

1） 熊本県畜産農業協同組合連合会．肉用牛（肥育）管理マニュアル．熊本県畜産農業協同組合連合会．熊本．2009．
2） 住尾善彦，濱 清輝，猪野敬一郎，木場俊太郎．熊本県農業研究センター畜産研究所試験成績書，平成2年度：5–11．1991．
3） 甫立京子．栄養生理研究会報，39（2）：157–171．1995．
4） 恒松正明，矢住卓夫，緒方倫夫，森崎征夫，開 俊彦，白石 隆．熊本県農業研究センター畜産研究所試験成績書，平成10年度：31–37．1999．
5） 守田 智，齋藤公治，中村秀朗，野中敏道．熊本県農業研究センター畜産研究所試験成績書，平成17年度：8–14．2006．

(3) 日本短角種の肥育管理

1993年頃までの岩手県における日本短角種肥育牛への飼料給与は，配合飼料をメインに，肥育の中期から大麦圧片を，肥育後期からは稲わらを加給する「日本短角種肥育牛標準飼料給与モデル」により行われてきた．その後，消費者の安全・安心志向や，配合飼料価格の変動に左右されない安定した経営確立への需要に応えるため，自給粗飼料を多給する「**全期粗飼料多給**型肥育技術」を確立し，普及を図ってきた．本項では全期粗飼料多給型肥育技術について紹介する．

1）給与飼料

基本となる飼料は**トウモロコシサイレージ**（CS）である．CSは栄養価が高く，配合飼料の代替が可能であり，飼料費低減にもつながる．CSの飼料成分（乾物換算）は，可消化養分総量（TDN）67.9%，粗蛋白質（CP）8.5%と，TDNが高くCPが低いため，地域で利用可能なCP含量の高い飼料を併用する必要がある．表7–15に，飼料給与量の例として，CSとフスマの給与（フスマ区）と，比較対照としての配合飼料と**グラスサイレージ**（グラスS）および稲わら給与のメニューを示した．

また，県内一部地域内では地域で入手可能な豆腐粕サイレージ（豆腐粕S）を利用しているので，2003年の研究成果から併せて記載した．

2）発育成績

発育成績（表7–16）では，すべての区で，肥育期間を通しての日増体量（DG）は1.0を超え良好であるが，フスマ区は配合区と比較してDGでわずかに劣った．豆腐粕S区は参考値であるものの，21カ月齢まで配合区と同等以上の成績で特に前期の増体が良好であった．

3）枝肉格付成績

枝肉格付成績（表7–17）では，枝肉重量と「ばら」の厚さではフスマ区が配合区より劣ったが，出荷体

表7-15　飼料給与量（現物，kg/日）

区　分	飼料	肥育ステージ 前期（～16カ月）	中期（17～19カ月）	後期（20カ月～）	出荷目標 上段：体重 下段：月齢
フスマ区	CS	飽食（14～24）	飽食（20～28）		750 kg
	フスマ	2	2	3	24カ月
配合区	グラスS	飽食	—	—	750 kg
	稲わら	—	2	2	
	配合飼料	体重比1.4%（4～7）	体重比1.6%（7～11）	8～11	24カ月
豆腐粕S区	CS	20*		30	700 kg
	豆腐粕S**	6		6	22カ月

*　11～20カ月齢．～10カ月齢は10 kg/日を給与．
**　豆腐粕（CP 27%）は乾物率18%と水分が高く保存が難しいため，豆腐粕とビートパルプを85：15に混合し，サイレージ化して用いる．

表7-16　体重および増体（2005～2011年，豆腐粕S区は2003年）

	肥育日数（日）	月齢（カ月）開始	月齢 終了	体重（kg）開始	中期	後期	終了	DG（kg/日）前期	中期	後期	通算
CS区（n＝40）	468.4	8.4	23.8	267.9	557.1	639.7[a]	738.7	1.13[a]	0.92	0.82	1.01[a]
配合区（n＝69）	463.1	8.4	23.6	267.2	577.4	667.7[b]	755.9	1.21[c]	1.00	0.75	1.06[b]
豆腐粕S区（n＝4）	363	9.0	21.0	288.1	585.0	669.5	705.3	1.27	0.96	0.40	1.15

ab間5%，ac間に1%水準の有意差あり

表7-17　枝肉格付成績（公益社団法人日本食肉格付協会，2005～2011年，豆腐粕S区は2003年）

	枝重（kg）	ロース芯面積（cm^2）	ばら厚（cm）	皮下脂肪厚（cm）	歩留基準値（%）	BMS No.	BCS No.	しまり	きめ	BFS No.
CS区（n＝40）	433.7[a]	48.3	6.9[a]	2.6[a]	72.6	2.2	4.1	2.1	2.6	3.6
配合区（n＝69）	456.7[b]	49.9	7.4[c]	3.2[c]	72.3	2.2	4.3	2.1	2.5	3.4
豆腐粕S区（n＝4）	413.0	49.3	6.2	3.1	72.1	2.0	3.7	2.0	2.0	3.3

ab間5%，ac間に1%水準の有意差あり

重に有意差はなく，皮下脂肪が配合区で有意に厚かったため，歩留基準値に差は認められなかった．このことから，フスマ区の方が，部分肉にする際の無駄が少ないと考えられる．その他，ロース芯面積，脂肪交雑基準（BMS No.），牛肉色基準（BCS No.），しまり，きめにおいて差はなかった．

4）**留意事項**

①CS多給の場合，1頭当たりに必要な作付面積はおおむね18 a/年である．

②カルシウム要求量を満たすために，飼料に炭酸カルシウムを50 g/日添加した．

この他，「配合飼料制限給与または地域自給飼料だけで日本短角種を肥育する技術」が東北農業研究センターから公表されているので[1]，そちらも参考にされたい．

熊谷光洋（岩手県農業研究センター畜産研究所）

参考文献

1) 村元隆行，東山雅一，近藤恒夫．畜産草地成果情報 4：163-164．2004．http://www.naro.affrc.go.jp/project/results/laboratory/tarc/2004/tohoku04-25.html

(4) 交雑種の肥育管理

肉牛の肥育で重要なこととして①素牛資質，②飼養管理（飼育環境，飼料給与，産肉生理理論，肥育技術等）③飼料内容（品質・加工方法等）が挙げられる．交雑種（F_1）肥育では素牛の資質が肉質に大きな影響を与える．さらに，肉質の追及には，育成期から肥育前期における「腹づくり」が大切で，栄養価のある良質粗飼料の十分な給与による消化器官を発育させること，そして肉牛を健康に飼育し，安定した飼料の食い込みがポイントとなる．

ビタミンA（以下 VA）コントロールは肉質改善の上で有力な手法ではあるが，しかしその資質を最大限に引き出すのは，飼養管理や飼料の内容である．

また，VA コントロールからさらに一歩踏み込んだ，**代謝プロファイルテスト（MPT）**の必要性を強く感じる．MPT は健康牛を対象に長期的な視野に立ち，飼養管理の改善を図るための道具である．肥育牛は多頭化が進み，肉質・増体を安定して確保していかなければ経営を維持できない時代である．MPT や定期的な体重測定といった，数値管理を行うことで的確な肥育の判断が実施でき，事故の減少と共に枝肉重量，肉質も含めて肥育成績の向上につながるものである．

1) 肥育素牛導入先とVA濃度の問題点

肥育素牛を数カ所から導入する場合，注意すべきことは，導入先の素牛生産の飼養管理方法が異なれば，導入素牛の VA 血中濃度は異なるということである．数カ所から素牛導入した時に，これを馴致し，腹づくりを行い，肥育のスタートラインにそろえていかなくてはならない．素牛の VA やβカロテンの濃度差が大きければ，VA コントロールはスタート時点から難しいものになる．VA コントロールの方から考慮すると，一貫肥育か，あるいは導入する素牛生産農場を固定化したほうが，VA 導入時の血中濃度のばらつきが少ないために，VA コントロールがしやすいことになる．

2) 飼養管理について

①肥育素牛導入による**馴致**の基本的な考え方であるが，導入された農場では，まず「発」の状態に回復させることである．「尾枕」がついた過肥の素牛や粗飼料の喰いこみが悪い素牛など「飼い直し」が必要な素牛もあるが，馴致と**腹づくり**を分けて管理していくほうが牛は楽である．厳寒期のマイナスの気温の中で，粗飼料主体ではカロリー不足で体力の回復が遅れてしまう．

②肥育前期はおよそ生後 12 カ月齢までをルーメンを含め消化器の発達時期で，この月齢における腹づくりはとても重要である．さらに注意しなければならないのは，配合飼料が多いと，この月齢では体脂肪の蓄積も盛んになり筋間脂肪などに多く蓄積されてしまい，ロース芯の発育にも悪影響を及ぼすことになる．良質粗飼料の給与が必要で，稲わらだけでなく 2～3 種類程度の乾牧草も給与する．「腹づくり」は単なる粗飼料多給ではなく，配合飼料や粗飼料のタンパク質含めバランスをみての給与で，嵩だけの栄養価のない粗飼料多給では腹づくりはうまくはいかない．

肥育期間中で，この前期期間が最も難しいとされる時期である．配合飼料・粗飼料給与量の加減による粗飼料の食わせ込み，腹づくり，中期にむけての VA コントロールなど，その後の肥育への大きな影響を与える時期である.

③肥育中期はおよそ13～20カ月齢までで，体重も増加し筋肉も増え，さらにVAコントロールの実施と共に，サシを入れる大切な月齢である．粗飼料はβカロテン濃度に注意し，稲わら，青みのないストロー類を給与する．（乾牧草やサイレージに含まれるβカロテンは，牛の体内でVAが不足してくるとVAに換わる.）

腹づくりが終わり肥育中期は少しでも多くの飼料を食い込ませたいが，急激な増飼いには注意が必要である．牛は急激なことには対応できないルーメンの持ち主なので，増飼いは1日300gを上限とし，さらに日数をかけて漸増していく．いろいろな漸増方法があるが，牛の食い込みは1カ月間かけて1kg程度の漸増とする．牛が飼槽を舐め上げる時は配合飼料を増やす時で，ピーク時には11kgを安定して食い込ませたい．粗飼料の摂取量にも注意し，配合飼料が増えて粗飼料を食べてなければ現状で様子をみることになる.

育成から前期における腹づくりをしてきた結果が出る時で，食い込みが上がらなければVAコントロールがうまくいっていたとしても，さしの入り込みは弱いものになる．VAコントロールは肥育では大切な技術であるが，それとともに重要なのが，安定した飼料の食い込みである．毎日，同じ量を安定的に食べさせる努力をすることが，よい肉質の牛を造るポイントになる．配合飼料は計測して給与し，飼槽管理，水槽の清掃，牛床の管理をまめに行い，血中総コレステロール濃度の高い値を維持することで，良質の肉質になっていく.

④肥育後期は，生後21カ月齢以降，出荷までとする．肉のきめ・しまりを充実させる時期で，配合飼料の食い込みも徐々に減少しDGは下がってくる．注意することは増体の良好な個体ほどVAも多く利用するので，この時期に欠乏症状を示すものがでてくる．食欲低下，軟便，被毛粗剛などとともに次第に牛の動きが緩慢になることから観察を注意深くする．糞が小さくなる，牛が枯れる，ボーっとするなどはVAコントロールが過ぎた欠乏域で，危険な状態であり事故の元である．群全体でVAの低下がみられる場合には，配合飼料中のVA添加量で調整することも必要である．特に夏場の暑い時期を経過した秋口や，厳寒期の厳しい地域では牛群の血液検査を行い，毎年の血液の変動傾向を事前につかむことが事故の予防にもつながる．この仕上げ時期には特に牛床を乾燥させ換気をよくして牛がのんびりと横臥できるようにする.

3）代謝プロファイルテスト（MPT）の目的

MPTは摂取した栄養と消費される栄養のバランスを，牛の血液からみるものであり，栄養診断の方法である．牛個体はもちろんではあるが，その農場で肥育されているそれぞれの月齢の牛群が，どのような栄養状態で管理されたかを判断していくものである．VAと脂肪細胞の増殖・分化，適切なコントロール法，βカロテンとの関連，脂肪細胞と血清コレステロール値，血中ビタミンEと肉質，血中アルブミン・尿素窒素値など知見が拡大している．経費や時間がかかることから必要最低限の項目サンプル数で行う必要があるが，農場全体の飼育状況や，特定の牛群を月齢の経過で見ていくことなど，その分析データーを元にして牛群の栄養状態を把握し，疾病発生予防と生産性向上を目標とする指標となる．一般的には牛群の1～2割について血液検査を行うことになるが，経営判断ができる結果が出てくるのには2年を要するとされている.

4）配合飼料のα化度・飼料粒度について

毎日摂取する配合飼料のルーメンへの影響は大きい．育成期の丈夫な腹づくりはもちろん大切であるが，配合飼料中の穀類のα化度や粒度はルーメン発酵に大きな影響を及ぼす．α化度を上げたり穀類の粒度を細かくすると発酵スピードが速くなり，**ルーメンアシドーシス**になりやすい．タンパク質やTDNの数値も重要であるが，消化・吸収ができて初めてその栄養価が生きてくるものである．粗飼料の給与や基本的な飼養管理が重要ではあるが，胃腸障害の発生が多いような時には，配合飼料のα化度や粒度に注意してみることも必要である．

5）**ルーメン内微生物と水溶性ビタミン合成について**

反芻動物は，**ルーメン内微生物**がビタミンB群の水溶性ビタミンを合成するといわれている．健康なルーメンであれば，これらの不足や欠乏が起こらないので問題にはならない．しかし濃厚飼料，とくに穀類を多給される肥育牛では，第一胃内微生物叢の変化により，これらの水溶性ビタミンが不足してくることもあり，注意が必要である．

6）**交雑種雌牛**

交雑種雌牛は，去勢牛に比較すると次のような特徴がある．ビタミンAの制限には去勢牛よりも強い傾向がある．去勢牛よりも早熟なため生後4カ月齢以降は去勢牛とは分けて飼養する．育成期でDGが高すぎると，早期段階から脂肪蓄積が始まり，ロース芯や皮下脂肪への悪影響がある．雌牛の方が個体差が大きく競合も激しい傾向で，競合防止の第一歩は除角である．

平　芳男（(前) 全国開拓農業協同組合連合会・北海道チクレン農業協同組合連合会）

参考文献

1）渡辺大作「生産獣医療システム」p 195-202，p 99，1999. 5
2）松田敬一「肉牛ジャーナル 2011．6・7月号「肥育ステージごとの飼育管理」第2・3回」

(5) 乳用種去勢牛の肥育管理

乳用種去勢牛の初生から出荷までの成長過程を考慮すると，4〜10カ月齢までは，未だ腹づくりの大切な月齢の途中にある．乳用種去勢牛の肥育には，スモールからの一貫肥育経営と，約7カ月齢・生体重300 kg程度の肥育素牛導入経営があるが，どちらにしても，7カ月齢で肥育を始めるにはまだ若い月齢である．

肥育素牛を導入し，早々に馴致を終えて配合飼料による肥育を開始すると，「**腹づくり**」が不十分なことから，肥育中期以降において胃腸障害などが問題となることがある．肥育で大切なのは「育成期における丈夫な腹づくり」，「腹づくりのできた素牛の導入」もさることながら，素牛導入後10カ月齢までは肥育に耐えられる胃腸をつくることである．そして，さらに大切なのが，丈夫な腹づくりが出来たとしても，その後の暴飲暴食をさせるような飼養管理には十分注意したい．

1）**導入〜生後7カ月齢：馴致・輸送ストレス緩和**

馴致の最大の目的は輸送ストレスの緩和で，なるべく早く健康状態と体力を輸送前の「発」の状態に戻すことにある．草食動物の牛ではあるが，粗飼料だけを導入後数日間給与するような場合，特に気温がマイナスの厳寒期ではカロリー不足で，加えて風で体温が奪われるような場所では疾病の問題となる．早急な「腹づくり」は後回しにして，まずは輸送ストレスの解消，体力回復を主とした飼養管理が大切である．

① 導入後，牛が落ち着いてから飲水，その後乾牧草を給与する．配合飼料はさらにその後で，一般的には導入日の夕方，あるいは翌日から給与することになる．

② 乳用種去勢牛素牛であれば，今まで7 kg/日程度の配合飼料は食べており，輸送距離にもよるが，北海道

写真 7-6　馴致段階の配合飼料1日1回給与

内の輸送では5～6 kg程度の給与開始で胃腸や便の状態をみながら調整する．粗飼料給与は配合飼料給与よりも1～2時間以上前には給与しておき，さらに1日数回給与する．配合飼料は1日1回給与とする．24時間で配合飼料が6時間でなくなれば18時間，どの牛も空腹になれば粗飼料を食べることで，ばらつきなく腹づくりができる．

③ 素牛体重320 kg程度であればDG 1.3 kg，約1か月で生体重360 kgになる．配合飼料6 kg給与で馴致を開始し1週間ごとに0.5 kgずつ増やすとおよそ8～8.5 kgになる．導入素牛体重が大きいものであれば漸増をもう少し早める必要がある．本格的な腹づくりは，配合飼料およそ8～8.5 kg/日給与するようになってから開始する．

2）生後8～10カ月齢：腹づくり（ミノ・絨毛づくり），良質粗飼料給与

①馴致以後，1カ月間程度で8～8.5 kgまで配合飼料を給与するようになったら，その配合量を1カ月間維持し，その後漸増していく．これは配合飼料を定量にすることで，空腹になった分，確実に粗飼料を食い込む時期を設けることになり，ルーメンの最大成長月齢である8カ月齢と一致することで，有効な腹づくりができる（図7-14）．

②腹づくりは一般的に「**粗飼料多給**」としているが，腹をつくるのは，粗飼料の嵩（量）も必要であるが，そこに含まれる栄養価（特にタンパク質）が大切で，栄養価の無い粗飼料を食い込んでも腹づくりはできないばかりか，ばら厚やロース芯の発育まで影響を及ぼす．栄養価の乏しい粗飼料で満たされた腹の垂れ下がった体型では肋張りは出てこない（図7-15）．

3）生後11カ月齢～出荷：前・後期飼料の切替え，後期配合飼料でも定量給与

①一般的な配合飼料は前期と後期に分かれており，前期ではタンパク質が高く，後期ではTDNが高い栄養成分になっている．馴致を終えて体重450 kg程度になれば，基本的な骨格や内臓は出来上がってきているので，後期飼料に切り替える必要がある．前・後期飼料の切り替えは，月齢よりも体重を主体にして切り

肉用牛の産肉生理理論による発育期

組織名	3　8　12　18　24ヵ月齢
骨　格	5.1 ☆ 10.7
ルーメン	3.3　8 ☆ 12.6ヵ月齢
く　び	4　12 ☆ 14
か　た	8　14 ☆ 16
ロース芯	9.6 ☆ 18.5
ば　ら	9.6 ☆ 18.5
赤　肉	10.8 ☆ 18.0
	☆が最大成長月齢（山﨑敏雄氏）

図 7-14　肉用牛の産肉生理理論による発育期

給与粗飼料の品質と栄養価

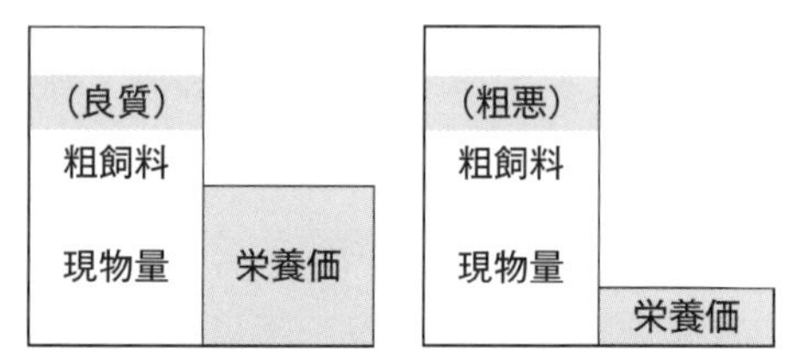

※粗飼料の給与量が同じ数量でも栄養価で差が発生する
※特にタンパク質やミネラルに注意が必要である

図 7-15　給与粗飼料の品質と栄養価

替える．

②乳用種去勢牛は，腹づくりができていれば，14～15カ月齢で配合飼料を13 kgは食べてしまうが，少し抑えぎみにして安定した給与期間を持続させる．腹づくりのできた牛であっても，その後の急激な配合飼料の増量によるルーメン内の環境が大きく変われば，育成期に丈夫な胃腸づくりが出来ていたとしても，2～3カ月もすれば肥育障害がどこかで出現することになる．

③配合飼料の食い込みが上がってきたら，必ず粗飼料の給与量も確認し，粗飼料・配合飼料の給与バランスを一定にした給与管理が大切である．後期段階でも，粗飼料を1～2時間前に給与した上で，飼槽を舐め上げない程度に調整し給与することで，今までと同じ配合飼料であっても胃腸障害，尿結石は減少していく．選り食い防止としては，TMR（全混合飼料）は理想ではあるが混合比率が間違っていれば牛への影響は大きい．

写真 7-7　舐め上げない程度の飼槽管理

配合飼料・不断給与における考え方

群飼において，不断給餌与は弱い牛も含め，いつでも自由に餌を食べることができる競合防止の給与方法とされている．しかし，粗飼料・配合飼料のどちらも常に飼槽にあるということは，「どちらの飼料でも自由に食べられる選択の権利」を牛に持たせていることになる．牛に粗飼料摂取の重要性を説いても，その通りに粗飼料を選択し食べてはくれない．

4）飼養管理等について

①体重測定と効果：体重測定による数値管理

乳牛は乳量，採卵鶏は産卵数，肉牛はDG（肉質は別であるが）で1日の生産性の判断ができる．体重測定は偶数月・奇数月に分けて行うことで，「2カ月間の期間DG」と，「導入後からの通算DG」の両方の数値から牛の発育の状態がわかる．素牛の馴致でDGが1.5 kgと高い時には，配合飼料が多い傾向にあるので，良質粗飼料の摂取量にも注意し，腹づくりをする必要がある．あるいは肥育牛の生体では問題がなくても，目標のDG 1.3 kgに到達していないような場合には，ビタミン剤等の処置が必要．目標体重が10 kg不足しても，目視の生体ではこの－10 kgは見つけられない数値である．1頭だけなのか，群全体が低下しているのかなど，数値をみて早い段階で手を打つことができる．写真7-8のように，体重測定は枠付きの牛衡器を牛舎内に持ち込むことで，牛も慣れストレスは問題ない．

写真 7-8　体重測定・牛衡器持ち込み設定

②牛の移動と群編成

肥育素牛の導入後，馴致・腹造りを行い，約11カ月齢以降で後期飼料に切り替えたら，それ以降は牛群の編成は行わない．競合や順位争いが発生し，肥育への影響は大きい．特に牛群の再編成と畜舎を移動した時の影響は大きい．後期段階では，すでに骨格や内臓は出来上がり，これに筋肉をつけていく大切なときである．競合のようなストレスは増体を低下させ，アタリの発生では損失が大きい．

③**2房1群と仕切り柵の考え方**（図7-16，写真7-9）

いろいろな牛房や仕切り柵があるが，牛房は間口（飼槽）が狭く奥行きのあるような牛房構造の場合には，牛房間の仕切り柵を開放して，2房1群とするのも一方法である．中仕切りが半分の長さになり，仕切り柵を境に牛が休息しやすくなり，寝床，飼槽幅，水槽が増える．その場合，牛はゆったりするが，1群の頭数は増えるので，牛の観察には注意が必要である．

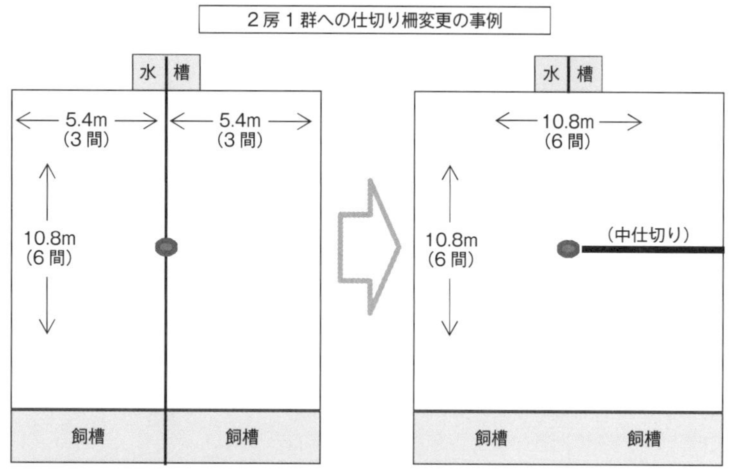

図7-16　2房1群への仕切り柵変更の事例

写真7-9　2房1群の事例

写真7-10　水槽内は凍結防止付でもこの状態

④**飲水量と尿結石症**（写真7-10）

北海道の厳寒期では－20℃を超え，凍結防止器具を設けるが飲水温度は冷たく温暖な地域よりも全体の飲水量は少ない．ルーメン内で発生するアンモニアを菌体タンパクとしてうまく利用できるだけの腹づくり，そして安定した飼料給与・ルーメン発酵をしていれば尿結石はとくに問題とならない．

⑤**食い止まりについて**

育成～前期に高いDGを示し良好な体型であっても，腹づくりが不十分で，肥育後半で胃腸障害を呈するようでは問題である．ある月齢でのDGが良いから，肥育全体も良いとはいいきれない．各月齢における飼養管理や腹づくりとともに，胃腸に無理をさせないよう，粗飼料の食べ方や，配合飼料のα化度・粒度にも注意したい．また，牛舎にぼんやりと灯りをつければ（特に日照時間が減少する冬期間）粗飼料摂取量や飲水量も増えるようである．

平　芳男（(前) 全国開拓農業協同組合連合会・北海道チクレン農業協同組合連合会）

参考文献

1)「乳用種肉用牛の飼養管理技術」p 56-121，中央畜産会，H 18.3

4. 放牧管理

放牧は，地域の土地資源（草地）を活用した，土―草―家畜が結びついた資源循環型の飼養形態である．放牧地では，植物と家畜との間にさまざまな相互関係が生じており，これらが生産性のみならず，国土の有効利用と環境保全，緑空間等の**景観**の提供，**動物福祉（アニマルウェルフェア）**の向上など多面的な機能を有している．放牧管理では，これらの多面的機能を考慮しつつ，生産性や環境影響などを総合的に評価する必要がある．平成 21 年 4 月から**放牧畜産基準認証制度**が始まり，放牧畜産によって生産される畜産物の消費拡大につながることが期待されている（図 7-17）．わが国の食料自給率向上の観点からも，放牧は重要な飼養形態である．

図 7-17　放牧畜産基準認証マーク（日本草地畜産種子協会 HP より）

(1) 草地管理

放牧で家畜を飼養する場合，季節によって生産性の変わる植物の生産と，一定量の飼料を必要とする家畜との生産のバランスをどのようにとるかが重要である．ここでは，草地管理にとって重要ないくつかの項目を取り上げ，放牧利用における草地管理について述べる．

1) 草　種

①牧草地

牧草地は，外国から導入された牧草を播種して造成される（写真 7-11）．牧草地は造成法によって，**耕起**

写真 7-11　牧草放牧地

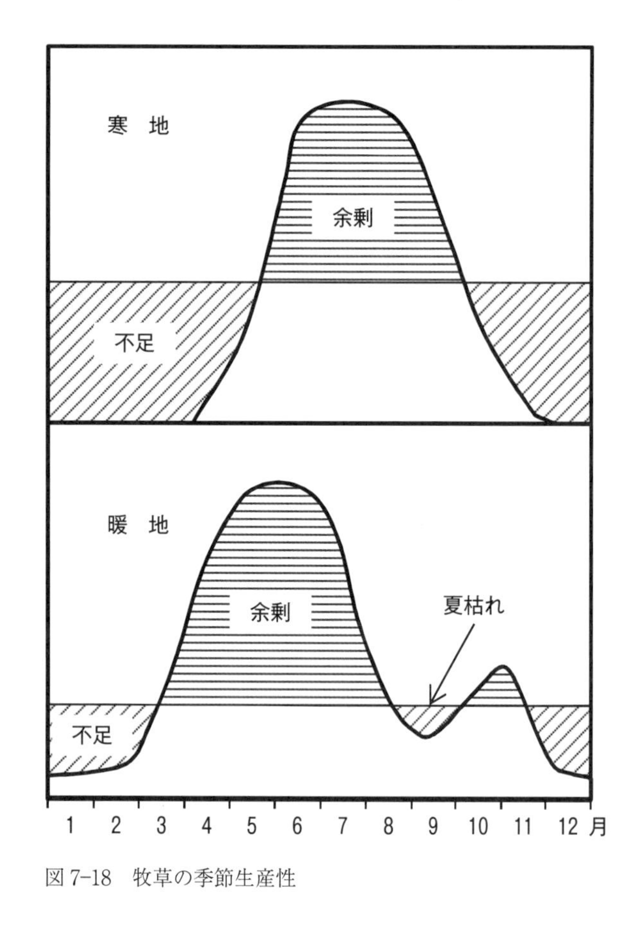

図 7-18　牧草の季節生産性

造成草地と**不耕起造成草地**に分けられる．耕起造成草地は，比較的条件のよい土地に造成されることが多く，採草と放牧の両用途に用いられる．不耕起造成草地は，**蹄耕法**など耕起をしないで造成された草地で，急傾斜地や表土の希薄な土地の場合が多く，主に放牧で利用される．

牧草地は，播種される牧草種によって分けることができる．オーチャードグラス，チモシーなどの**寒地型牧草**を播種して造成された草地は寒地型牧草地，ローズグラス，ギニアグラスなどの**暖地型牧草**を播種して造成された草地は暖地型牧草地とよばれる．寒地型牧草がC3型の光合成回路を持つのに対し，暖地型牧草はC4型の光合成回路を持ち，暑熱環境に強い種が多い．

寒地型牧草は，春から初夏に出穂するためこの時期の成長量が大きく，**スプリングフラッシュ**とよばれる．一方，放牧利用する場合，家畜の飼料要求量はほぼ一定量であるため，供給される牧草量と家畜の摂取量との間に大きな差が生じることになる（図7-18）．これを防ぐため，春先の施肥を控えたり，草量の過剰な時期の草を採草に利用する**兼用草地**にするなどの対策がとられる．また，寒地型牧草は比較的冷涼な気候に適した牧草であり，関東以西では夏期の高温により，生産性が低下し，これを**夏枯れ**とよんでいる（図7-18）．近年の地球温暖化により，この夏枯れ地帯も北上する傾向にあり，今後問題となる地域が増えることが予想される．

牧草地を造成する際，1種類の牧草を播種して造成する草地を**単播草地**とよぶ．一般に草地を造成する場合，イネ科牧草を主体とし，これにマメ科牧草を混ぜて播種する．このように2種以上の牧草を播種して造成する草地を**混播草地**とよぶ．混播の場合，オーチャードグラスやチモシーなどの草丈の高い**長草型牧草**と，ケンタッキーブルーグラスなどの草丈が低くて匍匐茎を持つ**短草型牧草**，シロクローバなどイネ科牧草とは生育特性や飼料価値の異なるマメ科牧草を組み合わせて播種することが多い．

牧草地を放牧で利用する場合，糞尿が草地に還元されるため，採草地に比べて栄養素の持ち出し量は少ない．したがって，育成牛の集約的な管理を除いて，施肥はかなり限定的な量に抑える必要がある．ただし，放牧地は一般的にカリウム過剰になりやすく，牧草のミネラルバランスを低下させ，放牧牛の**グラステタニー**などのミネラル欠乏症を引き起こす場合があるので，適正なミネラルバランスを保つように配慮する必要がある．

牧草地は，播種後数年間は収量が高いが，それ以降徐々に収量が下がってくるのが一般的である．収量が低下する原因としては，栄養素損失，土壌物理性変化，ルートマット形成，雑草侵入などが考えられる．近年，エゾノギシギシ，ワルナスビ，アメリカオニアザミなど新たな**外来雑草**も放牧地で問題となってきている．生産力の低下した草地は，**草地更新**を行うことにより生産力を回復させることができる．また，**簡易更新**により牧草種子を追播することで，完全更新するよりも簡易に生産力を改善することができる．

写真 7–12　シバ草地

②**野草地**

野草地は，シバ，ススキ，ネザサなどわが国在来の草種からなる草地である．わが国は，極相が森林の地帯が多く，草本植生を継続的に利用する野草地は，放牧などの人為圧によって維持されることから，**半自然草地**ともよばれる．放牧に利用されるのは，**シバ草地**と**ネザサ草地**が多いが，いずれも収量や草質は牧草に劣るため，繁殖牛など比較的栄養要求量の低い畜種を対象に，粗放な管理で利用されることが多い．

シバ草地は家畜の採食や蹄傷，踏圧に強く，古くから放牧に利用されてきた．シバ草地は，生物多様性や景観としても優れているところが多いが，近年放牧利用や火入れ管理の衰退で，その維持が問題となっている（写真 7–12）．

ネザサの仲間で放牧に利用されているのは，東北から関東・東山地方に分布するアズマネザサと，東海以西に分布するネザサである．このうち，ネザサはアズマネサザサに比べて放牧に強く，シバのような丈が低く地面を覆うような形態になる（写真 7–13）．

2）**利用方式**

放牧地は，放牧のみに利用される放牧専用草地と，放牧と採草の両用途に用いられる**兼用草地**に分けられる．兼用草地では，**スプリングフラッシュ**の過剰な生産を採草し，草が不足する時期の補助飼料にすることで，飼料生産を平滑化することができる（図 7–18）．

放牧地では，家畜による選択採食，蹄傷，踏圧，糞尿などにより，採草地に比べ植生が不均一になりやすく，そのことが生産性にも影響する．放牧地は，利用方式によって**連続放牧**，**輪換放牧**，**ストリップ放牧**に分けられる．連続放牧は，草地全体に放牧牛を放し，採食草がなくなるまで連続的に放牧する方法である．この方式では，転牧などがないため管理が容易である一方，放牧牛の選択採食や牧草の放牧耐性の違いにより，植生が衰退しやすい．また，蹄傷や踏圧による植生へのダメージも大きいため，牧草の利用効率は低下する．

写真 7–13　ネザサ草地

輪換放牧は，草地をいくつかの小牧区に分けて，1 週間前後で牛群を転牧する方法である．輪換放牧では，小牧区内の牧草を集中的に採食させることができるため，連続放牧に比べ選択採食や蹄傷，踏圧の影響を避けることができる．一方，転牧管理が必要になり，さらに転牧時期や未放牧

写真7-14　ストリップ放牧

区の植生回復状況などを見極めて転牧スケジュールを考える必要がある.

ストリップ放牧は，輪換放牧をさらに集約的に行うもので，1回の放牧で必要な面積を電気牧柵などで区切って放牧する方式である（写真7-14）. ストリップ放牧では，輪換放牧以上に選択採食や蹄傷，踏圧の影響を避けることができ，牧草の利用効率を高めることができる．一方，牧区の設定や転牧などに労力がかかる，転牧の計画を綿密に立てる必要があるなど，管理上の労力が必要となる.

放牧可能日数は，牧草地では北海道で150日，九州では240日前後である．野草地では，春先の成長が遅いため，放牧可能日数は牧草地よりも短くなる．牧草地では，秋の放牧期間を延長するため，夏～秋に利用しない草地を確保しており，秋の草量が不足する時期に利用する場合がある．このような草地を，**備蓄用牧区**（autumn saved pasture，ASP）とよぶ.

放牧草地の家畜飼養能力は**牧養力**とよばれる．牧養力は，**カウデー**という単位で表される．カウデーは，体重500 kgの成牛換算頭数と放牧日数を掛け合わせて求める.

築城幹典（岩手大学農学部）

参考文献

1）農林水産省生産局，草地管理指標―草地の維持管理編―，pp 1-88，日本草地畜産種子協会，東京，2006.
2）島田　徹，草地の生産管理，大久保忠旦ら共著，草地学，pp 195-207，文永堂出版，東京，1994.

(2) 放牧と繁殖

昭和30年代に役牛から肉用牛に代わり，さらに子畜の市場価値の上昇に伴い肉用牛の飼養形態は舎飼いへと移行した．時代の変遷に伴い一旦放牧は衰退したものの，現在では放牧活用が再度見直され，肉用牛のみならず乳牛でも広く行われている.

過去の放牧は，飼養管理の簡易化を主な目的であった．一方，現在の放牧は，飼養管理の省力化のみならず，輸入飼料価格の高騰に対応した飼養費の低減，耕作放棄地の利用あるいは荒廃地問題の解消，農地や山林の保全管理，鳥獣害対策，地域振興など多様な役割を担っている．このように，近年の放牧は，その焦点が必ずしも畜産に限定していないことが特徴である.

そのため，全国的にさまざまな放牧方式が展開しており，多くの研究機関あるいは自治体から，それぞれの地域における特徴を活かした放牧マニュアルが配布されるに至っている．放牧方式によりさまざまな繁殖ステージの繁殖牛が供されるが，ここでは，各繁殖ステージでの放牧方式の特徴と放牧下での繁殖管理技術を記述する.

1）繁殖ステージと放牧管理

①妊娠期

妊娠期は放牧牛の繁殖ステージとして最も供用される．産褥期～繁殖期間は集約的な繁殖管理を必要とするが，妊娠期は管理のために多くの労力を必要としないことが理由である．放牧する時期としては，流産や胎子死の発生が減少する胎盤形成期である２カ月以降が好ましいとされる．また終牧時期としては，分娩末期に向けて栄養要求量が高まる分娩１カ月前までに下牧する場合が多い．冬から春に受胎させ，初冬に分娩する牛の利用は放牧期間延長のために有利である．また，**超早期離乳**技術により分娩後早期に妊娠させることで，放牧期間をさらに延長することも可能である．近年の放牧として，耕作放棄地の活用や荒廃地問題の解消は大きな目的の一つであり，牛を飼養していない農家に向けて公立研究期間や各自治体が妊娠牛を貸出しする**レンタル放牧**の方式もある．

②分娩後の生理的空胎期間

この繁殖ステージでの放牧形態としては２種類あり，**親子放牧**または離乳後の繁殖牛の放牧とがある．いずれの場合でも繁殖牛は生理的空胎期間にあるが，生殖機能の回復後は繁殖期間となるため，放牧地での繁殖管理が必要となる．親子放牧では，舎飼に比べ子牛の発育が劣ることが短所としてあげられる．この対策として，補助飼料の給餌は良好な発育を確保する上で有効であり，親子分離房の設置により野外環境での寒冷または暑熱ストレスを軽減できる．なお，子牛～育成期に放牧飼養下にあり発育が劣る場合でも，その後の発育は舎飼のものと比較して優れる場合が多く，この現象は**代償性発育**として知られる．

③繁殖期間

黒毛和種では分娩後１カ月前後で生殖機能は回復し，それ以降，明瞭な**発情行動**を伴った発情が繰り返し発現する．**繁殖期間**の放牧では発情監視と人工授精等の繁殖管理が必要となる．この期間の放牧牛の対象としては，繁殖機能が正常な個体だけでなく，繁殖機能に異常を認める個体に対しても繁殖機能回復のため放牧を行う場合があり，**リハビリ放牧**として知られている．舎飼いにおける長期不受胎の発生は運動量不足が理由と考えられており，これらの個体を放牧することで繁殖機能の改善が期待できる．また，リハビリ放牧では栄養度の改善は必ずしも重要ではなく，過肥の牛でも繁殖機能の回復が期待できるとする報告もある[1)]．この技術は廃用候補の優良繁殖牛を，再度，繁殖供用するための技術としても有用である．

2）放牧飼養下における繁殖管理

①発情観察

硬い牛床や滑りやすい牛床，あるいは十分な広さが確保されていない牛舎では，発情行動が制限される[2)]．一方，放牧環境下では，良好な発情行動発現が期待できる．しかし，放牧地の大きさや形状によっては発情観察が容易でない場合もある．この対策としては，集牧の習慣性を持たせることで，発情発見が行いやすくなる．また**発情発見器具**の活用は，より効果的である．発情発見器具については後述する．

②発情同期化・排卵同期化

より効率的かつ計画的に繁殖を行うために**発情・排卵同期化**技術が広く利用されている（図 7-19）．特に放牧飼養下では，発情観察の労力を大きく低減できる．放牧飼養で有効な発情同期化法としては効果の高さやコストの低さに加え，舎飼いと比較して放牧地での捕獲は容易ではないため処置が簡便であることが重要となる．

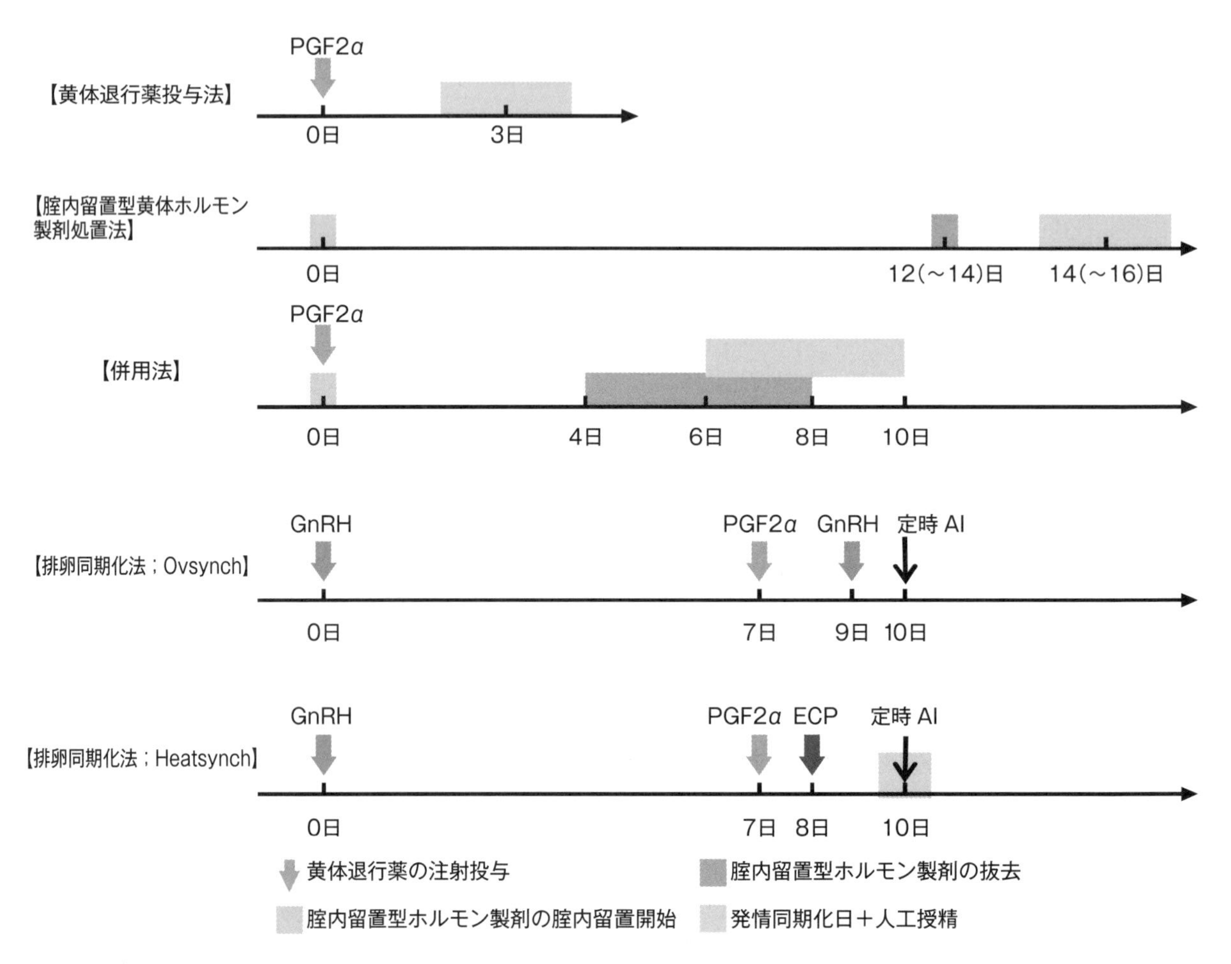

図7-19　各発情同期化法の処置スケジュール

a）黄体退行薬投与

黄体退行薬（**PGF$_{2\alpha}$製剤**）を投与する発情同期化である．PGF$_{2\alpha}$は**黄体**に直接作用し黄体を退行させるため，その投与は黄体がPGF$_{2\alpha}$に感受性を有する発情後6～17日で有効である．PGF$_{2\alpha}$処置後2～4日の間に発情が集中して起こる．

b）膣内留置型黄体ホルモン製剤の処置

シリコンに天然型**プロジェステロン**を吸着させた膣内留置型器具が考案され，実用化に至っている．国内では**CIDR**，**PRID**ならびに**オバプロンV**が利用できる．処置方法としては器具を膣内に挿入し，12日後に抜去する．この抜去後2日目を中心に発情が集中して起こる．なお，発情日の留置開始では十分な効果が得られない場合がある．

c）黄体退行薬と膣内留置型黄体ホルモン製剤の併用法

併用法の利点は，発情同期化率が高まることにある．黄体退行薬の投与時期により大きく2つに分けられる．一つは黄体退行薬を膣内留置型黄体ホルモン製剤の抜去2～3日前または抜去時に投与する方法であり，併用法としてより一般的である．この併用法は発情周期のどの時期でも処置開始できることが利点である．もう一つの方法は，**膣内留置型黄体ホルモン製剤**の留置開始時に，黄体退行薬を投与する方法である．この併用法では，処置開始時期が発情後6～17日に限定されるが，処置開始後4日目以降であれば膣内留置型黄体ホルモン製剤の抜去が可能であり，処置開始から発情発現までの期間を自由に設定できることや，処置のための捕獲が1回で済む利点がある．

d）排卵同期化法

牛は発情後30時間前後で排卵するが，この排卵時間を人為的に調節する方法である．**Ovsynch**[3]や**Heatsynch**[4]が代表的な手法であり，これを基に改良が加えられ現在では数多くの方法がある．排卵同期化法では，**GnRH**（**性腺刺激ホルモン放出ホルモン**），**PGF**$_{2\alpha}$，**ECP**（**エストロジェン製剤**）などの薬物投与を組み合わせて行うため処置が煩雑で経費がかさむことが欠点であるが，処置後は薬物投与の時間を基点として定時に人工授精を行えるという大きな長所がある．さらに薬物投与時間を調節することで，日中に**定時人工授精**の実施が可能であり，放牧飼養下では大きな利点である．

3）**放牧飼養下での発情監視**

繁殖雌牛を放牧する場合，未経産牛や非妊娠牛では交配のために発情検出が必要となる．畜舎内では1日2〜3度各30分程度の観察で発情が検出できる可能性が高いが，放牧地では面積，立地の点から**発情行動**を観察して発情個体を検出することは困難である場合が多い．本項では近年提案されている発情検出法（表7–18）の有効性について解説する．

①**発情乗駕行動の検出**

発情個体は他個体からの乗駕を許容するが，放牧地で視認により個体識別することは困難であり，夜間に発情が発来した場合の検出は不可能である．そこで，ペイントやマーカーを利用した発情検出法が用いられてきた．乗駕行動が発現すると腰部に装着したディテクターの色が変化し発情が検出できる．しかしながら，この手法はマーカーの色が変化した個体を視認によって検出する必要があり，放牧での有効性は低い．

一方，圧センサーを腰部に装着して乗駕行動を検出し，無線でデータを自動的にコンピュータや携帯電話に送るシステムが開発されている（図7–21）．この方法は乗駕行動を有する個体に有効で，実際に放牧地における乳用牛の発情検出にも利用されている[5]．しかしながら，放牧密度が低い場合や放牧頭数が少ない場合，乗駕行動が発現しないことがあるため，ある程度の放牧頭数を確保する必要がある．

②**行動量による発情検出**

発情時には独特の発情行動以外にも歩数などの行動量が増加する[6,7]．最近では歩数計を足に装着して行動量の増加から発情検出する方法が用いられている．歩数計から歩数情報が無線によりコンピュータや携帯電話に送られるシステムがあり，無線が受信できる範囲であれば放牧地での発情検出に有効である（図7–20）．一方，行動量を首に取り付けたセンサーを用いて検出するシステムもあるが，このシステムは舎飼い牛を対象としており，現在，無線で遠隔地へ情報を提供するようにはなっていない．

表7–18　発情検知法とその特性

検出方法	特　徴	検出法	遠隔地からの確認	価格	商品名
マーカー・ペイント	腰部に貼付・塗布した着色量の色が乗駕行動で変化することで検出	視認	不可	安価	Heatmount® detector, Heat seeker®, Bovine Beacon®
乗駕センサー	腰部に装着したセンサーがウシの乗駕行動を検出 乗駕行動が発現しないと検出できない	無線	可	高価	HeatWatch®
行動量測定	発情に伴う行動量増加を万歩計等のセンサーで検出	無線	可	高価	牛歩® Heatime collar®
体温測定	発情時に生じる体温上昇を体内に装着した温度センサーで検出	無線	可	高価	ANEMON 牛温恵

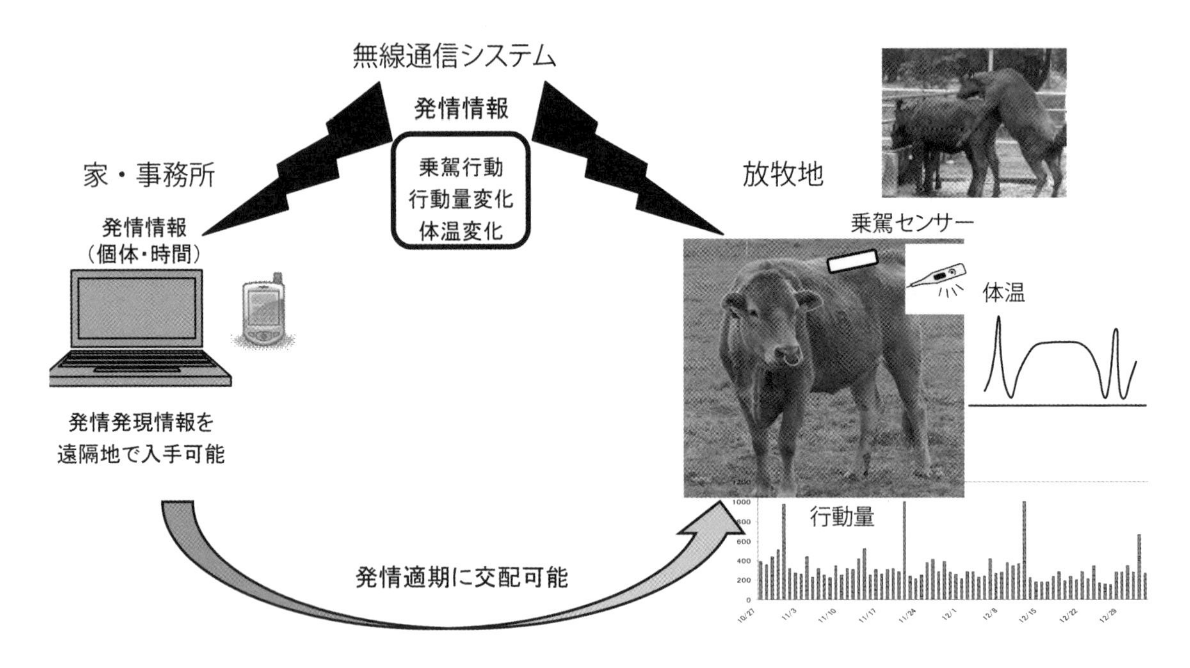

図7-20　放牧牛における発情監視法
放牧地では観察による発情検出が困難な場合が多いため，発情時に生じる牛個体の変化を検出，数値化し，遠隔地で入手できる無線通信システムによる発情監視法が望ましい．

③体温変化による発情検出

①②は乗駕行動が発現しない場合や，暑熱期に行動量が増加しない場合，発情の検出は困難である．そのため体温変化に着目した発情検出法が提案されている．これまで，発情周期に伴って体温が変化すること，発情時に体温が上昇することが報告されている[7,8]（図7-20）．体温の中でも**膣温度**は経時的，安定的なデータ取得が可能である．また，最近では**サーモグラフィ**などによって，深部体温を最も反映する部位を撮影し個体の体温変化を捉える試みもなされている．体温測定を用いれば乗駕行動が発現しない場合や行動量増加が抑制される場合にも発情検出できる可能性が高く，体温を持続的に測定することで，発情発見のみではなく衛生管理（感染症などの発熱性疾患の検出）にも利用できる可能性が高い．

竹之内直樹・阪谷美樹（（独）農研機構 九州沖縄農業研究センター）

参考文献

1）高橋　馨・，菅野　俊・，佐藤　亘．東北農業，58：119-120．2005.
2）C. J. C. Phillips. CJC. CATTLE BEHAVIOUR, pp 126-127, Farming Press. 1993.
3）Pursley JR, Mee MO, Wiltbank MC. Theriogenology, 44：915-923. 1995.
4）Stevenson JS, Tiffany SM, Lucy MC. Journal of Dairy Science, 87：3298-3305. 2004.
5）Xu, ZZ, McKnight DJ, Vishwanath R. Pitt CJ, Burton LJ. Journal of Dairy Science, 81：2890-2896. 1998.
6）Peralta OA, Pearson RE, Nebel RL. Animal Reproduction Science, 87：59-72. 2005.
7）Sakatani M, Balboula AZ, Yamanaka K, Takahashi M. Animal Science Journal, 83：394-402. 2012.
8）FisherAD, Morton R, Dempsey JMA, Henshall JM, Hill JR. Theriogenology, 70：1065-1074. 2008.

(3) 放牧を取り入れた肉牛肥育

1) はじめに

日本が誇る和牛肉の「霜降り」の美味しさは，世界に類を見ない高級牛肉の生産技術を確立してきた畜産農家・技術者の努力のたまものである．このことは高度な繁殖技術の普及と合わせ，わが国畜産技術の成果として世界に誇るべきものと考える．しかし一方で，牛は常に畜舎の中で輸入穀物を多給することによって肥育されており，わが国の肥育牛経営における自家製飼料割合（≒飼料自給率）は低く，肉専用種肥育経営では，わずか2%（平成21年度農林水産省調べ）となっていることも事実である．

わが国において放牧を肉用牛の肥育に取り入れる試みでは，1980年代後半に**電気牧柵**の導入によって短期輪換放牧が容易となったこともあり，育成から肥育前期を対象として，**集約放牧**による**寒地型牧草**の短草高栄養管理を基本とする放牧方式（スーパー放牧，**1.5シーズン放牧**，先行後追い放牧等）が研究として取り上げられた．しかし，1991年の牛肉輸入枠の撤廃（牛肉輸入自由化）以降の安価な輸入牛肉に対する国産牛肉の差別化（高付加価値化）の必要から，放牧を取り入れた肥育技術は，実際の生産現場に届くまでには至らなかった．

また，農家レベルで放牧の導入が検討されない一因として，放牧と言えば広大な土地が必要というイメージがあり，少なくともわが国においては北海道を除き不可能であるという先入観がある．しかし，現在，わが国では比較的好条件の農地でも耕作放棄され，必ずしも有効活用されていない場面が多く見られる．既に，繁殖経営では**耕作放棄地**を簡易な**電気牧柵**で囲って放牧し，子牛生産を行う取り組みが行われている．また，九州低標高地域のように冬季も比較的温暖な無積雪地帯では，耕作放棄地を有効利用し，夏期は**バヒアグラス**，冬期は**イタリアンライグラス**といった季節に適した牧草地に放牧し，補助飼料としてコーンサイレージなどを給与しながら，育成から肥育まで飼料自給率を限りなく100%に近付けて，省力的に放牧肥育で牛肉を生産することも可能と考える（写真7-15）．

2) 肥育牛のための放牧方法

放牧地で**褐毛和種**（**あか牛**）は，良質な放牧草を食べられる期間には1日の体重増加量が1.0 kgを越える．2010年と2011年の2カ年の結果では，褐毛和種を用いて，夏はバヒアグラス等の夏牧草，冬はイタリアンライグラス草地で周年放牧し，他の圃場で生産した**トウモロコシサイレージ**を併給する体系（表7-19）により，肥育期間中に飼料自給率100%，平均出荷月齢26カ月齢（24カ月齢～28カ月齢），平均体重680 kg（632 kg～726 kg）まで肥育することができた（格付等級はA-2もしくはB-2）．

写真7-15　放牧しながら補助飼料を用いて肥育

周年放牧のための草地管理技術として，バヒアグラス等の既存暖地型シバ草地へ耕起することなく，イタリアンライグラスを播種導入（**オーバーシーディング**）し，暖地型シバ草地を痛めることなく，高い定着率を実現する草地造成技術が開発されている．具体的には，播種後，覆土代わりに堆肥を1，2，3 t/10 a散布する試験を行ったところ，無散布（0 t/10 a）に比べ散布区の初期収量が

表7-19　2010年度出荷牛（上）と2011年度出荷牛（下）の放牧地での飼養形態

2010年度：3頭

月齢（カ月）		8（導入）	20	→（出荷）24
飼養形態	放牧草	イタリアンライグラス	バヒアグラス，ヒエ	イタリアンライグラス
	補助飼料	なし		トウモロコシサイレージ
	常時設置	水および食塩（鉱塩）		

備考：トウモロコシサイレージの推定乾物摂取量は6.8 kg/頭/日

2011年度：4頭

月齢（カ月）		8（導入）	18	→（出荷）26
飼養形態	放牧草	イタリアンライグラス	バヒアグラス，ヒエ，パリセードグラス	イタリアンライグラス
	補助飼料	なし		トウモロコシサイレージ
	常時設置	水および食塩（鉱塩）		

備考：トウモロコシサイレージの推定乾物摂取量は8.1 kg/頭/日

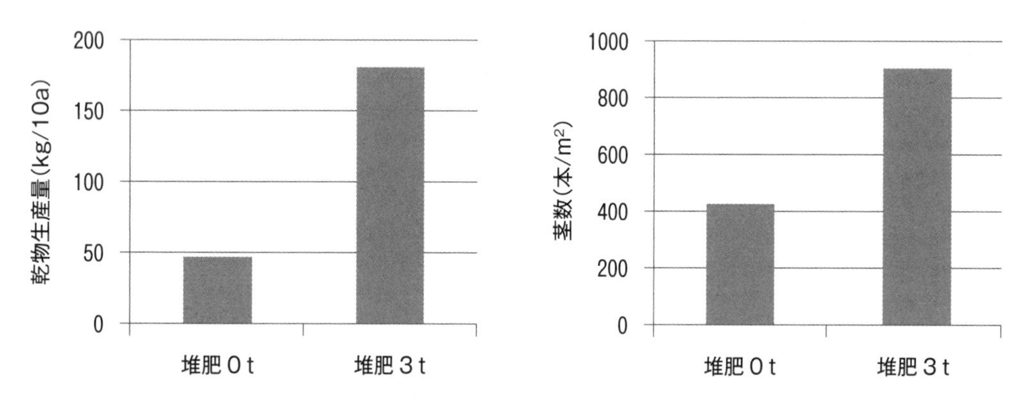

図7-21　播種後の覆土と影響しての堆肥散布がイタリアンライグラス（品種：ヒタチヒカリ）の乾物生産量と生育茎数に与える（播種日：9月24日，調査日：11月12日）

高く，散布区の中では3 t/10 a区が最も高かった．また，イタリアンライグラスをオーバーシーディングする際には，バヒアグラスの播種前草高が低いほど初期収量が高くなった．実際の放牧草地においても，バヒアグラス草地の掃除刈りの有無と播種後堆肥散布の有無を組み合わせた場合，播種前に掃除刈りし，播種後に堆肥を3 t/10 a散布した区の初期生産量が高く，定着茎数も多い（図7-21）．

これらの結果から，9月中・下旬にイタリアンライグラス種子を5 kg/10 a耕起することなく，バヒアグラス草地にオーバーシーディングし，播種した後に完熟堆肥を覆土代わりに散布した播種後堆肥散布法によって効率よくイタリアンライグラスを導入することが可能である．この時，施肥は窒素・リン酸・カリ各成分5 kg/10 aとし，播種と同時に施用する．ただし，本法を用いるに当たっては，堆肥は必ず完熟したものを用い，堆肥施用量は各県が定めている施肥基準に準拠する必要がある．

3）補助飼料のためのトウモロコシ生産技術

九州北部では梅雨により日照量が低下する期間と**トウモロコシ2期作栽培**の1期作目の生育の後半が重なるため，収穫を早めた場合には高水分での収穫となり，サイレージ調製時に排汁等の栄養損失が生じ易く，反対に梅雨明けが遅い場合には1期作目の収穫が遅れるとともに2期作目の播種が遅れ，秋冷により2期作目が減収することになる．そこで，九州北部向けのトウモロコシ2期作体系で安定して高乾物率の**トウ**

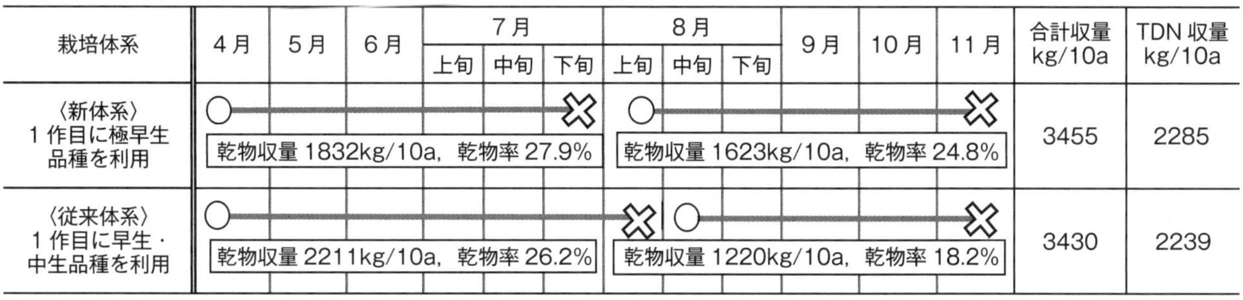

栽培体系	4月	5月	6月	7月 上旬	7月 中旬	7月 下旬	8月 上旬	8月 中旬	8月 下旬	9月	10月	11月	合計収量 kg/10a	TDN 収量 kg/10a
〈新体系〉 1作目に極早生品種を利用	○	乾物収量 1832kg/10a，乾物率 27.9%				×	○	乾物収量 1623kg/10a，乾物率 24.8%				×	3455	2285
〈従来体系〉 1作目に早生・中生品種を利用	○	乾物収量 2211kg/10a，乾物率 26.2%					×○	乾物収量 1220kg/10a，乾物率 18.2%				×	3430	2239

図 7-22　九州中北部向けの新作付体系と従来体系の乾物収量，TDN 収量および乾物率の比較
1 作目．新体系：極早生品種（RM110 以下），従来体系：早生・中生品種（RM110 以上）
2 作目．夏播き品種（RM127 以上：なつむすめ，30D44 等）

モロコシサイレージを生産できる栽培技術について述べる．

1 期作目に RM100～106 の品種を利用し，7 月下旬に収穫，2 期作目を 8 月上旬に播種する体系と，RM115 以上の品種を用いて 8 月上旬に収穫し，2 期作目を 8 月中旬に播種する体系を比較すると，合計収量は同程度であるが RM100～106 の品種を利用する体系の乾物率が安定して高くなる．具体的には，トウモロコシの 1 作目 1 作目として極早生品種（LG3457，36B08 等）を 4 月上旬に播種，7 月下旬に収穫，2 作目に夏播き品種（なつむすめ，30D44 等）を 8 月上旬に播種することにより，2 作とも乾物率約 25% 以上の良質なサイレージを生産できる（図 7-22）．

4）放牧肥育牛肉の肉質特性

周年放牧で生産された牛肉は，慣行肥育の牛肉と比べると放牧による生草中の天然のビタミン類の摂取と，適度な運動による筋肉中の結合組織の発達促進効果により，高タンパク質および低脂肪であり，加えてビタミン類とコラーゲン含量が高いという特徴がある（表 7-20）．特に，放牧肥育した牛肉では牧草中に含まれる**β-カロテン**の摂取により脂肪が黄色を帯びるが（写真 7-16），一方でβ-カロテンは人体の中で**ビタミン A** に転換されるためので，機能性を持つ成分で放牧牛肉を特徴付けることができる．

加えて，放牧肥育牛肉には脂肪燃焼効果が期待される**カルニチン**や，エネルギー貯蔵物質として筋肉の運動に関わる**クレアチン**，抗酸化性を有し筋肉中乳酸蓄積を防止する**カルノシン**などといった，健康に育った牛が持つと考えられる特徴的な成分が多く含まれている（図 7-23）．その他にも，うまみを有する遊離アミノ酸含量が高く，人の健康のために好ましい指標である脂肪酸組成 n-6/n-3 比率が低いなどの特徴も持って

表 7-20　放牧肥育牛の肉質特徴

リブロース部分における肉質の比較（平均値±標準偏差）		放牧肥育牛肉（黒毛）	放牧肥育牛肉（褐毛）	慣行肥育牛肉（黒毛）
剪断力価（kg）		2.0±0.1a	5.1±1.9a	1.8±0.4a
一般成分含量（%）	水分	63.9±2.4a	67.9±1.4a	56.5±4.7b
	タンパク質	19.5±0.7a	19.9±0.6a	16.8±1.6b
	脂肪	12.4±1.8a	10.6±2.7a	23.4±6.4b
	灰分	1.0±0.1a	1.0±0.0a	0.8±0.1a
ビタミン含量	レチノール（μg/100 g）	17.0±3.8a	10.0±12.0a	4.0±1.0a
	β-カロテン（μg/100 g）	32.3±9.6a	34.0±5.0a	ND
	α-トコフェロール（μg/100 g）	0.62±0.08a	0.57±0.12a	0.23±0.06b
コラーゲン含量（mg/100 g）		374.6±54.6a	483.3±41.9b	290.0±0.0a

ND：検出されず　　　日本暖地畜産学会報 53（1）：41-49（2010）より作成

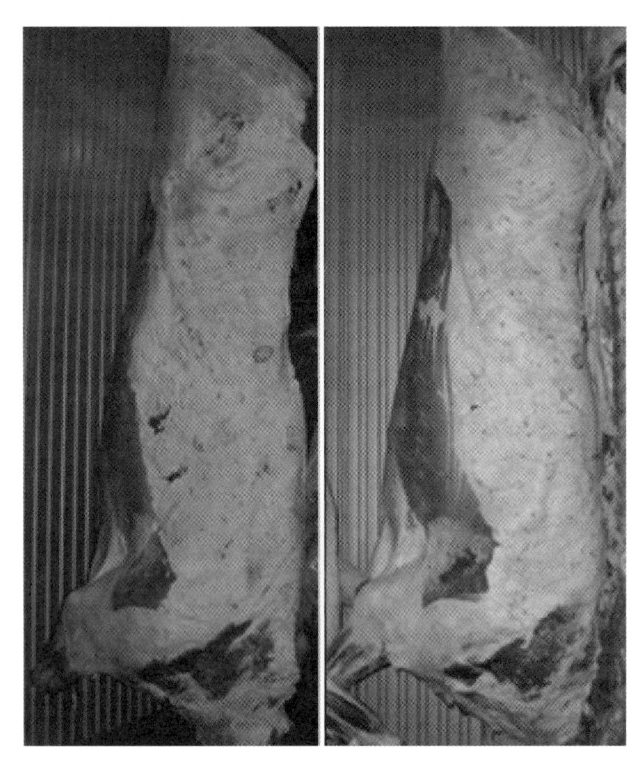

写真 7-16　枝肉：放牧肥育（左）と慣行肥育（右）

いる．

5）その他の放牧肥育への取り組み

北里大学八雲フィールドサイエンスセンターでは，放牧を主体とした100% 自給飼料による牛肉生産が行われており，生産された牛肉は「**北里八雲牛**」として実際に市販され，商標登録も取得されている．また，2005年からは化学肥料の施用も完全に中止し，「**有機畜産物 JAS 認証**」を取得している他，日本草地畜産種子協会による**放牧畜産基準認証制度**のうち，放牧畜産基準，放牧子牛生産基準，放牧肥育牛生産基準，放牧牛肉生産基準の認証を受けている．

また，経産牛の高付加価値化を目指して，（独）農研機構近畿中国四国農業研究センターは，経産牛の放牧肥育に取り組み，「**熟ビーフ**」という名で商標登録し，九州大学農学部付属農場は初期成長期における代謝生理的インプリンティング（刷込み）を活用した放牧肥育に取り組み，「**Q ビーフ**」と名付けている．

寒冷地における公共牧場をモデルとし放牧を利用した肥育の一例として，黒毛和種去勢牛の育成期と肥育前期に放牧を1.5シーズン取り入れた放牧方式がある．ペレニアルライグラス主体の草地に，1シーズン目

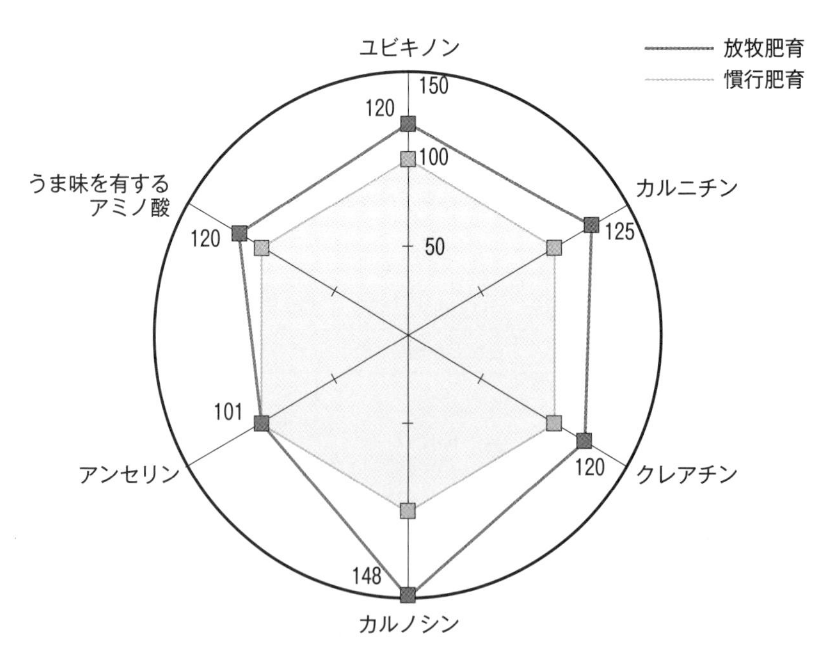

図 7-23　周年放牧肥育した牛肉に特徴的な成分
放牧肥育：周年放牧＋トウモロコシサイレージ
慣行肥育：配合飼料 7 kg/ 日，粗飼料は稲わらを飽食

（入牧時６カ月齢）には春から秋まで肥育し，２シーズン目（入牧時18カ月齢）には春から初夏まで放牧する．肥育後期は舎飼肥育して出荷する．春から夏にかけて草地に２群を放牧することで牧草の季節生産性が平準化される．この**1.5シーズン放牧**方式によって，草地管理労力の軽減，飼料費の節減（27カ月齢肥育の53％減，30カ月齢肥育で35％減）が期待できる．

写真7-17　出荷直前の放牧肥育牛（あか牛）

6）おわりに

従来の脂肪交雑を基準とした格付等級では，A-2もしくはB-2と判定される例数が多く，残念ながら現時点で放牧肥育牛肉は必ずしも十分な評価を得られていない．また，放牧牛肉に特有の牧草由来の**パストラルフレーバー**が消費者の嗜好に影響する可能性も考えられる．

しかし一方で，最近，多様な熟成方法（ドライエージング等）や経産牛肥育，放牧牛肉等の多様で個性的な牛肉を提供するレストランが現れるなど，消費者の牛肉に対する嗜好にも変化の兆しが見られつつある．周年放牧から生産された牛肉は，従来の肉質評価基準とは異なった価値観を持つ牛肉と考えられる．

また，**周年放牧**による牛肉生産は，草地生態系と草食動物の自然循環を基にした持続可能で「エコ」な牛肉生産方法でもある（写真7-17）．消費者のライフスタイルの変化や健康志向の高まり，環境への配慮等といった多様なニーズに応えるため，脂肪交雑の偏重から多様な和牛肉生産の可能性についても検討すべき時期に来ていると考える．例えば，実際にわれわれは，南部九州の地域的な嗜好品であったイモ焼酎が全国区になった事例やプロセスチーズから多様なナチュラルチーズの受容といった食品に対する嗜好の大きな変化を経験している．また，ワインというカテゴリーに白ワインと赤ワインという異なる評価基準が並立している事例もある．今後は，多様な牛肉生産への入り口として当面は放牧牛肉を地域ブランドとして確立するため，機能性成分や食肉特性などの解明をさらに進めるとともに，赤身牛肉の評価のための新たな指標の開発にも取り組むことが必要と考える．

山田明央（(独) 農研機構 九州沖縄農業研究センター）

参考文献

1）山田明央・小路　敦，九州沖縄農業研究成果情報26，77-78，2011
2）加藤ら，九州沖縄農業研究成果情報26，79-80，2011
3）中村ら，日本暖地畜産学会報53，41-49，2010
4）大槻和夫，養牛の友353，38-42，2005

（4）耕作放棄地と放牧活用

2010年の世界農林業センサスによるとわが国の耕作放棄地は39.6万haも存在している．耕作放棄地は繁茂した雑草は害虫や獣害の温床になり農業生産に悪影響を及ぼすだけでなく，ゴミの不法投棄も招き農村の景観や安全を損なうなど大きな社会問題になっている．一旦荒廃が進み雑草や灌木が生い茂った農地では，人が草を刈ることすら難しい場合もある．しかし，このような耕作放棄地でも繁殖牛を放牧できることが各地で実証されている．高齢な肉用繁殖牛農家において飼料作物の栽培・収穫，給餌，糞尿処理は労力的に大きな負担となり，牛飼いをやめる原因にもなっており，耕作放棄地の放牧活用は，肉用繁殖農家の作業の軽労化や自給飼料利用の継続とともに耕作放棄地の解消にも役立っている（写真7–18）．耕作放棄地の大部分を占める水田は，小規模で点在することから放牧地として利用することは困難とされてきた．しかし，電気牧柵で水田を囲い草地化し，従来の区画そのままの小面積に数頭の肉用繁殖牛を放牧し，次々と牛を移動させれば長期間の放牧利用が可能となる．これは**小規模移動放牧**と呼ばれている[1)]．

簡易に設置・撤去ができる**電気牧柵**は**耕作放棄地放牧**に適しているが，物理的強度は弱く，心理柵として機能している．舎飼いの牛は放牧地に入ると興奮して走り回ることがあり，放牧開始前には牛に電気牧柵を学習させておく必要がある．放牧中も脱柵を防ぐために，定期的に電圧，漏電箇所を確認し，草量不足にも注意する．牛は柵や等高線に沿って歩く習性があり，次第に牛道が形成される．牧柵の設置場所が悪いと牧柵周辺の泥濘化や崩壊を引き起こす．法面を保全したい場合は，牛が入らないように柵を設置する．沢や用水路を飲水に利用する場合は，下流への糞尿汚染を防止するため直接牛が入らないようにする．水源がない場合は，牛の1日の飲水量（20～50 *l*）を用意する．電気牧柵のバッテリーで作動する揚水ポンプで水源（水槽）から飲水器に水を配送するシステムを使えば，給水作業の軽労化をはかれる[2)]．

牛は耕作放棄地の植物の多くを採食するが，棘や毒があるために採食しない植物がある．代表的な植物として，ワルナスビ，アザミ，バラ科灌木，オナモミ，ワラビ，ヨウシュヤマゴボウ，シキミ，レンゲツツジがある．これらの植物は放置すると広がり，牛は他に食べる植物がなくなると，**有毒植物**を採食するようになるので刈り取って除去する．家畜の有毒植物中毒についての情報は，農研機構動物衛生研究所のHPで提供されている．耕作放棄地に生えている植物のTDN含量は45％以上で繁殖牛の体重維持に十分であるが，CPがやや不足する場合があり，補助飼料でCP不足量を補給する[3,4)]．また，枯れた状態では，TDN，CP含量ともに不足するので補助飼料の給与が必要である．耕作放棄地の**牧養力**は1 ha当たり70～400カウデー（CD）と条件によって大きく異なり，1頭当たりの必要面積も大きく異なる．**ススキ**は嗜好性が高く，TDN，CP含量も妊娠中の繁殖牛の栄養要求量を満たしており，草量も5～10 t/haと高いが，頻繁に採食されると衰退するため，牧養力は100～200 CD/haである．耕作放棄地に生えている野草や雑草は，その

写真7–18　耕作放棄によって雑草や灌木で荒廃した果樹園跡（左）を放牧利用（右）．

まま放牧して続けるといずれ消失してしまうため，放牧を継続するには草地化が必要である．平坦地はオーチャードグラス，ペレニアルライグラス，トールフェスクなどの牧草が利用できるが，傾斜地では土壌保全効果が高い，**シバ**，センチピードグラスなどのシバ型草種が適している．

シバの栄養価は妊娠初期・中期の繁殖牛に適している．無施肥の傾斜シバ草地で黒毛和種繁殖牛を放牧した試験結果に基づき，近畿中国四国農業研究所から，マニュアルが公表されている[5]．耕作放棄地はもともと利便性や労力不足の問題から放棄された場合が多く，シバやセンチピードグラスのようなシバ型草地は施肥や掃除刈り等の草地管理に労力を要しないので，耕作放棄地での肉用繁殖牛草地に適している．しかし，シバは草地化に長い時間を要し，草地化を早めるシバ苗の移植導入は労力がかかるという欠点がある．糞上移植法[6,7]は，放牧しながら放牧牛の排糞上にシバ苗を移植することによって容易にシバを導入できる方法である．**暖地型牧草**のセンチピードグラスやカーペットグラス等は播種による造成が可能で，とくにセンチピードグラスは北関東でも旺盛に生育するが，種子が1 kg 15,000円程度と大変高価であるのが難点である．

オーチャードグラス等の寒地型牧草は，播種によって簡単に草地化が可能であるが，維持には施肥や掃除刈りが必要とされる．機械による造成が困難な場合は，放牧で前植生を抑制してから牧草種子を手播きし，牛に踏ませる**蹄耕法**で草地化する．**寒地型牧草**は栄養価が高いため，授乳中の母牛と子牛，育成牛の放牧も可能である．しかし，栄養要求量が低い繁殖牛では過肥や蛋白過剰になりやすく，繁殖成績の低下を引き起こすので，高めに放牧圧を設定しBCS（ボディコンディションスコア）に注意する．寒地型牧草の維持が困難な温暖地では，バヒアグラス等の暖地型牧草を播種する．牧草種は限られているが，地理情報から導入した牧草の生産量と牧養力が推定できるワークシート[8]を利用すれば，放牧頭数や放牧日数の目安がわかり，放牧計画の参考にできる．

排水が良好でない耕作放棄地では，省力管理に適したシバやセンチピードグラスが利用できない．また，オーチャードグラスも湿害に弱い．排水不良の耕作放棄地の草地化には，耐湿性に優れるリードカナリーグラスやレッドトップを利用する．両種とも初期生育が良くないので，定着には前植生の抑制や適正な放牧圧維持に注意する．リードカナリーグラスは造成初年目から600 CD/haの高い放牧圧で利用すると衰退するので，2，3年間は放牧圧を弱めて地下茎を充実させるとよい．梅雨時期に草地が灌水し，永年牧草の維持が難しい場合には，耐湿性の強い栽培ヒエやイタリアンライグラスを組み合わせる草地化技術がある[9]．北関東の水田放牧草地において，オーチャードグラス等を播種した草地は乾物生産速度が6月以降低く推移するが，組み合わせ草地では夏季でも栽培ヒエにより高い生産量が維持され（写真7-19，図7-24），年間の生産量や被食量は組み合わせ草地では永年牧草地の1.7倍に達した．また，低温下でも比較的伸長するイタリアンライグラスを導入することは放牧期間の延長あるいは周年放牧につなげることもできる．

写真7-19　水田跡に導入した栽培ヒエ草地
栽培ヒエは湛水しても生育する．

集落内でできる耕作放棄地放牧は，遠くの公共牧場や山に牛を放牧するのに比べて，住宅の近く

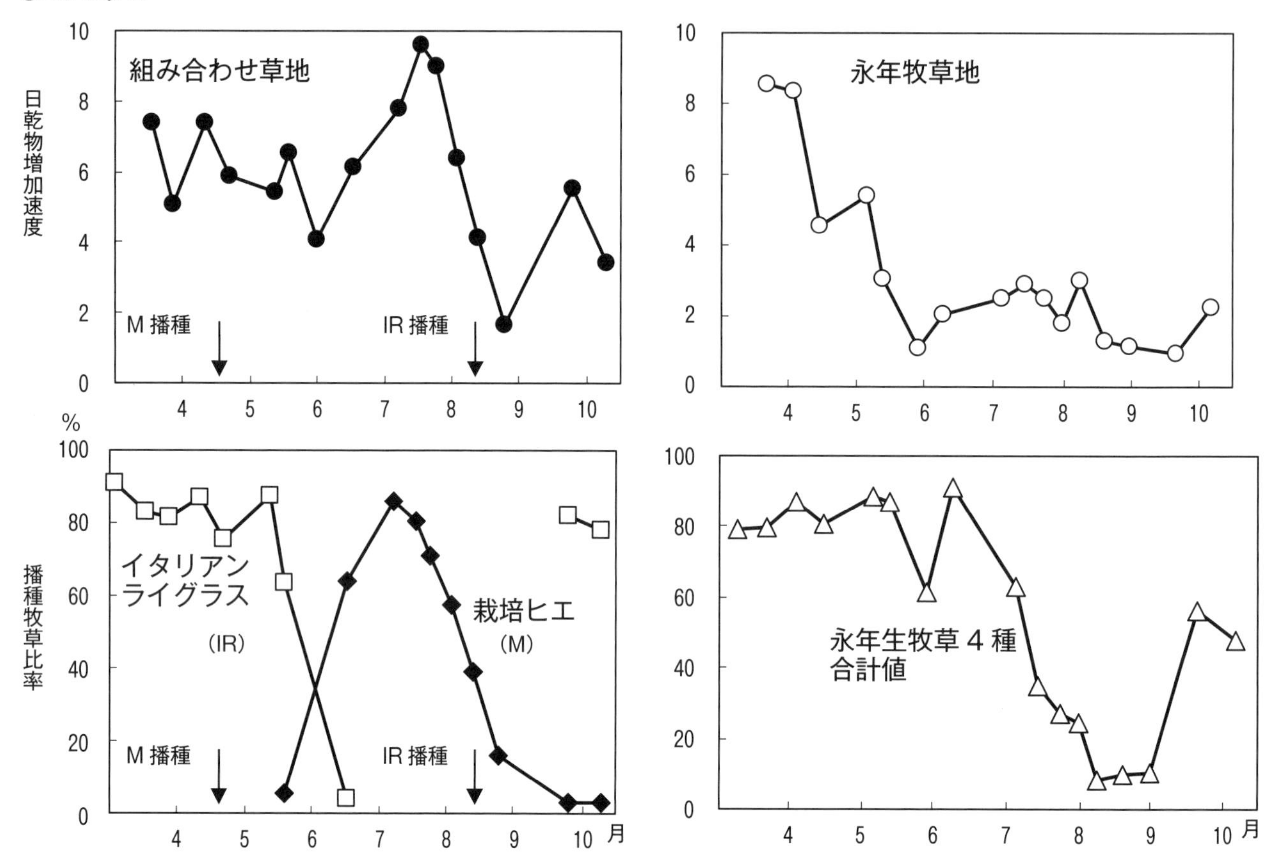

図 7-24　栽培ヒエとイタリアンライグラス組み合わせ草地と永年牧草地の季節変化
組み合わせ草地では，夏季に栽培ヒエが旺盛に生育することで，永年牧草のような夏季の生育低下がみられない．

に放牧できる安心感や管理作業がしやすい利点がある．畜産農家がいない地域ではレンタルカウ制度によって非畜産が耕作放棄地放牧を始める事例もある．耕作放棄地で放牧を始めるにあたっては，周辺住民の理解醸成のため脱柵防止，法面保全，また牛や管理者の事故防止も重要である．地域での現地展示や山口型放牧研究会等の研究会による情報共有が耕作放棄地放牧の拡大に果たした役割は大きい．また，耕作放棄地放牧のマニュアル[10,13]が出されており，様々な技術や工夫が解説されており参考になる．

梱村恭子（(独) 農研機構　畜産草地研究所)

参考文献

1)　畜産草地研究所，技術リポート２号「小規模移動放牧マニュアル―放牧による肉生産と既耕地の再利用のために―基礎・開牧編」，2002.
2)　中尾誠司，水土の知（農業農村工学会誌），78：677-680，2010.
3)　西脇亜也，草地管理指標―草地の放牧利用編―，pp 69-70．日本草地畜産種子協会．東京．2011.
4)　堤　道生，高橋佳孝，西口靖彦，惠本茂樹，伊藤直弥，佐原重行，吉本知子，渡邉貴之，日本草地学会誌，55：242-245，2009.
5)　近畿中国四国農業研究センター畜産部，わかる繁殖牛のシバ放牧，2005.
6)　北川美弥，池田堅太郎，西田智子，梨木　守，畠中哲也，日本草地学会誌，53：102-108．2007.
7)　北川美弥，池田堅太郎，山本嘉人，佐藤　真，西田智子，宮崎　桂，畠中哲也，日本草地学会誌，53：266-269．2008.
8)　堤　道生，佐々木寛幸，高橋佳孝，日本草地学会誌，57：212-216．2012.
9)　山本嘉人，畜産技術 622：6-9．2007.
10)　山口型放牧研究会，山口県畜産試験場，山口県畜産技術協会，山口型放牧マニュアル（農家普及編），2004.

11) 近畿地域飼料増産行動会議，肉用牛放牧の手引き，2009.
12) 近畿中国四国農業研究センター，よくわかる移動放牧 Q&A，2009.
13) 畜産草地研究所，技術リポート 10 号「小規模移動放牧技術汎用化マニュアル」，2011.

第8章　飼育環境と施設

1. 飼育環境と肉用牛の行動

肉用牛にせよ，乳用牛にせよウシである以上，飼育目的や品種による違いはあるものの，それらを取り巻いている環境要因はほぼ同じであり，環境要因に対する生体反応（**行動**，生理，生産など）も共通している点が多い．ただし，同一品種でも乳用牛の場合には，種畜以外の雄子牛や老廃雌が肉生産に用いられたり，肉用牛の場合には，繁殖部門と肥育部門との間で管理方式や施設が異なったりするため，肉用牛と一口に言っても，状況に応じて**飼育環境**との関わりには違いがみられる．ここでは，肉用牛を取り巻く環境要因，行動ならびに各環境要因と行動との関係について述べる．

(1) 肉用牛の飼育環境

肉用牛を取り巻いている**環境要因**には，温熱環境，地勢的環境，物理的環境，化学的環境，生物的環境および社会的環境があり，各要因の中にはさらにさまざまな構成要素が考えられる（表8-1）．

(2) 肉用牛の行動

行動を発現の仕方からではなく，機能的に分類すると，**個体維持行動**と**社会行動**の二つがある．前者には，採食（または食草），反芻，休息，睡眠，排泄，体温調節，身繕い，探索，遊び（相手を伴わないもの）などが含まれ，後者には，敵対，親和，性，母性（または母子），社会的探査，遊び（相手を伴うもの）などが含まれる．

(3) 飼育環境と行動との関係

上述した環境要因に対して肉用牛はさまざまな生理反応を示すことから，環境要因によっては行動にも影響を及ぼすが，それらの構成要素の中で行動との関係が明らかにされていないものもある．

1) 温熱環境が行動に及ぼす影響

温熱環境要因は体温調節と密接に関係し，環境の中では肉用牛の生活や生産に直接関係する最も重要な環境要因である．温熱環境に対する行動反応としては体温調節行動があり，夏期暑熱時には，庇陰行動（日よけ）や喘ぎ（熱性多呼吸または浅速呼吸）など，冬期寒冷時には，庇陰行動（風，雨または雪よけ），日光

表8-1　肉用牛を取り巻く環境要因とその構成要素

要　因	構成要素
温熱環境	気温，湿度，風速（気流），日射
地勢的環境	緯度，高度（標高または海抜），方位，傾斜度，地形
物理的環境	光，音，牛舎構造，放牧施設
化学的環境	空気中の有害物質，水，飼料
生物的環境	草地の植生，微生物，衛生動物，野生動物（害鳥獣）
社会的環境	群構成員（個体関係），異性関係，母子関係，異種動物（ヒトを含む）との関係

浴，うずくまり，群がりなどがみられる．

肉用牛が体で感じる温度（**体感温度**または実効温度）は，湿度，風または放射熱により複雑に修飾され，暑さや寒さは温度だけでなく，他の温熱環境構成要素の作用が複合化されたものである．したがって，実際の生産現場では，肉用牛に対して温度だけが単独で作用することはほとんどなく，湿度，風または放射熱とともに複合的に作用することから，体感温度として捉える方が重要であり，湿度，風あるいは放射熱を考慮した指標が提示されている[1]．また，ヒトで用いられる不快指数が暑熱ストレスの指標として家畜にも応用され，乾球温度（DBT：dry-bulb temperature，℃）と相対湿度（RH，%）を考慮した**温湿度指数**（THI：temperature-humidity index）が肉用牛に利用されている[2]．

$$\mathrm{THI} = 0.8\mathrm{DBT} + 0.01\mathrm{RH}(\mathrm{DBT} - 14.4) + 46.4$$

THI が 74 以下では快適，75～78 では弱いストレス，79～83 では中程度のストレス，84 以上では強いストレスとされ，この値が高いほど**暑熱ストレス**が強く負荷されることになり，行動，生理または生産に影響を及ぼすものと考えられる．ただし，ウシに対する温度と湿度の作用割合は汗腺の発達の程度によってヒトや反芻家畜間で異なることや，この式には日射，風速および熱波の影響が考慮されていないことから，その精度については課題が残されているものの，暑熱ストレスの大まかな指標になり得る．

2）地勢的環境が行動に及ぼす影響

標高が 100 m 上昇するごとに気温は約 0.6℃低下し，気圧も約 10 hPa 減少し，酸素分圧も約 2 mmHg 減少する一方，日射量や紫外線は多くなるため，高標高地ではそれらの**地勢的環境**要因が肉用牛に対して複合的に作用するものと考えられる．沢崎ら[3]は山岳育成した肉用牛においては，低圧・低酸素環境と寒冷環境が複合的に感作し，それらのストレスに対して適応を図ることを示唆しており，生理とともに行動的適応が考えられる．また，放牧地の**傾斜角度**もウシの行動範囲に影響を与え，30°が限界とされる[4]．

3）物理的環境が行動に及ぼす影響

①光の影響

ヒツジやヤギなどの季節繁殖動物は**光**（**日長**）の影響を受け易いが，周年繁殖動物であるウシはほとんど影響を受けない．しかし，放牧牛の採食行動の開始時刻は季節的に変化し，これは日の出時刻の変化によるもので，**物理的環境**の周期的な変化（物理的刺激としての光）に直接反応する外因性リズムの一つである[5]．また，肥育後期牛では活動量を減らし，エネルギー消費を抑える観点から，あえて牛舎を暗くするとともに，1 房当たりの収容頭数も少なくしている（3 頭以下）肥育農家がいる．

②音の影響

道路工事に伴う**騒音**（80 dB 以上）が肉用牛の繁殖機能や肥育成績に影響を与える事例が散見され[6]，これは騒音がストレッサーとして驚愕反応（興奮，動揺，狂奔，逃走など）や社会的攪乱を引き起こすためと考えられる．一方，騒音の影響はないとする報告[7]もあり，一致した見解は得られていない．これには感受性や慣れなどの個体差が関与しており，個体によって影響の程度も異なることから，騒音の影響についての一元的な評価は出来ない．

③牛舎構造

牛舎構造としては，その収容方式によってウシの行動の制限の程度が異なり，開放式牛舎や運動場への放し飼い，牛房での追い込み飼い（単・群飼房）および繋ぎ飼い牛舎での繋ぎ飼いへと拘束の度合いが強まる[4]．また，牛床の材質[8]，敷料[9]，床面状態（足場）[10]，飼槽の幅[11]，飼槽の仕切り[12]などもウシの行動に影響を与えるが，乳用牛と比べて肉用牛に関する知見ははるかに少ない．

4）**化学的環境が行動に及ぼす影響**

ウシの行動に影響を及ぼす化学的環境としては，吸気中の有害物質，飲み水，飼料などがある．

①空気中の有害物質の影響

ウシの飼育環境下で発生する**吸気中の有害物質**としては，炭酸ガス（CO_2），一酸化炭素（CO），アンモニア（NH_3），二酸化硫黄（SO_2），硫化水素（H_2S），メタン（CH_4），フッ化物，塵埃などが挙げられ，そのうち高濃度の NH_3 は眼や呼吸器官に関わる疾病をもたらす危険性があり，その前兆として行動の変化が考えられる．

②水の影響

ウシの飲水量は季節や気温の変化と関係し，特に暑熱環境下における**水**の重要性は大きく，肉用牛への給水は毎日欠かせない．ウシは汚染された水よりも新鮮な水を好むと考えられるが，水質と肉用牛の行動との関係については明らかにされていない．

③飼　料

飼料としての草の化学成分は種類，生育段階，部位，肥培管理条件などによって異なり，ある特定成分の多寡が風味（味覚や嗅覚）や口触り（触覚）を介して採食行動に影響を及ぼす．イネ科草の場合，生育の進行に伴い，植物体中の繊維成分含量が増加し，出穂期を過ぎると，茎葉が硬化（木質化）して草の**嗜好性**が低下する．また，飼料中の乾物や繊維質が多いと反芻時間が長くなる．家畜は**味覚**を有しており，肉用牛の場合，甘味に対して嗜好を示し，塩味や苦味に対しては忌避を示し，旨味に対しては強い嗜好を示す[13,14]．

5）**生物的環境が行動に及ぼす影響**

生物的環境の構成要素には植物と動物があり，前者は草地の植生，後者は微生物，衛生動物（内部・外部寄生虫）および野生動物（害鳥獣）を含む．植生としては可食草量，雑草・灌木の侵入の程度，裸地率などが放牧牛の行動範囲に影響を及ぼす．放牧地における可食草量（乾物）の減少（2,800 kg/ha 以下）に伴う採食量への影響の程度はヒツジやヤギに比べて肉用牛で小さい[15]．しかし，**可食草量**が 1,500 kg/ha 以下の場合，放牧牛の採食行動への影響がみられ始め，1,000 kg/ha 以下になると採食量が急減する[16]．夏期高温時に飛来する外部寄生昆虫のアブ類が増えると，放牧牛は護身のために群がって佇立休息し，横臥休息する割合が減少する結果，増体が低下する[17]．

6）**社会的環境が行動に及ぼす影響**

ウシを群飼または他の動物とともに飼育する場合，個体間，異性間，母子間，異種動物（ヒトを含む）間などの社会関係が存在し，これらの関係が**社会的環境**として作用する．飼料，飲料水または休息場所の獲得の際には**敵対行動**がみられ，この多寡には飼育密度や群の大きさが関与する．また，新参個体を既存群に導入する際にも敵対行動が頻発し，その後，減少して約1週間で牛群は安定する[18]．一方，敵対行動とは反対に身繕い行動を通じて緊張緩和，社会構造の安定化・維持などをもたらす**親和行動**があり，ウシは同居個体間でよく舐め合う．

ヒトに対するウシの**逃避反応**は飼育者がウシを取扱う上で重要な情報であり，逃避反応距離（FD：flight distance）は，フィードロット肥育牛で 1.5～7.6 m，山地放牧牛で 30 m と飼養条件によって大きく異なることが報告されている[19]．一方，運動場放飼と放牧の両方を経験したことがある肉用繁殖雌牛のFDは，前者で1.8 m，後者で2.0 mと両者間で大差が認められないことから，短期的な飼養条件の違いは逃避反応に影響を及ぼさないと言われている[20]．

（4）肉用牛の行動管理（行動の利用と制御）

上記の社会的環境要因であるヒト（飼育者）と行動との関係は換言すれば，飼育者による行動の利用と制御である．給餌の際，飼槽にウシの排泄物が混入していることがしばしばあり，その除去作業は日常管理において煩わしいものである．ウシが後躯を高い所に置かない習性を利用するとともに，飼槽の手前（牛房側の床面）に段差，縁石，枕木などを設けることによって飼槽への排泄物混入を防止する対策が経験的に行われている．また，飼槽と飲水器が並置している肥育牛房では，濃厚飼料の食いこぼしや口吻への付着により飲水器へ飼料片が混入し，夏季には腐敗することがあり，清浄な水を供給出来ない．そのため，飼槽と飲水器を離して設置し，飲水器への飼料片混入と水の汚染を防いでいる牧場がある．離乳は子牛にストレスを負荷するものであり，ストレスの緩和は育成管理上重要な課題である．肉用種離乳子牛に**L-トリプトファン**（神経伝達物質セロトニンの前駆体）を投与した場合，敵対行動を抑え，横臥行動を助長することから，**離乳ストレス**の軽減効果が認められている[21]．

中西良孝（鹿児島大学）

参考文献

1) 山本禎紀，家畜の管理（野附　巌・山本禎紀編），pp 33–49，文永堂出版．1991.
2) Nienaber JA, Hahn GL. International Journal of Biometeorology, 52: 149–157. 2007.
3) 沢崎　坦・広瀬　昶・菊池武昭・久馬　忠・滝沢静雄・高橋政義・渕向正四郎・小野寺　勉・斉藤精三郎・帷子剛資・吉田宇八，日本畜産学会報，45：638–643，1974.
4) 三村　耕・森田琢磨，家畜管理学．養賢堂．東京．1980.
5) Hughes GP, Reid D. Journal of Agricultural Science, 41: 350–366. 1951.
6) 森　貫一，北海道獣医師会雑誌，38：11–14，1994.
7) Bond J. Agricultural Science Review, 9: 1–10. 1971.
8) 安藤　哲，畜産の研究，46：1105–1109，1992.
9) 高橋圭二，北海道立農業試験場報告，112：1–55，2008.
10) Houpt KA. Domestic Animal Behavior for Veterinarians and Animal Scientists, pp 89–133. Wiley-Blackwell. Ames. 2011.
11) Metz JHM. Farm Animal Housing and Welfare. Currents Topics in Veterinary Medicine and Animal Science（edited by Baxter SH, Baxter MR, MacCormack JAC), pp164–170. Martinus Nijhoff Publishers, The Hague. 1983.
12) Bouissou MF. Bollettino di zoologia, 47: 343–353. 1980.
13) 萬田正治・浦田克博・野口鉄也・渡邉昭三，日本畜産学会報，65：362–367，1994.
14) 中西良孝・岩崎　円・萬田正治，日本畜産学会報，65：362–367，1996.
15) Collins HA, Nicol AM. Proceedings of the New Zealand Society of Animal Production, 46: 125–128. 1986.
16) Australian Agricultural Council, Feeding standards for Australian livestock. Ruminants, 209–225. CSIRO Publications, Victoria. 1990.
17) 伊藤　巌，日本草地学会誌，17：133–140，1971.
18) Nakanishi Y, Mutoh Y, Umetsu R, Masuda Y, Goto I. Journal of the Faculty of Agriculture, Kyushu University, 36: 1–11. 1991.
19) Grandin T. Applied Amimal Ethology, 6: 19–31. 1980.
20) 中西良孝・前原康伯・梅津頼三郎・増田泰久・五斗一郎，日本畜産学会報，63：649–654，1992.
21) 中西良孝・重森浩二・松山義弘・柳田宏一・三重野通啓・萬田正治，日本家畜管理学会誌，33：65–72，1998.

2. 牛舎と施設

(1) 牛舎の種類

肉用**牛舎**には飼育対象別に，繁殖牛舎，分娩牛舎，育成牛舎および肥育牛舎などがあり，飼育方式により単房式牛舎，つなぎ飼い式牛舎，**追い込み式牛舎**およびルースバーン式牛舎などに分類される．各牛舎に関連して，牛舎内およびその周辺で，牛衡器あるいは移動式の体重測定装置，単味飼料あるいは配合飼料の保管庫，自家配合を行う場合には配合機さらに牛舎に近接したサイロの設営用地，衛生管理用資材，肉用牛の各種飼養管理用具・器材の保管室などのスペースを確保する必要がある．

肉用牛の給水設備として通常，ウオーターカップあるいは給水施設が牛舎に併設されているが，常に衛生的な環境が保たれているかを毎日の飼養管理の中で確認することが，飼槽内の清浄性の確認とともに極めて重要である．牛舎の床が滑りにくいように敷料の補給，ラバーの配置などに工夫するとともに，年間2回の削蹄を実施することも大切である．

1) 繁殖牛舎

繁殖牛舎には単房式，つなぎ飼い式および追い込み式などの飼育方式がある．つなぎ飼い式は飼育面積が最も小さく，個体管理が容易であるが，牛の行動を最も束縛するので，家畜福祉の観点からの課題があげられる．その点，追い込み式およびルースバーン式では牛の行動は自由であり，発情の発見も容易であるが，牛同士の闘争・競合があり，特に飼料給与時には連動スタンチョンにより保定することが望ましい．また，人工授精や妊娠鑑定時の繁殖牛の保定用に，木製あるいはパイプ製の枠場を備えるのがよい．

2) 分娩牛舎

分娩牛舎は他の育成牛，繁殖牛，肥育牛などから離れた場所に設置可能であればそれが望ましい．また，分娩前後に消毒しやすいように単房方式が最良である．分娩後の子牛は濡れているので，風が直接当たらないように注意する．

3) 育成牛舎

写真8-1　連動スタンチョンによる保定

哺育・育成も衛生面から，**育成牛舎**は，繁殖牛舎や肥育牛舎などから離して設置するのが望ましい．特に哺育時の衛生面に問題がある場合には，**カーフハッチ**方式の導入が勧められる．カーフハッチは生後2~3カ月齢までの子牛を1頭ずつ隔離飼養するために，屋外の換気や排水の良好な場所に設置される木製あるいはFRP製の小屋で，敷料を十分に入れて保温につとめるとともに，清潔に保つために敷料交換にも注意する．母牛と一緒に飼育する場合には，子牛に濃厚飼料を給与する別飼い（**クリープフィーディング**）が行えるようにする．

4）肥育牛舎

肥育牛舎は簡素であり，屋根と囲いだけの群飼が主流である．牛床にオガ粉を敷いて飼育する場合，糞尿に汚れたオガ粉を取り除くのが容易なように柵を設置する必要がある．牛床の清掃などを勘案すると，1頭当たり**牛床面積** 5 m^2 以上が良く，1群10頭の場合，50 m^2 以上となる．生体重が500 kgに達すれば，2〜4頭の小群で飼う牛房が理想的である．**飼槽幅**は全頭が同時に並んで採食できるように，1頭当たり0.8 mが理想であるが，**給餌回数**を増やすことで狭くすることも可能である．肥育中期頃までは6〜8頭の群飼により食欲を競わせながら飼育するのに対して，肥育後半には健康状態や肥育状態が見やすい2頭飼いでじっくり仕上げられている例もある．牛舎通路面を広くすることで，**自動給餌器**あるいは機械を用いた飼料給与による省力化が図られるとともに，通路面よりも飼槽を低く設定することで目線を下げることにより，飼養管理者が肉用牛を容易に監視・観察できるような工夫が行われている．

追い込み式牛舎における飲水施設を広く設置することで，数頭が並んで飲水することが可能になるとともに，飲水量が増え発育成績にも影響が見られることが明らかにされている．

写真8-2　カーフハッチで飼養される子牛

写真8-3　追い込み式牛舎で飼養される肥育牛群

岡野寛治（滋賀県立大学）・北川政幸（京都大学）

参考文献

1）扇元敬司ら編：新畜産ハンドブック．pp 262–271．講談社．東京．1995.
2）黒毛和種飼養管理マニュアル第6編 飼育施設・資材等．pp 8–15．社団法人全国肉用牛振興基金協会．2009.
3）肉牛飼養管理マニュアル（和牛去勢編）．pp 9–12．滋賀県経済連畜産部・滋賀県畜産会．1993.
4）アニマルウェルフェアの考え方に対応した肉用牛の飼養管理指針，pp 1–15．社団法人畜産技術協会．2011.
5）唐澤　豊ら編：畜産学入門．pp 284–293．文永堂出版．2012.

(2) 牛舎と環境

温血動物である肉用牛にとって，**熱環境**は恒常性の維持に直接関わりを持つ環境であるので，他の環境よりも特に重視しなければならない．ところが，わが国の気候条件は一年を通して変化に富む明瞭な四季を有しており，気温の変化が大きいという特徴を持つことから，熱環境の変化に伴う生産性への影響が懸念されている．特に，**暑熱環境**下では飼料摂取量低下に伴う増体量の減少や乳生産量の減少，繁殖成績の低下が深

写真 8-4　屋根への断熱材の設置

写真 8-5　スプリンクラーによる屋根への散水

写真 8-6　屋根への石灰塗布

刻な問題となっている[1]．一方，幼畜は体温調節機構が未発達なため低温に対する抵抗力が弱く，**寒冷環境**下では発育停滞や死亡率が増加することが知られている[2,3]．このような熱環境の変化による家畜の生産性低下は，畜産経営の不安定化の一要因として考えられていることから，わが国における家畜生産においては，**牛舎環境**をいかに制御して肉用牛の**生産性**を向上させるかを課題としなければならない．

1）牛舎環境の制御について

①日射の遮断

肉用牛が**日射**を過大に受けたり，牛舎の外表面が日射を受けることによる牛舎内温度の上昇を防ぐため，日射を遮断して牛舎に到達させないようにしなければならない．そのためには，すだれやカーテンなどの日除け類を用いることも有効な手段だが[4]，庇蔭樹やゴーヤ，アサガオ等の緑のカーテンを用いて日射の進入を防ぐほうが，熱の再放射がないためより効果的だと考えられている．また，地表面からの照り返し（**輻射熱**）にも留意が必要である．

②輻射熱の低減

牛舎内の温度は屋根からの輻射熱によって著しく上昇し，**断熱**効果は屋根の材質によっても異なるため，屋根の断熱性を高め輻射熱を低減する必要がある．屋根からの輻射熱を低減させる方法としては，屋根材への断熱材の設置（写真 8-4），スプリンクラーによる散水（写真 8-5），屋根への石灰塗布（写真 8-6）などがあるが，散水を行う場合は湿度上昇を防ぐために排水処理と併せて実施するべきである．

③換気・送風

換気は，肉用牛にとって牛舎内の有害物質の除去や，新鮮な外気を供給するために重要であり，また，牛舎内の環境制御の基本的な手段として，多くの牛舎に**送風機**（換気扇）が設置されている[5]．送風機はその目的に応じて，換気，牛体への送風，牛床乾燥によって設置場所，設置方法が異なる．そのため，各牛舎における送風機の目的を明確にしたうえで設置する必要がある．さらに，送風機フィルターの目詰まり，送風羽の埃や汚れ，空気取り入れ口の障害物は，送風機の能力を低下させるばかりでなく，電気代のロスにもつながるため，定期的な点検と清掃を行うことが望ましい．また，送風機を制御するインバータの温度センサーについても，十分な機能を発揮するため，定期的な点検が必要となる．

2）熱環境が子牛・繁殖雌牛の生産性に与える影響

①子牛の疾病発生と環境要因との関係

子牛の**疾病発生**件数と**日平均温湿度指数**（THI：Temperature-Humidity Index）との関係を調べた調査[6)]では，THIが低くなるにつれて疾病発生件数が増加する負の相関が認められ，日平均THI：55–60を境に下回ると疾病発生件数が有意に増加することが報告されている（図8–1）．また，呼吸器病や泌尿器病の発生割合は，THIの低下に伴い段階的に増加する一方で，THIが65を超えると寄生虫感染症の発生割合が増加するとともに，70を超えると消化器病の発生割合が高くなる（図8–2）．このことは，熱環境の変化に応じて子牛の健康管理を対応させていかなければならないということを意味している．

②子牛の発育と環境要因との関係

子牛出生後1〜3カ月間の平均THIと子牛市場出荷時の1日増体重（DG）との関係では，出生直後の3カ月間はTHIが高くなるにつれて出荷時のDGが増加するのに対し，THI：60以下では平均値を下回る．一方，子牛出生後4〜6カ月間においては，THIが高くなるにつれてセリ出荷時のDGが低下する．したがって，出生後3カ月齢までは寒冷環境の影響を受け易く，出生後4〜6カ月間は暑熱環境の影響を受け易いのではないかと推察されている．そのため，子牛の発育ステージに応じた牛舎環境制御と飼養管理が求められる．

③熱環境が繁殖雌牛の繁殖性に与える影響

乳用牛であるホルスタイン種は，暑熱時に**繁殖性**が低下することが良く知られており，わが国においても夏季受胎率の低下が問題視されている．しかしながら，黒毛和種の繁殖性に対する暑熱環境の影響については，未だ検討の余地が残されている．暑熱時における黒毛和種繁殖雌牛では，発情周期の延長やスタンディング発情率の低下が認められ，人工授精供用率低下の要因となっている．一方で，黒毛和種繁殖雌牛を対象とした大規模な野外調査では，暑熱時には初回授精日数が延長するが，寒冷時にも有意に延長し，実空胎日

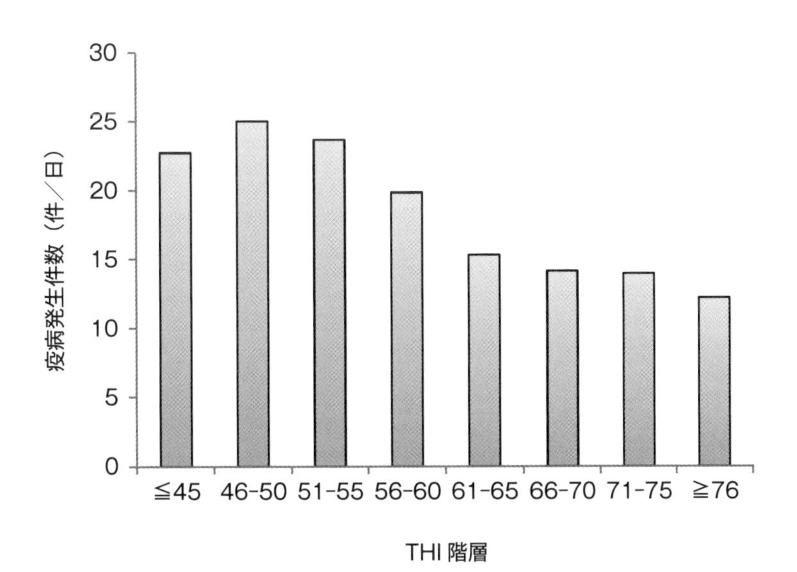

図8–1　THIと疾病発生件数との関係

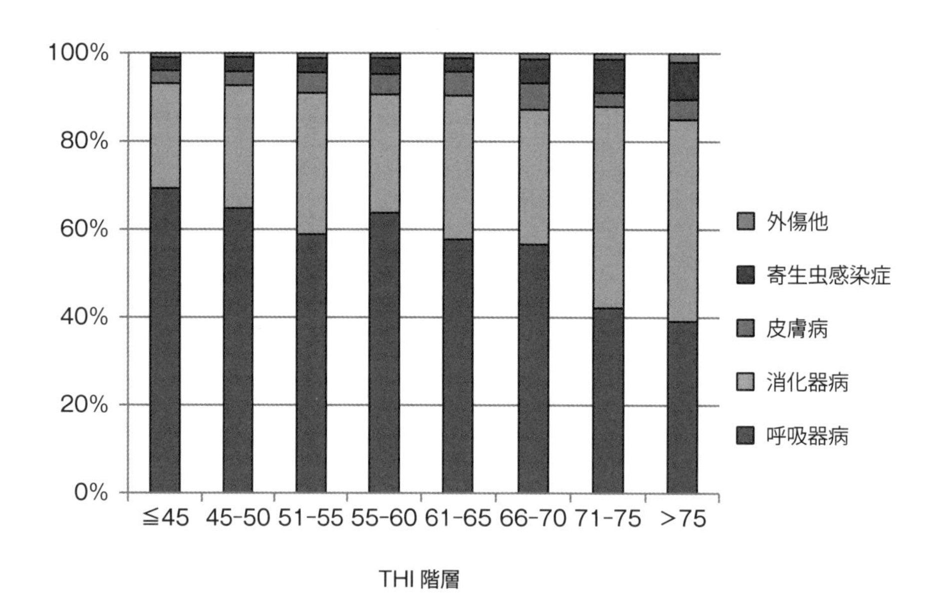

図 8-2　THI と疾病発生割合との関係

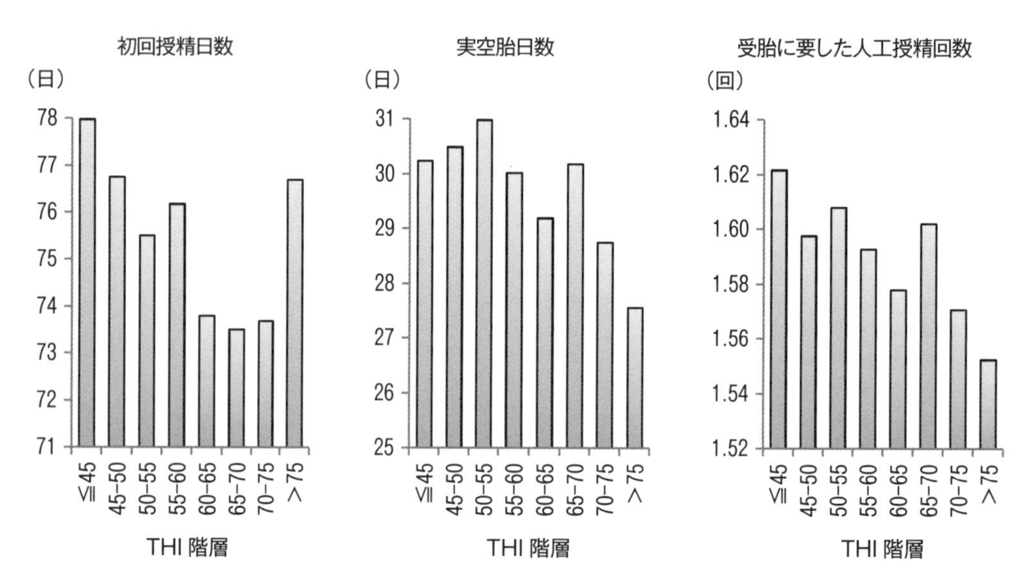

図 8-3　THI と初回授精日，数実空胎日数，受胎に要した人工授精回数との関係

数と受胎に要した人工授精回数は暑熱時よりもむしろ寒冷時に悪化する結果が得られている（図 8-3）．このことについては，さらなる研究の進展が望まれるところであるが，黒毛和種繁殖雌牛の繁殖性を向上させるためには，暑熱対策はもとより，寒冷時における飼養環境やエネルギー充足率の見直しといった寒冷対策についても留意が必要なことを示唆している．

鍋西　久（宮崎県畜産試験場）

参考文献

1. Nabenishi H, Ohta H, Nishimoto T, Morita T, Ashizawa K, Tsuzuki Y. Journal of Reproduction and Development. 57 : 450–456. 2011.
2. 佐藤 博，花坂昭吾，今村照久．日本畜産学会報 Vol. 51 : 766–771. 1980.
3. 山本禎紀．日本畜産学会報 Vol. 47 : 687-697. 1976.

4．安藤　哲．日本畜産学会報 Vol. 80 : 451-456．2009.
5．山本禎紀．日本獣医師会雑誌 Vol. 24 : 477-483．1971.
6．鍋西 久，重永あゆみ，亀樋成美，黒木幹也，中原高士．肉用牛研究会報 No. 94 : 37-39．2013.

3．放牧牛の管理施設

放牧牛の管理施設として，放牧施設，牧柵，門扉（出入り口），給水施設，給塩施設，管理舎，追い込み施設，庇陰施設について記載する[1]．これら**放牧施設**は，放牧方法や立地条件を考慮して，必要な施設について当該牧場における利用に適した仕様を選択する．放牧施設の配置は，家畜の省力管理や草地の効率的利用に影響することから，家畜と管理者の双方が使いやすくなるように，動物の行動・習性や作業動線を考慮して設計する．

（1）牧　柵

家畜が放牧地の外へ逃げ出すのを防止するために，**牧柵**を設置する．定置放牧やパドックでは，有刺鉄線牧柵や高張力鋼線牧柵等の堅牢な固定柵を用いる．また，輪換放牧や帯状放牧では，外柵に堅牢な固定柵を用い，内柵には設置や移動時の取り扱いが簡単なポリワイヤー架線等の**電気牧柵**あるいは移動の必要がない場合や堅牢さが求められる場合は固定柵を用いる．

水田や耕作放棄地等を利用した小規模移動放牧では，外柵に電気牧柵が用いられることが多く，牧柵の設置・撤去が容易に行えるため肉用種繁殖牛の小規模移動放牧が各地で普及している．電気牧柵は，架線を流れる微弱電流の電気刺激に対する牛の回避が心理的な障壁として機能するもので，物理的には脆弱であることから，**脱柵**防止のためには牛に電気牧柵に触れると電気ショックを受けることを学習させる事前**馴致**とその効果を持続させることが重要となる．黒毛和種繁殖牛が電気牧柵から脱柵する過程を実験的に再現した試験によって脱柵発生のパターンと要因が明らかにされており[2,3]，これに基づいて，馴致の効果を持続させるための留意点として，牧区内の可食草量の不足に注意して柵外の草に対する牛の関心を高めないこと，馴致した牛であっても時折電気牧柵に触れていることから日常的に通電状態が保たれるよう管理することが提示されている（図 8-4）．

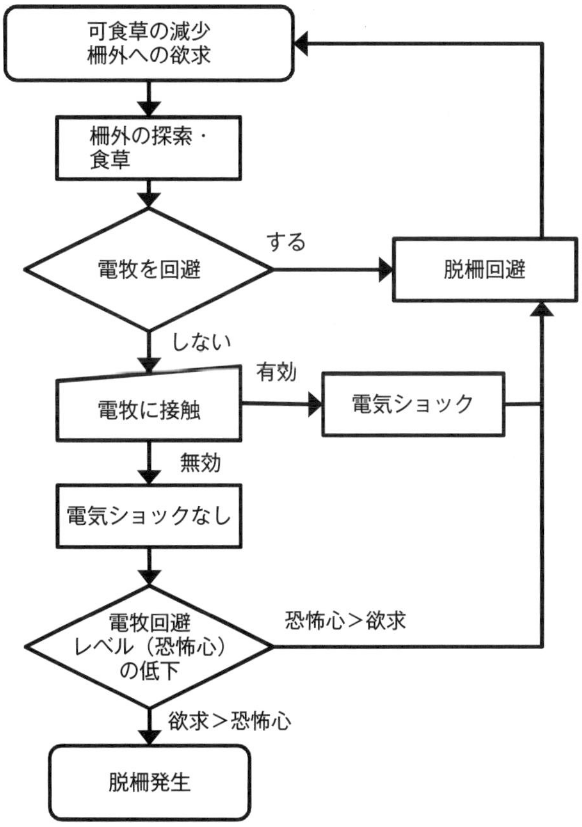

牧柵は，家畜の脱出防止のほかに次のような目的にも用いられる．誘導柵として，牛を移動させる際に途中の目的外の牧区や施設への牛の立ち入りを防ぎ，移動を効率的に行う．保護柵として，摂食や踏圧，糞尿

図 8-4　簡易電気牧柵からの脱柵発生の流れ（深澤ら[4]）

排泄等から保護する必要がある造成中の草地，幼齢人工林，水源地等への牛の侵入を防ぐ．危険防止柵として，断崖や沢等への転落を防止するため，危険な場所に牛を近づけないようにする．

(2) 門扉（出入り口）

放牧地への出入り口となる**門扉**には，両開き，片開き，横引き，馬栓棒等の開閉方式があり，木材や鋼材，パイプ等で扉のユニットが組まれたものや，牧柵の有刺鉄線や鋼線を切断・加工して開閉するものなどがある．電気牧柵の場合は，出入り口に絶縁取っ手を取付けた電牧線やスプリング状の鋼線等を用い，閉じている時の通電を確保する．

牧区の出入り口の設置場所は，牛群の誘導作業の能率に大きく影響する．牛群を移動させる際に，牧区から牧道に出た先頭の牛と牧区内にいる後ろの牛が牧柵で分断されると，後ろの牛が牧区内に残り移動作業が困難になるので（図8-5B），そうならないように牧道と出入り口を配置する（図8-5A）．立地上それが困難な場合は，牛群が牧区から出やすい方の牧道に全頭を一旦溜めておいてから目的地に移動させる方法等をとる．

車両や管理者が頻繁に出入りする箇所には，**キャトルガード**や**マンパス**を用いる．キャトルガードは道路に目の粗いスノコ状の橋を渡すもので，牛はスノコを恐れて渡らないので，車両通行が多い牧場の出入り口等に適している．マンパスは管理者が扉の開閉なしに通行できる出入り口で，人がすり抜けられる間隔に支柱を立てて柵を開けておく方式や，急角度に曲げた細い人用の通路をつける方式等がある．

(3) 給水施設

放牧地の**給水施設**は，牛が集まりやすく，庇陰林内や風通しの良い場所で水はけの良い場所に設置することが望ましい．また，複数の牧区から利用できるように牧区の接点に設置すると施設の設置と管理が効率的となる．放牧地内に河川や沢がある場合も汚染防止のため河川等から直接飲水させず，給水施設を必ず設置する．

給水槽は，一般的には放牧牛群の1/3～1/5の頭数が同時に飲水できる細長い形状のものを用い，清掃時の排水がしやすく，FRP製やステンレス製等の耐久性が高いものが望ましい．小規模移動放牧のように頭数が少なく，給水施設を頻繁に移動させる場合は，ポリエチレンコンテナ等の簡易な資材が利用される．いずれの場合も，給水槽にはボールタップ等の自動止水弁を付けて，溢水による飲水場の泥ねい化防止と節水を図る．水量が豊富で掛け流しの給水槽の場合は，溢水が飲水場や牧区の地面を流れないように排水路を確

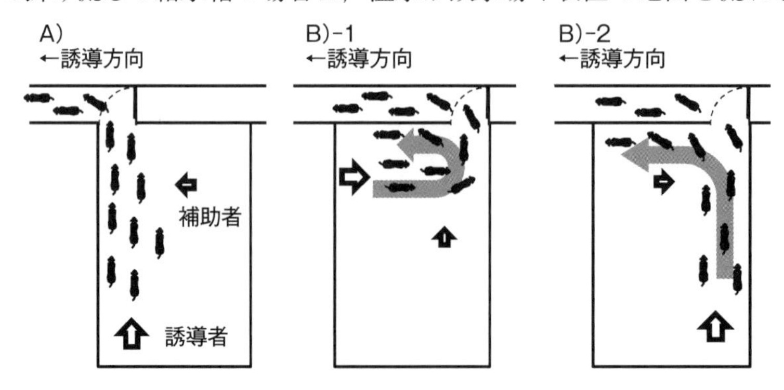

図8-5　牧区出入り口の配置と牛群誘導
A）誘導がスムースに行える配置，B）牧区内に牛が残る配置

保する．また，給水施設の周囲は牛の休憩場所となりやすく，糞尿の排泄が多くなるので，コンクリート舗装や土壌硬化剤，木製すのこを埋め込む方法[4]等により泥ねい化を防止する．

寒冷地の冬季放牧では，断熱材やヒーターを使用した凍結防止タイプの給水器を用いる．給水施設周辺の凍結による家畜の転倒事故を防ぐため，漏水に注意するとともに，凍結時には砂やオガクズ等を散布する．

(4) 給塩施設

放牧家畜に塩分およびミネラルを補給するため，給水施設の近くに固形塩を置く**給塩槽**を設置して自由に摂取させる．給塩槽とその周囲の金属部分は塩分により腐食して破損しやすくなるので注意する．

(5) 管理舎

放牧地が牛舎から離れている場合は，放牧初期の馴致や病牛・要観察牛の収容，悪天候や酷暑からの退避，その他放牧牛の管理に利用する畜舎施設を設置する．**管理舎**は，追い込み式（牛房式）の開放的な畜舎で，パドックや放牧牛群から管理対象の牛を選別・捕獲するための追い込み施設を併設する．

(6) 追い込み施設

追い込み施設は，入退牧時や定期の健康検査，病牛の治療，人工授精等の繁殖管理，体重測定等を行うために，放牧牛の集畜，捕獲，保定を行う施設で，パドック，追い込み柵，シュート等で構成する．管理舎や給水施設，給餌施設に併設することが多い．追い込み施設では，パドックに集めた牛群を追い込み柵に沿ってシュートへ誘導して捕獲・保定する．人工授精等の１頭毎に分離して作業を行う場合には個体分離型のシュートが必要であり，抗ダニ剤の塗布等の牛を一列に動けない状態にしておけばよい作業は通路型シュートが効率的である．なお，放牧地内で作業を行うために組み立て式の追込み柵・保定器具付きシュートや，小規模移動放牧で牛を捕獲するために３連程度の可搬型スタンチョンが用いられる．

(7) 庇陰施設

日射しが強い時期に日陰となる樹木等がない放牧地に牛を放牧する場合は，**庇陰施設**を設置する．平地の水田等を利用した放牧では，立地上日陰がない場合が多く，支柱に足場パイプ，屋根材に遮光ネットや寒冷紗を用いた簡易な庇陰施設を設置することによって牛の暑熱ストレスを軽減することができる[5]．

小迫孝実（(独) 農研機構　畜産草地研究所）

参考文献

1) 社団法人日本草地畜産種子協会，草地管理指標―草地の放牧利用編・放牧牛の管理編―，pp 34-47，pp 115-199，2011.
2) 深澤 充・小針大助・小迫孝実・笈川久美子・塚田英晴．日本畜産学会報，79：535-541，2008.
3) 小針大助・小迫孝実・笈川久美子・深澤　充・塚田英晴．日本畜産学会報，79：73-78，2008.
4) 佐藤義和・中村正斗・矢用健一・伊藤秀一．日本家畜管理学会誌，38：54-55，2002.
5) 安藤 哲．日本畜産学会報，80：451-456，2009.

4. 環境保全と肉用牛

(1) 肉用牛経営における環境問題

日本の畜産業の成長は1980年代の半ばから鈍化し，飼養頭数は減少傾向にあり，飼養戸数は顕著に減少しているが，一戸当たりの飼養頭数は急激に増加している．肉用牛の繁殖農家と肥育農家についても例外ではなく，各農家の飼養規模は拡大を続け，限られた地域で多数の家畜が密集して飼養されるようになってきた．特に肥育牛は国外産の濃厚飼料を多給されることが多いため，限られた地域に多量の糞尿が集積し，**悪臭**，**水質汚染**等が問題となっている．また家畜飼養に由来するメタンや二酸化炭素，亜酸化窒素等は，地球規模で環境に影響を与える物質として認識されるようになり，対策が必要となっている．

一方，家畜**排泄物**は取扱い方法に配慮すれば，作物に対する養分供給と土壌性質を改善し，農家や地域における資源循環の要となる可能性がある．本章では，肉用牛経営において発生する**環境問題**の具体例を示したうえで，畜産環境の諸制度と法規制に触れ，地域や農家単位で講じられるべき対策技術について述べる．さらに環境汚染の度合いを客観的に評価する方法の一例として**ライフサイクルアセスメント（LCA）**を取り上げ，これを肉用牛経営に応用する際の効能について論ずる．

(2) 肉用牛経営における環境問題の具体例と対策技術

表8-2に畜産経営に起因する苦情の発生状況を示す[1)]．肉用牛経営に起因する苦情件数は，悪臭関連が最も多く，次いで水質汚濁関連で，2大苦情項目といえる．また，糞尿の流出や騒音に関する苦情も多い．

1) 悪臭について

悪臭は，苦情発生原因で最も多く，適切な防除を行うことが近隣との問題発生を回避するうえで重要である．法的規制として「**悪臭防止法**」があり，事業所の敷地境界線の地表における特定悪臭物質の濃度が規制されている．22種ある特定悪臭物質のうち，畜産分野で特に関係が深いものは，アンモニア，メチルメルカプタン，硫化水素，硫化メチル，二硫化メチル，プロピオン酸，ノルマル酪酸，ノルマル吉草酸，イソ吉草酸，トリメチルアミンの10物質である．

表8-2　畜産経営に起因する苦情の内容別発生状況（平成24年）　戸(%)

区　分	悪臭関連	水質汚濁関連	害虫発生	その他[1]	計[2]
肉用牛	172(15.1)	107(20.5)	20(13.2)	60(24.9)	336(18.0)
乳用牛	299(26.2)	144(27.5)	28(18.4)	112(46.5)	529(28.4)
ブ　タ	392(34.4)	216(41.3)	8(5.3)	32(13.3)	550(29.5)
ニワトリ	233(20.4)	44(8.3)	88(57.9)	22(9.1)	370(19.9)
その他	45(3.9)	12(2.3)	8(5.39)	15(6.2)	77(4.1)
計	1141(100.0)	523(100.0)	152(100.0)	241(100.0)	1862(100.0)
構成(%)	55.5	25.4	7.4	11.7	100

資料：農林水産省生産局畜産部調べ
[1] 糞尿の流出，騒音等.
[2] 複数の苦情項目を併発している場合があるため，各項目の件数の合計は総数と一致しない.

臭気は，畜舎内の家畜**排泄物**と堆肥化施設から発生する．畜舎内では，とくに高温，多湿，嫌気条件により，悪臭が著しくなる．臭気低減のためには，すみやかな排泄物の排除，糞尿分離の効率化，畜舎の乾燥が重要である．具体的にはバーンクリーナーの稼働回数や除糞回数，敷料の定期的な交換が重要である．排泄物の堆肥化や汚水処理については，施設を一般敷地境界から離れた場所に設置し，できるだけ閉鎖構造にすることが望ましい．また，処理能力を超えて排泄物が投入されることにならないよう，計画段階からの配慮が必要である．

2）**水質汚染について**

家畜排泄物は野積みや素掘り貯留等の不適切な管理を行うと，雨天時の流出による水域の汚濁や窒素成分の土壌浸透による地下水汚染を引き起こすことになる．「家畜排せつ物の管理の適正化及び利用の促進に関する法律」では，流出や土壌浸透を引き起こす恐れのない施設での家畜排泄物の保管や処理が義務付けられていて，具体的には糞の保管や堆肥化を行う施設は床面を不浸透性にするとともに屋根を設置すること，液状部の貯留槽の底面は不透性とすることが定められている．

汚水処理水の放流に際してもっとも基本的な法律は「**水質汚濁防止法**」である．一定規模以上の畜房面積を持つ事業場（畜産農業事業場）を対象に，指定された湖沼や海域について，全窒素と全リンについては1日当たりの平均排水量が50 m^3 以上の場合に**生物化学的酸素要求量**（**BOD**）が，アンモニア，アンモニウム化合物，亜硝酸化合物および硝酸化合物については排水量にかかわらず規制対象となっている．地域によっては各自治体が定める条例により，さらに厳しい規制が行われる場合がある他，特定の湖沼流域では「湖沼水質保全特別措置法」が，特定の水道水源地域では「特定水道利水障害の防止のための水道水源水域の水質の保全に関する特別措置法」が適用される．

3）**排泄物の制御**

近年，多頭飼育が進んで大規模な飼養形態に移行した結果，**排泄物処理**は畜舎内で前処理を行わずに，畜舎外での専用施設で行うことが多くなった．肉牛は乳牛に比べて排泄する糞の量が少なく，尿量も少ないため，排泄物は，単なる乾燥化や敷料を用いずスラリー化することは少なく，堆肥化する場合が多い．肥育牛の場合，群飼し，平床の上におがくず等の敷料を入れて踏み込み式としている場合が多い．排泄物が敷料に染み込む許容量を超えた場合には，敷料の入れ替えで対処する．畜舎から取り除いた排泄物は，堆肥舎で適正な水分含量の下で十分に切り返しを行い，好気的な発酵を促進する．一方，予め深く床を設計して多量に投入した敷料を長期間用い，畜舎内で堆肥化させる発酵床方式も見られる．排泄物の量に合わせた設計，敷料と水の投入量の調節，家畜あるいは機械を利用した攪拌が適正であれば，省力化が可能である．

4）**排泄物の資源化利用**

家畜排泄物は悪臭や水質汚染の原因になるが，種々の有機成分と無機成分が含まれるため，取扱い方法を考慮すれば，作物に対する養分供給と土壌の物理的，化学的，生物学的性質を改善できる可能性がある．家畜の糞は未消化の飼料，消化器官からの内因性排出物，微生物菌体などからなり，その成分は畜種や飼料の種類によって異なる．

ウシの糞はその飼料組成を反映して繊維質で，他の家畜種に比較して炭素含量が多く，窒素含量が少ない．敷料を用いた**堆肥化**が行われる場合は，さらにC/N比が高くなる．作物栽培に適したC/N比は20～25であるため，肥培管理には注意を要する．ウシの場合，リンは大部分が糞に含まれ，窒素とカリウムについては糞と尿の双方に含まれる．糞に含まれるこれらの成分は大部分が有機体であるため肥料としての効果は緩やかである．牧草を主体とした飼養条件下では糞中の繊維質と糞尿中のカリウムの含量が増え，糞中窒素，カルシウム，ナトリウムの含量が低下する．肥育牛のように濃厚飼料を多給する場合は糞中の各種肥料成分含量および尿中のカリウム含量が増える．また，尿中のカリウムやナトリウム含量は塩化物や硫酸塩を多く含み，飼養条件によって含量が増えた場合土壌中の塩基バランスを崩す危険がある．

家畜排泄物の堆肥化は，土壌への肥効成分の循環供給の役割を果たしている．その際，家畜糞などは微生物によって容易に分解される成分（易分解性有機物）を多量に含むため，そのまま土壌に施用すると土壌中で易分解性有機物が急激に分解されて土壌中の酸素を消費することになる．堆肥化によって，事前に易分解性有機物を分解し，成分組成を安定化させることにより施用後の土壌が還元状態になることを防止する効果がある．堆肥化の過程では，原材料の分解と乾燥が進むために減量される上，汚物感がなくなるため，取扱いに対する嫌悪感の解消や運搬などの取り扱いやすさなどの作業性の向上に貢献する．また，特定悪臭物質の発生を事前の好気的発酵により低減できる．さらに堆肥化に伴う発熱により病原菌，寄生虫卵，雑草種子などを死滅・不活性化できる．

(3) 肉用牛経営におけるライフサイクルアセスメントの応用

ライフサイクルアセスメント（LCA）とは，製品のライフサイクル（生産，消費，廃棄）を通じて環境影響を定量的に評価する手法である．LCAの概念を用いた研究は，コカ・コーラ社の委託で米国のミッドウェスト研究所がリターナブルガラスびんを対象として実施した研究が最初といわれる．以降国際標準化機構（ISO）でその手法が議論され，1997から2000年にかけてLCAの国際規格がISO 14040～14043として発行された．これによると，LCAは「目的及び調査範囲の設定」，「インベントリ分析」，「影響評価」および「解釈」の四つの段階で構成される（図8-6）．図8-7にLCAの実施基準と計算の流れを示す．

1) 肉用牛生産を対象にしたLCAの実施手順

「目的及び調査範囲の設定」は，肉用牛生産システムと**機能単位**等を設定する段階である．肉用牛生産システムにおいて図8-7の製品システムに関係する項目は，飼料生産，飼料輸送，肉用牛管理のプロセスであり，各プロセスにおいてエネルギーが投入され，**環境負荷物質**が産出される．機能単位とは，肉用牛生産システムにおける生産物単位で，生産物ベース（牛1頭当たり，枝肉1kg当たり，増体1kg当たり等）や土地面積ベース（農地1ha当たり等）で示される．「インベントリ分析」は，家畜生産システムに投入されるエネルギーと産出される環境負荷物質を定量化するためのデータ収集と計算を行う段階で，家畜生産に関わるすべてのプロセスにおける投入と産出を詳細に計算して集計する．「影響評価」は，環境負荷を各環境影響カテゴリーに割り振りし，可能な場合は地球環境温暖化に影響する程度に応じて重みづけをして統合する段階である．「解釈」は，設定された上記により得られた知見が整合するかどうかを再吟味し，修正を行う段階で，たとえばLCAの実施において設定した飼養期間，飼料の量や種類等を変化させることによってインベントリ分析や影響評価の結果がどの程度変化するのかを算出する．

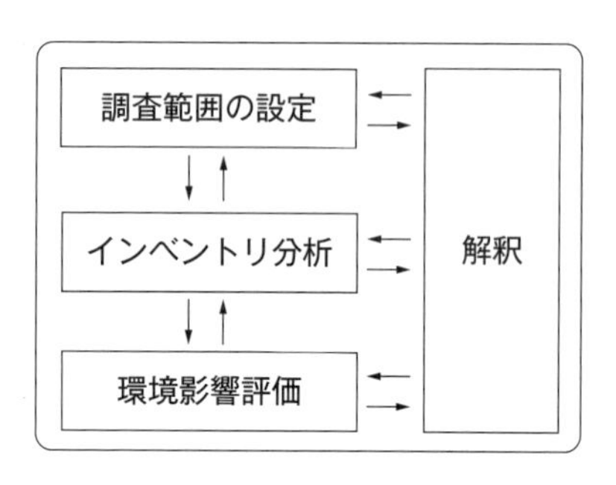

図8-6　LCAの枠組み（ISO 14040）

2) 肉用牛生産におけるLCAの適用例

一例として，図8-8にアマニ油脂肪酸カルシウムの添

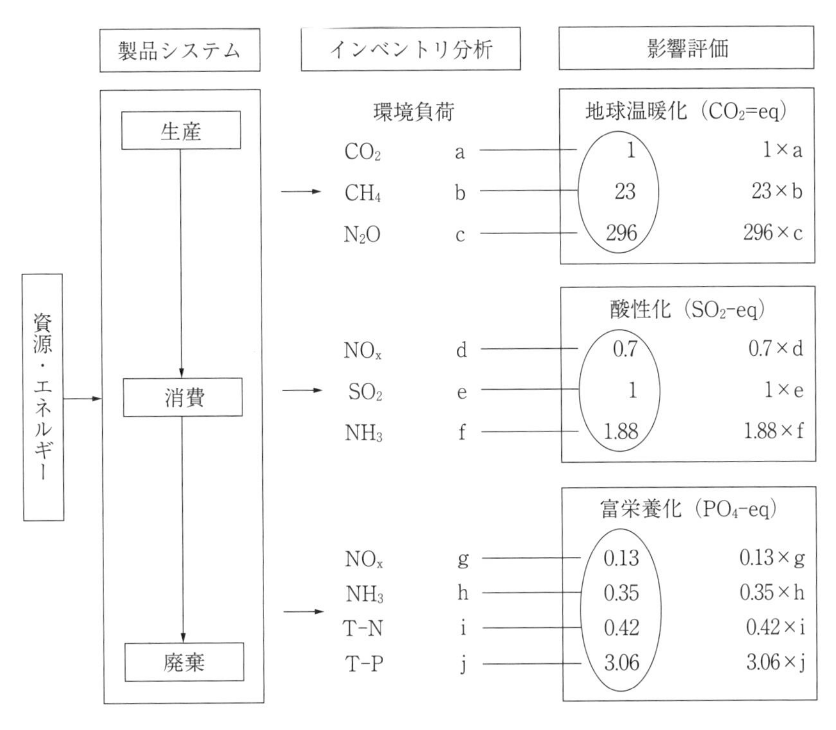

図 8-7　LCA の流れ

加レベルに応じた交雑種肥育における最適飼料設計と**環境影響評価**について LCA の手法を用いて解析した手法を示す[2]．不飽和度の高い α-リノレン酸に富むアマニ油脂肪酸カルシウムは高価ではあるが，油脂の高エネルギーによる増体促進や濃厚飼料給与量の削減効果に加え，**メタン産出**低減効果が期待できる．機能単位を肥育牛 1 頭とし，インベントリ分析や影響評価には実際の給与試験のほか，文献値やソフトウェアを用い，各生産段階におけるエネルギー消費量と各種環境負荷物質産出量を算出した．

アマニ油脂肪酸カルシウム添加レベルごとに最適化した飼料設計を行った結果，添加レベルが飼料乾物中 0 から 3% に増加するに伴って濃厚飼料摂取量が低下した（図 8-9）．その結果飼料コストは増加したが，エネルギー消費量と各種環境影響は低下し，特に地球温暖化低減効果は高かった（図 8-10）．このような試み

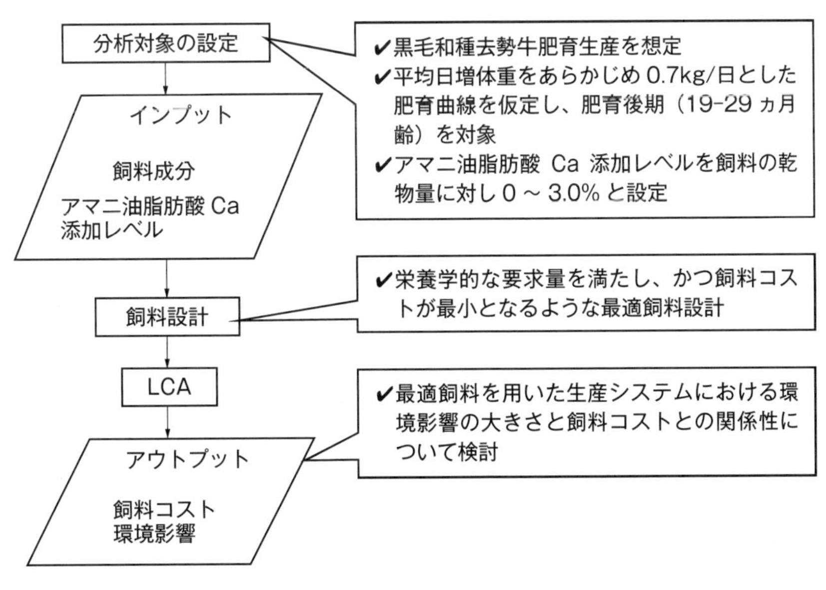

図 8-8　LCA 分析のフローチャート

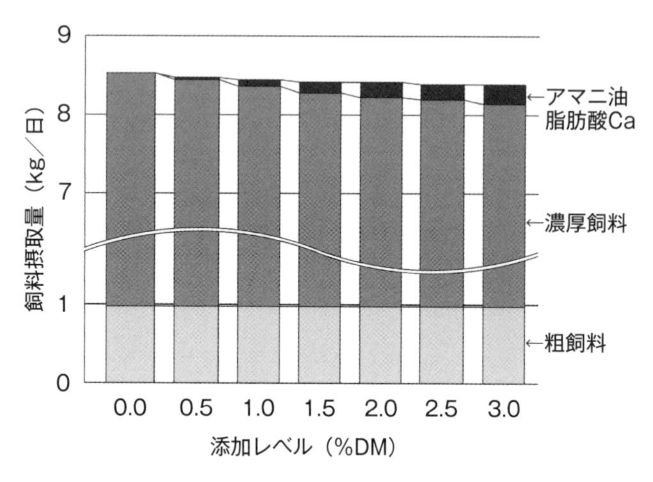

図8-9　アマニ油脂肪酸Ca添加レベルごとに最適化した飼料組成

により，家畜生産に関わるすべてのプロセスにおいて消費されるエネルギーや環境負荷を定量的に評価できるほか，環境負荷や廃棄物の排出量の削減手段を講じるための有効な知見が得られる．

また，機能単位をさまざまに設定することにより，何をベースとした環境負荷や廃棄物の排出量の削減なのか検討できる利点がある．一方，環境影響についての重みづけには議論の余地があるほか，排泄物や堆肥が作物に対する養分供給と土壌の物理的，化学的，生物学的性質の改善を通じて作物生産に貢献する効果については，排泄物処理方法や気象条件，土壌条件等の環境要因の影響する度合いがきわめて大きいことが解釈の相違を生じる原因となり，LCA評価方法には改善すべき点も多い．

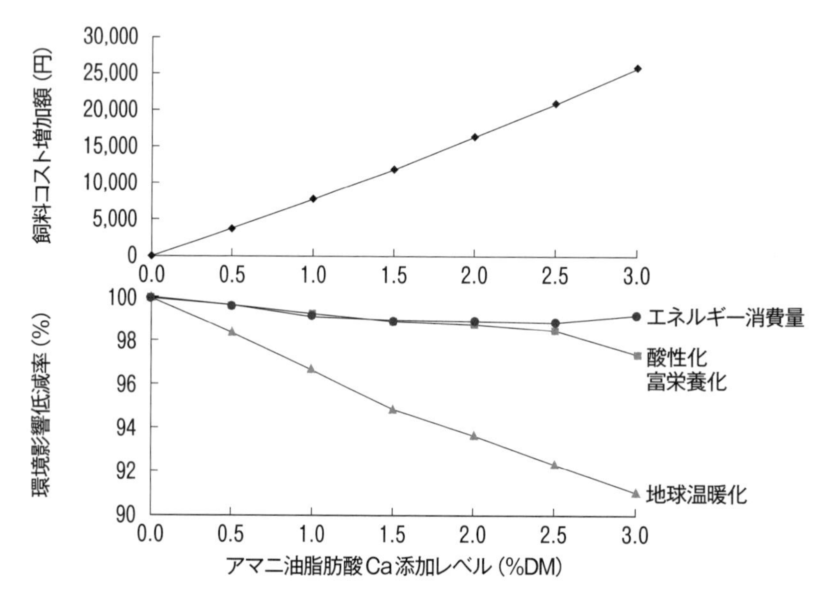

図8-10　環境影響と飼料コストとの関係性

熊谷　元（京都大学）

参考文献

1）扇元敬司・桑原正貴・寺田文典・中井　裕・清家英貴・廣川　治，新編畜産ハンドブック．pp 459–461．講談社．東京．2006.
2）加藤陽平・大石風人・熊谷　元・石田修三・合原義人・岩間永子・永西　修・池口厚男・荻野暁史・広岡博之．システム農学，27：35–46，2011.

5. 糞尿処理

(1) 排泄量

排泄物の量は，家畜の体重，飼料の種類，飲水量，飼養形態，季節などの条件の違いによってさまざまであるが，堆肥化処理施設など糞尿処理施設の規模算定に用いる肉用牛の排泄量は表8-3のとおりである[1,2]．肉用種は2歳未満と2歳以上に分け，乳用種の排泄量も示した．**糞尿**の水分は家畜の飲水量や飼養条件によって変動する．水分の変動が大きい場合には，乾物量に変動がないものとして，生糞量を計算する．

(2) 処理方式

1) 現 状

肉用牛（とくに肥育牛）は群飼されることが多く，床にオガクズやチップなどの**敷料**を敷く**踏込み牛舎**が多い（図8-11）．排泄された糞と尿は敷料に混合した状態で，一定期間（たとえば1カ月に一回）ごとにフロントローダーやダンプなどを利用して堆肥化施設に搬送される[3]．

農林水産省による処理状況調査では[4]，敷料に糞と尿を混合しで処理する割合が95.2% と高くなっている．その混合物の処理方法は，**堆肥化（発酵）**処理が96.4% と主要な処理方法となっている．他の処理方法は，放牧が1.1%，天日乾燥処理が0.7% となっている．堆肥化の処理方式の種類は，**堆積発酵**処理方式が85.6% とほとんどを占め，**強制発酵**は10.8% と少ない．

表8-3 肉用牛の排泄物量（堆肥化施設などの規模算定用）[1,2]

	体重	糞（日・頭）			尿	合計	
		乾物量	水分	生重	（日・頭）	（日・頭）	（年・頭）
2歳未満	200～400 kg	3.6 kg	78%	16 kg	7 kg	23 kg	8.4 t
2歳以上	400～700 kg	4.0 kg	78%	18 kg	7 kg	25 kg	9.1 t
乳用種	250～700 kg	3.6 kg	78%	16 kg	7 kg	23 kg	8.4 t

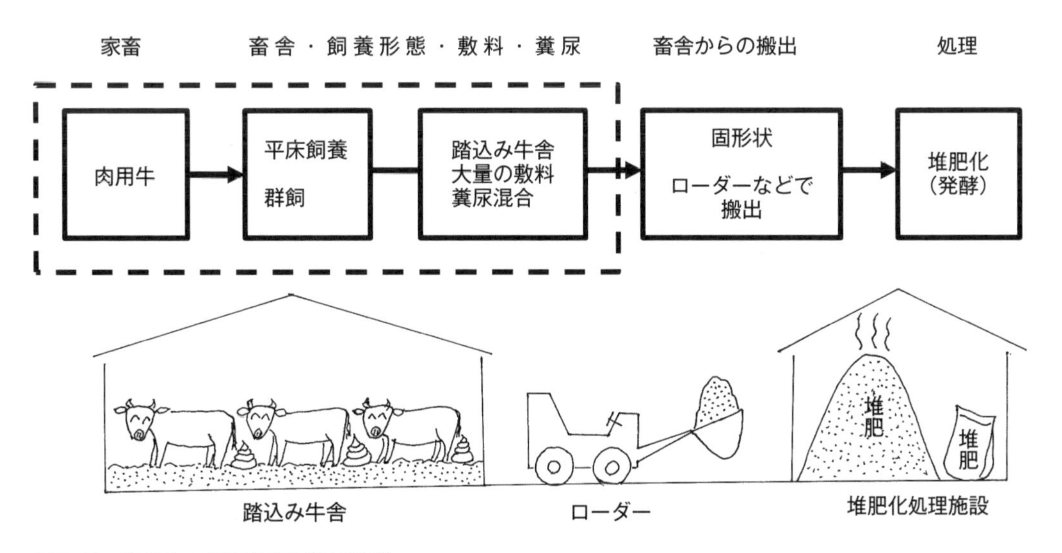

図8-11 肉用牛の飼養形態と糞尿処理

処理施設名 ＼ 区分			施設の特徴							経営別の利用状況						設置，使用上の留意点
										畜種別[4]				規模別		
			太陽熱の利用	副資材添加の必要性	悪臭処理の難易と脱臭法	処理労力	施設必要面積	施設・運転費	処理期間	酪農	肥育牛	養豚	養鶏	大・中	小	
堆積方式		堆肥舎	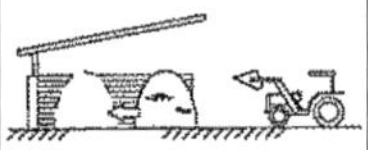 (あり)[1]	あり	難	多	大	小・小	長	◎	◎	○	△	△	○	・排汁溝の設置必要 ・堆積底部に乾材を敷く ・材料の通気性確保に留意し，徐々に落下させる
堆積方式		通気型堆肥舎[5]	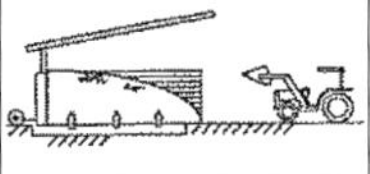 (あり)	あり	易[3] (土，ロ)	多	中	小・中	中	○	○	○	○	○	○	・通気床上に乾材を敷くとともに，通気床目詰り部の改修作業を行う
攪拌方式	開放型	ロータリー式	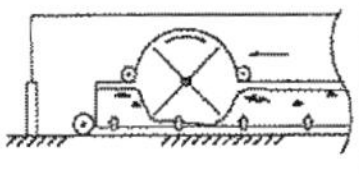 (あり)	あり[2]・なし	易 (土，ロ)	小	中	大・大	中・短	○	△	◎	◎	○	△	・材料中へ石・鉄片等の異物を混入させない ・高水分材料を一カ所に投入しない
攪拌方式	開放型	スクープ式	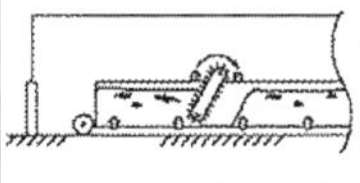 (あり)	あり・なし	易 (土，ロ)	小	中	大・大	中・短	○	○	○	○	○	△	・通気床上の目詰り部の改修作業を行う ・攪拌機の停止位置留意
攪拌方式	密閉型	縦型	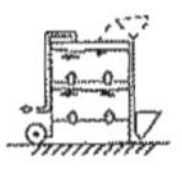 なし	あり・なし	易 (オ，ロ)	小	小	大・大	短	△	×	◎	○	○	×	・硬い異物を混入させない ・燃焼装置付では火災に留意 ・投入材料の水分の低減化と攪拌軸に過負荷をかけない
攪拌方式	密閉型	横型	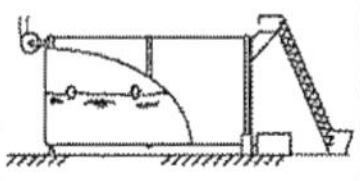 なし	あり・なし	易 (オ，土)	小	小	大・大	短	△	△	△	○	○	×	・投入材料水分55%以下 ・燃焼装置付では火災に留意 ・建屋で寒風を防ぐ

注）1)（あり）は利用することが望ましい．
2) あり・なしは両方の場合があるとの意味で，副資材には戻し堆肥も含む．
3) 密閉型以外は臭気の捕集装置が必要である．オ：おが屑脱臭装置，土：土壌脱臭装置，ロ：ロックウール脱臭装置
4) ◎：多く利用されている，○：利用されている，△：一部で利用されている，×：ほとんど利用されていない
5) ショベルローダのほかウィンドローを作りながら切返しをする堆肥切返し機，堆肥を把持・移動させながら切返すクレーン式などがある．

図8-12　主な堆肥化処理施設・機械の特徴と利用状況[5]

2）堆肥化方式の種類

堆肥化処理方式の種類は図8-12に示すように，堆積方式と攪拌方式に分けられる[5]．堆積（堆積発酵）方式には無通気型の堆肥舎やバッグ式，通気型の堆肥舎がある．攪拌（強制発酵）方式には，開放型と密閉型があり，開放型はロータリーやスクープなどで攪拌し，槽の形状から直線型，円型，回行型（エンドレス型）などに分類される．密閉型は筒状の内部を攪拌羽などで通気・攪拌する方式である．肉用牛の堆肥化方式は前述のように堆積方式がほとんどを占めているが，強制発酵方式も使われている．

3）堆肥化を促進する条件

堆肥化を進行させるのは堆肥中に活動する**微生物**であり，その微生物活動を促進するための条件には，表8-4に示すように栄養分，水分，空気，微生物が上げられる．微生物の栄養分は生糞中に含まれる**易分解性有機物**であり，堆肥化を進行させるのに十分な量が含まれている．微生物の活動に水分が必須だが，水分が多いと通気性が悪くなって空気（酸素）が供給不足となる．したがって，**通気性**の良くなる適正水分である65%程度に調整する必要がある．肉用牛の生糞の水分は約78%であり，尿が混合すると水分はさらに高くなるので，**オガクズ**などの副資材を混合することによって65%程度の水分に調整し，通気性を確保する必要がある．また，強制通気を行う場合の通気量（l（通気量）/m^3（堆肥）・分（時間））は，50〜300 l/m^3・分を目安とする．

堆肥化を進行させるための微生物は生糞1gの中に約1億個いるので，その数は十分だが，**種菌**として堆肥を用いることは有効である（**戻し堆肥**）．堆肥化が進むと堆肥の温度が60℃以上に上昇する．衛生的な堆

表 8-4　堆肥化を促進する基本 6 条件の目安

条　件	目　安
1. 栄養分	易分解性有機物は生糞に十分ある. C/N は窒素過多.
2. 水分	通気性の良くなるような水分 65% 程度に調整する. 容積重 0.5 kg/L にできるだけ近づける.
3. 空気(酸素)の供給	通気性の良くなるような水分に調整し，通気性が良い状態に堆積する. 攪拌または時々切り返す. 強制通気をする場合は 50～300 L/ 分・m^3 が目安.
4. 微生物	生糞の中に十分にいる．種菌には戻し堆肥を用いる.
5. 温度	堆肥の温度 60℃以上で数日間続くことが目安. 堆肥化が始まるには 10℃以上の温度が必要.
6. 時間	切り返しや攪拌を繰り返しながら，家畜糞のみの場合は 2 ヶ月，イナワラ，モミガラなどの作物残さを混合した場合は 3 ヶ月，オガクズ，バークなど木質資材を混合した場合は 6 ヶ月が目安.

肥を製造するためには 60℃が数日間続くことが有効である[6]．堆肥の切返しや攪拌をしながら，2 カ月以上の堆肥化期間が必要となるが，オガクズや木質チップなどの木質資材を混合した場合にはさらに長期間を要する.

(3) 堆肥の特性

耕種農家に喜ばれる**堆肥**は，取り扱い易く，衛生的であり，作物の生育に安全で有効なことであり[7]，窒素，リン酸，カリ，石灰（カルシウム），苦土（マグネシウム）などの**肥料成分**が明らかになっている必要がある.

肉用牛堆肥の成分値を表 8-5 に示す[8]．水分は 52.2% と取り扱い易い性状であり，灰分が低く**炭素窒素比**（**C/N 比**）も比較的高いので，**有機質**に富んだ堆肥である．窒素，リン酸，カリの肥料成分はバランスがとれているが，たとえば窒素の最小値が 0.9% と低い場合もある．肉用牛は敷料を多量に使用するため肥料成分が低くなるものと考えられる．**重金属**含有量は，表示義務の基準である銅 600 mg/kg，亜鉛 1,800 mg/kg を下回っており，安全な堆肥をいえるであろう．**酸素消費量**とは一定の環境条件で堆肥が消費する酸素量（μg（酸素量)/g（堆肥現物重)/分（時間)）であり，堆肥中に残存する易分解性有機物量を表すものであ

表 8-5　肉用牛の堆肥分析値[8]

試料数	水分	灰分	窒素 (N) (水分以外は乾物%)	リン酸 (P_2O_5)	カリ (K_2O)
303	52.2 (10.5～76.6)	23.3 (11.2～57.7)	2.2 (0.9～4.1)	2.5 (0.5～6.7)	2.7 (0.4～7.1)
石灰 (CaO) 乾物%	**苦土 (MgO) 乾物%**	**銅 (Cu) 乾物 mg/kg**	**亜鉛 (Zn) 乾物 mg/kg**	**炭素窒素比 (C/N)**	**酸素消費量 μg/g・分**
3.0 (0.5～33.9)	1.3 (0.1～3.8)	31 (3～313)	149 (35～575)	19 (9.6～39.3)	1.5 (0～8.0)

注：水分から酸素消費量の数値は平均値（最小～最大）

表8–6　牛糞堆肥の施用基準と施用上限値[9]

作物	施用基準（t/10 a）				上限値（t/10 a）
	黒ボク土		非黒ボク土		
	寒地	暖地	寒地	暖地	
水稲	0.3	0.3	0.3	0.3	2
畑作物	1.5	2.5	0.5	1	3.5
野菜	1.5	2.5	1	1	5
果樹	1.5	1.5	1	1	5

注1．堆肥連用条件下における1年1作の場合の施用量
注2．標準的な堆肥成分で算出したもので，成分含有量によって変動する．

る．3 μg/g/分以下になれば堆肥中の易分解性有機物は十分に分解されて腐熟が進んでおり，土壌に施用しても有機物の急激な分解は起きず，作物に悪影響を及ぼすことがないといわれている．肉用牛の堆肥の平均値は1.5 μg/g/分と低く良質だが，中には8.0 μg/g/分と高いものもあり注意が必要である．

(4) 堆肥の利用

草地や飼料畑への牛糞堆肥の施用量は3～4 t/10 aとなっているが，肉用牛の場合は他の農作物への堆肥利用も必要となってくるであろう．表8–6に水稲，畑作物，野菜，果樹への牛糞堆肥の**施用基準**を示す[9]．この基準は「土壌管理のあり方に関する意見交換会報告書」をもとに作成されたものであり，これを受けて各都道府県が，各地域の実態に応じた施用基準を作成している．さらに，堆肥の過度な施用を抑制するために，表8–6に示す堆肥施用上限値が設定されている．また，農耕地への利用だけでなく，セメント製造用の燃料利用なども試みられている[10]．

羽賀清典（(一財）畜産環境整備機構，麻布大学）

参考文献

1）畜産環境整備機構，家畜ふん尿処理・利用の手引き．p. 5．畜産環境整備機構．東京．1998.
2）中央畜産会．堆肥化施設設計マニュアル．p. 107．中央畜産会．東京．2000.
3）押田敏雄，柿市徳英，羽賀清典 共編．新編 畜産環境保全論．p. 45．養賢堂．東京．2012.
4）農林水産省　生産局　畜産部　畜産企画科　畜産環境・経営安定対策室．家畜排せつ物処理状況調査結果（平成21年12月1日現在）．2011.
5）中央畜産会．堆肥化施設設計マニュアル．p. 35．中央畜産会．東京．2000.
6）中央畜産会．堆肥化施設設計マニュアル．p. 15．中央畜産会．東京．2000.
7）中井　裕 監修．微生物を活用した堆肥化大全．p. 54～72．肉牛ジャーナル社．東京．2004.
8）古谷　修．全国の堆肥センターで生産された家畜ふん堆肥の実態調査（1），（2），畜産の研究，59：1048～1054，1181～1183．2006
9）畜産環境整備機構．堆肥の施用基準を「土壌管理のあり方に関する意見交換会報告書」から見る，堆肥センターだより，20：2～3．2009.
10）澤村　篤．セメント製造などへの燃料利用．続マニュア・マネージメント．p. 60～62．羽賀清典　監修，デーリィマン社．札幌．2011.

第９章　牛肉の流通

1．と畜の方法と市場の施設

わが国の食肉処理施設においては，1996年（平成８年）の腸管出血性大腸菌O157を原因とする大規模な食中毒の発生を契機に食肉の安全性確保が重要とされるようになり，と畜場法施行規則の一部が改正され，施設の衛生基準が定められるとともに**HACCP**（Hazard Analysis and Critical Control Point, 危害要因分析と必須管理点：食品安全に対する**ハザード**（**危害要因**：生物的，化学的あるいは物理的要因で，コントロールされなかった場合には消費者に危害をおよぼす可能性のある要因）を明らかにし，評価し，コントロールすることを目的とした系統的な手法で，食品の安全性を確保するための予防のシステム）に沿った衛生管理が義務づけられた．

HACCPは，国際的に認められた衛生管理手法であり，食品の安全を確保するための唯一の「予防」システムである．食肉処理施設では，これに基づき施設整備を行うとともに作業手順を定め，食肉処理を実施している．特に留意するのは作業者や製品と廃棄物の交差汚染防止等を考慮したゾーニング区分である．

と畜及び食肉処理における危害要因（ハザード）は，**生物的危害**には微生物汚染と増殖，**化学的危害**にはトロリーや機械から漏れる潤滑油等，**物理的危害**にはレールやトロリー，ナイフの破損等による金属片や異物混入がある．処理過程での危害防止対策は，HACCPによる**一般的衛生管理**（前提条件プログラム，Pre-requisite Programs：適正製造基準を含むHACCPシステムの基礎となる運営上の条件を取り扱う方法），**標準作業手順**（**SOP**）（Standard Operating Procedure：基準となる作業手順），**衛生標準作業手順**（**SSOP**）（Sanitation Standard Operating Procedure: クリーニング（清浄化），サニテーション（衛生化）に関するSOP）ならびに**CCP**（Critical Control Point, **必須管理点**：食品の加工や取り扱いにおけるステップ（段階，過程）で，そのコントロールを失えば，最終製品にハザードが許容できない量，あるいは頻度で残る危険性が大きいステップ）により管理される．

食肉処理施設は，食肉の安全確保のみならず経営の安定を図るために，食肉の高品質化，高度衛生化による付加価値の向上が必要となっている．食肉の高度衛生化を図るためには，家畜の生産から，食肉処理，そして消費者に届くまでの流通にかかる全ての過程（from Farm to Table）において，衛生的な管理が必要となり，生産者，食肉処理・流通業者そして消費者が連携をとり，一体となって衛生対策に取組むことが求められており，食肉処理施設は，この流通体系の中で最も重要な拠点である．

（1）と畜処理

1）生体搬入・係留

生体は，輸送中のストレスを解消するため前日搬入されるのが望ましく，係留場では十分に休息できるよう給水，室温，換気，騒音等に注意し，生産者は，正しい飼養管理はもとより鎧等の付着のない清潔な生体を出荷する．

写真 9–1　生体搬入トラックの消毒

写真 9–2　係留場

2）**作業の開始**

と畜作業は，作業前点検において，衛生管理責任者ならびにと畜検査員による機械・器具および施設の清掃状態等の確認後に開始する．

3）**スタニング，ステッキング，放血，食道結紮**

スタニングボックスの中へ牛を誘導し，ボックスの前部に頭部を保定し，**スタニング**（銃撃）を行う．

スタニングされた牛は，と体受け台に排出される．

①**懸垂放血**

排出されたと体の後足をシャックルチェーンにより吊り上げ，オンレールした後に放血ゾーンに送る．

②**ベッド放血**

放血ゾーンに送られたと体は，それぞれ専用ナイフを使い，切皮と**ステッキング**（喉刺）を行う．

ステッキング後，食道結紮器具で食道結紮を行い，胃の内容物の漏出を防止する．

以後，全ての工程で手洗いやエプロン洗浄を徹底し，使用するナイフ等の器具は汚染の都度，または一頭ごとに洗浄後 83℃以上の温湯で消毒する．

写真 9–3　作業前の点検（1）

写真 9–4　作業前の点検（2）

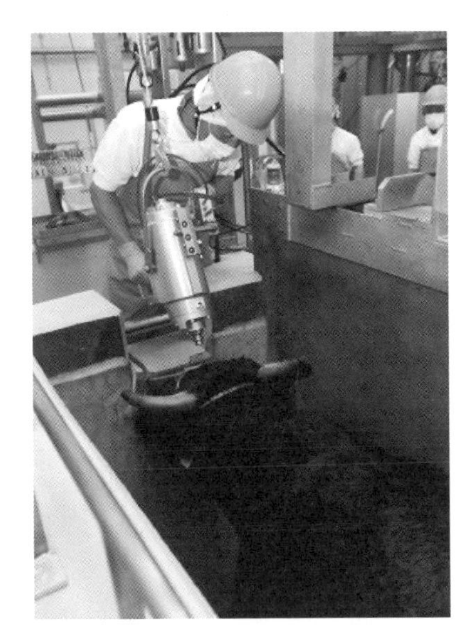

写真 9-5　スタニング

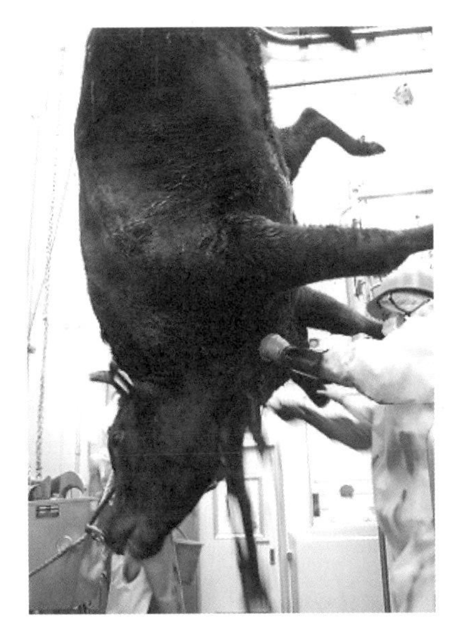

写真 9-6　ステッキング

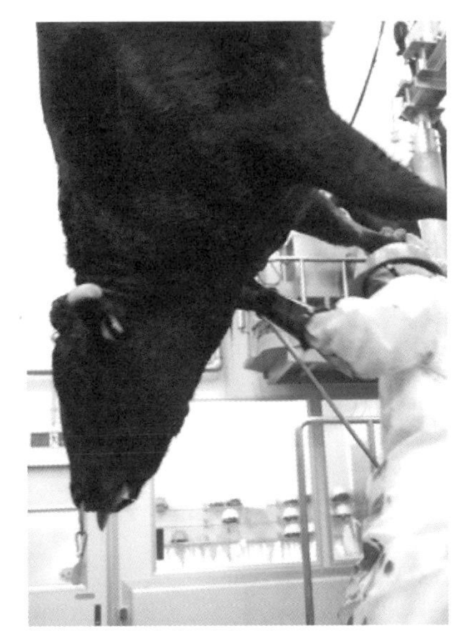

写真 9-7　食道結紮

4）**角，前・後足切断，剥皮**

食道結紮後，前足と角を切断する．

次に，モモ回りを剥皮し，後足を切断した後左（右）足をトロリーに掛け換え，モモ回りを剥皮した後右（左）足を切断する．次に，右（左）足をトロリーに掛け換えた後，股周りおよび腹部を剥皮し，臀部剥皮，肛門結紮を行う．**剥皮**はエアーナイフを使用する．剥皮は後足のモモから下に向かって順に行い，皮が剥皮部分に接触しないよう留意する．

剥皮前処理終了後，剥皮した皮の先端をダンプーラーのローラーに巻き付け，上部から下部へ皮に脂肪が付着しないよう注意し，エアーナイフで補助しながら剥皮する．

5）**頭落とし，内臓取出し，背割，整形，洗浄，予冷，冷却**

剥皮されたと体は，床に触れないように注意しながら頭を切断し，洗浄後に頭部検査場所に移動し，検査に合格したものを頭処理室に搬送する．

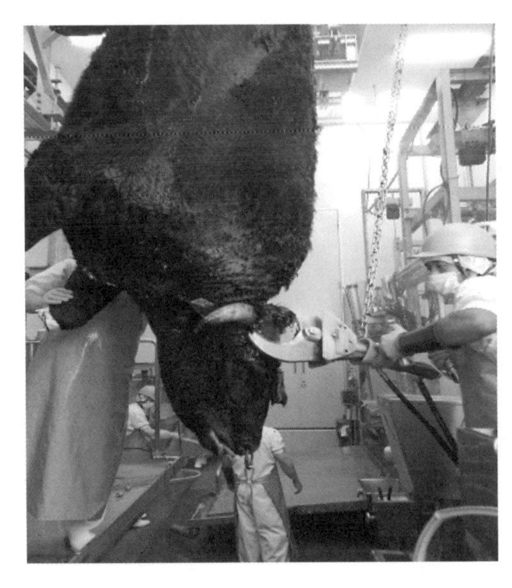

写真 9-8　角の切断

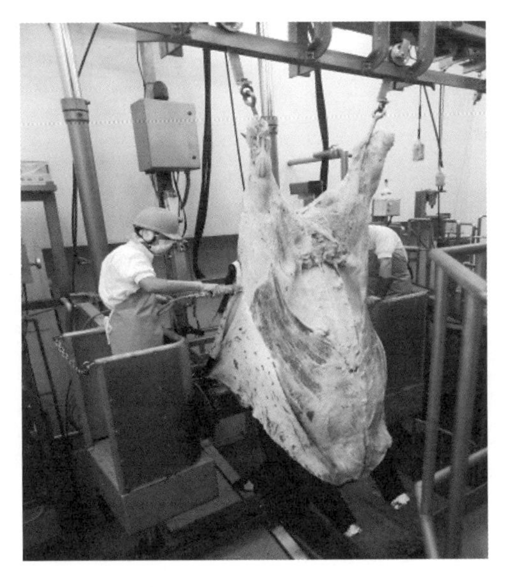

写真 9-9　剥皮

と体は，脊髄吸引機により脊髄の除去が行われ，胸割鋸により胸割を行った後，内臓摘出を行うが，腹部の切開に当っては内臓を破損しないよう特に注意する．

内臓を摘出したと体は，**背割**により枝肉に分割され，ミーリングカッター（硬膜除去装置）等により残った脊髄や脊髄硬膜の除去を行う．

次にと畜検査員による枝肉の検査が行われ，指示により**トリミング**（**整形**）を行う．

最終枝肉洗浄の前に，作業担当者は枝肉の汚れや汚染物質（消化管内容物，糞便，乳汁等）の残存が無いか全ての枝肉を目視確認し，検査が終了した枝肉は，自動枝肉洗浄機等により洗浄される．これ以前は枝肉の洗浄は一切行わない．また，枝肉洗浄に使用する水は飲適水とし，次亜塩素酸水等は使用しない．

洗浄した枝肉は，枝肉保管冷蔵庫に納庫し冷却・保管するが，冷蔵庫は常に清潔を保ち，枝肉同士が接触しないよう十分な間隔をとり，速やかに枝肉の中心温度が10℃以下となるよう冷却温度と保管温度の確実な管理に留意する．

写真 9-10　内臓取り出し

写真 9-11　背割

写真 9-12　と蓄検査

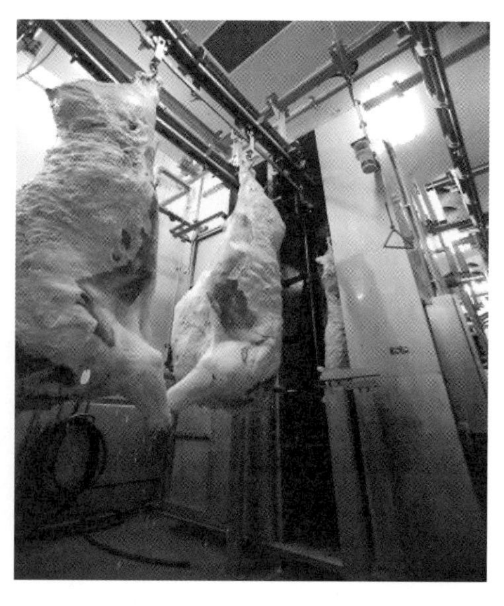

写真 9-13　枝肉の洗浄

と畜処理工程

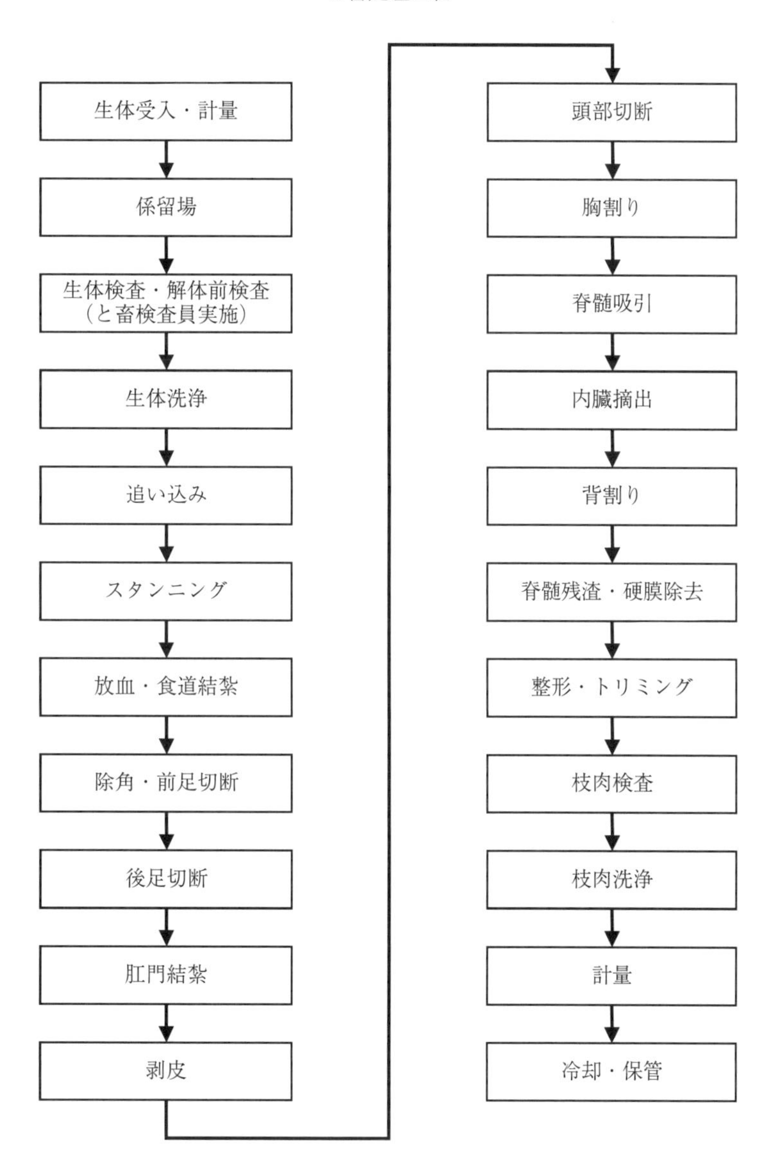

資料：飛騨食肉センター（JA 飛騨ミート）

(2) 内臓処理

内臓処理室は，それぞれ白物処理室，赤物処理室，頭処理室に区分する．可能であれば，白物，赤物，頭それぞれの処理室は壁等により完全に区画し，他の区画の作業員と交差しない作業動線を確保する．内臓の処理室（特に白物）は，その処理において多量の水を使用することから，洗浄水の排水と換気に留意し，常に流水で作業し，溜め水による洗浄は行わない．

特に内臓処理では，枝肉に腸内細菌等が付着するのを防ぐことが最も重要とされるため，使用する器具は83℃以上の温湯で消毒をするとともに，作業前点検（施設，器具・機械の清掃やメンテナンス，作業員の衛生管理等）を徹底する．また，内臓製品は速やかに10℃以下に冷却，保管する．

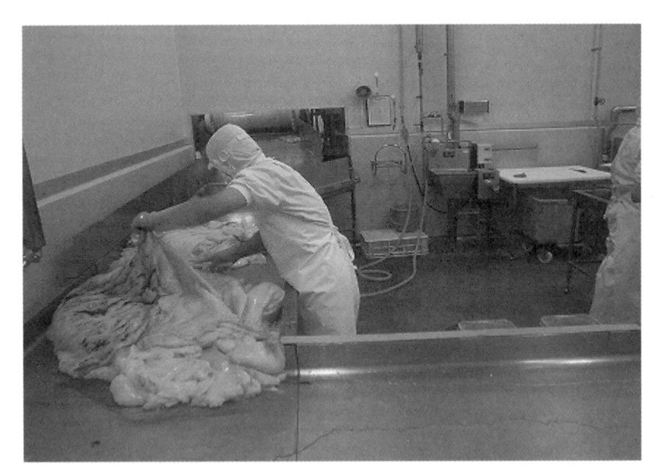

写真 9-14　内臓の処理（1）

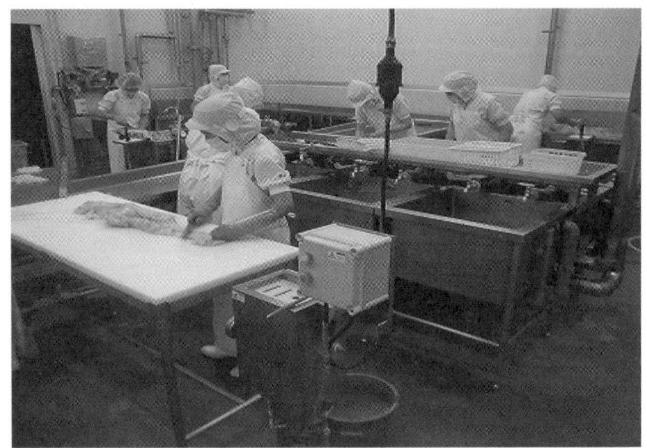

写真 9-15　内臓の処理（2）

(3) 市場の施設

食肉市場のもつ機能としては，効率的な集荷，公正な価格形成，確実かつ迅速な代金決済，情報発受信などであり，施設には多方面から多くの人が出入りする．枝肉市場は，と畜処理や部分肉処理と施設や人が交差しないように設置し，せり前の下見など，部外者の冷蔵庫などへの入場については，手洗いはもとより白衣やヘアネットの装着，専用長靴の使用など，枝肉の汚染を徹底して防止する．冷蔵庫内に，市場買参者や生産者が枝肉の下見に入室する場合は，直接素手で枝肉に触れたり，着用している白衣が汚れていたりすると枝肉を汚染させてしまう恐れがあることから，細心の注意が必要である．

反面，この市場部分の徹底した衛生管理は，購買者や生産者に対して食肉流通における衛生観念の意識づけとなり，最も重要な外部コミュニケーションでもある．特に温度管理は重要で，冷蔵庫内温度はもとより，せり場内を枝肉温度が10℃以下に保てるように管理する．なお，食肉市場には温度や施設の管理方法を手順化し，「品質管理責任者」を設置することが義務付けられている．また，枝肉を搬出する場合は，枝肉の汚染防止と枝肉温度が10℃以上にならないように，出荷口や搬送車両の衛生状態および輸送中の温度に留意する．

写真 9-16　枝肉のチェック

写真 9-17　枝肉の格付

写真 9-18　枝肉のセリ場

写真 9-19　枝肉の搬出

2. 部分肉処理（カットと整形）

部分肉処理は食肉処理施設での最終行程であり，施設や器具はもとより作業室内の空気がクリーンであることが大切で，さらに作業の清潔性が保てるよう作業員は入室に当って個人ごとの健康チェックを行い，ローラーで体に付着した埃などを除去した後，エアーシャワーを通過し，手洗いを行い，ビニール手袋やマスクの着用などの衛生上の処置をしてから加工室へ入室する．

部分肉加工において繊維製品その他洗浄消毒の困難な手袋（軍手等）は一切使用せず，肘や腕も食肉に直接触れないようにビニールカバー等を着用する．作業は，作業前点検において，衛生管理責任者による機械・器具および施設の清掃状態等の確認後に開始する．部分肉処理室はクリーンゾーンとして整備されており，作業中の製品温度が10℃以下に保てるように，室温を管理する．冷蔵室で冷却された原料枝肉は表面温度を確認後，枝肉冷蔵庫から部分肉処理室に移動する．

枝肉はウデ部位，カタ部位，ロース部位，バラ部位，モモ部位に**大分割**する．ロース部位とバラ部位の分割には，エアー駆動による丸ノコが使用されている．大分割後，中央のコンベアーのある作業台に各部位が乗せられ，両側の作業員により除骨，整形作業を行う．

SRM（特定危険部位）であるせき柱は，決められた場所で除去し，他の骨に混入しないように専用容器に入れる．

除骨は主としてナイフを使用することから，半頭の除骨ごとにナイフおよび棒ヤスリを83℃以上の温湯で消毒し，ゴム手袋の破れやナイフの破損の有無を確認する．また，まな板は半頭ごとに脂肪除去とアルコール消毒を行う．

まな板は定期的にナイフによる傷等の補修を行い，床に落ちた肉片（屑）や脂肪は，休憩時ごとに清掃する．

除骨された部分肉は整形され，スペックごとに真空包装する．

真空包装後は，金属探知機で異物検査，シュリンカーで湯漬けした後に冷却する．

その後，計量・梱包し，製品保管庫で冷蔵保管する．

写真 9-20　冷蔵庫内で懸垂された枝肉

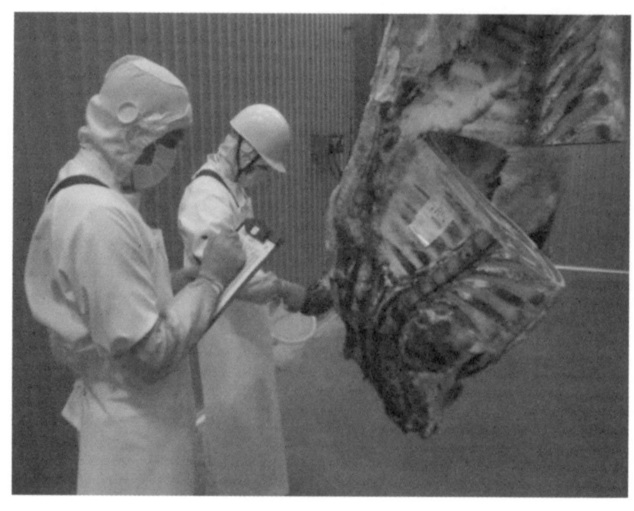

写真 9-21　枝肉の点検

写真 9-22　枝肉の大分割

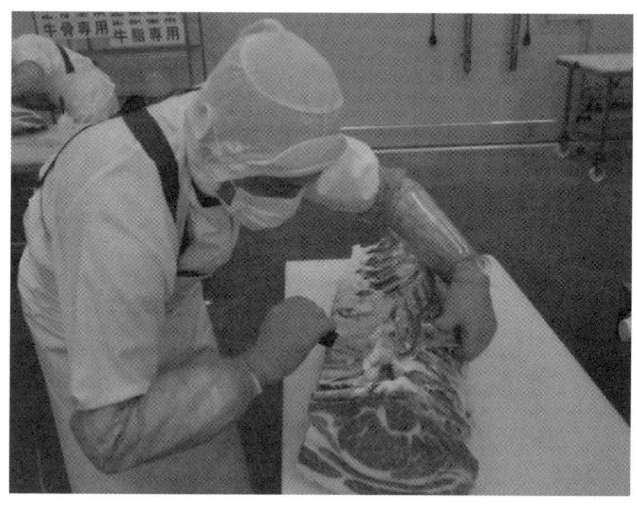

写真 9-23　除骨作業

写真 9-24　整形作業

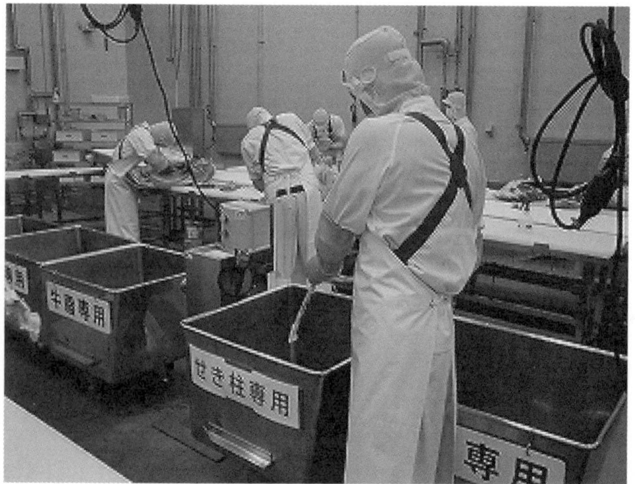

写真 9-25　特定危険部位のための専用容器

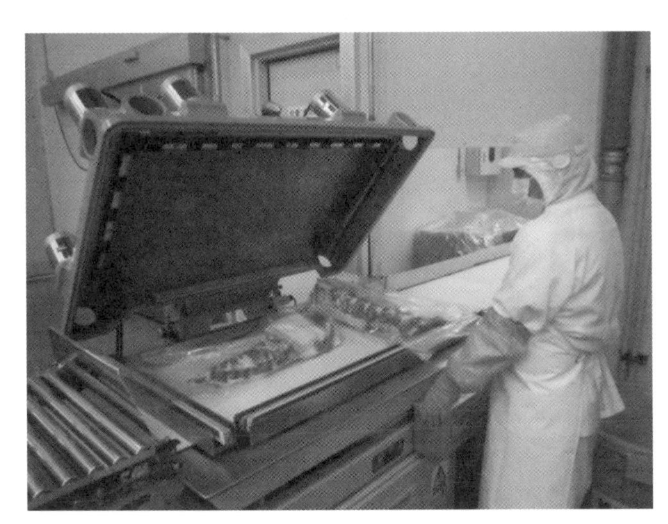

写真 9-26　真空包装

写真 9-27　金属探知

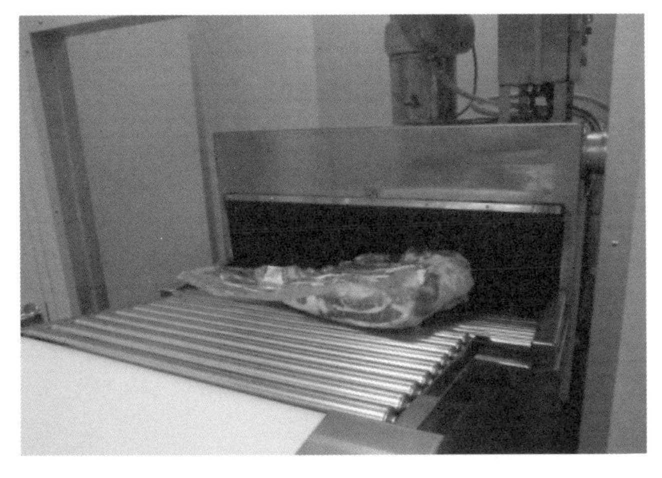

写真 9-28　シュリンク

写真 9-29　冷却

写真 9-30　計量

写真 9-31　箱詰めされた部分肉

写真 9-32　輸出用製品保管区

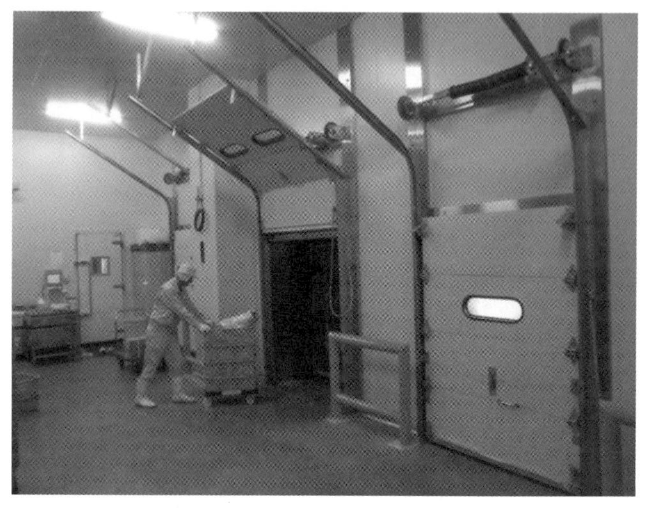

写真 9-33　出荷

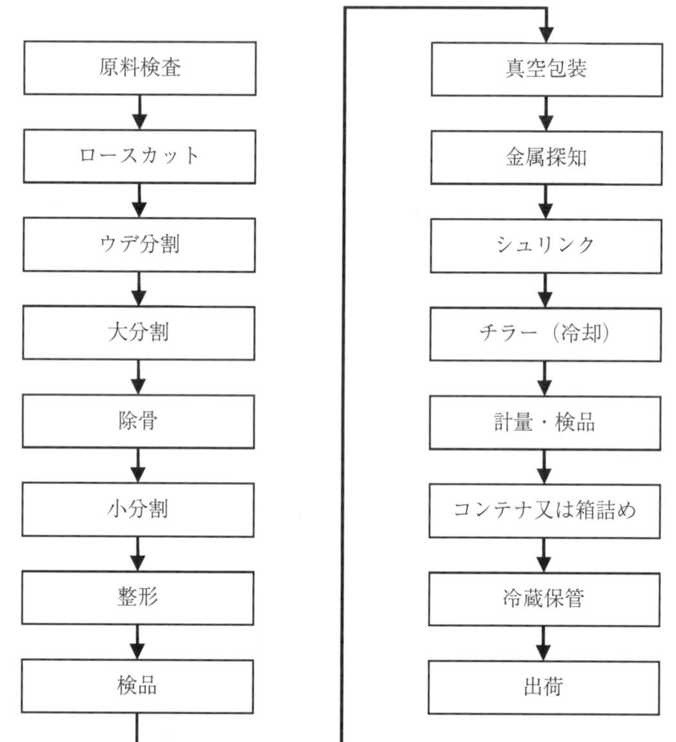

資料：飛騨食肉センター（JA 飛騨ミート）

真空包装以降の行程は，**ダーティーゾーン**とし，**クリーンゾーン**とは隔壁で完全に分離し，ダンボール等の包装資材は，専用の資材庫に保管する．

製品の出荷はドックシェルターが備え付けられた部分肉出荷口から搬出する．

最近の食肉施設は，と畜から枝肉市場，食肉加工まで同一施設で行われる．これは，と畜後の枝肉保管から部分肉製造まで確実な温度管理により，細菌の増殖を抑え，高品質な食肉が製造できるからである．

と畜から枝肉市場や食肉加工の各段階で，危害要因となる微生物や異物「付けない，増やさない，取り除く」ことで，「安全・安心」な食肉が生産できることとなる．ここでいう確実な温度管理とは，枝肉，部分肉および内臓等の製品温度が冷却から出荷までの全工程において 10℃以下に管理することである．

小林光士（JA 飛騨ミート）

参考文献

1）田中信正，HACCP 完全解説開設「国際的に通用する正しい HACCP とは」（浦上　弘監修），（株）鶏卵肉情報センター，2008.
2）月刊 HACCP 編集部編，対訳 CODEX 食品衛生基本テキスト第 4 版，（株）鶏卵肉情報センター，2011.

3. 消費の動向

(1) 食料供給（肉類，牛肉）と輸入量

食生活の洋風化が進むとともに，畜肉類は毎日の食卓に欠かせない食材となり，**消費量**は大きく増加した[1]．農林水産省「食料需給表」による1人・1年当たりの肉類の**供給量**（図9-3）をみると，昭和35年の5.2 kgから55年では4倍以上の22.5 kg，平成7年では28.5 kgまで増加している．それに伴い，牛肉の供給量も増加し，平成7年には7.5 kgとなったものの8年には6.9 kgへと減少した．これは，この年に発生した腸管出血性大腸菌O-157による全国的な食中毒の影響が原因の一つと考えられる．それから，平成12年まで徐々に増加したものの，国内で初めてBSE（牛海綿状脳症）の発生が確認された13年に6.3 kgへと減少し，その後は5.5〜6.4 kgの間で推移し，24年は5.9 kgとなっている．

次に，農林水産省「食料需給表」による「国内生産量と牛肉の輸入量」を図9-4に示した．牛肉が輸入自由化された平成3年に46.7万トンであった**輸入量**は，12年には100万トンを超えるまでになった．しかしながら，平成12年をピークとして徐々に減少し，16年には64万トンとなった．その後，若干の増加により，平成24年では72万トンとなっている．一方，**国内生産量**は平成3年から7年にかけて58〜60万トン程度であったものの，それ以降は徐々に減少し，15年頃から51万トン程度の横ばい状態となっている．なお，財務省「貿易統計」による「牛肉の国別輸入量」によれば，平成20年度から24年度にかけて，豪州産は37%から31%へと減少し，米国産は6%から13%へと増加している．

(2) 牛肉の消費量

総務省「家計調査報告」による「1世帯当たりの品目別支出金額（総世帯）」について図9-5に示した．肉類の生鮮肉の分類が5項目になった平成17年からみると，食料が占める割合は，若干の上昇傾向（25.0〜25.9%）がみられるものの，食料の中で肉類が占める割合はほぼ横ばいであった．また，肉類の中で牛肉

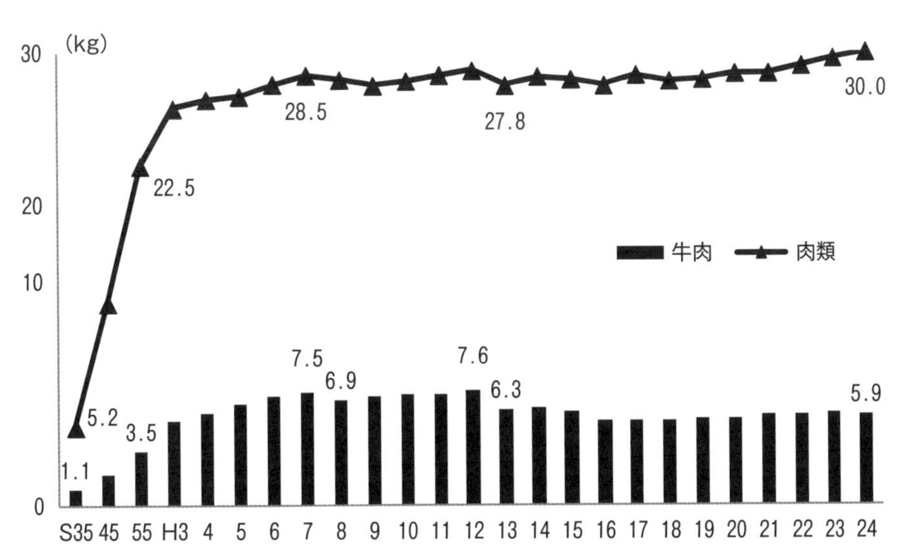

図9-3 1人・1年当たり食料供給（肉類，牛肉）
資料：農林水産省「食料需給表」

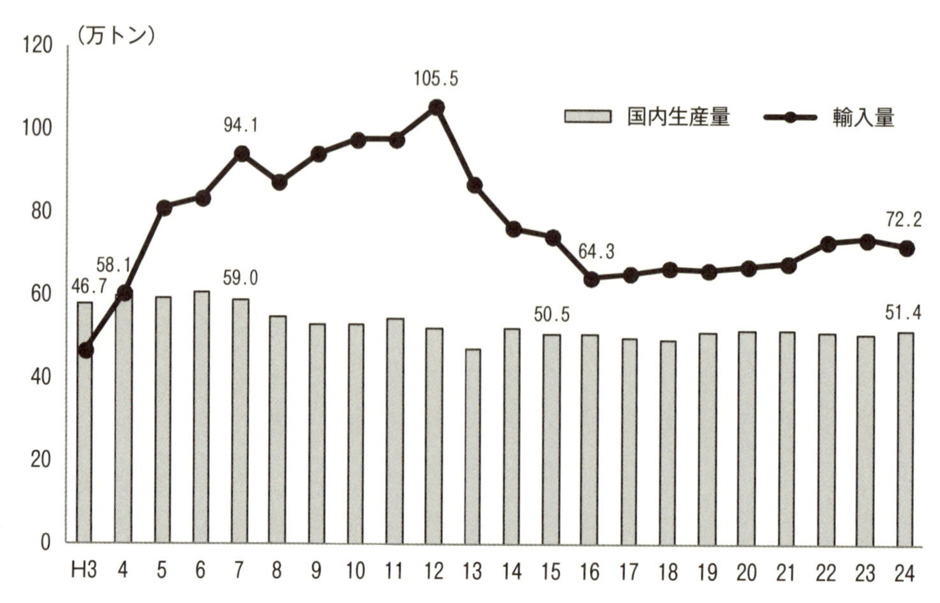

図 9-4　牛肉の国内生産量と輸入量
資料：農林水産省「食料需給表」

が占める割合は年々減少している．さらに，消費支出金額は320万円から297万円，牛肉購入金額も1.7万円から1.4万円へと減少している．なお，肉類の中で豚肉の占める割合はほぼ横ばい，鶏肉や加工肉では上昇傾向がみられた．

「100世帯当たりの**購入頻度**（回数）」は，「食料及び肉類の購入頻度割合」がほぼ横ばいであったのに対し，「牛肉の購入頻度割合」では，平成17年の14%から24年では12%とやや減少していた．なお，豚肉や鶏肉などの購入頻度割合は，品目別支出金額と同様の傾向がみられる．これらのことから，1回当たりの購入金額（支出金額／購入頻度）としてみた場合，牛肉以外の肉類では0～0.2ポイントと変化が小さいのに対し，牛肉では平成24年の方が17年よりも0.6ポイント低くなっている．このことは，他の肉類に比べて牛肉は，より安価な商品の購入や購入頻度の減少へとシフトしていることが伺える．

一方，品目別支出金額が1世帯当たりに占める割合を平成24年における総世帯の年間収入五分位階級別（図9-6）でみると，年収が高くなるほど食料の占める割合は減少し，肉類の割合が増加する．さらに，牛肉は722万円以上の世帯がもっとも高い割合を占める．

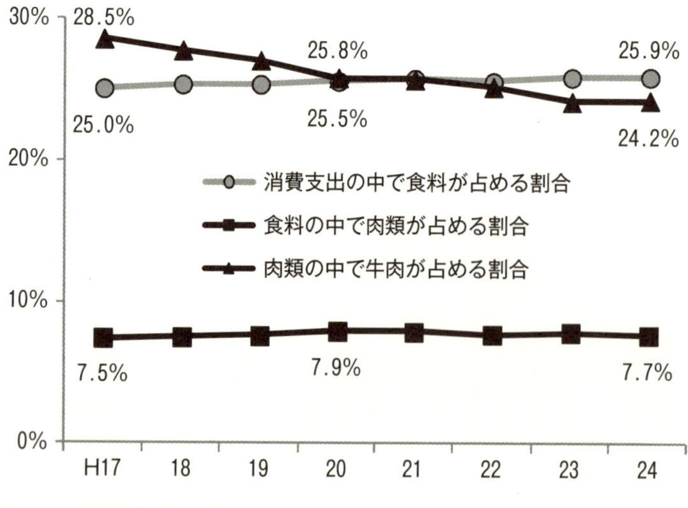

図 9-5　品目別支出金額が1世帯当たりに占める割合（総世帯，年別）
資料：総務省「家計調査報告」

(3) 消費者の消費行動

1）食肉の選定基準と購入状況

消費者における牛肉の**消費行動**の背景の一つとして，（財）日本食肉消費総合センター「消費動向調査（消費者調査）」（以下，「消費者調査」）による「食肉を購入する際に選定基準となる項目」を世帯構成別で図9-7に示した．「価格の安さ」，「鮮度の良さ」及び「国産か，輸入か」の占める割合が，「高齢者のみ世帯」以外で高い．なお，「高齢者のみ世帯」は「品質の良さ」の割合がもっとも高い．

次に，「一週間の食肉購入状況」における「牛肉に関する世帯構成別の平均購入量及び購入金額」を図9-8に示した．「子供が小学生以下の世帯」では，「**和牛肉**」及び「和牛肉以外の国産牛」の購入量がもっとも多く，「和牛肉」の購入金額では「高齢者のみ世帯」に次いで高い．「成長期の子供がいる世帯」では，「**輸入牛肉**」の購入量が多く，購入金額ももっとも高い．「子供がいない世帯」及び「20歳代の成人がいる世帯」では，「和牛肉」の購入量は少なく，購入金額も低い傾向である．また，「高齢者のみ世帯」も「和牛肉」の購入量は少ないものの，購入金額はもっとも高い．なお，「和牛肉以外の国産牛」は世帯による購入量の違いがあるものの，購入金額に大きな変化はない．

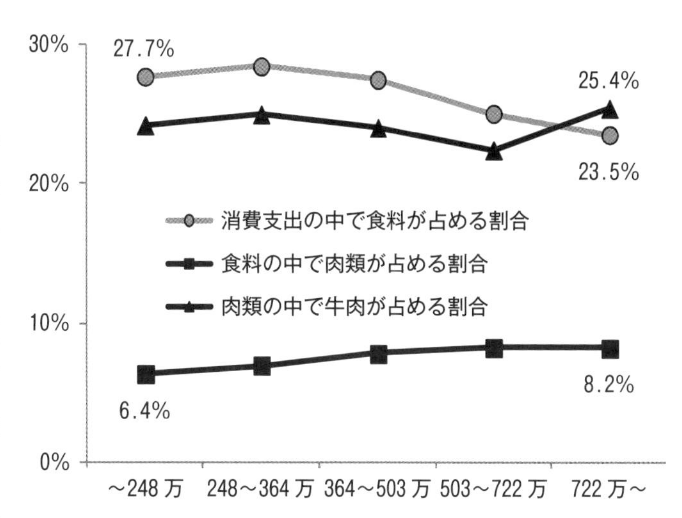

図9-6　品目別支出金額が1世帯当たりに占める割合（総世帯，年収別）

これらから，小さい子供がいる世帯や高齢者世帯では，和牛肉や**国産牛肉**を積極的に取り入れ，食料の消費量が増加する成長期の子供がいる世帯では，安価な輸入牛肉の利用へとシフトしていることが伺える．また，高齢者世帯が購入する和牛肉は高級指向であることも伺える．

2）**牛肉の嗜好**

牛肉の**嗜好調査**における報告として，関東では「**外国産牛肉**」は利用する場面や理由があり，「和牛肉」や「国産牛肉」の代替品という位置づけではないこと，関西では「国産牛肉」が昔から食べている日常の食材として認知されているという報告[2)]がある．また，25～35歳や関東地域では牛肉購買頻度が低く，日常的な食材として価格が手頃な「外国産牛肉」を多く利用しているという報告[3)]もある．

次に，「**消費者調査**」による「好みの牛肉のサシの量」について世帯構成別でみると（図9-9），どの世帯

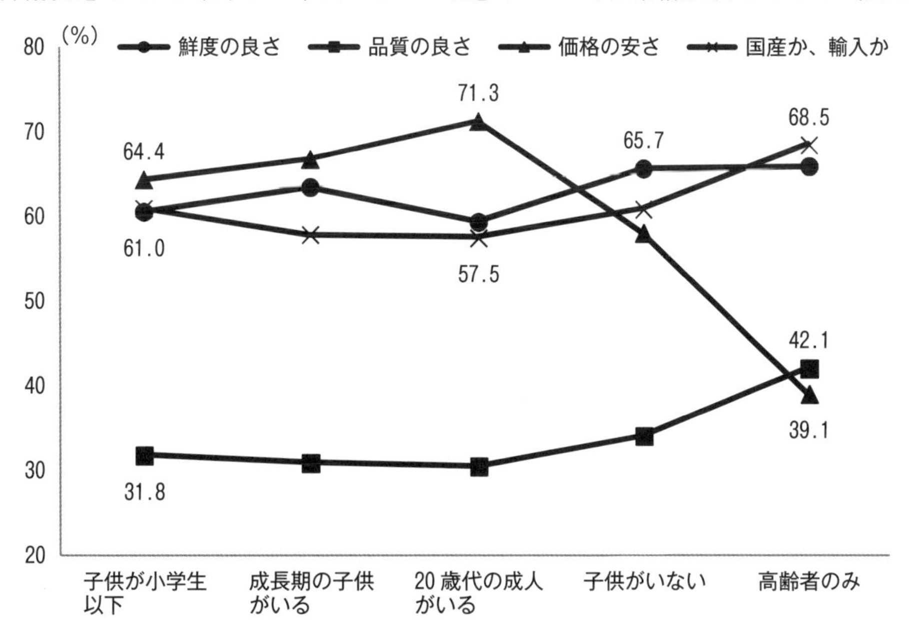

図9-7　牛肉を購入する際に選定基準となる項目（平成22年12月調査）

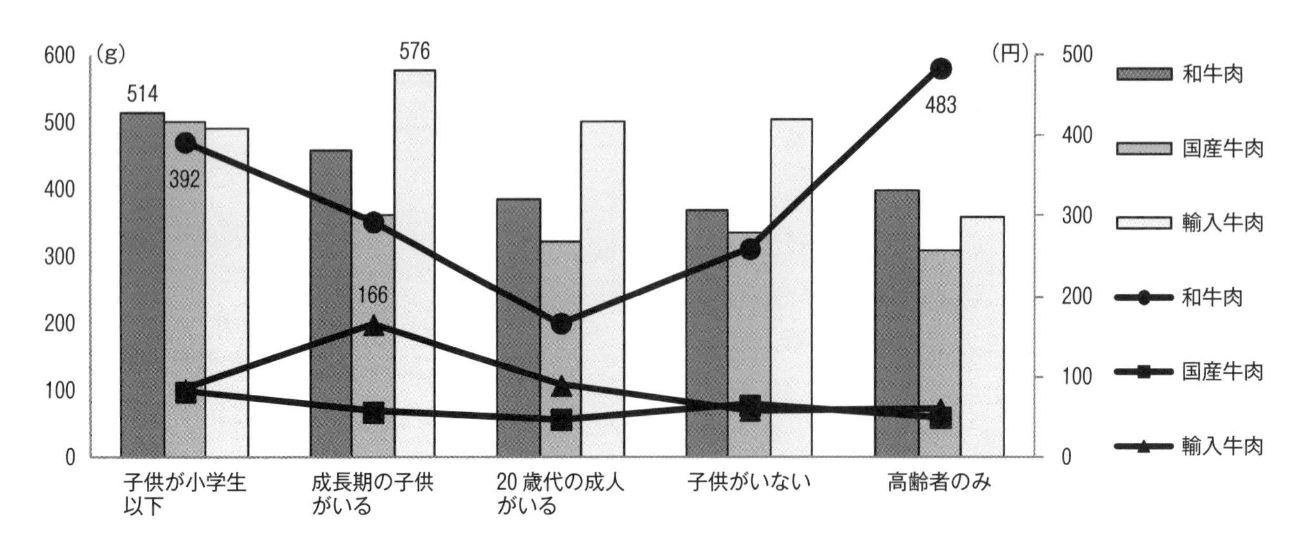

図9-8　牛肉の平均購入量及び平均購入金額（平成22年12月調査，棒グラフ：購入量，折れ線グラフ：購入金額）

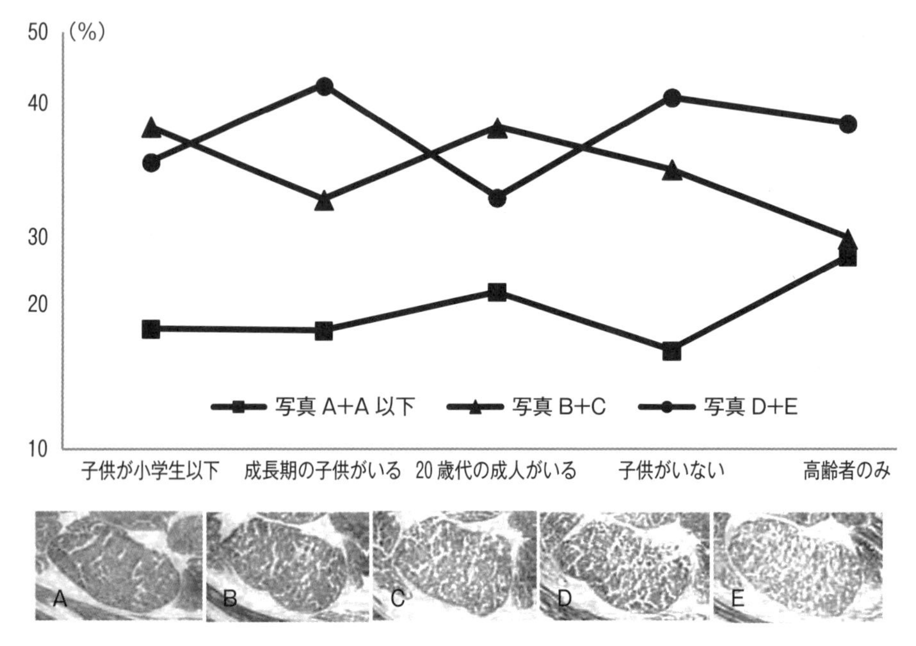

図9-9　好みの牛肉のサシの量（平成22年12月調査）
資料：（財）日本食肉消費総合センター「消費動向調査（消費者調査）」

においても「写真A＋A以下」の割合は低く，一般的に**霜降り肉**と言われる「写真D＋E」の占める割合が高い．また，世代別では，どの世代でも「写真A+A以下」の割合は20％程度であるのに対し，「写真D＋E」は30代以降が40％以上と高い割合であった．さらに，霜降り牛肉と赤身牛肉の写真を提示し，同じ価格ならどちらを選択するかという質問をした調査では，約75％の女性消費者が霜降り牛肉を選択し，20歳代や30歳代の若年層でも過半数の女性消費者が霜降り牛肉の購買を指向しているという報告[4]もある．

(4) 牛肉の販売動向

食肉小売店全体における牛肉の販売状況について，（財）日本食肉消費総合センター「消費動向調査（販売店調査)」（以下，「販売店調査」）の「牛肉の種類別仕入割合」によれば，平成14年から22年まで「和牛肉」及び「国産牛肉（その他)」が増加している．また，「国産牛肉（乳用種)」はほぼ横ばいであるものの,「和牛肉」と「国産牛肉（乳用種，その他)」を合わせると，63% から 76% へと増加している．一方，「輸入牛肉」は，平成 14 年では「和牛肉」よりも割合が高かったものの，22 年には 10% 以上減少しており，国産牛肉への消費者ニーズが高まっていると思われる．

次に,「食肉小売店全体における売行きのよい部位」では,「和牛肉」及び「国産牛肉（乳用種，その他)」は,「もも」,「かたロース」及び「かた」の売行きが良い．また，平成 20 年から調査項目となった「切り落とし」が,「和牛肉」及び「国産牛肉（その他)」では「もも」に次いで売行きが良く,「国産牛肉（乳用種)」ではもっとも売行きの良い部位となっている．なお,「輸入牛肉」では,「米国産」で「かたロース」及び「ばら」,「豪州産」で「もも」及び「切り落とし」の占める割合が高い．

(5) 牛肉を使ったメニュー

「消費者調査」(平成 7〜22 年）によれば，牛肉を使った夕食**メニュー**の出現頻度上位 10 品目のなかで,「すきやき」,「カレー」,「焼き肉」,「ステーキ」,「肉じゃが」,「炒め物（野菜炒め)」及び「丼もの（牛丼)」は，6 月及び 12 月調査ともに人気メニューとして選ばれている（図 9-10)．6 月調査では,「焼き肉」及び「カレー」が上位を占め，平成 17 年までは「焼き肉」が 1 位で 20% 程度を占めていた．しかし，22 年には「カレー」が 1 位となり,「焼き肉」及び「カレー」の割合は同程度となった．

年別の推移をみると,「炒め物（野菜炒め)」及び「丼もの（牛丼)」の出現頻度が増えている．12 月調査では，平成 7 年は「すきやき」及び「焼き肉」が上位二つを占めていたが，22 年では「すきやき」の割合は上位であるものの,「カレー」と同程度へと減少している．また，6 月調査と同様に「炒め物（野菜炒め)」の出現頻度が増えており,「販売店調査」で示された「切り落とし」や「もも」がよく売れる部位であり，その部位を使ったメニューであることが理由の一つとして考えられる．なお，平成 22 年 12 月調査において,「ヒレ」,「ロース」及び「サーロイン」のような高級部位が牛肉の好きな部位として上位を占めた．

「肉を使った料理で好きなメニューベスト 10」において,「焼き肉」,「ステーキ」及び「すき焼き」は上位であったが,「炒め物」は登場しない．牛肉は他の肉類よりも高価なため，家庭での夕食には入手しやすい部位を使い，手軽に調理出来るメニューがより多く登場すると考えられる．その一方で，単に好きな部位やメニューとしては，高級な部位や料理があげられたと考えられる．

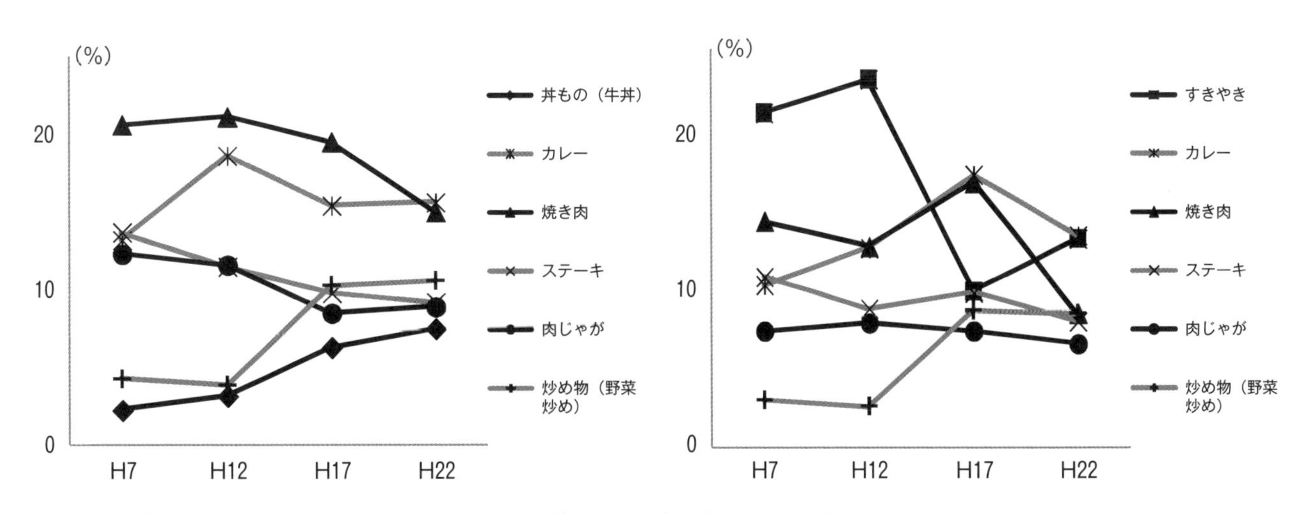

図 9-10　牛肉を使った夕食メニューの出現頻度の推移（左：6 月調査，右：12 月調査）

(6) おわりに

人々が牛肉を選び，消費する機会はさまざまである．記念日のごちそうとして高級牛肉を食べることもあれば，家庭での夕食として安価な牛肉を食べることもある．また，世帯構成や年間収入が異なれば，牛肉の消費量や購入単価の決定に与える影響も異なる．このように，牛肉に対する消費者ニーズは多様化しており，それに伴う消費動向も日々変化している．そのため，牛肉－特に国産牛肉の消費拡大へ向けて，消費者の背景も踏まえながら，生産や流通などに関わるさまざまな人々が一丸となることが重要であると考える．

齋藤　薫（(独) 家畜改良センター）

参考文献

1）石橋喜美子，「牛肉の家庭内消費―年齢・世帯収入などからみた牛肉の消費傾向―」，畜産の情報―調査・報告（国内）2009年6月号，(独) 農畜産業振興機構，2009
2）引地宏二，大浦裕二，「牛肉に対する消費者の嗜好及び意識・行動の地域性―関東圏，関西圏の消費者を対象として―」，日本フードシステム学会2012年度大会報告要旨
3）引地宏二，「25～35歳の牛肉に対する嗜好，購買行動に関する実態調査」，畜産の情報―調査・報告（学術調査）2012年11月号，(独) 農畜産業振興機構，2012
4）広岡博之，「女性消費者の牛肉購買行動と購買価格に関する検討」，畜産の情報―調査・報告（学術調査）2012年10月号，(独) 農畜産業振興機構，2012

4. 市場の動向

(1) わが国の食肉流通の特色

1）国産食肉と輸入食肉の二つの流れ

現在わが国で消費されている牛肉のうち約6割が輸入牛肉であり，そのほとんどが部分肉（パーツ）の荷姿で輸入され，輸出国から国内の最終需要者までほぼ直結する経路で流通している．一方，国産牛肉は，図9-11にみられるように，生体で出荷されたものを，と畜場で枝肉に処理し，部分肉に加工し，最終的に精肉（多くはスライス肉）として消費者に提供され，この間多岐に亘る経路が存在している．このことは，豚肉についても，輸入割合に差はあるものの同様のことがいえる．

また，と畜場については，経営体によって三つに区分されるが，いずれも零細規模のものが多く，国産食肉がコストアップする要因の一つとなっている．(表9-1)．

2）国産牛肉と国産豚肉の流通経路の違い

表9-1から，**と畜場**の経営体については，「食肉卸売市場併設と畜場」は，全国の中央市場10市場と地方市場23市場のうち指定市場17市場の合計であり，地方自治体が開設しているところが多く，大消費地の需要に応じている傾向が強い．「食肉センター」はいわゆる第3セクターといわれる経営体が多く，比較的規模が大きく，部分肉加工施設を併設し，国産食肉の処理・流通の中心的な存在となっており，全国の需要に応じている．「その他」は地方自治体が開設しているところが多く，また，規模が小さいところが多く，それぞれの地域の消費に応じている傾向が強い．

これらのと畜場を経由する割合は，国産の牛と豚では表9-2にみられるとおり大きな違いがある．牛，特

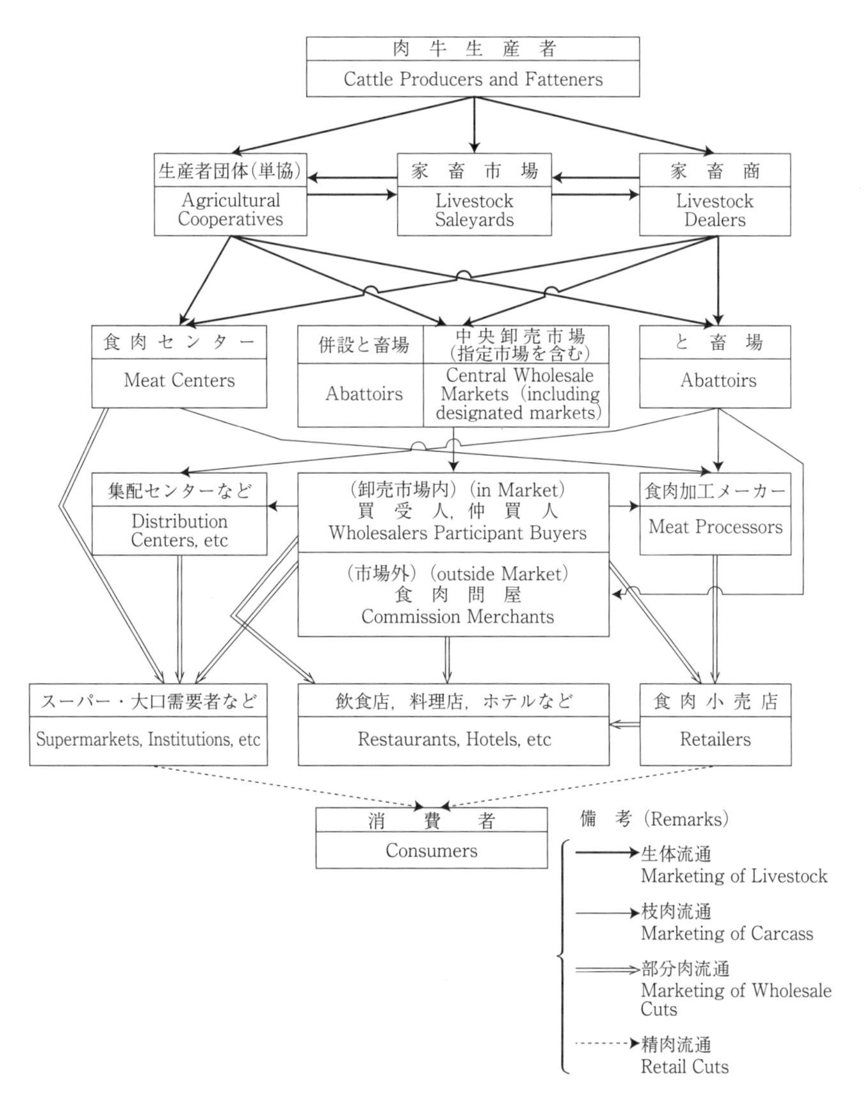

図 9-11　牛肉の流通経路模式図

に和牛については卸売市場を経由する割合が高い．これは和牛や交雑牛は個体ごとの品質格差が大きく，単価が高く，値幅も広いことから，枝肉を直接見て，せりによる取引を志向するためとみられる．

一方，豚については，国産豚がほとんど同一品種の交雑種で短期間肥育のため，個体間の品質格差が小さく，部分肉では枝肉以上に品質差がなくなることから，規格に基づく取引でほとんど支障がないこと，さらに部分肉の方が枝肉よりも流通コストが低いため，産地に近い食肉センターで処理をし，部分肉の形態での相対による取引が増加している．

この傾向は品質差の少ないその他の牛（乳用種等）でも見られる．

表 9-1　種類別と畜場数の推移（全国）
農林水産省統計部「畜産物流通統計」による．

区分	単位	計	食肉卸売市場併設と畜場	食肉センター	その他
と畜場数					
平成 23 年	場	195	27	72	96
平成 24 年	〃	195	27	72	96
構成比					
平成 23 年	%	100.0	13.8	36.9	49.2
平成 24 年	〃	100.0	13.8	36.9	49.2

(2) 市場の動向

1) 食肉卸売市場の動向

平成 24 年現在，卸売市場法に基づく**食肉卸売市場**は，中央市場 10 市場，地方市場 23 市場，合計

表9-2　と畜場形態別と畜頭数及びシェア（平成23年）

区分	と畜場数	豚	牛合計	成牛																		子牛	馬	（参考）肉豚換算と畜頭数
				計	和牛				乳牛				交雑牛				その他の牛							
					小計	めす	去勢	おす	小計	めす	去勢	おす	小計	めす	去勢	おす	小計	めす	去勢	おす				
	場	頭	頭	頭	頭	頭	頭	頭	頭	頭	頭	頭	頭	頭	頭	頭	頭	頭	頭	頭		頭	頭	頭
全国 (1)	195	16,395,153	1,174,221	1,165,931	517,593	245,097	272,163	333	410,073	173,105	236,304	664	222,219	106,702	115,459	58	16,046	3,013	12,930	103		8,290	11,924	21,114,863
食肉卸売市場 (2)	27	2,851,971	390,248	388,718	220,497	101,650	118,793	54	63,654	25,748	37,874	32	101,723	53,942	47,775	6	2,844	784	2,042	18		1,530	3,528	4,422,485
食肉センター (3)	72	8,301,879	566,843	562,531	231,626	105,634	125,786	206	244,116	102,976	140,748	392	84,889	37,834	47,018	37	1,900	779	1,053	68		4,312	4,808	10,575,547
その他のと畜場 (4)	96	5,241,303	217,130	214,682	65,470	37,813	27,584	73	102,303	44,381	57,682	240	35,607	14,926	20,666	15	11,302	1,450	9,835	17		2,448	3,588	6,116,831
全国 (1)	100.0	100.0	100.0	100.0	100.0	100.0	100.0	100.0	100.0	100.0	100.0	100.0	100.0	100.0	100.0	100.0	100.0	100.0	100.0	100.0		100.0	100.0	100.0
食肉卸売市場 (2)	13.8	17.4	33.2	33.3	42.6	41.5	43.6	16.2	15.5	14.9	16.0	4.8	45.8	50.6	41.4	10.3	17.7	26.0	15.8	17.5		18.5	29.6	20.9
食肉センター (3)	36.9	50.6	48.3	48.2	44.8	43.1	46.2	61.9	59.5	59.5	59.6	59.0	38.2	35.5	40.7	63.8	11.8	25.9	8.1	56.0		52.0	40.3	50.1
その他のと畜場 (4)	49.2	32.0	18.5	18.4	12.6	15.4	10.1	21.9	24.9	25.6	24.4	36.1	16.0	14.0	17.9	25.9	70.4	48.1	76.1	16.5		29.5	30.1	29.0

33市場であり，青果市場403市場，水産物市場468市場，花き市場127市場（以上，いずれも単独市場の数）に比べて極めて少ない．

また，国内で消費される生鮮食料品のうち卸売市場を経由するものの割合は，平成23年度において，青果約60.0%，水産物約55.7%に対し，牛肉約14.4%，豚肉約6.9%と極めて低い．これは先に述べたように国内で消費される食肉の約半分は輸入物であり，その卸売市場経由率はほとんどゼロであることによる．

なお，青果や水産物の市場経由率は高いものの，その取引形態はほとんどが相対取引であり，商品を直接見ない取引，いわゆる商物分離の取引形態が増加している．一方，牛肉の場合は国産物に限定すれば，市場経由率は33%まで上がり，その取引は枝肉を直接目の前にしたセリ取引がほとんどである．豚肉は国産物に限定しても市場経由率は17.5%で減少傾向にあり，市場取引でも相対取引が増加している．

2）牛肉の消費構成及び流通の動向

農林水産省食肉鶏卵課の調査によれば，輸入物を含む国内での牛肉の消費構成は，平成24年においては，**家計消費**（精肉等を購入し，家庭内で料理して消費）32%，加工仕向け（ハンバーグやジャーキー等の加工品として消費）6%，その他（外食，給食，持ち帰り商品として消費）62%の割合となっており，構成割合は家計消費が微減，加工仕向けが漸増，その他が横ばいとなっている．

また，家計消費の牛肉の購入先は，（公財）日本食肉消費総合センターの平成23年度の調査によれば，複数回答の結果，食品スーパー77%，大型スーパー47%，食肉専門店及び生協各13%と圧倒的に量販店のシェアが高い．

このような消費構成及び消費者の購買行動に即して，国内産牛肉についても輸入牛肉の取引形態に影響を受け，従来の枝肉や部分肉フルセットの取引から部分肉のパーツ取引に移行している．また，流通形態については，量販店等へのスライスパックによる納品が増加し，その製造工程が，流通過程の川上である産地食肉センター等にまで遡っており，また，この段階におけるカットと整形に大変細かい区分けが必要となっている．

3）生産関連情報の伝達

O-157による食中毒事故の発生，国内でのBSE感染牛の確認，牛肉の偽装表示の発覚等により消費者の食肉，特に牛肉に対する信頼が著しく低下したことに対して，食肉処理施設にHACCPシステム等を導入して衛生管理の強化を図ると共に，BSE対策として全頭検査の実施と牛の**トレーサビリティ制度**による個体識別番号の伝達，生産者名を含めた生産履歴情報の提供等，生産と流通を結ぶ拠点であると畜場からの生産関連情報の伝達・提供がきわめて重要となっている．最近では原子力発電所事故を起因とする牛肉の放射性物質汚染に関して，多くのと畜場が出荷牛の全頭検査を実施している．

4）**国産牛肉の輸出**

最近，アメリカや東南アジアにおける和牛肉の評判が高まっている．このため，政府においても国産農畜産物の輸出促進の一環として和牛肉の輸出を推進しており，民間が主体となり，ロース等のいわゆるロインセットの輸出が増加している．平成24年には香港，カンボジア，ラオス等の東南アジアを中心に約863トンと5年前の3倍強の輸出量となっている．

鵜飼昭宗（(公社）日本食肉市場卸売協会）

参考文献

1）食肉関係資料．pp 104．公益社団法人日本食肉協議会．2013.
2）平成24年　畜産物流通統計大臣官房統計部．pp 76–77．農林水産省．2013.
3）平成25年度卸売市場データ集．pp 11，13，27，41–42．農林水産省．2014年.
4）平成23年次　食肉の消費構成割合．農林水産省食肉鶏卵課 HP．2013.
5）平成23年度「食肉に関する意識調査」報告書．pp 14．公益財団法人日本食肉消費総合センター．2012.

5. 副　産　物

(1) 副産物の種類

牛のと畜解体後は，枝肉とそれ以外の部位に2分され，それ以外は内臓や皮，骨などであり，畜産副産物と称せられる．畜産副産物は，さらに食用となる**副生物**（別称として**ホルモン**，もつ，バラエティーミート等），**原皮**，食用とならない不可食内臓や骨，脂肪などに3区分される．これらは図9–12に示すように，事業として副生物，原皮，主にレンダリングの各業界が，市場に流通するよう加工・生産を担っている．

牛の枝肉と副産物の部位別の重量は，表9–3の重量歩留のようになる．食用となる部分肉を除いた部位が副産物に該当し，その割合は和牛で約55%，乳牛で約59%となる．精肉は部分肉の10%減となるため，実際の和牛の精肉割合は41%となる．

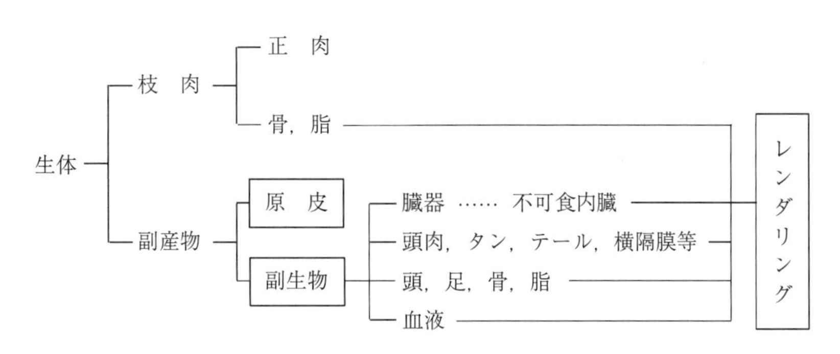

図9–12　牛の副産物

表9-3　牛の重量歩留まり　　単位：kg

		和牛（去勢）			乳牛（去勢）		
		重　量	比　率		重　量	比　率	
生　体		714	100%		752	100%	
枝　肉		450	63%	－100%	451	60%	－100%
	部分肉	319	45%	－71%	307	41%	－68%
	骨	49	7%	－11%	72	10%	－16%
	脂肪	72	10%	－16%	63	8%	－14%
	その他（くず肉等）	9	1%	－2%	9	1%	－2%
内　臓		150	21%		173	23%	
頭　足		29	4%		38	5%	
皮		43	6%		45	6%	
その他（血液等）		43	6%		45	6%	

注：（　）内は枝肉を100%とした比率　資料：「食肉便覧」（平成21年3月中央畜産会）

(2) 牛副生物の流通

牛副生物において，国産品では，と畜場内で，内臓等は衛生検査が行われ，疾患部位が除かれた後に，場内の施設で1次処理（夾雑物除去，洗浄等）される．その後，副生物事業者が仕入れ，2次処理（小割，整形）をして，焼肉店や小売店などに卸している．副産物業者の仕入れ先は，荷受（生産者）から主に買い受けている．

輸入品では，商社や食肉製造業などが牛肉と同様の輸出国（オーストラリア，アメリカ等）から輸入し，食肉卸売業や焼肉店などに販売している．

牛副生物の国内供給量は，表9-4に示すように10.7万tで，国産品が4.7万t，輸入品が6万tである．個々の部位をまとめ，舌や横隔膜などを**赤物**，胃や小腸などを**白物**とよんでいる．赤物の舌と横隔膜の輸入合計に占める割合は68%と多く，国内の不足分を補っている．

表9-4　牛副生物の品目別の国内供給量　　単位：t

品目	国内生産量	輸入数量	国内供給量
頭肉（ホホニク）	2,008.00	573.2	2,581.20
舌（タン）	1,849.60	21,954.50	23,804.10
心臓（ハツ）	2,163.00	—	2,163.00
肝臓（レバー）	4,774.80	1,111.80	5,886.60
横隔膜（ハラミ）	4,173.80	19,226.80	23,400.60
胃（1・2・3・4）	14,749.90	3,940.20	18,690.10
小腸・大腸等	11,853.60	9,989.20	21,842.80
その他（テール等）	5,083.10	3,117.00	8,200.10
合計	46,655.80	59,912.70	106,568.50

資料：「副産物流通実態調査」（平成24年3月 日本畜産副産物協会）

(3) 原皮の流通

表皮は，と畜解体時に剝離されるが，そのままの状態では腐敗するので，皮下脂肪が除去され，塩蔵される．**タンナー**（鞣（なめ）し革業者）へ販売する前の段階の処理で，これが原皮といわれる．牛原皮の国内供給量は，表9-5に示すように3.4万tであるが，国内生産量の47%が輸出されている．なお，豚原皮の国内生産量は7万tでそのほとんどの98%が輸出されている．

(4) レンダリング製品の製造と流通

レンダリングとは，脂肪を加熱溶出し，分離精製

表 9–5　牛原皮の国内供給量　　単位：t

品目	国内生産量	輸入数量	輸出数量	国内供給量
牛原皮	25,127	20,964	11,878	34,212

資料：「副産物流通実態調査」（平成 24 年 3 月 日本畜産副産物協会）

表 9–6　牛レンダリング製品（蛋白・油脂）の国内供給量　　単位：t

区分		品目	国内生産量	輸入数量	輸出数量	国内供給量
蛋白	国産	蒸製骨粉・肉粉	46,589.70	—	—	46,589.70
	輸出入	骨・ホーンコア	—	56,302.30	13.9	56,316.20
	合計		46,589.70	56,302.30	13.9	102,878.10
油脂	国産	牛脂・骨油	77,216.30	—	—	77,216.30
	輸出入	牛脂	—	57,460.30	0	57,460.30
	合計		77,216.30	57,460.30	0	134,676.60

資料：「副産物流通実態調査」（平成 24 年 3 月 日本畜産副産物協会）

することでとされており，その種類は原料により，脂肪から食用となる牛脂と肉粉を生産する**ファットレンダリング**と，骨・不可食内臓などから骨油（飼料用添加油脂）や肉骨粉を製造する**アニマルレンダリング**に分かれる．参考までに表 9–6 に牛レンダリング製品（蛋白・油脂）の国内供給量を示した．

平成 13 年 9 月の BSE（牛海綿状脳症）発生以来，と畜場からの頭部等の SRM（特定危険部位）は焼却され，骨・不可食内臓等はレンダリング処理された後に焼却されている．これはレンダリング業界が，と畜場からの牛残さを分別収集し処理する施設を整備し，牛とその他の家畜を分離して処理をする体制を全国的に整えたことによる．ただし，牛骨は，**OIE（国際獣疫事務局）**の定める処理基準を満足すれば，蒸製骨粉にでき，肥料用となる．また，肉粉の用途はペットフードである．平成 25 年 5 月の第 81 回 OIE 総会において，わが国を「無視できる BSE リスク」の国に認定することが決定され，BSE 規制の解禁が期待されており，その第一弾として肥料取締法により使用が禁止されていた肉骨粉が，平成 26 年 7 月 2 日より使用ができるようになった．ただし，使用に当たっては誤用流用を避ける措置として，消石灰・とうがらし粉末等の摂取防止材を配合することになる．肉骨粉以外の肉粉などについても順次，解禁されることとされている．このように牛残さと豚鶏の残さを含めて，レンダリング業は加熱処理した後に蛋白と油脂に分離し，蛋白は飼料用や肥料用に，油脂は食用，工業用，飼料用などに利用されるというリサイクル産業として畜産業を支えている．死亡牛についても全国的に施設が整備され，加熱処理後の肉骨粉と油脂は焼却されている．

レンダリング業の他に，牛残さを有効利用している業種は，骨や皮からコラーゲンを抽出するゼラチン・膠（にかわ）製造業と，骨等を用い天然調味料を製造するエキス製造業がある．

牛レバーは，レバ刺しとして焼肉商材の重要な部位であるが，北陸で生肉による食中毒が発生し，これを契機として厚生労働省が牛肉等の生食の是非の検討を行った結果，平成 24 年 7 月 1 日よりレバーの生食が禁止となった．副生物業界としては，レバーの汚染除去が可能となれば，レバ刺しの復活も視野に入ることから研究開発が進められている．

義村利秋（（一社）日本畜産副産物協会）

(5) 食肉処理過程における各種臓器，部位の分別処理

わが国では平成13年9月のBSE発生に伴い，食品安全の見地から牛の特定危険部位の分別が法的に義務付けられている．これにより食肉処理過程における副産物（副生食肉類）の取り扱いは極めて複雑になっている．例えばBSE発生以前では回腸遠位部や脳，脊髄は副生食肉類として食品流通が可能であり，またこれらは飼料用の**肉骨粉**や**牛脂**への混入もありえた．BSE発生とともに牛の全頭BSE検査が実施され，特定危険部位の指定と焼却が義務付けられ，食の安全確保が図られた．平成25年に全頭検査の実施の廃止や特定危険部位の定義の変更などが行われており，これら規制の緩和が始まっている．

これらの規制の変化に応じた，食肉処理過程における牛各種臓器，部位の分別について，わが国BSE以前を図9–13[5]，BSE以後を図9–14[5]，その緩和が始まった平成25年を図9–15に，また肥料利用が許容され始めた平成26年7月[6]（現状）を図9–16に示す．これらの規制は肉骨粉の資源活用の観点などからこのように順次緩和されていくため，その活用については最新の情報に基づいて行う必要がある．

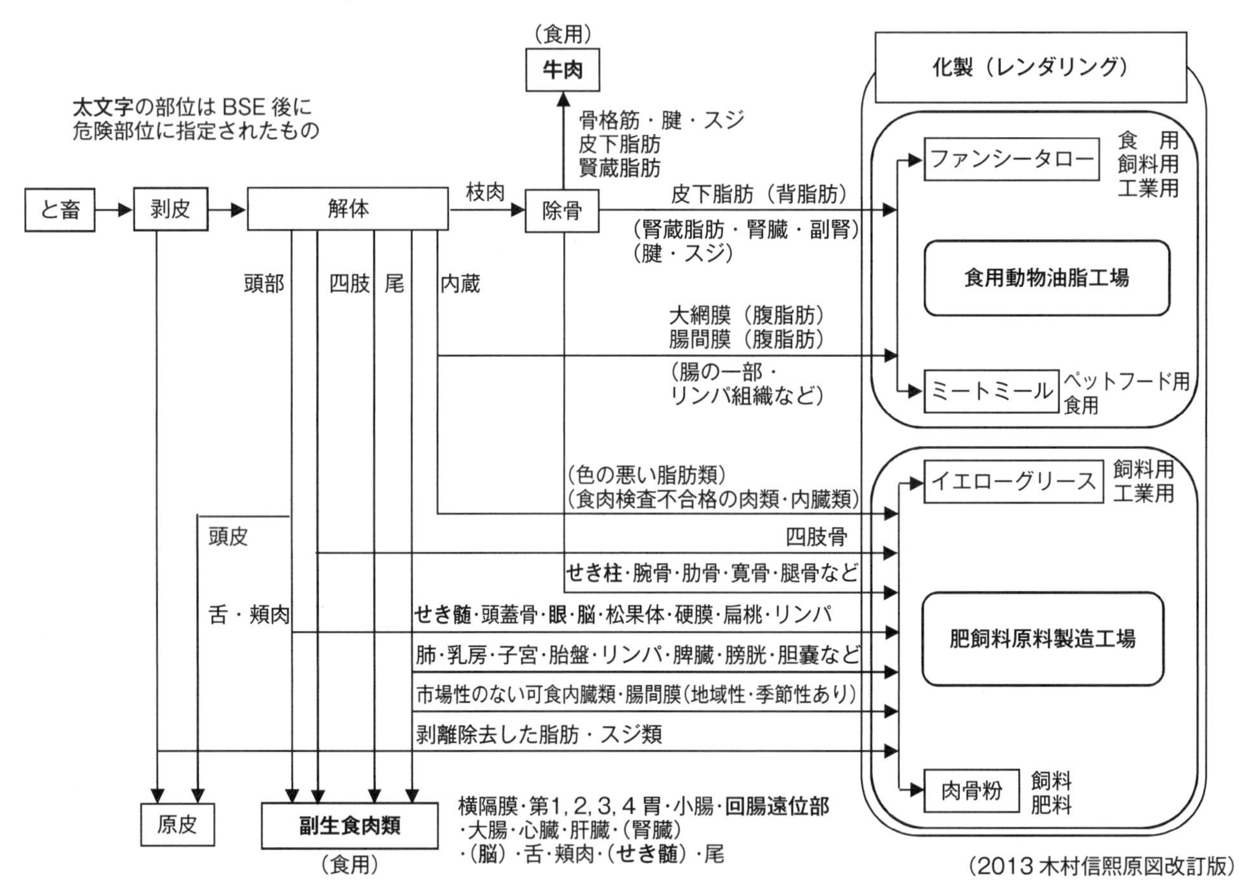

図9–13　牛肉と副産物の利用（日本BSE前）　図中の（　）は事例的に少ないもの

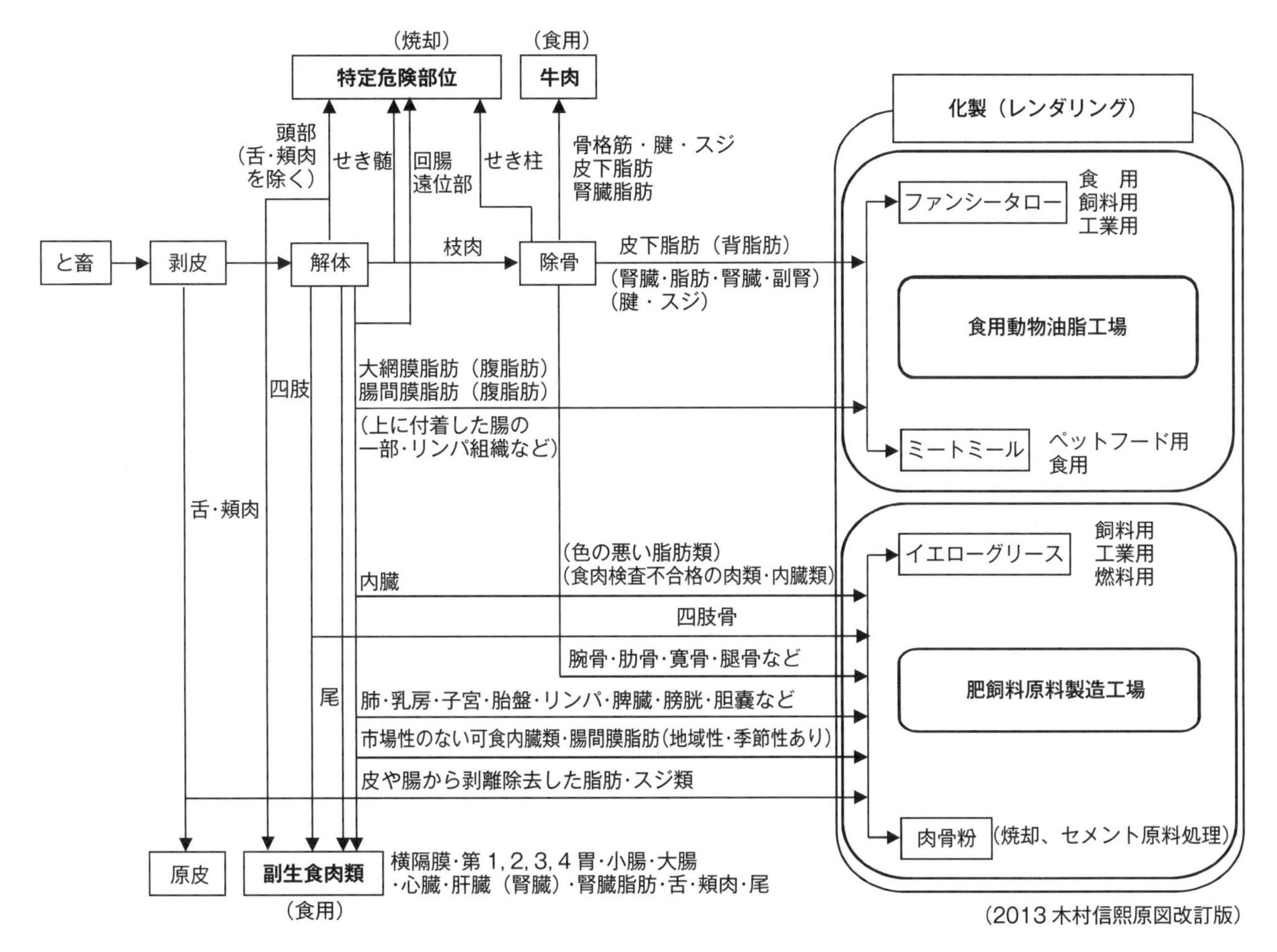

図 9–14　牛肉と副産物の利用（日本 BSE 後）　　図中の（　）は事例的に少ないもの

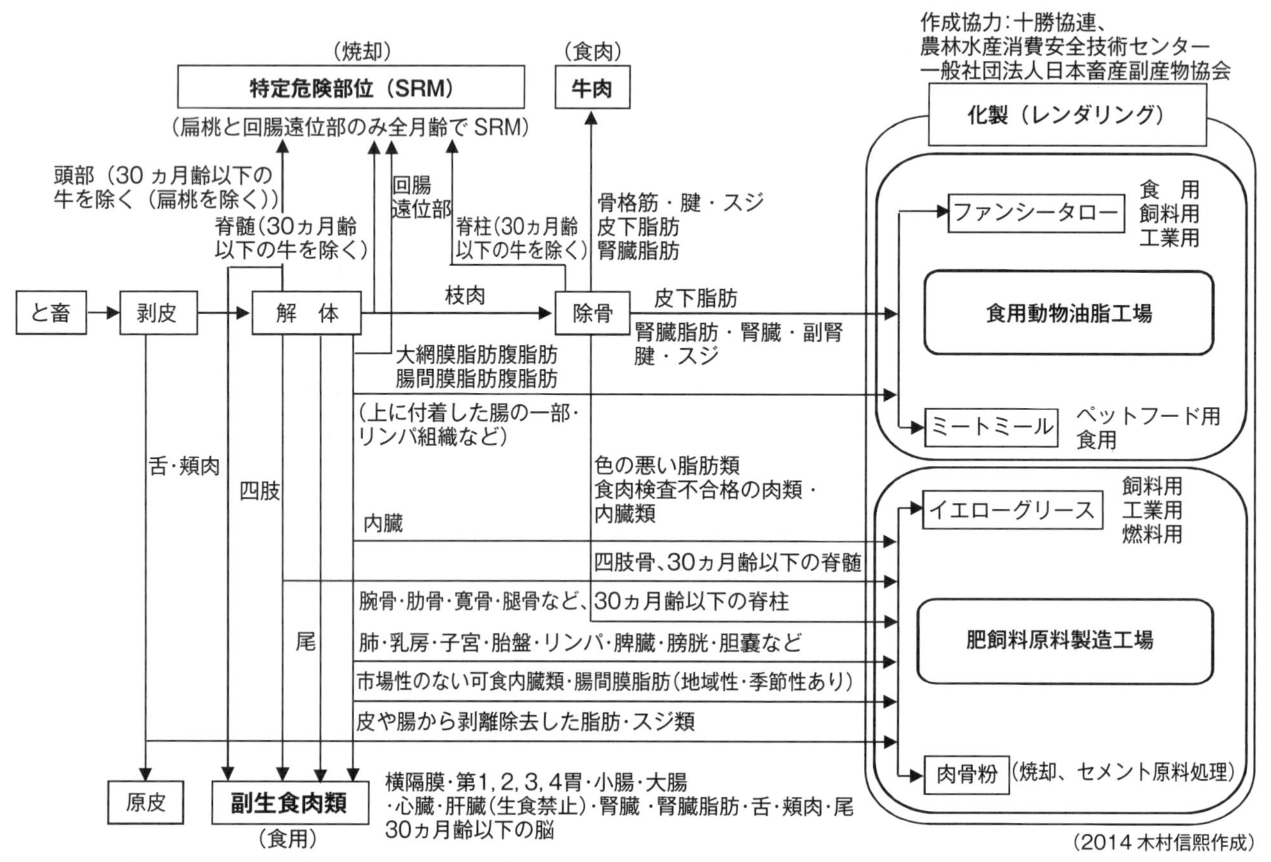

図9-15　牛肉と副産物の利用（日本2013年9月現在）

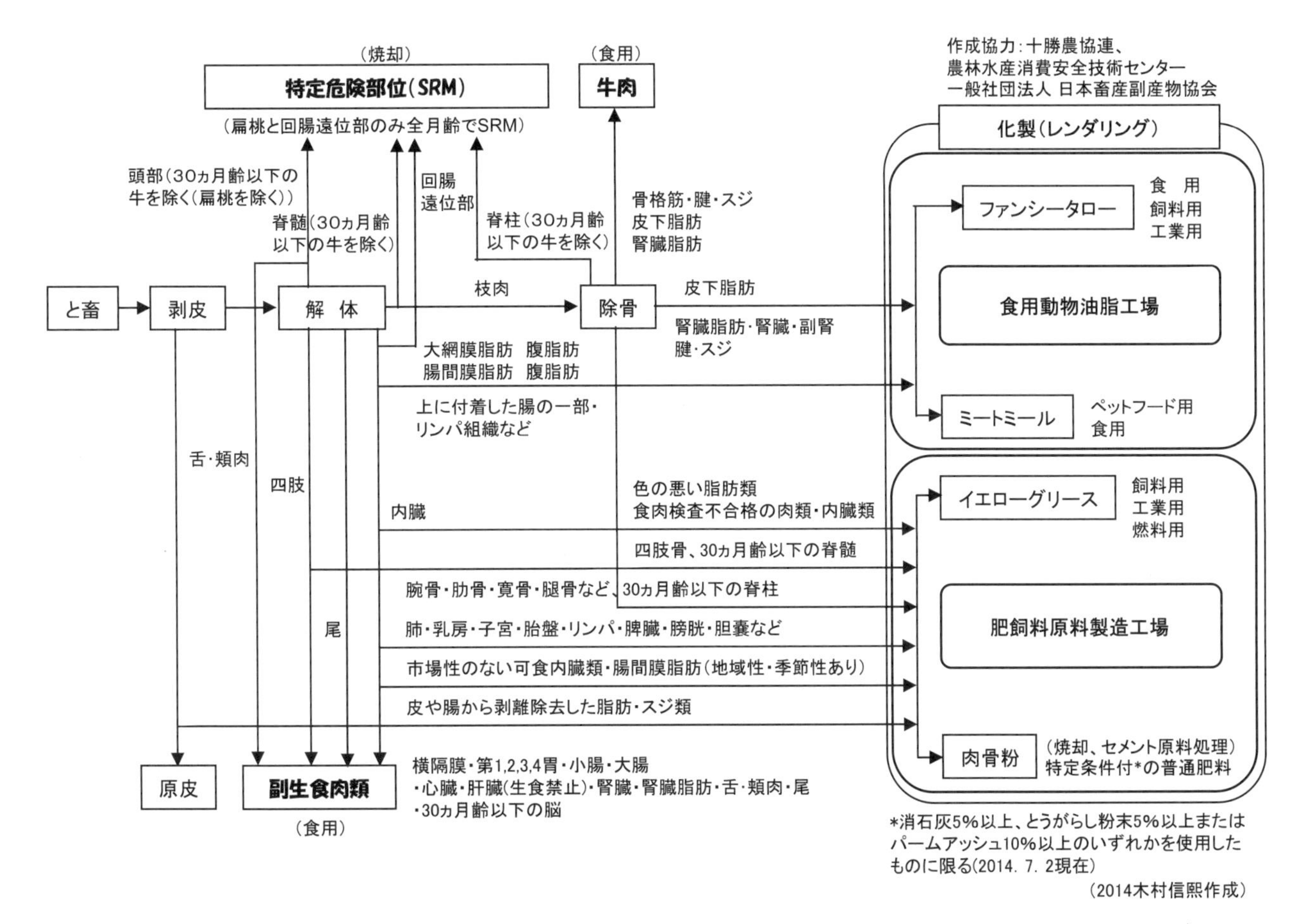

図 9-16　牛肉と副産物の利用（日本 2014 年 7 月現在）　図中の（　）は事例的に少ないもの

（木村信熙：木村畜産技術士事務所代表，日本獣医生命科学大学名誉教授）

参考文献

1)　日本畜産副産物協会．畜産副産物需給動向（副生物）調査．日本畜産副産物協会．東京．2003.
2)　日本畜産副産物協会．レンダリング読本．日本畜産副産物協会．東京．2004.
3)　日本食肉協議会．畜産副生物の知識．日本食肉協議会．東京．2011.
4)　日本畜産副産物協会．副産物流通実態調査．日本畜産副産物協会．東京．2012.
5)　農林水産省．BSE の感染源および感染経路に関する疫学研究報告書平成 19 年 12 月，第 3 部特定危険部位の行方と油脂中の不溶性不純物の調査，農林水産省，東京．2007.（一部改定）．
6)　農林水産省告示第八百七十五号：肥料取締法施行規則第一条第一号ホの規定に基づき，農林水産大臣が指定する材料を定める件．官報　平成 26 年 7 月 2 日付．

第10章　肉量・肉質の評価と制御

1. 枝肉格付

(1) はじめに

規格格付とは，同じような品質やサイズの生産物を一つのグループにまとめ，流通の合理化を図ることが目的の一つである．牛肉の格付は，枝肉の段階で**日本食肉格付協会**の牛枝肉**取引規格**に基づいて行われている．現行の格付規程は，流通において枝肉評価の基準となる部分肉歩留と，肉の美味しさに関連するといわれている肉質項目（脂肪交雑，肉の締まり，脂肪の質等）を基に枝肉を格付している．

しかしながら，特に牛肉の場合，消費形態は多様であり，枝肉品質等の優れているといわれるものが，必ずしも全ての用途に適しているわけではないし，需要においても最も広く望まれるものが，全ての需要者にとって最も優れたものであるとは限らない．規格によって取引価格には差ができるが，需要と供給動向は変化するので，その差は常に一定ではない．規格は，潜在的に価格と連動する性質を持ちながらも，もっと広い意味を持つものである．規格は，生産者は生産目標を立てるための指標として，流通業者は取引の基準として，消費者はその用途を知る目安として活用することになろう．

食肉の流通は他の農産物と比較した場合，かなり複雑である．生産段階における生体，流通段階における枝肉や部分肉，消費段階での精肉と，その形態が大きく変化する．牛肉格付は，枝肉の段階，すなわち食肉としての肉質及び枝肉の部分肉歩留が判明する段階で行い，枝肉価格が決定される．その後，枝肉をベースにそれぞれの需給に応じ，部分肉・精肉の価格が決定されるが，それらの価格差が大きいことなどから，農産物の価格形成のように，生産から消費までが単純な一直線では連結していない．この点が他の農産物の流通や品質評価と比較した場合，牛**枝肉格付**の難解なところでもある．

(2) 格付の歴史

昭和30年代の食肉流通の実態は，従前からの**生体取引**から**枝肉取引**へと移行する時期であり，食肉中央卸売市場を中心とした流通へと変革が進みつつあった．このような流通の変化に対応すべく，全国を統一した共通の枝肉規格による取引の確立を期し，食肉の公正な取引及び需要と価格の安定を図る必要から，昭和36年に牛・豚枝肉の枝肉取引規格が設定された．これを契機に社団法人日本食肉協議会が農林省の指導のもとに，わが国における食肉の格付機関として，昭和37年に初めて大宮，横浜，名古屋，大阪，広島，福岡の6食肉中央卸売市場にて豚枝肉の格付を，2年後の昭和39年に牛枝肉の格付を開始した．

以来，各地の地方卸売市場あるいは基幹的な食肉センター等において順次規格に基づく公正な格付けを実施し，また，格付結果の活用による肉畜生産の振興を図り，更に，規格に基づく取引の普及並びに**価格公表**を可能にせしめるなど，生産の指標，あるいは食肉の円滑な取引を行うための基準としての規格の普及浸透に努め経過するなか，昭和50年2月に社団法人日本食肉協議会から格付部門を分離独立させた格付専門機関としての社団法人日本食肉格付協会が設立された．なお，平成25年度の全国における格付状況は，と畜頭数1,175,148頭のうち995,344.5頭を格付し，格付率は84.7％となっている．

(3) 牛枝肉取引規格

現在の牛枝肉取引規格は昭和63年に設定されたものである．それ以前の規格は「最小枝肉重量」，「外観(4項目)」及び「肉質（4項目)」の判定基準を総合的に判定する**総合評価方式**と呼ばれ，枝肉等級は「特選」，「極上」，「上」，「中」，「並」，「等外」の6等級に区分するものであった．現行規格は，それまでの総合評価方式を大きく改正したもので，「**歩留等級**」と「**肉質等級**」をそれぞれ判定する**分離評価方式**である．

また，それまで全国まちまちであった枝肉における肉質の**判定部位**でもある切開部位が第6～第7肋骨間に統一された．さらに，シリコン製模型による「**牛脂肪交雑基準**（**ビーフ・マーブリング・スタンダード：B. M. S.**)」，「牛肉色基準（ビーフ・カラー・スタンダード：B. C. S.)」及び「**牛脂肪色基準**（**ビーフ・ファットカラー・スタンダード：B. F. S.**)」の3つのスタンダードも導入され，より客観的な判定が可能となる近代的な規格に改正された．なお，規格本文（「歩留等級」及び「肉質等級」）は京都大学農学部並河澄教授グループを中心とする専門委員によって策定され，各スタンダードは農水省畜産試験場によって作製された．

1）**適用条件（抜粋）**

・この規格は，品種，年令，性別にかかわらず，いずれの枝肉にも適用するものとする．ただし，子牛の枝肉には適用しないものとする．

・この規格は，枝肉の2分体で第6～第7肋骨間において平直に切り開き，胸最長筋，背半棘筋及び頭半棘筋の状態並びにばら，皮下脂肪及び筋間脂肪の厚さがわかるようにしたものに適用するものとする．

・この規格の適用については，歩留及び肉質のそれぞれについて等級の格付を行い，連記して表示するものとする．また，枝肉に瑕疵の認められるものについては，瑕疵の状況を種類区分により等級の表示に付記して表示するものとする．

・「肉質等級」は，「脂肪交雑」，「肉の色沢」，「肉の締まり及びきめ」並びに「脂肪の色沢と質」の4者について判定するものとし，その項目別等級のうち，最も低い等級に格付けするものとする．

2）**歩留等級**

歩留等級は，**歩留基準値**によりA，B，Cの3区分にて決定することとし，歩留基準値は，切開面における定められた部位の測定値と枝肉重量を一定の算式に当てはめて得る（式10-1，表10-1)．算式は，全国5カ所の部分肉認定工場で行った計1,020頭（当時の出荷頭数の実勢から和牛去勢1：乳用牛去勢2の割合で按分）の歩留調査データを京都大学農学部並河澄教授チームが解析し，その結果を基に，歩留に最も相関関係が高く，現場における計測の利便さ等を考慮した「ロース面積」，「ばらの厚さ」，「皮下脂肪の厚さ（写真

◇歩留基準値＝67.37＋〔0.130× 胸最長筋面積(cm^2)〕
＋〔0.667×「ばら」の厚さ(cm)〕
－〔0.025× 冷と体重量(半丸枝肉 kg)〕
－〔0.896× 皮下脂肪の厚さ(cm)〕

◇ただし、肉用種枝肉の場合には 2.049 を加算して歩留基準値とします。

式10-1　歩留基準値の算式

10–1)」,「枝肉重量」の4項目が算定要素として組み入れられ，策定された.

表10–1　歩留基準値により歩留等級区分が決定される

等級	歩留基準値	歩　留
A	72以上	部分肉歩留が標準より良いもの
B	69以上72未満	部分肉歩留の標準のもの
C	69未満	部分肉歩留が標準より劣るもの

3) **肉質等級**

肉質項目は「**脂肪交雑**」,「**肉の色沢**」,「**肉の締まり及びきめ**」,「**脂肪の色沢と質**」の4項目（表10–2〜10–4，写真10–1〜10–9）で，前3項目の判定部位は，切開面における胸最長筋並びに背半棘筋及び頭半棘筋の断面とし，「脂肪の色沢と質」は切開面の皮下脂肪，筋間脂肪，枝肉の外面及び内面脂肪とする.

肉質等級の区分は5区分であり，等級呼称は5，4，3，2，1とする．また，脂肪交雑はNo. 1〜No. 12の12段階，肉色はNo. 1〜No. 7の7段階，脂肪色はNo. 1〜No. 7の7段階の基準が定められている．肉質4項目それぞれの判定結果のうち，最も低い等級が当該枝肉の肉質等級とされる.

4) **等級の表示**

等級の表示は歩留等級と肉質等級のそれぞれを連記して表示することとし，15区分である（表10–10).

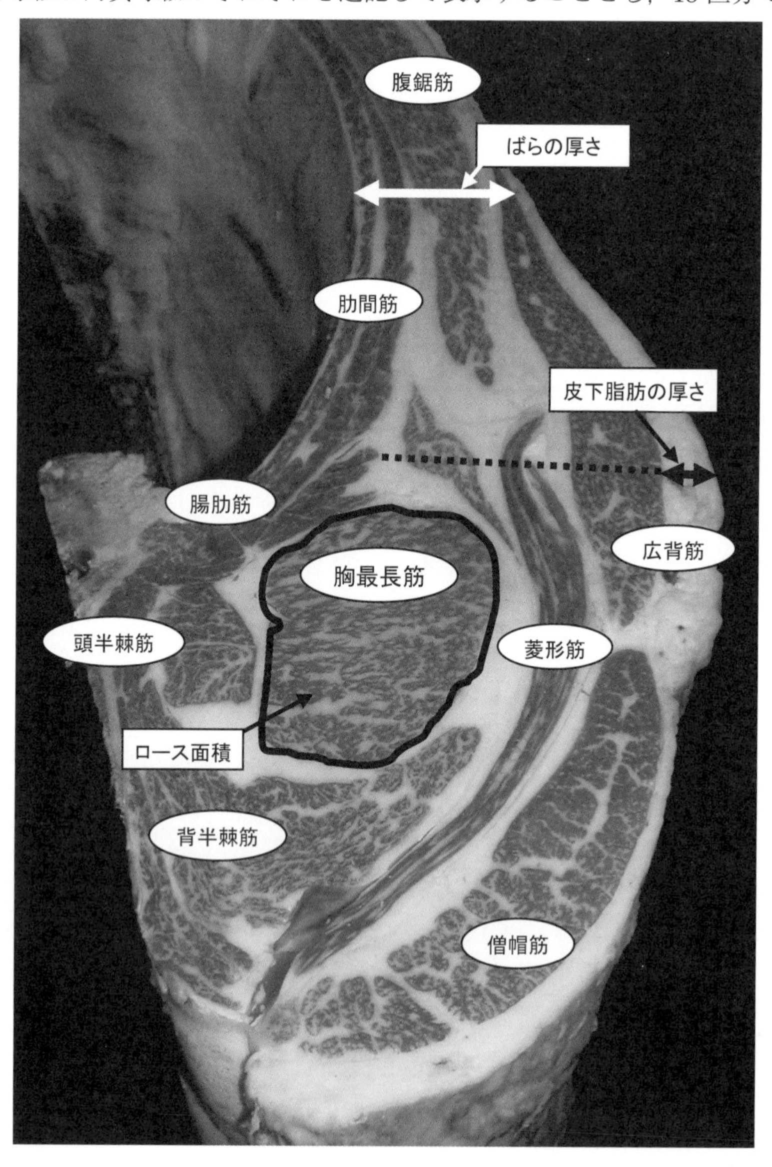

写真10–1　測定部位（太い実線で測定部位を示した）

表 10–2　脂肪交雑

5	4	3	2	1
胸最長筋並びに背半棘筋及び頭半棘筋における脂肪交雑がかなり多いもの	胸最長筋並びに背半棘筋及び頭半棘筋における脂肪交雑がやや多いもの	胸最長筋並びに背半棘筋及び頭半棘筋における脂肪交雑が標準のもの	胸最長筋並びに背半棘筋及び頭半棘筋における脂肪交雑がやや少ないもの	胸最長筋並びに背半棘筋及び頭半棘筋における脂肪交雑がほとんどないもの

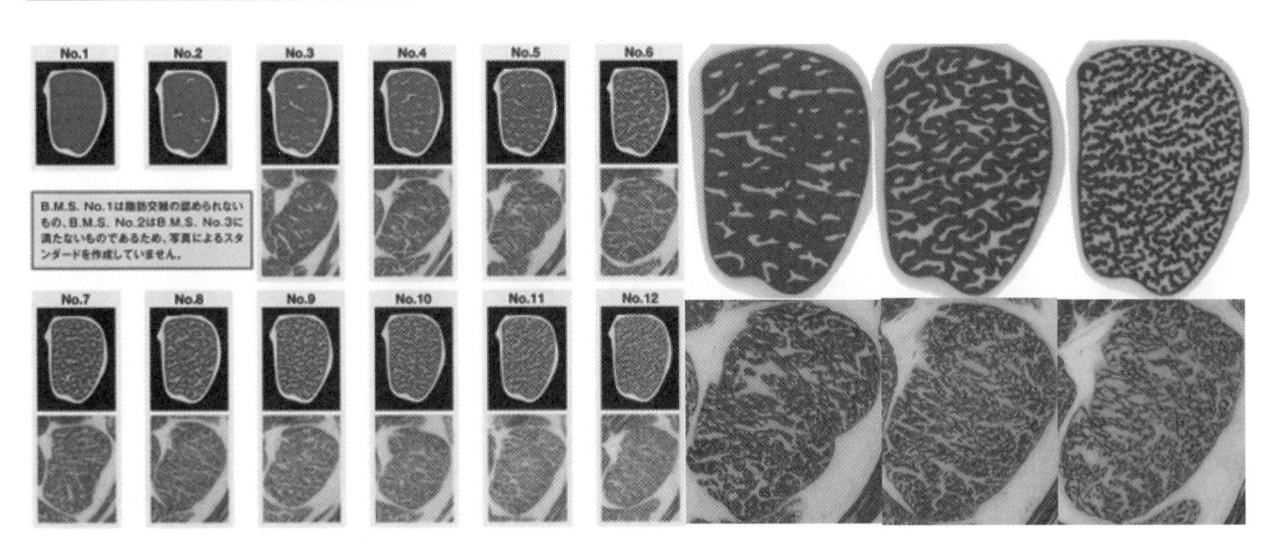

写真 10–2　牛脂肪交雑基準（B. M. S.）
※上段が農水省畜産試験場で作製された B. M. S..
下段が格付協会が平成 26 年に作製した補完用の写真 B. M. S..
（右は拡大写真　No. 5，No. 8，No. 12）

5）瑕疵の種類区分と表示

瑕疵の種類は 6 種類に区分され，該当するものを等級の表示に併せて表示する（表 10–11）.

（4）格付結果

最近の格付結果については以下の表 10–12 ～15 のとおりである.

（5）おわりに

現行の牛枝肉取引規格は，流通現場で定着している牛枝肉の評価，換言すれば流通関係者の長年に亘る経験知識を基準に，可能な限り客観的な評価を可能ならしめるよう設定されたものである．現行の格付における肉質判定についても，流通関係者の経験知識に基づくもので，**食味性**の間接的な判断材料にはなるが，食味性そのものが官能的判定であるこ

表 10–3　脂肪交雑の等級区分

等　級		B. M. S. No.
5	かなり多いもの	No. 8～No. 12
4	やや多いもの	No. 5～No. 7
3	標準のもの	No. 3～No. 4
2	やや少ないもの	No. 2
1	ほとんどないもの	No. 1

表 10–4　肉の色沢

5	4	3	2	1
肉色及び光沢がかなり良いもの	肉色及び光沢がやや良いもの	肉色及び光沢が標準のもの	肉色及び光沢が標準に準ずるもの	肉色及び光沢が劣るもの

表 10–5　肉色及び光沢の等級区分

等　級		肉色（B. C. S. No.）	光　沢
5	かなり良いもの	No. 3～No. 5	かなり良いもの
4	やや良いもの	No. 2～No. 6	やや良いもの
3	標準のもの	No. 1～No. 6	標準のもの
2	標準に準ずるもの	No. 1～No. 7	標準に準ずるもの
1	劣るもの	等級 5～2 以外のもの	

表 10–6　肉の締まり及びきめ

5	4	3	2	1
締まりはかなり良く，きめがかなり細かいもの	締まりはやや良く，きめがやや細かいもの	締まり及びきめが標準のもの	締まり及びきめが標準に準ずるもの	締まりが劣り又はきめが粗いもの

表 10–7　肉の締まり及びきめの等級区分

等級	締まり	き　め
5	かなり良いもの	かなり細かいもの
4	やや良いもの	やや細かいもの
3	標準のもの	標準のもの
2	標準に準ずるもの	標準に準ずるもの
1	劣るもの	粗いもの

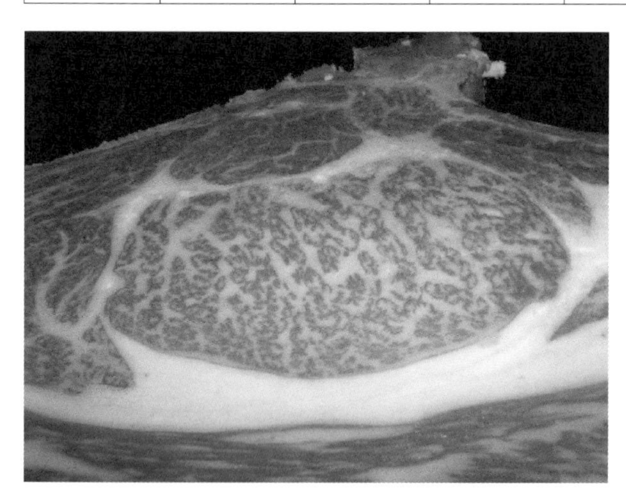

写真 10–3　肉の締まり及びきめともに 5 等級に判定されたもの

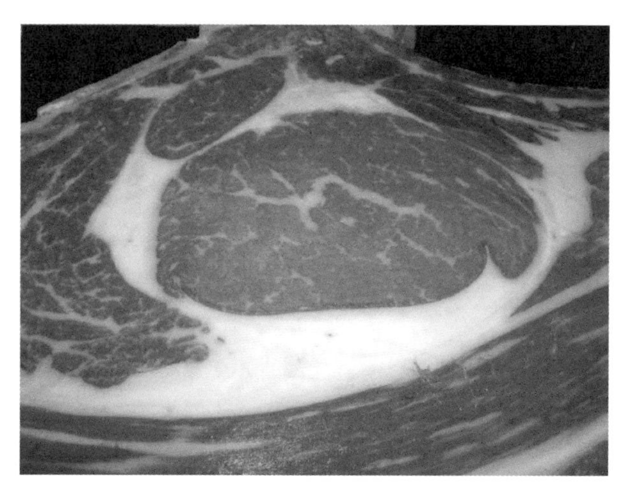

写真 10–4　肉の締まり及びきめともに 2 等級に判定されたもの

表 10–8　脂肪の色沢と質

5	4	3	2	1
脂肪の色，光沢及び質がかなり良いもの	脂肪の色，光沢及び質がやや良いもの	脂肪の色，光沢及び質が標準のもの	脂肪の色，光沢及び質が標準に準ずるもの	脂肪の色，光沢及び質が劣るもの

等級の表示

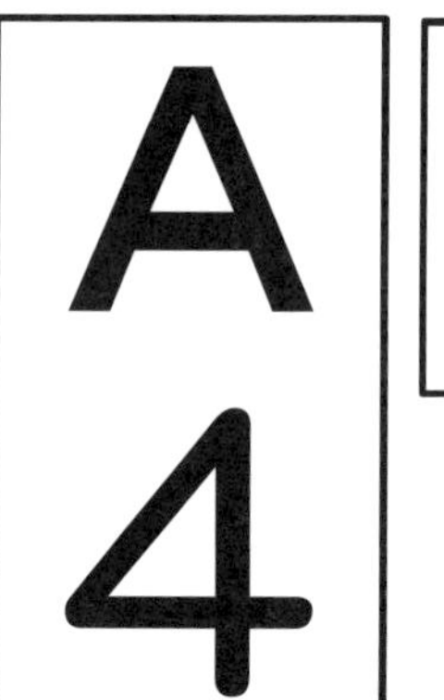

瑕疵の表示

図 10–1　等級及び瑕疵の表示

表 10–9　脂肪の色沢と質の等級区分

等　級		肉色（B. C. S. No.）	光　沢
5	かなり良いもの	No. 1～No. 4	かなり良いもの
4	やや良いもの	No. 1～No. 5	やや良いもの
3	標準のもの	No. 1～No. 6	標準のもの
2	標準に準ずるもの	No. 1～No. 7	標準に準ずるもの
1	劣るもの	等級 5～2 以外のもの	

表 10–10　規格の等級と表示

歩留等級	肉質等級				
	5	4	3	2	1
A	A5	A4	A3	A2	A1
B	B5	B4	B3	B2	B1
C	C5	C4	C3	C2	C1

表 10–11　瑕疵の種類区分と表示

瑕疵の種類	表示
多発性筋出血（シミ）	ア
水腫（ズル）	イ
筋炎（シコリ）	ウ
外傷（アタリ）	エ
割除（カツジョ）	オ
その他	カ

表 10–12　平成 25 年度の種別（品種）・性別と畜頭数及び格付頭数並びに格付率

（単位：頭，％）

		と畜頭数	前年比	格付頭数	前年比	格付率	前年増減	肉質等級	前年増減
和牛	去勢	262,005	94.9	258,369.5	95.0	98.6	0.1	66.0	4.9
	めす	260,022	98.4	235,229.0	100.6	90.5	2.0	47.4	3.9
	小計	522,027	96.6	493,598.5	97.6	94.6	0.9	57.2	4.2
乳用牛	去勢	220,965	96.2	212,293.0	96.4	96.1	0.3	3.0	−0.6
	めす	183,515	102.9	54,588.0	105.3	29.7	0.7	0.4	−0.1
	小計	404,480	99.1	266,881.0	98.1	66.0	−0.7	2.5	−0.5
交雑牛	去勢	121,660	104.4	115,703.5	104.5	95.1	0.0	53.0	−0.5
	めす	111,565	104.0	104,067.5	105.1	93.3	1.0	46.9	0.1
	小計	233,225	104.2	219,771.0	104.8	94.2	0.5	51.0	0.7
その他	去勢	13,169	107.7	12,998.0	107.4	98.7	−0.3	49.7	7.2
	めす	2,236	75.1	2,096.0	75.6	93.7	0.7	26.4	−5.1
	小計	15,405	101.3	15,094.0	101.5	98.0	0.2	32.6	−7.8
不明		11							
成牛合計		1,175,148	99.0	995,344.5	99.3	84.7	0.3	53.3	1.1

注）1. 去勢は，おすを含む数値である.
2. 肉質等級の数値は，和牛が 4 等級以上，乳用牛，交雑牛，その他及び合計は 3 等級以上である.
3. その他は，外国種，肉専用種等である.
4. と畜頭数は，（独）家畜改良センター「牛個体識別情報の集計データ」による.
5. 不明とは，（独）家畜改良センター「牛個体識別情報の集計データ」で種別（品種）等が不明な牛である.

表 10–13　牛枝肉格付結果の推移（和牛去勢）

（単位：頭，％）

				肉質等級									
歩留等級	年度	計		5		4		3		2		1	
A	23	237,366.5	88.4	48,320.0	18.0	96,511.5	35.9	68,912.0	25.7	23,589.0	8.8	34.0	0.0
	24	246,093.5	90.5	54,507.5	20.1	104,335.0	38.4	67,184.0	24.7	20,020.0	7.4	47.0	0.0
	25	235,975.5	91.4	58,990.5	22.9	104,228.5	40.4	58,229.5	22.6	14,511.0	5.6	16.0	0.0
B	23	30,126.5	11.2	1,120.5	0.4	7,175.0	2.7	11,856.0	4.4	9,785.0	3.6	190.0	0.1
	24	24,710.0	9.1	902.5	0.3	6,499.5	2.4	9,968.5	3.7	7,169.0	2.6	170.5	0.1
	25	21,270.0	8.2	959.0	0.4	6,350.0	2.5	8,417.5	3.3	5,442.5	2.1	101.0	0.0
C	23	1,168.0	0.4	2.0	0.0	32.0	0.0	89.0	0.0	426.0	0.2	619.0	0.2
	24	1,001.0	0.4	1.0	0.0	30.0	0.0	67.0	0.0	330.5	0.1	572.5	0.2
	25	906.0	0.4	1.0	0.0	17.0	0.0	75.0	0.0	281.0	0.1	532.0	0.2
合計	23	268,661.0	100.0	49,442.5	18.4	103,718.5	38.6	80,857.0	30.1	33,800.0	12.6	843.0	0.3
	24	271,804.5	100.0	55,411.0	20.4	110,864.5	40.8	77,219.5	28.4	27,519.5	10.1	790.0	0.3
	25	258,151.5	100.0	59,950.5	23.2	110,595.5	42.8	66,722.0	25.8	20,234.5	7.8	649.0	0.3

表10-14　牛枝肉格付結果の推移（乳用牛去勢）

（単位：頭，％）

				肉質等級									
歩留等級	年度	計		5		4		3		2		1	
A	23	86.0	0.0	0.0	−	0.0	−	10.0	0.0	75.0	0.0	1.0	0.0
	24	175.0	0.1	0.0	−	2.0	0.0	38.0	0.0	132.0	0.1	3.0	0.0
	25	174.0	0.1	0.0	−	1.0	0.0	22.0	0.0	151.0	0.1	−	0.0
B	23	127,797.0	56.3	0.0	−	17.0	0.0	5,923.0	2.6	120,609.0	53.1	1,248.0	0.5
	24	130,220.0	59.3	0.0	−	22.0	0.0	5,543.0	2.5	123,711.0	56.4	944.0	0.4
	25	130,844.5	61.8	0.0	−	17.0	0.0	4,542.0	2.1	125,587.5	59.3	698.0	0.3
C	23	99,289.0	43.6	0.0	−	−	0.0	2,999.0	1.3	91,760.5	40.4	4,529.5	2.0
	24	89,118.0	43.7	0.0	−	2.0	0.0	2,379.0	1.1	82,364.0	37.5	4,373.0	2.0
	25	80,833.5	38.2	0.0	−	4.0	0.0	1,807.0	0.9	75,050.5	35.4	3,972.0	1.9
合計	23	227,172.0	100.0	0.0	−	17.0	0.0	8,932.0	3.9	212,444.5	93.5	5,778.5	2.5
	24	219,513.0	100.0	0.0	−	26.0	0.0	7,960.0	3.6	206,207.0	93.9	5,320.0	2.4
	25	211,852.0	100.0	0.0	−	22.0	0.0	6,371.0	3.0	200,789.0	94.8	4,670.0	2.2

表10-15　牛枝肉格付結果の推移（交雑牛去勢）

（単位：頭，％）

				肉質等級									
歩留等級	年度	計		5		4		3		2		1	
A	23	7,445.0	7.0	323.0	0.3	2,528.0	2.4	3,230.0	3.0	1,364.0	1.3	0.0	−
	24	7,251.0	6.5	311.0	0.3	2,406.0	2.2	3,183.0	2.9	1,351.0	1.2	0.0	−
	25	7,242.0	6.3	271.0	0.2	2,500.0	2.2	3,058.0	2.6	1,413.0	1.2	0.0	−
B	23	82,350.0	77.3	281.0	0.3	8,451.0	7.9	36,221.5	34.0	37,312.5	35.0	84.0	0.1
	24	86,809.5	78.4	266.0	0.2	8,929.0	8.1	38,383.0	34.7	39,145.5	35.4	86.0	0.1
	25	90,607.0	78.3	243.0	0.2	9,396.0	8.1	41,235.0	35.6	39,660.0	34.3	73.0	0.1
C	23	16,741.0	15.7	4.0	0.0	484.0	0.5	5,321.0	5.0	10,246.5	9.6	685.5	0.6
	24	16,650.5	15.0	5.0	0.0	401.0	0.4	5,307.0	4.8	10,269.0	9.3	668.5	0.6
	25	17,827.5	15.4	9.0	0.0	495.0	0.4	6,099.0	5.3	10,519.0	9.1	705.5	0.6
合計	23	106,536.0	100.0	608.0	0.6	11,463.0	10.8	44,772.5	42.0	48,923.0	45.9	769.5	0.7
	24	110,711.0	100.0	582.0	0.5	11,736.0	10.6	46,873.0	42.3	50,765.5	45.9	754.5	0.7
	25	115,676.5	100.0	523.0	0.5	12,391.0	10.7	50,392.0	43.6	51,592.0	44.6	778.5	0.7

ともあり，格付の肉質判定と食味との関係は理論的，科学的に十分に説明できるものではない．最近では食味に関する研究も進展しており，科学の進歩により信頼性の高く現場に応用できる手法が確立されれば，格付においてもこれらを取り入れることになろう．

青島正泰（(公社) 日本食肉格付協会）

参考文献

1) 日本食肉格付協会　ホームページ　牛・豚　枝肉・部分肉取引規格の説明 http://www.jmga.or.jp/

2. 肉量・肉質の評価

(1) 肉量の評価

現在，牛枝肉の**肉量の評価**は，主に枝肉格付方法に従い**歩留基準値**として行われている．これは部分肉歩留を評価し，牛肉流通の適正化のための値である．一方，肉用牛の育種改良や飼養管理技術の改善には枝肉中の筋肉，脂肪，骨量及び割合を客観的に評価する必要がある．枝肉を筋肉，脂肪，骨に分離・測定するには Butterfield ら[1]の方法に従った筋肉分離法で行うことが一般的である．しかし，この方法は精密ではあるが労力と時間を要し，一度に多数の枝肉を処理することは難しい．

このことから，これまでに枝肉切開面の筋肉面積，脂肪面積，枝肉の外観形状などを，**画像解析**装置を用いて計測し，実際に筋肉分離を行った値との重回帰分析などにより作成された推定式を用いて枝肉構成を推定する技術がいくつか報告されている．枝肉切開面での**画像解析部位**は，わが国では**枝肉格付部位**である第6–7 肋骨間の全面やリブロース部（図 10–2）が用いられ，諸外国ではその国の流通様式に合わせた部位となっている．この画像解析部位の違いは画像が扱いやすいことに加え，育種改良の項目が枝肉格付部位であり，当該部位の改良が進むことで推定式と枝肉構成との関係に影響を及ぼすためと考えられる．

わが国において報告されている推定式は様々であるが，枝肉断面の筋肉面積や脂肪面積とその他枝肉重量を変数に加えた推定式によると高い精度で枝肉構成を推定できる．ロース芯面積，脂肪面積割合，枝肉重量の 3 変数を用いることで筋肉・脂肪重量，それらの枝肉中割合を一度に推定できる技術も示されている[2]．筋肉面積は筋肉重量・割合にプラス要因であり，脂肪面積は脂肪重量・割合にプラス要因である．枝肉重量は筋肉重量，脂肪重量・割合にはプラス要因であるが，筋肉割合にはマイナス要因になり，現状の歩留基準値の算出式における枝肉重量の取り扱いと同様である．

また，現状の**枝肉格付**では一部の食肉市場を除き胸椎を切り離さないため，枝肉切開面全体を画像解析することは難しい．これまで，胸椎を切り離さなくても画像情報が得られる腸肋筋部周辺の脂肪面積や当該部位における枝肉の厚さなどを用いることでも推定が可能と報告されている（図 10–2 の線 A と B の間等）[3]．この部位は枝肉格付においても歩留評価の補正対象となる部位であり，肥育中期以前に摂取エネルギーが過剰な状態であると明らかに脂肪組織が厚くなる．このことからも枝肉構成を推定する際に重要な部位と思われる．枝肉切開面の外側に位置する僧帽筋の画像情報は，取り扱いは容易であるが，枝肉構成を推定する変数として用いられることはほとんど無い．

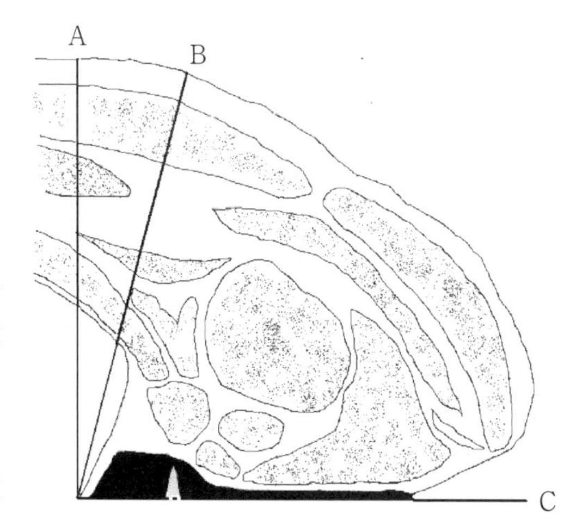

図 10–2　枝肉切開面画像
A：胸椎棘突起と垂直線，
B：胸椎から腸肋筋端を通る直線，
C：胸椎棘突起

今後は，外貌形状やエックス線 CT 技術などを用い，枝肉を切開せずに肉量を評価できる技術開発も期待される．

撫　年浩（日本獣医生命科学大学）

参考文献

1） Butterfield RM. The anatomical approach in carcass composition and appraisal of meat animas. 1963.
2） 撫　年浩・アーサーボブカヌーア・増田泰久・平原さつき・藤田和久．日本畜産学会報 72.J313–J320.2001
3） Nade T, Saburi J, Abe T, Nakagawa T, Okumura T, Misumi S, Saito K, Kawamura T, Fujita K. Animal Science Journal 78, 567–574. 2007

(2) 肉質の評価

枝肉における肉質評価は既に格付の項目で述べられているので，ここではおもに精肉の質の評価方法について記述したい．

1）牛肉の品質

牛肉の品質を分けると図10–3のようになる．外観は格付における肉質評価にとって重要であるだけでなく，明るい食卓で精肉の見栄えを重視するわが国の食文化にとって特に重要な形質である．また外観は食味とも関連が深い．

食味は海外の研究も含め，やわらかさ等のテクスチャ，風味，多汁性に分けられる．いずれも重要な要因であり，いずれか一つでも劣るとまずく感じる．食味は**官能検査**（Panel Test）という方法によって評価される．

官能検査には2種類があり，肉質評価の専門家が肉の特性や違いを把握するための**実験型パネル**（**分析型パネル**）と，多くの消費者の嗜好性などを判断する**消費者型パネル**がある．両者は，対象（肉か人か）が違い，パネリスト（専門家か消費者か）の違いなどもあり，明確に区別されるべきものである．なお，食肉の官能検査法については食肉評価のガイドライン[1]が参考になる．

栄養成分は，食肉はタンパク質や脂肪に富み，エネルギー価も高い．また，各種ビタミン，ミネラルを豊富に含んでいる栄養豊富な食品である．

安全性は科学的尺度で規定されるものであり，安心感は気持ちに左右されるものである．従来，安全性というと，欧米の消費者調査では食品衛生に，わが国では薬剤の残留に関心が高かったが，最近では，わが国においても食品衛生や動物の疾病に消費者の関心が移っている．

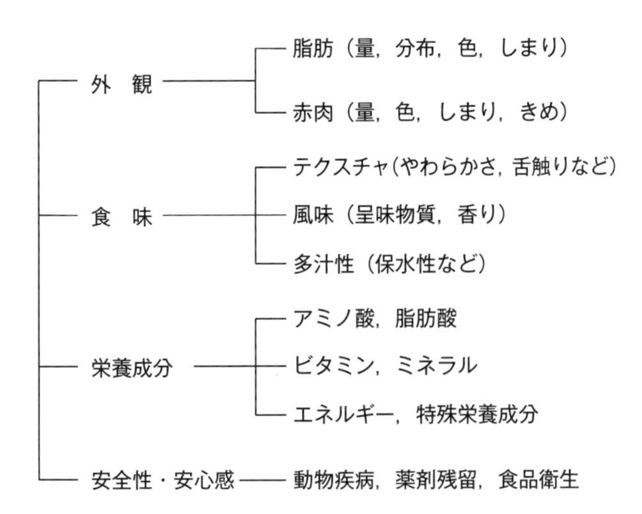

図10–3　牛肉の品質の分類

2）肉の外観

肉の外観は脂肪と筋肉が対象となる．赤肉は量や色，しまり，きめ等が格付評価され，脂肪は量や分布（皮下脂肪，内臓脂肪，筋間脂肪，脂肪交雑など），色，しまりが評価される．外観は格付評価において重要なだけでなく，食味に関係し，また消費者の好みや美味しさにも影響する大切な要因である．

①肉色とその変化

肉色の評価法には，①標準となる色見本と目で比較して採点する方法，②化学的測定法，③光学器機による測定法がある．①は簡易で良い方法であり，世界中で格付などに利用されている．一方，人による外観評価では，客観性に問題が生じることがある．②の方法は，加工分野か肉色を研究する専門家以外，利用されなくなっており，③の方法が普及している．

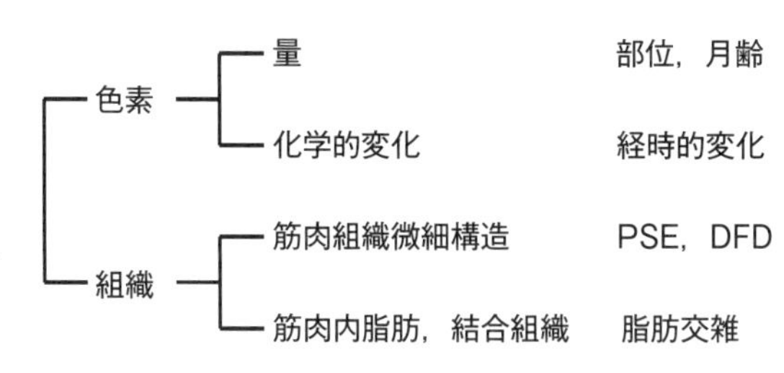

図 10–4　肉色に影響する主要因とその事例

なお，**肉の色調変化**の原因をとらえるにはまず，肉色や脂肪色に対する科学的なメカニズムを知っておく必要がある．牛肉色は，筋肉部位によって異なり，また年齢や飼育方法などによっても変化する．さらに経時的な変化があることはよく知られているし，**ダークカッティンブビーフ**（Dark Cutting Beef）と呼ばれる低品質肉は濃い色をしている．これらの色調変化の原因は別々である．

筋肉の色に影響する主な要因は，色素と組織学的構造に分けられる（図 10–4）．さらに色素の要因では，色素の量と化学的変化によって肉色が変わる．充分放血された肉では，**ミオグロビン**（Myoglobin: 肉色素）が主な色素である．ミオグロビン含量が多いと色調は濃くなり，筋肉部位や動物の年齢による色の違いは，主にミオグロビン含量の差に起因している．筋肉部位では好気的な活動をする赤色筋繊維が多く，逆に白色筋繊維が少ないと，濃くなる．また，子牛肉ではミオグロビンが少なくて淡く，一般的に月齢が経つにつれ，ミオグロビンが増加して濃くなる．

次にミオグロビン含量は化学的な変化によって色調が変化する．肉はカット直後，暗い赤色をしているが，これはミオグロビンが還元型（**デオキシミオグロビン**）になっているためである．空気に触れていると，徐々に肉本来の鮮紅色になるが，これはデオキシミオグロビンが酸素化して，**オキシミオグロビン**になるからである．この現象は通常，カット後空気に触れてから 30 分～1 時間以内で起こり，**ブルーミング**と呼ばれる．枝肉格付の色調評価はブルーミング後に実施されている．

さらに長時間置くと，肉は灰色っぽい茶色になる．これはオキシミオグロビンがさらに酸化されて，**メトミオグロビン**になるためである．このメト化は，経過時間に影響されるだけでなく，様々な外的，内的要因による影響を受ける．外的要因には保存温度や空気中の酸素との接触時間や圧力，紫外線照射などの保存条件などがあり，内的要因には肉の持つ抗酸化物質量や酸化物質量などがある．後者の肉の持つ要因の影響も大きく，短時間に酸化する例や，極端な例では生体でメト化が起きている例もあり，一方，数日経っても変色しない例もある．

組織微細構造は，**PSE**（Pale Soft Exudative：淡く，しまりが無く，滲出性のある）肉や **DFD**（Dark Dry Firm：濃く，しまった，乾燥した感じの）肉など様々な濃淡を示す**異常肉色**の原因となる[2)]．PSE や DFD では，と畜後の pH の異常な変化などによって組織の微細構造に変化が起き，光が反射しやすくなると，白く淡い PSE 状態となり，逆に筋原繊維が密着して光が透過しやすくなると，中の還元型ミオグロビンが観察されやすくなり，濃い DFD 状態となる．なお，いずれも，正常肉と比較して，色素量自体の変化はほとんどない．PSE や DFD 現象は豚肉や家禽肉でも広く認められるが，本来肉色が淡い豚肉や家禽肉は PSE が問題となり，肉色が濃い牛肉では DFD が問題となる．特に海外では脂肪交雑の少ない赤肉生産のため問題となりやすく，ダークカッティングビーフあるいは**ダークカッタ**（Dark Cutter）と呼ばれている．ただ，牛肉でも PSE の発生はみられ，その場合，見栄えだけでなく，食味の低下を伴うので注意が必要である．逆に DFD は，肉色が濃く，消費者には好まれにくいが，保水性が高い場合が多く，食味は良好であることが多い．ただし，DFD では，肉の pH が中性域にあるので，保存中に微生物が繁殖しやすいという欠点がある．

DFDの発生メカニズムは，①と畜前の**筋肉グリコーゲン**含量のゆっくりとした低下，②それに伴う**乳酸**生成不足，③筋肉の**終局pH**が低下せず，中性域に近い状態になる，④筋繊維が密着し，光の透過度が高まり，暗くなると共に内部のデオキシミオグロビンの影響が強くなる，ことによっている．グリコーゲンを低下させる原因としては，と畜前の強い絶食や，輸送～係留～と畜時などの数々のストレスなどがあげられている．

PSEの発生メカニズムは，それとは逆に，と畜直後の急激なpH低下によって発生するが，DFD同様にと畜前の栄養条件やストレス，と畜直後の要因が関与していると考えられている．と畜後の要因としては，放冷不足があり，大きく脂肪の多い牛枝肉は内部が冷えにくいので，その一部にPSE状態が発生しやすい．

また，牛肉の場合，白い脂肪交雑が多く入り，結合組織も白く，それらの入り方によって肉色は影響を受け，多い場合には肉色は淡く感じられる．この場合の淡さはPSEとは別のものであり，良質である．

②脂肪色とその変化

脂肪色は，真っ白～乳白色～黄色あるいは赤味を帯びた色と様々なものがある．これらは脂肪の質，色素，結合組織の量等によって影響される．構成脂肪酸に**飽和脂肪酸**が多いと硬く白くなり，和牛では乳白色で比較的やわらかい脂肪が好まれる．透明化は**不飽和脂肪酸**の増加とそれに伴う**融点**の低下によって起こる．なお，肉中の結合組織は白く，紫外線によって蛍光を発し，鮮やかな白色化に寄与している[2)]．

黄色化は主に飼料中の**β-カロテン**の蓄積によって引き起こされる．また，肝炎などによるビリルビンの蓄積，脂質の酸化も黄色化の原因となる．毛細血管中に遺存しているヘモグロビンは赤色化の原因となり，ミオグロビンのように酸化による経時的変化をし，脂肪色に影響する[2)]．特に，酸化しやすい状態では短時間に灰色化し，見栄えが悪くなる．

③色調評価

肉や脂肪の**色調評価**には外観評価がもっとも良く利用され，わが国では，ビーフカラースタンダード（BCS）やビーフファットスタンダード（BFS）が牛枝肉格付に適用されている（格付の項参照）．同様の基準は諸外国にもあり，米国では7段階の基準があるが，**成熟度**（Maturity）と称され，主な目的は月齢を推定するための基準である．オーストラリアは肉色に対して9段階，脂肪色に対して10段階の格付基準を有している．なお，いずれの国も**子牛肉（Veal）**に対しては別の基準がある．

化学的な評価方法では，ミオグロビンなどのヘム色素を直接あるいは抽出して化学的に反応させ，分光光度計によって測定する．方法により差が生じることがあり，実験室段階の科学的方法としては，光学的測定法がよく利用されている．

光学的測定法は，光を肉に照射し，その反射率などから色調などを色差計などの光学器機によって評価する方法である．色調を表現する表色系にはいくつかあるが，最近ではL*a*b*値が良く用いられる．L*は明度を示し，一般的に高いと淡い肉，低いと濃い肉になる．a*は＋で赤色，－で緑色，b*は＋で黄色，－で青色の指標となる．ただし，脂肪交雑の見られる場合は，脂肪色を合わせた測定値となるので，うまく適用できない．色差計の中でも分光式の反射率を同時測定できるものがあり，ミオグロビンの化学的動態を把握できる．

④脂肪交雑

脂肪交雑は枝肉格付で重視され，価格形成に大きな影響を及ぼす要因である．脂肪交雑では筋肉内脂肪の入り方として，量的なものだけでなく，**コザシ**と呼ばれる脂肪交雑の細かさや，**粗(あら)ザシ**と呼ばれる筋肉内脂肪の大きな塊，さらには，「**モモ抜け**」と称される腿部の脂肪交雑の程度などが評価される．

脂肪交雑は**画像解析法**により客観的に評価され，わが国では畜産技術協会の事業で開発した撮影装置が元となり，口田らが発展させている（別項参照）．なお米国にも脂肪交雑基準があり，流通現場で簡易な撮像装置と画像解析法が応用されている．

⑤**きめ**

きめの定義は，必ずしも一致していないが，食肉用語事典では，「筋肉の垂直断面における筋繊維が集まってできた第一次筋束の大きさや分離の程度」がきめと定義されている．個々の筋繊維が太く，集まる数が多くなれば，第一次筋束は必然的に大きくなり，食肉も硬くなるので，このような状態の肉はきめがあらいといわれ，逆に第一次筋束が小さくやわらかいものはきめが細かいといわれる．格付では，きめの細かい肉は，布にたとえられて，ビロードのような状態と称される．著者らの最近の研究から，きめは第一次筋束の大きさに影響されるだけでなく，脂肪交雑を含む結合組織の多少（滑らかさ）を含めて評価していると考えている．

写真 10–5　マイクロスコープで観察した牛肉のきめ（第一次筋束）

食卓での肉の見栄えを重視するわが国の独特な食文化では，きめの粗い肉は肉表面が凸凹した感じを与え，きめの細かい肉はなめらかな印象を与えるだけでなく，食感であるテクスチャにも影響を与える．きめの細かい肉はしまりや保水性が良いとも言われている．きめの評価法は従来，組織学的な評価手法が用いられていたが，最近，マイクロスコープによる方法が考案されている（写真 10–5）．

⑥**しまり**

しまりの悪い肉とは，表面から**ドリップ**の滲出があり，ブヨブヨと軟質な印象を受ける肉で，外観から評価されるものである．わが国では牛枝肉の格付項目の一つであり，良否が判定されているが，明確な基準はない．滲出性は，肉から浸み出す肉汁の程度を示し，流通段階で重視される形質である．すなわちドリップの多い肉は流通，保存時に重量損失が多くなり，取引価格に直接的な影響を与えるだけでなく，精肉において見栄えが悪く，消費者から敬遠され，食べた時にも多汁性や水溶性呈味成分の減少により食味が劣りやすい．なお，滲出性の程度は水分含量とは直接関係がなく，肉自体が自身の遊離水（肉汁）を流出させずに保持する能力（保水性）に関係している．

⑦**保水性の測定法**

水分は牛肉を構成する主要な成分であり，そのうち少量はタンパク質に強く結合しているが，大半は種々の影響で遊離する．食肉が自然状態あるいは加圧，加熱，遠心力などの諸条件を与えた時に，それ自身の水（肉汁）を流出させずに保持する能力を**保水性**または保水力（Water Holding Capacity）という．

保水性の測定法には各種ある．加圧法は，通常２枚のろ紙の間に肉片を置き，加圧し，サンプルから流出する肉汁をろ紙に吸い取り，その面積や重量によって肉汁量を測定し，保水性を求める方法である．遠心法は遠心分離によって強制的に肉汁を排出させ，その量から保水性を計算するものである．吸引法は，浸出する肉汁を石膏やろ紙に吸引して測定する方法であり，簡易である．ドリップ法は，食肉を放置し，自然に流出する肉汁を測定することによって保水性を求める方法である．他にも，核磁気共鳴（NMR）法，光ファイバ法，ラマン分光法，筋原繊維の保水性（MWHC）を測定する方法，ドリップの多少と関係している細胞間隙（ECS）を測定する方法などがある．

保水性の理論に関する詳細は解説[4]を参考にして頂き，ここでは概要を紹介する．肉の滲出性は組織微細構造と関係している．肉の中でタンパク質と強く結びついている水は5% 未満に過ぎず，大部分の水は毛管現象によってタンパク質の微細構造内に保持されている．これは，たとえばスポンジが水を含んでいるような状態であり，周囲の条件（温度，圧力，重力，pHなど）やスポンジの質（肉の微細構造や化学成分）が変化すれば保持された水は部分的に流出する．微細構造がしっかりした良質の肉では水を保つ能力が高くなる．他にも筋肉内脂肪が多少影響すると考えられているが，筋肉の質と脂肪交雑は独立した因子と考えた方がよい．

3）**食味とそれに関連する評価**[5]

食味は先に述べたように**官能検査**で評価する．**器機分析**は客観的評価手法であるが，その測定値の差が，官能で感じられない場合は，あまり意味がないことになる．両者ともに重要であり，今後も官能検査と器機分析の両者が並行して研究が進められてゆくことになろう．

①**テクスチャ**

食肉の**テクスチャ**（Texture）とは，かたさ，やわらかさ，歯ごたえ，舌触りなどの食感，つまり物理的測定値を総称するものである（色調が入る場合もある）．もっとも重視されるのは**やわらかさ**（Tenderness）であり，特に日本人はやわらかい肉を好む．脂肪のテクスチャも重要である．和牛は特に脂肪の融点が低く，滑らかさなど，その特性に優れる．また，**外観評価**できめが重視されるのは，きめが見栄えだけでなくテクスチャにも関連するからである．

a）筋肉とテクスチャ

テクスチャを評価する方法としては官能検査法と器機測定法がある．器機測定には各種あるが，官能的なやわらかさ～硬さと関連が深い**ワーナー・ブラッツラ（W・B）剪断力価**（Warner Bratzler Shear Value）が有名である．最近ではW・B治具を付けたコンピュータ制御のインストロン装置がよく利用されている（写真10–6）．W・B剪断力は人の歯の噛み方を模して作られたものであり，刃先は鋭利でなく，調理肉を押しちぎるような形で剪断（切断ではない）する．なお，生肉では実際の肉のやわらかさを反映しないので，一般的には内部温度をモニターしながら肉を調理し，円柱状の試料を作り，筋繊維に垂直に剪断するなどの標準のプロトコルを採用した方法が適用される．

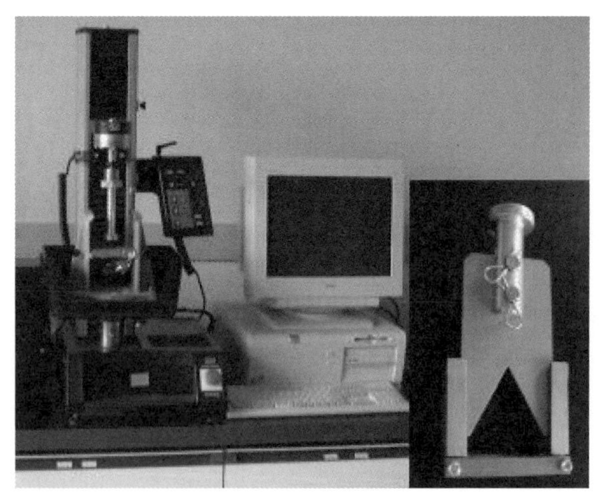

写真10–6　インストロンとW・B剪断治具

食肉のテクスチャに影響する要因には，肉の組織構造ならびに成分によって与えられる本質的なものと，死後の筋原繊維タンパク質の生化学的変化によって与えられる現象的なものがある．本質的なものに関して肉の組織は筋繊維とそれを取り囲む**結合組織**，脂肪組織で構成され，テクスチャに影響する．やわらかさと筋繊維との関係を一般的にいえば，筋繊維が太く，構成数が多いほど硬く，筋繊維の長さは短いほどやわらかい．コラーゲンやエラスチンといった結合組織タンパク質の種類や量，構造も肉の硬さに影響し，一般的に可溶性コラーゲンが多いほどやわらかい．年齢と共に肉が硬くなるのは，主にコラーゲン繊維内で架橋結合が起こり，柔軟性が無くなる（不溶性が多くなる）ためである．また，良く運動させた牛で肉が硬いのは主に筋繊維が太くなり，結合組織が丈夫になるためである．

現象的なやわらかさは死後変化と熟成に伴って変化する．と畜後，筋肉は**死後硬直**を起こすが，熟成中に徐々に解硬する．この現象は組織学的特徴を伴い，食肉のやわらかさに関与する．具体的にはZ線と筋原繊維フィラメント間結合の脆弱化が顕著である．Z線の脆弱化は筋肉をホモジナイズして得られる筋原繊維の長さを光学顕微鏡下で測定する方法などによって筋原繊維の**小片化指数**（フラグメンテーション　インデックス）として評価される．

また，Z線からZ線までを**筋節**（Sarcomere）といい，**コールドショートニング**（急速冷却による筋肉の硬直化）を起こした硬い肉はこの長さが短く，また長い筋節の伸張した肉はやわらかいので，この筋節の長さが測定される．

さらに**熟成**を行うと，筋節（サルコメア）の一部が崩壊し，やわらかくなる．**サルコメアインデックス**はこれを調べる方法である．なお，数週間から数カ月に及ぶ好気的な長期熟成は，**ドライエージング**ともよばれ，やわらかさの改善よりも，むしろ風味成分の増加（発酵臭の付与を含む）を求めてなされる．

b）脂肪とテクスチャ

脂肪の量や質もテクスチャに大きく影響する．脂肪はやわらかいので，筋肉内脂肪が多いほど，一般的にやわらかくなるが，ある程度以上になるとその向上はほとんど見込めなくなる．さらに**脂肪の質**はテクスチャに対して重要であり，硬い脂肪ではロウを嚙んだような食感になり，他の要因が良くても食味が劣ることになる．

和牛は脂肪の質にすぐれるといわれ，融点が低く，舌触り（口溶け）が良いことが特徴で，脂肪の質は特に流通現場で重視されている．それは主に一価不飽和脂肪酸，特に**オレイン酸**が多いことに起因している．ただし，不飽和脂肪酸が過剰にあると軟脂となるので，注意が必要である．またオレイン酸はテクスチャに関連するだけでなく，風味の良さを反映している可能性や，海外では健康との関連から一価不飽和脂肪酸の良さから，注目されている．なお，脂肪交雑は既に改良が進み，過剰が懸念され，遺伝的多様性低下の問題にもつながっているので，肉質改良の転換として脂肪質が重視されている．

脂肪の質は，格付評価では検査員の触感によっており，実験室段階では理化学的測定値として融点，屈折率，脂肪酸組成等が測定され，現場では光学的測定法が普及している．**融点**は，脂肪が固体から液体に融解する時の温度をいい，融点が低い脂肪ほど温度を下げても凝固しにくいので，一般に軟質である．**屈折率**は，物質に入射した光が屈折する時，その屈折する角度が物質の性状によって異なることを応用した測定値で，アッベ屈折計により測定されるが，測定値の差は微妙であるので，温度制御と小数点以下第4位まで測定できる精密型屈折計が必要である．

脂肪酸組成は古くから良く利用される測定値である．体脂肪は貯蔵脂肪と生体膜を構成している組織脂肪に分けられ，貯蔵脂肪中の中性脂質であるトリアシルグリセロールが脂肪組織における脂質の大半を占める．トリアシルグリセロールはグリセロールと3つの脂肪酸がエステル結合したものであり，それを構成している脂肪酸には**飽和脂肪酸**と**不飽和脂肪酸**とがある．不飽和脂肪酸は炭素間に二重結合が見られるもので，さらに，二重結合数が1つの**一価（モノ）不飽和脂肪酸**と2つ以上の**多価（ポリ）不飽和脂肪酸**とがある．

不飽和脂肪酸は同じ炭素数の飽和脂肪酸と比べると一般的に融点がかなり低い．炭素数の多い脂肪酸ほど融点は高くなるが，二重結合数が多いほど融点の低下は顕著である．したがって，一般的に，その組成に不飽和脂肪酸が多いほど，また，多価不飽和脂肪酸が多いほどやわらかくなる．また脂肪酸がトリグリセリドのどの位置に付くか，結晶の状態等も脂肪性状に関係するが，構成脂肪酸の影響が大である．

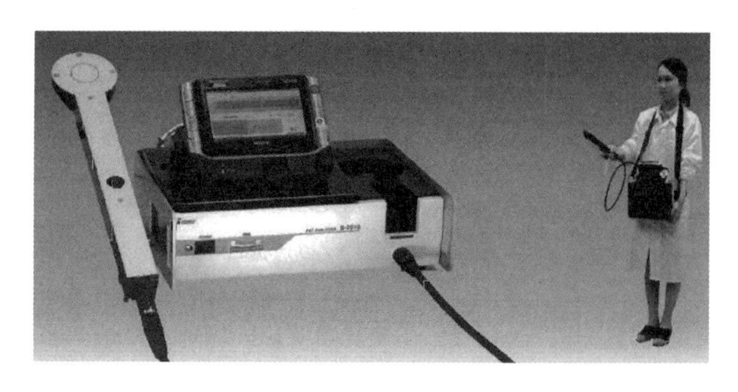

写真 10–7　食肉脂質測定装置（(株)相馬光学製）

牛の場合，反芻胃内の微生物によって脂肪酸が飽和されたり，炭素数が奇数の脂肪酸が作られたりするので，その点が特徴的である．そのため豚や鶏に比べると，飼料の影響は受けにくく，多価不飽和脂肪酸含量は一般的に少ない．構成脂肪酸は主にC16：0（炭素数：二重結合数，パルミチン酸），C18：0（ステアリン酸），C18：1（オレイン酸），C18：2（リノール酸）であり，他に成分としては少ないが，C14：0（ミリスチン酸），C16：1（パルミトレン酸），C18：3（リノレン酸），C15，C17，C19，C20，C22等の多くの種類がある．脂肪酸組成は通常，脂肪を溶剤で抽出し，脂肪酸をメチルエステル化した後，ガスクロマトグラフィ（ガスクロ）によって測定する．

脂肪酸組成の測定には時間がかかるため，入江らによって流通現場で非破壊的に，迅速で安全に測定できる**光学的測定法**（写真 10–7）が開発された．これは近赤外光と光ファイバ法を応用したもので，脂肪表面から内部光の反射や透過などの現象を利用し，脂肪酸組成を推定している．第9回の鳥取全共ではガスクロが一部に利用されたが，手間と経費がかかる方法であるため，第10回の長崎全共では枝肉全頭に光ファイバ法が適用され，審査得点の一部とされた[6]．また脂肪の質の迅速評価法は実際の枝肉評価にも適用され，兵庫県が共進会に導入したのを皮切りに，鳥取和牛オレイン55，信州プレミアム牛，大分和牛の豊味いの証，能登和牛プレミアム等が独自基準でブランド化されている．

②風味

風味（Flavor）は舌で感じる**呈味物質**と鼻で感じる**香気成分**の総称である．呈味成分は，舌の味蕾を刺激することにより感覚（味覚）を生じさせるものであり，甘味，酸味，塩味，苦味，旨味といった5つの**基本味**があり，それ以外にも渋みや辛み，脂肪味といったものなどがある．

食肉の主な呈味成分は水溶性非タンパク態化合物であり，肉の主要構成成分である水分，タンパク質は味を持たない．水溶性非タンパク態化合物には**遊離アミノ酸**，ペプチド，核酸関連物質，有機酸，糖類，無機質などがある．各種の遊離アミノ酸は通常，甘味，酸味，苦味といったそれぞれ特有の呈味を持ち，食肉の風味に影響する．たとえば，**グルタミン酸**とアスパラギン酸はうま味を呈し，食肉の主な呈味成分である．**イノシン酸**（IMP）などの核酸関連物質も肉の呈味成分として有名である．これら成分は熟成などと畜後の時間に伴って大きく変化する．

単糖類は主に甘味に関与し，疎水性アミノ酸，苦味ペプチド，クレアチンは主に苦みに，KやClイオンは塩味に関与すると考えられている．また，脂質も精製した場合には無味であるといわれていたが，脂肪や脂肪酸は呈味物質となることが明らかにされつつあり，分解産物は呈味成分となる．したがって多くの物質が呈味に関与し，さらに呈味物質は相乗効果もみられ，それぞれの物質の存在とその濃度がヒトの感じ方に微妙に影響する．以上の呈味物質は食肉の食味にとって重要であるが，香りや臭い物質もとても重要である．鼻をつまんだり，嗅覚を遮断した状態では食肉本来の美味しさは感じられなくなる．また，雄臭など**オフフレーバ**（不快な臭い）が感じられる場合にも牛肉はまずくなる．

食肉の香気成分には生肉で感じられる**生鮮香気**と加熱調理後に感じられる**加熱香気**があり，非常に多くの揮発性化合物が見いだされている．嗅覚は味覚の比ではないほどに敏感であり（ppm オーダー），その各物質の測定には高度な分析技術が要求される．香気成分の代表的なものとして，ラクトン類，フラン類，エノール化合物などは良好な香りに影響するし，青草類のテルペン系等の物質は牛肉に多く蓄積すると多くの日本人は好まなくなる．また雄で多く蓄積し，あるいは汚れた環境下で肉中に蓄積する**スカトール**も肉の風味を確実に低下させる．

③**多汁性**

多汁性（Juiciness）は液汁性ともよばれ，加熱調理した食肉を口の中で咀嚼する時，放出される肉汁による持続的な食味上のジューシーな感覚である．多汁性は食味に重要な影響を与える要因であり，例えば，肉を下手に冷凍すると，水煮にしても硬くパサパサしてまずく感じるが，その第一の原因は肉の多汁性の低下にある．多汁性は，保水性と密接に関連するが，咀嚼の時に溶出されてくる脂肪量も関係し，あるいは風味による唾液の分泌量も関係するといわれる．多汁性は官能検査法で評価されるものであり，関連する保水性に関しては先に紹介した．

3）**栄養成分**

一般組成は食品としての食肉の栄養価値を表す基本的な分析項目である．飼料と同様の方法で分析されることが多く，肉の成分としては，通常水分が最も多く，粗タンパク質，粗脂肪，灰分の順となり，通常これらの合計で 100% 近くになる．粗繊維は 0 であるので，分析しない．

水分は，ドリップロス，粗脂肪含量の増加などによって変化し，保水性とは直接の相関はない．牛肉のタンパク質は利用率が高く，アミノ酸まで分析されることがある．粗脂肪含量は，脂肪交雑に関連した**筋肉内脂肪**含量の総量を示すものであり，赤身肉から霜降り肉で大きく変化するものである．表 10–16 に各品種における筋肉内脂肪含量を示した．海外の牛肉は 3～5% のものが多く，わが国の赤身とされている短角種で 11%，褐毛や交雑種で 23% 程度，黒毛和種で 35～40% で，多いものでは 50% を超えていることがわか

表 10–16　国産肉と輸入肉の胸最長筋（ロース）中の脂肪含量の比較

品　種	アンガス	シャロレー ×アンガス	ホルスタイン	シャロレー	アンガス× ブラーマン
脂肪%	3.6	3.7	3.5～4.1	2.6	3.9～5.2
発表年・調査機関	2008　アルゼンチン	2008　アルゼンチン	2008　アルゼンチン 2007　ドイツ	2007　ドイツ	2006　米国
注釈			（18 カ月齢）	（18 ヵ月齢）	

品　種	交雑種（HB）	日本短角種	褐毛和種	黒毛和種	黒毛和種
脂肪%	23～24	11	23.3	34.5	39.6
発表年・調査機関	2002　家畜改良 C	2010　帯畜大	2012　熊本県	2010–11　兵庫県	2012　家畜改良 C
注釈		BMS2 が 9 割	（16.8～37.3）		低集団　29.9 高集団　49.0

る．筋肉内脂肪含量は脂肪交雑と高い関連性をもつが，融点が低かったり，小さすぎたりすると脂肪交雑として認識されなくなる．

他にもビタミン，ミネラルなどの多くの栄養成分がある．特にビタミンについては，肉質との関連も深く，別項を参考にして頂きたい．なお，安全性の評価項目はここでは割愛する．

入江正和（近畿大学）

参考文献

1）食肉消費総合センター・家畜改良センター編．食肉評価のガイドライン．2001.
2）神田　宏・入江正和．食肉の科学．食肉の科学，43：19–32．2002.
3）Irie M, Journal of the Science of Food and Agriculture, 83：483–486．2003.
4）入江正和．食肉の科学，34：9–15．1993.
5）入江正和．日本養豚学会誌，39：221–254．2002.
6）入江正和．食肉の科学 54，印刷中，2014.

（3）画像解析法

1）画像解析と牛脂肪交雑基準

昭和63年に改正された牛**枝肉取引規格**においてシリコン樹脂で作成された**BMS**標準模型が導入され，それ以前よりも統一的な**脂肪交雑**の評価が行われるようになった．しかしながら，当時の技術では，細かい脂肪交雑をBMS標準模型に入れることができず，実際の脂肪交雑と標準模型との間には見た目の違いが存在した．これを解決するために平成20年より写真によるスタンダードが参考とされるようになり，平成26年にはその部分改正が行われた．これらのスタンダードを作成，決定する際に大きな指標となっているものが，ロース芯内の**脂肪面積割合**ならびに脂肪交雑の全周囲長である[1]．

また，豪州や韓国でも同様のスタンダードを活用し，枝肉格付を行っているが，そのスタンダードについても脂肪面積割合が等差数列的になるよう決定されている（図10–5）．したがって，脂肪交雑を客観的に計測するためには**画像解析**による手法が有効であり，近年のデジタル機器の進展により，多くの研究機関で活用されるようになってきた．ただし，わが国の場合，ロース芯内の脂肪面積割合だけでなく，脂肪交雑の形状が最終的なBMS判定に大きく影響している．

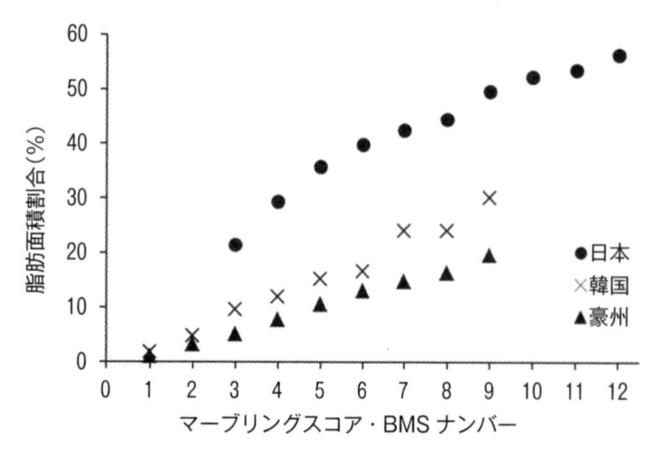

図10–5　日本，韓国ならびに豪州における牛脂肪交雑スタンダードの脂肪面積割合

2）枝肉横断面での撮影方法

ロース芯内脂肪交雑の正確な画像解析を行うためには，ロース芯の鉛直方向から，光源の反射のない画像を撮影することが重要である．これを実現するためには，リング照明や，複数の外部ストロボなどが有効である．また，枝肉横断面上に長さの基準となるスケールも同時に撮影しなければならない．枝肉横断面専用の撮影装置として，ミラー型牛**枝肉横断面撮影装置**が開発されており，これを用いることで，ロース芯の鉛直方向から，常に等距離，同一の照明条件での撮影が可能とな

る．しかしながら，枝肉の胸椎を完全に切断（いわゆる肩落とし）したもののみが撮影可能であることから，肩落としをしていない枝肉の撮影方法の確立が望まれている．

3）**2値化の方法**

脂肪交雑のような明瞭な物体の形を画像解析する際には，一般的には**2値化処理**（筋肉と脂肪交雑のデジタル的分離）を実施する．2値化処理には様々な手法が提案されているが，牛肉の脂肪交雑には，大津の判別分析2値化法[2]が適用できる．デジタル画像のそれぞれの画素には，R（赤），G（緑）およびB（青）の情報があるが，牛肉のロース芯内脂肪交雑を2値化する際に最もふさわしい（分散が大きい）のはG（緑）であり，G（緑）を用いた2値化処理が多く行われている．

枝肉横断面に表れるロース芯周囲の筋間脂肪の白さとロース芯内脂肪交雑の白さには差があり，一般的に筋間脂肪の方が明るい．前述の2値化処理の際に，ロース芯周囲の筋間脂肪を含めた状態で実施すると，ロース芯内脂肪交雑が過小に評価されてしまう．したがって，ロース芯のみの情報を用い2値化を実施することがより正確な脂肪面積割合を算出する際には重要である．

脂肪交雑がきわめて少ない場合，大津の判別分析法では，適切な閾値を求めることができず，多くの場合，脂肪交雑を過大に評価してしまう結果となる．この場合には，固定閾値を用いて2値化するか，口田ら[3]の方法に従って，小領域ごとに2値化し，その結果をリアルタイムに確認しながらより正確な2値化を実施することが必要である．また，ロース芯表面で反射が認められる場合には，当該画素のG（緑）の値も高くなり，脂肪交雑と認識されてしまうので，特に脂肪交雑の少ないものやロース芯表面上に水分が多く見受けられるものについては，照明の当て方にきわめて留意する必要がある．

4）**代表的な画像解析形質**

①ロース芯面積

ロース芯内の画素数をカウントし，1 cm当たり画素数の2乗で除した値．

②脂肪面積割合

2値化後の脂肪交雑の画素数をロース芯の全画素数で除した値．

③あらさ指数

幅を持つ図形（脂肪交雑）に対して，近傍に背景（筋肉）を持つ点について，端点を保持した状態で脂肪交雑の連結性を損なわない点を削除し，線幅を細める処理を実施する．残った脂肪交雑の画素数を2値化直後の脂肪交雑の画素数で除した値である．線幅を細める処理は，黒毛和種の場合1 mm程度が，ホルスタイン種の様に脂肪交雑の少ない品種は0.5 mm程度が適切である．この値が高いほど，あらい脂肪交雑が多いことを示す．

④細かさ指数

細線化処理と膨張処理を組み合わせて，細かい脂肪交雑粒子のみを抽出する．粒子面積が0.01～0.5 cm^2の粒子数をカウントし，それをロース芯面積で除すことで求める．1 cm^2当たりの細かい粒子の数を表したものであり，値が大きいほど細かい脂肪交雑が多いことを示す．

⑤新細かさ指数

脂肪交雑の全周囲長を求め，それをロース芯面積の平方根で除したもの．従来の細かさ指数では，脂肪面積割合が高い時に，見た目の細かさよりも低い値を取ることがあったが，その欠点を補い，より人の見た目に近づけた値である．平成26年に改正された日本食肉格付協会の写真スタンダードは，脂肪面積割合と新細かさ指数を基準として作成されており，両者の組み合わせでBMSナンバーを高い精度で判定できる[4]．

口田圭吾（帯広畜産大学）

参考文献

1）中井博康．農林水産技術会議事務局研究成果．193：106–122．1987．
2）大津展之．電子通信学会論文誌．J63-D：349–346．1980．
3）口田圭吾，栗原晃子，鈴木三義，三好俊三，日本畜産学会報．68：853–859．1997．
4）口田圭吾，金井俊男．食肉の脂肪交雑の評価方法．特願2012-217934．2012．

3. 肉量・肉質の生体評価（生体計測と超音波，CT）

（1）超音波診断装置の概要

肥育牛の産肉形質やその能力はと畜後の枝肉で評価されている．しかし，そのような体内情報を生体のままで評価できることになれば，育種・改良にもたらす効果は絶大である．そこで，近年，人間の医療分野で用いられている**超音波診断**技術を応用して牛生体における産肉形質の評価技術が実用化されている．超音波は“echo”ともいわれ，語源からすると“やまびこ”である．すなわち**探触子**（**プローブ**）から発した超音波が体内に伝播し，物理的に異なる物質（骨，筋肉や脂肪など）の境界面から反射して戻ってきた反射波を基に画像化している．

これまで畜産分野で主に実用化されてきた**超音波診断装置**は，Bモードといわれる2次元画像である．これはプローブから発した超音波が戻ってくる時間のズレを対象物の位置（深さ）の違いとし，さらに，戻ってきた超音波の強弱を黒色から白色の濃淡の違いとして**画像化**している．すなわち，超音波が戻ってくる時間が長いとプローブから遠い位置での跳ね返りであり，白色度が高いほど強い反射波であるということになる．従って，画像は牛体を輪切りにした際の断面の一部を表すことになる．

周波数は，その特性として周波数が高い（波が小さい）ほど，指向性が強く，細かな物質を検知できる（画像分解能が良くなる）ため，細かな組織を鮮明に画像化することが可能である反面，伝播距離が短くなるため遠くの組織を画像化することは難しくなる．周波数が低い（波が大きい）場合，超音波が遠くまで伝播するため，深い部分の組織を画像化できるが，指向性が落ち細かな境界を検知できなかったりして鮮明度に欠ける（画像分解能が低下する）．1970年代の基礎的試験を経て，牛の肉質診断用超音波診断装置は2.0～2.5 MHzの周波数が採用されている．この周波数で映し出される画像は，後述する体内の状況によっても異なるが，体表から約20～25 cmまで可能である．また，日本で実用化されている装置のプローブの長さは，**牛枝肉格付部位**（第7胸椎部）であるリブロースを主に画像化することから12 cmである．また，アメリカや韓国など海外ではサーロイン部（第13胸椎部）を主に画像化するため18 cmのプローブが用いるか，12 cmプローブによる2画面を合成してロース芯全体を画像化している．ただ，プローブを構成する素子（振動子）の数が同じであれば，一定面積内の素子密度が高いほど画像分解能は高くなる．

(2) 測定と評価

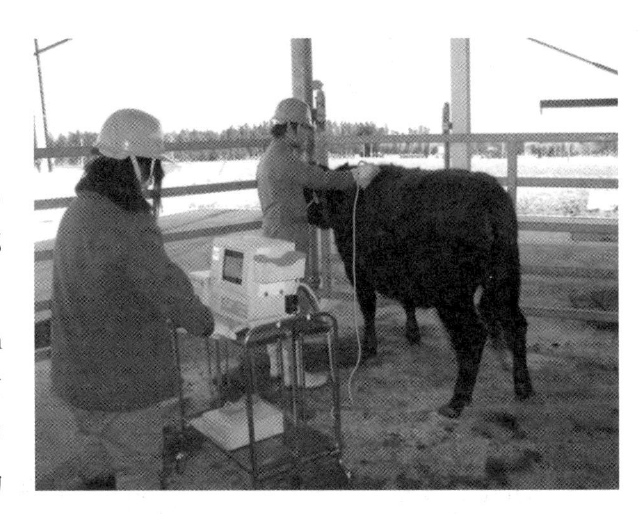
写真 10–8　超音波診断撮影風景

撮影の際は測定部位に，食用油などを塗布することでプローブと牛体表面を密着させることでより鮮明な画像が得られる（素子と体表面の密着度を高めるため剪毛する場合もある）．日本では主に牛枝肉格付け部位である第7肋骨に沿ってスキャンする（写真 10–8）が，この位置は牛生体では肩甲骨後方端から約 3 cm 後方に相当する．この位置は胸最長筋全体のかなり前方で，中央部（サーロイン）に向かって太くなる途中であり，測定位置が前後することで面積が大きく変動する．スキャンする場合のプローブは牛体背に対し垂直に当てる．バラ部の測定には肋骨の方向に沿ってプローブを当てる必要があり，プローブ操作者は，触診によって肋骨の方向を確認すること，また，牛骨格の構造を理解しておく必要がある．また，モニター操作者は，画面上で肋骨の映像を確認する必要がある．さらに，映し出される各筋肉の位置関係を理解しておくことで測定部位がずれることなく，部位の統一が可能となる．

超音波画像の評価を行うにはまず，超音波の特性を理解しておく必要がある．超音波は密度の異なる物質の境界面や不均一な物質で反射・屈折が起こる．筋肉と体脂肪ではそれぞれの組織の密度が異なるため境界面が画像化され，その輪郭から筋肉と体脂肪を特定する．体脂肪は，筋肉組織に比較して組織の均一性が高く，反射波，すなわち輝点が生じ難いことから特に皮下脂肪では黒い組織画像となる．筋間脂肪は，皮下より深い部位で，かつ，筋肉の間に位置するため，皮下脂肪と僧帽筋や広背筋のように体表に近い組織間で発生する多重反射，さらには，種々の要因によって生じるノイズ等のため弱い濃淡輝度がみられる．筋肉の大きさ（断面積）の計測は画面に映し出されている各筋肉，蓄積脂肪および骨などの位置関係を確認しながら必要な筋肉の境界をトレースする．例えば胸最長筋は僧帽筋の腹側端よりも大きくはみ出すことはなく，僧帽筋と胸最長筋の間には菱形筋と背半棘筋があり，肋骨よりも下にはみ出すことはない．

脂肪交雑の判定については，比較的画像の明瞭な僧帽筋内部の脂肪の蓄積程度を考慮して，基本的にロース芯内部で推定する．まず，ロース芯内部に交雑する脂肪がほとんどない場合，ロース芯は，エコーの強さ（輝度）やコントラストにほとんど左右されることなく，明瞭に暗く抜けた画像となり，交雑脂肪に対応するエコーはほとんど認められない．ロース芯内部に交雑する脂肪が徐々に増加するのに従って，その脂肪粒子等に反射・屈折することによって生じる弱いエコーがロース芯内部に現れてくる状態が，写真 10–9 である．

一方，交雑脂肪がかなり多い場合（写真 10–10），通常の感度ではロース芯内部にかなりエコーが見られロース芯の輪郭が不明瞭になる．すなわち，筋肉内の脂肪組織が多くなることで周囲の筋間脂肪と組織としての違いが小さくなる．そのことが要因の一つとなって均一化された画像となることがある．

若干，測定器の感度を下げると，ロース芯内部に交雑脂肪に対応すると考えられる細かなエコーが残り，かつロース芯の上端（体表面側）が明瞭であっても下端（体深部側）が不明瞭になり，かつロース芯下端から奥にかけて画像が減衰する場合がある．これは，超音波のもう一つの特徴である**生体内減衰**といわれるも

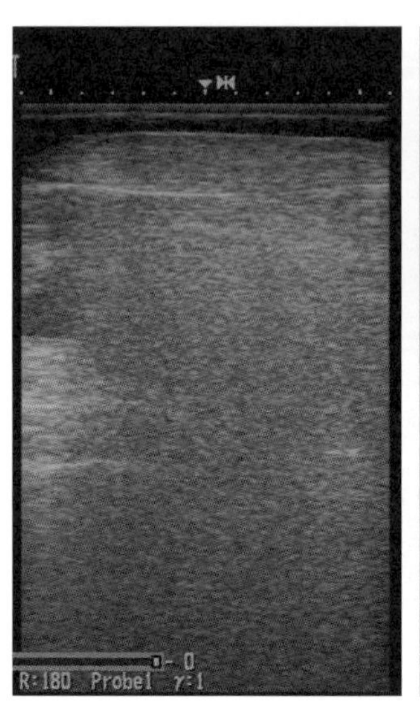

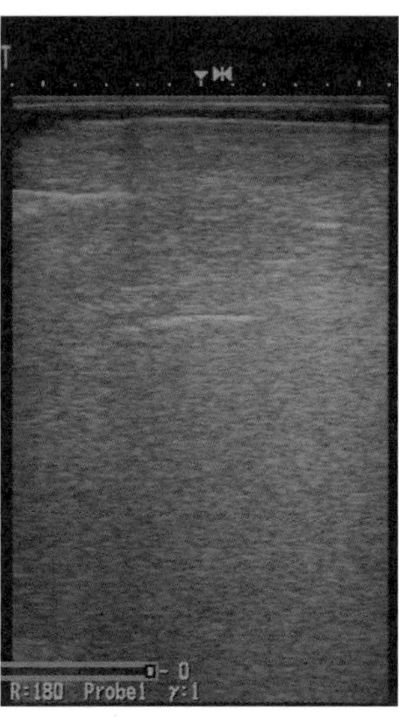

（左）写真 10-9　脂肪交雑等級が低い肥育牛
（右）写真 10-10　脂肪交雑等級が高い肥育牛

のであり，脂肪交雑の判定にこの減衰の程度を応用している．

これらの判定に習熟していくには，超音波画像と枝肉切開面の写真を比較しながら訓練していただくことが望まれる．また，脂肪交雑の判定にはロース芯部のみならず，ロース芯周囲の筋肉画像の濃淡も有効な指標とされる場合もある．最近では，コンピュータ画像解析技術の進展から，超音波画像上のエコーに係わるいくつかの情報を画像解析システムにより客観的に解析する技術が報告され，その実用化が期待されている．

(3) 超音波診断技術の有用性

超音波診断技術は，牛をと畜せずに肉量・肉質の評価を可能にすることから，肉用牛の育種改良や飼養管理技術の改善を効率的に行え，さらに，子牛生産から牛肉生産に関わり，広く生産段階における経済性向上への貢献度は非常に高い．その例として，次の 3 つが挙げられる．

①繁殖雌牛の選抜

生涯生産子牛の少ない繁殖雌牛の**産肉能力**の評価は，主に統計遺伝学に基づき当該産子と血縁個体の産肉成績から育種価等が推定されている．しかし，評価の信頼性を充分に高めるには，データ数が少ないこともあって容易ではない．原田ら[1]は初産分娩前（基本登録時）の繁殖雌牛を直接超音波診断技術により評価することで繁殖雌牛の能力評価が可能であると報告している．熊本系褐毛和種では，これを応用し，登録審査の際に超音波診断を義務化し，評価値を登録簿に表記するなど活用している．この技術の活用により，評価の低い雌牛は淘汰の対象となり，牛群全体の産肉能力向上につながる．

②枝肉共励会出品牛の選定

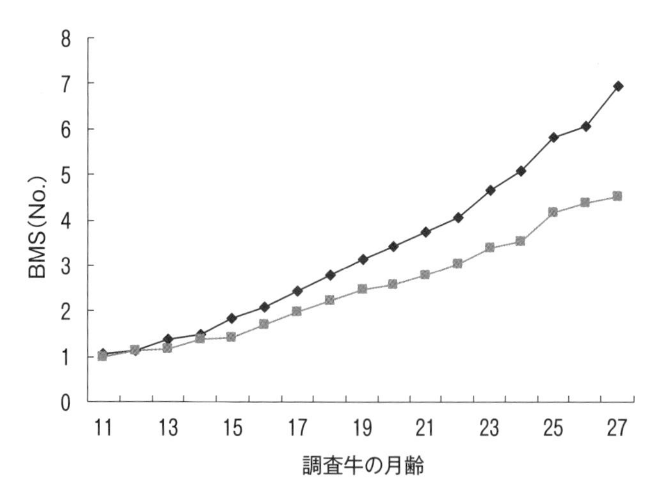

図 10-6　脂肪交雑等級の経時的変化

枝肉共励会などへの出品牛はと畜前に選定しないといけない．特に同一生産者で血統が似通っている場合，外貌からでは違いを評価することが困難である．また，**外貌評価**が必ずしも**産肉形質**と一致するとは言えない．このため，超音波診断装置により出品牛が選定されている場面が多い．

③肉形質の経時的変化の評価と適正出荷時期の早期判定

肥育途中で超音波診断装置により肉量・肉質の成長度合いを評価する．肥育の中期から後期に入ってもロース芯面積が小さい，脂肪交雑が低いなどの場合は，その時期からの急激な改善は見込めない．生後20カ月齢を過ぎた時点で脂肪交雑の低い牛はその後の向上は期待できず，高い牛はさらに向上することが期待されるという結果が得られている（図10–6）[2]．これらのことから飼料費や施設の回転効率等を考慮すると，20カ月齢前後で産肉形質のレベルの低い牛は枝肉量を考慮して早期出荷し次の素牛導入を図るほうが経営的に有利となる．

これらの他，肥育前期など早期の段階で産肉形質等を評価し，状態に合わせた飼養管理の改善や研究面では肥育期間中産肉形質を経時的に測定することにより，その成長の様相の違いを評価し，系統や血統に適合した効率的な肥育技術の確立や遺伝的影響力の評価に応用できる．さらには，消費者や販売先のニーズ，さらには枝肉相場に合わせたと畜牛の選別などに応用していくことができる．このように，超音波診断技術は様々な場面で応用でき，その有用性は高い．

超音波診断技術を用いて肉質等級，特に脂肪交雑評点の高い牛を選抜するためには，先にも述べたように，ある程度熟練が必要であるが等級の低い牛は超音波画像上で容易に判別することが可能である．育種・改良の観点から，超音波診断技術の活用により，産肉能力が一定レベル以下の低い牛を**淘汰**していくことによる牛群の能力向上に寄与するところは極めて大きいと考えられる．

(4) エックス線CT装置

超音波診断装置は，装置がポータブルで生産現場において測定が簡便であり，経済的にも有効活用できる．しかし，画像分解能の点からいえば，先に述べた生体内減衰等による影響もあって，超音波画像の解析は脂肪交雑等級が高くなるほど難しくなる．このことから，2000年に独立行政法人家畜改良センター（福島県）に家畜生体用**エックス線CT装置**が設置され（写真10–11），試験が開始された[3]．

この装置はガントリ内部に人体用のエックス線CTシステム（エックス線発生装置と検出器）を3機均等間隔で配置し，測定範囲が直径90 cmと，牛などの生体をそのままの状態で測定できる最大の装置である．測定方法は，3式のシステムからエックス線を同時に照射させガントリを1周させる撮影方法と，隣り合うエックス線管の影響を取り除くため3式のエックス線管から個々にエックス線を照射させ連続で3回転させる撮影方法の2種類の測定が可能である．牛は鎮静剤とエアバックにより保定されて測定の間の動作が制限

写真10–11　家畜生体用エックス線CT装置
A：ガントリ，B：牛保定枠，
C：ステップ

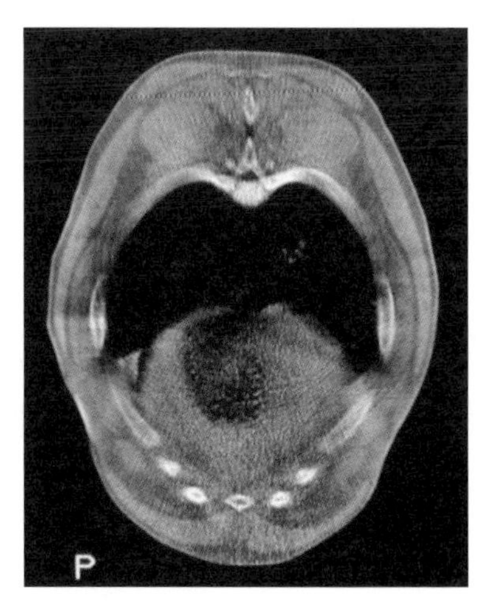

写真10–12　肥育牛のエックス線CT画像

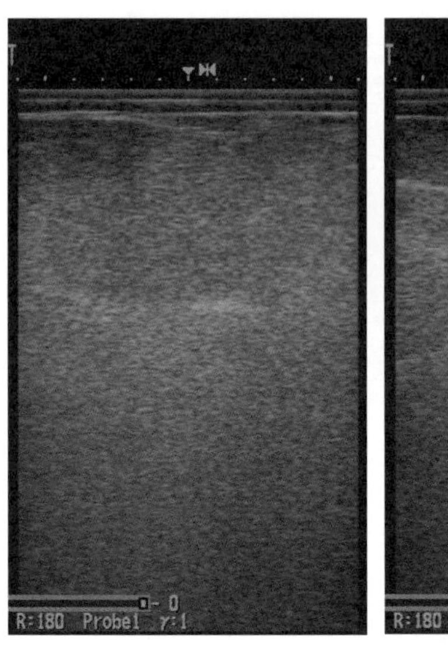
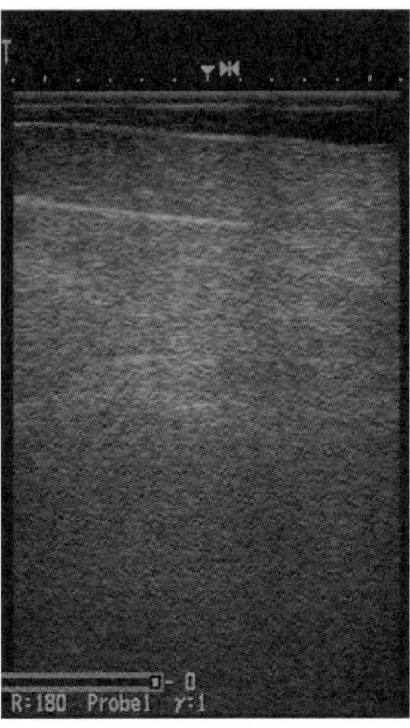

（左）写真10–13　サーロイン部画像
（右）写真10–14　外モモ部画像

されている．

エックス線CT装置は，個体レベルで生体の体内組織構造の変化などに関する研究においては極めて有効な装置であると考えられるが，装置がかなり大がかりで汎用性に欠ける．また，肉質，特に脂肪交雑度の判定という点では，超音波診断装置と極端な開きはない．何より，エックス線を用いるという点で種々の制約がある．これらのことから，実用性については多くの課題が残されており，今後の装置の改良や活用方法の検討が期待される．

(5) センサ技術の新たな利用の方向性

最近，黒毛和種は産肉能力の遺伝的改良が進み，飼養管理技術も向上したことなどで，肉質，特に脂肪交雑については従来のような地域間格差はみられなくなってきた．しかし，経済動物として個体レベルで見ると，**枝肉格付部位**（第7胸椎部）における評価値が必ずしも個体全体に一様ではない．すなわち，サーロイン部やモモ部などその他の部位の肉質評価値には依然としてばらつきが多く見られる．同じブランド内でも枝肉格付は一定の基準を満たしているものの，**「モモ抜け」**と称される枝肉内モモの脂肪交雑の違いから枝肉販売価格に大きな差を生み出している．また，このことが影響してブランドの価値が上下することにも繋がっている．これらのことを踏まえ，超音波診断技術を利用し，サーロイン部やモモ部の脂肪交雑の評価の方法などについても検討を進める必要がある．肥育の進んだ牛では，サーロイン部は大きく，写真10–13に示すようにプローブの1画面には収まらないが，この位置では僧帽筋が無く，それに伴う多重エコーやノイズもなく分解能の良い画像が得られる．基本的に，サーロインでは筋肉の体深部の境界も画像上の濃淡により判断でき，第7胸椎部に比較して分解能の良い画像が得られる．モモ部については枝肉で評価される内モモを超音波で画像化することは不可能であるが外モモ（写真10–14）から推定するなどの方法を応用することが可能と考えられる．

原田　宏（宮崎大学）・撫　年浩（日本獣医生命科学大学）

参考文献

1）原田　宏，都築美和，町田美乃里，西尾　雷，坂東島直人，石田孝史．西日本畜産学会報 49，75–80，2006
2）撫　年浩・増田泰久・三角さつき・藤田和久．日本畜産学会報 78，161–166．2007
3）Nade T, Fujita K, Fujii m, Yoshida M, Haryu T, Misumi S, Okumura T. Animal Science Journal 76，513–517. 2005

4．低品質肉の発生

低品質肉が発生すると，通常は枝肉価格や小売価格の低下を伴い，ひどいケースでは廃棄処分になる．通常の低品質肉の発生では安全性が問題にされることはないが，消費者の安心感にも悪影響を与える恐れがあるので十分な配慮が必要である．

牛枝肉の低品質としては，規格格付に**瑕疵**があり，そのうち，ズル，シミ，シコリと呼ばれるものが低品質の範疇に入る．それらの国内の発生率は，合計数%にのぼり，大きな問題である．さらに異臭や，肉や脂肪の色調異常や締まりの悪いものの発生があり，これらによる経済的損失は多大なものになる．

(1) ズル（水腫）

ズル（水腫）は細胞間隙や体腔に余分な組織液がたまった状態をいう．水腫は，既に生産段階で発症している全身性のものと，輸送，係留，と畜時の怪我などによる部分的なものがあり，生産段階の主な原因としては，ビタミンA欠乏と循環器障害がある．わが国で発生しているズルの多くは，脂肪交雑を高める目的の**ビタミンA制御**法の失敗であるとみられる．その程度は軽度なものから，重度のものまで幅広い．

ビタミンAは皮膚，粘膜，血管や消化管などの上皮組織を保護する役割を果たしており，不足すると，牛で食欲低下，夜盲症，失明，肝炎，足腫れ，筋肉水腫を引き起こす．夜盲症，失明は他の動物でも見られる直接的な**ビタミンA欠乏症**状であるが，食欲低下，肝炎，足腫れ，筋肉水腫などは，消化管や血管などの上皮組織の異常と，それに起因する体内の恒常性の乱れによって間接的に発症するものと考えられている．ビタミンA不足は，牛に様々な悪影響を及ぼすだけでなく，消費者の安心感にも「病気の牛」という不信感を与えるので，生産段階でのビタミンA制御には充分注意する必要がある．

(2) シコリ（筋炎）

シコリ（筋炎）は通常の筋肉の炎症ではなく，過度に脂肪などが蓄積した状態の筋肉等をいう．米国においても問題とされ，“Callused” ribeyes（Steatosis）と呼ばれている．シコリ発生は，部分的な場合が多く，僧帽筋での発生がもっとも多い．その程度は様々で（写真10–15），また片側の場合も多く，尾部側で重篤化する[1]．症状としては，本来筋繊維がある部分が脂肪組織に置換したものが多いが，結合組織が置換した硬いタイプもある．シコリはその発生や症状から，短期に急に発症するものではなく，神経や筋肉を損傷することで，その後の筋肉再生がうまくゆかず，脂肪組織や結合組織に置換してシコリになると思われる．

シコリの発生要因には複数あることがはっきりしている．一般的に遺伝的影響は低いが，品種や性による発生率の違いはある．**飼養管理**による原因が主とされ，それには物理的要因と飼育条件の要因，栄養的要

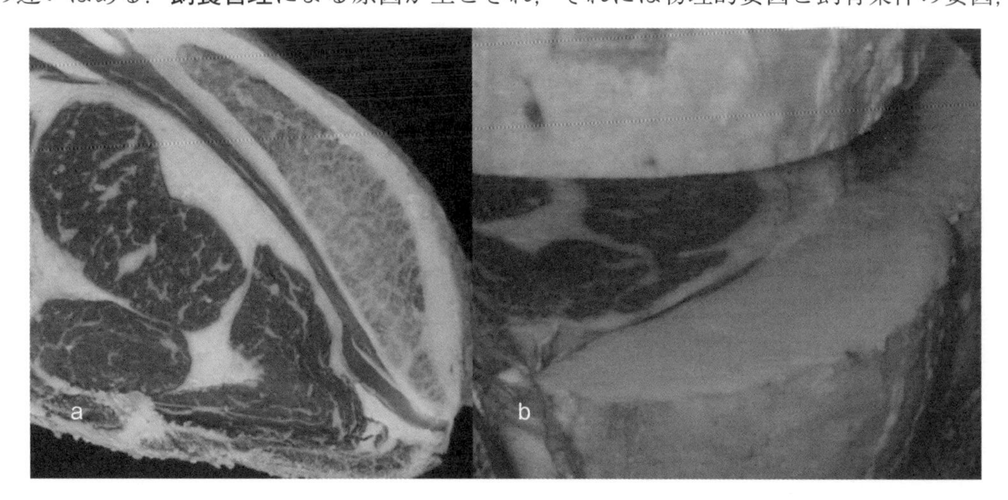

写真10–15　シコリ（a：僧坊筋，b：筋肉が完全に置換した重度のもの）

因がある．物理的要因としては，まず，注射やバイオプシーによる神経損傷がシコリの原因となる．他の要因はまだ明白にはされていない．肥育条件としては，脂肪交雑の高いもの，月齢の高いものに多発する傾向にある．また出荷体重の影響もみられ，特に生産農家間で発生率が大きく異なるため[2]，このことは栄養などの飼養管理条件がシコリ発生に対して大きな影響を及ぼすことを示唆している．

栄養的要因については諸説があり，ビタミン A，E，カロテン，セレン（Se）原因説などがある．ビタミン E や Se は，不足すると白筋症を起こすことが知られ，著者らをはじめ，海外の複数の研究者もビタミン E や Se 不足と筋肉障害の関係性を指摘している[3,4]．また通常，ビタミン E はビタミン A と飼料中の含量において相関が高く，ビタミン A を抑制するとビタミン E 不足になりやすく，また飼料中のビタミン E は保存，加熱，酸化などによって減少し，抗酸化性を失う．そのため，筆者は，多くのシコリは，栄養的要因，特に抗酸化物質不足と考えている．仮説としては，ビタミン A 制御とそれに伴うビタミン E 低下や土壌 Se 不足に由来する飼料中抗酸化物質の不足がある中で，暑熱期の飼料保存などが抗酸化物質を低下させ，さらに**ストレス**の増大や育成期の大いなる発育が抗酸化物質の要求量を高め，不足しやすくさせ，それが神経組織や筋細胞に障害を与えるのではないかと推論している．この仮説だと，季節ごとに発生の違いや，部位ごとの発生差，豚での発生などの説明がつくが，今後のさらなる研究に期待したい．

(3) シミ（多発性筋出血）

シミ（**多発性筋出血**）は，筋肉内などに点状または帯状に黒いものがみられるものである（写真 10–16）．これは，毛細血管の血圧が異常に高まり，破裂し，漏出した血液が黒く凝固したものである．シミの発生は，と畜前後の要因（生体と，と畜処理）がもっとも重要であると考えられており，放血の悪さによるものではない．

原因の一つとして知られているのが，**スタニング**（気絶）から放血までの時間である．と畜前に家畜が興奮し，スタニング後，切開して放血するまでの時間がかかってしまうと，毛細血管が破れてシミになる．対策としては，スタニングから放血処理までを迅速に行うことが重要で，わが国の一般的なと畜場は迅速な処理を行っている．

一方，ほぼ同一のと畜処理を行っているにもかかわらず，同一市場でもシミの発生率は農家間，あるいは個体ごとに発生に違いがあり，生産に起因する原因もある．石塚と入江[2]は，同一農家で**飼養条件**（特にナトリウム過剰と粗飼料低下）を変えることによってシミの発生が大きく変化した例を紹介している．原因は血管の脆さにあると考えられ，ミネラルのアンバランスやビタミン（特に A や E）不足が血管を脆弱化させるのではないかと考えている．

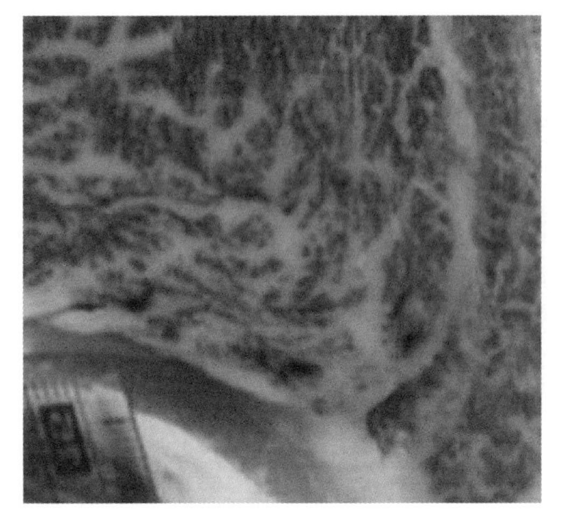

写真 10–16　シミ

さらに**ストレス**の軽減（特にと畜前）も対策として重要である．出荷時や積み卸し時に電気棒や無理に鼻輪を引っ張るなどの行為や，日頃馴染みのない牛を出荷時に積み合わせ，極度の絶食や絶水，輸送や係留時の暑さや寒さ，搬入からと畜まで落ち着く時間がないことなどは牛に多大なストレスを与えることになる．

(4) その他

色調異常肉に関しては肉色の濃いダークカッティングビーフ，肉色の淡いPSE，脂肪の黄色いものなどがあり，肉質評価の項目を参照にされたい．

次に肉の**異臭**にはいろいろな種類がある．**ボーンテイント**は枝肉をカットした場合，主に腿部中心の骨に隣接した部分に不快なチーズ臭があるものである．**ボアテイント**は雄臭で，その臭いは主に性ホルモン由来物質と**スカトール**に起因している．スカトールは糞などの悪臭物質として有名で，雄だけにみられるものではないが，去勢をしない場合には肉中にも増加する．またスカトールなどの物質は呼気を通じて，体内にも移行するので，不潔な環境で飼育すると，臭いのある肉になる．また，青草を多給したり，放牧したりすると，テルペン類などの様々な物質が肉中に移行し，その臭い（香り）は一般的に日本人には好まれなくなる．また，他にも，各種の飼料成分は微量であっても，消化管や呼吸器を通じて，組織に移行することによって様々な臭いになる可能性がある．

しまりについては肉の締まりと脂肪の締まりがあり，それらは別のものである．肉のしまりの悪さは既述したPSEなどによる例が有名で，食味にも影響する重要な要因であるが，牛ではあまり研究は進んでいない．脂肪のしまりについては悪いものは**軟脂**と呼ばれ，ひどいものでは枝肉において半透明状態で，スライス後も脂肪が崩れてしまう．一般的には黒毛和種では脂肪のやわらかさはその特徴であるが，過度な軟脂の発生は避けられるべきである．

入江正和（近畿大学）

参考文献

1) 高橋奈緒子，撫　年浩，木村信熙．日本畜産学会報，82：139-145．2011．
2) 石塚　譲・西岡輝美・大谷新太郎・入江正和．日本畜産学会報，79：497-506．2008．
3) 石塚　譲・入江正和．肉牛ジャーナル 16：30-37．2008．
4) Waldner CL, Leanne M, Weyer VD. Canadian Veterinary Journal, 52：1083-1088. 2011.

5. 肉質の制御

(1) 飼料と肉質

1) 飼料中の粗濃比と肉質

肉牛**肥育ステージ**別の**粗濃比**（全給与飼料中の**粗飼料**と**濃厚飼料**の比率）の適正化については，従来から発育向上や栄養性疾患防止など生産性の向上を図るために実施されてきたが，近年は**肉質改善**の目的で多くの試みがなされている．

①肥育ステージ別の粗濃比と肉質[1]

育成期に粗飼料の給与割合を高める，あるいは濃厚飼料を適正に制限する，などにより粗飼料を多給すると，肥育素牛の体重は小さいが，骨格の形成と第1胃など消化器官の発達が期待でき，肥育期の飼料摂取量が高まり健康で良好な発育を示すことから，より大きな枝肉が得られる．また育成期や肥育前期で飼料中の繊維成分の含有量を高めると，脂肪交雑，肉の色沢，肉のきめ及び締まりが改善される試験例が多く報告されている．

黒毛和種肥育素牛の育成期に粗飼料をTDN割合で60%を与えたものは，30%のものに比べ，育成期の増体重は少ないが，枝肉の脂肪交雑が改善され，筋間脂肪厚が薄くなった（兵庫県1998）．また黒毛和種肥育素牛の育成期（12～40週齢）において，濃厚飼料の給与割合を体重比で1.5%とした場合は，2.5%とした区に比べて，ロース芯面積，皮下脂肪厚等の枝肉成績で有意に優れており，脂肪交雑及び肉色についても優れる傾向にあった（宮崎県2000）．このように，濃厚飼料の給与量をある程度制限し育成期の粗飼料摂取量を高めると，肉質の向上につながっている．なお，肥育前期に乾草を多給する条件ならば，肥育開始直後の濃厚飼料制限期間は4カ月よりも2カ月に短縮した方が肉質がよい（佐賀県2001）．

肥育中期以降の粗飼料給与レベルについては，黒毛和種去勢肥育牛の産肉性向上のためには，給与飼料全体に占める粗飼料のTDN割合を肥育中期で15%，後期で10%とする粗飼料給与レベルが最も適していた（兵庫県2000）．

②飼料中の繊維含量と肉質[1)]

肉牛における粗飼料給与の目的は，消化管への反芻刺激や物理刺激を起こす粗剛性の付与と，飼料への栄養成分としての繊維成分の付与にある．繊維質の分析成分としては総繊維の指標である**中性デタージェント繊維**（NDF：Neutral Detergent Fiber）もしくは難消化性繊維の指標である**酸性デタージェント繊維**（ADF：Acid Detergent Fiber）が用いられる．

交雑種去勢牛において給与混合飼料中のADFを肥育前期16%，中期13%，後期12%程度に設定すると，延べ乾物摂取量，ADF摂取量は多くなったが，出荷時の体重に大きな差はなかった．脂肪交雑，肉色，肉締まり等の質的形質は肥育前・中期のADF摂取量が増えた方が優れ，枝肉格付4等級以上の出現割合は高くなった（福岡県1999）．

③飼料中のデンプン，繊維のバランスと肉質[1)]

肉質向上のためには，特に肥育前期用飼料中のデンプン，繊維のバランスが重要である．とくに肥育前・中期において飼料全体の繊維含量を高くし，TDNおよびデンプン含量を低くすると，総繊維摂取量，乾物摂取量，及びTDN摂取量が増加し，肉質が向上する事例が多い．

濃厚飼料中の繊維含量を調整する手法として，フスマを適正に使用した肉質向上技術も普遍化している．黒毛和種去勢牛に対する濃厚飼料の増給パターン試験の中で，繊維を高めるためのフスマの配合割合は，肥育全期間をとおして一本の飼料にする場合には25%までの配合が妥当であった．肥育前期だけでは飼料中の一般ふすま配合割合が高いほど乾物摂取量が多く，フスマ35%配合でも順調な増体が期待できた（北海道1998）．

黒毛和種去勢牛の肥育後期の飼料中デンプンとNDF水準の違いが産肉性に与える影響を検討した結果では，高デンプン・低NDF飼料区は，BMS. No.や肉質には差がなかったものの，増体量とロース面積が大きくなり，肥育後期は，高デンプン・低NDF飼料の給与が好ましいことが示された（千葉県・茨城県・栃木県・群馬県1998）．

④粗濃比と体脂肪酸組成

粗飼料多給に比べて濃厚飼料多給の場合，枝肉では脂肪の付着が高くなるとともに，**脂肪酸組成**の上では飽和脂肪酸割合が減少し，不飽和脂肪酸割合が高まることが知られている．放牧中や粗飼料多給の牛では飽和脂肪酸の割合が高く，放牧後の濃厚飼料多給や長期の濃厚飼料多給で不飽和脂肪酸の割合が高まっていく[2)]．したがって肥育後期に粗飼料の給与割合を低くすると不飽和脂肪酸割合が高くなる[3)]．

給与飼料と体脂肪酸組成との関係について，牛では飼料の脂肪酸組成は牛体の脂肪酸組成にほとんど影響しない．これは飼料中の不飽和脂肪酸が第一胃内微生物の水素添加作用により飽和化されるためである．脂肪酸をカルシウム塩やカプセル化するなど，第一胃発酵を逃れる処理をしたもの（**ルーメンバイパス脂肪**）の給与は，ある程度牛肉脂肪酸組成を変化させることができる[4]．

濃厚飼料多給時には飼料の第一胃通過速度が速く，粒子の粗いトウモロコシや大豆などに含まれる不飽和脂肪酸はルーメンをバイパスし，ある程度，体脂肪の脂肪酸組成に影響している可能性がある．また濃厚飼料多給時には第一胃内微生物による水素添加能力が低下するため，飼料中の脂肪酸組成がある程度影響する可能性もある[4]．

木村信煕（木村畜産技術士事務所代表，日本獣医生命科学大学名誉教授）

参考文献

1） 木村信煕．畜産の研究．56（7）：789–792．2002．
2） Onodera, R, Rumen Microbes and Digestive Physiology in Ruminant, pp 157–166. Karger, Basel, Swiss. 1997.
3） 木村信煕・木村聖二・小迫孝実・井村　毅．日本畜産学会報．67（6），554–560，1996．
4） 今井　裕．家畜生産の新たな挑戦，pp 114–115．京都大学出版局．京都，2007．

2）牧草給与が牛肉成分に及ぼす影響

肉質に及ぼす給与飼料の影響としては，ビタミンA制御による脂肪交雑の向上や生米ぬか給与による脂肪質の改善などが知られているが，これらは別の章で扱うこととし，ここでは，主に牧草給与の影響を紹介する．

肉牛肥育では稲わらと輸入穀物の多給が一般的である．一方，輸入穀物を飼料米やカンショおよび食品副産物に置き換えた，自給率の高い肥育法が検討され，牛肉中の化学成分に特徴的な変化を及ぼすことが期待されている．しかし，飼料米やカンショの飼料成分は一般的な濃厚飼料の構成要素である麦やマイロなどと，また食品副産物もヌカ類と類似しており，肉質への影響は小さい．これに対し，牧草は稲わらや穀物とは異なる特徴的な成分を有しており，これが牧草給与によって牛肉中に移行蓄積する（以下に項目①で紹介する）．さらに繊維質の多給はルーメン内微生物の働きを活発化し，飼料成分がルーメン内で特有な成分に変化して牛肉中に蓄積する（②で紹介）．また一般的に牧草多給では，慣行肥育と比較すると過剰な脂肪蓄積が抑制され，筋肉特有の成分含量が多くなる傾向を示す（③で紹介）．

①牧草由来の牛肉成分

βカロテン：植物系の機能性成分であるβカロテンの牛体内への移行蓄積により，放牧肥育褐毛和種の皮下脂肪で108 μg/100 gと，慣行肥育牛の「検出せず」よりも著しく高い含有量を示し，ビタミンAと合わせたレチノール当量（μg/100 g）では，217と慣行肥育牛の7よりもはるかに高い値を示すことが報告されている[1]．

n–6/n–3比率：植物葉部に特徴的なn–3不飽和脂肪酸であるαリノレン酸が牛脂肪中に蓄積し，皮下脂肪におけるn–6/n–3比率は，表10–17に示すとおり牧乾草多給牛や放牧肥育牛で低い値となる．このn–6/n–3比率については，食用油に多く含まれるリノール酸（n–6不飽和脂肪酸）の過剰摂取の弊害から低い値が望まれており，牧草摂取牛の脂肪酸組成は食品栄養学的に好ましい値となっている．

表 10–17　牛ロース芯の脂肪酸組成（中性脂質画分）と機能性成分に対する飼養条件の影響

化学成分		慣行肥育 n＝4	牧乾草 多給肥育 n＝4	放牧後仕 上げ肥育 n＝5	放牧地 肥育 n＝7	分散 分析
脂肪酸組成	全不飽和脂肪酸	57.5ᵃ	54.5ᵃᵇ	53.3ᵇ	48.7ᶜ	＊＊
	共役リノール酸（c9，t11–CLA）	0.3ᵇ	0.2ᵇ	0.7ᵃ	0.7ᵃ	＊＊
	n–6/n–3 比率	15.3ᵃ	9.0ᵇ	1.9ᶜ	1.3ᶜ	＊＊
機能性成分	タウリン（Tau）mg/100 g	22.1ᵃ	18.5ᵃᵇ	16.5ᵇ	9.9ᶜ	＊＊
	アンセリン（Ans）mg/100 g	82ᵃᵇ	79ᵇ	94ᵃ	69ᵇ	＊＊
	カルノシン（Car）mg/100 g	346ᶜ	460ᵇ	547ᵃ	520ᵃ	＊＊

＊＊：p<0.01　ns：p>0.05　　同一行内の異符号間に有意差有り

ただし，牛肉中のこれら植物由来の成分含有量は，食材全体で比較すると少なく，例えば放牧肥育牛肉 100 g に含まれるβカロテンはニンジン 1 g，n–3 不飽和脂肪酸はイワシ 3 g で摂取可能である．したがって，牛肉としては高濃度であったとしても，食卓上のインパクトは小さい．それよりも，図 10–7 に示す牧草給与の検証手段としての価値が大きい[1)]．これは農家における実証生産牛での調査結果であり，粗飼料区は，単に稲わらを牧乾草に置き換えた肥育方式であったが，明らかに稲わら給与に対して判別可能であった．この成分含量の測定は牧草給与牛肉のまがい物を防止する役割を担うことが可能であろう．

αトコフェロール（**ビタミン E**）：濃厚飼料の主体であるトウモロコシと比較して，牧草中のビタミン E 含量が高いことから，放牧肥育褐毛和種の皮下脂肪で 1.8 mg/100 g と，慣行肥育牛の 0.4 よりも高い含有量を示すことが報告されている[1)]．しかし，ビタミン E は配合飼料に添加されている場合が多く，慣行肥育牛でもビタミン E 含量が高い場合は多い．

②ルーメン内で生成される牛肉成分

共役リノール酸（CLA）：飼料中のリノール酸やαリノレン酸がルーメン内微生物の働きでトランスバクセン酸（t11–C18：1）に変化し，これが体脂肪に取り込まれた後，牛自身の不飽和化酵素によって c9，t11–CLA に変化する．牧草多給でトランスバクセン酸は多くなるが，肥育不十分な場合には c9，t11–CLA は必ずしも多くはならない．なお，CLA についてはガン予防作用や体脂肪抑制効果が期待されているが，これらの機能は t10，c12–CLA 由来である[2~4)]．牛脂肪に含まれる CLA の大半は c9，t11–CLA であり，機能性を有する t10，c12–CLA はほとんど含まれていない．

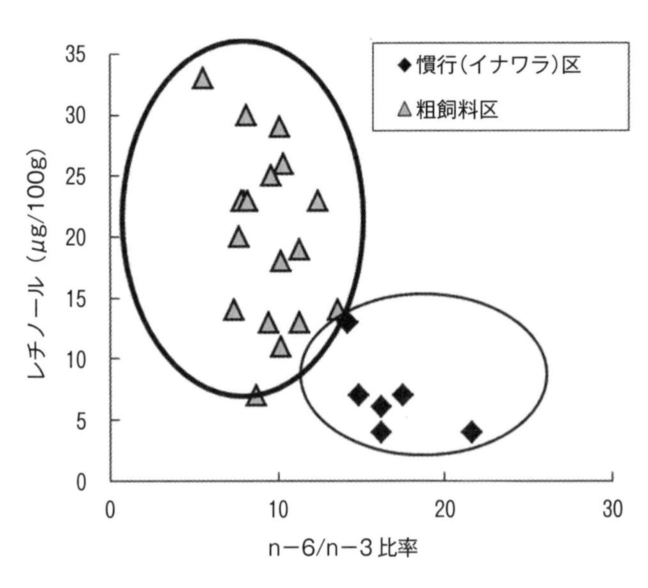

図 10–7　ロース芯における牧草由来の栄養成分

12–メチルトリデカナール（12 MT）：ルーメン内微生物の働きで生成された側鎖脂肪酸（isoC14：0）が，牛肉中リン脂質のプラズマローゲンにアルデヒドとして取り込まれ，これが加熱された場合に遊離して**ビーフシチューフレーバー**となる[5~7)]．この 12 MT は経産牛などの加齢牛の肉に多く含まれる[8, 9)]．

③肥育程度と関連する牛肉成分

クレアチン：筋肉機能の向上に役立つとされるク

レアチンは，脂肪含量との間に負の相関を示し[10]，脂肪交雑が少ない牛肉で含有量が多い．一般的に牧草多給の牛肉では脂肪交雑が少ないためクレアチンが多い．このクレアチンは調理時にアミノ酸や糖質と反応して，肉料理におけるコクを生み出すことが知られている[11]．

アンセリン（Ans），**カルノシン**（Car）：これらイミダゾールペプチドは抗酸化，疲労回復効果を有する機能性成分で，表 10–17 に示すとおり牧乾草多給や放牧飼養で多くなる[1]．これらは牛自身にとっても機能性成分であることから，飼養条件の影響，すなわち過剰な肥育による家畜への負荷が少ないことと関連しているものと思われる．これらは，植物系抗酸化成分とは作用機序が異なることから[12]，野菜や果物と一緒に摂取することによる相乗効果が期待される．

タウリン（Tau）：肝機能を高めるタウリンは，上腕三頭筋において牧草飼育牛が穀物飼育牛よりも高い値を示し，最長筋では差がなかったと報告されている[13]．しかし，放牧肥育牛の半棘筋や胸最長筋では放牧飼養によって少なくなる傾向を示し[14, 15]，仕上げ肥育による増加がみられた[14, 15]．飼養条件との関連については更なる検討が必要であろう．

カルニチン：脂肪燃焼機能を有するカルニチンは，幼牛よりも成牛の肉に多く含まれ，月齢の影響が大きい[16]．しかし，出荷前のエネルギー摂取量が多いとカルニチン含量が低下する傾向があるので[16]，牧草多給や放牧牛ではカルニチン含量が多い傾向を示す．なお，牛肉中のカルニチンには遊離型と，脂肪酸と結合している結合型（分析に際し加水分解が必要）があり，月齢による含有量の変化は主に遊離型の違いに起因し，結合型はほぼ 30 mg/100 g である[16]．

常石英作（(独) 農研機構 畜産草地研究所 九州沖縄農業研究センター）

参考文献

1) 常石英作・中西雄二・中村好徳・神谷　充・平野　清・加藤直樹・山田明央・折戸秀樹，研究成果–487（農林水産技術会議事務局），107–111，2013.
2) Leung YH, Liu RH, Journal of Agricultural and Food Chemistry, 48：5469–5475, 2000.
3) Park Y, Storkson JM, Albright KJ, Liu W, Pariza MW, Lipids, 34：235–241, 1999.
4) Brown JM, Halvorsen YD, Lea-Currie YR, Geigerman C, McIntosh M, Journal of Nutrition, 131：2316–2321, 2001.
5) Guth H, Grosch W., Lebensmittel-Wissenschaft & Technologie, 26：171–177, 1993.
6) Guth H, Grosch W., Journal of Agricultural and Food Chemistry, 42：2862–2866. 1994.
7) Kerscher R, Nurnberg K, Voigt J, Schieberle P, Grosch W, Journal of Agricultural and Food Chemistry, 48：2387–2390, 2000.
8) Guth H, Grosch W., Zeitschrift fuer Lebensmitteluntersuchung und Lebensmittelforschung, 201：25–26, 1995.
9) 常石英作・松崎正敏・柴　伸弥・田中正仁・神谷裕子・神谷　充・林　義朗・山田明央，肉用牛研究会報，95：19–24，2013.
10) 常石英作・中西雄二・神谷　充・中村好徳・柴　伸弥，日本暖地畜産学会報，53：79–83，2010.
11) 島 圭吾，Health & Meat '02, p 9–14, 2002.
12) 柳内延也・塩谷茂信・水野雅之・鍋谷浩志・中嶋光敏．日本食品科学工学会誌，51：238–246，2004.
13) Purchas R, Busboom J, ミートニュージーランド　ニュースリリース，Vol. 19，2005.
14) 常石英作・中西雄二・平野　清・小路　敦・松崎正敏・柴　伸弥・神谷　充・折戸秀樹，西日本畜産学会報，49：103–105，2006.
15) 常石英作・中西雄二・平野清・折戸秀樹・小路　敦・神谷　充・加藤直樹・中村好徳，肉用牛研究会報，86：22–25，2008.
16) 常石英作・柴　伸弥・松崎正敏・森　弘・垂水啓二郎，西日本畜産学会報，48：51–55，2005.

3) 給与飼料が牛肉のにおいに及ぼす影響

食品を評価するうえで**香り（におい）**は極めて重要な要素である．牛肉，豚肉，鶏肉に対する官能試験結果によれば，これらを識別する最も重要な要素はにおいであり，次いで物理性，呈味性であることが報告されている[1]．給与飼料が牛肉のにおいに及ぼす影響について，かつての報告では高エネルギー飼料としての穀物給与と低エネルギー飼料の牧草やサイレージを給与して官能評価したものが多く，両者に差異は無かったとする報告[3]もあるが，ほとんどの場合で高エネルギー飼料給与の牛肉が好ましいとされている[4~6]．

しかし，においに関して調理牛肉から検出された化学物質は880もあり[2]，さらにヒトの嗅覚への作用は極めて複雑であるため，この原因をにおいとの関係で明確にすることは困難である．また，調理方法など様々な要因が関連するため，牛肉の良否をひとつの化学物質の量だけで判断することは出来ない．ここでは，これまでに明らかにされている給与飼料と食肉のにおい成分の関係について記載することにする．

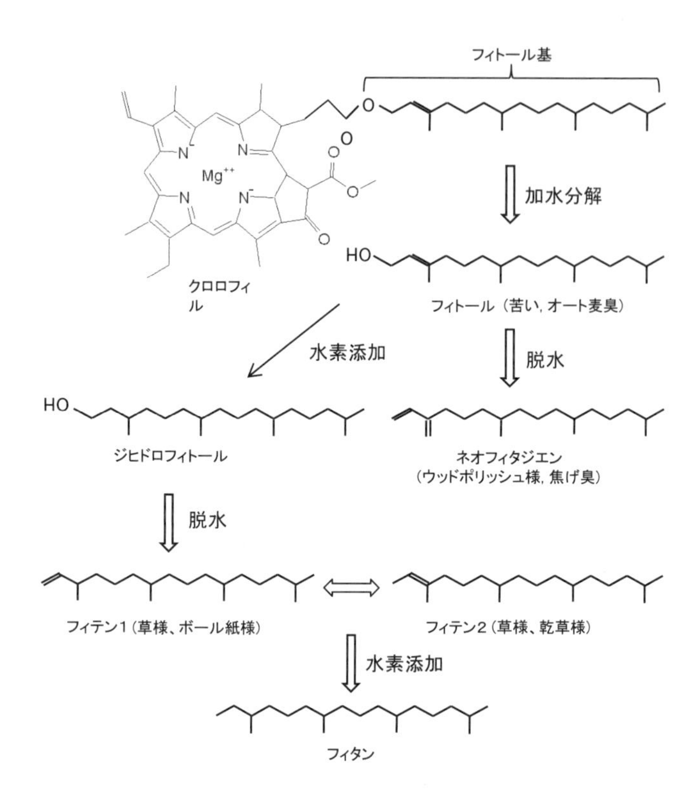

図10-8　クロロフィルおよびその分解物

①牧草給与の影響

牧草を給与した場合に牛肉に認められるにおいを**パストラルフレーバー**と呼ぶことがある．牧草給与牛肉を加熱したときに検出される揮発性成分の特徴は，フィテン1（草様・ボール紙様），フィテン2（草様・乾草様），ネオフィタジエン（ウッドポリッシュ様・焦げ臭）及びジヒドロフィトールなどの**テルペノイド**類が多いことで，パストラルフレーバーの一因と考えられる．これらのテルペノイド類は草に含まれるクロロフィル由来と考えられ，給与飼料を牧草から穀物に切り替えると給与期間に従って減少していく．クロロフィルaは図10-8のようにテトラピロール環にフィトール基がエステル結合したもので，ルーメン内微生物によりフィトールが遊離し，さらに脱水によりネオフィタジエンが生成する．

また，フィトールはルーメン内での水素添加によりジヒドロフィトールとなり，脱水によりフィテン1そしてフィテン2が作られる．さらに，フィテンは，水素添加によりフィタンとなる．一方，ネオフィタジエンは牧草からも検出され，非反芻家畜の組織にフィテン2やネオフィタジエンが検出されることから，牛肉中のテルペノイド類の蓄積にはルーメンが関与するものと給与飼料から直接移行する2つの経路があると考えられている[7]．その他，牧草を給与した牛肉の特徴として，牧草に多いリグニンがルーメン内で単量体フェノールに分解する[8]ことから，フェノール性化合物も多くなる可能性がある．また，β-カロテンは酸化によりβ-イオノン（スミレ様）になる．さらに，タンパク質含量が高い牧草の給与ではタンパク質を構成するトリプトファンからルーメン内で**スカトール**が作られることが報告されているが官能検査の結果，羊肉ほどの影響はないと報告されている[9]．

②穀物給与の影響

穀物給与により増加するものに一部の**ラクトン**類がある（図10-9）．ラクトンは桃様あるいはココナッツ様と呼ばれる香りをもつ物質である．δ-テトラデカラクトンやδ-ヘキサデカラクトンは穀物給与期間に従って増加するがピークに達したあとやや減少すると報告されている[7]．また，ラクトン類は牛肉を貯蔵する際にも増加する．特にγ-オクタラクトンやγ-ノナラクトンは貯蔵初期には極めて少なくないが，空気と接触する条件で貯蔵することで顕著に増加し，脱酸素剤や抗酸化剤とともに貯蔵すると生成が抑制されることが報告されている[10,11]．これらラクトンの前駆物質は2重結合を持つ脂肪酸であるオレイン酸やリノール酸と考えられている．

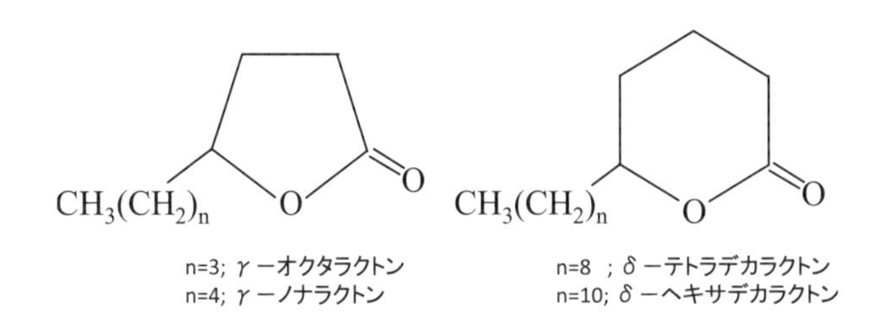

図10–9　ラクトン類の構造

③脂質酸化による影響

前述のラクトン以外にも2重結合をもつ脂肪酸はにおいに大きな影響を与える．そして，その脂肪酸組成は給与飼料の影響を強く受ける．牛ではルーメン内の水素添加により**不飽和脂肪酸**の飽和化が進むものの，牧草給与は穀物給与に比べて牛肉中の高度不飽和脂肪酸（PUFA）の割合が高くなる[12]．牛肉の代表的なn-3系列PUFAであるα-リノレン酸は，前述したようにn-6/n-3の比率を低くすることからヒトの健康にとって望ましいものである．

しかし，3つの2重結合を有することから自動酸化速度は極めて速い．オレイン酸：リノール酸：リノレン酸の相対的な酸化速度は1：28：77と報告されている[13]．脂肪酸の酸化は，その過程で様々なアルコール，アルデヒド，ケトンなどが生じにおいに影響することになる．例えば，Farmerらの理論よれば，オレイン酸からはn-オクタナール，2-デセナール，2-ウンデセナール，n-ノナナール，リノール酸からはn-ペンタナール，2-ヘプテナール，2-オクテナール，n-ヘキサナール，2,4-デカジエナール，リノレン酸からはアセトアルデヒド，n-プロパナール，2-ブテナール，2-ペンテナール，2,4-ヘプタジエナールが生成する．さらに不飽和アルデヒドの2次反応などが起こり様々な揮発性物質が生成する[14]．一方，牧草にはカロテノイドやα—トコフェロールなどの抗酸化物質も多く含まれる場合があるため，脂肪酸の酸化速度は不飽和脂肪酸と抗酸化物質のランスのうえにあるといえる．また，不飽和脂肪酸は自動酸化だけでなく**リポキシゲナーゼ**による酵素的酸化を受けることもある．**リポキシゲナーゼ**はクローバーやアルファルファ，生大豆に含まれるため，本酵素活性を有する餌の給与は不快臭の原因となることがある[15]．

渡邊　彰（(独）農研機構 東北農業研究センター）

参考文献

1）Matsuishi M, Igeta M, Takeda S, Okitani A. Journal of Food Science, 69：S218–S220. 2004.
2）Macleod G, The flavor of beef in Flavor of meat, meat product and seafoods, 2nd ed., Blackie Academic and Professional, London（1998）
3）Crouse JD, Cross HR, Seideman SC. Journal of Animal Science, 58：619–625. 1984.
4）Melton SL. Food Technology, 37：239–248. 1983.
5）Dube G, Bramble VD, Howard RD, Hornler BD, Johnson HR, Hamngton RB, Judge MD. Journal of Food Science, 36：147–154. 1971.
6）Berry BW, Leddy KF, Bond J, Rumsey TS, Hammond AC. Journal of Animal Science, 66：892–900. 1988.
7）Larick DK, Hedrick HB, Bailey ME, Williames JE, Hancock DL, Garner GB, Morrow RE. Journal of Food Science, 52：245–251. 1987.
8）Chen, W., Supanwong, K., Ohmiya, K., Shimizu, S. and Kawakami, H., Appl. Environ. Microbiol., 50, 1451–1456（1985）
9）Young O, Priolo A, Lane G, Frazer K, Knight T. Proceeding. 45th ICoMST, Yokohama, Japan, 420–421. 1999.
10）Watanabe A, Imanari M, Higuchi M, Shiba N, Yonai M. Journal of food science, 75：C774–C778. 2010.

11） Watanabe A, Imanari M, Yonai M, Shiba N. Journal of food science, 77：C627–C631. 2012.
12） Melton SL. Journal of Animal Science, 68：4421–4435. 1990.
13） 常石英作，滝本勇治，西村宏一，渡邊　彰，武田尚人．日本畜産学会報，59：614–618. 1988.
14） Holman RT, Elmer OC. Journal of the American Oil Chemists' Society, 127–129. 1947
15） 荒巻正生，荒井綜一　化学総説　No. 14．味とにおいの化学．7．品のフレーバー．日本化学会編．pp. 199–218．学会出版センター．東京．1976.
16） Young OA, Baumeister BMB. New Zealand Journal of Agrcultural Research, 42：297–304. 1999.

4）胆汁酸製剤

和牛の肥育では極度に脂肪交雑を重視するため，肥育における肝臓の負担はかなり大きいと考えられる．最近，動物用や人用医薬品として安全に臨床応用されている**胆汁酸製剤**（**ウルソデオキシコール剤**：以下，UDCA）を肥育牛に投与すると脂肪交雑を上げることが証明された．飼料ではないが，経口的であり，既に実際に応用され，脂肪交雑を高めるため野外でも普及し始めている．

①UDCA

UDCAは胆汁酸の一種で，通常の牛ではコール酸中心であるが，熊の肝臓に特異的に多くみられ，漢方薬として重宝されてきた．熊由来のものは非常に高価であるが，UDCAは牛のコール酸から化学合成でき，人用，牛用に消化や強肝目的で利用されている．

胆汁酸は界面活性作用があり，脂質の乳化により消化率を上げることに役立っている．他にも，利胆作用，利膵作用，肝血流量増加作用がある．UDCAはコール酸と比べ特に肝細胞に与える刺激が少ないため，また肝細胞が障害を受けている時には，UDCAが増加し，それ以外の胆汁酸は減少するという置換作用があるため，臨床への応用が進んでいる．

②肉牛への応用

Irieら（2012）が，試験に用いたのは，黒毛和種において22カ月齢から，UDCAを毎月3回（3日間連続）7カ月間，濃厚飼料に，1頭当たり50 g添加する方法である．ただし，初回は6日間連続投与し，出荷月（29カ月齢）は無添加としたので，1頭当たりの総投与量は50 g×24回＝1,200 gである．その結果，出荷体重，期間増体量，日増体量でほとんど差はなく，UDCAを投与しても発育に影響を与えないことが示唆された．

一方，BMS は対照区が4.2，試験区が6.1となり，試験区で有意に高かった．脂肪酸組成には特に変化はなかった．以上のように，UDCA投与は，成長や枝肉へ悪影響を及ぼすことなく，脂肪交雑を高めることが試験でも確かめられた．

③肉質へのUDCAのメカニズム

UDCAの脂肪交雑増加メカニズムは，まだ明らかにされていないが，著者は以下のように考えている．UDCAは飼料中脂肪分を乳化し，体内へ脂肪の取り込みを促し，その結果，筋肉内脂肪蓄積が増加したものと考えられる．なお，この際，脂肪が直接蓄積したとは考え難い．なぜなら，コール酸などの投与はむしろ脂肪蓄積を抑制するからである．

まず，脂肪の取り込みは正味エネルギー増大になり，牛でも脂肪合成を促進させることになる．また，脂肪酸などが脂肪前駆細胞を活性化させることも報告されているし，*In vitro*では，血清脂質自体が筋衛生細胞を脂肪細胞に転換させることが認められており，これらによる可能性もある．また，コール酸など他の胆汁酸は脂肪蓄積の抑制作用があり，それがないUDCAが置換されることにより逆に脂肪抑制が減少したとも考えられる．現在，コール酸の新たな代謝が注目されており，メカニズムの解明は将来に期待したい．

入江正和（近畿大学）

参考文献

Irie ら，2011. J. Anim. Sci., 89, 4221–4226.
1） Irie M, Kouda M, Matono H, Journal of Animal Science, 89：4221–4226. 2012.

(2) ビタミンと肉質

1）ビタミンA

わが国の牛肉の価格は，肉質を決定する要因の一つである**脂肪交雑**に大きく左右される．脂肪交雑は品種，血統，年齢，給与飼料及び飼育期間などに影響されるが，給与飼料の中では**ビタミンA**の影響が大きい．これまで多くの研究機関でビタミンAと肉質の関連についての研究が行われ，脂肪交雑に対するビタミンAの影響が明らかになり，さらにビタミンA欠乏症などの異常を発生させない**ビタミンA制御**技術が確立された．

①脂肪交雑に対するビタミンAの影響

ビタミンAと脂肪交雑の関係を明確にするため，試験開始月齢が異なる3回のビタミンA投与試験が行われた[1]．試験開始月齢は，試験1では15カ月齢，試験2では23カ月齢，試験3では25カ月齢とした．各試験とも兵庫県産黒毛和種去勢牛を用い，2カ月間隔でビタミンA100万IUを筋肉内投与したものを高ビタミンA区，投与しなかったものを低ビタミンA区とした．

血清中ビタミンA濃度は，図10–10に示したように推移した．体重は試験1では両区に有意な差は認められなかったが（表10–18），低ビタミンA区では血清中ビタミンA濃度が著しく低下した試験後期に増体量が低い傾向を示した．試験2と3では高ビタミンA区の体重は低ビタミンA区よりも顕著に増加し，1日増体量は高ビタミンA区が低ビタミンA区に比べ有意に高くなった．ビタミンAの増体に対する影響は多くの試験で認められており，血清中ビタミンA濃度が概ね30IU/d*l*以下になると増体量が著しく低下すると考えられる．

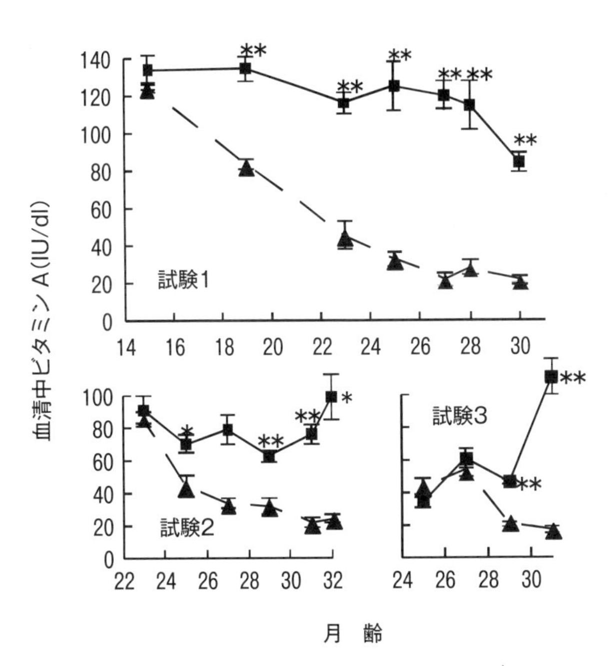

図10–10 ビタミンA投与試験における高ビタミンA区（■）と低ビタミンA区（▲）の血清中ビタミンA濃度の推移
＊ ：低ビタミンAとの間に有意差あり（$P<0.05$）
＊＊：低ビタミンAとの間に有意差あり（$P<0.01$）

試験1の脂肪交雑（BMS No.）は高ビタミンA区が7.4，低ビタミンA区が9.8となり，低ビタミンA区で有意に高くなった（表10–18）．この結果から，ビタミンAが脂肪交雑に影響し，ビタミンAレベルを低値に保つと脂肪交雑が高くなると考えられた．しかしながら，23カ月齢から試験を開始した試験2では脂肪交雑に差が見られなかった．このことから脂肪交雑形成に影響する時期は肥育前期から中期であると推察された．また，25カ月齢から始めた試験3では，ビタミンAを投

表10-18　ビタミンA投与試験における体重，1日増体量及び枝肉性状

項　目		試験1[a]		試験2[a]		試験3[a]	
		高	低	高	低	高	低
頭数		5	4	4	4	4	4
開始体重	(kg)	344.8	369.8	474.5	470.5	498.0	481.5
終了体重	(kg)	625.4	645.0	658.0	602.5	602.0	557.5
1日増体量	(kg)	0.60	0.59	0.63*	0.46	0.47*	0.35
枝肉重量	(kg)	393.1	414.7	400.1	371.8	360.0	330.4
皮下脂肪厚	(cm)	2.3	1.8	—	—	1.7	1.5
肉色	(BCS No.)	4.4	4.3	4.8	4.3	4.0	4.0
脂肪交雑	(BMS No.)	7.4*	9.8	7.0	6.0	5.5	5.3

a：試験1，2，3のビタミンA処置開始月齢はそれぞれ15，23，25カ月齢
*：各試験の低ビタミンA区との間に有意差あり（$P<0.05$）
高：高ビタミンA区　低：低ビタミンA区

与しても脂肪交雑に影響がみられず，枝肉重量が大きくなった．

小田原ら[2)]は，10カ月齢時の黒毛和種去勢牛を用い，ビタミンAを2カ月間隔で100万IU投与した区に比べ，10及び14カ月齢からビタミンAを与えなかった区では脂肪交雑が有意に高いことを報告している．木下ら[3)]はビタミンAを含まない飼料で肥育試験を行い，全期間ビタミンAを2カ月毎に100万IU投与した対照区，18カ月齢以降ビタミンAを同量投与した1区及び22カ月齢以後投与した2区について肉質を調べたところ，2区の脂肪交雑が最も高く，対照区が最も低くなったことを報告している．

これらの試験結果からビタミンAは黒毛和種去勢牛の脂肪交雑に影響し，ビタミンAを低くすると脂肪交雑を高めると考えられ，その時期は23～25カ月齢以前であると推察される．

②脂肪交雑形成に対するビタミンAの作用機序

インビトロの試験においてビタミンAが黒毛和種の**脂肪前駆細胞**から**脂肪細胞**への分化を抑制したことから，牛を低ビタミンA状態にすることによって筋肉内の脂肪細胞が増加し脂肪交雑を高める可能性が示唆された[4)]．しかし，最近のビタミンA投与試験[5,6)]ではビタミンAレベルの高低で脂肪交雑に差が認められても，筋肉内の脂肪細胞数と脂肪細胞の大きさに明確な差が見られていない．したがって脂肪交雑形成に対するビタミンAの作用機序は未だ十分に解明されたとは言えない．

③黒毛和種肥育牛へのビタミンAの給与法

黒毛和種去勢牛への**ビタミンA**給与法としては，導入時（9カ月齢）にはビタミンA100万IUを経口投与し，移動や環境の変化によるストレスの軽減と病気の予防を図る．導入後3カ月間（12カ月齢まで）はチモシーあるいはオーツヘイなどの良質乾草を十分量与える．良質と言われる乾草には10 mg/kg以上のβ-カロチンが含まれている（β-カロチン1 mg＝ビタミンA 400IU）．13カ月齢以降はβ-カロチン含量の低い（2 mg/kg以下）粗飼料を与え，ビタミンAを制限する．しかし，ビタミンAを極端な低レベルにする必要はなく，当然，牛を盲目や四肢の浮腫などの欠乏症にしてはならない．血液中ビタミンA濃度が30 IU/dlより低くなると飼料摂取量が低下するので，30 IU/dl前後で維持させるためには，日量3,000 IUを与える必要がある．ただし個体毎に毎日3,000 IUを与えることは難しいので，2～3週間隔で5～7万IUを経口投与する．また，牛の外貌あるいは飼料摂取量でビタミンAレベルを把握することは難しいため，16～18カ月齢で1回血液検査をして血液中ビタミンA濃度を把握した方が良い．25～27月齢以降になるとビタミンAは脂肪交雑に影響しなくなるので，毎月50～100万IU経口投与し，増体を向上させる．

黒毛和種の肥育経営において，肉質の向上をはかることは，生産コストの低減と同様に重要な課題の一つである．脂肪交雑に影響する要因の一つにビタミンAがあり，肉質，増体ともに良くするためにはビタミンAを必要な時期に適量与えることが重要である．しかし，ビタミンAの制御技術は高い霜降り肉生産のための必要条件にはなるが，良い肉質生産の十分条件ではない．良い肉質を得るためにはビタミンAの給与法と同時に飼料成分，ストレスなどの他の条件も整えるよう配慮しなければならない．

岡　章生（兵庫県立農林水産技術総合センター 畜産技術センター）

参考文献

1） Oka A, Maruo Y, Miki T, Yamasaki T, Saito T. Meat Science, 48：159–167. 1998.
2） 小田原利美・佐々江洋太郎・吉岩征男・一野俊彦・広瀬啓二・溝口春寿・内田健史．大分県畜産試験場試験成績報告書，24：90–97．1995.
3） 木下正徳・山岡達也・内田健史．大分県畜産試験場試験成績報告書，26：48–53．1997.
4） Ohyama M, Matsuda K, Torii S, Matsui T, Yano H, Kawada T, Ishihara T. Journal of Animal Science, 76：61–65. 1998.
5） Gorocica-Buenfil MA, Fluharty FL, Bohn T, Schwartz SJ, Loerch SC. Journal of Animal Science, 85：3355–3366. 2007.
6） Pickworth CL, Loerch SC, Fluharty FL. Journal of Animal Science, 90：1866–1878. 2012.

2）ビタミンC

ビタミンCは，**アスコルビン酸**とデヒドロアスコルビン酸の合計である．アスコルビン酸はグルコース代謝産物であり，様々な物質を還元することによりデヒドロアスコルビン酸へ酸化される．デヒドロアスコルビン酸は体内で容易にアスコルビン酸に再変換される．ビタミンCは，コラーゲン合成，エピネフリン合成，カルニチン合成に関連する酵素の補酵素として働いている．また，水溶性の**抗酸化物質**としても重要である．

ヒトはアスコルビン酸を合成できないため，ビタミンCは必須な栄養素である．一方，ウシを含め多くの哺乳動物は肝臓においてアスコルビン酸を合成できる．反芻胃が発達したウシでは，飼料に含まれているビタミンCのほとんどが反芻胃内で分解されるため，通常は，肝臓で合成されるアスコルビン酸が唯一のビタミンC源となる．したがって，アスコルビン酸を合成できる他の哺乳動物と比べ，その合成が抑制される場合は欠乏しやすいとされている．ウシにビタミンCを補給する場合，反芻胃内での分解を防ぐために，硬化油，エチルセルロースやケイ素で被膜した製剤，アスコルビン酸よりも安定なアスコルビン酸のリン酸化合物製剤が用いられている．

血漿中ビタミンC濃度は栄養状態の指標として有効であり，様々な要因が血漿中ビタミンC濃度に影響を及ぼす．暑熱など飼養管理に起因する環境ストレスはビタミンC消費を増大させることによって血漿中ビタミンC濃度を低下させる．また，感染症もビタミンCの消費を増加させるため，血漿中ビタミンC濃度を低下させる[1]．

ウシにおけるビタミンCに関する研究は，主に子牛や泌乳牛を中心に行われてきた．ビタミンC補給が，子牛の下痢の予防に有効であること，呼吸器感染症の発症を抑制することが報告されている．アスコルビン酸は肝臓で合成されるので，重度の肝脂肪症によって肝臓機能が低下した泌乳牛ではビタミンCは不足する可能性が高い．また，乳房炎はビタミンCの消費を増大させるが，ビタミンC補給は，乳房炎を軽減し，乳房炎からの回復を促進すると考えられる．しかし，これらビタミンC補給の効果が認められない場合もある．子牛や泌乳牛には必ずしもビタミンCを補給する必要はないが，ビタミンC消費が増大して

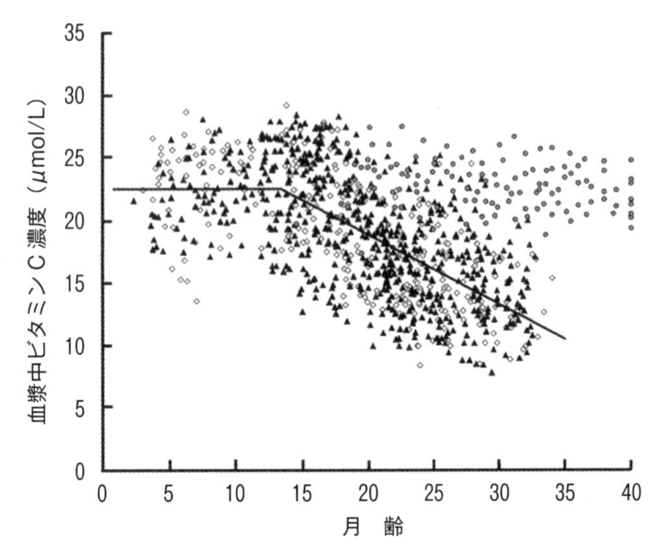

図 10-11　血漿中ビタミン C 濃度と肉用牛の月齢の関係[1]
雌育成牛と雌肥育牛（◇）去勢育成牛と去勢肥育牛（▲）
泌乳していない繁殖雌牛（◎）繁殖雌牛を除くデータを用い，SAS の非線形モデルにより回帰式を得た．
13.4 月齢以前　Y（μmol/L）= 22.5
13.4 月齢以降　Y（μmol/L）= − 0.556 ×（月齢）+ 29.9

いる場合や合成が低下している場合には，その補給が有効となる．

肉牛におけるビタミン C に関する研究はあまり行われていなかったが，黒毛和種肥育牛では，13.4 カ月齢を過ぎると血漿中ビタミン C 濃度が低下し始め，30 カ月齢では，育成期の 50% まで低下する[1]．13.4 カ月齢未満の育成牛における血漿中ビタミン C 濃度から求められた黒毛和種牛のその参照値下限は 17.1 μmol/L であり，25 カ月齢以上の肥育牛の 70〜80% では，この参照値下限を下回っていた（図 10-11）．この血漿中ビタミン C 濃度低下は，去勢牛でも雌牛でも肥育中に生じるが，繁殖雌牛では生じないことから，肥育自体が血漿中ビタミン C 濃度を低下させることは明らかである．

肥育牛では，飼料中のビタミン A が制限されている場合が多い．ビタミン A 制限は同時にカロチン制限となっている．また，ビタミン A 補給にはビタミン ADE 製剤が用いられる場合があり，ビタミン A 制限時にこの製剤補給を休止すると，ビタミン E 補給も行われないことになる．カロチンやビタミン E は動物体内で抗酸化作用を示すので，これらの摂取不足が酸化ストレス増加を引き起こし，その結果として，ビタミン C 消費増加を介し，血漿中ビタミン C 濃度を低下させる可能性がある．また，近年，ヒトにおいて肥満が酸化ストレスを増加させることが知られるようになった．肥育牛における多量の脂肪蓄積による酸化ストレスも，血漿中ビタミン C 濃度低下の一因となり得る．

細胞培養試験では，血漿中濃度に相当する培養液中ビタミン C 濃度によってウシ**脂肪細胞分化**が促進されることから，ビタミン C 補給による**脂肪交雑**の向上が期待されている．黒毛和種肥育牛に対する小規模なビタミン C 補給試験が行われているが，ビタミン C の脂肪交雑向上作用は統計学的に有意にならない場合も多い．しかし，ビタミン C の効果を検討した多くの試験結果を用いたメタ分析によって，ビタミン C 補給が脂肪交雑を有意に向上させることが示された[2]．さらに，血漿中ビタミン C 濃度が低値となる肥育後期牛に対するビタミン C 補給が，脂肪交雑を向上させることも示されている[3]．海外において，対照飼料を給与した肥育牛に対するビタミン C 補給は脂肪交雑に影響を及ぼさないが，イオウを過剰に与えられた肥育牛では脂肪交雑が抑制され，ビタミン C 補給により回復することが報告されている[4]．肥育牛では必ずしもビタミン C は不足していないが，ビタミン C が不足した肥育牛に対する適切な量のビタミン C 補給は脂肪交雑を向上させる可能性がある．

さらに，肥育牛に対するビタミン C 補給によって，脂肪交雑に影響はないが，キメやシマリが向上することも報告されている．この効果についても，さらなる検討が必要であろう．

牛肉に対するビタミン C 処理は保存中の肉色を向上させることは良く知られており，多量のビタミン C をと畜直前に静脈内投与すると，冷蔵保存中の肉色保持に有効である．ただし，経口投与可能な量のビタミンC補給では，投与量が十分ではないため肉色保持効果は期待できない．

松井　徹（京都大学）

参考文献

1） Matsui T. Asian-Australasian Journal of Animal Sciences, 25：597–605. 2012
2） 広岡博之．肉用牛研究会報．87: 37–40. 2009.
3） 白井幸路・堀井美那・阿久津友紀子・川田智弘・松井　徹．肉用牛研究会報．95：13–18．2013.
4） Pogge DJ, Hansen SL. Journal of Animal Science. 91：4303–4314. 2013.

3）ビタミンE

肉質に対する**ビタミンE**の効果は，生物学的**抗酸化作用**に由来しており，様々な細胞の保持等にとって重要な役割を果たしている．特に不足すると**白筋症**を引き起こす．牛におけるビタミンEの要求量は，飼料乾物1kg当たり15IUであるが，多くの量を与えると，肉質に対して良い効果を与えることが広く知られている．肉におけるプラスの効果は，肉色，風味，低品質肉の抑制などに対して幅広くみられる．

①肉色の劣化抑制

肉は，長時間置くと，変色する．これは肉質の項目で述べたように，ミオグロビンが酸化され，メトミオグロビンになるためである．このメト化は，肉の持つ抗酸化物質量や，酸化物質量にも影響され，短時間に酸化する例や，極端な例では生体でメト化が起きている例もあり，一方，数日経っても変色しない肉もある．

ビタミンEを家畜に多く給与すると，肉中のビタミンE含量が増え，これが作用して，**肉色**の劣化が起こりにくいものを生産できる．ただし，ビタミンEは，色素の化学的変化には影響するが，完全に劣化を止めるものではなく，また元来の肉色（ミオグロビン量）に影響するものでもない．

②風味の保持

ビタミンEの抗酸化物質としての効果は，肉色変化を抑制するだけでなく，他の様々な物質の酸化を抑制する．これは肉の**風味**を保つ上で重要である．肉の風味にとって，鼻で感じる香り物質あるいは臭い物質は重要であり，非常に多くの種類がある．通常，各種物質が酸化されると嫌な臭いに変化する．

ビタミンEの抗酸化作用は，特に肉中の脂肪の酸化抑制に対して効果を発揮する．つまり，食肉においても，時間経過や加熱調理などによって酸化物が増えるが，ビタミンEはその酸化を部分的に抑制する．この効果は，食肉に対して直接ビタミンEを添加する（ふりかけたり，混和する）方法よりも，飼料由来で組織に沈着させる方が高い[1]．

③低品質肉の抑制

低品質肉には様々な種類があるが，しまりの悪い肉は**ドリップロス**が出やすい．ドリップロスは，保存状態において漏出肉汁による損失を意味し，保水性や多汁性の低下とも関係している．つまり，ドリップロスが多いと，重量の損失に直接関係するだけでなく，見栄えも悪く，また食味において多汁性が劣ることにもつながる．ドリップロスに対するビタミンEの効果に関しては，研究によっては効果がないとするものもあり，その効果は顕著ではないとは思われるが，ビタミンEは細胞膜の保護だけでなく不良肉の原因となるストレス（フリーラジカルの生成）に対しても効果を発揮するため，若干のプラスの効果は期待される．

また，筆者らは食肉市場で問題となっているシコリの原因がビタミンEやセレンなどの抗酸化物質の不足に起因しているのではないかと考えている（詳細は低品質肉の項，参照）．さらにシミについても毛細血管が破裂して起こるものなので，血管細胞の脆弱性を通じて，ビタミンEが関係している可能性がある．

④給与方法

ビタミンEについては，顕著な過剰症は知られておらず，安心して利用できるが，蓄積性があるため，一時的な大量給与は好ましくないと考えられる．また，製剤でなくても，ビタミンEを多く含むエコフィード（焼酎粕やお茶殻など）や飼料作物（飼料稲など）も利用できる．肉質に対してビタミンEを利用する場合，大きく分けると短期大量投与の方式と，長期少量投与の方式があり，どちらも同じような効果がみられる．投与例として，三津本ら（1995）[1]は，500 IU/日/頭，4週間または2カ月月間投与で，肉色の劣化抑制，酸化安定性向上，ドリップロスの低減に効果があったとし，Irieら（1999）[2]は，500 mg/日/頭，175日間投与，または1,000 mg/日/頭，100日間投与で，肉色保持に同様の効果があったことを報告している．さらなる事例は文献[3]を参考にされたい．

なお，ビタミンEは単独でも効果を発揮するが，その影響力は他の様々な物質に左右される．まず飼料中のビタミンE自体が時間と共に分解され，その効果が失われてゆく．飼料の保存が長期に及ぶ，空気と触れやすい，紫外線にあたる，温度が高い，酸化しやすい物質が多い等が飼料中のビタミンEを低下させる原因となる．

ビタミンA抑制法を利用している和牛肥育では，通常，ビタミンEが不足しやすくなっている．というのは，一般的にビタミンAの多い飼料ではビタミンEも多いという関係にあるためである．実際，著者らの調査[4]でも，ビタミンAが制御される和牛肉はビタミンEが低い傾向にあり，早期に変色してしまう牛肉が多い．

またビタミンEは，ビタミンCとも関係があり，ビタミンEは自身が酸化（ラジカル型に変化）することによって酸化を抑制するが，この時，ビタミンCが共存していれば，元の活性型のビタミンEに再生される．さらに，飼料植物への窒素過多による硝酸塩中毒では，牛の体内のヘモグロビンがメト化している状態になる．

さらに，ビタミンEは，各種ミネラル（微量無機元素）の影響も受ける．特に，ビタミンEは**セレン**（Se）と相互に密接な関係がある．ビタミンEは活性酸素ができる前段階で抑制するのに対し，セレンは既にできてしまった余分な活性酸素を直接分解するため，共存して相加的効果を発揮する．逆にセレンが不足すると，牛でも白筋症や繁殖障害を起こすことが知られ，両者が共存する状態が必要であるといえる．

入江正和（近畿大学）

参考文献

1）　三津本　充．日畜会報 67：1110–1126．1996．
2）　Irie M, Asian-Australasian Journal of Animal Sciences, 12：810–814. 1999.
3）　入江正和．肉牛ジャーナル 281：28–33．2011．
4）　Irie M, Inno Y, Ishizuka Y, Nishioka T, Morita T. Asian-Australasian Journal of Animal Sciences, 19：1266–1270. 2007.

(3) 脂肪質の制御

1) 脂肪の質と食味

食肉流通や生産の現場では，牛肉の食味に脂肪の質が大きく影響することが知られており，外見，触感，食感，味，香りなどを総合して**脂肪の質**が評価されている．評価の高い脂肪は，外見は少しクリーム色で照りがあるもの，触感は適度にやわらかく粘りや練りがあるもの，食感は口溶けがよく脂っぽい後味が残らないもの，味や香りはほのかに甘いもの，という特徴がある．一方，評価の低い脂肪は，白くて蠟のように硬く，食べるといつまでも脂っぽさが残り，渋み，ミルク臭，牧草臭などを感じる．このように脂肪の質には様々な要因があるが，現時点で，理化学分析による脂肪の質の全体像の客観的評価はなされていない．これまでの研究は**脂肪酸組成**に関するものが多く，脂肪酸組成は生産現場においても改善意欲が高まっていることから，ここではこのことを中心に紹介したい．

1970年代以降，海外の研究で脂肪酸組成と牛肉の風味との関連性が報告されるようになった．国内でも調査が行われ，黒毛和種および乳用種牛肉を用いた試験では，**オレイン酸**（C18：1）割合や**不飽和脂肪酸**（USFA）割合が官能評価の風味および総合評価と正の相関を示すことが報告[1]されている．また，黒毛和種牛肉のみを用いた試験では，**モノ不飽和脂肪酸**（**MUFA**）割合が甘い香り[2]や風味の強さ[3]と正の相関があることや，適切なMUFA割合が存在する可能性があること[3]などが報告されている．そのため，国産の牛肉においても脂肪酸組成は食味に関与しているものと考えられている．

2) 脂肪酸合成の経路

飼料中の繊維やデンプンは，第一胃内で酢酸やプロピオン酸等の揮発性脂肪酸となり胃壁から吸収される．プロピオン酸は肝臓でグルコースとなり血中に放出される．成牛では，皮下脂肪や筋間脂肪等の脂肪組織における**脂肪酸合成**の主な基質は酢酸であるのに対し，筋肉内脂肪細胞ではグルコースであると考えられている[4]．肉牛では，細胞内にグルコースを取り込むグルコーストランスポーターの発現や，グルコースから長鎖脂肪酸への変換に関連する酵素の筋肉内脂肪細胞における活性は皮下脂肪細胞より高い[5]ことから，**脂肪酸合成**におけるグルコースの重要性がうかがえる．脂肪細胞内では，グルコースや酢酸からアセチルCoAを経てマロニールCoAが生成され，**脂肪酸合成酵素**（**FASN**）や鎖長延長酵素，**不飽和化酵素**（**SCD**）などの酵素の働きにより各種脂肪酸が合成される．

また，飼料中の脂肪は第一胃内で脂肪酸とグリセロールに加水分解されたのち，不飽和脂肪酸は**水素添加**を受け飽和脂肪酸に変えられる．肥育牛のように濃厚飼料多給時には脂肪は一部，加水分解や水素添加を受けずに小腸へ流出し，飼料中の不飽和脂肪酸が吸収されることとなる．吸収された脂肪酸は小腸粘膜細胞でトリグリセリド（TG）となり血中に放出され，細胞に取り込まれる前に加水分解を受けて脂肪酸とモノグリセリドとなる．こうして細胞内に取り込まれた脂肪酸と，細胞内で生成された脂肪酸からTGが合成され脂肪が蓄積する．生体内での脂肪酸合成経路の概要を図10-12に示した．

3) 脂肪酸組成に関与する遺伝的要因

脂肪酸組成の改善には，交配や肥育素牛の選定といった遺伝的な側面と，飼料や管理のような肥育牛を取り巻く環境の側面の2つのアプローチが考えられる．井上ら[6]は黒毛和種肥育牛の僧帽筋内脂肪を用い，各脂肪酸組成の**遺伝率**が0.31～0.73と比較的高く，脂肪酸組成と枝肉形質（枝肉重量やBMS等）との遺伝相関は弱いことを報告している．また，黒毛和種の胸最長筋を用いた同様の解析でも脂肪酸組成の遺伝率が比較的高いことが報告[7,8]されている．

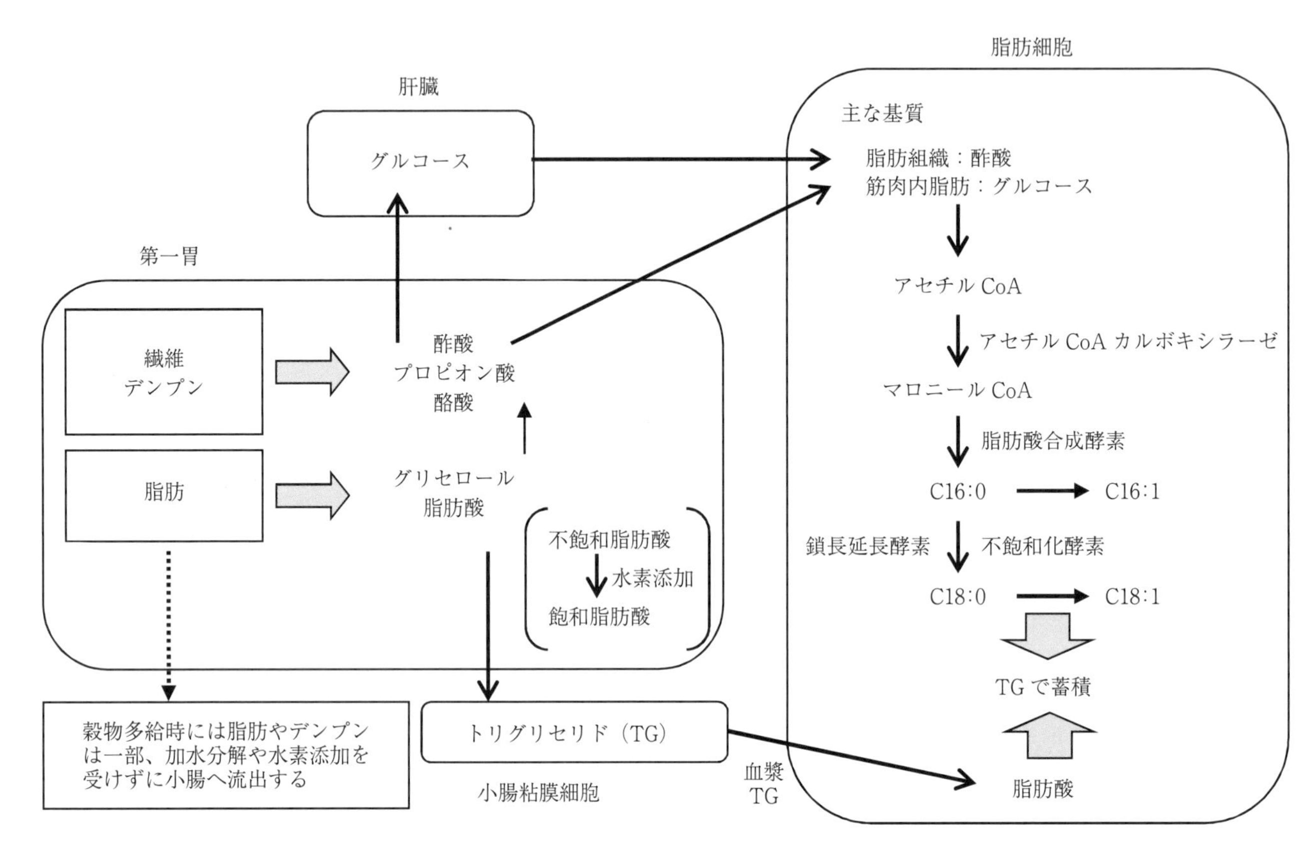

図10-12　肉牛における脂肪酸合成経路の概要

脂肪酸合成に関与する遺伝子のうち，FASN，SCD，ステロール調節エレメント結合タンパク質（SREBP 1），成長ホルモン（GH）については，黒毛和種の脂肪酸組成に影響する遺伝子多型が明らかにされている．また，枝肉の脂肪組織の脂肪酸組成を簡易・迅速に測定する装置の普及により，各地域で脂肪酸組成のデータ蓄積が容易になった．そのため，これまで枝肉6形質で行われてきた種牛の遺伝的能力（**育種価**）評価が，脂肪酸組成についても行われつつある．今後は，脂肪酸組成に影響する**遺伝子多型**の診断と遺伝的能力評価による脂肪酸組成の改良が期待される．

4）脂肪酸組成を改善する飼養管理技術

給与飼料が脂肪酸組成に及ぼす効果に関する研究報告は多い．肥育牛の主な粗飼料源であるイナワラの給与割合と脂肪酸組成を検討した試験では，現実的なイナワラの給与量の範囲では筋肉内脂肪および脂肪組織ともUSFA割合に影響しないことが報告されている[9,10]．**米ぬか**にはC18：1が多く含まれていることから，米ぬか給与により牛肉脂肪のC18：1割合が向上するものと生産現場では期待されている．米ぬか給与により筋肉内脂肪および脂肪組織のC18：1割合の向上[11]や脂肪融点の低下[13]が認められ，脱脂米ぬかではそのような効果は認められない[14]ことから，米ぬかに含まれる脂肪が重要であると思われる．米ぬかは脂肪を多く含むことから脂質の酸化や第一胃内の発酵抑制が懸念されるため，各生産現場で給与する際には，牛の状態を十分観察しながら適正な給与量および給与期間を検討する必要がある．

一方，トウモロコシ，大麦，飼料用米が脂肪酸組成に及ぼす効果は定まっていない．大麦とトウモロコシを比較した試験では，USFA割合は大麦給与で高いとする報告[14]や，トウモロコシ給与で高いとする報告[15]，両者に差がないとする報告[16]など様々である．また，粉砕やサイレージ化処理した飼料用米の給与試

表 10-19 各種給与試験における牛肉脂肪の不飽和脂肪酸割合への影響

給与飼料		不飽和脂肪酸の向上効果	備　考
飼料原料	イナワラ	×	現実的な給与量の範囲では問題ないが，極端に多い場合は低下するとの報告あり
	米ぬか	○	給与量が少ないと効果は認められない 多給の場合は尿石に注意
	脱脂米ぬか	×	
	トウモロコシ	△	
	大麦	△	
	飼料用米	△	粉砕およびサイレージ処理による試験成績
穀物の加工方法	加熱圧片	×	
	挽き割り	×	
	蒸煮＋発酵	○	飼料用米での試験成績
添加剤	ビオチン	○	トレハロースとの併用でも効果あり

＊ ○：あり，×：なし，△：一定でない

験においても，牛肉脂肪のUSFA割合に対する効果は一定ではない．飼料の加工形態である圧片，挽割りについても差はないようである．丸粒，挽割り，圧片処理したトウモロコシでも，筋肉内脂肪および脂肪組織ともUSFA割合に差は認められず[17]，トウモロコシと大麦を圧片処理した加熱区と挽き割り処理した非加熱区の比較でもUSFA割合に差は認められていない[18]．一方，主要な生産地では経験的に「煮た穀物を食べさせると脂肪の質の良いおいしい牛肉になる」ことが知られている．そこで筆者らは，**蒸煮**してやわらかくしたのち発酵させた飼料用米を用い，大規模な現地給与試験を実施したところ，多くの生産者で筋肉内脂肪の不飽和脂肪酸割合が向上[19]しており，加工形態によっては脂肪酸組成に影響する可能性も示されている．

脂肪酸組成を改善する添加剤も検討されている．大谷ら[20]は水溶性ビタミンの一種である**ビオチン**に着目し，黒毛和種雌肥育牛に出荷前3カ月間のビオチン給与試験を行ったところ，筋肉内脂肪や腎周囲脂肪のC18：1割合が有意に増加した．また，ホルスタイン去勢肥育牛に出荷前6週間，ビオチンと食品添加剤として利用される二糖類である**トレハロース**を同時に給与したところ，脂肪酸合成に関与するFASN，SCD，SREBP 1の遺伝子発現量の増加と筋肉内脂肪のC18：1やMUFA割合の増加が認められており，肥育牛飼料への応用が期待されている．飼料と脂肪酸組成についてこれまでに行われた主な給与試験の概要を表10-19に示した．

最後に，多くの食肉関係者は，黒毛和種牛肉の脂肪質の低下を懸念しており，この低下は脂肪酸組成のみでは十分説明できないと考えられている．今後，脂肪の粘り，練り，香りなどの脂肪質の研究が発展し，脂肪質を向上させる技術が確立されることを期待したい．

庄司則章（山形県農業総合研究センター畜産試験場）

参考文献

1) 中井博康，池田敏雄，安藤四郎，小堤恭平，田村久子，荒牧秀俊．畜産試験場年報，25：151-162．1987．
2) 佐久間弘典，齋藤　薫，曽和　拓，浅野早苗，小平貴都子，奥村寿章，山田信一，河村　正．日本畜産学会報，83（3）：291-299．2012．
3) 鈴木啓一，横田祥子，塩浦宏陽，島津朋之，飯田文子．日本畜産学会報，84（3）：375-382．2013．

4) Smith SB, Kawachi H, Choi CB, Choi CW, Wu G, Sawyer JE. Journal of Animal Science, 87：72–82. 2009
5) Hocquette JF, Jurie C, Bonnet M, Pethick DW. Book of Abstracts of the 56th Annual Meeting of the Eoropean Association for Animal production, p 248. 2005
6) 井上慶一，庄司則章，小林正人．日本畜産学会報，79（1）：1–8. 2008.
7) Nogi T, Honda T, Mukai F, Okagaki T, Oyama K. Journal of Animal Science, 89：615–621. 2011.
8) 横田祥子，杉田春奈，大友良彦，須田義人，鈴木啓一．東北畜産学会報，60（3）：80–85. 2011.
9) 岡　章生，岩木史之，道後泰治．兵庫県立農林水産技術総合センター研究報告（畜産編），37：14–19. 2001.
10) 坂下邦仁，西　博巳，別府　成，田原則雄．鹿児島県畜産試験場研究報告，39：24–31. 2005.
11) 浅田　勉，黒沢　功，南雲　忠．群馬県畜産試験場研究報告，14：9–20. 2007.
12) 嶽肇，中里雅臣，小原孝博．青森県畜産試験場報告，18：61–64. 2003.
13) 岩本英治，岡　章生．兵庫県立農林水産技術総合センター研究報告（畜産編），42：7–10. 2006.
14) 堤　知子，大田　均，溝下和則，窪田　力，加治佐修，横山喜世志．鹿児島県畜産試験場研究報告，27：10–23. 1994.
15) 三橋忠由，北村　豊，美津本充，山下良弘，小沢　忍．中国農業試験場研究報告，3：71–79. 1988.
16) 浅田　勉，小屋正博，金井福次．群馬県畜産試験場研究報告，11：10–18. 2005.
17) 浅田　勉，木村容子，砂原弘子，櫻井由美，渡辺佳宏，笠井勝美，飯島知一，森　知夫，小林正和，井口明浩，山田真希夫，東山由美，阿部啓之，宮重俊一，甫立京子．日本畜産学会報，76（2）：175–182. 2005.
18) 浅田　勉，谷島直樹，堀井美那，櫻井由美，小林正和，山田真希夫，甫立京子．協定研究報告書，2007
19) 庄司則章．山形県畜産関係研究成績書，1–4. 2013.
20) 大谷喜永，増子孝則，小原嘉昭，佐藤　幹．栄養生理研究会報，56（2）：69–77. 2012.

（4）遺伝と肉質

1）肉用牛の肉質と遺伝的要因の程度

牛肉は，社団法人日本食肉格付協会が定める牛枝肉取引規格に基づいて等級が定められ，歩留等級（A, B, C）と肉質等級（1～5）を組み合わせた15段階で格付される．歩留等級は胸最長筋面積（ロース芯面積），ばら厚，冷屠体重量（半丸枝肉），皮下脂肪の厚さにより歩留基準値が算出され評価される．肉質等級は，「脂肪交雑」，「肉の色沢」，「肉の締まり及びきめ」，「脂肪の色沢と質」の4項目について5つの区分で判定し，その項目別等級の内，最も低い等級に格付される．

これらの形質の測定値のばらつき（表現型分散）に占める遺伝的要因のばらつき（遺伝分散）の割合である**遺伝率**は，親から子に遺伝する程度の指標となる．遺伝率推定値は品種により異なるが，それらを表10–20に示した．黒毛和種は外国種と比べ，全ての形質で遺伝率推定値が高く，枝肉重量，枝肉歩留とBMS No.は0.5を超える高い値が，皮下脂肪厚，ロース芯面積，ばら厚は0.5を下回る中程度の推定値が報告[1~7]されている．なお，肉質等級の「肉の締まり及びきめ」の肉の締まりは脂肪交雑及び保水性と関連が高く，きめは筋束の細かさを表す指標とされているが，0.49，0.34の遺伝率が推定されている[3]．

近年，正確に測定された膨大な格付成績と育種手法の発展により，国内で使われてきた種雄牛，種雌牛の**遺伝的能力（育種価）**は，この三十年間で枝肉重量，BMS No.，ロース芯面積，ばら厚がそれぞれ20 kg, 3.5，7 cm^2，0.5 cm，−0.3 cm程度，着実に改良されてきた[4]．特に枝肉重量とBMS No.は，枝肉価格に直接反映する形質なので，これらの形質に優れた種雄牛の遺伝的改良が重要視されてきた経緯がある．

表10–20　枝肉形質に関する遺伝率推定値

形質	外国種[1]	黒毛和種
枝肉重量	0.35	0.63
枝肉歩留	0.26	0.51
皮下脂肪厚	0.39	0.45
ロース芯面積	0.37	0.48
バラ厚	0.32	0.44
マーブリングスコア	0.49	—
B. M. S. No.	—	0.55

[1] Marshall，1998年，参考文献2~7)の平均

この一方で，より美味しい牛肉を目指し，食味性と関連する新たな形質の探索が行われている．筋肉内に蓄積する脂肪の脂肪酸組成が食味性に関与する可能性が指摘され[8~10]，脂肪酸組成に関する遺伝率推定値が報告されてきた[3,5,6,7,11]．特に，**オレイン酸**

などのモノ不飽和脂肪酸の遺伝率は胸最長筋，僧帽筋のいずれでも0.6程度の高い遺伝率が推定されており改良が可能なことが示唆されている（表10–21）．同時に，モノ不飽和脂肪酸とBMS No.あるいは枝肉重量との遺伝相関は0.2あるいは0.00であり，モノ不飽和脂肪酸を改良しても，相関反応としてこれらの形質に悪い影響を与えることはないことが示唆された．しかし，実際にパネルテストなどによりオレイン酸などのモノ不飽和脂肪酸の効果を検討した結果，牛肉の香りなどには良い効果が認められた[12,13]ものの，多すぎると，食感や物性にはむしろマイナスの効果を与えるなどの報告[13,14]もあり，脂肪交雑同様，多ければよいとは限らない．

表10–21　肉質に関する遺伝率推定

理化学的特性[1]		官能特性[1]	
筋肉内脂肪　%	0.54	きめ	0.34[3]
剪断力価	0.25	しまり	0.49[3]
カルパスタチン活性	0.43	肉色	0.16
肉色　L*	0.29	脂肪色	0.00
肉色　a*	0.17	やわらかさ	0.22
肉色　b*	0.11	多汁性	0.14
最終pH	0.15	香りの強さ	0.10
保水性	0.24	望ましい香り	0.01
C18：1[2]	0.64	総合的受容性	0.04
MUFA[2]	0.60		

1 Marshall，1998年
2 黒毛和種牛に関する，参考文献2〜8)の平均値を示す．
3 横田ら（2011）

一方，保水性や肉のやわらかさ，肉の味その他の化学成分などに関しては遺伝率推定値の報告は少ない．遺伝的評価を行うために分析するサンプルの入手の困難性が要因としてあげられる．近赤外線法などの装置が化学分析にも応用されており，今後はこうした非破壊的方法による装置の利用の普及が望まれる．

理化学的特性や**官能特性値**に関する報告はいずれも海外の報告であるが，脂肪含量，カルパスタチン，脂肪酸組成を除いていずれも0.3以下の低い遺伝率推定値が報告（表10–21）されている．筋肉中の遊離アミノ酸，糖成分などの化学成分が食味性にも影響すると思われるが，遺伝率推定値の報告はない．牛肉の嗜好性の遺伝的改良は，測定のために要する時間とコストに優れた方法が無いために限定される．しかし，出荷牛の枝肉取引情報として肉質等級項目のデータはルーチンとして入手可能である．これらの肉質等級情報とやわらかさ，多汁性，肉色などの形質との遺伝的関連を調査することが重要と思われる．BMS No.は肉のやわらかさと正の好ましい遺伝相関を示すこと，官能パネル形質の多汁性，やわらかさも筋肉内脂肪とそれぞれ0.33，0.30の正の遺伝相関が報告[1]されており，外国種と異なる品種である黒毛和種でも同様の傾向が得られるかどうか調査する必要がある．

2）肉質に影響する遺伝子

肉質形質の測定は煩雑でコストがかかることから，と畜せず測定可能な**ゲノム情報**との関連研究が近年進められ，モノ不飽和脂肪酸割合に関与する遺伝子として**SCD**，**FASN**遺伝子などが特定され，Taniguchiら[15]，Abeら[16]がそれぞれSCD，FASN遺伝子がモノ不飽和脂肪酸割合に影響することを明らかにした．しかし，Matuhashiら[17]は，モノ不飽和脂肪酸に関するSCDとFASN遺伝子多型の効果は，相加的遺伝分散の13.96と3.89%程度であること，さらに，Yokotaら[7]もそれぞれの遺伝子多型が2%と6%程度しか寄与しないことを明らかにした．今後も関与する遺伝子の特定やSNP情報を活用したゲノム育種価推定の研究の発展により，牛肉の物理的，官能特性形質の遺伝的改良が進展することが期待されている．

鈴木啓一（東北大学）

参考文献

1）Marchall, DM. Genetics of meat quality, p 605–636, The Genetics of Cattle. Eds R. Fries and A. Ruvinsky. CAB International. New York. 1999.

2） Hoque MA, Arthur PF, Hiramoto K, Oikawa T. Livestock Science, 100：251–260. 2006.
3） 横田祥子，杉田春奈，大友良彦，須田義人，鈴木啓一．東北畜産学会報 60：80-85．2011.
4） 家畜改良センター，全国域での種雄牛および繁殖雌牛の遺伝的能力の推移について．平成25年3月，http://www.nlbc.go.jp/g_iden/menu.asp
5） 井上慶一，庄司則章，小林正人．日本畜産学会報，79：1-8．2008.
6） Nogi T, Honda T, Mukai F, Okagaki T, Oyama K. Journal of Animal Science, 89：615–621. 2011.
7） Yokota S, Sugita H, Ardiyanti A, Shoji N, Nakajima H, Hosono M, Otomo Y, Suda, Y, Katoh K, Suzuki K. Animal Genetics, 43：790–792. 2012.
8） Westerling BD, Hedrick BH. Journal of Animal Science, 48：1343–1348. 1979.
9） Melton LS, Amiri M, Davis WG, Backu RW. Journal of Animal Science, 55：77–87. 1982.
10） Larick KD, Turner EB. Journal of Food Science, 55：312–317. 1990.
11） 中橋良信，由佐哲朗，増田　豊，日高　智，口田圭吾．黒毛和種におけるロース芯内交雑脂肪の脂肪酸組成に関する遺伝的パラメータの推定，日本畜産学会報，83：29-34．2012.
12） 佐久間弘典，齋藤　薫，曽和　拓，淺野早苗，小平貴都子，奥村寿章，山田信一，河村　正，日本畜産学会報，83：291-299．2012.
13） 鈴木啓一，横田祥子，塩浦宏陽，島津朋之，飯田文子．日本畜産学会報，84：375-382．2013.
14） 西岡輝美・石塚 譲・安松谷恵子・久米新一・入江正和．日本畜産学会報，79：515-525．2008.
15） Taniguchi M, Utsugi T, Oyama K, Mannen H, Kobayashi M, Tanabe Y, Ogino A, Tsuji S. Mammalian Genome 15, 142–8. 2004.
16） Abe T., Saburi J., Hasebe H., Nakagawa T., Misumi S., Nade T., Nakajima H., Shoji N., Kobayashi M. & Kobayashi E.（2009）Biochemical Genetics 47：397–411.
17） Matsuhashi T, Maruyama S, Uemoto Y, Kobayashi N, Mannen H, Sakaguchi S, Kobayashi E. Journal of Animal Science 89：12–22. 2011.

第11章　衛　生

1．衛生管理基準

(1) 口蹄疫の発生と家畜伝染病予防法の改正

1) 平成22年の宮崎県における口蹄疫の発生

平成22年の宮崎県における**口蹄疫**の発生は，12年に宮崎県及び北海道で発生が確認されて以来，10年ぶりの発生であった．当時，我が国の周辺地域では，韓国，香港，台湾で口蹄疫が相次いで発生しており，口蹄疫ウイルスの侵入が懸念される中で発生した．

その後，独立行政法人動物衛生研究所が行った感染試験によって明らかになったように，12年に宮崎県及び北海道へ侵入したウイルスと比べると感染力が強いウイルスであった上に，発生した際の初動対応が遅れたこともあり，宮崎県内の有数の畜産地帯である児湯地区を中心として甚大な被害をもたらした．最終的には，292農場で感染が確認された．これらの農場において患畜・疑似患畜を殺処分したことに加え，我が国で初めて殺処分を前提とした健康畜へのワクチン接種を行ったことから，患畜・疑似患畜及びワクチン接種家畜を合わせ，約30万頭の家畜を殺処分することとなった．

4月20日の疑似患畜の確認以降，約30万頭の牛豚の殺処分・埋却作業，さらに家畜排せつ物等の汚染物品の処理に至るまで，8月26日には一連の防疫作業が完了した．10月6日，最終発生農場における殺処分・埋却から3か月が経過し，**OIE（国際獣疫事務局）**が定める清浄国に復帰するための要件を満たしたことから，OIEに対して「ワクチン非接種口蹄疫清浄国」のステータス回復の申請書を提出した．翌23年2月に開催されたOIE科学委員会では，この申請に対する審議が行われ，2月5日，我が国は口蹄疫の清浄国に復帰することができた．

2) 口蹄疫対策検証委員会の提言と家畜伝染病予防法の改正

平成22年の口蹄疫発生に対する防疫対応に関して，国・県の事前の侵入防止策の不徹底，初動対応の遅れ，関係者の連携不足等の問題が指摘された．これらの指摘を踏まえ，22年7月27日，農林水産大臣は，口蹄疫に学識経験を有する者等から構成される第三者による「**口蹄疫対策検証委員会**」を設置し，発生前後からの国，県等の対応や殺処分，埋却，ワクチン接種，予防的殺処分等の防疫対応に関する検証を行うこととなった．

検証委員会は，17回の会合を経て，同年11月24日に報告書を取りまとめ，最も重要なのは，「発生の予防」と「早期の発見・通報」，さらに「迅速・的確な初動対応」であり，関係者がこの点に力を傾注することを強く期待する旨の提言がなされた．

検証委員会の提言に加え，22年11月から翌年3月にかけて計24農場で発生した高病原性鳥インフルエンザの防疫対応の経験等を踏まえて，家畜伝染病の発生の予防，早期の通報，迅速な初動等に重点を置いて防疫体制を強化するため，**家畜伝染病予防法**が大きく改正され，23年4月4日に公布された．

【参考】家畜伝染病予防法改正のポイント

1. 海外からのウイルスの侵入を防ぐため，水際での検疫措置を強化
2. 家畜の所有者は，日頃から消毒等の衛生対策を適切に実施
   家畜の飼養衛生管理の状況を都道府県へ報告（都道府県は，家畜の飼養衛生管理が適切に行われるように指導・助言，勧告，命令）
3. 飼養衛生管理基準の内容に埋却地の確保等についても規定
4. 患畜・疑似患畜の届出とは別に，一定の症状を呈している家畜を発見した場合，獣医師・家畜の所有者は，都道府県へ届出（都道府県は遅滞なく国へ報告）
5. 口蹄疫のまん延を防止するためにやむを得ないときは，まだ感染していない家畜についても殺処分（予防的殺処分）を実施し，国は全額を補償
6. 発生時において都道府県は消毒ポイントを設置でき，通行車両は消毒を受ける
7. 口蹄疫，高病原性鳥インフルエンザ等の患畜・疑似患畜として殺処分される家畜については，**特別手当金**を交付し，通常の手当金と合わせて評価額全額を交付
8. ただし，通報などの防止措置を怠った者に対しては，手当金・特別手当金を減額又は不交付

3）法改正を受けた飼養衛生管理基準及び防疫指針の見直し

この法改正を受けて，同年10月1日には**飼養衛生管理基準**を改正し，飼養衛生管理の基本となる事項について，より具体的にわかりやすく規定するとともに，口蹄疫に関する特定家畜伝染病防疫指針についても，発生時に備えた国・都道府県の事前準備の明確化や通報から病性判定に至るプロセスの改善，発生確認時の国と都道府県の連携及び予防的殺処分の実施手順の明確化等を図るため，都道府県の意見を聴いた上で大きく見直した．

（2）飼養衛生管理基準の見直し

口蹄疫のような悪性家畜伝染病は，ひとたび発生すると，畜産にとって甚大な被害をもたらす．これらの家畜伝染病による被害を最小限に止めるためには，「発生の予防」，「早期の発見・通報」及び「迅速・的確な初動」が重要である．

「発生の予防」のためには，家畜伝染病予防法の改正によって強化された空港や海港における輸入検疫と並んで，農場において日頃から適切な飼養衛生管理が実践されることが極めて重要である．家畜伝染病予防法は，農林水産大臣が飼養衛生管理基準を定めるとともに，家畜の所有者が遵守することを義務付け，「飼養衛生管理基準」の内容も大きく見直された．

平成23年に家畜伝染病予防法が改正される以前の飼養衛生管理基準は，畜種別に分けられることなく全畜種共通で設定されていたが，今回は牛等（牛，水牛，鹿，めん羊，山羊），豚等（豚，いのしし），鶏その他家きん，馬の4つの畜種に分け，かつ，

①農家の防疫意識の向上
②消毒等を徹底するエリアの設定
③毎日の健康観察と早期通報・出荷停止
④埋却地の確保等
⑤大規模農場における追加措置

といった事項に留意しつつ，衛生管理の基本となる事項について，より具体的にわかりやすく規定された．

図 11-1　衛生管理区域のイメージ

1）飼養衛生管理基準の具体的内容

飼養衛生管理基準の各項目における具体的内容は，以下の通りである．

①農家の防疫意識の向上

畜産農家は，伝染性疾病の発生の予防及びまん延の防止に関する家畜保健衛生所から提供される情報を確認し，家畜保健衛生所の指導に従うことや家畜防疫に関する情報を積極的に把握することなどが規定された．

これは，口蹄疫などの感染力の高い疾病のまん延を防ぐためには，正しい情報が適時適確に伝達されることが非常に大切であることから定められた基準である．

②消毒等を徹底するエリアの設定

ⅰ）**衛生管理区域**の設定

畜産農家の農場敷地内に，畜舎やその周辺の飼料タンク，飼料倉庫，生乳処理室及び農機具庫等を含む，より衛生的な管理を必要とする区域として，衛生管理区域を設定することを規定した．

ⅱ）衛生管理区域への病原体の持ち込み防止

衛生管理区域を設定した上で，衛生管理区域内に家畜の伝染性疾病の病原体を持ち込まないようにすることが重要である．そのため，

・衛生管理区域に立ち入る車両
・衛生管理区域に立ち入るヒト
・衛生管理区域に持ち込む物品

消毒用ポンプ

消石灰帯の設置

ポリタンクを改良した長靴用消毒容器

踏み込み消毒槽

ブーツカバー

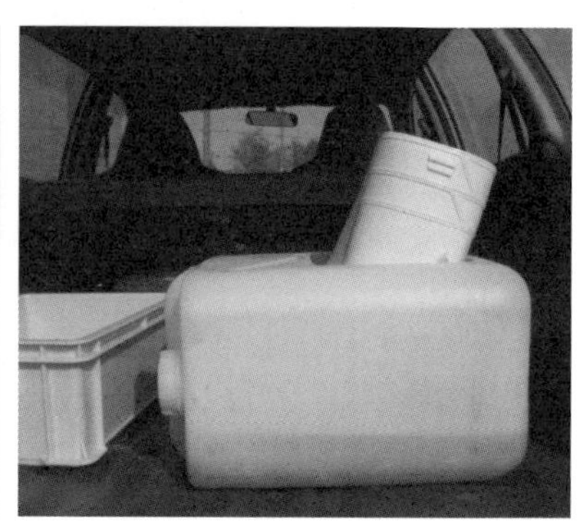
長靴用消毒容器の車載例

写真11-1　農場における消毒の工夫

牛舎に設置された防鳥ネット

清掃された飼槽とウォーターカップ

写真11-2　農場における野生動物の侵入防止

等に対して，必ず洗浄や消毒を行うこととした．

iii）野生動物からの病原体の感染防止

衛生管理区域に立ち入る車両については，病原体の持ち込みを防止するための措置として洗浄や消毒の実施が義務付けられたが，それ以外に**野生動物**からの感染が想定されることから，給餌設備や給水設備に野鳥などの野生動物等の排せつ物等が混入しないよう，普段から清掃や消毒を行うことや飲用に適した水を給与することなどが規定された．

iv）衛生管理区域の衛生状態の確保

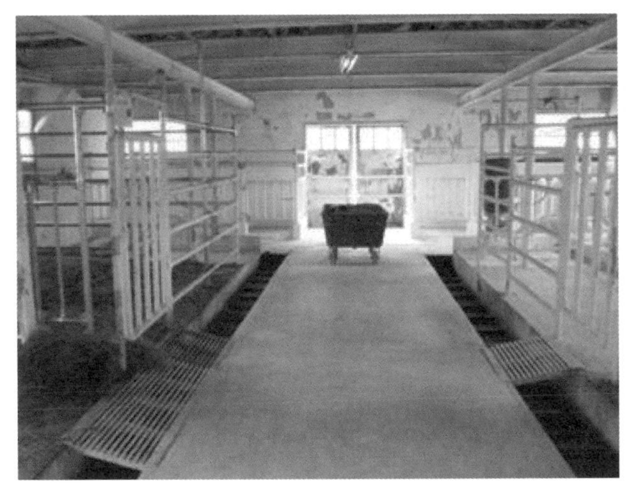

消毒（石灰乳塗布）された畜舎

整理整頓された飼料置き場

写真 11-3　衛生管理区域の衛生状態を確保するための取組み

衛生管理区域を設定し，衛生管理区域への病原体の持ち込み防止のための措置を行った後には，衛生管理区域を常に清浄な状態に保つことが重要である．そのために，以下の措置を行うことが規定された．

・衛生管理区域内にある畜舎等の施設や器具の清掃又は消毒を定期的に行い，注射針や人工授精用器具など家畜の体液が付着する物品は基本的に１頭ごとに交換又は消毒を行うこと．
・出荷や移動により，畜房やハッチが空になった場合には，清掃及び消毒を行うこと．
・家畜の健康に悪影響を及ぼすような過密な状態で家畜を飼養しないこと．

③毎日の健康観察と早期通報・出荷停止

発生予防に加え，毎日の健康観察と早期の発見・通報が重要であり，異状が確認された場合の対処も規定された．

ア．飼養する家畜に**特定症状**が確認されたときは，直ちに家畜保健衛生所に通報すること．また，その際には，農場からの家畜及びその死体，畜産物並びに排せつ物の出荷及び移動を行わないこと．

イ．特定症状以外の異状が確認された場合にも，直ちに獣医師の診療を受け，当該家畜が監視伝染病にかかっていないことが確認されるまで，農場からの家畜の出荷及び移動を行わないことや，監視伝染病であった場合に他の畜舎から出荷が可能かどうかについて，病勢に応じた家畜保健衛生所の判断に従うこと．

ウ．飼養家畜について，毎日健康観察を行うこと．

エ．家畜を導入する際には健康状態を確認するとともに，導入後は家畜の伝染性疾病にかかっている可能性のある異状がないことが確認されるまで他の家畜との接触を避けて飼養すること．

オ．家畜を出荷する際には，当該家畜の健康状態を確認すること．

④埋却地の確保

口蹄疫，牛肺疫などが発生してしまった場合，まん延を防ぐためには殺処分，焼埋却等の防疫措置を迅速に行うことが極めて重要となるため，口蹄疫などの発生に備えて，予め埋却用の土地（成牛１頭当たり5㎡が目安）の確保又は焼却若しくは化製処理のための準備を行うことが規定された．

⑤大規模農場に関する追加措置

牛では成牛200頭以上（育成牛は3,000頭以上）の大規模所有者に対しては，予め担当の獣医師や診療施設を定めておくことや従業員が特定症状を確認した際には，直ちに家畜保健衛生所に通報することを農場内

泡沫性流涎（黒毛和種）

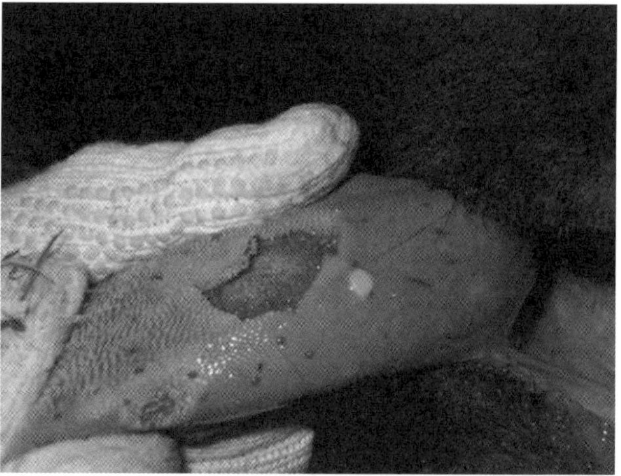
舌のびらん（黒毛和種）

写真 11-4　特定症状の例（口蹄疫）

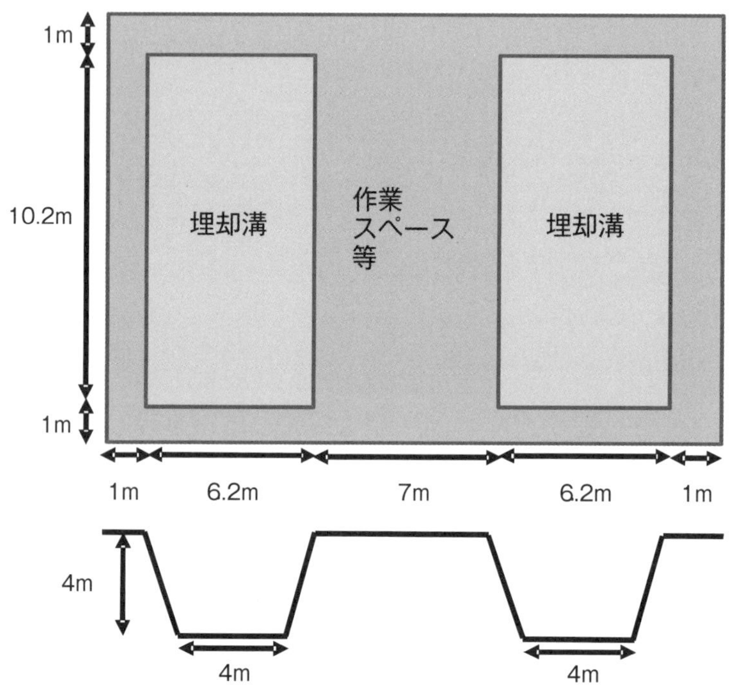

図 11-2　埋却に必要な標準的な面積のイメージ

のルールとして作成しておき，これを全従業員に周知することが規定された.

これは，大規模農場で発生した場合，当該地域においてまん延するリスクが高まることを考慮して設けられた規定である.

2）関係者の取組み

飼養衛生管理基準は，家畜伝染病予防法では家畜の飼養者が遵守すべき基準となっているが，飼養者だけではなく，農場へ入場する様々な関係者も防疫に対する高い意識を持って取り組む必要がある．具体的に

衛生管理区域の立入時の記帳、車両消毒及びその説明の設置事例

写真 11-5　農場へ立ち入る際の消毒

は，農場に入場する際には，以下を遵守する必要がある.

①農場に設置されている消毒設備を用いた適切な消毒の実施

②農場にこれらの設備が設置していない場合に備えた消毒装置の携行

③家畜に直接触れる器具・機材の適切な消毒又は洗浄

④入場記録への記入

これらは，農場側から見ると，伝染性疾病の発生やまん延を防止するために必要な措置であるし，畜産関係者にとっては，自らが病原体を農場に持ち込まないための措置である.

(3) 飼養衛生管理基準の遵守

家畜伝染病予防法では，飼養衛生管理基準の遵守を促すため，以下の措置を規定している.

1) 定期の報告

家畜の所有者の遵守意識を高めるとともに，都道府県が適確な衛生指導を進め，家畜伝染病の発生時には，迅速に防疫対応するためには，個々の農場における家畜の飼養や衛生管理の状況を把握しておく必要がある．そのため，家畜の所有者は，毎年，飼養頭数及び衛生管理の状況を都道府県に報告することが義務付けられた．都道府県は，報告内容を確認し，必要があれば，指導するため，原則として毎年，農場への立入調査を行い，定期報告の概況を国に報告している.

2) 指導及び助言

飼養衛生管理基準を遵守しない場合，都道府県が段階的に必要な措置を講じることとなる．まずは家畜の所有者に対して自発的な改善を促すため，都道府県は必要な指導及び助言を行うこととなる．さらに，指導及び助言をしても改善が認められない場合は，都道府県が改善を勧告することとなる．仮に，勧告に従わない場合，最終的には，必要な措置を命令することになる.

3) 手当金の減額

口蹄疫，牛肺疫等の特に伝播力が強く，病原性が高い疾病については，農場で発生が確認された場合，この農場のすべての家畜を疑似患畜として殺処分しなければならず，経営の継続が困難になってしまう．そのため，改正された家畜伝染病予防法では，通常の手当金に加えて，特別手当金の上乗せを行うことによっ畜舎等の消毒を徹底したところ、子牛の下痢、呼吸器病の発生が減少。

空房、空ハッチの清掃及び消毒　　ローラーや刷毛を用いて石灰乳を入念に塗布

写真 11-6　衛生管理の徹底による効果

て，家畜の評価額に該当する手当金が交付することを規定している．ただし，伝染病の発生予防やまん延防止を怠った者に対してまで交付することは適切ではないとの観点から，飼養衛生管理基準を遵守していない，あるいは，伝染病の通報を怠った者などには，手当金を交付しない，あるいは返還させることも規定されている．

注）平成22年11月から23年3月にかけて高病原性鳥インフルエンザの発生が確認された24事例のうち，4事例については，通報の遅れ，飼養衛生管理に不備があったことなどを理由として，特別手当金が減額された．

(4) 飼養衛生管理の向上に対する取組みと効果

飼養衛生管理基準の遵守も含めて，農場における衛生管理を徹底することによって，悪性伝染性疾病の発生やまん延を防止する効果のみならず，慢性疾病の予防，育成率や増体の向上など，経営面でも大きな効果が期待される．また，個々の農場における衛生管理が向上すれば，地域全体の衛生水準の向上も図ることが可能となる．すなわち，地域ぐるみでの対応がより大きな効果を上げることになるため，地域の家畜保健衛生所等との連絡を密にし，地域の畜産農家が連携して飼養衛生管理基準の遵守に取り組んでいくことが大切である．

藁田　純（農林水産省　消費・安全局）

2. 疾病と衛生管理

現在，畜産業界においても他の産業と同様に流通の広域化が鮮明となってきており，ホルスタイン種などの乳牛にかぎらず黒毛和種などの肉牛においても，家畜市場を介した地域内での移動だけでなく，長時間の輸送を行い遠方から導入するケースが珍しくなくなっている．この牛の移動に伴い，感染症の原因である病原体も移動しいているのが現状である．また，牛は移動や新しい群編成に伴うストレスで免疫力が低下し，感染症に罹患しやすい状態に陥ることが明らかになっている[1]．

感染症は，ウイルス・細菌・寄生虫などの病原体と，牛舎構造・温度・換気・密度などの環境要因および，日齢・栄養状態・免疫力などの牛の状態が複雑に絡み合って発症すると考えられている．そのため，肉牛を飼育する農家においては，消毒等による病原体の侵入阻止，飼養環境の適正化，ストレスの軽減や良好な栄養管理により牛の免疫力を低下させないなどの適正な衛生管理を行い，感染症などの疾病を未然に予防する必要がある．本節においては，牛において疾病発生とかかわりの深い**衛生管理**上の問題点と対処法について記載する．

(1) 輸　送

牛は**輸送ストレス**により**免疫力**が低下する[2,3]ことが知られており，酪農家から子牛育成農家への輸送や，繁殖農家から肥育農家への輸送が免疫力の低下を引き起こし，感染症の発症の要因となっている．特に冬季の輸送は，牛をトラックの荷台で寒風にさらすことになり，その寒冷感作が牛の免疫力をさらに低下させ，導入後の感染症多発の原因となっている[4]．

冬季の寒冷時に長時間輸送を行うと，牛に強いストレスが加わり，牛におけるストレスの指標である血清コルチゾール濃度が増加し（図 11–3），ビタミン A を激しく消費するとともに（図 11–4），免疫細胞（総成熟 T 細胞である CD 3 陽性細胞）数が減少してその回復には 2 週間程度の期間を要する（図 11–6）．**ビタミン A** はストレスによる障害を防止することが知られており[5]，牛においてビタミン A はストレス時に消費量が大きくなることが報告されている[6]．また，ビタミン A は白血球の免疫反応を増強すること[5]．ストレスによって分泌された**糖質コルチコイド**は免疫力を抑制すること[7]から，輸送後の免疫低下は，牛に加わった強いストレスによるものと考えられる．

そこで，輸送時に**保温ジャケット**を着衣させると，牛に加わるストレスが軽減し（図 11–3），ビタミン A の消費は少なく（図 11–4），輸送後の免疫細胞数の減少は 1 週間以内に回復する（図 11–5）．これは，保温ジャケットが輸送中にトラックの横から流れ込む強い寒風による体温の発散を防止するため，冬季のトラック輸送における移動ストレスおよび寒冷ストレスのうち寒冷ストレスが軽減されたことが要因と考えられる．

牛において輸送ストレスを軽減して，輸送後の免疫低下を防ぐためには，寒冷，暑熱および過密など輸送中に加わるストレスを出来るだけ排除することに加え，輸送前もしくは輸送直後にビタミン A を給与することが重要である．

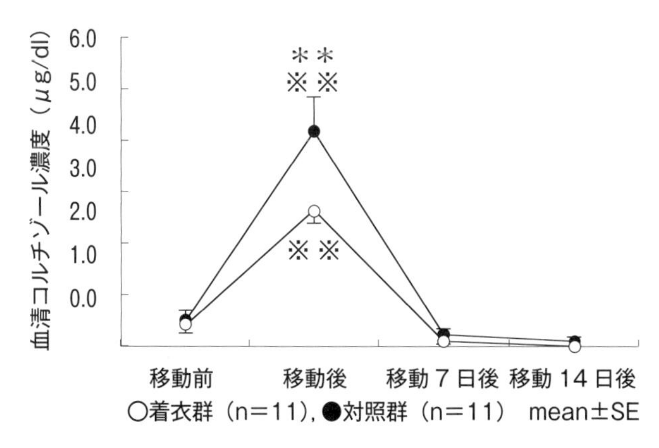

冬期における保温ジャケット着衣の有無と子牛のストレス
図 11–3　移動前後におけるストレス指標の推移
※※：輸送前との間で有意差あり（$P<0.01$）
＊＊：群間で有意差あり（$P<0.01$）

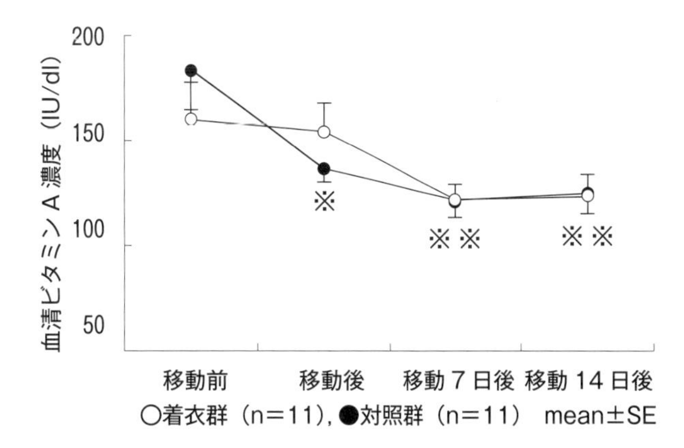

冬期における保温ジャケット着衣の有無と子牛のストレス
図 11–4　移動前後における血清ビタミン A 濃度の推移
※：輸送前との間で有意差あり（$P<0.05$）
＊：群間で有意差あり（$P<0.05$）

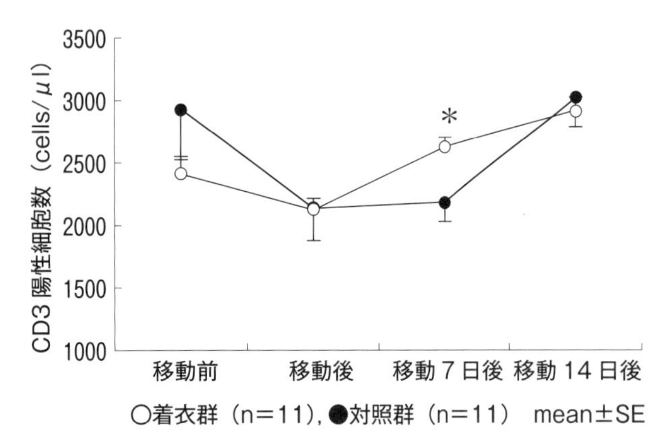

冬期における保温ジャケット着衣の有無と子牛のストレス
図 11-5　移動前後における免疫細胞数の推移
＊：群間で有意差あり（P<0.05）

(2) 移動後の群編成

子牛は**移動ストレス**により免疫力が低下し，その免疫力の回復には 1 週間以上かかることが知られている[4]．そのため，少なくても移動後 1 週間は子牛が免疫力を回復させる大事な時期であり，移動後の飼育管理の善し悪しは，その後の子牛の免疫力に大きな影響を及ぼす．牛における**群編成**は，順位付け行動や闘争を引き起こし，牛に大きなストレスが加わることが知られている[8]．一般的に，子牛を育成農場や肥育農場に移動させた後は，移動してきた子牛同士で新しい群を構成させて，飼育管理を行うことが多いが，このような管理では，移動後における免疫力の回復期に新たなストレスを加えることになり，免疫力の回復を妨げるだけでなく，更なる免疫力の低下を引き起こす．

移動後に群管理を行った牛では，持続的に強いストレスが加わり（図 11-6），栄養状態が徐々に悪化する．また，移動ストレスによる免疫細胞（キラー T 細胞である CD 8 陽性細胞）数の減少は一時的に回復するものの時間経過とともに再び減少する（図 11-7）．個別管理を行った牛では，牛に加わるストレスが少なく（図 11-6），栄養状態および免疫細胞数が安定して推移する（図 11-7）．牛は，群構成により大きなストレスが加わることが知られており[8]，本試験では個別管理をした牛と群管理をした牛で，気温や給与飼料内容など飼育頭数以外の条件が同一であったことから，群管理をした牛に加わったストレスは，**群構成ストレス**によるものと考えられる．そのため，移動後すぐの群編成による群管理は，子牛に対して更に大きなストレスを加えることになり，栄養状態の悪化や免疫機能の回復を遅らせると考えられる[9]．

移動後の回復期には個別管理を行い子牛に与えるストレスを少なくする事が重要である．また，移動後のワクチンの接種は，個別管理において免疫力が回復する移動 7 日後以降に行い，ワクチン株に対する抗体の獲得が見込まれるワクチン接種 2 週間後（移動 21 日後）以降に群管理に移行することが理想である．

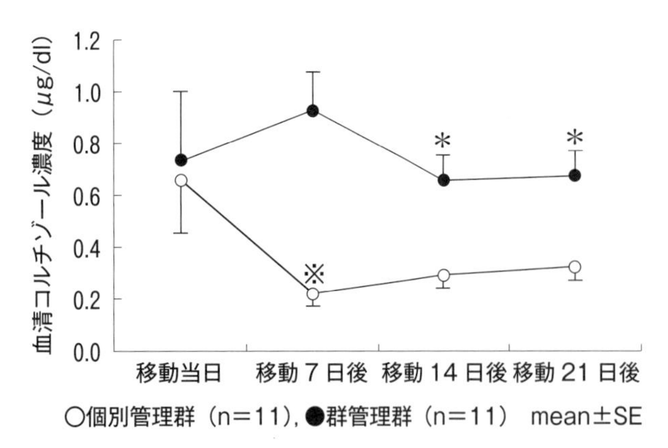

導入直後の群編成による子牛のストレス
図 11-6　各群における移動後のストレス指標の推移
※：輸送前との間で有意差あり（P<0.05）
＊：群間で有意差あり（P<0.05）

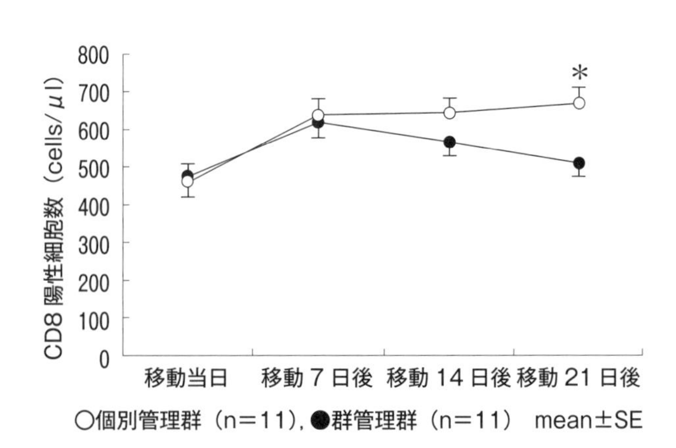

導入直後の群編成による子牛のストレス
図 11-7　各群における移動後の免疫細胞数の推移
＊：群間で有意差あり（P<0.05）

(3) 消　毒

消毒とは，病原性を有する微生物を死滅または除去して感染の危険性をなくすことであり，肉牛の飼育現場における消毒とは，感染を防ぐ菌数以下にすることを意味する．

特に，免疫システムが発達途中であるため抵抗力が弱い子牛は，細菌やウイルス等の病原性微生物の侵入に影響されやすく，下痢や肺炎等の感染症に罹患しやすい．一度感染症に罹患すると，治癒したとしてもその後の免疫不全や成長不良に繋がる危険性が高いため，適切な飼育管理やストレスの除去などにより子牛の免疫性を高めるだけでなく，適切な消毒により病原性微生物を減少させ感染の機会を低下させる必要がある．

肉牛の飼養現場における消毒の基本は，踏み込み槽設置などにより病原性微生物を畜舎内に持ち込まないこと，および畜舎消毒により飼育環境の病原性微生物を減少させることである．

1）病原微生物の侵入阻止

病原性微生物の持ち込みおよび持ち出しの阻止には，微生物の侵入経路を遮断する必要がある．

①農場出入り口

農場の出入り口は人や車等の出入りが多い場所であり，病原性微生物の侵入しやすい場所である．そのため，ロープや看板等を利用して衛生管理区域および出入り口を明確化して，出入り口には消石灰を散布するなどして衛生管理区域に侵入する病原性微生物の侵入を最小限に抑えることが重要である．

②畜舎出入り口

畜舎出入り口は，畜舎内への病原性微生物持ち込みの最後の砦であるため，厳重な衛生対策が必要となる．畜産関係者は長靴や衣服に様々な病原性微生物を付着させている可能性がある．そのため，最も有効な衛生対策は，畜舎に入る前に畜舎内専用の長靴や衣服に着替えることである．また，出入り口への**踏み込み槽**の設置も有効である．踏み込み槽は適切に設置および維持管理すれば，かなりの病原性微生物の侵入を防ぐことが出来る．消毒薬は一般的に糞などの有機物により消毒効果が減少することが知られている．そのため，消毒槽を設置するときには，汚れ落とし用の水が入った水槽と，消毒液の入った水槽の二つの水槽を設置して，初めに，水が入った水槽でブラシなどを用いて汚れを落としてから，消毒液の入った水槽で消毒することが，消毒槽を効果的に活用するために重要である．また，消毒薬の効果の維持時間は種類によって異なるため[10]，消毒薬ごとの効果維持時間内に交換すること，および効果維持時間内でも汚れてきたら，新しい消毒液に交換することが，消毒槽の維持管理上重要である．注意しなければならないのは，違う種類の消毒薬を同時に用いないことである．酸性である塩素系消毒薬などと，アルカリ性である消石灰などは同時に使用すると中和されて消毒効果が著しく減少する．たとえば，消石灰をまいた場所を歩いてきた長靴をそのまま塩素系消毒薬の入った消毒槽に入れる行為は，消毒槽の効果を減少させるので注意が必要である．

③野生動物の侵入阻止

鳥や狸など**野生動物**は，様々な病原性微生物を畜舎内に運んでくる可能性が高い．そのため，出入り口や窓などの畜舎の解放部位にネットなどを設置して，出来る限り野生動物の侵入を阻止する必要がある．

④導入牛の隔離

導入牛は，前に飼育されていた環境や，家畜市場，トラックなど様々な場所から病原性微生物を持ち込む可能性が高いため，一定期間個別で**隔離**管理を行い健康状態の観察をしたうえで，既存の畜舎内へ移動する．

2）畜舎消毒

畜舎消毒により飼育環境の病原性微生物を減少させるには，効果的な消毒方法を定期的に行う必要がある．

効果的に畜舎消毒を行うためには，畜舎の洗浄，乾燥，消毒の手順で行う必要がある．洗浄を行わずに消毒をしても，畜舎内には糞尿等の有機物が存在するため，消毒薬の効果が減少する．また，乾燥する前に消毒を行うと，残っている水分で消毒薬が希釈され，**消毒効果**が減少する可能性がある．個別ハッチなどは石灰塗布により消毒効果が認められる．また，畜舎全体の消毒については動力噴霧器による消毒にくらべ，発泡消毒のほうがより効果的であるとの報告もあり[11]，実施に際しては対象とする畜舎に適した消毒薬の種類や消毒方法を検討して行う必要がある．

(4) 栄　養

牛において，**栄養**の良否は疾病予防の観点からみても重要な因子である．特に子牛においては，成牛に比べ免疫力が不完全であるため，栄養状態を充足させて，免疫システムの正常な発達を促す必要がある．

牛は胎盤からの**免疫抗体（IgG）**の移行は全くなく，母体からの移行免疫の全てが初乳中の免疫抗体の吸収に依存している（図11-8）．そのため，**初乳**を飲んでいない子牛は，病原体に対して無防備な状態であり，感染症に罹患する危険性が著しく高い．免疫抗体は，初乳中の量や子牛の吸収力が出生後の時間経過に伴い低下していくため，十分な移行免疫を確保するために，ホルスタイン種子牛では，生後6時間以内に3 *l* の初乳を飲む必要があると報告されている[12]．ホルスタイン種に比べ体格の小さい黒毛和牛においても最低1 *l* 以上（出来れば2 *l*）の初乳を飲む必要がある．加えて，初産牛は初乳中の免疫抗体量が少ないため，子牛への移行量も少ない．そのため，初産の子牛は低免疫抗体血症であることが多く感染症に罹患しやすい．そこで，初産の子牛に母牛の初乳に加えて，市販されている**人工初乳**を飲ませることにより，十分な血中IgG濃度を確保することが可能であり，初産子牛の疾病予防に役立つ[13]．また初乳中には，常乳と比べて多くのビタミン，ミネラル，タンパク質などの栄養素を含んでおり，出生直後の子牛にとって欠かすことの出来ない栄養供給源であるため充分量の給与が必要である．

子牛の栄養生理から考えると，哺乳中の子牛における栄養供給源の大部分は，母乳や代用乳などのミルクに依存しているため[14]，ミルクの量が子牛の発育や免疫システムの発達に大きな影響を及ぼす．試験的にミルクの給与量を変えた子牛群について，給与期間中の栄養状態と免疫細胞数の推移を調査してみると，代用乳の量を1日500 g給与した500 g群に比べて，**代用乳**の量を1日800 g給与した800 g群のほうが，給与期間中の血清総コレステロール濃度（図11-9）および免疫細胞（総成熟T細胞であるCD 3陽性細胞）数が有

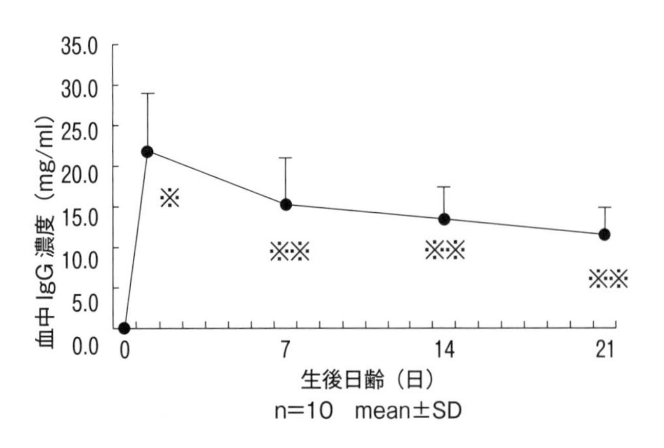

図11-8　初乳給与後の血中免疫抗体量の推移
0日の値に対して有意差あり，
※※：（P<0.01），※：（P<0.05）

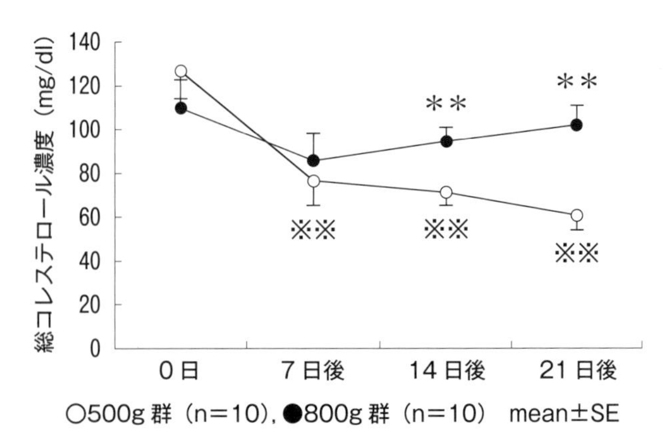

図11-9　各群における血清総コレステロール濃度の推移
※※：0日との間で有意差あり（P<0.01）
＊＊：群間で有意差あり（P<0.01）

意に高く推移した（図 11-10）．**総コレステロール**は牛の栄養状態を示す指標であり[15]，**成熟 T 細胞**は免疫システムに重要な役割を果たす細胞であることから，代用乳の給与量を増加させると，栄養状態が改善し，免疫細胞数が増加して，免疫状態が良好に保たれると考えられる．

免疫的に幼弱であり，反芻動物としての消化器系が未発達のためミルク以外の栄養吸収力が低い哺乳子牛を，下痢や肺炎などの感染症の危険から守るためには，初乳やミルクの量を適正に給与して，栄養状態を良好に保ち，免疫システムの発育を促進することが重要である．

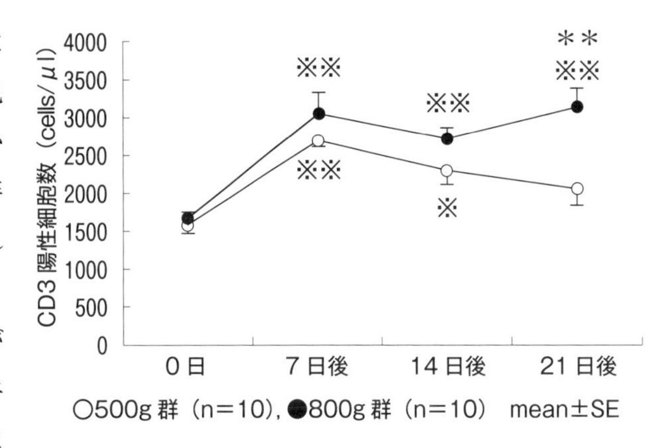

図 11-10　各群における免疫細胞数の推移
0 日の値に対して有意差あり，
※※：（P＜0.01），※：（P＜0.05）
＊：群間で有意差あり（P＜0.05）

(5) 水

水は牛などの動物だけではなく，我々人間においても必要不可欠なものである．牛の体を構成する総水分量は年齢や乳期によって変動はあるが約 56～80% であり，牛において飼養管理をするときに重要とされる栄養分（炭水化物，脂肪等），タンパク質，無機質（カルシウム等），ビタミン類等の合計よりも多い量であるだけでなく，栄養分や電解質等が細胞に出入りするため輸送，栄養素の消化や代謝，老廃物の排出，熱の発散等の動物が生きていくための生体活動において非常に重要な役割を果たしており，水は牛において最も重要な栄養素である．

牛の体内にある水分は，泌乳，尿や糞便の排泄，唾液の流出，汗や呼吸（肺）からの蒸発などにより損失するものであり，活動量，温度，湿度，呼吸量，水分摂取量等の要素に影響を受ける．特に暑熱時には体温を下げるため多くの水分（汗や呼吸）を損失する．水分の摂取不足は熱射病などの疾病発生の危険性を高める．牛において水分摂取障害は，他のあらゆる栄養素の摂取障害より重大な影響を与え，体の水分を 20% 失うと致命的となる．

哺乳子牛においては，水分補給だけでなく発達段階にある第一胃内での発酵の主役である嫌気性菌を増加させる環境を作るために水が重要な役割を果たすため，必ず子牛専用の水槽を準備して，綺麗な水を自由に飲ませる必要がある．

現在の畜産形態では，飼料の保存性を高めるために乾燥させた飼料を牛に給与することがほとんどであり，飼料中からの水分の摂取がほとんど望めないだけでなく，それらの乾燥した飼料を消化・吸収するためにも水分（乾物 1 kg 当たり 3.5～5.5 *l*）を必要とするため，水分必要量のほとんどが**飲水**により摂取される．例えば肥育牛において 1 日 10 kg の乾物摂取量があるとすれば，消化吸収だけに約 40 *l* の水が必要となる．暑熱環境下では，発汗や不感蒸泄による水分の消失のためさらに多くの水量を必要とする．この**飲水行動**は飼料摂取後に集中するため，牛舎内では一定の時間帯に大量の水を供給できるシステムが必要となる．給水システムの目的は，十分量の綺麗で安全な水を供給することであり，飲水に関するストレスを牛に与えないことが重要となる．牛には社会的上下関係が存在し，体の大きい 3 産以上の経産牛と初産牛のような明らかに上下関係がはっきりしている組み合わせで繋留すると，飲水行動は常時上位に位置する経産牛が優位になり，下位である初産牛は好きな時間帯に満足な量の水を飲むことが出来ずに大きなストレスを感じることが多い．上下関係が下の牛でも給水に障害が出ないように１群で最低２つ以上の給水施設を設置する必要がある．また，水槽はマイコプラズマなどの病原性微生物の重要な伝搬経路となるため，常に清掃を心掛け，綺麗な水を供供する必要がある．

(6) 環　境

牛を取り巻く**環境**要因の中で大きなウエイトを占めているのが牛舎内における空気の状態である．牛舎内の空気には，温度，湿度，臭気（アンモニア濃度）など牛にストレスを与える要因が複雑に絡み合いっている．畜舎内の環境の中で牛の生産性や健康に最も影響を及ぼしているのは，暑さや寒さの温度である．

特に肥育牛は，多くの脂肪を蓄積していることに加え，大量の飼料を摂取して第一胃で発酵させておりその時発生する発酵熱により，哺乳子牛や育成牛に比べて暑さに弱い傾向があり，肥育牛における生理環境限界は30℃である．外気温と湿度が上昇すると，体表面と外気温との差が少なくなり，体表から水分が気化蒸発して放出される潜熱の量が低下する．**体感温度**が20℃を超えると潜熱が低下するため，呼吸数を増加させ体熱の放散を促進させ，22℃を超えると体温が上昇し始め食欲の低下が見られる．また，25℃以上では体温が39.0℃を超えてストレスが大きくなり，27℃を超えると食欲が激減する．暑熱は食欲低下だけでなく，受胎率にも悪影響を与えて肉牛の生産性に大きな負の影響を及ぼす．

牛の体感温度は気温だけでは判断できない．牛における体感温度を求める数式は以下の２種類が活用されている．

湿度を考慮した体感温度：体感温度＝0.1～0.35×乾球温度＋0.65～0.9×湿球温度

風速を考慮した体感温度：体感温度＝気温$-6\sqrt{\text{風速}}$

このように，牛における体感温度には，気温だけでなく湿度と風速が大きく影響する．この事から，夏場の**暑熱対策**には気温以外に，定期的な堆肥出しにより牛舎内の湿度を低くする事と，換気やファンなどを活用して牛舎内に風（気流）を作る事が重要である．

夏場では暑熱対策の一環として換気を行っているが，注意すべきは冬場の換気である．寒さを軽減するために牛舎を締め切りにすると換気不良により牛舎内の**アンモニア**濃度が高くなる．アンモニア濃度が高くなると気管や肺などの気道粘膜を障害することにより局所免疫が低下して，風邪等の呼吸器感染症に罹りやすくなる．冬の牛舎内では気温と牛体表面から出る温度差により上昇気流が発生するので，天井から排気してなるべく下の窓から空気を流入させると効果的に換気が出来る．

群管理を行う場合に問題となるのが飼育密度である．**飼育密度**が過度に高い場合には，牛は強いストレスを受けて免疫低下の一因になるだけでなく，アンモニア等の有害ガスの濃度が高くなるなどの飼育環境汚染の進度も早く，疾病発生の危険性が高い．また，飼育密度が高くなればなるほど，牛個体間での**闘争行動**が激化し，弱い牛は採食行動が抑制されるため，家畜の生産性を低下させる要因となる．反対に，飼育密度が低く１頭当たりの休息スペースが広いほうが飼料摂取量が多く，増体量も大きい．フリーバーンでの休息スペースは，最低限１頭当たり６m^{2}が必要であるという報告もある[16]．動物福祉の観点からも可能な限り飼育密度を下げる必要がある．

松田敬一（宮城県・NOSAI宮城・家畜診療研修所）

参考文献

1）松田敬一．臨床獣医，30：22-27．2012.
2）Kegley EB, Spears JW, Brown TT Jr. Journal of Animal Science, 75: 1956-1964. 1997.
3）Schaefer AL, Jones SD, Stanley RW. Jornal of Animal Science, 75: 258-265. 1997.
4）松田敬一，大塚弘通．日本家畜臨床感染症研究会誌，6：1-8．2011.
5）Barbul A, Thysen B, Rettura G, *et al*. Journal of Parenteral and Enteral Nutrition, 2: 129-138. 1978.
6）Adachi K, Fukumoto K, Nomura Y, *et al*. Journal of Veterinary Medical Science, 60: 101-102. 1998.
7）植竹勝次．家畜診療，55：177-181．2008.
8）阿部憲章，木戸口勝彰，菊池文也．岩手県獣会師会報．34：88-91．2008.
9）松田敬一，大塚弘通．宮城県獣医師会会報，66：178-182．2013.
10）横関正直．鶏病研究会，15：155-158．1975.
11）横関正直，速水紀文．畜産の研究，52：909-10．1998.
12）Victor S Cortese. Veterinary Clinics of North America Food Animal Practice, 25: 221-227. 2009.
13）Matsuda K, Watanabe A, Otsuka H, Kawanura S. Medicine and Biology, 150: 52-57. 2006.
14）木村信熙，後藤篤志．臨床獣医，30：16-21．2012.
15）松田敬一．家畜診療，58：651-660．2011.
16）Phillips C, Principles of Cattle Production Systems. pp 170-216. CABI. Wallingford. 2001.

3. 感　染　症

(1) BSE

1）疾病と病原体

牛海綿状脳症（Bovine spongiform encephalopathy：**BSE**）は牛の脳組織に空洞ができ，スポンジ状に変化する病気である．中枢神経系の異常により，痙攣や，音や接触に対する過敏な反応を示すなどの異常行動がみられるようになる．この時期の牛は，人がコントロールできないほど狂暴となるため，**狂牛病**と呼ばれたこともあった．病状の進行にともない，やがて運動機能が失われ，起立不能となり死亡する．

原因となる病原体の**プリオン**は，宿主の膜蛋白である正常型プリオンタンパク（PrPc）の構造異性体である異常型プリオンタンパク（PrPSc）を主要構成要素としている．病気が牛由来のものであることを表すためには，BSE プリオンと呼ぶ．プリオンは，熱やその他の物理化学的処理に対し抵抗性があるため，通常の高圧滅菌でも完全に不活化できないばかりか，紫外線照射やアルコール・ホルマリン浸漬などの処理，および多くの消毒薬にも抵抗性を有し，完全不活化が困難である．プリオンの感染性を極めて減弱させるためには，134℃以上の高圧蒸気滅菌，もしくは1～2Nの水酸化ナトリウム溶液への浸漬や3% 以上の次亜塩素酸ナトリウム溶液への浸漬が有効である．

宿主である牛が，このプリオンを経口摂取することで感染が成立し，感染のサイクルがまわる．具体的には，飼料への感染動物の**肉骨粉**の混入が**感染源**であると考えられている．羊の**スクレイピー**（Scrapie）や，鹿科動物の**慢性消耗病**（Chronic wasting disease：**CWD**），人の**クロイツフェルト・ヤコブ病**（Creutzfeldt-Jakob disease：**CJD**）などの総称として**伝達性海綿状脳症**（Transmissible spongiform encephalopathy：**TSE**）との表記もあるので整理して理解することが必要である．人の変異型 CJD の病原体の性状は BSE プリオンと区別できないことから，BSE プリオンが人に感染した結果と考えられている．

2）背景と問題点

BSE の起源は，羊のスクレイピーとする説と，もともと牛でわずかながら発生する牛固有の疾患とする

表11-1　世界のBSE発生件数の推移

	1992	2001	2002	2003	2004	2005	2006	2007	2008	2009	2010	2011	2012	2001～2012の計
全体	37,316	2,215	2,179	1,389	878	561	329	179	125	70	45	29	21	8,020
英国	37,280	1,202	1,144	611	343	225	114	67	37	12	11	7	3	3,776
英国を除く欧州全体	36	1,010	1,032	772	529	327	199	106	83	56	33	21	16	4,184
フランス	0	274	239	137	54	31	8	9	8	10	5	3	1	779
オランダ	0	20	24	19	6	3	2	2	1	0	2	1	0	80
デンマーク	2	6	3	2	1	1	0	0	0	1	0	0	0	14
アメリカ	0	0	0	0	0	1	1	0	0	0	0	0	1	3
カナダ	0	0	0	2	1	1	5	3	4	1	1	1	0	19
日本	0	3	2	4	5	7	10	3	1	1	0	0	0	36
イスラエル	0	0	1	0	0	0	0	0	0	0	0	0	0	1
ブラジル	0	0	0	0	0	0	0	0	0	0	0	0	1	1

両説が存在する．イギリスでは**レンダリング**によって製造された肉骨粉を栄養強化のため代用乳に添加していたため，これらの代用乳を飲んだ乳牛での発生が多い．1986年から2004年までの間に，英国では18万頭余の牛がBSEと診断された．発症の拡大に伴って，ヨーロッパでも2000年頃から流行が見られるようになった．これは，英国で製造された肉骨粉が輸出されたことによる．2001年と2002年には，フランス，オランダ，デンマークなどの畜産国をはじめ，多く欧州諸国に発生が拡大し，英国を除く欧州全体でも，1,000頭を越える発生が見られた．その後は減少し，2012年には世界全体でも21頭と激減している（表11-1）．また，2001年9月には日本でもBSEの発生が千葉県で確認され，2009年までに36頭の感染が確認された．国内での発生の原因は不明のままであるが，輸入飼料原料で作られた代用乳が原因として最も疑わしい．

3）**現状と対応策**

日本国内でも，BSE発生以前は肉骨粉を飼料として牛に与えていた．しかし，2001年9月にBSEの国内発生が確認され，翌月の2001年10月以降，肉骨粉を飼料として使用することを法律で規制し，主要な感染源と考えられるリスクをコントロールした．その結果，2002年1月以降に生まれた牛では，BSEに感染した牛は現時点で発見されていない．この結果からも，肉骨粉を飼料として使用することのリスクが大きいことが示唆され，牛における感染対策は飼料のコントロールが大きな効果を発揮した（表11-2）．

一方，牛肉製品によるヒトへの感染対策としては，次の方法がとられた．と畜場では，**と畜場法**及び**牛海綿状脳症特別措置法**に基づき，牛が解体される際に，脳（延髄）からサンプルを採取し，BSE病原体（異常プリオン）があるかどうかを調べる**BSE検査**を開始した．BSE検査の始まった2001年から2013年3月末までに，日本国内のと畜場で約1,404万頭の牛に対するBSE検査が実施され，21頭の感染牛が発見された．また，と畜場への搬入前に農場等で死亡した牛の検査結果を含めると，これまでに日本国内で合計36頭のBSE感染牛が発見された．BSEの全頭検査結果により，BSEの汚染状況の把握が正確にできたことは，消費者の安心のために一定の効果があったと評価できる．上述のように，2002年以降生まれの牛でのBSEの発生がまったく見られないこと，また全頭検査での検出も2010年以降見られなくなったことを受け，2013年6月3日に牛海綿状脳症特別措置法施行規則が改正され，同年7月1日より，48カ月齢を超える牛のみが検査対象牛となったことから，国内の多くの肉用肥育牛は検査対象外となった．また，異常プリオンは牛の体内の特定の部分に集中して蓄積することが知られていることから，と畜場法及び**食品衛生法**に

表 11-2　BSE 対策の推移

	国内対策				輸入対策	
	検査対象	牛への対策	食肉への対策	その他	米国・カナダ	ヨーロッパ
1996 年 3 月						英国産：禁止
2000 年 12 月						EU 産：禁止
2001 年 9 月	1 頭目の国内発生例確認					
2001 年 10 月	全頭検査	肉骨粉飼料完全禁止	特定危険部位の除去・消却義務づけ 頭部（舌，頬肉以外），脊髄，扁桃，回腸遠位部			
2002 年 6 月				牛海綿状脳症対策特別措置法の公布		
2003 年 5 月					カナダ産：禁止	
2003 年 12 月					米国産：禁止	
2004 年 2 月			脊柱使用禁止			
2005 年 8 月	21 カ月齢以上					
2005 年 12 月					20 カ月齢以下輸入再開	
2009 年 4 月				ピッシング禁止		
2009 年 5 月				OIE 総会で「管理されたリスクの国」認定		
2013 年 2 月			30 カ月齢超の脊柱使用禁止		30 カ月齢以下に変更	フランス（30 カ月齢以下），オランダ（12 カ月齢以下）輸入再開
2013 年 4 月	30 カ月齢超		除去・消却義務づけ 30 カ月齢超の頭部（舌，頬肉以外），脊髄 全ての月齢の扁桃，回腸遠位部			

基づき，と畜場等で**特定危険部位**（**SRM**）が除去されている．これら，牛個体毎の検査と，特定危険部位の除去との組み合わせにより，食肉としての安全性は現状では十分保証されていると考えられる．

（2）口蹄疫

1）疾病と病原体

口蹄疫（**FMD**：Foot-and-mouth disease）は**口蹄疫ウイルス**によって引き起こされる疾病で，**偶蹄類**にみられる**急性熱性伝染病**である．牛や豚などの口腔や鼻腔粘膜，蹄部に水疱や糜爛（びらん）を形成する．このウイルスによる感染症は伝播力が非常に強く，処女地では急速かつ広範囲に感染拡大が起こる危険性が高い．また，**国際獣疫事務局**（**OIE**：Office International des Epizooties）が家畜の貿易の際に重要な家畜伝染病リストに掲げる疾病であるため，感染動物の**殺処分**や焼却・埋設などの処置が必要となり，経済的ダメージが大きい．わが国では**法定家畜伝染病**に指定されている．牛は豚より感受性が高いが，反対に豚が感染すると牛の 1,000 倍以上のウイルスを放出するため，豚での感染はこのウイルスの流行拡大に大きな要因となる．このウイルスは牛や豚のほか，水牛，めん羊，山羊などの偶蹄類家畜や，イノシシやシカなどの野生動物にも容易に感染することが知られており，極めて広い感受性宿主域（偶蹄類 39 種，げっ歯類 11 種）を持つ．人に対する病原性はほとんどないが，吸引されたウイルスは扁桃などで 24 時間以上感染力を保ったまま保持されることがある．

原因となる口蹄疫ウイルス（Foot-and-mouth disease virus）は，ピコルナウイルス科（Picornaviridae），アフトウイルス属（Aphtovirus）に属し，＋鎖の 1 本鎖 RNA ウイルスで**エンベロープ**を持たない．口蹄疫ウイルスには，抗体の交差反応性が見られない異なる血清型があり，発見された順番に **O 型**，**A 型**，C 型，

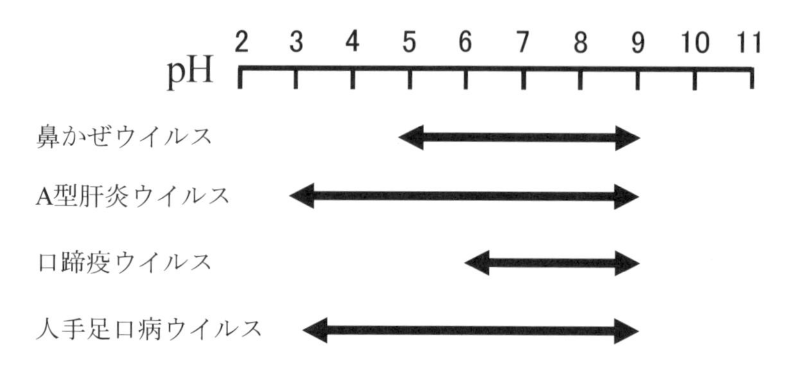

図11-11　口蹄疫と類似したピコルナウイルスのpH安定性

表11-3　口蹄疫ウイルスの生存期間の目安

対象物	環境状況	生残期間
筋肉（食用肉）	1～4℃	1～3日
敷料（ワラなど）	～15℃*	～4週
飼料（ふすま，乾草）	～15℃*	～9週
衣類，靴（土壌）	～15℃*	～9週
水	～15℃*	～2週

*温度（湿度）により生残期間は変動する

SAT-1型，SAT-2型，SAT-3型，Asia-1型の7種類が確認されている．世界的な発生件数はO型によるものが最も多いが，SAT1～3型はアフリカ，Asia1型は中東およびアジアというように発生には地域性が認められる．これらの血清型にはさらに，ワクチンの互換性の見られないサブタイプが存在することも知られている．エンベロープを持たないため，アルコールや界面活性剤などの消毒剤に抵抗性を示すが，熱やpHギャップには感受性である．低温下では比較的長期間生存することが報告されているため，感染源であるウイルスの導入や伝播にとって有利に働く（図11-11，表11-3）．血清型によりそれぞれに対する感受性はやや異なるものの，加熱に対する抵抗性はA型とAsia-1型が比較的高い．pHギャップにはC型が最も影響を受けるとされている．

2）**背景と問題点**

日本では2000年と2010年に口蹄疫が発生した．2010年の事例はO型の大流行であり，国内初の豚の感染を伴い，約30万頭の家畜の犠牲を伴う国内畜産史上最大の災害となった．殺処分された牛は宮崎県内の22%にも達し，この中には宮崎県家畜改良事業団に飼養されていた肉用種雄牛49頭も含まれたことから，日本でも有数の肉用和牛生産地にとって極めて重大な損失となった（図11-12）．発生から防疫その他の問題点については多方面から検討され，2010年11月に国が「口蹄疫対策検証委員会報告書」を，2011年1月

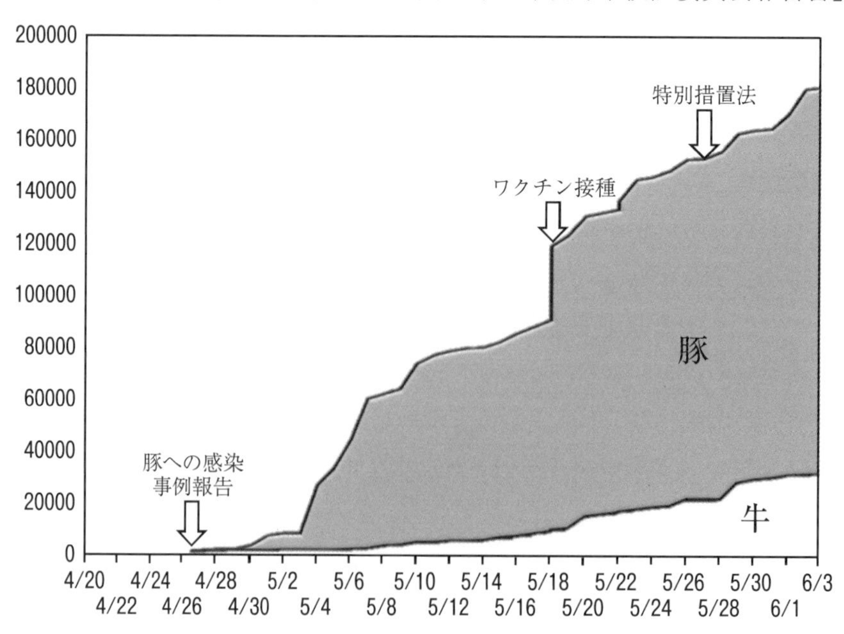

図11-12　口蹄疫（疑似を含む）と診断され殺処分された家畜頭数（累計）

には宮崎県の検証委員会が「2010年に宮崎県で発生した口蹄疫の対策に関する調査報告書（二度と同じ事態を引き起こさないための提言）」を公表した．一方，海外に目を向けるとアジア，アフリカの発展途上国を中心に口蹄疫常在国が多い．日本と関係の深い中国，香港，台湾，韓国，ベトナム，モンゴル，ロシアなど東アジア諸国では，2010年以降も，牛，豚，羊，山羊，ラクダ，シカ，イノシシ，水牛で，O型・A型・Asia1型の口蹄疫が発生している．韓国では，2010年1月〜6月にA型とO型の口蹄疫が発生したが，いずれも短期間で封じ込めに成功し，9月に清浄国に復帰した．しかし，同年11月に再発・拡大し，5,387農家の家畜約302万頭が犠牲となり，国内全ての牛と豚（約1,266万頭）を対象に**ワクチン**接種した．

3）現状と対応策

国内外の状況を踏まえ，農林水産省は「**口蹄疫に関する特定家畜伝染病防疫指針**」を平成23年10月に示し，「海外における発生状況の変化や科学的知見・技術の進展等があった場合には，随時見直す．また，少なくとも，3年ごとに再検討を行う」としている．この指針の一部を抜粋すると，「獣医師やその他の機関から，口蹄疫疑いの動物の発見が通報された際には，都道府県の家畜防疫員は異常家畜及び同居家畜の鼻腔，口唇，口腔，舌，蹄部，乳頭部等を中心とした徹底した**臨床検査**を行う．その際，全ての異常家畜（異常家畜が多数の場合は，代表的な数頭）の病変部位及び症状の好発部位をデジタルカメラで鮮明かつ多角的に撮影する．都道府県畜産主務課は，家畜防疫員による臨床検査の結果，次のいずれかの症状を確認した場合には，異常家畜の写真及び同居家畜の状況等の情報を添えて，直ちに動物衛生課に報告する．対象となる症状は，39.0℃以上の発熱及び泡沫性流涎，跛行，起立不能，泌乳量の大幅な低下又は泌乳の停止があり，かつ，その口腔内，口唇，鼻腔内，鼻部，蹄部，乳頭又は乳房に水疱，びらん，潰瘍又は瘢痕（外傷に起因するものを除く）があること」とされている．この内容からは，国は疑わしきは即検査をするのでなく，先ず写真判定を行なうことになっている．2000年と2010年の発生でも，最初の発見は必ずしも定型的な症状ではなかったことから，今後の**非定型的口蹄疫**の発生に有効かどうかは疑問が残る．

中国，台湾などの近隣諸国や，最近交流が増加しているベトナムを含む東南アジア諸国では，口蹄疫が依然，常在化している．韓国で分離された口蹄疫ウイルス株が日本やロシアで分離された株に近縁であることなど，東アジア地域での口蹄疫発生状況は国境線を超えて近隣諸国に拡大し，日本国内への侵入源となっている可能性が高い．世界的に見た本疾病の**初発原因**としては，汚染肉・畜産物・厨芥によるものが最多であり，これらの不適切な移動によって発生している．貿易・流通のグローバル化によって，人やモノの移動のみではなく疾病もまた越境的に拡大するリスクが高まっている．日本への口蹄疫再侵入のリスクを鑑みると，国際間，特に東アジア諸国との連携は必須であり，科学的かつ最新の情報を共有し，対策に活かすことが必須である．防疫のグローバリゼーションを図り，地域として本疾病をコントロールすることは，国内防疫を強化する上でも，経済的連携と並んで重要な課題である．

また，口蹄疫は牛や豚などの家畜に対する感染力の強さと与える社会的・経済的影響の大きさから，最も恐れられる家畜伝染病であるため，殺処分が基本となっている．現在実施されている殺処分は300年前，イタリアで牛疫が発生した際に始められたもので，20世紀半ばに国際獣疫事務局が採用した．対策法として**ワクチネーション**もあるが，宮崎県で実施されたワクチネーションは，最終的に全てを殺処分するための手段であった．2001年に600万頭もの家畜が殺処分された英国での口蹄疫の大発生が契機となり，ワクチンと自然感染の識別ができるマーカーシステムの開発が推進された．これは，口蹄疫のウイルス粒子に含まれない非構成タンパク質（NSP）を自然感染のマーカーとする試みで，NSPを除去した精製ワクチンを用い，ワクチン接種動物にはNSP抗体がないことを利用して自然感染を否定する方法が開発されている．その結果，ワクチンは初期の選択肢とみなされ，これまでの「殺すためのワクチン」から「生かすためのワクチン」が可能になった．近年ではさらに遺伝子組換え技術を用いてより信頼性の高い**マーカーワクチン**の研究成果が実用化段階に入りつつある．今後，グローバリゼーションの加速する時代の中で，口蹄疫ウイルスの侵入は起こりうるという前提で，新たなワクチネーション戦略も念頭に置いた建設的議論を進める必要がある．

(3) 寄生虫などの農場衛生に重要な感染症

寄生虫感染症は牛に胃腸炎を引き起こし，子牛の発育不良や成牛の繁殖障害などをもたらすほかに他の病原微生物（一部**食中毒原因菌**も含む）の増殖や農場汚染などにも関与すると考えられており，これらのコントロールは農場衛生上重要である．

1) 子牛の胃腸炎の原因となる寄生虫

下痢を伴う子牛の**寄生虫性腸炎**の主因となるものは，**クリプトスポリジウム症**と*Eimeria*属による**コクシジウム症**がある．ともに原虫で，腸管内に寄生して糞便中に**オーシスト**を排出するなど，生物学的には共通性も多く有している．いずれも成熟オーシストの経口摂取により感染が成立する．子牛のクリプトスポリジウム症では*Cryptosporidium parvum*が最重要種であり，感染してからオーシストを排出するまでの期間が短いことや，生後間もない子牛の感受性が高いことなどから，比較的幼齢の子牛での発症が多い．クリプトスポリジウムは，ヒトの感染例も多く，公衆衛生の観点からも**感染源対策**は畜産農家にとって重要である．コクシジウム症は，*Eimeria*属原虫の感染によって発症し，臨床的に重要なの*E. zuernii*と*E. bovis*の2種類であるが，前者の方が**血便**などの重症化との関連が強い．これら2種類の原虫は混合感染もみられるが，それぞれ単独の感染でも病原性を示すと考えられる．

これらの原虫は，腸管粘膜に損傷を与え，炎症反応をきっかけとした腸内環境の急激な変化をもたらす．**乳頭糞線虫**などの**腸管内寄生線虫**も，子牛の腸炎の原因となる．それぞれの寄生虫の引き起こす初期のイベントとそれに対する宿主の免疫応答，それに加えて消化管内の常在菌や外来の病原性細菌などが複雑に絡んで発症や重症化につながるため，単に寄生虫感染症と捉えるのでなく，**複合感染症**と捉えた方がこれらの病態を理解しやすい．

2) 症状と病態

消化管内寄生虫を主因とする腸炎においては，寄生する虫体数に応じて症状が重篤化する傾向がみられる．原虫感染において共通する症状として，下痢，活力低下，食欲減退が初期に認められる．クリプトスポリジウム症は，1～4週齢の子牛が罹患しやすく，水様性下痢，腹痛，鼓腸などを呈する．早いものでは生後5～6日で，遅いものでは2カ月齢での発症もみられる．冬期の発症がもっとも多く，冬期の温度**管理失宜**による**寒冷ストレス**が子牛の感染防御能の低下をもたらすと考えられる．また梅雨時期にも発症が多く，この季節特有の寒暖差や，床材の水濡れなどの管理失宜と関連する．

初期の下痢便には未消化乳，粘液などが混じることもあり，血液が混じることも希にある．症状が進むと淡黄色の水溶性下痢便の排便回数が増加する．反対に，便意はあるが何も排泄されてこないという症状（**しぶり**）がみられることもあり，下痢は1週間以上持続する．罹患率は高いが致死率は低い．クリプトスポリジウムのオーシストは，腸管内ですでに成熟しているため，体外に出ることなく腸管細胞に再度感染して，原虫の生活環を維持する自家感染が生じる．このため，腸管内での感染量は増加し，持続性の下痢となり全身症状が悪化する．免疫学的に正常な子牛では，感染耐過後に一定の抵抗性が生じるため，再び重度感染を起こすことは少ない．

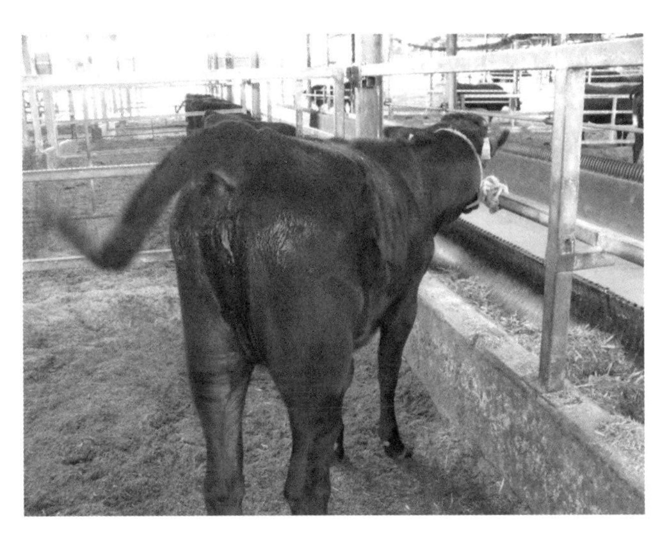

写真 11-7　出血性下痢による激しい努責（しぶり）のため挙尾状態の育成牛

コクシジウム症は，3～4 週齢以降の子牛でみられる．重症例では下痢に鮮血が混じり，しぶりがみられることが特徴である．血液を混じた下痢は，*E. zuernii* 寄生でより著明である．寄生数がある一定量以上に達すると食欲廃絶，抑うつ，腹痛が認められ，次第に下痢症状も重篤化して，**脱水**，**削痩**が著明となる．糞便 1 g 当たりの**オーシスト数**（**OPG**）が数万以上で血便が目立つようになる．免疫学的に異常がない場合，重度感染は初感染の子牛でみられ，急性に経過して死亡することもある．軽度感染では，血液の混じることのない下痢や，元気・食欲がやや低下する程度である．通常，コクシジウム症を耐過した子牛には**再感染抵抗性**が生じる．

乳頭糞線虫感染は，夏季（特に梅雨後期や秋の長雨のような，高温多湿な時期）にオガ屑牛舎で集団飼養されている 2～3 カ月齢の子牛で発生する．過去に感染を経験していない子牛が，短期間に多量の感染幼虫の感染を受けると，心停止による**突然死**を引き起こすことがある．この病状を呈するためには，体重 100 kg 当たり数十万匹以上の成虫寄生が必要である．軽度感染では，ほとんど無症状か，軟便や下痢を主徴とする軽度の腸炎症状を呈する．臨床症状がみられない場合も発育の遅延などの影響はあるとされている．

3）**診断・治療・予防**

クリプトスポリジウム，コクシジウムともに糞便内のオーシストを確認することが診断の基礎となる．クリプトスポリジウムのオーシストは下痢便内に大量に排出されるが，極めて小さい（4～5 μm）ため通常の**虫卵検査**に用いる光学顕微鏡の倍率では見逃す可能性が高い．検査法は種々選択できる．蔗糖浮遊法で集オーシストを行なった場合，新鮮なオーシストはピンク色に見えるが，抗酸染色などの染色標本を作製することが望ましい．最近では，免疫診断用の簡易診断キットも市販されている．*Eimeria* 属のオーシストはこれより大きく，重要種である *E. zuernii* は類円形（17～20×14～17 μm），*E. bovis* は卵円形（27～29×20～21 μm）である．コクシジウム症と診断するには，これらのオーシスト数（OPG）が多いことが重要で，OPG の少ない場合は，オーシストを検出しても症状とはあまり関連がない．通常は蔗糖液や飽和食塩液を用いた浮遊集卵法が有効であり，マックマスター法などで OPG を計数することは，農場の汚染状況や，個体の症状との関連，発症時期や感染源の把握に有効である．コクシジウム感染症をコントロールするためには種の鑑別が重要である．

クリプトスポリジウム原虫に有効な抗生物質および抗原虫剤はなく，オーシストは消毒剤にも抵抗性を示し，長期間にわたり環境中に常在する．**活性炭**を主体とした製剤あるいは飼料添加物の経口投与が，症状の軽減やオーシスト数の低減に有効な場合があるが，機序は良くわかっていない．対症療法としては，下痢による脱水や**アシドーシス**を補正し，栄養補給と体力回復を補助する必要がある．下痢により腸内細菌叢のバランスが崩れているので，腸内環境改善のために**生菌製剤**の投与も効果がある．完全な治療法がなく，感染した場合には対症療法を余儀なくされるため，子牛の状態を健康に保ち，感染源対策が決め手となる．子牛用の**哺乳器具**類の**熱湯消毒**は感染直後の子牛への感染防止に重要である．**カーフハッチ**などを**石灰乳**や，**スチームクリーナー**などの熱を利用して消毒することも効果的であり，農場からの感染源の除去に成功した例も報告されている．

コクシジウム原虫には，**スルファモノメトキシン**，**スルファジメトキシン**などの**サルファ剤**が有効である．コクシジウム感染症では，細菌との混合感染が症状の悪化に関連していることが多く，抗コクシジウム剤以外の薬剤の併用も考慮する必要がある．症状が進行している場合は抗生剤投与などの，二次感染に対する処置も必要となる．抗生剤の代替として，生菌製剤の維持量以上の大量投与なども効果的である．**トルトラズリル**製剤は，多種類の*Eimeria*属原虫に対して，感染初期からガメトゴニー期までの組織内寄生期全般に幅広く駆虫効果を示すことから，発症予防薬として利用できる．また，適切な時期を選択して投与すれば，一回の投与で発症予防と同時に再感染抵抗性免疫を賦与することができる．

線虫類に対しては，一般に**イベルメクチン**製剤が駆虫に有効である．乳頭糞線虫の場合，感染直後の体内移行期幼虫には必ずしも有効ではないため，プレパテントピリオドを考慮して，初回投与から10日前後の再投与も選択肢の1つである．再投与により，虫卵の排出を防止できるので，畜舎内の感染源対策も含めたより多くの効果が期待できる．

子牛，特に幼齢期の消化管感染症の発症は後の発育不良や，その他の障害の誘因ともなるため，この時期の疾病管理対策は健康な子牛育成の基本となる．病気にさせないための予防的取組みや，発症した場合にも，できるだけ早期に治療することが重要である．

堀井洋一郎（宮崎大学）

参考文献

1)　山内一也，狂牛病と人間，岩波書店，東京，2002.
2)　山内一也，プリオン病の謎に迫る，日本放送出版協会，東京，2002.
3)　久保正法，獣医感染症カラーアトラス，pp 519–520，文永堂出版，東京，2006.
4)　堀井洋一郎，AFC フォーラム，4：7-10．2011.
5)　堀井洋一郎，畜産コンサルタント，48：49–52．2011.
6)　堀井洋一郎，牛臨床寄生虫研究会誌，2：1–6．2011.
7)　堀井洋一郎，臨床獣医，21：22–25．2003.
8)　堀井洋一郎，臨床獣医，21：35–37．2003.
9)　堀井洋一郎・梅木俊樹，動薬研究，65：1–10．2009.
10)　桐野有美・野中成晃・堀井洋一郎，家畜診療，60：343-350．2013.
11)　堀井洋一郎，臨床獣医，31：44–49．2013.

4．飼料と牛肉の安全性

(1) 飼料の安全性確保

わが国の飼料の安全性確保は，「飼料の安全性の確保及び品質の改善に関する法律」（**飼料安全法**）に基づく規制やそれに関連する行政指導により担保されている．

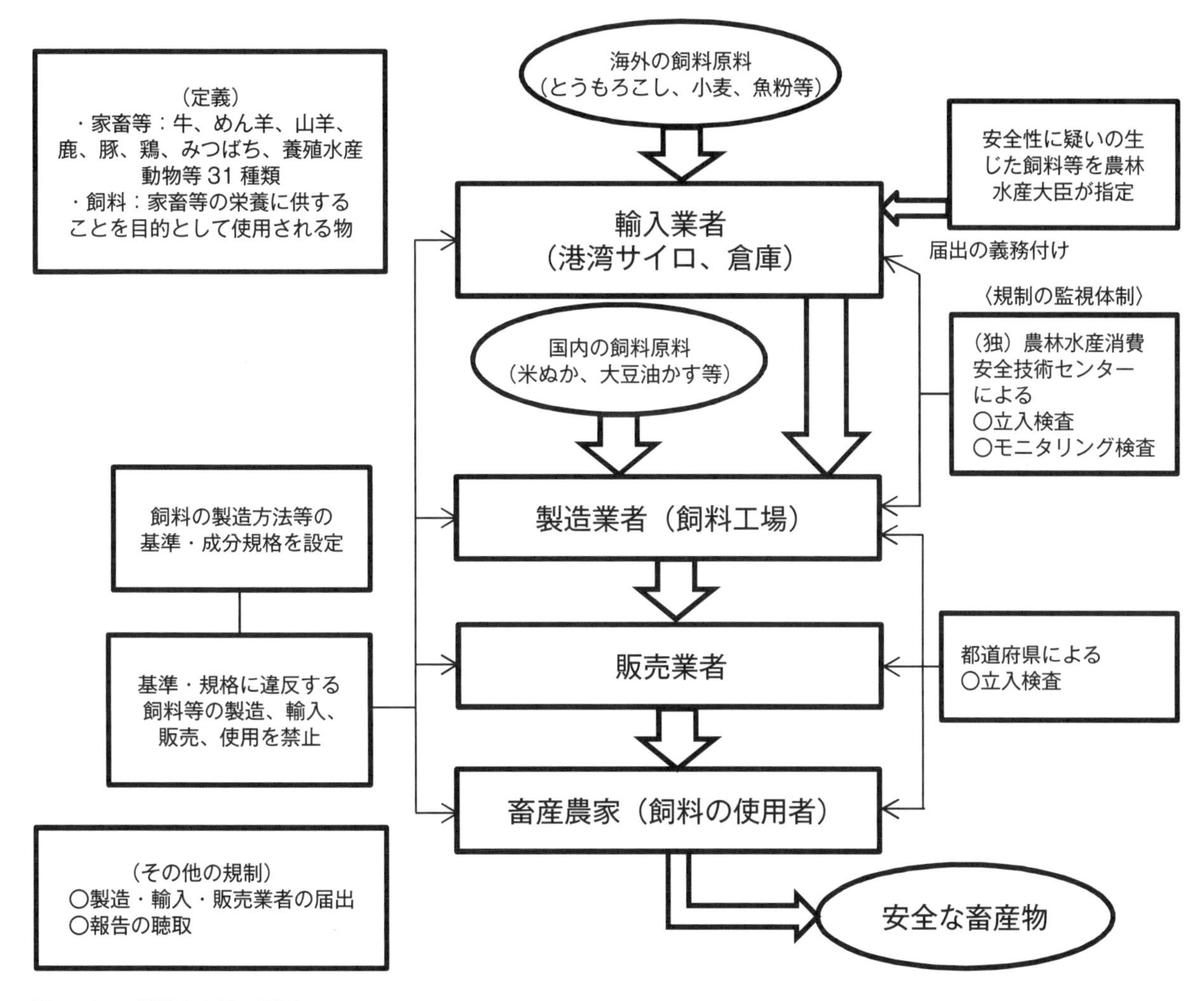

図 11-13　飼料安全法の概要

1)**飼料安全法の概要**

飼料安全法は,公共の安全性の確保と畜産物等の生産の安定を図ることを目的としており,特に飼料の安全性の確保については,飼料の使用が原因となって,ヒトの健康を損なうおそれのある有害な畜産物が生産されたり,畜産物の生産が阻害されることを防止することとしている.概要は,図 11-13 のとおりであり,輸入,製造,販売,使用(農家)の各段階において安全性の確保を図っている.

2)**BSE まん延防止のための動物性タンパク質等に関する規制**

平成 13 年 9 月,わが国で最初の**牛海綿状脳症**(**BSE**)が確認された.この根絶を目的として,

・**肉骨粉**,チキンミール,魚粉等,血粉等の動物性のタンパク質(乳製品や鶏卵由来のものを除く.)及びこれらを含む飼料

・牛(月齢 30 カ月以下を除く)の脊柱・死亡牛由来を原料として製造された動物性油脂及びこれらを含む飼料については,反芻動物用の飼料として輸入,製造,販売及び使用が禁止されている.詳細な規制は表 11-4 及び 5 のとおりである.

したがって,牛に対しては,肉骨粉等を与えてはいけないのはもちろんのこと,動物性タンパク質を含む食品残さ利用飼料や他の家畜用の配合飼料等についても給与が禁止されているので注意が必要である.

なお,牛由来の肉骨粉等については,反芻動物用だけでなく,鶏,豚及び養殖魚用の飼料として輸入,製

表11-4　飼料原料の利用規制―動物性油脂除く

動物性原料	由来	飼料利用			
		牛	豚	鶏	魚
乳，卵，ゼラチン※	全動物	○	○	○	○
魚粉※	魚	×	○	○	○
血粉※，血しょうたん白※	牛	×	×	×	×
	豚・馬・鶏	×	○	○	○
肉骨粉，骨粉	全動物	×	×	×	×
豚肉骨粉※	豚	×	○	○	○
チキンミール※，羽毛粉※	鶏	×	○	○	○
蒸製骨粉※，加水分解たん白※	豚・鶏	×	○	○	○
原料混合肉骨粉※	豚&鶏	×	○	○	○
食品残さ	全動物	×	○	○	×
骨灰，骨炭	全動物	○	○	○	○

※：完全に分離された工程において製造されたことについて農林水産大臣の確認を受けたものに限る

(平成25年9月30日現在)

表11-5　動物性油脂の規制

油脂の種類		不溶性不純物含有量の基準（%以下）	牛用		豚用	鶏用	養魚用
			代用乳	その他			
動物性油脂	特定動物性油脂	0.02	○	○	○	○	○
	イエローグリース	0.15	×	×	○	○	○
	豚鶏由来	0.15	×	○	○	○	○
	牛（月齢30月以下を除く）の脊柱・死亡牛由来		×	×	×	×	×
	回収食用油	0.02	○	○	○	○	○
		0.15	×	×	○	○	○
その他	魚油	―	○	○	○	○	○
	植物性油脂	―	○	○	○	○	○

(平成25年9月30日現在)

造，販売又は使用が禁止されている．

また，**交差汚染**による反芻動物用飼料への動物性タンパク質混入を防止するため，飼料の製造，輸送，保管，使用等の各段階で，反芻動物用の飼料と動物性タンパク質を含む飼料との間で製造工程，容器，保管場所等を専用化することが義務付けられている．農家段階においても，牛と他の家畜を同じ経営内で飼養する場合は，牛用の飼料に動物性のタンパク質を含む他の家畜用の飼料，ペットフード，肥料等が混入しないよう十分な注意が必要である．

なお，具体的な対応は，「反すう動物用飼料への動物由来たん白質の混入防止に関するガイドライン」(AB ガイドライン）に基づき行われている．

3）飼料への有害物質の混入防止

重金属等4種類，カビ毒3種類及びメラミンについて表11-6の**残留基準値**が定められている．また，115

表 11-6　重金属等有害物質の基準

単位：mg/kg

重金属等	鉛	配合飼料，乾牧草等	3
		魚粉，肉粉，肉骨粉	7
	カドミウム	配合飼料，乾牧草等	1
		魚粉，肉粉，肉骨粉	3
	水銀	配合飼料，乾牧草等	0.4
		魚粉，肉粉，肉骨粉	1
	ひ素	配合飼料，乾牧草等（稲わらを除く）	2
		稲わら	7
		魚粉，肉粉，肉骨粉	7
かび毒	アフラトキシン B1	配合飼料（牛用（ほ乳期子牛用及び乳用牛用を除く），豚用（ほ乳期子豚用を除く），鶏用（幼すう用及びブロイラー前期用を除く）うずら用）	0.02
		配合飼料（ほ乳期子牛用，乳用牛用，ほ乳期子豚用，幼すう用，ブロイラー前期用）	0.01
	デオキシニバレノール	家畜等（生後 3 ヶ月以上の牛を除く.）に給与される飼料	1
		生後 3 ヶ月以上の牛に給与される飼料	4
	ゼアラレノン	家畜に給与される飼料	1
その他	メラミン	尿素を除く飼料（飼料原料を含む.）	2.5

（平成 25 年 9 月 30 日現在）

種類の農薬についても飼料中の残留基準値が定められ，これを超える農薬を含む飼料の製造等が禁止されている.

スーダングラス等**硝酸態窒素**の含量が高い可能性がある乾牧草を輸入する際には，事前に品質管理を実施するなどし，硝酸態窒素の含量が概ね 0.1% 以下のものを輸入するよう行政指導が行われている.

さらに，平成 20 年 3 月に「飼料等への有害物質混入防止のための対応ガイドライン」（**有害物質混入防止ガイドライン**）が定められ，輸入業者等を含めた関係者全体で混入防止の対応を行っている. 具体的には，輸入業者等は以下により対応することとされている.

・取扱う飼料について有害物質の汚染の可能性を検証し，それを踏まえて有害物質についての自社規格を策定する.
・策定した規格を遵守するため品質管理，苦情処理，回収処理，教育訓練等を適切に実施することとし，そのための手順書を作成する.
・飼料の生産地における干ばつ等の天候不順，倉庫等への保管時におけるかび毒発生又は害虫の異常発生に伴う農薬散布など，飼料の安全性に影響を及ぼすと考えられる情報を収集把握し，それを踏まえ緊急時等に適切に対応する.

4）抗菌性飼料添加物の安全性確保

牛用飼料に添加することができる**飼料添加物**のうち**抗生物質**は，その種類ごとに対象飼料（畜種及び使用可能な時期）や添加してよい量が表 11–7 に示すとおり定められており，搾乳中の牛用飼料にはいずれの抗生物質も使用が禁止されている.

また，牛用飼料に添加することができる飼料添加物のうち**合成抗菌剤**は，プロピオン酸，プロピオン酸カ

表11-7　牛用飼料に添加することができる抗生物質

飼料添加物名	単位	牛用		
		ほ乳期用	幼令期用	肥育期用
亜鉛バシトラシン	万単位	42～420	16.8～168	
アルキルトリメチルアンモニウムカルシウムオキシテトラサイクリン	g力価	20～50	20～50	
クロルテトラサイクリン	g力価	10～50	10～50	
サリノマイシンナトリウム	g力価		15	15
モネンシンナトリウム	g力価		30	30
ラサロシドナトリウム	g力価			33

ルシウム及びプロピオン酸ナトリウムの3種類で，サイレージにあっては1.0%（プロピオン酸として）以下，それ以外の飼料にあっては0.3%（プロピオン酸として）以下でなければならないと，添加量が規制されている．

なお，これらの抗生物質や合成抗菌剤を添加して飼料を製造する（プロピオン酸等については販売用に限る）場合には，一定の資格を要する飼料製造管理者が実地に管理することが義務付けられている．

平成19年4月に，諸外国において配合飼料等の製造に際し**適正製造基準**（**GMP**：Good Manufacturing Practice）に基づく工程の管理が行われている現状を踏まえ，わが国においても「抗菌性飼料添加物を含有する配合飼料及び飼料添加物複合製剤の製造管理及び品質管理に関するガイドライン」（抗菌剤GMPガイドライン）が定められ，多くの配合飼料工場でこのガイドラインに基づく管理が行われている．

5）サルモネラの汚染防止

飼料安全法では，「**病原微生物**により汚染され，又はその疑いのある原料又は材料を用いてはならない」と規定されている．飼料で問題となる病原微生物に**サルモネラ**があり，これに対応するため「飼料製造に係るサルモネラ対策のガイドライン」が平成10年6月に定められている．各飼料工場がこのガイドラインに基づき対応している結果，飼料のサルモネラの汚染は大幅に低減している．

6）配合飼料等の表示

配合飼料には，飼料の名称，飼料の種類，製造年月，製造業者の氏名又は名称及び住所等の配合飼料の表示をしなければならないとされている．

さらに，給与の対象となる家畜等が限定されている飼料添加物等を含む飼料や，反芻動物への給与が禁止された動物性蛋白質を含む飼料には，対象家畜，含有する飼料添加物の名称や使用上及び保存上の注意事項を表示することが義務付けられている．飼料の使用に際しては，これらの表示を必ず確認し，これに従った使用を行う必要がある．

7）帳簿の備え付け義務等

飼料が原因となって有害な畜産物が生産された場合等に原因の特定等を迅速に行えるよう，飼料の輸入，製造及び販売業者は取り扱った飼料の名称，数量，年月日，相手方の氏名等を**帳簿**に記載し，8年間保存することが義務付けられている．

畜産農家等については，使用した飼料の名称，数量，購入及び使用の年月日，購入先等について，帳簿に記載して保存するよう努めることとされている．

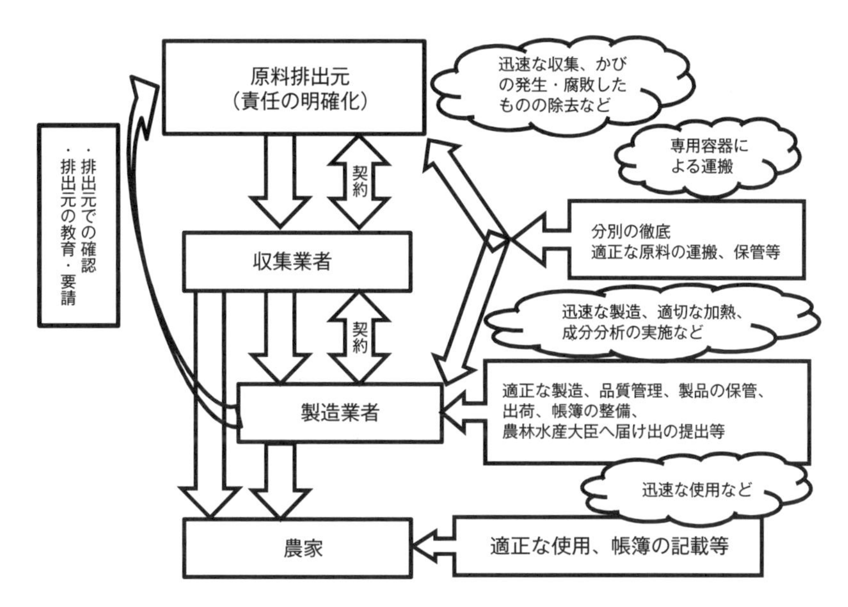

図 11-14　エコフィードガイドラインの概要

8) エコフィードの安全確保

飼料自給率を向上させるため，平成17年から食品残さの飼料化推進の取組が，本格的に始まった．しかし，すべての食品残さを飼料化できるわけではなく，食品残さを飼料化するための大前提は，安全性の高いものである必要がある．このため，農林水産省は，平成18年に「食品残さ等利用飼料の安全性確保のためのガイドライン」を制定し，関係業者を指導している．ガイドラインの概要は図11-14のとおりであり，飼料安全法及び家畜伝染病予防法の遵守を前提として，**エコフィード**の原料収集，製造，保

表 11-8　飼料の立入検査箇所数等（過去 10 年）

年度	検査箇所数	収去件数	違反件数	違反率(%)
15	680	1,206	8	0.7
16	665	1,274	16	1.3
17	657	1,324	19	1.4
18	615	1,173	8	0.7
19	624	1,022	2	0.2
20	632	983	2	0.2
21	644	936	5	0.5
22	613	853	6	0.7
23	602	802	0	0
24	658	846	0	0

表 11-9　過去 10 年間の違反概要

年度	抗菌性飼料添加物	BSE 関係		有害物質			その他	合計
		不溶性不純物	他タンパク質検出	重金属 カドミウム	農薬	かび毒	エトキシキン	
15	6	0	0	0	1	0	1	8
16	8	2	1	1	2	0	2	16
17	7	1	5	0	1	0	5	19
18	4	3	0	0	1	0	0	8
19	2	0	0	0	0	0	0	2
20	1	1	0	0	0	0	0	2
21	4	1	0	0	0	0	0	5
22	3	0	1	0	2	0	0	6
23	0	0	0	0	0	0	0	0
24	0	0	0	0	0	0	0	0
合計	35	8	7	1	7	0	8	66

管，給与等の各過程における具体的な管理方法が規定されている．

9）**立入検査の実施**

BSEまん延防止，有害物質の混入防止，抗菌性飼料添加物の安全性確保等を万全なものとするため，独立行政法人農林水産消費安全技術センター（FAMIC）及び都道府県が飼料の製造，輸送，保管，使用等の各段階で**立入検査**を実施している．FAMICによる過去10年間の立入検査の概要は，表11–8及び9のとおりであり，各飼料工場がABガイドライン，有害物質混入防止ガイドライン，抗菌剤GMPガイドライン等に積極的に取り組んでいる結果，違反となる件数は大きく低減している．

注：本稿の各種規定や定めは，平成25年9月30日現在のものである．

山谷昭一（（独）農林水産消費安全技術センター 神戸センター）

（2）BSEと放射能汚染

わが国において牛肉の安全性確保の上で最も大きな出来事は，平成13年に初めて発見され一連の発生をみた**BSE**と平成23年の福島原発震災による**放射能汚染**であるといえる．いずれも日本の畜産界では経験がなく，予防的措置がまったくとられることのない中での発生であり，安定した回避措置までには非常な混乱が生じた．いずれもわが国で牛に給与する飼料内容が一般の関心を引く契機となり，肉牛産業のみならず，社会的に食生活全体の安全性確保についての認識や議論が高まることとなった．これらの発生と社会の食に関する関心の高まりが，わが国畜産の今後の生産方式にも影響していくものとみなされている．

BSEは飼料中病原体の測定数値化の不可能な飼料由来の感染症であり，放射能汚染は測定数値化が可能な汚染飼料による食肉汚染である．これらは，安全基準の設定が対照的な飼料による食の安全危害の実例である．

1）**BSEと飼料の安全性確保**

わが国ではBSEの発生とともに，牛の全頭BSE検査が開始され，多くの**飼料規制**もなされた．飼料規制は，飼料の製造業界のみならず流通や畜産農家に対してもかなり厳しく布かれた．同時に，感染経路の疫学的研究も行われた[1)]．表11–8は13頭目までBSEが確認された時点での，特定**代用乳**のBSE発生への関与を示す調査結果である．また写真11–8，表11–9は**牛脂**（タロー）の**不溶性不純物**の動態を示したものである．保温静置すると，最下層には沈殿物（不溶性不純物）が生じ，上層と下層ではその濃度が明らかに異なること，またその沈殿物にはタンパク質が含まれることを示している．すなわち，**動物性油脂**にはタンパク

表11–8　R社C工場の代用乳関与にかかわる統計学的処理結果
C工場の代用乳使用有無とケースの関係

R社の代用乳	ケース	コントロール	合　計
使用	12	36	48
不使用	1	118	119
計	13	154	167

Fisherの正確確率法による両側検定（$p<0.001$）
ケースはBSE発生農家のR社C工場代用乳の使用有無
（ケースの中の1軒は使用が確定できなかったので不使用として統計処理）
コントロールは発生地区の非発生農家のR社C工場代用乳の使用有無
農水省「BSEの感染源および感染経路に関する疫学研究」（2007）[1)]

表 11-9　加温静置した油脂（タロー）中のタンパク質含量

試料名（静置時間）	油脂中のたん白質量（μg/20 g）			油脂中のたん白質濃度		
	上層	中層	下層	上層	中層	下層
0	6696	6696	6696	334.8	334.8	334.8
2 時間	293	390	17828	14.7	19.5	891.4
6 時間	155	155	20504	7.8	7.8	1025.3
24 時間	75	155	24489	3.8	7.8	1224.5

定量下限：未検討（測定標準液の最低濃度 5 μg/g）相当

（2006 年 8 月 26 肥飼検にて）
（木村信熙 2007）[1]

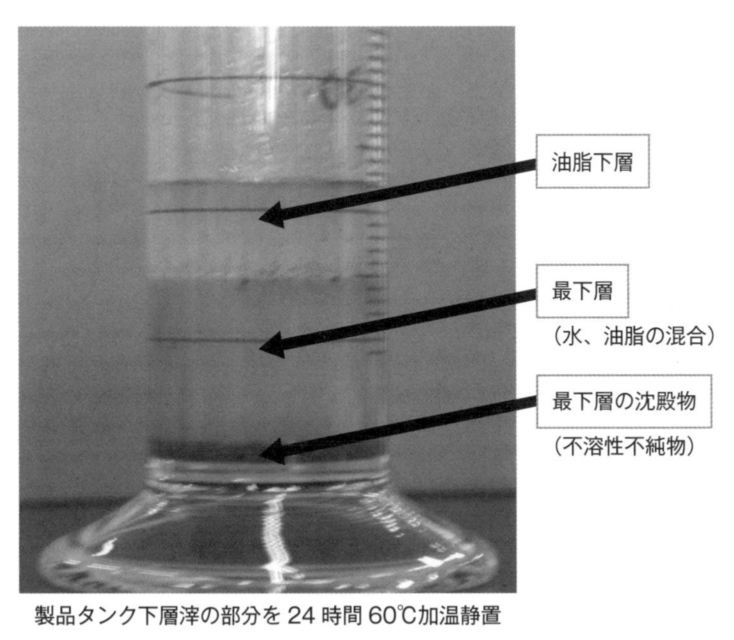

写真 11-8　タロー加温静置後の状態
（2006 年 8 月 22 日肥飼検にて）
（木村信熙 2007）[1]

質が含まれること，そしてそれは不溶性不純物として，静置タンクでは，例えば上層の 300 倍以上に最下層に濃縮沈殿することを示しており，BSE 対策としての油脂の規制は単なる濃度では不十分であることを意味している．

食の安全のため，食肉処理工程で特定危険部位が食肉から排除され（9 章 5（2）参照），肉骨粉や牛脂の飼料使用が禁止された．さらに，配合飼料については例えば牛用飼料（めん羊，ヤギ，鹿を含む）は「A 飼料」として，他の飼料（「B 飼料」）と，製造，輸送，農家での保管も区別することや，農家での他の家畜への給与禁止などの規制もなされた．

これらの規制は，わが国では BSE の封じ込めの成功に導いたともみられる一方，過剰検査との指摘や規制の緩和を求める声も出た．平成 25 年 5 月のわが国のいわゆる BSE 清浄国復帰により，飼料の規制は順次解除に向かっている．平成 26 年 7 月末現在の飼料原料としての動物性タンパク質や油脂の規制は前項に示されたとおりである．

2）**放射能汚染と飼料の安全性確保**

放射能汚染により，食肉中の新基準値（100 Bq/kg：Bq はベクレルで放射能の単位）に対応して飼料中の放射性セシウムの暫定許容値は牛・馬用飼料について 1 kg 当たり 100 ベクレルと定められた（豚用飼料 80 Bq/kg，家きん用飼料 160 Bq/kg）．これに伴い，飼料の新暫定許容値以下の粗飼料への速やかな切り替えや，それが困難な牧草地では反転耕越の奨励，代替粗飼料の確保や牧草地の**除染**対策の支援などがなされた．

研究面では飼料作物栽培におけるディスクハローやプラウ耕による土壌更新や，カリウムの多肥，堆肥の多用が飼料作物中の**放射性セシウム**濃度を低減させること（図 11-15）や，4,000 ベクレルの汚染牧草を鋤き込んでも生育した牧草に問題はないことが明らかにされた[2]．動物に摂取されたセシウムは，体内に移行したり，畜産物に移行する分を除き，糞尿に移行して排泄される．したがって汚染飼料の摂取を続けること

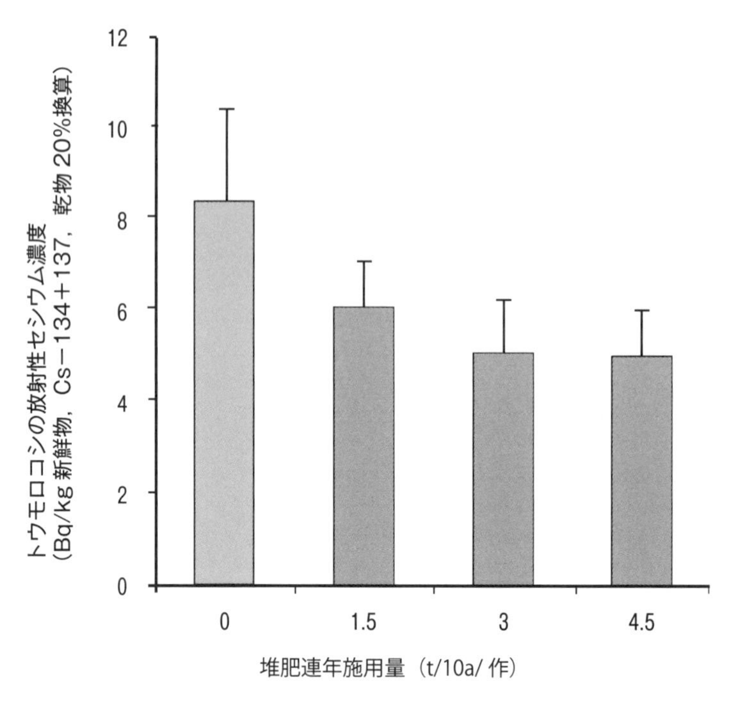

図 11-15　堆肥施用量の違いがトウモロコシの放射性セシウム濃度に与える影響（農水省 2012)[2)]

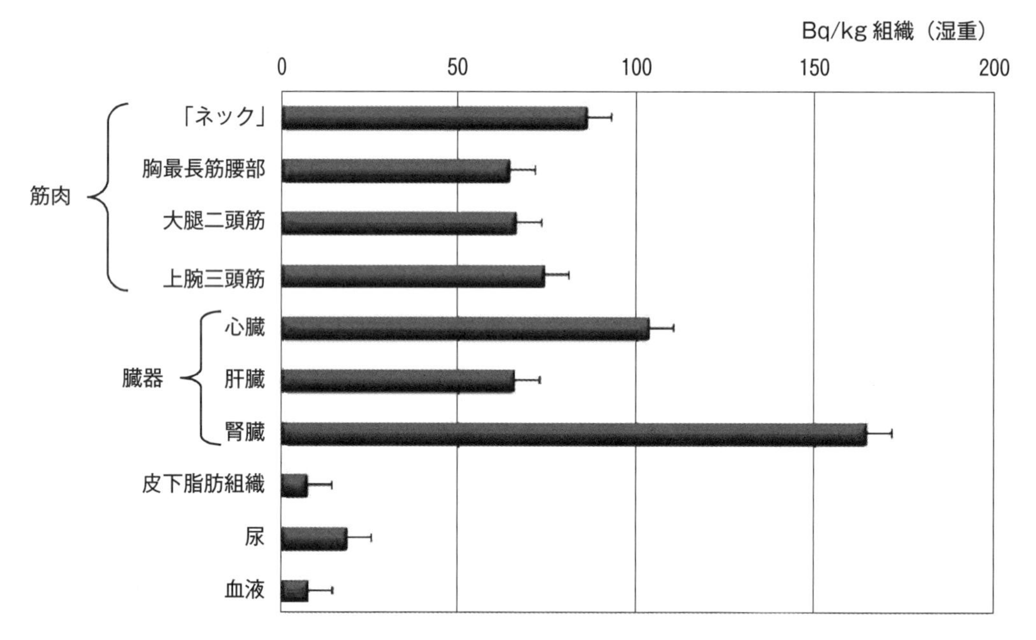

図 11-16　肉牛における放射性セシウムの移行部位（農水省 2012)[2)]

により，体内濃度が無限に高くなることはなく，一定濃度に安定する．肉用牛による試験では，放射性セシウムの肉牛の各体部位への移行分析の結果，筋肉で高く脂肪や血液では低い，臓器では腎臓がやや高い（図 11-16）ことがわかっている[2)]．ちなみに食肉検査では枝肉のネック部分の筋肉が採取されることが多い．その後の汚染されていない飼料の摂取により，半減期の短い放射性物質ほど筋肉や各臓器，糞尿の濃度は低下する．立ち入り禁止区域内の残留肉牛を用いた試験[3)]では，尿における放射性セシウムの半減期が 14 日であることが明らかになった（図 11-17）．これまで放射性セシウムの**生物学的半減期**は約 60 日とされていた．

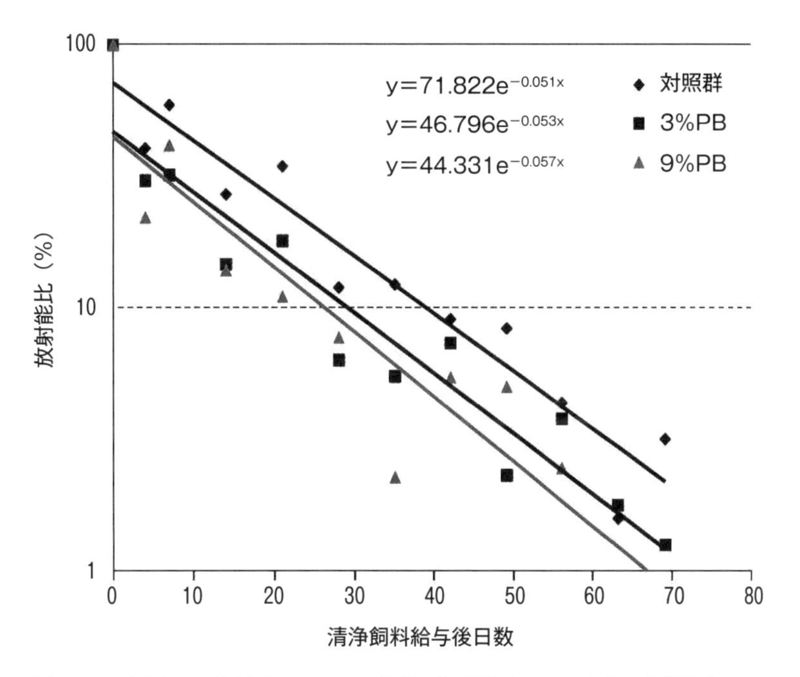

図 11-17　尿中への放射性セシウムの排泄（初期値を 100% とした相対値）
（伊藤伸彦 2012）[3]

放射能汚染飼料の肉牛への給与防止は，汚染区域では今のところ，どの時期に，どの地域で，どのように生産されたものかを確認，選別使用するしかなく，牧草の移入や輸入牧草の購入などでしのいでいる（平成 25 年 9 月）のが実態である．

木村信熙（木村畜産技術士事務所代表，日本獣医生命科学大学名誉教授）

参考文献

1）　農林水産省．BSE の感染源および感染経路に関する疫学研究報告書平成 19 年 12 月，2007.
2）　農林水産省．平成 23 年度新たな農林水産政策を推進する実用技術開発事業 緊急対応研究課題 3-④．2012.
3）　伊藤伸彦．日本獣医師会雑誌．65：645-652．2012.

第 12 章　肉牛生産の今後の展開

1. 先進国の肉牛産業

(1) 米国の肉牛産業

1) 肉牛・牛肉産業の概要

米国は，世界全体の**牛肉生産量**の約 2 割を占める最大の牛肉生産国であると同時に，世界最大級の牛肉輸入国でもある．米国国内を見ても，肉牛の年間生産額は，農業生産額全体の約 2 割（2012 年）を占めている．また，農業生産額第 1 位の穀物については，その大部分が家畜飼料として用いられることから，肉牛は，米国の農業にとって非常に重要な部門といえる．

肉牛の生産は，全米各地で行われているが，主に**コーンベルト**と呼ばれる中西部の穀物生産地帯からの飼料供給が容易なテキサス，ネブラスカ，カンザス，アイオワ，コロラド州が中心となっている．これら 5 つの州の肥育頭数は，全米の肉牛肥育頭数の 7 割以上を占めている．

米国の肉牛生産の特徴として，子牛の生産は，比較的小規模な家族経営による生産・管理が一般的である．一方，肥育については，肥育業者が運営する，数万から 10 万頭規模の大規模な**フィードロット**で，穀物を主体に行われている．

一般的に肉牛は，10～12 カ月齢頃まで肉用牛繁殖経営で保留され，その後，家畜市場や若齢牛育成農家などを経由し，12 カ月齢～18 カ月齢でフィードロットに導入される．フィードロットへの導入前は，主に牧草を中心とした肥育形態となるが，フィードロットへの導入後は，トウモロコシや大豆などを主体に 4～6 カ月程度肥育され，平均 1,300 ポンド（約 600 kg）程度で出荷される．この結果，米国では，高品質とされる**穀物肥育**牛肉が，牛肉生産の大部分を占めることになる．

他方，肉用牛生産の効率化などを目的に，フィードロットの運営から食肉処理・加工を行う企業の集約化や，企業統合による規模拡大が進められており，大手**パッカー**と呼ばれる食肉処理・加工企業の上位 2% 程度が，全米の肉用牛の 8 割以上を肥育するなど，寡占化が顕著になっている．

写真 12-1　英国のフィードロット

また，近年，外資による企業買収も行われており，ブラジル資本による大手食肉処理・加工企業の買収で，全米最大のパッカーが誕生するなど，水平統合の動きは進んでいる．

2) 飼養頭数

米国の肉牛**飼養頭数**は，1996 年をピークに 8 年連続で減少した後，2005 年にはいったん上昇局面に転じた．しかし，2006 年のテキサス州を中心とした中南部での干ばつ，また，2006 年後半以降の飼料価格の上昇などを背景とした肉用牛繁殖経営の収支悪化などにより，その後の飼養頭数は減少傾向で推移している.

2013年1月時点の肉牛（子牛を含む）飼養頭数は，8,930万頭とこの10年間で7%（頭数で681万頭）減少している．また，2012年の米国での干ばつを要因とした飼料穀物価格の高騰により，肉用牛繁殖経営の収支が再び悪化したことで，主要生産州の肉用繁殖雌牛を中心に肉牛の出荷が進んでいる．このため，飼養頭数は，当面，減少傾向に向かうとみられている.

3）**牛肉の生産・輸出入**

①**生産動向**

2012年の肉牛**と畜頭数**（子牛を除く）は3,300万頭となり，牛肉生産量（枝肉重量ベース．子牛肉を除く）は1,181万トンとなった.

米国の牛肉生産量は，国内経済の動向や肉牛飼養頭数の増減などを背景に，毎年，少なからず変動するが，この10年間，おおむね1,100～1,200万トン台で推移している．これは，生産される牛肉の大部分が，フィードロットを経由した肉牛によるものであり，フィードロットへの肉牛導入頭数が減少する際は，比較的体重の重い肉牛を隣国のカナダやメキシコから導入するなど，フィードロットが牛肉生産の調整機能を果たしていることにもよる.

②**輸出入動向**

米国は，世界最大の牛肉生産国であるにもかかわらず，**牛肉輸出量**（枝肉重量ベース）は111万トン（2012年）と，米国全体の牛肉生産量の9%程度にしか過ぎない．これは，3億を超える巨大な国内の牛肉消費市場を抱えるためである．また，米国の食肉処理・加工企業は，国内外を問わず，その時々の価格優位性を判断し，生産した牛肉を出荷・輸出することから，米国の国内価格が好調となれば，必然的に牛肉輸出量は減少傾向となる.

一方で，米国で生産される牛肉は，主にフィードロットを経由した高品質とされる穀物肥育が中心であることから，その用途は，主にテーブルミートやステーキ用としての外食向けが主流となる．このため，米国の国民食ともいえるファストフードなどのハンバーガー向け原料として，豪州などから低価格の牛肉を大量に輸入している．2012年の**牛肉輸入量**（枝肉重量ベース）は1,007トンと，牛肉生産量にほぼ匹敵する量となった.

用途に合わせて，輸出入を行うことで，国内の様々な需要を賄っている.

横田　徹（(独) 農畜産業振興機構）

参考文献

USDA「Income statement for the U.S. farm sector, 2009–2013F」. 2013.
USDA「Value-added to the U.S. economy by the agriculture sector via the production of goods and service, 2009–2013F」. 2013.
USDA「Cattle（February 2013）」. 2013.
独立行政法人農畜産業振興機構，年報「畜産」. I 米国. 2002～2012.

(2) オーストラリアの肉牛産業

1）肉牛産業の位置

オーストラリアでは2011年現在約8万の農場が2,850万頭の肉用牛を飼養している．**と畜頭数**は約800

万頭／年，**牛肉生産量**は約200万トン／年である．**飼養頭数**，生産量とも世界の中ではそれぞれ3%，4%を占めるに過ぎないが，生産量の3分の2を世界100カ国以上に輸出しており，世界一，二位を争う牛肉輸出大国でオーストラリアの農産物輸出の1割以上を占める重要な産業である．なお，輸出先としては日本が最大で，米国，韓国と続く．牛肉の粗生産額は79億豪ドルで，農業粗生産額の16%，国内粗生産額全体の1% を占め，産業全体で約20万人の雇用を生む，重要な産業部門となっている．

一方，日本にとってもオーストラリアは牛肉供給の面で非常に大きな位置を占めている．1991年の牛肉輸入自由化以降，輸入牛肉は牛肉供給量の6～7割を占めるようになっているが，米国とほぼ半分ずつを担ってきた．特に2003 年12 月の米国におけるBSE発生を機に，日本の輸入牛肉市場をほぼ独占したことは記憶に新しい．現在は規制緩和の影響で米国産牛肉が徐々にその割合を伸ばしてはいるが，日本の牛肉市場におけるオーストラリアへの依存度は依然として高く，オーストラリア肉牛産業の動向は，わが国の牛肉需給動向に大きな影響を及ぼす状態にある．

2）**農業構造の特徴**

農地面積は日本のほぼ100倍の4億5,600万ha，農場当たり平均農地面積は日本の約2,500倍の約3,500 haに達する．ただし，耕地は改良草地を含め6% にすぎず，大部分は粗放な放牧を行う**自然草地**であり，農地がほぼ耕地である日本とは大きく異なる農業構造を形成している．降雨が少なく表土も浅く，地力の低い土壌は生産性が低く，侵食や，灌漑地帯では塩害が大きな問題になるなど，自然環境は必ずしも農業に適したものではない．

オーストラリアの農業構造は，こうした自然条件によって規定される．つまり，雨量が少ない上に頻繁に干ばつや洪水などの自然災害の影響を被る可能性が高いため，それに見合った農業地帯が形成されている．農業地帯は植物生育期間によって，**多雨地帯**（High Rainfall Zone），**小麦・羊地帯**（Wheat-Sheep Zone），**牧畜地帯**（Pastoral Zone）の3地帯に分類される（図12-1）．沿岸部に位置し，最も降雨量が多い「多雨地帯」では，酪農やさとうきび栽培，子羊の飼育など集約的な農業部門が展開されており，平均農場面積も約1,000 haと最も小さい．オーストラリア東部を南北に分断する大分水嶺山脈の西部に位置する「小麦・羊地帯」は平均面積約1,900 haで，小麦や大麦などが栽培されているオーストラリアの穀倉地帯である．降雨量

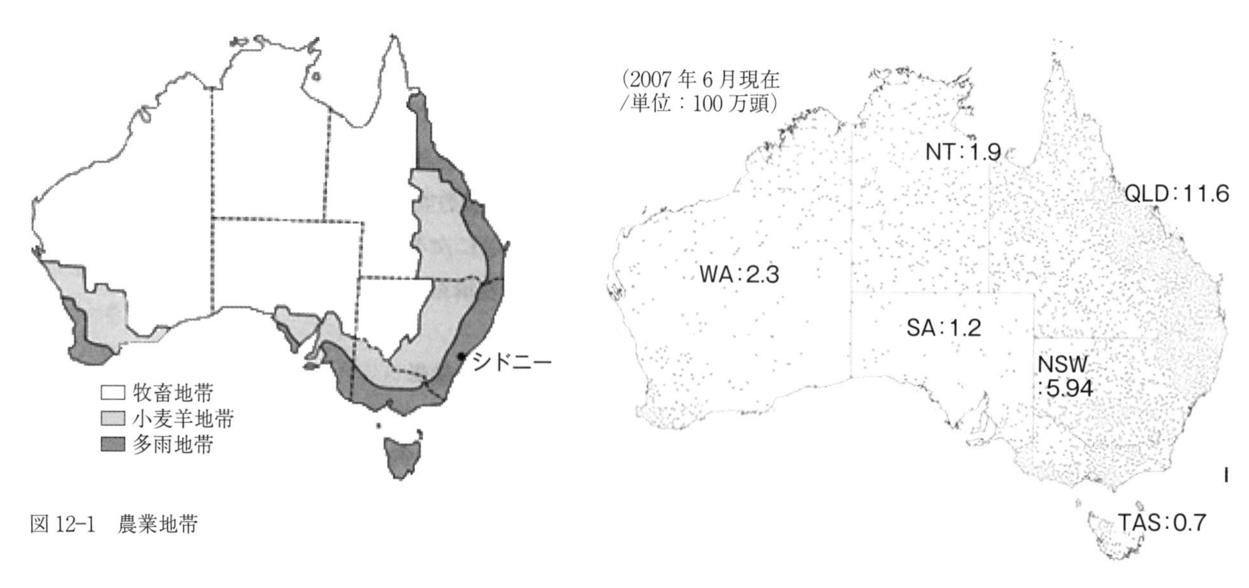

図12-1　農業地帯

図12-2　オーストラリアの肉牛とその分布

は400〜800 mm 程度なため収量が安定せず，羊や肉牛の飼育を取り入れた「**混合農業**」(mixed farming) によってリスクの分散に努めている．さらに内陸の「牧畜地帯」は降雨量が400 mm 未満しかなく，穀作も不可能なため羊と肉牛の放牧を行っているが，土地生産性の低さを反映して，平均農場面積も約8万haと非常に広い．こうした大規模面積にもかかわらず，農場のほとんどは**家族経営**である．

3) **地域別に見た肉牛生産**

肉牛は全ての地帯で広範に飼養されているが，中心は牧畜地帯である（図12-2)．牧畜地帯では草地に依存した肉牛の**粗放的な大規模経営**が展開されているが，南部では羊との混牧経営が，そして暑熱のため羊の飼養が行えない北部では肉牛のみの飼養が行われている．南部牧畜地帯ではヘレフォードやショートホーンなどの産肉性に優れたヨーロッパ系の品種が飼養されているが，北部では耐暑性や抗ダニ性に優れるゼブーやブラーマン，サンタガトルーデスなどのインド系品種，あるいはその血液が入った交雑種が主体である．オーストラリアでは，ヨーロッパ系とインド系の品種を掛け合わせて新しい品種を作出することも盛んに行われてきており，ブラフォードやドラウトマスターなどが生み出されている．

オーストラリアの農業は，厳しい自然条件と，国内市場が小さいこともあり農産物の輸出依存度が高く，世界市場の変動による価格変動に大きく影響されるなど社会・経済的な条件に対応するため，小麦—羊地帯の混合農業のような**リスクヘッジ**を常に念頭に置いた経営形態となっている．このことによって，自然災害に対応するとともに，価格の変動にも対処するリクスヘッジ型経営が行われている．さらに付け加えれば，肉牛部門にあっては，酪農部門や小麦など耕種部門，あるいは羊部門にかつて存在した価格支持政策が行われたことはなかった．このことは，肉牛部門の生産性の高さを反映しているとも言えるが，全ての価格変動リスクを生産者が受け止めなければならないことを意味する．

4) **穀物肥育生産**

牧草肥育が伝統的に中心的な肉牛飼養形態であったオーストリアにおいて，1960年代から**穀物肥育**が一部で行われるようになってきた．**フィードロット**（穀物肥育場）は全国に650カ所あり，収容可能頭数は約90万頭で，飼料穀物と素牛の供給可能なニューサウスウェールズ州（NSW）とクイーンズランド州（QLD）南西部にほとんどが立地している．穀物肥育牛は主に輸出市場向け，特に日本市場に向けて生産されてきた．現在でも62%が日本，韓国などに輸出されているが，残りは国内市場向けとなっている．ただし，穀物で肥育される期間は，国内向けは主に短期肥育と呼ばれる70〜150日であるのに対し，輸出向けは，中期肥育（150〜200日），長期肥育（200〜360日）と異なっている．日本向けには，ブラックアンガスやオーストラリアで作出されたマレーグレイとその交雑種が主だが，黒毛和牛（いわゆる**Australian Wagyu**）の血が入ったものも含まれている．現在穀物肥育牛は，飼養頭数では3%程度にすぎないが，出荷頭数では3割を占めるまでになっている．

小林信一（日本大学）

参考文献

1) 小林信一（2009）オーストラリアの肉牛産業　海外農業情報調査分析事業　豪州地域報告書　食品需給研究センター　http://www.maff.go.jp/j/kokusai/kokusei/kaigai_nogyo/k_syokuryo/h20/pdf/h20_oceania_00.pdf
2) 小林信一（2007）経済・貿易　オーストラリア入門（竹田いさみら編）東大出版会

2. 開発途上国における肉牛産業

(1) 開発途上国における畜産革命

開発途上国では家畜生産が急速な伸びを示している．1999年のDelgado等[1)]の予測によると，先進国での乳肉の生産量や**飼料**として利用される**穀類**の量は1993年と2020年の間で大差ないが，開発途上国ではこれらが概ね2倍になるとされている．現在われわれはこの予測を現実のものとして体験しており，その変革は「**畜産革命**」と呼ばれている．これは開発途上諸国の経済発展に伴うものであるが，その経済発展の程度が国や地域により異なり，それに応じた畜産の発展の程度が異なるため，近代的な畜産と，伝統的な粗放な畜産がパッチ状に存在し，それらがお互いに接し合っている状況もある．本稿では日本との関係の深い東南アジア諸国，特に**インドシナ**での事例を中心に，開発途上国における肉牛生産の状況を紹介しつつ，その課題を検討する．

東南アジアの畜産の急速な伸びは，**タイ**の飼料会社が欧米の**穀物メジャー**もしくは**アグリ・コングロマリット**とも呼ばれる大企業の飼料会社をはるかにしのいで世界最大の配合飼料生産を行っていることもそれを裏付けている．わが国において飼料用穀類として多用するトウモロコシについては，東南アジアではキャッサバやコメ等によりある程度代用されている．一方，タンパク質源である大豆については現地での生産は少なく，代用品も限られることからかなりの量を輸入に依存している．

表12-1に大豆と大豆粕の輸入量を地域別に比較した[2)]．東アジア，特に中国では丸大豆を輸入し，一部は食用，残りは搾油後，畜産用や養魚用の飼料として利用している．飼料需要の伸びを反映して大豆の輸入が顕著に増えている．一方，東南アジアでは大豆粕を飼料用として直接輸入するケースが多く，その量は過去20年で9倍にも増えており，この地域でいかに畜産が伸びているかの指標になると思われる．

(2) インドシナにおける肉牛生産

東南アジア諸国連合（ASEAN）においては域内経済協力を進め，1992年にはASEAN自由貿易地域を締結し，先行加盟6カ国ですでに確立され，現在は2015年の**ASEAN経済共同体**（AEC）の実現を目標としている．AEC形成の重要な要素として交通・運輸分野の改善があり，その目玉として経済回廊の計画があ

表12-1　大豆と大豆粕の地域別輸入量（千トン）

	大豆			大豆粕		
	1990	2000	2010	1990	2000	2010
アフリカ	76	587	2448	1105	2159	3371
アメリカ（北·中·南米）	1617	6770	5656	1977	4308	7686
ヨーロッパ	15373	16755	17067	19162	21166	30914
オセアニア	5	2	2	25	76	614
アジア	9259	24369	70778	3376	9611	19747
中央アジア	74	11		1	5	
東アジア	7785	19136	62087	1154	2522	4248
南アジア	0	633	935	408	716	2661
東南アジア	1090	3448	4555	1162	4286	10484
西アジア	385	1077	3190	652	2086	2349

FAOSTAT（2013）

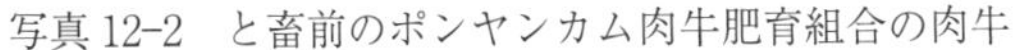
写真 12-2　と畜前のポンヤンカム肉牛肥育組合の肉牛

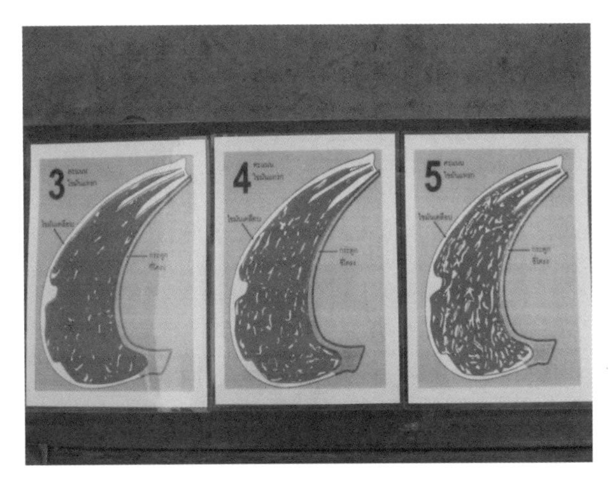

写真 12-3　ポンヤンカム肉牛肥育組合の脂肪交雑評価基準

る．その中の主要な一つがミャンマー—タイ—ラオス—ベトナムを東西に直結する東西経済回廊である．ここでは**インドシナ**半島部分におけるこの回廊の北側直径約 250 km 程度の範囲にある特徴的な肉牛生産の状況を報告する．この回廊の開発が進むにつれて，この地域の畜産もいっそう急激に変化していくと思われる．

1）**集約的な肉牛生産の展開**—ポンヤンカム肉牛肥育組合—

タイ東北部のサコンナコン県とナコンパノム県にタイを代表する肉牛肥育組合がある．フランスとタイの共同事業として 30 年ほど前に活動が始まった．当初会員農家は 100 軒にも満たなかったが，現在では 5,000 軒ほどが参加している．組合の役割としては，濃厚飼料の販売，と畜，肉の販売，人工授精，獣医サービス等である．

肥育牛としては，シャロレー，シンメンタール，リムジンのいずれかの血が 50〜62% 含まれる交雑種の利用が条件となっている（写真 12-2）．これまでの脂肪交雑やと体形質の調査等からシャロレーの交雑種が高く評価されており，それが肉牛の 90% を占める．素牛については自家生産する場合と，他の地域から購入される場合があり，後者についてはタイ全土から購入されている．肥育は 350 kg から開始され，約 12 カ月間肥育され，600 kg 程度でと畜される．週に 160 頭ほどがと畜されており，年間のと畜数は 8,000 頭である．週当たり，110 頭分の枝肉は首都バンコクで，50 頭分は現地で販売されている．と畜後 7 日間冷蔵庫に置かれて，その後と体審査を行い，脂肪交雑に応じて価格が決められる（写真 12-3）．ベースになる 3 等級の枝肉価格は 565 円/kg で，0.5 等級上がるごとに 94 円が加算される（1 バーツ 3.14 円として換算，以後同様）．

組合員の農家は組合から**濃厚飼料**を購入することが義務づけられている．濃厚飼料については飼料会社が契約生産しており，化学成分を指定した形で配合内容は飼料会社が決めている．濃厚飼料の粗タンパク質含量は 12% である．ただし配合には次の条件が定められている：1．トウモロコシは配合しない（GMO を排除するため），2．肉骨粉等の動物性飼料は配合しない，3．成長ホルモンは使用しない．肥育の初期は濃厚飼料を 1 頭当たり 6 kg 程度給与し，肥育開始 5 カ月以降には糖蜜も給与する．濃厚飼料は 30 円/kg で販売されており，糖蜜も含めた濃厚飼料代は 1 頭当たり 5.3〜6.3 万円になる．粗飼料は稲わら主体で，それ以外に野草・牧草を給与している．

組合として問題と考えているのは生産コストであり，素牛の価格と，飼料費が大きな課題となっている．ほとんどの組合員は稲作農家で，飼養頭数も少ないため，糞尿は水田やゴム林，野菜畑などで利用されており，糞尿処理の問題はない．

2）**六次産業化を実践する肉牛農家**―コクン・クントーン・ポンヤンカム―

コクン・クントーン・ポンヤンカムは，サコンナコン，パタヤ，チェンマイにそれぞれ1軒ずつとバンコクに7軒のチェーン店を有するステーキレストランである．その牧場がタイ東北部のサコンナコンにあり，400頭ほどの牛を飼養している．当初はポンヤンカム肉牛**肥育**組合の組合員であったが，現在は独立し，クントーンというブランド名で牛肉を売っている．最初はスーパーやデパートでの販売であったが，レストランを経営し始めて，ようやく利益がでるようになったとのことである．レストランは当初7卓ほどの小さな店から始めて，現在は店によっては180卓を有する大型レストランになっている．品種はポンヤンカム肉牛肥育組合と同様にシャロレーをベースにした交雑種である．**濃厚飼料**は**自家配**で，キャッサバ，キャッサバパルプ，大豆粕，米ぬか，ビール粕，尿素等を配合している．

3）**粗放な肉牛生産にも近隣諸国における需要増の影響あり**

1990年代はじめ，**ラオス**の首都ビエンチャン郊外で，18頭の在来種牛と8頭の沼沢水牛を所有する農家を訪問した．林の中の緩やかな沢筋に水田があり，水田と林との間に自然草地が広がっていた．田植えが始まる頃から牛・水牛は自然草地で管理される．草地の一角に牛・水牛のための小屋があり，屋根裏は稲わらの保存場所となっていた．稲を栽培している間の夜間，牛・水牛はこの小屋に入れられる．8月をすぎて草地の草が足りなくなると，前年の秋に刈り取って保存してあった稲わらを補給する．11月から12月頃稲刈りが終わると，牛・水牛は随時水田に放たれ，その地域全体の稲刈りが終了すると水田の囲いを取り去り，翌年の田植えが始まるまで，牛・水牛は全くの野放しとなる．乾期が進み水田や草地に食べる物がなくなると，ほとんど近隣の林の中にいるそうである[3]．このように地域環境に適した在来の家畜を利用して省力的で合理的な肉牛生産を長年行ってきたものと思われる．

2012年，ビエンチャン郊外で，同じ農村ではないが同様の地域を見る機会を得た．基本的な飼養管理は20年ほど前と変わらず，飼養されている牛も放牧特性に優れている在来種であった（写真12–4）．しかし，大きな違いは日に3回もやってくるという家畜の買い付け業者の活性の高さであった．近隣諸国，ベトナム，中国等での経済発展に伴う畜産物の需要の急増に対応した市場の活性化を反映していると思われる．加えて，小規模な牛飼養農家では，都市部の住民が所有する牛を牛小作として飼養しているケースが近年増えているという．生産された子牛の半分は所有者，半分は飼養者とするルールが一般的とのことであった．近隣諸国や都市部の経済成長の影響が家畜所有体系や市場に大きな影響を与えて始めている[4]．長年続いた，極めて合理的で省力的な飼養管理方法も，外来種の導入や，若齢肥育技術の導入により，今後集約的なものに変わってくるかもしれない．

写真12–4　ラオスにおける粗放な肉牛生産

4）**乳オス肥育の潜在性**

東南アジアでは肉の消費と同様に牛乳の消費も急速に伸びており，酪農の振興が著しい．その中で最も特徴的であるのは，**ベトナム**の北中部，ゲアン省にある世界最大規模の企業酪農THファームである．3年前に創業したばかりだが，現在搾乳牛約1万2千頭，全頭数3万頭ほどを有し，将来的には搾乳牛3万頭を目指し，ベトナム全土での牛乳の消費量の半分程度を生産する予定である[5]．口蹄疫の汚染地帯ではあるが，地域全体にワクチンを接種することで対応している．オス子牛は現在1週齢程度で販売し，と畜されているとのことで，乳オスの**肥育**はなされていない．

タイ東北部でも酪農が急速に伸び，各農家の規模拡大が進んでいるが，乳オスの肥育はなされていない．生まれてくるオス子牛の数は膨大であり，この地域での牛肉消費の伸びを考えると，大きな潜在性を有している．

(3) 開発途上国における肉牛生産とわが国の貢献

わが国では，高度経済成長期，畜産物の消費拡大を支えるため家畜生産性向上を最重要課題として畜産の研究が進展してきた．その後，大幅に低下した飼料自給率や畜産環境問題の改善を重要な課題としながら進展し，現在では畜産技術の更なる高度化や健康志向を支える高機能畜産物等の課題にシフトしていると思われる．また，このような変化は数十年を経て比較的穏やかに流れてきた．一方，**開発途上国**では畜産物の消費拡大が急速で，わが国において対応を迫られてきた課題が急速に顕在化しつつある．多くの開発途上国では畜産学を担う人材がそもそも乏しく，自国の課題すべてを自前の研究者で対応することは困難な状態にある場合が多い．

濃厚飼料給与の主要な対象家畜は豚・鶏ではあるが，高品質牛肉生産のための給与量も増えており，今後の開発途上国の経済発展に伴い，その利用量はいっそう増えるものと思われる．このことは世界全体の穀類の需給に大きな影響を与えており，わが国がこれまでと同じような条件で飼料用穀類を輸入することは難しくなると考えられる．そのような問題を少しでも軽減するため，開発途上国での持続可能な肉牛生産の研究協力が必要である．

開発途上国での牛肉生産は，**集約的な高品質牛肉生産**と，低質粗飼料を活用した**粗放な牛肉生産**に大別できる．東南アジアをはじめとする熱帯・亜熱帯地域では低質な粗飼料が大量にあり，人の食料と競合しないそのような資源を動物性タンパク質に変換する肉牛の役割は極めて重要である．濃厚飼料原料が国際的な価格に支配されつつある現在，そのような粗放な肉牛生産は廉価な畜産物を供給しうる貴重な手段と言える．在来の牛は低質な粗飼料を合理的に利用できると考えられ[3]，利用できる飼料資源に応じた品種を選択して，熱帯・亜熱帯にある資源を有効活用し，人の食料に競合しない牛肉生産を行うことは持続可能性を考えた場合，極めて重要なことである．

一方，そのような資源がまだ有効に利用されていない事例もある．2012年に**ベトナム**がタイを抜いて世界一の米輸出国になったが，このことにはベトナム全体の5割程の米を生産するメコンデルタにおける米生産量の躍進が大きく貢献している．しかし，米と同時に大量に産出される稲わらは飼料用としてほとんど活用されていない．現在メコンデルタにはベトナム全体の11%の牛しかおらず，膨大に産出される稲わらと米ぬか等の副産物を活用することで今後この地域で牛肉生産を飛躍的に伸ばすことが可能であるかもしれない．

一方，低質な粗飼料のみで牛を飼養すると，増体がわずかで生産される牛肉あたりの温室効果ガスの発生量が大きくなるという問題もある．熱帯・亜熱帯地域は地球温暖化に影響を受けやすいとされ，前述のメコンデルタは洪水，塩水遡上，高潮等により，特に脆弱な地域とされている．不必要に温室効果ガスの発生を増大させるのではなく，低質な粗飼料に農業・食品製造副産物もしくはマメ科牧草のような自給飼料を組み合わせて給与することで，少しでも増体を早める必要がある．これまでLivestockという概念で飼養されてきた，貯蓄として牛の役割を，農民が利用しやすい銀行システムの導入等によって代替し，維持に近い状態で飼養される牛の数を減らし，生産の回転を速める工夫も必要となる．

開発途上国において集約的な肉牛生産が進むにつれて，糞尿処理の課題も顕在化するであろう．資源循環の核として畜産の役割を明確に示し，環境に優しい肉牛生産技術が開発途上国で実践できるような研究協力が求められる．

川島知之（(独) 国際農林水産業研究センター）

参考文献

1）Delgado, C., M. Rosegrant, H. Steinfeld, S. Ehui, C. Courbois（1999）Livestock to 2020: the next food revolution. IFPRI Food, Agriculture, and the Environment Discussion Paper 28. Washington, D.C.（USA）: IFPRI.
2）FAO（2013）FAOSTAT Online
3）川島知之（2007）風土が育んだ家畜―熱帯の在来反芻家畜の特性―家畜生産の新たな挑戦（今井裕編）京都大学学術出版会 155-179
4）川島知之（2013）多様化する開発途上国の畜産業と日本の畜産学の貢献　畜産の研究 67（1）103-108
5）International Dairy Topics（2012）Vietnam milking project on line to be the world's largest dairy operation. International Dairy Topics 11（1）7-11

3．各種生産認証・奨励制度

（1）日本農林規格（Japanese Agricultural Standard：JAS規格）

農畜産物は，工業製品と異なり，品質を厳格に保証することは極めて困難である．工業製品であれば製品の仕様が数値情報も含め明記されており，メーカー名，製造年，製造国，型番といった情報も簡単に入手できる．たとえば，新たに液晶テレビを購入しようと思えば，わざわざ販売店の店頭に陳列されている現物を見なくても，カタログやWebページの情報などを元に自分の好み，目的にあった製品を選択することができ，メーカー名と製品名あるいは型番を指定して発注すると，確実に仕様どおりの製品を入手することができる．

一方，農畜産物，特に野菜や肉類などの生鮮食品の品質は均一ではなく，実際に店頭等で現物を見て購入することが一般的である．最近ではインターネットやテレビショッピング等の通信販売を通して肉類，海産物，野菜などを購入するケースも増えてきているが，手元に届く商品が工業製品に求められている品質と同程度の均一性を備えていることはない．農畜産物の原材料が生物資源である以上，ある程度の品質のバラツキが存在することは自明である．しかしながら，農畜産物であれ一定の規格・基準のもとで生産，加工，流通，消費を行うことが望まれる．わが国においては農・林・水・畜産物およびその加工品の品質保証の規格である，「農林物資の規格化及び品質表示の適正化に関する法律（JAS法）」が1950年に公布され，現在に至っている．現在では**日本農林規格（Japanese Agricultural Standerd：JAS規格）**としては，**一般JAS規格**，特定JAS規格，**有機JAS規格**，**生産情報公表JAS規格**，定温管理流通JAS規格がある．JAS規格の一覧，個々のJAS規格の内容については農林水産省のWebページから閲覧することができる[1]．それぞれの規格を満たす製品には認定機関名を記載したJAS規格マークを付けることができる[2]．

これらのJAS規格の中で特に，肉用牛（牛肉加工品を除く）に関連したものとしては以下のものがある．

- 生産情報公表牛肉の日本農林規格（生産情報公表 JAS 規格）[3]
- 有機畜産物の日本農林規格（有機 JAS 規格）[4]
- 有機飼料の日本農林規格（有機 JAS 規格）[5]

(2) 牛トレーサビリティについて

わが国では2001年に**牛海綿状脳症**（**BSE**）牛が確認されたことを契機に，2003年「牛の個体識別のための情報の管理及び伝達に関する特別措置法」（いわゆる**牛トレーサビリティ**法）が制定された[6]．この法律の本来の目的はBSEの蔓延を防止するために牛1頭ごとに一意な**個体識別番号**を与え，BSE発生時に患畜の同居牛や疑似患畜の所在や**移動履歴**を特定することにあった．実際には牛の出生からと畜，食肉としての流通に至る全過程を一意な個体識別番号で管理しており，食肉小売業者および特定料理提供業者に対し，販売牛肉について個体識別番号の明示を義務付けている．輸入牛肉はこの法律の対象外であることから，消費者がスーパー等で牛肉を購入する際，個体識別番号表示の有無で輸入牛肉か国内生産牛肉かを判断できる．また，独立行政法人家畜改良センターでは牛の**個体識別情報サービス**のWebサイト[7]を用意しており，個体識別番号を入力すると当該牛（牛肉）の出生からと畜，流通に至る移動履歴等の情報を検索することができる．個体識別の具体的な業務については独立行政法人家畜改良センターのWebページ[8]に掲載されている．このような食品のトレーサビリティに関して法律で規定している品目はわが国では牛以外にはコメ（米穀等の取引等に係る情報の記録及び産地情報の伝達に関する法律：平成21年法律第26号）[9]のみである．

(3) 生産情報公表牛肉のJAS規格

消費者の「食」に関する安全・安心への関心の高まりに対応すべく「食卓から農場まで」顔の見える仕組みを整備する一環として，食品の生産情報を消費者に正確に伝えることを第三者機関が認証する「**生産情報公表JAS規格**」[3]が制定された．牛肉については，牛トレーサビリティ法により個体識別番号による個体管理体制が早くから整備されていたこともあって，この規格の第1号として2008年から生産情報公表牛肉のJAS規格が制定された[10]．生産情報公表JAS規格のマークの付いた牛肉については，パッケージに表示されているURLあるいはFAX番号から，牛トレーサビリティ法で指定された項目に加えて，家畜に与えた飼料の種類や，生産者が使用した動物用医薬品など，生産に関わるより詳細な情報を入手することができる．なお，生産情報公表牛肉のJAS規格は申請により輸入牛肉についても与えられることができる．

(4) 有機JAS規格

農薬や化学肥料などの化学物質に頼らないで，自然界の力で生産された食品，いわゆる有機農産物に関する消費者の関心の高まりを受け，JAS規格に**有機JAS規格**が加わった．有機JAS規格認定以外の農産物，農産加工品に「有機」，「オーガニック」などの名称の表示や，これと紛らわしい表示を付すことは法律で禁止されている．牛も有機畜産物のJAS規格の対象家畜に含まれている[4]．有機畜産物を生産するための飼養家畜に与える飼料については有機飼料のJAS規格[5]を満たすものではなければならない．

(5) 総合衛生管理製造過程認証，ISO認証

総合衛生管理製造過程認証とは，厚生労働省が**HACCP**（Hazard Analysis and Critical Control Point）の考

え方を取りいれて作った食品の安全管理のための認証制度である．HACCPとは 食品を製造する際に工程上の危害を起こす要因（ハザード；Hazard）を分析しそれを最も効率よく管理できる部分（CCP；必須管理点）を連続的に管理して安全を確保する管理手法である．HACCP認証を取るという使われ方をする場合もあるが，HACCPは管理手法の名称であって食品の安全管理のための認証制度そのものではない．肉用牛に関連したものとしては**輸出食肉認定制度**がある[11]が，たとえば対米あるいは対カナダ輸出牛肉を取り扱うと畜場等については，HACCP方式による衛生管理基準に定める手順を実施していることが要件になっている．

一方，国際的な標準化規格としては**ISO**（International Organization for Standardization）が策定したものがある．ISO認証の種類は多岐にわたっているが，肉用牛生産に関連したものとしてはISO22000，ISO14001などがある．

ISO22000は食品安全マネジメントシステム規格であり，安全な食品を生産・流通・販売するため，HACCPの手法を，ISO9001（品質マネジメントシステム規格）を基礎としたマネジメントシステムとして運用するために必要な要求事項を規定している．ISO22000は，農業や漁業といった一次産品から小売，製造・加工に利用する機材，途中の運送など，フードチェーンに直接・間接的に関わる全ての組織が認証の対象となっている．

ISO14001は，組織活動，製品・サービス等について，環境に与える負荷を，継続的に低減・防止していくための仕組みを，企業の中に構築するための環境マネジメントシステムの規格である．

(6) 各種団体による認証制度

食品循環資源の再生利用等の促進に関する法律（**食品リサイクル法**）[12]の施行（2001年，2007年最終改正）により，食品製造副産物（醤油粕や焼酎粕等，食品の製造過程で得られる副産物）や余剰食品（売れ残りのパンや弁当等，食品として利用されなかったもの），調理残さ（野菜のカットくずや非可食部等，調理の際に発生するもの），農場残さ（規格外農産物等）を利用した家畜用飼料，いわゆるエコフィードが給与されるようになってきた．エコフィードに関する認証制度としては一般社団法人日本科学飼料協会が認証機関となっている**エコフィード認証制度**[13]と，公益社団法人中央畜産会が認証機関となっている**エコフィード利用畜産物認証制度**[14]がある．エコフィード認証制度では食品循環資源の利用率や栄養成分等の一定の基準を満たす飼料を「エコフィード」として認証することで，食品リサイクルへの関心と理解を深めることを目的として2009年から運用を開始した認証制度である[13]．一方，エコフィード利用畜産物認証制度はエコフィードの取り組みを消費者までつなげることで，取り組みに対する社会の認識と理解を深めることを目的とし，一定の基準を満たした畜産物を「エコフィード利用畜産物」として認証する制度で2011年から運用を開始している[14]．

また，放牧畜産によって生産される畜産物の生産をより拡大し，放牧畜産を普及推進することを目的とした認証制度として一般社団法人日本草地畜産種子協会の**放牧畜産基準認証制度**がある[15]．この認証制度では乳牛と肉用牛が対象となっているが，肉用牛の場合，放牧子牛生産基準を満たした「**放牧子牛**」，放牧子牛を肥育し，放牧肥育牛生産基準を満たした「**放牧肥育牛**」，さらに放牧肥育牛から生産された放牧牛肉生産基準をみたした牛肉は「**放牧牛肉**」として認証される．

(7) 銘柄牛（ブランド牛）

わが国の黒毛和種などでは県単位での育種改良が行われてきたことから，県ごとに血統や肥育方法などに特徴を持った集団が形成されている．そこで，消費者に自県産の牛肉をアピールするため，産地（地理的表示），血統（品種），枝肉の格付，飼育法などにより，ある一定の基準を満たしたものに名称（ブランド名）を付与して市場に流通させる，いわゆる**銘柄牛（ブランド牛）**流通が行われている．

銘柄牛の命名については，公益社団法人中央畜産会による「産地等表示食肉の生産・出荷等の適正化に関する指針」(1991年（平成3年))[16]に準拠している場合が多い．銘柄牛の認定については，明確な法律があるわけではなく，それぞれの推進団体が独自の基準を設け，その基準に従って認証を行っている．現在，全国では300近い銘柄牛が流通している．これら銘柄牛に関する詳細な情報は公益財団法人日本食肉消費総合センターが開設している**銘柄牛肉検索システム**[17]のWebページから検索可能である．

(8) 今後の課題

「食」の安全・安心に関する消費者の関心は年々高まっており，肉用牛の生産者，流通業者，小売業者も安全・安心な牛肉の提供に努める必要がある．消費者に対して自らの生産物の品質を保証する手段としては公的な第三者機関による認証を受けることが重要である．また，生産情報の可視化，公開等も重要である．一方，多くの機関において各種の認証制度が用意されているが，現状では消費者へは十分に周知されていない．今後，マスコミやインターネット等を通して安全・安心な牛肉の提供を担保する各種認証制度の宣伝，周知等を積極的に行っていく必要があると考える．

守屋和幸（京都大学）

参考文献

1) 農林水産省／JAS規格一覧，http://www.maff.go.jp/j/jas/jas_kikaku/kikaku_itiran.html
2) 農林水産省／JAS規格について，http://www.maff.go.jp/j/jas/jas_kikaku/
3) 生産情報公表牛肉の日本農林規格（生産情報公表JAS規格），http://www.maff.go.jp/j/jas/jas_kikaku/pdf/seisan_kikaku_a.pdf
4) 有機畜産物の日本農林規格（有機JAS規格），http://www.maff.go.jp/j/jas/jas_kikaku/pdf/yuki_chiku_120328.pdf
5) 有機飼料の日本農林規格（有機JAS規格），http ://www.maff.go.jp/j/jas/jas_kikaku/pdf/yuki_feed_120328.pdf
6) 牛の個体識別のための情報の管理及び伝達に関する特別措置法，http://www.maff.go.jp/j/syouan/tikusui/trace/pdf/beef_trace1.pdf
7) 牛の個体識別情報サービス，https://www.id.nlbc.go.jp/top.html
8) 個体識別業務について，http://www.nlbc.go.jp/g_kotai/about.asp
9) 米トレーサビリティ法，http://www.maff.go.jp/j/syouan/keikaku/kome_toresa/pdf/hou26.pdf
10) 生産情報公表牛肉のJAS規格，http://www.maff.go.jp/j/jas/jas_kikaku/pdf/seisan_pamph_a.pdf
11) 輸出食肉認定制度，http://www.mhlw.go.jp/topics/haccp/other/yusyutu_syokuniku/index.html
12) 食品循環資源の再生利用等の促進に関する法律（食品リサイクル法）http://law.e-gov.go.jp/htmldata/H12/H12HO116.html
13) エコフィード認証制度，http://kashikyo.lin.gr.jp/ecofeed/eco.html
14) エコフィード利用畜産物認証制度，http://ecofeed.lin. gr.jp/use/index.html
15) 放牧畜産基準認証制度，http://souchi.lin.gr.jp/ninsho/intro/index.php
16) 産地等表示食肉の生産・出荷等の適正化に関する指針，http://www.maff.go.jp/j/jas/kaigi/pdf/kyodo_no10_shiryo_sanko_4.pdf
17) 銘柄牛肉検索システム，http://jbeef.jp/brand/

4. 生命倫理とアニマルウェルフェア

(1) はじめに

本来，わが国の和牛は，農耕用に用いられていたため，各農家は1，2頭を飼養し，米麦生産の奉仕者として位置づけられていた．したがって，農家は和牛をペットのようにかわいがり，家族の一員と考えている場合が多かったようである．実際，中山間地の小規模生産農家では，牛小屋は母屋とつながって建てられ，冬に雪に閉ざされても，飼料の給与や世話が容易な構造になっている．また，母牛が子牛を生んだ際には，飾り付けをして祝うなどの風習も残っている．数多くの優秀な後代を残し，その地域に大きな利益をもたらした種雄牛には墓も立てられ，祭られている．このような飼養形態は，今で言うところの**生命倫理**や**アニマルウェルフェア**の問題とはほぼ無縁の状況であった．しかしながら，高度成長期から，和牛は肉用牛として変貌を遂げ，多くの地域の農家で専業化と規模拡大がなされ，現在ではわが国の肉用牛においても生命倫理やアニマルウェルフェアの問題を議論すべき状況になってきた．

(2) 生命倫理

1) 生命倫理とは

近年，畜産技術の進歩はめざましく，肉用牛に関連する技術のみを取り上げても体細胞クローンの作出やゲノミック選抜に代表されるDNA育種など，これまでには考えられなかったような新しい技術が次々と開発されている．しかしながら，このような技術が実用化され普及するためには，このような技術が**生命倫理**の基準を満たしているかどうかの議論が不可欠である．このような議論は，通常，人文科学系の研究者によって問題提起される傾向にあるが，肉用牛関係者は当事者として，新しい科学技術，特に生命が関係する技術を実用化し，普及しようとするには，避けて通れないものである．

「**生命倫理学**」は，生命を意味するbioと倫理学のethicsの合成語である「bioethics」の日本語訳で，本来は地球環境の危機を克服して人類が生き残るための科学と考えられていた．当初は，このようにどちらかと言えば環境倫理に近い考え方であったが，その後，バイオテクノロジーに関する実験を規制する立場であったり，医者と患者のインフォームドコンセントを哲学的に論じる場であったり，医療政策を議論する場であったりとさまざまな視点から生命の問題を取り扱う学問分野となってきた．

倫理とは，人間の実践的な価値の体系，ないし実践態度，そして行動規範である．すなわち，われわれが何をなすべきか，そしてなぜそうするかを考える学問である．倫理学では，功利主義（utilitarianism）と義務論（deontology）の2つの立場がある．功利主義の考え方は，よく知られた最大多数の最大幸福で示されているように，正しいか誤っているかの基準は，その行為がもたらした善の総計とその行為によってもたらされた悪の総計を比較し，善が悪をいかにまさっているかどうかによってその行為の善悪を判断するものである．一方，義務論の立場とは，欲得を離れて義務をひたむきに守る純粋な動機こそが道徳的とする考え方である．**動物愛護**の立場は，後者の義務論の立場のひとつと考えられる．

本稿では，クローン技術を例にとって生命倫理の視点から検討して見ることにする．

2) クローン技術と生命倫理

現在，わが国においては**体細胞クローン**技術によって作出されたウシの牛肉を販売することは禁止されている．体細胞クローン技術によって作出されたウシの牛肉の安全性に関しては，世界的にも少なくとも現段階では問題がないと判断されているにもかかわらず[1]，いまだに多くの消費者からの支持を得られないのはまさに生命倫理の問題からであろう．その問題点には以下のようなことが考えられる．

その第1は，体細胞クローン技術の人間への応用に関する危惧である．この点に対する批判はしばしば耳にするが，冷静に考えてみれば，科学技術の誤用は，体細胞クローン技術にかかわらずほとんどの科学技術においてあり得ることで，体細胞クローン技術を家畜に利用することと人間に誤用することは別の問題である．すなわち，科学技術の誤用はそれを使う側の人間の問題で，もしこのような主張に従うならばほとんどの科学技術は禁止されてしまうことになる．しかし，これまでの歴史を振り返った場合，このような危惧が単なる杞憂であるとは言い切れないものがある．

第2は家畜の健康や福祉に対する負のインパクトである．これは，倫理的には重要な点で，十分に議論すべき問題である．実際，理由は明らかでないが，クローン産子の死亡率は一般的には高く，とくに体細胞クローン産子の死亡率はきわめて高い[2,3]．このことはなんらかの点でクローン技術（特に体細胞クローン技術）が家畜の健康に害を及ぼしていることを示唆しているものと考えられる．また，体細胞クローンのみならず核移植によるクローン産子は過大子の出現率が高く，難産の原因となっている．これらの点について今後の研究が待たれ，原因が明らかになり解決されるまでは，倫理上の基準をクリアできないと思われる．

第3は，同一胚からの大量のクローン産子による遺伝的多様性の喪失である．将来的には技術レベルが向上し，安価に大量のクローンが生産できるようになれば，特定の雌雄の組み合わせによって生産されたきわめて優秀なクローン産子を大量に生産することや有名な種雄牛の体細胞クローンを大量に生産し，その精子をすべて繁殖に供用するというようなことも可能である．しかし，このような状況になれば，極端にはその時に最適な1つの遺伝子型のみが残ることになり，種の多様性がまったくなくなることもありえる．ひとたびこのような事態になれば，種の多様性を取り戻すことは不可能となり，このような不可逆的な事態は，生命倫理的にも大きな問題といえる．

以上の3点を考えても，現段階では，クローン技術は生命倫理上の問題をクリアしているとは言い難い．したがって，功利主義の立場に立てば，クローン技術の利用の是非は，クローン利用の必要性（メリット）と倫理上の問題とのトレードオフ関係にあると推察される．次にこの問題について，家畜，農家，消費者の立場からもう少し深く考えてみることにしよう（さらに詳しい検討結果については，広岡[4]を参照のこと）．

第1の家畜に立場に立てば，クローン技術，特に体細胞クローン技術によって作出された家畜は，明らかに流産，死産，難産など不利益を被っているため，倫理的にはかなり大きな問題といえる．

第2の農家にとっては，クローン技術によって，仮に良質の肉が生産できると仮定しても，クローン技術のためのコストが高いならば，裕福で先進的な農家しかそのような技術を利用することができず，そのような農家は利益を得ることができるが，その他の農家は不利益を被ることになる．

一般に，新しい技術の恩恵をもっとも多く受けるのは，消費者であるべきである．ところが，クローン技術に関しては，現状では消費者のほとんどがクローン家畜からの生産物に対して強い抵抗感を持っている．しかし，消費者がクローン家畜からの生産物と一般のウシからの生産物とを区別せず，しかもクローン技術によって良質の畜産物が大量に生産され，その生産物が安価になれば，消費者のメリットは大きいはずである．さらに，クローン家畜からの生産物であることがラベルなどで商品に表示されるならば，消費者は選ぶことが可能になり，公正性，選択の自由の度合いが高まり，消費者から反発が減ることも期待できる．いずれにしても，体細胞クローンの生産過程や問題点などを国民に知らせることが，体細胞クローン技術に対する理解を得るための第一歩である．

以上のような考察から，クローン技術は現状ではいずれの場合にも倫理的には問題があり，クローン技術は生命倫理的には支持を得ることは難しいと考えられる．今後，クローン技術の利用が支持される条件として，技術レベルの向上による家畜への影響の低下，クローン技術のコストの削減，および消費者の意識の変化と情報の十分な公開が不可欠であると推察される．

(3) アニマルウェルフェア（動物福祉）

1）アニマルウェルフェアとは

もともと**アニマルウェルフェア**（**動物福祉**）は，実験動物や使役動物へのあわれみや同情から生まれてきたものであったが，大学などで教えられてきた内容は，主観的，感情的なものはできる限り排除し，科学にもとづく純粋な内容が強調される傾向にあった．したがって，研究も科学的であることが重視され，調べようとする要因も細分化され，一つ一つの要因，たとえば放牧圧やグループの大きさ，床の種類などが動物のストレスや行動にどのように影響するかなどを調べる研究が主流であった．また，アプローチの方法もさまざまで，家畜管理の視点から，いかに家畜に**ストレス**がかからないように飼育すべきかの検討や家畜行動学の視点から動物がストレスを表す行動様式の客観的な指標の設定，獣医学的視点からストレスによって生じる疾病の特定などの研究が行われてきた．

佐藤[5)]が指摘しているように，アニマルウェルフェアの主体はあくまでも動物で，動物ができる限りその動物にとってより良い状態でいられることを目標とし，**5つの自由**と呼ばれる空腹・渇きからの自由，不快からの自由，痛み・損傷・病気からの自由，正常行動実現の自由および恐怖・苦悩からの自由を保証することが重要とされている．アニマルウェルフェアは，しばしば**動物愛護**と混合されて考えられてきたが，動物愛護の考え方は，前節で述べた生命倫理の義務論の立場のひとつの考え方で，アニマルウェルフェアとは目的もアプローチも異なっている．さらに，そのようなイメージをもたれることを嫌ったためか，アニマルウェルフェア研究では，とりわけ科学性が重視され，主観に基づくことの多い生命倫理の考え方はできる限り排除する方向で研究が進められてきたように見受けられる．しかし，アニマルウェルフェアにおいて，完全に生命倫理の考え方を排除できないケースがあり，両方の考え方を融合して問題解決に当たる上でも両者の違いを十分に知っておくことは重要である．生命倫理とアニマルウェルフェアの違いについて，表12-2に簡単にまとめた．

2）肉用牛のアニマルウェルフェア

家畜にとって，十分な健康と活力に必要な飼料と水を摂取することが保証されていることは，アニマルウェルフェアの観点から重要である（空腹と渇きからの自由）．この点に関して，肉用牛による生産と関連する問題としては，肥育時の濃厚飼料の多給が挙げられる．濃厚飼料を多給することで，肥育牛の増体量は向

表12-2　生命倫理とアニマルウェルフェアの比較

	生命倫理	アニマルウェルフェア
対象	家畜の命	家畜の感受性
主体	人間	家畜
目的	対象技術や行為の倫理性を判断	家畜にとってよい状態を実現
方法	義務論あるいは功利主義で評価	5つの自由を満たしているかで評価

上する反面，ルーメン内のpHが低下し，また鼓脹症，脂肪肝，ルーメンアシドーシス，尿石症などのさまざまな病気が引き起こされ，アニマルウェルフェアの観点からは問題である．また，わが国で広く行われている霜降り肉生産のためのビタミンAのコントロールは，ビタミンAが欠乏すると，上皮組織の角質化，免疫機能の低下，肺炎，下痢，食欲不振，摂食量の低下，夜盲症，失明，繁殖障害，関節や胸部の浮腫等，さまざまな症状が現れることがあり，このことは痛み・損傷・病気からの自由に関わるため，今後，アニマルウェルフェアの問題になる可能性が高いと推察される．

快適な休息場所やさまざまな環境ストレスを避けるための適切な**飼養環境**は，不快からの自由が保障されるため，肉用牛のみならずすべての家畜において重要である．気温に関しては，寒冷地の冬は，体温を維持するためにより多くのエネルギーが必要となるため，余分の飼料を給与する必要がある．さらに寒冷対策には，投光器やヒーターを利用し，特に隙間風が入らないようにすることも効果的である．一方，夏の暑さに対しては，風通しのよい畜舎構造や牛舎全体の空気を動かすための扇風機を屋内に設置するなどは，生産面だけでなくアニマルウェルフェアの観点からも配慮すべきである．

個々の家畜にとって不快さを感じないスペースの確保も重要である．KoknarogluとAkunal[6]は，畜舎の作りにかかわらず，育成牛では体重150 kgまでは1.5 m^2，150～220 kgまでは1.7 m^2，220 kg以上では1.8 m^2必要と述べている．また，家畜を運搬する際にも，十分なスペースが必要で，PetherickとPhillips[7]は，立位の場合，最低限必要なスペースは体重の関数として$A = 0.019\ W^{0.66}$を提唱している．この式に従えば，体重500 kgのウシは，1.15 m^2のスペースが最低限必要と言いうことになる．

肉用牛の飼養管理で注意すべき事項として，離乳時に生じる子牛の**離乳ストレス**がある．わが国では肉用牛の子牛の離乳時期は6カ月齢程度であったが，最近は早期離乳が普及してきて，3カ月程度で離乳させる農家が一般的となっている．離乳は，子牛にとってはストレスが大きく，母がいないことや場所が変わったことの不安から歩き回り，母を呼んで鳴き続けるケースも多い．これらは，不快からの自由や恐怖・苦悩からの自由とも関連し，アニマルウェルフェアの問題といえる．最近，兵庫県立農林水産技術総合センターが，子牛を離乳して母牛から分離するのでなく，逆に母牛のほうを移動させることで，離乳ストレスが大幅に緩和できることを報告している．この技術は，いまだ農家レベルでは普及していないが，母牛の移動場所の確保ができれば，子牛のアニマルウェルフェアに配慮した離乳技術として，将来，現場に受け入れられる技術となることが期待されている．

また，家畜が痛みを伴う**治療**や処理をされる場合には，できる限り痛みのないように処置すべきである．例えば，肉用牛の場合，除角や去勢には痛みを伴うと考えられるので，最適な時期と処理方法を選んで，できる限り痛みを感じないような方法で実施すべきである．

広岡博之（京都大学）

参考文献

1）Yang X, Tian XC, Kubota C, Page R, Xu J, Cibelli J, Seidel Jr, G. 2007. Risk assessment of meat and milk from cloned animals. Nature Biotechnology 25: 77–83. 2007.

2）Watanabe S. Effect of calf death loss on cloned cattle herd derived from somatic cell nuclear transfer: Clones with congenital defects would be removed by the death loss. Animal Science Journal 84: 631–638. 2013.

3）Watanabe S, Nagai T. Survival of embryos and calves derived from somatic cell nuclear transfer in cattle: a nationwide survey in Japan. Animal Science Journal 82: 360–365. 2011.

4）広岡博之．2000．畜産分野におけるクローン技術の応用とその倫理的評価．生命倫理 11：64-69. 2000.
5）佐藤衆介．2013．アニマルウェルフェアの国内外の情勢．畜産コンサルタント 49（579）：12-15. 2013.
6）Koknaroglu H, Akunal T. 2013. Animal welfare: An animal science approach. Meat Science 95: 821-827. 2013.
7）Petherick JC, Phillips CJC. 2009. Space allowances for confined livestock and their determination from allometric principles. Applied Animal Behaviour Science 117: 1-12. 2009.

5．肉用牛の国際化戦略

（1）はじめに

牛肉の輸入自由化を控え，その是非が盛んに議論されていた時代に，宮崎（1988）は「日本は牛肉を輸出できる」というセンセーショナルなタイトルの論文を発表し，この論文の最後で，米国において日本から輸出された和牛肉がスーパーマーケットで醤油とともに販売され，アメリカ人が家族とともにスキヤキを食する光景が想像されている．この論文が発表されてすでに四半世紀が過ぎ，その間に牛肉の輸入自由化が実施され，その結果，わが国の牛肉の自給率は急速に低下し，現在は40％前後で推移している状況である．しかし，その一方で，日本からの**和牛肉の輸出**は開始されはじめたところである．したがって，宮崎[1)]の論文で想像されている光景はいまだ実現には程遠い状況であるが，近い将来を考えた場合，まったくの夢物語とは言いきれない．そこで，本稿ではまず，和牛，特に黒毛和種の品種特性を述べ，次に黒毛和種の牛肉が海外でどのように受入れられるかについて検討し，最後に**国際化戦略**とその障害について言及することにする．

（2）和牛の特徴

和牛，特に黒毛和種の品種特性は，その極めてすぐれた霜降り（脂肪交雑）牛肉の生産能力である．黒毛和種の**脂肪交雑生産能力**は，遺伝と環境がそれぞれ約半分ずつ関与しており（最新）の総説では遺伝率が0.55，つまり遺伝が55％寄与していると報告されている[2)]），生産性に関与する形質の中でも遺伝性の高い形質と言える．また，外国種では脂肪交雑と皮下脂肪厚は正の望ましくない遺伝相関があるのに対して，黒毛和種などの和牛では脂肪交雑と皮下脂肪厚の間の遺伝相関は低く，場合によっては負の遺伝相関も報告されている[2,3)]．この品種特性は，育種現場では特に重要で，和牛の場合は，脂肪交雑を遺伝的に改良しても，皮下脂肪は厚くならず，改良上好ましいと言える．

それではなぜ，黒毛和種のみが特に優れた脂肪交雑生産能力を獲得したのであろうか．まず，これまで知られている事実を列挙すると，①これまで一度も外国種と交雑されていない純粋な在来和牛で，天然記念物として現在も山口県の見島で飼育されている**見島牛**を肥育すると脂肪交雑のすぐれた牛肉を生産できる，②在来和牛は，1,200年以上の長い間，食用として利用されず，農耕や運搬などの役用に利用され，厳しい環境下で飼育されてきた，③その在来和牛のルーツは，主として中国地域の中山間地で，そのような地域では繁殖雌牛は放牧ではなく，舎飼い中心で飼養され，さらにそれらの地域は，冬は雪で閉ざされることが多いため，冬場の給与飼料は他の時期に刈り取って保存されていた稲わらや野草の乾草が中心で，潜在的にビタミンA不足に陥る傾向にあった，④脂肪組織は，肝臓とともにレチノール（狭義のビタミンA）の体細胞への供給源となっている．これらの事実を組み合わせると，わが国の在来種は，古くからビタミンAが不足する環境下で飼養されており，そのような環境下でビタミンAの欠乏の影響を少しでも緩和するために，筋肉内に脂肪を蓄積する能力を自然淘汰や人為選抜によって獲得したのではないかと考えられた．現在の黒毛和種は，特にこのような在来和牛の**遺伝的能力**を強く受けついでいるのではないかと想像される．

(3) 海外での脂肪交雑の評価

黒毛和種の特徴が，すぐれた**脂肪交雑**をもつ牛肉を生産することであるとした場合，そのような牛肉が海外で受け入れられるかどうかを検討することは今後の輸出戦略を考える上で重要である．

和牛肉は海外では**神戸ビーフ**（**Kobe Beef**）と呼ばれることが多いが，その神戸ビーフという名称の起源は江戸末期に遡るようである．長い鎖国の後に江戸幕府が開国してから，外国船が神戸港で水や食料，燃料を補給するために停泊するようになったが，その停泊中に外国人が食べた神戸の牛肉の味はすばらしかったようで，日本（神戸）の牛肉はおいしいという意味をこめて，神戸ビーフと呼ばれるようになったようである．このことから，当時から外国人は，在来和牛は美味であると感じていたことがうかがえる．

当時の和牛肉の霜降りがどれほどのものであったかは定かでないが，脂肪交雑が外国でどのように評価されているかは，各国の枝肉の格付基準を見るとわかりやすい．表 12-3 は，いくつかの国の牛肉の格付規格を比較したものである．日本の枝肉規格はすでに 10 章で述べられているのでここでは触れないが，米国，カナダ，オーストラリア，韓国では，肉質等級の決定には脂肪交雑の度合いが考慮されている．たとえば**米国**では，肉質は枝肉の成熟度（肉色，骨化度）と脂肪交雑の程度によって決まっている．すなわち，米国の肉質は，12–13 肋骨間のロース芯の断面で測定され，上位から**プライム**（Prime），**チョイス**（Choice），**セレクト**（Select），**スタンダード**（Standard），**コマーシャル**（Commercial），**ユーティリティ**（Utility），**カッター**（Cutter），**キャナー**（Canner）の 8 段階に分けられ，また脂肪交雑は「やや多い（Moderate abundant）」，「わずかに多い（Slightly abundant）」，「中度（Moderate）」，「適度（Modest）」，「少ない（Small）」，「わずか（Slight）」，「形跡あり（Traces）」，「ほとんどない（Practically devoid）」までの 8 段階に分類され，脂肪交雑の多い肉ほど肉質はよいと評価されている．米国では，古くから脂肪交雑が肉のやわらかさや風味，多汁性（ジューシーさ）と深く関わっていることが知られており，最近の研究でもそのことが証明されている[4)]．また，**カナダ**では，若牛に関しては米国と同じ脂肪交雑の評価法を採用し，「わずかに多い（Slightly abundant）」以上でプライム，「少ない（Small）」以上で AAA，「わずか（Slight）」以上で A，「形跡あり（Traces）」A と 4 段階の肉質等級を設定している．他方，繁殖雌牛や成熟雄牛に関しては，脂肪交雑は考慮されていないようである．

オーストラリアでは，枝肉を対象に格付けを行う AUS-MEAT と部分肉を対象に格付けを行う MSA（Meat Standard Australia）の 2 つの評価システムが存在し，脂肪交雑はいずれのシステムにおいても肉質評価において重視され，AUS-MEAT では 1 から 9 までの 9 段階（9 が最上位），MSA では 100 から 1100 までの 10 段階（1100 が最上位）の評価が実施されている．また，**韓国**では肉質等級は上位から QC1^{++}，QG1^{+}，QG1，

表 12-3　各国の牛肉の枝肉評価システムと脂肪交雑の評価の比較

国	日本	米国	カナダ	オーストラリア		韓国	ヨーロッパ
名称		USDA	Canada	AUS-MEAT	MAS		EUROP
格付単位	枝肉	枝肉	枝肉	枝肉	部分肉	枝肉	枝肉
肉質等級	5	8	4＋5	—	3	5	—
歩留等級	3	5	3	—	—	3	—
脂肪交雑	BMS（No 1–12）	「ほとんどなし」から「やや多い」まで 8 段階	「わずか」から「少し多い」まで 4 段階	1–9 までの 9 段階	100–1100 までの 10 段階	BMS（No 1–9）	—

QG2，QG3の5段階があり，この肉質等級は，主としてBMS1からBMS9までの9段階（9が最上位）の脂肪交雑基準によって決定されている．また，表12-3には示していないが，タイでも，2004年に定められた格付規格では，脂肪交雑が格付で重要な役割を果たしている．以上のことから，米国，カナダ，オーストラリア，アジア諸国では，脂肪交雑の程度が高いほうが評価されており，黒毛和種の牛肉が輸出された場合，市場で高い価格で販売される可能性があると考えられる．

他方，ヨーロッパの格付においては，脂肪交雑はまったく考慮されておらず，しかも脂肪の付着度の多い牛肉は，大きく価値が下がることが知られている．これは，ヨーロッパでは，脂肪は健康に悪いものと見なされているためで，現状では，黒毛和種の霜降り牛肉が一般に受入れられるとは考えにくい．しかし，最近は，ヨーロッパにおいても日本食は空前のブームで，スキヤキやシャブシャブの食材として，霜降り牛肉のニーズが高まることも期待できる．

(4) 和牛肉輸出への課題

最近の世界的な日本食ブームのおかげで，食材としての黒毛和種の牛肉のニーズは高いと予想されるにも関わらず，その輸出には次に示すいくつかの大きな課題が残されている．

1）輸出指定施設

日本の屠場や加工施設は，そのほとんどが欧米や香港の衛生管理基準を満たしておらず，例えば，2013年8月1日現在，米国向けの**輸出認定工場**は，鹿児島県の4カ所，岩手県，群馬県，宮崎県にそれぞれ1カ所あるのみである．輸出認定工場には，輸出相手国が認めるレベルの衛生管理水準が要求され，特に欧米諸国では，食肉などには**HACCP**（Hazard Analysis Critical Control Point；危害分析・重要管理点監視）の導入が義務づけられており，わが国はHACCPの導入が遅れているため，牛肉を輸出するに当たっては，まず輸出相手国のHACCPの仕組みを知り，できる限り早く対応する必要に迫られている．また，2013年6月からEUへの輸出が解禁されたため，EUのHACCPに対応できる輸出認定施設の拡大が求められている．

2）BSE，口蹄疫，放射性セシウム汚染

わが国では，2001年に国内初のBSEが発生，2010年には宮崎県での口蹄疫の発生，さらには2011年に東京電力第1原子力発電所の事故に伴う牛肉の放射性セシウム汚染によって，2013年7月1日現在，日本からの牛肉輸入を停止している主な国には，韓国，台湾，中国，サウジアラビア，トルコ，オーストラリアなどがある．また，特に牛肉の放射性セシウムによる汚染の影響は深刻で，米国は福島県，岩手県，宮城県，栃木県の4県からの牛肉の輸入を現在も停止しており，その他の国でも特定の県に政府の**放射性物質証明書**を要求しているところが多い（たとえば，マカオは，牛肉に関して福島，岩手，宮城，茨城，栃木，群馬，埼玉，東京，千葉，神奈川，長野，新潟の12県に政府の放射性物質証明書を要求している）．今後，牛肉の輸出を本格化するためには，山積する問題の解決と情報やデータを隠すことなく公開するなど透明性の向上に努力し，これらの国の信頼を得られるような政策をできる限り早く実施することが求められている．

3）外国産Wagyuの席巻

わが国の和牛肉が海外に輸出される以前にすでに**海外産Wagyu肉**が多くの国，地域で高級霜降り牛肉として販売されている．このような海外Wagyuのルーツは，1976年に米国に持出された4頭の和牛の子孫であると言われている．その後，海外で和牛肉に関する関心が高まるにつれて，断続的に精液や生体が持出され，1997年から1998年の間だけでも，生体で128頭，精液1万3千本が米国に持出されたと言われてい

表12-4　日本の黒毛和種，ホルスタイン種とオーストラリアのWagyuおよびその交雑種の比較

	日本1)		オーストラリア2)	
	黒毛和種	ホルスタイン種	Wagyu	交雑種
AUS-MEAT 脂肪交雑スコア3)	—	—	6.8	4.7
画像形質				
ロース芯脂肪割合（%）	41.7	23.7	29.2	19.3
粗さ指数	11.6	13.0	8.3	7.6
最大粗さ指数	3.9	4.9	2.8	3.0
小ザシ指数（個数/cm^2）	3.2	2.2	2.9	2.1

1）南條ら，2）Maedaら，3）1から9までの9段階で評価（9が最上位）

る．また，**オーストラリアWagyu**は，1993年に日本から米国に持出された和牛の影響を強く受けていると言われている．しかし，1999年以降は，少なくとも合法的には生体も精液も輸出された実績はない．

海外のWagyuは，日本の登録協会で登録された和牛や登録和牛を両親に持つ子孫を全血Wagyu（full-blood Wagyu），両親が和牛の遺伝子を93.75%以上持つものを純血Wagyu（Pure Wagyu），他の品種と交雑されたものをパーセントWagyuと呼ぶ．現在，特にオーストラリアWagyuの牛肉が，台湾，中国，香港，シンガポール，インドネシア，イギリス，フランス，ドイツ，デンマーク，米国など世界各地に輸出され，Wagyu牛肉やKobe Beefとして販売されている．

これまで，両国で格付部位や評価法が異なるため，オーストラリアWagyuとわが国の黒毛和種の脂肪交雑生産能力を直接的な比較ができなかったが，最近，Maedaら[5]がオーストラリアWagyuの5–6肋骨切断面のロースの画像解析の結果を報告している．この数値を用いて，わが国の黒毛和種とホルスタイン種とオーストラリアWagyuの画像解析結果[6]を比較したものが表12-4である．この結果を見ると，ロース芯の脂肪割合（脂肪交雑の程度に対応）は，オーストラリアWagyuは黒毛和種とホルスタイン種の間の水準であることが明らかとなった．また，小ザシの程度を示す小ザシ指数に関しても，オーストラリアWagyuは黒毛和種よりも劣る結果であった．しかしながら，その一方で，脂肪粒子の粗さを示す粗さ指数に関しては，オーストラリアWagyuは黒毛和種にまさっていた．また，ロース芯の脂肪割合が50%を越えるようなオーストラリアWagyuも存在していた．

以上のような現状を打破して，わが国の和牛肉を輸出するためには，和牛肉がWagyu牛肉を肉質の点で凌駕していることを示し，さらに日本の全関係組織が連携連帯して輸出戦略を実施することが重要であると考えられる．

(5) 遺伝資源の保護

現在,「和牛」の名称はアンガス種やヘレフォード種と並ぶほど世界では有名になっている．しかし，世界で販売されている「和牛」肉の大半は，海外産のWagyuの牛肉である．このような海外でのWagyu牛肉の氾濫を重く見た農水省は，2006年に「家畜の**遺伝資源の保護**に関する検討会」を立ち上げた．その検討会の中間取りまとめにおいて，第1に和牛の遺伝子の特許などを戦略的に取得することをめざし，特に他の品種にない和牛の優れた肉質に関する遺伝子およびその機能の解明や海外のWagyuの生産に対する対抗措置として，和牛遺伝子と関連する生産技術を合せて総合的に特許取得することが提唱されている[7]．

第2に，精液の流通管理を徹底するために，精液証明書と精液ストローを一体化して，バーコードなどを活用して厳格な流通管理体制を確立し，精液の国外への持出しを抑制する方針が示されている．第3に，国

内で生まれトレーサビリティー制度で証明されたウシのみを和牛と表示できるなど，品種証明の厳格化が提言されている．

現在，防疫上の理由から，オーストラリアや米国に，精液や受精卵を輸出することは法的に不可能となっているが，動物には植物のような品種保護制度がなく，現在でも法的に輸出を禁止することは国際ルール上不可能である．従って，和牛は，国民の財産と言う消費者と生産者の共通の認識を醸成し，植物と同様の知的財産権の早期確立を世界に訴えて行くことが肝要である．

注：本稿の各種規定や定めは，平成25年9月30日現在のものである．

広岡博之（京都大学）

参考文献

1) 宮崎　昭．日本は牛肉も輸出できる―自給への試論―．文芸春秋1978年9月号．文芸春秋社．1978.
2) Oyama K. Genetic variability of Wagyu cattle estimated by statistical approaches. Animal Science Journal, 82: 367–373. 2011.
3) Hirooka H, Groen AF, Matsumoto M. Journal of Animal Science, 74: 2112–2116. 1996.
4) Emerson MR, Woerner DR, Belk KE, Tatum JD. Effectiveness of USDA instrumented-based marbling measurements for categorizing beef carcasses according to differences in longissimus muscle sensory attributes. Journal of Animal Science, 91: 1024–1034. 2013.
5) Maeda S, Grose J, Kato K, Kuchida K. Comparing AUS-MEAT marbling scores using image analysis traits to estimate genetic parameters for marbling of Japanese Black cattle in Australia. Animal Production Science, 54: 557–563. 2014.
6) 南條正昭・村澤七月・中橋良信・浜崎陽子・口田圭吾．枝肉格付形質ならびに画像解析形質における黒毛和種とホルスタイン種の交雑種に対するヘテローシスの影響．日本畜産学会報，80：437–441．2009.
7) 飯野昌朗．和牛の遺伝資源の保護・活用について．養牛の友，12：56–58．2006.

6．肉質の改良方向

肉質の将来の改良方向を述べるためには，過去～現在を知ることが必要であり，また，輸入肉に対抗あるいは輸出するためには，欧米などの牛肉生産の歴史も知る必要があろう．その上で肉質の改良に関して将来方向を提案したい．

(1) わが国における肉質改良の過去～現在

和牛改良の歴史については他でも述べられているので，ここでは牛肉という面を中心として簡単に紹介するにとどめたい．まず牛は紀元前に大陸から日本に持ち込まれたと考えられている．その後，政令で牛肉を食べることが禁じられたこともあったが，仏教自体は肉食を禁じていないことなどから，背景には役用畜としての重要性がある．江戸時代には薬食いと称し滋養のため牛肉を食し，近江藩は皮革の利用を通じて牛肉の味噌漬けを作り，将軍に献上していた．

肉食が本格的に普及し始めたのは明治以降である．この頃，外国種と在来牛の交雑によって改良が進められた．この頃は主に役肉用牛として利用されたが，役用として利用した場合，肉は硬くなり，脂肪も付きにくくなるので，当時の牛肉は決して食味の良いものではなかったであろう．

1944年には，改良の末，黒毛和種，褐毛和種，無角和種の3品種が，1957年には日本短角種が成立した．1960年代以降は，農作業の機械化と共に役用需要が減少する一方で，牛肉需要が伸びていった．この頃は高度経済成長期にあたり，牛肉需要に対し肉用素牛の供給が追いつかない状況で，その対策として外国種が導入され，乳用雄子牛が牛肉生産（国産牛肉）に利用されるようになった．

1966年には，全国和牛能力共進会が初めて開催され，以後5年に1度開催され，肉質や肉量は回を追うごとに向上した（写真12-5）．特に1991年の牛肉輸入自由化以降は，輸入牛肉との差別化のため，肉質の向上や斉一化を目指す改良が進められ，特に**脂肪交雑**が顕著に向上した．この方向性は功を奏し，輸入自由化によってわが国の肉牛産業は壊滅するという経済学者もいたが，実際にはそうならなかった．

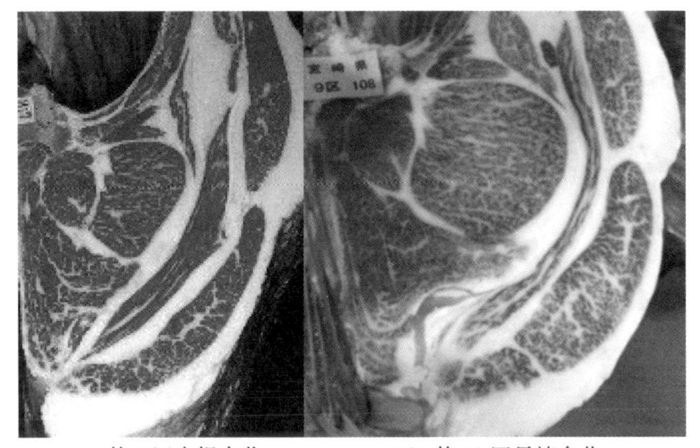

H62 第5回島根全共　　H21 第10回長崎全共

写真12-5　全共受賞牛における肉の比較

和牛は脂肪交雑がすぐれるだけでなく，**脂肪質**もすぐれることから，2007年の第9回鳥取全共では脂肪の質賞が設けられ，2012年の第10回長崎全共では，肉質審査の基準に脂肪質の評価が取り入られることとなった．このように脂肪は量から質へ転換したが，その背景としては，既に脂肪交雑の改良は飛躍的に進んでおり，ロース内の脂肪含量は非常に多いものでは50%を超えるまでになり（肉質の項参照），逆に過剰が指摘され，また近交係数も上昇して遺伝的多様性の減少も危惧されたことがある．

既に2010年の農林水産省における和牛の改良増殖目標（平成32年度目標）で，脂肪交雑は褐毛和種を除き現状のまま据え置きとなった．さらに，目標では，消費者ニーズに応えた畜産物の供給が重要とされ，「脂肪酸組成や肉の締まり・きめ等，肉のおいしさ評価に関する科学的知見の蓄積に努め，将来的に消費者の視点に立った評価として利用可能な「おいしさ」に関する成分含有量等の指標化に向けた検討を行う．」ことになった．また，現在では，赤身肉志向の消費者が増え，減少の一途であった褐毛和種や短角種がみなおされ，その需要が伸びつつある．

(2) 欧米における牛肉生産の歴史

欧米における牛肉の位置付けは，わが国とは大きく異なる．それは，わが国の**食文化**が米等を主食としていたのに対し，欧米では畜産物が主食である．ただし畜産物といっても，元来，肉を食べることは贅沢で，一般的に農作物が豊富に採れる土地柄になく，そこに生える草を反芻家畜に与えて乳を搾り，その製品が貴重な栄養源となる**乳文化**圏であった．当時の**ヨーロッパ**は，パンでさえ贅沢な食べ物で，穀物を家畜に与える贅沢は許されず，牧草を利用してLivestock（家畜：生きた貯蔵物）を食料の頼りにするしかなかった．つまり，欧米において家畜は，人の利用できない草などを栄養豊富な食べ物に変えてくれる，神からの贈り物（キリスト教）でもあった．なお昔のドイツでは各家庭で豚を飼い，秋にと畜し，ハム・ソーセージなどの加工品にし，寒くて厳しい冬を乗り切る貴重な保存食となった．

ヨーロッパといっても広く，各地域で民族や文化が大きく異なる．イギリスやアイルランド，オランダ等は，民族性もあってか，現在でも肉料理は手間のかからないものが多く，また食べ物に高いお金を払う感覚は一般的にはない．北欧は気候が厳しく，食料自体が不足していたことから，食文化が豊かに花開く余裕がなかったものと思われる．デンマークで酪農や養豚が発達したのは苦肉の国策が成功したためであるし，バイキングは船上の保存食として加工品を発達させた．一方，グルメ国であるフランス，イタリア，スペイン等は食を楽しみ，食にお金をかける．

では，欧米での肉牛の位置付けはどのようになるのだろうか．このことを説明するのには南北に広いわが国の過去の例を考えれば理解できる．わが国では農耕用に，西日本では牛が，東日本では馬が利用されることが多かった．これは，暑熱にも強い小型の牛が狭い山間の水田をゆっくりと耕すのに適している一方で，馬は迅速で，早い冬が来る前に一気に広い平地を耕せるのに適し，さらに牛の堆肥が冷肥と呼ばれるのに対し，馬の堆肥は発酵熱が生じやすく寒い地方に向いていることによる．そのため，冷涼な欧米の地では労役として馬が利用されることが一般的で，馬を大切にし，今でもごく一部の例外をのぞいて馬肉は決して食べない．一方，牛は，ブラウンスイスやドイツのフリーシャン（ホルスタイン）種に見られるように**乳肉兼用種**か，イギリス原産のアンガス種など古くから**肉専用種**として発達してきた．

これら乳肉兼用種を**乳専用種**に変えたのは米国である．米国には単一能力を追求する国民性がある．米国は，ヨーロッパから導入したヘレフォードに対し，産肉能力を高めることに熱中し，一時は肢の短いコンパクトな牛に改良したこともある[1)]．

話を戻すと，昔，アン女王治世の裕福な貴族達は脂肪の乗った牛肉をごちそうとして楽しんでいたという．脂肪ののった肉は美味しく，近年になってアンガスが欧米で急速に普及したのも，**脂肪交雑**があるやわらかい肉であるためである．またその背景には農業改革による穀物増産が欠かせない．なお，米国の枝肉基準にも脂肪交雑があり，多い方がグレードは高い．そういう意味では，脂肪交雑のある肉は日本の専売特許ではなく，彼らも良いとした時代があった[1)]．

なお，元来，我々の脳は，重要な栄養源である脂肪やタンパク質（アミノ酸）を強く欲求するようになっており，その点食肉は特にそれにかなった食品である．ヒトの発達は腐肉食から始まったといわれているし，また，現在でも，どの国でも経済が発展すると，食肉の消費が増加するという図式がある．食肉は人類が共通して感じる美味しさといってもよい．ただし，肉と脂肪がどの程度の割合がよいのか，何を美味しいと感じるのかは民族や時代などによって異なる．

次に時代は，肉の量的拡大（食肉増産）に移る．牛の改良が熱心に進められ，雑種強勢の利用が一般的となった．さらに健康的観点からの赤肉志向に移る．欧米では，牛肉はごちそうではあるが，安い部位の利用も含めて多くを食す日常食でもある．一般家庭における牛肉への観点は，安価な，臭いのある，硬い肉をいかに料理するかにあった．香辛料が発達してきたのもそのためであるし，時間をかけて調理するのも，硬い結合組織をやわらかいゼラチンに変化させる手段でもある．米国では1960年頃から，このような一般消費者を考えた牛肉生産に転換している．特にこの頃は健康と食品の関係に大論争が起こった時代であり[1)]，牛肉消費は減退し，脂肪の少ない鶏肉消費が増加し，**赤身志向**になった．また．交雑種の利用と赤身牛肉生産は今も続いており，一般的な欧米の現在の姿でもある．

なお，欧米は牛肉に対して食味を重視してこなかったのではなく，彼らは，古くから，肥育研究でも官能検査を実施するほどに重視してきた．彼らの特に重視する肉質はやわらかさである．それ故，若い牛からの肉は一般的にやわらかく，価値が高いとされる．わが国で馴染みのない**子牛肉**は欧米では高級肉として一般的である．ただし牛肉は，ある程度の歯ごたえのあるものであり，和牛並みのやわらかさは求められず，脂肪の多いものは嫌われる．なお米国では，どれほど脂肪交雑があっても月齢の経た肉はミンチになる．ただし，このような肉をわが国に輸出しようとする可能性は大いにあり，今後，注意が必要である．

現在の**米国**の格付では，年齢に相当する**成熟度**（Maturity）と脂肪交雑によって肉質等級が決められる．つまり，成熟度の高い枝肉は硬くなっているのでそれを補える脂肪交雑がないと，若い牛とは同じ等級に入れない仕組みになっている．しかし，官能検査を行っても，脂肪交雑はやわらかさとの関係がうまく出ず，むしろ風味や多汁性との関係があるとの結果が出るために，ある程度の脂肪交雑（日本の2～3等級）で十分という考えになっている．さらに黒毛和種とは違い，外国種では脂肪交雑を増やすと，皮下脂肪が増える関係にあり，改良形質として適さず，したがってあのアンガスでさえ脂肪交雑を目的とした改良を行っていない[1)]．

(3) わが国肉質の将来方向

並河[2)]は，既に自由化前に「和牛は肉質で勝負すべしという意見が強くなってきている．また，その強みがあるから国際競争に生き残れると信じている人も多い．しかし，どの水準の肉質を狙うのかということはこれから十二分に熟考しなければならないであろう．競争国と日本の争奪戦をやる場合，その対話，要求（消費者の）の掘り起こしができるのは日本の生産者である．その有利性を忘れて，自由化後の対策など立てようがない．」と述べている．今も通じる言葉である．

実は**オーストラリア**では牛肉の消費が停滞したことから，6万人以上の消費者を対象とし，4万2千頭の牛から集められた42万個のサンプルで食味試験を行い，2000年，**MSA**（Meat Standard Australia）と呼ばれる消費者の嗜好性に重点をおいた牛肉の格付方法を採用し，牛肉消費の拡大に成功した．さらに日本に事務所を置いて日本の消費者の嗜好調査も行っており，また和牛を生産するなど，様々に戦略を練っている．一方の米国も，アメリカ和牛と米国和牛協会を持ち，古くから日本の肉牛事情を研究している．さらに注意すべきは中国で，既に1カ所だけで3万頭もの和牛（オーストラリア和牛と思われる）を飼育し，国内で大変高く売れるため，将来10万頭にまで増産する計画という．また和牛交雑種の生産も拡大している．

もし，「和牛は美味しいので海外でどんどん売れるはず．だから輸出にかける．」という考えを持っているなら，認識を変えるべきである．海外事情は上に述べたとおりである．それでも和牛は数々の特徴を持っているので，輸出で勝負するというのは，大いに結構である．ただし，彼の地の牛肉生産・流通・消費事情をよく把握し，海外産wagyuへの対抗策，疾病による輸出ストップなども考えた上で，しっかりとした戦略を持つことである．

そのためにも国内で輸入肉と勝負できることが基本として大切である．国内で負けが続くなら，より難しい海外で勝負など考えられない．肉用牛業界が厳しい一つの要因は，輸入肉におされているためでもある．実際，わが国の肉牛の将来に対し消費志向に基づいた着実な戦略を展開しているのだろうか．最高級肉の生産を否定するものでは全くないが，皆がサシの最高級を志向するとすれば，それは価格の崩壊や消費者離れにつながる可能性がある．しかも和牛は既に筋肉中の脂肪含量が多く，これ以上増やしても食味は良くならないことも指摘されている．消費調査でも赤身肉の消費志向が増えつつあるとしており，これからは多様性が求められる．

つまり，赤身から高い脂肪交雑まで国産で広い供給をなすべきであるというのが，著者の考えである．現在の，赤身＝輸入肉（一部の和牛）対霜降り肉という構図ではなく，赤身から霜降りまで国産で多様な牛肉（和牛だけを意味しない）を供給して，消費者が好むものを増やしてゆく．たとえば，その中で霜降りを抑えた和牛が，人気があるなら，そういった方向に一部シフトすればよい．脂肪交雑なら量を増やすよりも，細かさやモモ抜けにシフトする方が賢明である．こうするとお互いの競合が避けられるし，赤身があっての霜降り，霜降りがあっての赤身となる．さらには海外からの日本市場のターゲットを絞らせないことにもつながる．消費者あっての生産であり，消費者を味方につけることである．加えて，将来の海外の和牛肉に対抗する有効な手段は，生産者の顔を消費者にしっかり見せて安心感を（当然，実際の安全も）売り物にし，さらにお互いに交流することである．こうすれば，消費ニーズも把握でき，生産コストが高くかかる理解も得られよう．

A5でなければ高く売れないという生産者の事情はよく理解できる．確かに格付結果は価格を大きく左右するが，価格を最終決定するものではない．うまく利用すればよく，既に新たな試み（あか牛のBMS No. 2～No. 4や**信州牛プレミアム**の脂肪交雑と脂肪質との組合せ）が成功している．直販する選択肢もあり，口蹄疫後の宮崎で**都萬牛**（ブランド）は地域飼料を用い，霜降りを抑えた和牛肉で成功している．

皆が最高級肉ばかり作って売っていても仕方がなく，多様なニーズに応えた食肉生産が必要である．そんなニーズとシーズに基づいた牛肉作りが必要である．ニーズは地域ごとに少し異なる消費者嗜好をしっかり探ることにある．肉用牛研究会で「おいしいものを作ればそれで売れるのか」という質問があったが，私は「売れない．販売戦略なしには売れない．さらに美味しさには多様性がある．」と答えた．

シーズといえば，生産側からの新たな打ち出しを意味し，**鳥取オレイン**55もその成功例である．さらに，コストパフォーマンスの高い早期出荷（24カ月齢など）肥育も進めたい．コストを抑え，少しでも安く（ただし低価格競争は推奨しない）和牛を味わってもらうことができれば，特に食べ盛りの子供達を持つ家庭に福音となる．子供の頃の食生活（味わった美味しさ）は一生涯続くことになるので，長期的にみれば確実なプラスとなる．なお，早期出荷で問題となるのは脂肪交雑よりもしまりの向上であるが，これは解決できない問題ではなく，全共が実証しているし，輸入牛肉は16カ月齢程度の出荷である．今後の展開を期待したい．

さらに**おいしさ**には多様性がある．一般的に美味しい牛肉を定義すると，見栄えが良く，やわらかく，多汁性があり，風味が良いものである．つまり，(見栄え)×(やわらかさ)×(多汁性)×(風味）の各形質が異なる様々な牛肉生産が考えられるのである．一方，生産要因から考えると，遺伝的要因（品種，系統，性など)×飼養管理（飼料，給与方法，肥育期間，月齢など)×と畜後の要因（熟成，加工）で，これも様々なタイプの牛肉が生産できるのである．身近な消費者ニーズをつかみ，あるいはシーズを打ち出し，輸入肉に負けない多様な美味しい牛肉を生産すること，これが将来の有力な肉質の改良方向である．

入江正和（近畿大学・元宮崎大学）

参考文献

1）並河　澄．平成牛肉生産読本．全国和牛登録協会．京都市．1989.
2）並河　澄．肉牛の体脂肪（複製版）．全国和牛登録協会．京都市．1990.
3）入江正和・祝前博明．牛の未来．畜産の研究，68：412-419，2014.

付　表

付表作成
高橋俊浩（宮崎大学）
徳永忠昭（宮崎大学）
三宅　武（京都大学）

付表 1-1　1963 年版　NRC 飼養標準（肉牛）1 日 1 頭あたりの必要量

体重 kg	1日 増体重 kg	風乾 物量 kg	粗蛋 白質 kg	DCP kg	可消化エネルギー			TDN kg	Ca g	P g	カロ チン mg	ビタミ ン A 1,000 I.U.
					維持 Kcal	増体 1kg あたり Kcal	計 Kcal					
若齢肥育牛												
180	1.0	5.4	0.59	0.45	6,600	8,600	15,600	3.5	20	15	22	8.85
270	1.1	7.4	0.82	0.59	9,000	11,700	21,700	4.9	20	17	31	12.30
360	1.0	8.8	0.86	0.68	11,200	14,600	25,700	5.9	20	18	37	14.60
450	1.0	10.4	1.04	0.77	13,300	17,200	30,500	6.9	21	21	44	17.30
1 歳の肥育牛												
270	1.2	7.9	0.82	0.59	9,000	11,700	22,800	5.2	20	17	33	13.10
360	1.2	10.1	1.00	0.77	11,200	14,600	29,000	6.6	20	20	42	16.70
450	1.2	11.7	1.18	0.86	13,300	17,200	33,600	7.6	23	23	49	19.40
500	1.0	11.7	1.18	0.86	14,200	18,500	33,500	7.6	23	23	49	19.40
2 歳の肥育牛												
360	1.3	10.6	1.04	0.77	11,200	14,600	29,700	6.8	22	22	44	17.50
450	1.3	12.8	1.27	0.95	13,300	17,200	35,900	8.2	26	26	54	21.20
550	1.2	14.1	1.41	1.04	15,200	19,800	39,500	9.0	28	28	59	23.30
正常成長のめす子牛および去勢おす子牛												
180	0.7	5.5	0.64	0.41	6,600	8,600	12,800	2.9	16	11	23	9.20
270	0.6	7.4	0.68	0.41	9,000	11,700	16,400	3.7	16	12	31	12.30
360	0.5	8.7	0.68	0.41	11,200	14,600	19,100	4.4	16	13	36	14.30
450	0.5	9.6	0.73	0.45	13,300	17,200	21,100	4.8	14	14	40	15.80

付表1-2　1967年版　和牛（肉用牛）の飼養標準（暫定）

体重	飼料（風乾）量	可消化粗蛋白質（DCP）	可消化養分総量（TDN）	カルシウム（Ca）	リン（P）	カロチン
(1) 維持飼料（1日1頭あたり）						
300 kg	4.5 kg	0.19 kg	2.25 kg	7.5 g	7.5 g	42 mg
350	5.8	0.22	2.63	8.0	8.0	49
400	5.8	0.25	2.93	9.0	9.0	56
450	6.3	0.27	3.15	10.0	10.0	63
(2) 肥育用飼料（1日1頭あたり）						
a 若齢肥育 200	5.7	0.48	3.60	20.0	14.0	24
300	7.2	0.71	5.34	20.0	17.0	36
400	10.0	0.84	6.94	21.0	20.0	48
b 成牛肥育 400	11.5	0.81	7.43	21.0	21.0	48
500	12.2	0.97	8.36	25.0	25.0	60
(3) 妊娠牛（体重100 kgにつき1日1頭あたり）						
分娩2～3ヵ月前以降のもの	2.8	0.13	1.40	5.0	4.0	15
(4) 子牛の正常成長（体重100 kgにつき1日1頭あたり）						
生後3～6ヵ月体重140 kgまで	2.7	0.31	1.80	10.0	8.0	14
生後6～12ヵ月体重240 kgまで	3.0	0.26	1.60	7.0	6.0	14
生後12～18ヵ月体重320 kgまで	2.5	0.22	1.50	6.0	5.0	14

（昭和42年2月農林省畜産試験場暫定値より引用）

付表 2-1　1969 年版日本飼養標準　肉用牛の所要養分量（1 日 1 頭当たり）

体重	1 日当たり増体量 Kg												風乾物（乾物 87%）Kg	カルシウム（Ca）g	リン（P）g	カロチン mg
	0.4		0.6		0.8		1		1.2		1.4					
	可消化粗蛋白質（DCP）Kg	可消化養分総量（TDN）Kg	可消化粗蛋白質（DCP）Kg	可消化養分総量（TDN）Kg	可消化粗蛋白質（DCP）Kg	可消化養分総量（TDN）Kg	可消化粗蛋白質（DCP）Kg	可消化養分総量（TDN）Kg	可消化粗蛋白質（DCP）Kg	可消化養分総量（TDN）Kg	可消化粗蛋白質（DCP）Kg	可消化養分総量（TDN）Kg				
若令肥育の場合																
150	0.30	2.21	0.30	2.27	0.31	2.33	0.31	2.39	0.32	2.45	0.32	2.51	4.2	16	13	15
200	0.38	3.19	0.39	3.27	0.39	3.35	0.40	3.42	0.40	3.49	0.41	3.56	5.4	16	14	20
250	0.46	4.02	0.46	4.12	0.47	4.20	0.47	4.28	0.48	4.37	0.48	4.46	6.5	17	14	25
300	0.55	4.62	0.56	4.71	0.56	4.80	0.57	4.90	0.57	4.98	0.58	5.07	7.5	17	15	30
350	0.61	5.11	0.62	5.21	0.62	5.30	0.63	5.39	0.63	5.49	0.64	5.58	8.4	17	16	35
400	0.68	5.62	0.68	5.71	0.69	5.00	0.69	5.89	0.70	5.98	0.70	6.07	9.2	18	17	40
450	0.74	6.05	0.74	6.15	0.75	6.25	0.75	6.35	0.76	6.45	0.76	6.55	9.9	18	18	45
500	0.80	6.50	0.81	6.60	0.81	6.70	0.82	6.80	0.82	6.90	0.83	7.00	10.5	18	18	50
成雌牛肥育の場合																
350			0.36	4.47	0.41	5.07	0.47	5.67	0.52	6.27	0.58	6.87	9.6	24	21	35
400			0.44	4.98	0.51	5.66	0.58	6.33	0.66	7.01	0.73	7.69	10.7	25	22	40
450			0.51	5.48	0.61	6.24	0.70	6.99	0.79	7.75	0.88	8.50	11.8	25	22	45
500			0.59	5.97	0.70	6.80	0.81	7.64	0.92	8.47	1.03	9.30	12.5	25	22	50
550			0.67	6.47	0.80	7.37	0.92	8.28	1.05	9.19	1.18	10.10	13.2	26	23	55
600			0.74	6.95	0.89	7.93	1.04	8.92	1.19	9.90	1.33	10.89	13.8	26	24	60

（農林水産技術会議事務局，肉用牛の日本飼養標準に関する研究．pp 167–168．農林水産技術会議事務局．東京．1970．より引用）

付表 2-2　1969 年版日本飼養標準　肉用牛の所要養分量（1 日 1 頭当たり）

体重 Kg	可消化 粗蛋白質 （DCP）Kg	可消化 養分総量 （TDN）Kg	風乾物 （乾物 87%） Kg	カルシウム （Ca） g	リン （P） g	カロチン mg
成雌牛の維持の場合						
350	0.20	2.54	5.7	8	8	35
400	0.22	2.80	6.3	9	9	40
450	0.24	3.06	6.9	10	10	45
500	0.26	3.31	7.5	11	11	50
550	0.28	3.56	8.0	12	12	55
600	0.30	3.00	8.5	13	13	60
妊娠している雌牛の場合（妊娠末期 2～3 ヶ月）						
400	0.41	4.69	10.3	16	15	75
450	0.43	4.96	10.3	16	15	80
500	0.36	4.26	10.3	16	15	85
授乳中の雌牛の場合（分娩後 3～4 ヶ月）						
450	0.64	6.02	12.4	24	20	60
正常成長の場合						
50	—　(0.27)	—　(1.36)	—　(1.2)	—　(5)	—　(4)	—　(5)
75	0.03　(0.28)	0.25　(1.45)	0.4　(1.4)	—　(8)	—　(6)	—　(7)
100	0.08　(0.30)	0.59　(1.66)	0.9　(1.8)	4　(10)	2　(8)	—　(10)
125	0.15　(0.34)	1.05　(1.99)	1.6　(2.4)	6　(12)	6　(11)	—　(13)
150	0.23　(0.40)	1.62　(2.43)	2.5　(2.8)	7　(12)	7　(11)	—　(15)
175	0.35　(0.49)	2.32　(3.00)	3.6　(4.1)	9　(13)	8　(12)	—　(17)
200	0.38	2.92	6.1	13	12	21
250	0.40	3.33	7.1	14	13	26
300	0.41	3.71	8.1	15	14	32
350	0.42	4.05	8.8	16	15	37
400	0.42	4.31	9.4	16	15	42

注）：体重 175 Kg までは哺乳以外の飼料による所要量を示し，さらに（　）内に哺乳による補給を含んだ量を示した．
（農林水産技術会議事務局，肉用牛の日本飼養標準に関する研究．pp 168．農林水産技術会議事務局．東京．1970．より引用）

付表3　1975年版日本飼養標準　肉用種去勢牛の若齢肥育に要する養分量

体重 (kg)	1日当たり増体量 (kg)	1日当たり飼料量 (乾物 kg)	粗蛋白質 CP (kg)	可消化粗蛋白質 DCP (kg)	可消化養分総量 TDN (kg)	可消化エネルギー DE (Mcal)	カルシウム Ca (g)	リン P (g)	ビタミン A (1,000 IU)
200	0.6	4.2	0.57	0.43	2.7	12.1	22	11	9
	0.8	4.9	0.66	0.49	3.2	14.2	27	13	11
	1.0	5.2	0.72	0.55	3.7	16.2	33	15	12
	1.2	5.9	0.80	0.62	4.1	18.3	37	17	13
250	0.6	5.0	0.63	0.47	3.2	14.3	24	13	11
	0.8	5.8	0.72	0.54	3.8	16.7	29	15	13
	1.0	6.2	0.78	0.60	4.3	19.2	34	17	14
	1.2	7.0	0.87	0.67	4.9	21.6	40	19	15
300	0.6	5.7	0.69	0.52	3.7	16.4	25	16	13
	0.8	6.7	0.78	0.59	4.4	19.2	31	18	15
	1.0	7.1	0.84	0.65	5.0	22.0	36	20	16
	1.2	8.0	0.93	0.71	5.6	24.7	41	22	18
350	0.6	6.4	0.75	0.56	4.2	18.4	27	19	14
	0.8	7.5	0.84	0.63	4.9	21.5	32	21	17
	1.0	8.0	0.90	0.69	5.6	24.7	37	23	18
	1.2	9.0	0.99	0.76	6.3	27.8	42	25	20
400	0.6	7.1	0.80	0.60	4.6	20.4	28	24	16
	0.8	8.3	0.90	0.67	5.4	23.8	33	26	18
	1.0	8.8	0.95	0.73	6.2	27.3	38	27	19
450	0.6	7.2	0.83	0.64	5.0	22.3	29	27	16
	0.8	8.4	0.92	0.71	5.9	26.0	34	29	19
	1.0	9.6	1.01	0.78	6.8	29.8	39	30	21
500	0.4	6.5	0.78	0.60	4.5	20.0	26	26	14
	0.6	7.8	0.87	0.67	5.5	24.1	31	30	17
	0.8	8.9	0.93	0.74	6.4	28.2	35	32	20
550	0.4	7.0	0.83	0.64	4.9	21.5	28	28	15
	0.6	8.4	0.92	0.71	5.9	25.9	32	32	18
	0.8	9.5	0.97	0.78	6.9	30.2	36	35	21
600	0.4	7.4	0.88	0.67	5.2	23.0	29	29	16
	0.6	8.9	0.97	0.75	6.3	27.6	33	33	20

農林水産技術会議事務局，日本飼養標準・肉用牛（1975年版）．pp 13-14．中央畜産会，東京．1975より引用）．

付表4　1975年版日本飼養標準　成雌牛の肥育に要する養分量

体重 (kg)	1日当たり増体量 (kg)	1日当たり飼料量 (乾物 kg)	粗蛋白質 CP (kg)	可消化粗蛋白質 DCP (kg)	可消化養分総量 TDN (kg)	可消化エネルギー DE (Mcal)	カルシウム Ca (g)	リン P (g)	ビタミンA (1,000 IU)
350	0.6	6.5	0.48	0.36	4.3	18.8	27	19	14
	0.8	7.4	0.55	0.41	4.8	21.3	21	21	16
	1.0	7.7	0.61	0.47	5.4	23.8	23	23	17
	1.2	8.5	0.68	0.52	6.0	26.3	25	25	19
	1.4	9.4	0.75	0.58	6.5	28.9	27	27	21
400	0.6	7.3	0.58	0.44	4.7	20.9	24	24	16
	0.8	8.3	0.68	0.51	5.4	23.8	26	26	18
	1.0	8.6	0.76	0.58	6.0	26.6	27	27	19
	1.2	9.5	0.85	0.66	6.7	29.5	29	29	21
	1.4	10.5	0.95	0.73	7.3	32.3	31	31	23
450	0.6	7.5	0.67	0.52	5.2	23.0	27	27	16
	0.8	8.5	0.79	0.61	5.9	26.2	29	29	19
	1.0	9.5	0.91	0.70	6.7	29.4	30	30	21
	1.2	10.5	1.02	0.79	7.4	32.5	32	32	23
	1.4	11.2	1.10	0.88	8.1	35.7	34	34	25
500	0.6	8.1	0.77	0.59	5.7	25.1	30	30	18
	0.8	9.0	0.88	0.70	6.5	28.6	32	32	20
	1.0	10.1	1.01	0.81	7.3	32.1	33	33	22
	1.2	11.2	1.15	0.92	8.1	35.6	35	35	25
	1.4	12.0	1.29	1.03	8.9	39.1	36	36	26
550	0.6	8.8	0.87	0.67	6.2	27.2	32	32	19
	0.8	9.8	0.99	0.80	7.0	31.0	35	35	21
	1.0	11.0	1.16	0.92	7.9	34.8	36	36	24
	1.2	11.8	1.32	1.05	8.8	38.6	38	38	26
600	0.6	9.5	0.96	0.74	6.6	29.2	33	33	21
	0.8	10.5	1.11	0.89	7.6	33.3	37	37	23
	1.0	11.8	1.30	1.04	8.5	37.6	40	40	26

（農林水産技術会議事務局，日本飼養標準・肉用牛（1975年版）．pp 17．中央畜産会．東京．1975より引用）．

付表５　1987 年版日本飼養標準　肉用種去勢牛の肥育に要する養分量　（濃厚飼料多給型）

体重 (kg)	１日当たり増体量 DG (kg)	１日当たり乾物量 DM (kg)	粗蛋白質 CP (kg)	可消化粗蛋白質 DCP (kg)	可消化養分総量 TDN (kg)	可消化エネルギー DE (Mcal)	カルシウム Ca (g)	リン P (g)	ビタミン (1,000 IU)
200	0.6	3.6	0.46	0.29	2.5	11.0	22	12	13
	0.8	4.0	0.54	0.35	2.8	12.5	26	13	13
	1.0	4.4	0.62	0.41	3.3	14.3	31	15	13
	1.2	4.9	0.70	0.47	3.7	16.4	36	16	13
250	0.6	4.2	0.49	0.30	3.0	13.0	22	13	17
	0.8	4.7	0.56	0.35	3.4	14.8	26	14	17
	1.0	5.2	0.65	0.41	3.8	16.9	30	16	17
	1.2	5.8	0.73	0.46	4.4	19.4	35	17	17
300	0.6	4.8	0.51	0.30	3.4	14.9	22	14	20
	0.8	5.4	0.59	0.35	3.9	17.0	26	15	20
	1.0	6.0	0.67	0.40	4.4	19.4	30	17	20
	1.2	6.7	0.75	0.45	5.0	22.2	33	18	20
350	0.6	5.4	0.54	0.31	3.8	16.8	22	15	23
	0.8	6.0	0.61	0.35	4.3	19.1	26	16	23
	1.0	6.7	0.69	0.40	4.9	21.8	29	17	23
	1.2	7.5	0.78	0.45	5.7	24.9	32	19	23
400	0.6	6.0	0.57	0.31	4.2	18.5	23	17	26
	0.8	6.7	0.64	0.35	4.8	21.1	26	18	26
	1.0	7.4	0.71	0.40	5.5	24.1	29	18	26
	1.2	8.3	0.80	0.44	6.3	27.6	31	19	26
450	0.4	6.0	0.52	0.27	4.1	18.0	20	17	30
	0.6	6.6	0.59	0.31	4.6	20.2	23	18	30
	0.8	7.3	0.66	0.35	5.2	23.0	26	19	30
	1.0	8.1	0.74	0.39	6.0	26.3	28	19	30
	1.2	9.1	0.82	0.43	6.8	30.1	30	20	30
500	0.4	6.5	0.55	0.28	4.4	19.4	21	18	33
	0.6	7.1	0.61	0.31	5.0	21.9	24	19	33
	0.8	7.9	0.68	0.35	5.7	24.9	26	20	33
	1.0	8.8	0.76	0.39	6.5	28.5	28	20	33
	1.2	9.8	0.84	0.43	7.4	32.6	30	21	33
550	0.4	7.0	0.57	0.28	4.7	20.9	22	20	36
	0.6	7.6	0.64	0.32	5.3	23.5	24	20	36
	0.8	8.5	0.70	0.35	6.1	26.8	26	21	36
	1.0	9.4	0.78	0.38	6.9	30.6	27	21	36
600	0.4	7.4	0.60	0.29	5.1	22.3	23	21	40
	0.6	8.2	0.66	0.32	5.7	25.1	24	22	40
	0.8	9.0	0.72	0.35	6.5	28.6	26	22	40
	1.0	10.1	0.80	0.38	7.4	32.7	27	23	40
650	0.2	7.3	0.57	0.27	4.8	21.3	22	22	43
	0.4	7.9	0.62	0.30	5.4	23.7	24	23	43
	0.6	8.7	0.68	0.32	6.1	26.7	25	23	43
	0.8	9.6	0.74	0.35	6.9	30.4	26	23	43
700	0.2	7.7	0.60	0.28	5.1	22.5	24	24	46
	0.4	8.3	0.64	0.30	5.7	25.0	25	24	46
	0.6	9.2	0.70	0.32	6.4	28.2	25	24	46

（農林水産省農林水産技術会議事務局，日本飼養標準・肉用牛（1987 年版）．pp 18．中央畜産会．東京．1987 より引用）

付表6　1987年版日本飼養標準　肉用種去勢牛の肥育に要する養分量　(粗飼料多給型)

体重 (kg)	1日当たり増体量 DG (kg)	1日当たり乾物量 DM (kg)	粗蛋白質 CP (kg)	可消化粗蛋白質 DCP (kg)	可消化養分総量 TDN (kg)	可消化エネルギー DE (Mcal)	カルシウム Ca (g)	リン P (g)	ビタミンA (1,000 IU)
200	0.4	4.1	0.43	0.25	2.5	10.8	17	10	13
	0.6	4.4	0.51	0.31	2.8	12.2	22	12	13
	0.8	4.8	0.58	0.37	3.1	13.8	26	13	13
	1.0	5.1	0.66	0.42	3.5	15.5	31	15	13
	1.2	5.5	0.73	0.48	3.9	17.3	36	16	13
250	0.4	4.8	0.47	0.26	2.9	12.7	17	11	17
	0.6	5.3	0.54	0.31	3.3	14.4	22	13	17
	0.8	5.7	0.62	0.37	3.7	16.3	26	14	17
	1.0	6.1	0.69	0.42	4.2	18.3	30	16	17
	1.2	6.4	0.76	0.47	4.6	20.4	35	17	17
300	0.4	5.5	0.50	0.27	3.3	14.6	18	13	20
	0.6	6.0	0.58	0.32	3.8	16.6	22	14	20
	0.8	6.5	0.65	0.37	4.2	18.7	26	15	20
	1.0	7.0	0.72	0.42	4.8	21.0	30	17	20
	1.2	7.4	0.79	0.47	5.3	23.4	33	18	20
350	0.4	6.2	0.54	0.28	3.7	16.4	19	14	23
	0.6	6.8	0.62	0.33	4.2	18.6	22	15	23
	0.8	7.3	0.69	0.37	4.8	21.0	26	16	23
	1.0	7.8	0.75	0.42	5.3	23.5	29	17	23
	1.2	8.3	0.82	0.46	6.0	26.3	32	19	23
400	0.4	6.8	0.58	0.29	4.1	18.1	20	16	26
	0.6	7.5	0.65	0.33	4.7	20.5	23	17	26
	0.8	8.1	0.72	0.38	5.3	23.2	26	18	26
	1.0	8.6	0.78	0.42	5.9	26.0	29	18	26
	1.2	9.2	0.85	0.45	6.6	29.1	31	19	26
450	0.4	7.5	0.61	0.30	4.5	19.8	20	17	30
	0.6	8.2	0.68	0.34	5.1	22.4	23	18	30
	0.8	8.8	0.75	0.38	5.7	25.3	26	19	30
	1.0	9.4	0.81	0.41	6.4	28.4	28	19	30
	1.2	10.0	0.87	0.45	7.2	31.8	30	20	30
500	0.2	7.3	0.57	0.27	4.3	18.8	19	18	33
	0.4	8.1	0.64	0.31	4.9	21.4	21	18	33
	0.6	8.8	0.71	0.34	5.5	24.3	24	19	33
	0.8	9.5	0.78	0.38	6.2	27.4	26	20	33
	1.0	10.2	0.84	0.41	7.0	30.8	28	20	33
550	0.2	7.8	0.60	0.28	4.6	20.2	20	19	36
	0.4	8.7	0.67	0.31	5.2	23.0	22	20	36
	0.6	9.5	0.74	0.35	5.9	26.1	24	20	36
	0.8	10.3	0.80	0.38	6.7	29.4	26	21	36
	1.0	11.0	0.86	0.41	7.5	33.0	27	21	36
600	0.2	8.4	0.63	0.29	4.9	21.6	21	21	40
	0.4	9.3	0.70	0.32	5.6	24.6	23	21	40
	0.6	10.1	0.77	0.35	6.3	27.8	24	22	40
	0.8	10.9	0.83	0.38	7.1	31.4	26	22	40
650	0.2	8.9	0.66	0.30	5.2	22.9	22	22	43
	0.4	9.8	0.73	0.33	5.9	26.1	24	23	43
	0.6	10.8	0.80	0.36	6.7	29.6	25	23	43
	0.8	11.6	0.86	0.38	7.6	33.4	26	23	43
700	0.2	9.4	0.69	0.31	5.5	24.3	24	24	46
	0.4	10.4	0.76	0.34	6.3	27.6	25	24	46
	0.6	11.4	0.82	0.36	7.1	31.3	25	24	46

注）体重600 kg以上の牛については嗜好性の良い粗飼料を給与する場合，本表を適用できるが，普通の粗飼料を給与する場合には，濃厚飼料多給の表を適用することを推奨する．

（農林水産省農林水産技術会議事務局，日本飼養標準・肉用牛（1987年版）．pp 21–22．中央畜産会．東京．1987より引用）

付表7　1987年版日本飼養標準　肉用種雌牛の肥育に要する養分量

体重 (kg)	1日当たり増体量 DG (kg)	1日当たり乾物量 DM (kg)	粗蛋白質 CP (kg)	可消化粗蛋白質 DCP (kg)	可消化養分総量 TDN (kg)	可消化エネルギー DE (Mcal)	カルシウム Ca (g)	リン P (g)	ビタミンA (1,000 IU)
200	0.6	4.1	0.47	0.29	2.8	12.4	20	11	13
	0.8	4.5	0.54	0.34	3.2	14.2	24	12	13
	1.0	4.9	0.61	0.39	3.6	15.8	28	14	13
	1.2	5.3	0.68	0.44	3.9	17.4	32	15	13
250	0.6	4.9	0.50	0.29	3.3	14.7	20	12	17
	0.8	5.4	0.57	0.33	3.8	16.7	23	13	17
	1.0	5.8	0.64	0.38	4.2	18.7	27	14	17
	1.2	6.3	0.70	0.42	4.7	20.5	30	16	17
300	0.6	5.6	0.53	0.29	3.8	16.8	20	13	20
	0.8	6.2	0.60	0.33	4.4	19.2	23	14	20
	1.0	6.7	0.66	0.37	4.9	21.4	26	15	20
	1.2	7.2	0.72	0.41	5.3	23.5	28	16	20
350	0.6	6.3	0.56	0.29	4.3	18.9	20	15	23
	0.8	6.9	0.62	0.33	4.9	21.5	22	15	23
	1.0	7.5	0.68	0.36	5.5	24.1	25	16	23
	1.2	8.1	0.74	0.40	6.0	26.4	27	17	23
400	0.4	6.2	0.52	0.26	4.0	17.8	18	15	26
	0.6	7.0	0.59	0.30	4.7	20.9	20	16	26
	0.8	7.6	0.65	0.33	5.4	23.8	22	16	26
	1.0	8.3	0.70	0.36	6.0	26.6	24	17	26
	1.2	8.9	0.76	0.38	6.6	29.2	25	17	26
450	0.4	6.8	0.55	0.27	4.4	19.4	19	16	30
	0.6	7.6	0.61	0.30	5.2	22.8	20	17	30
	0.8	8.4	0.67	0.32	5.9	26.0	21	17	30
	1.0	9.1	0.72	0.35	6.6	29.0	23	18	30
	1.2	9.7	0.77	0.37	7.2	31.9	24	18	30
500	0.4	7.3	0.58	0.27	4.8	21.0	19	18	33
	0.6	8.2	0.64	0.30	5.6	24.7	20	18	33
	0.8	9.0	0.69	0.32	6.4	28.2	21	18	33
	1.0	9.8	0.74	0.34	7.1	31.4	22	19	33
550	0.4	7.9	0.60	0.28	5.1	22.6	20	19	36
	0.6	8.8	0.66	0.30	6.0	26.5	21	19	36
	0.8	9.7	0.72	0.32	6.9	30.2	21	19	36
	1.0	10.5	0.76	0.33	7.7	33.8	21	19	36
600	0.4	8.4	0.63	0.28	5.5	24.1	21	20	40
	0.6	9.4	0.69	0.30	6.4	28.3	21	21	40
	0.8	10.4	0.74	0.32	7.3	32.3	21	20	40
650	0.4	8.9	0.65	0.29	5.8	25.6	21	22	43
	0.6	10.0	0.71	0.30	6.8	30.1	21	22	43
	0.8	11.0	0.76	0.31	7.8	34.3	20	22	43

（農林水産省農林水産技術会議事務局，日本飼養標準・肉用牛（1987年版）．pp 29．中央畜産会．東京．1987より引用）

付表8　1995年版日本飼養標準　肉用種去勢牛の肥育に要する養分量（濃厚飼料多給型）

体重 Body Weight (kg)	増体日量 Daily Gain (kg)	乾物量 Dry Matter (kg)	粗蛋白質 CP (g)	可消化粗蛋白質 DCP (g)	可消化養分総量 TDN (kg)	可消化エネルギー DE (Mcal)	代謝エネルギー ME (Mcal)	代謝エネルギー ME (MJ)	カルシウム Ca (g)	リン P (g)	ビタミンA Vitamin A (1,000 IU)
200	0.6	3.73	526	336	2.61	11.50	9.43	39.46	22	12	8.5
	0.8	4.07	621	405	2.92	12.90	10.58	44.27	28	13	8.5
	1.0	4.38	713	474	3.22	14.24	11.67	48.85	33	15	8.5
	1.2	4.66	803	542	3.51	15.51	12.72	53.20	38	17	8.5
250	0.6	4.40	563	346	3.08	13.60	11.15	46.65	23	13	10.6
	0.8	4.82	656	413	3.46	15.25	12.51	52.34	28	15	10.6
	1.0	5.18	747	479	3.81	16.83	13.80	57.74	33	16	10.6
	1.2	5.51	835	545	4.15	18.33	15.03	62.89	38	18	10.6
300	0.6	5.05	596	355	3.53	15.59	12.78	53.49	23	14	12.7
	0.8	5.52	689	420	3.96	17.49	14.34	60.01	28	16	12.7
	1.0	5.94	778	483	4.37	19.30	15.82	66.21	33	17	12.7
	1.2	6.32	865	546	4.76	21.02	17.23	72.11	37	19	12.7
350	0.6	5.67	628	363	3.96	17.50	14.35	60.04	24	16	14.8
	0.8	6.20	719	425	4.45	9.63	16.10	67.36	28	17	14.8
	1.0	6.67	807	486	4.91	21.66	17.76	74.32	33	19	14.8
	1.2	7.09	891	545	5.34	23.59	19.35	80.95	37	20	14.8
400	0.6	6.27	657	371	4.38	19.34	15.86	66.37	24	17	17.0
	0.8	6.85	747	429	4.92	21.70	17.80	74.46	28	18	17.0
	1.0	7.37	833	487	5.42	23.94	19.63	82.15	32	20	17.0
	1.2	7.84	916	543	5.91	26.08	21.38	89.47	36	21	17.0
450	0.4	6.13	592	319	4.17	18.42	15.10	63.20	21	17	19.1
	0.6	6.85	685	377	4.79	21.13	17.33	72.50	25	18	19.1
	0.8	7.48	773	433	5.37	23.71	19.44	81.33	29	20	19.1
	1.0	8.05	858	488	5.92	26.16	21.45	89.73	32	21	19.1
	1.2	8.56	938	541	6.45	28.49	23.36	97.74	36	22	19.1
500	0.4	6.63	619	328	4.52	19.93	16.35	68.39	22	19	21.2
	0.6	7.41	711	383	5.18	22.87	18.75	78.46	25	20	21.2
	0.8	7.81	798	436	5.81	25.65	21.04	88.02	29	21	21.2
	1.0	8.72	881	487	6.41	28.31	23.21	97.11	32	22	21.2
	1.2	9.26	960	538	6.98	30.83	25.28	105.77	36	23	21.2
550	0.4	7.12	646	335	4.85	21.41	17.56	73.46	23	20	23.3
	0.6	7.96	737	388	5.56	24.56	20.14	84.27	26	21	23.3
	0.8	8.70	822	438	6.24	27.56	22.60	94.54	29	22	23.3
	1.0	9.36	903	487	6.89	30.40	24.93	104.31	32	23	23.3
600	0.4	7.60	672	343	5.18	22.86	18.74	78.42	24	22	25.4
	0.6	8.49	761	392	5.94	26.22	21.50	89.95	27	22	25.4
	0.8	9.29	845	440	6.66	29.41	24.12	100.92	29	23	25.4
	1.0	9.99	924	485	7.35	32.45	26.61	111.34	32	24	25.4
650	0.2	7.01	601	301	4.64	20.51	16.81	70.35	22	22	27.6
	0.4	8.07	696	350	5.50	24.27	19.90	83.27	25	23	27.6
	0.6	9.02	785	396	6.31	27.84	22.83	95.52	27	24	27.6
	0.8	9.86	867	441	7.08	31.23	25.61	107.16	29	24	27.6
700	0.2	7.41	626	310	4.91	21.68	17.78	74.37	24	24	29.7
	0.4	8.53	720	356	5.81	25.66	21.04	88.03	26	24	29.7
	0.6	9.53	807	400	6.67	29.43	24.13	100.98	28	25	29.7

（農林水産省農林水産技術会議事務局，日本飼養標準・肉用牛（1995年版）．pp 27．中央畜産会．東京．1995より引用）

付表9　1995年版日本飼養標準　肉用種雄牛の肥育に要する養分量（粗飼料多給型）

体重 Body Weight (kg)	増体日量 Daily Gain (kg)	乾物量 Dry Matter (kg)	粗蛋白質 CP (g)	可消化粗蛋白質 DCP (g)	可消化養分総量 TDN (kg)	可消化エネルギー DE (Mcal)	代謝エネルギー ME (Mcal)	代謝エネルギー ME (MJ)	カルシウム Ca (g)	リン P (g)	ビタミンA Vitamin A (1,000 IU)
200	0.4	4.27	490	289	2.46	10.88	8.92	37.32	17	10	8.5
	0.6	4.56	585	360	2.76	12.19	9.99	41.81	23	12	8.5
	0.8	4.79	675	430	3.03	13.38	10.97	45.91	28	14	8.5
	1.0	4.97	762	499	3.28	14.48	11.87	49.67	34	16	
	1.2	5.10	847	567	3.51	15.49	12.70	53.13	40	17	
	1.4	5.20	929	634	3.72	16.42	13.46	56.33	45	19	
	1.6	5.27	1,010	701	3.91	17.28	14.17	59.30	51	21	8.5
250	0.4	5.05	539	307	2.91	12.86	10.55	44.12	18	12	10.6
	0.6	5.39	632	376	3.26	14.41	11.81	49.43	24	13	10.6
	0.8	5.66	721	443	3.58	15.82	12.97	54.27	29	15	10.6
	1.0	5.87	807	509	3.88	17.12	14.03	58.72	34	17	
	1.2	6.03	889	575	4.15	18.31	15.01	62.81	39	18	
	1.4	6.14	969	639	4.40	19.41	15.92	66.60	45	20	
	1.6	6.22	1,046	703	4.63	20.43	16.75	70.10	50	22	10.6
300	0.4	5.78	584	323	3.34	14.75	12.09	50.59	19	13	12.7
	0.6	6.18	677	390	3.74	16.52	13.54	56.67	24	15	12.7
	0.8	6.49	764	455	4.11	18.14	14.87	62.23	29	16	12.7
	1.0	6.73	847	518	4.45	19.62	16.09	67.33	34	18	
	1.2	6.91	927	581	4.75	20.99	17.21	72.02	39	20	
	1.4	7.04	1,004	642	5.04	22.25	18.35	76.35	44	21	
	1.6	7.14	1,079	703	5.31	23.43	19.21	80.37	49	23	12.7
350	0.4	6.49	627	338	3.75	16.55	13.57	56.79	20	15	14.8
	0.6	6.94	719	403	4.20	18.54	15.20	63.62	25	16	14.8
	0.8	7.29	804	465	4.61	20.36	16.70	69.85	30	18	14.8
	1.0	7.55	885	526	4.99	22.03	18.06	75.58	34	19	
	1.2	7.76	963	586	5.34	23.56	19.32	80.85	39	21	
	1.4	7.91	1,037	644	5.66	24.98	20.49	85.71	44	22	14.8
400	0.4	7.18	667	352	4.14	18.30	15.00	62.77	21	16	17.0
	0.6	7.67	758	414	4.64	20.50	16.81	70.32	26	17	17.0
	0.8	8.06	842	474	5.10	22.51	18.45	77.21	30	19	17.0
	1.0	8.35	921	532	5.52	24.35	19.97	83.54	35	20	
	1.2	8.57	996	589	5.90	26.05	21.36	89.36	39	22	
	1.4	8.74	1,067	645	6.26	27.61	22.64	94.74	44	23	17.0
450	0.4	7.84	706	365	4.53	19.99	16.39	68.57	22	18	19.1
	0.6	8.38	796	425	5.07	22.39	18.36	76.81	26	19	19.1
	0.8	8.80	878	483	5.57	24.58	20.16	84.34	31	20	19.1
	1.0	9.12	955	538	6.02	26.60	21.81	91.25	35	22	19.1
	1.2	9.37	1,027	592	6.44	28.45	23.33	97.61	39	23	
	1.4	9.54	1,095	645	6.83	30.16	24.73	103.49	43	24	19.1
500	0.4	8.48	744	378	4.90	21.63	17.74	74.21	23	19	21.2
	0.6	9.07	832	435	5.49	24.23	19.87	83.13	27	20	21.2
	0.8	9.52	913	490	6.03	26.61	21.82	91.28	31	22	21.2
	1.0	9.87	987	543	6.52	28.78	23.60	98.76	35	23	21.2
	1.2	10.14	1,057	594	6.97	30.79	25.25	105.64	39	24	21.2
550	0.4	9.11	780	390	5.26	23.23	19.05	79.91	24	20	23.3
	0.6	9.74	867	445	5.90	26.02	21.34	89.29	28	22	23.3
	0.8	10.23	946	497	6.47	28.58	23.43	98.04	31	23	23.3

	1.0	10.60	1,018	547	7.00	30.92	25.35	106.07	35	24	
	1.2	10.89	1,085	595	7.49	33.07	37.12	113.47	39	25	23.3
600	0.4	9.73	815	401	5.62	24.80	20.33	85.08	25	22	25.4
	0.6	10.40	901	454	6.29	27.80	22.78	95.31	29	23	25.4
	0.8	10.92	978	503	6.91	30.50	25.01	104.65	32	24	25.4
	1.0	11.32	1,047	551	7.48	33.00	27.06	113.23	35	25	25.4
	1.2	11.60	1,111	596	8.00	35.30	28.95	121.12	39	26	25.4
650	0.4	10.33	849	412	5.96	26.33	21.59	90.34	26	23	27.6
	0.6	11.04	923	462	6.68	29.50	24.19	101.21	29	24	27.6
	0.8	11.59	1,008	509	7.34	32.39	26.56	111.13	32	25	27.6
	1.0	12.02	1,076	554	7.94	35.04	28.74	120.23	35	26	27.6
700	0.2	9.95	787	370	5.47	24.16	19.81	82.89	24	24	29.7
	0.4	10.92	882	422	6.31	27.84	22.83	95.51	27	25	29.7
	0.6	11.67	965	470	7.06	31.18	25.57	106.99	30	26	29.7
	0.8	12.26	1,038	515	7.76	34.24	28.08	117.48	33	27	29.7
	1.0	12.71	1,103	557	8.39	37.05	30.38	127.11	36	28	29.7
750	0.2	10.48	820	382	5.76	25.44	20.86	87.29	26	26	31.8
	0.4	11.50	915	432	6.64	29.32	24.04	100.58	28	26	31.8
	0.6	12.29	996	478	7.44	32.84	26.93	112.67	31	27	31.8
	0.8	12.91	1,067	520	8.17	36.06	29.57	123.72	33	28	31.8
800	0.2	11.00	852	394	6.05	26.70	21.90	91.62	27	27	33.9
	0.4	12.07	946	442	6.97	30.77	25.23	105.56	29	28	33.9
	0.6	12.90	1,026	485	7.81	34.47	28.26	118.26	31	29	33.9
	0.8	13.55	1,095	524	8.57	37.85	31.04	129.86	34	29	33.9

（農林水産省農林水産技術会議事務局，日本飼養標準・肉用牛（1995年版）．pp 29–30．中央畜産会．東京．1995より引用）．

付表 10　1995 年版日本飼養標準　肉用種雌牛の肥育に要する養分量

体重 Body Weight (kg)	増体日量 Daily Gain (kg)	乾物量 Dry Matter (kg)	粗蛋白質 CP (g)	可消化粗蛋白質 DCP (g)	可消化養分総量 TDN (kg)	可消化エネルギー DE (Mcal)	代謝エネルギー ME (Mcal)	(MJ)	カルシウム Ca (g)	リン P (g)	ビタミンA Vitamin A (1000 IU)
200	0.6	4.15	537	332	2.82	12.46	10.22	42.74	21	11	8.5
	0.8	4.57	631	400	3.21	14.19	11.64	48.69	26	13	8.5
	1.0	4.93	722	466	3.58	15.82	12.97	54.27	31	15	8.5
	1.2	5.24	809	530	3.93	17.34	14.22	59.50	36	16	8.5
250	0.6	4.91	575	342	3.34	14.73	12.08	50.53	21	13	10.6
	0.8	5.41	668	405	3.80	16.78	13.76	57.56	26	14	10.6
	1.0	5.83	756	468	4.24	18.70	15.33	64.15	31	16	10.6
	1.2	6.20	841	529	4.64	20.50	16.81	70.34	35	17	10.6
300	0.6	5.63	610	349	3.82	16.89	13.85	57.93	22	14	12.7
	0.8	6.20	701	410	4.36	19.24	15.77	66.00	26	15	12.7
	1.0	6.69	787	469	4.86	21.44	17.58	73.55	30	17	12.7
	1.2	7.11	869	526	5.32	23.51	19.28	80.65	34	18	12.7
350	0.6	6.32	641	356	4.29	18.95	15.54	65.03	22	15	14.8
	0.8	6.96	731	413	4.89	21.59	17.71	74.09	26	16	14.8
	1.0	7.51	815	468	5.45	24.07	19.73	82.57	30	18	14.8
	1.2	7.98	895	521	5.98	26.39	21.64	90.53	33	19	14.8
400	0.4	6.15	576	305	4.04	17.83	14.62	61.17	19	15	17.0
	0.6	6.98	671	361	4.75	20.95	17.18	71.88	22	16	17.0
	0.8	7.69	759	415	5.41	23.87	19.57	81.89	26	18	17.0
	1.0	8.30	841	466	6.03	26.60	21.81	91.27	29	19	17.0
	1.2	8.82	918	516	6.61	29.17	23.92	100.07	32	20	17.0
450	0.4	6.72	606	313	4.41	19.48	15.97	66.82	20	17	19.1
	0.6	7.63	700	366	5.18	22.89	18.77	78.52	23	18	19.1
	0.8	8.40	786	416	5.91	26.07	21.38	89.45	26	19	19.1
	1.0	9.06	865	463	6.58	29.06	23.83	99.69	29	20	19.1
	1.2	9.63	939	509	7.22	31.86	26.13	109.31	31	21	19.1
500	0.4	7.27	634	321	4.77	21.08	17.27	72.32	20	18	21.2
	0.6	8.25	727	370	5.61	24.77	20.31	84.98	23	19	21.2
	0.8	9.09	811	416	6.39	28.22	23.14	96.81	25	20	21.2
	1.0	9.81	887	460	7.12	31.45	25.79	107.89	28	21	21.2
550	0.4	7.81	661	328	5.13	22.64	18.57	77.68	21	19	23.3
	0.6	8.87	752	373	6.03	26.60	21.81	91.27	23	20	23.3
	0.8	9.77	834	416	6.87	30.31	24.85	103.98	25	21	23.3
	1.0	10.54	908	456	7.65	33.78	27.70	115.89	27	22	23.3
600	0.4	8.34	687	334	5.47	24.17	19.82	82.91	22	21	25.4
	0.6	9.46	777	376	6.43	28.40	23.29	97.43	24	21	25.4
	0.8	10.43	856	415	7.33	32.35	26.53	110.99	25	22	25.4
650	0.4	8.86	712	340	5.81	25.66	21.04	88.04	23	22	27.6
	0.6	10.05	800	379	6.83	30.15	24.73	103.46	24	23	27.6
	0.8	11.07	878	414	7.78	34.35	28.17	117.86	25	23	27.6

農林水産省農林水産技術会議事務局，日本飼養標準・肉用牛（1995 年版）．pp 33．中央畜産会．東京．1995 より引用）

付表11　2000年版日本飼養標準　肉用種去勢牛の肥育に要する養分量

体重 Body Weight (kg)	増体日量 Daily Gain (kg)	乾物量 Dry Matter (kg)	粗蛋白質 CP (g)	可消化粗蛋白質 DCP (g)	可消化養分総量 TDN (kg)	可消化エネルギー DE (Mcal)	代謝エネルギー ME (Mcal)	代謝エネルギー ME (MJ)	カルシウム Ca (g)	リン P (g)	ビタミンA Vitamin A (1000 IU)
200	0.6	4.49	571	351	3.14	13.86	11.37	47.57	22	12	8.5
	0.8	5.00	675	424	5.59	15.84	12.99	54.33	28	13	8.5
	1.0	5.45	776	496	4.01	17.71	14.52	60.77	33	15	8.5
	1.2	5.86	873	566	4.42	19.50	15.99	66.90	38	17	8.5
250	0.6	5.20	610	362	3.64	16.05	13.16	55.07	23	13	10.6
	0.8	5.77	712	432	4.14	18.28	14.99	62.72	28	15	10.6
	1.0	6.28	812	501	4.62	20.40	16.73	69.99	33	16	10.6
	1.2	6.74	908	569	5.08	22.42	18.38	76.92	38	18	10.6
300	0.6	5.84	643	371	4.08	18.01	14.77	61.80	23	14	12.7
	0.8	6.46	744	438	4.63	20.45	16.77	70.17	28	16	12.7
	1.0	7.01	841	505	5.16	22.77	18.67	78.13	33	17	12.7
	1.2	7.51	935	569	5.66	24.98	20.49	85.71	37	19	12.7
	1.4	7.95	1025	633	6.14	27.09	22.21	92.94	42	20	12.7
350	0.6	6.41	671	378	4.48	19.78	16.22	67.87	24	16	14.8
	0.8	7.07	770	442	5.07	22.39	18.36	76.82	28	17	14.8
	1.0	7.66	865	505	5.63	24.87	20.39	85.33	33	19	14.8
	1.2	8.18	956	567	6.17	27.23	22.33	93.43	37	20	14.8
	1.4	8.65	1043	627	6.68	29.48	24.18	101.16	41	21	14.8
400	0.6	6.93	696	384	4.84	21.38	17.53	73.37	24	17	17.0
	0.8	7.62	792	445	5.46	24.12	19.78	82.75	28	18	17.0
	1.0	8.23	883	504	6.05	26.72	21.91	91.69	32	20	17.0
	1.2	8.78	971	562	6.62	29.20	23.95	100.19	36	21	17.0
	1.4	9.26	1055	619	7.15	31.57	25.88	108.30	40	22	17.0
450	0.6	7.40	717	388	5.17	22.83	18.72	78.33	25	18	19.1
	0.8	8.10	810	445	5.81	25.66	21.04	88.04	29	20	19.1
	1.0	8.73	898	501	6.42	28.36	23.25	97.28	32	21	19.1
	1.2	9.29	981	555	7.00	30.92	25.35	106.08	36	22	19.1
500	0.6	7.82	736	391	5.47	24.14	19.79	82.81	25	20	21.2
	0.8	8.53	824	444	6.12	27.03	22.16	92.73	29	21	21.2
	1.0	9.17	908	496	6.75	29.78	24.42	102.17	32	22	21.2
	1.2	9.74	987	547	7.34	32.40	26.57	111.16	36	23	21.2
550	0.4	7.40	662	341	5.04	22.23	18.23	76.28	23	20	23.3
	0.6	8.20	751	392	5.73	25.31	20.76	86.84	26	21	23.3
	0.8	8.91	835	442	6.40	28.23	23.15	96.87	29	22	23.3
	1.0	9.55	914	490	7.03	31.01	25.43	106.41	32	23	23.3
600	0.4	7.74	680	346	5.27	23.29	19.09	79.89	24	22	25.4
	0.6	8.54	764	393	5.97	26.36	21.62	90.45	27	22	25.4
	0.8	9.25	843	439	6.63	29.29	24.02	100.48	29	23	25.4
	1.0	9.87	917	483	7.26	32.07	26.30	110.02	32	24	25.4
650	0.4	8.07	696	350	5.49	24.25	19.89	83.20	25	23	27.6
	0.6	8.84	774	393	6.18	27.30	22.39	93.66	27	24	27.6
	0.8	9.53	847	434	6.84	30.19	24.76	103.59	29	24	27.6
	1.0	10.15	916	474	7.46	32.95	27.02	113.04	32	25	27.6
700	0.4	8.36	710	353	5.69	25.13	20.61	86.23	26	24	29.7
	0.6	9.11	782	392	6.37	28.12	23.06	96.49	28	25	29.7
	0.8	9.78	849	429	7.01	30.96	25.39	106.24	30	26	29.7
750	0.4	8.63	723	355	5.88	25.94	21.27	88.99	26	26	31.8
	0.6	9.34	788	390	6.53	28.84	23.65	98.96	28	26	31.8
	0.8	9.98	849	422	7.16	31.60	25.91	108.42	30	27	31.8

（農林水産省農林水産技術会議事務局，日本飼養標準・肉用牛（2000年版），pp 30，中央畜産会，東京，2002より引用）

付表 12　2000 年版日本飼養標準　肉用種雌牛の肥育に要する養分量

体重 Body Weight (kg)	増体日量 Daily Gain (kg)	乾物量 Dry Matter (kg)	粗蛋白質 CP (g)	可消化粗蛋白質 DCP (g)	可消化養分総量 TDN (kg)	可消化エネルギー DE (Mcal)	代謝エネルギー ME (Mcal)	(MJ)	カルシウム Ca (g)	リン P (g)	ビタミン A Vitamin A (1000 IU)
200	0.6	4.18	539	333	2.84	12.55	10.29	43.04	21	11	8.5
	0.8	4.54	630	399	3.19	14.10	11.56	48.37	26	13	8.5
	1.0	4.85	717	464	3.52	15.55	12.76	53.37	31	15	8.5
	1.2	5.11	802	528	3.83	16.92	13.88	58.05	36	16	8.5
250	0.6	4.94	577	342	3.36	14.83	12.16	50.89	21	13	10.6
	0.8	5.37	666	405	3.78	16.67	13.67	57.19	26	14	10.6
	1.0	5.74	751	466	4.17	18.39	15.08	63.09	31	16	10.6
	1.2	6.05	832	526	4.53	20.00	16.40	68.63	35	17	10.6
300	0.6	5.67	612	350	3.85	17.01	13.94	58.34	22	14	12.7
	0.8	6.16	698	409	4.33	19.11	15.67	65.57	26	15	12.7
	1.0	6.58	781	466	4.78	21.08	17.29	72.33	30	17	12.7
	1.2	6.93	859	522	5.20	22.93	18.81	78.69	34	18	12.7
350	0.6	6.36	644	357	4.32	19.09	15.65	65.49	22	15	14.8
	0.8	6.91	729	412	4.86	21.45	17.59	73.60	26	16	14.8
	1.0	7.38	808	465	5.36	23.67	19.41	81.20	30	18	14.8
	1.2	7.78	883	517	5.83	25.75	21.11	88.33	33	19	14.8
400	0.4	6.32	586	309	4.15	18.31	15.01	62.80	19	15	17.0
	0.6	7.03	674	362	4.78	21.10	17.30	72.39	22	16	17.0
	0.8	7.64	756	414	5.37	23.71	19.44	81.36	26	18	17.0
	1.0	8.16	833	463	5.93	26.16	21.45	89.75	29	19	17.0
	1.2	8.60	905	511	6.45	28.46	23.34	97.63	32	20	17.0
450	0.4	6.90	617	317	4.53	20.00	16.40	68.60	20	17	19.1
	0.6	7.68	703	367	5.22	23.05	18.90	79.08	23	18	19.1
	0.8	8.35	783	415	5.87	25.90	21.24	88.87	26	19	19.1
	1.0	8.91	856	460	6.47	28.58	23.43	98.04	29	20	19.1
	1.2	9.40	925	504	7.04	31.09	25.49	106.65	31	21	19.1
500	0.4	7.47	646	325	4.90	21.64	17.74	74.24	20	18	21.2
	0.6	8.31	730	371	5.65	24.94	20.45	85.58	23	19	21.2
	0.8	9.03	807	415	6.35	28.03	22.99	96.18	25	20	21.2
	1.0	9.65	878	457	7.01	30.93	25.36	106.10	28	21	21.2
550	0.4	8.02	673	332	5.27	23.24	19.06	79.74	21	19	23.3
	0.6	8.93	756	375	6.07	26.79	21.97	91.92	23	20	23.3
	0.8	9.70	830	415	6.82	30.11	24.69	103.30	25	21	23.3
	1.0	10.36	898	453	7.52	33.22	27.24	113.97	27	22	23.3
600	0.4	8.56	700	338	5.62	24.81	20.34	85.12	22	21	25.4
	0.6	9.53	781	378	6.48	28.60	23.45	98.12	24	21	25.4
	0.8	10.36	852	414	7.28	32.14	26.35	110.27	25	22	25.4
650	0.4	9.09	726	345	5.97	26.35	21.60	90.39	23	22	27.6
	0.6	10.12	804	380	6.88	30.37	24.90	104.19	24	23	27.6
	0.8	11.00	873	412	7.73	34.13	27.99	117.09	25	23	27.6

（農林水産省農林水産技術会議事務局，日本飼養標準・肉用牛（2000 年版）．pp 30–32．中央畜産会．東京．2002 より引用）．

付表 13　2008 年版日本飼養標準　肉用種去勢牛の肥育に要する養分量

体重 Body Weight (kg)	増体日量 Daily Gain (kg)	乾物量 Dry Matter (kg)	粗蛋白質 CP (g)	可消化養分総量 TDN (kg)	可消化エネルギー DE (Mcal)	代謝エネルギー ME (Mcal)	代謝エネルギー ME (MJ)	カルシウム Ca (g)	リン P (g)	ビタミン A Vitamin A (1000 IU)
200	0.6	4.64	607	3.07	13.55	11.11	46.49	22	12	8.5
	0.8	5.18	725	3.54	15.61	12.80	53.55	28	13	8.5
	1.0	5.71	844	4.00	17.65	14.48	60.57	33	15	8.5
	1.2	6.24	962	4.46	19.69	16.14	67.54	38	17	13.2
250	0.6	5.59	655	3.54	15.62	12.80	53.57	23	13	10.6
	0.8	6.12	770	4.06	17.92	14.69	61.47	28	15	10.6
	1.0	6.66	884	4.58	20.20	16.57	69.32	33	16	10.6
	1.2	7.19	998	5.09	22.48	18.43	77.12	38	18	16.5
300	0.6	6.32	691	3.95	17.46	14.32	59.90	23	14	12.7
	0.8	6.86	801	4.52	19.95	16.36	68.45	28	16	12.7
	1.0	7.39	911	5.08	22.43	18.39	76.95	33	17	12.7
	1.2	7.92	1021	5.64	24.89	20.41	85.40	37	19	19.8
	1.4	8.46	1131	6.19	27.34	22.42	93.79	42	20	19.8
350	0.6	6.87	717	4.33	19.12	15.68	65.59	24	16	14.8
	0.8	7.40	823	4.93	21.76	17.84	74.65	28	17	14.8
	1.0	7.93	928	5.52	24.38	19.99	83.65	33	19	14.8
	1.2	8.47	1033	6.11	26.99	22.13	92.60	37	20	23.1
	1.4	9.00	1138	6.70	29.58	24.26	101.50	41	21	23.1
400	0.6	7.26	724	4.67	20.62	16.91	70.73	24	17	17.0
	0.8	7.79	835	5.29	23.37	19.16	80.17	28	18	17.0
	1.0	8.32	935	5.91	26.10	21.40	89.56	32	20	17.0
	1.2	8.86	1036	6.53	28.82	23.63	98.88	36	21	26.4
	1.4	9.39	1136	7.14	31.52	25.85	108.15	40	22	26.4
450	0.6	7.52	743	4.98	21.98	18.02	75.41	25	18	19.1
	0.8	8.05	839	5.62	24.81	20.34	85.11	29	20	19.1
	1.0	8.58	935	6.26	27.62	22.65	94.76	32	21	19.1
	1.2	9.12	1031	6.89	30.41	24.94	104.34	36	22	29.7
500	0.6	7.68	747	5.26	23.22	19.04	79.68	25	20	21.2
	0.8	8.21	838	5.91	26.10	21.40	89.54	29	21	21.2
	1.0	8.74	929	6.56	28.96	23.74	99.35	32	22	21.2
	1.2	9.28	1020	7.20	31.80	26.07	109.09	36	23	33.0
550	0.4	7.23	661	4.86	21.45	17.59	73.58	23	20	23.3
	0.6	7.77	747	5.52	24.36	19.97	83.57	26	21	23.3
	0.8	8.30	833	6.17	27.25	22.35	93.50	29	22	23.3
	1.0	8.83	919	6.83	30.13	24.71	103.38	32	23	23.3
600	0.4	7.28	663	5.09	22.49	18.44	77.15	24	22	25.4
	0.6	7.82	744	5.75	25.40	20.82	87.13	27	22	25.4
	0.8	8.35	824	6.41	28.29	23.20	97.06	29	23	25.4
	1.0	8.88	905	7.06	31.16	25.56	106.92	32	24	25.4
650	0.4	7.32	664	5.31	23.46	19.24	80.50	25	23	27.6
	0.6	7.85	740	5.97	26.35	21.60	90.39	27	24	27.6
	0.8	8.39	815	6.62	29.21	23.96	100.23	29	24	27.6
	1.0	8.92	890	7.26	32.07	26.29	110.02	32	25	27.6
700	0.4	7.37	665	5.52	24.38	19.99	83.64	26	24	29.7
	0.6	7.91	736	6.17	27.22	22.32	93.38	28	25	29.7
	0.8	8.44	806	6.80	30.04	24.63	103.07	30	26	29.7
750	0.4	7.47	669	5.72	25.24	20.70	86.60	26	26	31.8
	0.6	8.00	733	6.35	28.02	22.97	96.12	28	26	31.8
	0.8	8.54	798	6.97	30.78	25.24	105.59	30	27	31.8
800	0.4	7.64	675	5.90	26.05	21.36	89.39	27	27	33.9
	0.6	8.18	734	6.51	28.75	23.57	98.63	29	28	33.9
	0.8	8.71	793	7.12	31.43	25.77	107.83	30	28	33.9

（農業・食品産業技術総合研究機構，日本飼養標準・肉用牛（2008 年版）．pp 40．中央畜産会．東京．2009 より引用）

付表 14　2008 年版日本飼養標準　肉用種雌牛の肥育に要する養分量

体重 Body Weight (kg)	増体日量 Daily Gain (kg)	乾物量 Dry Matter (kg)	粗蛋白質 CP (g)	可消化養分総量 TDN (kg)	可消化エネルギー DE (Mcal)	代謝エネルギー ME (Mcal)	代謝エネルギー ME (MJ)	カルシウム Ca (g)	リン P (g)	ビタミンA Vitamin A (1000 IU)
200	0.6	4.18	564	2.84	12.55	10.29	43.04	21	11	8.5
	0.8	4.54	667	3.19	14.10	11.56	48.37	26	13	8.5
	1.0	4.85	766	3.52	15.55	12.76	53.37	31	15	8.5
	1.2	5.11	863	3.83	16.92	13.88	58.05	36	16	13.2
250	0.6	4.94	601	3.36	14.83	12.16	50.89	21	13	10.6
	0.8	5.37	701	3.78	16.67	13.67	57.19	26	14	10.6
	1.0	5.74	798	4.17	18.39	15.08	63.09	31	16	10.6
	1.2	6.05	892	4.53	20.00	16.40	68.63	35	17	16.5
300	0.6	5.67	634	3.85	17.01	13.94	58.34	22	14	12.7
	0.8	6.16	732	4.33	19.11	15.67	65.57	26	15	12.7
	1.0	6.58	827	4.78	21.08	17.29	72.33	30	17	12.7
	1.2	6.93	917	5.20	22.93	18.81	78.69	34	18	19.8
350	0.6	6.36	665	4.32	19.09	15.65	65.49	22	15	14.8
	0.8	6.91	761	4.86	21.45	17.59	73.60	26	16	14.8
	1.0	7.38	852	5.36	23.67	19.41	81.20	30	18	14.8
	1.2	7.78	940	5.83	25.75	21.11	88.33	33	19	23.1
400	0.4	6.32	595	4.15	18.31	15.01	62.80	19	15	17.0
	0.6	7.03	694	4.78	21.10	17.30	72.39	22	16	17.0
	0.8	7.64	787	5.37	23.71	19.44	81.36	26	18	17.0
	1.0	8.16	876	5.93	26.16	21.45	89.75	29	19	17.0
	1.2	8.60	959	6.45	28.46	23.34	97.63	32	20	26.4
450	0.4	6.90	624	4.53	20.00	16.40	68.60	20	17	19.1
	0.6	7.68	721	5.22	23.05	18.90	79.08	23	18	19.1
	0.8	8.35	812	5.87	25.90	21.24	88.87	26	19	19.1
	1.0	8.91	897	6.47	28.58	23.43	98.04	29	20	19.1
	1.2	9.40	977	7.04	31.09	25.49	106.65	31	21	29.7
500	0.4	7.47	652	4.90	21.64	17.74	74.24	20	18	21.2
	0.6	8.31	747	5.65	24.94	20.45	85.58	23	19	21.2
	0.8	9.03	835	6.35	28.03	22.99	96.18	25	20	21.2
	1.0	9.65	917	7.01	30.93	25.36	106.10	28	21	21.2
550	0.4	8.02	679	5.27	23.24	19.06	79.74	21	19	23.3
	0.6	8.93	771	6.07	26.79	21.97	91.92	23	20	23.3
	0.8	9.70	856	6.82	30.11	24.69	103.30	25	21	23.3
	1.0	10.36	935	7.52	33.22	27.24	113.97	27	22	23.3
600	0.4	8.56	704	5.62	24.81	20.34	85.12	22	21	25.4
	0.6	9.53	795	6.48	28.60	23.45	98.12	24	21	25.4
	0.8	10.36	877	7.28	32.14	26.35	110.27	25	22	25.4
650	0.4	9.09	729	5.97	26.35	21.60	90.39	23	22	27.6
	0.6	10.12	817	6.88	30.37	24.90	104.19	24	23	27.6
	0.8	11.00	896	7.73	34.13	27.99	117.09	25	23	27.6

（農業・食品産業技術総合研究機構，日本飼養標準・肉用牛（2008 年版）．pp 42．中央畜産会．東京．2009 より引用）

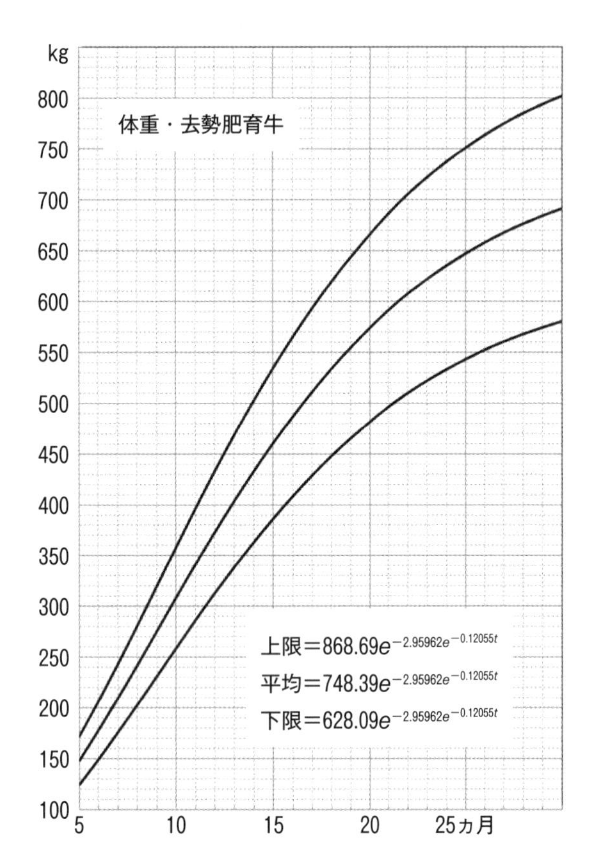

付図1　去勢肥育牛発育曲線・体重
（全国和牛登録協会，黒毛和種正常発育曲線．pp 27-29，36．社団法人 全国和牛登録協会．京都．2004 より引用）

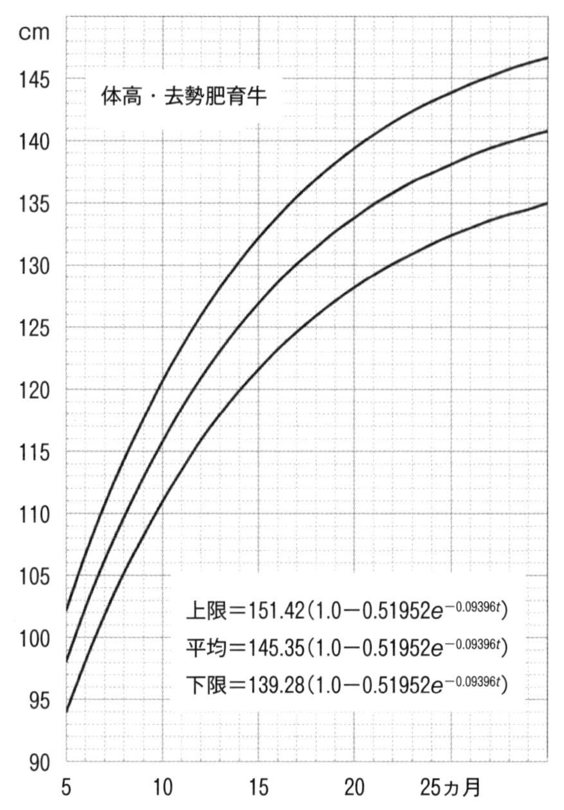

付図2　去勢肥育牛発育曲線・体高
（全国和牛登録協会，黒毛和種正常発育曲線．pp 27-29，36．社団法人　全国和牛登録協会．京都．2004 より引用）

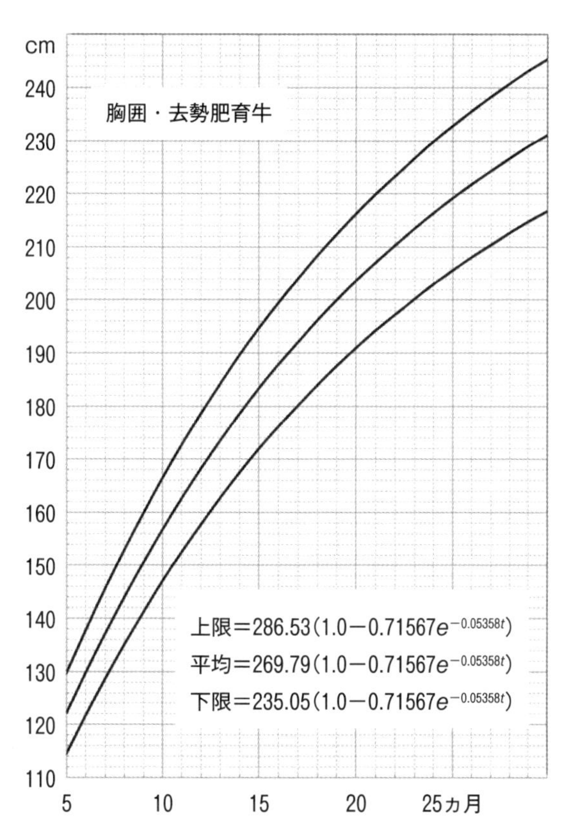

付図 3　去勢肥育牛発育曲線・胸囲
（全国和牛登録協会，黒毛和種正常発育曲線．pp 27-29，36．社団法人　全国和牛登録協会．京都．2004 より引用）

付表 15　黒毛和種・去勢肥育牛　発育推定値

月齢（ヵ月）	体重（kg）	体高（cm）	胸囲（cm）
5	124.3	94.0	114.5
	148.1	98.1	122.1
	171.9	102.2	129.7
6	149.4	98.1	121.7
	178.1	102.4	129.8
	206.7	106.7	137.8
7	175.9	101.8	128.6
	209.6	106.2	137.1
	243.3	110.7	145.6
8	203.2	105.2	135.1
	242.2	109.7	144.0
	281.1	114.3	153.0
9	231.0	108.2	141.2
	275.3	112.9	150.6
	319.5	117.6	159.9

月齢（ヵ月）	体重（kg）	体高（cm）	胸囲（cm）
10	258.8	111.0	147.1
	308.4	115.8	156.8
	358.0	120.7	166.5
11	286.2	113.5	152.6
	341.1	118.5	162.7
	395.9	123.4	172.8
12	313.0	115.9	157.8
	372.9	120.9	168.3
	432.8	125.9	178.7
13	338.7	118.0	162.8
	403.6	123.1	173.6
	468.5	128.2	184.3
14	363.3	119.9	167.5
	432.9	125.1	178.6
	502.5	130.3	189.7

月齢（ヵ月）	体重（kg）	体高（cm）	胸囲（cm）
15	386.6	121.6	172.0
	460.7	126.9	183.4
	534.7	132.2	194.7
16	408.5	123.2	176.2
	486.8	128.6	187.9
	565.0	133.9	199.5
17	429.0	124.6	180.2
	511.2	130.1	192.1
	593.3	135.5	204.1
18	448.0	125.9	184.0
	533.8	131.4	196.2
	619.6	136.9	208.4
19	465.5	127.1	187.6
	554.7	132.7	200.0
	643.8	138.2	212.4
20	481.6	128.2	191.0
	573.9	133.8	203.7
	666.1	139.4	216.3
21	496.4	129.2	194.3
	591.4	134.9	207.1
	686.5	140.5	220.0
22	509.8	130.1	197.3
	607.4	135.8	210.4
	705.1	141.5	223.4
23	522.0	130.9	200.2
	622.0	136.7	213.5
	722.0	142.4	226.7
24	533.1	131.7	203.0
	635.2	137.4	216.4
	737.3	143.2	229.9
25	543.1	132.4	205.6
	647.2	138.1	219.2
	751.2	143.9	232.8
26	552.2	133.0	208.1
	657.9	138.8	221.8
	763.7	144.6	235.6
27	560.3	133.6	210.4
	667.6	139.4	224.3
	774.9	145.2	238.3
28	567.6	134.1	212.7
	676.3	139.9	226.7
	785.1	145.8	240.8
29	574.2	134.5	214.8
	684.2	140.4	229.0
	794.1	146.3	243.2
30	580.1	135.0	216.8
	691.2	140.8	231.1
	802.3	146.7	245.4

農業・食品産業技術総合研究機構，日本飼養標準・肉用牛（2008年版）．pp 40-42．中央畜産会．東京．2009より引用）

付表16　黒毛和種種雄牛審査基準

平成21年10月28日改正
平成24年4月1日施行

<table>
<tr><th colspan="2" rowspan="3">総称</th><th rowspan="3">審査項目</th><th rowspan="3">審査細目</th><th rowspan="3">説明</th><th colspan="2" rowspan="2">標点</th><th colspan="3">減率協定</th></tr>
<tr><th colspan="2">普通</th><th rowspan="2">最良</th></tr>
<tr><th>雌</th><th>雄</th><th>雌</th><th>雄</th></tr>
<tr><td rowspan="4">肉用種の特徴（50）</td><td rowspan="4">増体性
飼料利用性
早熟性</td><td rowspan="4">体積
（50）</td><td>体積</td><td>月齢に応じた良好な発育をし，体軀広く，深く，伸びよく，体積豊かなもの．栄養適度で，肉付均等，各部の移行なだらかなもの．</td><td>18</td><td>18</td><td>20</td><td>17</td><td>6</td></tr>
<tr><td>前軀</td><td>幅と張りに富み，充実し，深いもの．

胸は広く，深く，胸底平らで，胸前，肘後ともに充実しているもの．肩は胸及びきこう部への移行がなだらかで，肩後は充実しているもの．</td><td>6</td><td>6</td><td>18</td><td>16</td><td>6</td></tr>
<tr><td>中軀</td><td>幅と張りとに富み，深く，伸びのよいもの．
背腰は広く，長く，強く，平直であるもの．

肋は付きがよく，角度大でよく張り，長く，肋間の広いもの．腹は豊かで，ゆるくなく，後方まで深いもの．</td><td>12</td><td>12</td><td>16</td><td>14</td><td>4</td></tr>
<tr><td>後軀
（尻・腿）</td><td>尻は腰角，かん，座骨ともに幅広く，長く，傾斜少なく，形よく，充実しているもの．腰角は突出せず，十字部は平らで，かんの位置よく，せん骨は高くなく，尾は付着よく，まっすぐにさがったもの．

腿は上腿，下腿ともに広く，厚く，充実し，腿下がりのよいもの．</td><td>14</td><td>14</td><td>22</td><td>19</td><td>10</td></tr>
<tr><td rowspan="6">種牛性（50）</td><td rowspan="2">体軀構成
健全性</td><td rowspan="2">均称
（18）</td><td>均称</td><td>頭，頸，体軀，四肢相互が月齢に応じた釣合いをし，前，中，後駆の釣合いよく，体上線，体下線ともに平直で，体軀が充実しているもの．</td><td>12</td><td>12</td><td>20</td><td>17</td><td>6</td></tr>
<tr><td>肢蹄・歩様</td><td>肢勢は正しく，関節は強く鮮明で，筋けんはよく発達し，肢の長さは体の深さに釣合い，蹄は大きく厚いもの．歩様は確実で，肢の運びのまっすぐなもの．</td><td>6</td><td>8</td><td>22</td><td>20</td><td>12</td></tr>
<tr><td rowspan="2">繁殖性
連産性
長命性</td><td rowspan="2">品位
（17）</td><td>品位</td><td>輪郭鮮明で体緊り，骨緊りともによく，品位に富み，雌雄それぞれの性相を現わし，性質温順なもの．

肩は緊密に付着し，ほどよく傾斜し，肩端の突出していないもの．

性器は正常なもの．</td><td>12</td><td>12</td><td>20</td><td>17</td><td>6</td></tr>
<tr><td>頭頸</td><td>頭部は形よく，鮮明で，体軀に釣合っているもの．額は平らで広く，鉢緊りよく，眼はいきいきとして温和なもの．頬は豊かで，顎は張り，鼻梁は長さ適度で，口は大きいもの．耳は長さ中等で，項は広いもの．

頸は短めで，頭部と前軀への移行よく，雌は厚さ適度で，顎垂少なく，雄は厚く，頸峯と胸垂は適度に発達しているもの．</td><td>5</td><td>6</td><td>22</td><td>20</td><td>10</td></tr>
<tr><td>資質</td><td>資質
（8）</td><td>資質</td><td>資質のよいもの．

被毛は黒く，わずかに褐色をおび，光沢があり，細かく柔らかく，密生しているもの．

皮膚はゆとりがあり，厚さ適度で，柔らかく，弾力に富むもの．
角，蹄は質ちみつで，色沢よく，管は平骨で鮮明なもの．</td><td>8</td><td>8</td><td>20</td><td>17</td><td>6</td></tr>
<tr><td>泌乳性
哺育性</td><td>乳徴
（7）</td><td>乳徴</td><td>乳房は均等によく発達し，容積があり，質は柔軟で弾力があるもの．乳頭は配置よく，大きさ適度で，柔らかく，乳脈はよく発達しているもの．</td><td>7</td><td>4</td><td>20</td><td>19</td><td>6</td></tr>
<tr><td colspan="5">合計</td><td>100</td><td>100</td><td>80</td><td>83</td><td>93.1
－93</td></tr>
</table>

全国和牛登録協会，黒毛和種種牛審査標準．公益社団法人　全国和牛登録協会．京都．2012より引用）

付表17　肉用牛の飼養動向

年度	飼養戸数（戸）	飼養頭数						1戸当たり飼養頭数（頭）
		（千頭）	肉用種			乳用種		
			（千頭）	めす（千頭）	おす（千頭）	（千頭）	うち交雑種（千頭）	
平成2	232,200	2,702	1,664	1,066	598	1,038	—	11.6
3	221,100	2,805	1,732	1,115	617	1,073	186	12.7
4	210,100	2,898	1,815	1,163	652	1,083	211	13.8
5	199,000	2,956	1,868	1,191	677	1,088	276	14.9
6	184,400	2,971	1,879	1,194	684	1,093	305	16.1
7	169,700	2,965	1,872	1,168	704	1,093	—	17.5
8	154,900	2,901	1,824	1,147	677	1,077	356	18.7
9	142,800	2,851	1,780	1,119	661	1,072	445	20.0
10	133,400	2,848	1,740	1,102	638	1,108	566	21.3
11	124,600	2,842	1,711	1,084	627	1,131	651	22.8
12	116,500	2,823	1,700	1,069	631	1,124	663	24.2
13	110,100	2,806	1,679	1,066	613	1,126	682	25.5
14	104,200	2,838	1,711	1,078	633	1,127	644	27.2
15	98,100	2,805	1,705	1,069	636	1,101	630	28.6
16	93,900	2,788	1,709	1,073	637	1,079	609	29.7
17	89,600	2,747	1,697	1,078	619	1,049	579	30.7
18	85,600	2,755	1,703	1,090	613	1,052	584	32.2
19	82,300	2,806	1,742	1,113	629	1,064	604	34.1
20	80,400	2,890	1,823	1,169	654	1,067	636	35.9
21	77,300	2,923	1,889	1,215	674	1,033	622	37.8
22	74,400	2,892	1,924	1,234	690	968	547	38.9
23	69,600	2,763	1,868	1,205	663	895	483	39.7
24	65,200	2,723	1,831	1,181	651	892	499	41.8

資料：農水省「畜産統計」
（農畜産業振興機構「統計資料一覧」より引用）

付表 18　牛肉の生産動向

年度	牛肉	成牛										子牛
		成牛計	和牛				乳牛					
			和牛計①	めす和牛	去勢和牛	おす和牛	乳用種		交雑種		その他④	
							計②	めす	計③	めす		
平成 2	1,403,187	1,385,202	490,863	216,526	272,856	1,481	855,835	412,239	—	—	33,504	17,985
3	1,464,035	1,446,473	514,355	229,262	283,573	1,520	896,851	432,806	—	—	35,287	17,562
4	1,501,240	1,480,927	540,105	249,132	289,850	1,123	908,574	435,449	—	—	33,248	20,313
5	1,515,207	1,498,073	580,173	276,292	302,789	1,092	885,320	438,162	—	—	32,610	17,134
6	1,539,037	1,524,367	632,088	308,108	322,945	1,035	860,408	433,203	—	—	31,871	14,670
7	1,478,178	1,467,645	625,646	306,701	317,978	967	819,045	393,868	—	—	22,954	10,533
8	1,371,766	1,364,004	596,762	285,708	309,908	1,146	749,535	358,468	—	—	17,707	7,762
9	1,329,477	1,322,310	601,222	283,288	317,096	838	700,993	342,978	—	—	20,095	7,167
10	1,320,686	1,309,832	593,453	282,950	309,599	904	694,354	333,282	—	—	22,025	10,854
11	1,340,849	1,331,655	590,537	284,645	304,788	1,104	717,344	340,435	49,021	22,133	23,774	9,194
12	1,280,564	1,274,625	571,405	277,004	293,498	903	689,101	334,685	226,541	101,949	14,119	5,939
13	1,119,013	1,113,467	497,202	235,171	261,334	697	603,589	256,234	234,923	106,297	12,676	5,546
14	1,238,096	1,233,532	499,966	237,799	261,306	861	718,982	311,819	293,817	138,776	14,584	4,564
15	1,237,717	1,228,065	465,978	218,329	246,942	707	749,100	337,820	276,834	130,991	13,975	8,664
16	1,253,883	1,243,264	459,614	215,061	243,938	615	764,130	345,674	274,626	131,083	19,520	10,621
17	1,225,100	1,216,724	457,695	214,207	242,981	507	739,887	338,026	253,514	121,141	19,156	8,379
18	1,206,009	1,198,964	449,057	204,649	243,493	465	731,068	342,004	262,360	124,508	19,203	7,167
19	1,222,379	1,213,382	452,596	202,350	249,715	531	738,390	335,616	274,569	129,292	22,381	8,997
20	1,235,973	1,224,459	473,146	215,877	256,806	463	729,141	331,359	283,975	133,943	22,262	11,514
21	1,226,292	1,215,981	500,107	231,735	267,933	439	627,347	280,482	299,089	138,567	19,229	10,311
22	1,211,204	1,201,723	510,684	236,180	274,090	414	410,629	179,864	262,178	123,459	18,232	9,481
23	1,179,675	1,171,306	524,430	250,856	273,216	358	411,699	172,178	219,450	105,204	15,727	8,369
24	1,192,145	1,183,540	539,877	263,393	276,029	455	404,473	174,598	224,932	106,800	14,258	8,605

資料：農水省「食肉流通統計」
注 1：交雑種は 21 年 12 月まで交雑種を分離できると畜場のみの計であり，乳牛の内数である.
2：22 年 1 月分調査より，乳牛の内数であった交雑種を分離し，かつ去勢をおすに含めて調査したものを分離した.
3：上記を分離したことにより，成牛計は，①・②・③及び④の合計となる.
ただし，21 年度計は，年度途中で分離したため，21 年 12 月までは，①・②及び④の合計.
22 年 1 月以降は，①・②・③及び④の合計をそれぞれ合計した値である.
（農畜産業振興機構「統計資料一覧」より引用）

付表19　肉用子牛の取引頭数と価格

年度	黒毛和種				褐毛和種				ホルスタイン種				交雑種（F1）			
	取引頭数（頭）	平均価格（千円/頭）		1 kg単価（円）	取引頭数（頭）	平均価格（千円/頭）		1 kg単価（円）	取引頭数（頭）	平均価格（千円/頭）		1 kg単価（円）	取引頭数（頭）	平均価格（千円/頭）		1 kg単価（円）
		雌	雄			雌	雄			雌	雄			雌	雄	
平成2	354,393	427	513	1,700	30,331	314	387	1,175	37,248	199	192	748	9,371	259	261	1,014
3	369,984	421	510	1,677	28,721	277	346	1,054	36,122	139	136	526	10,039	225	235	900
4	382,104	356	437	1,415	26,840	208	272	818	31,723	98	106	410	20,487	131	141	550
5	390,388	276	363	1,146	22,398	170	227	683	37,167	71	92	344	26,698	99	116	428
6	393,889	278	363	1,164	20,087	204	259	805	52,775	48	62	247	27,174	115	142	544
7	380,292	320	397	1,311	17,968	246	290	931	39,279	68	75	312	37,799	160	190	763
8	366,023	336	407	1,359	16,387	275	327	1,044	27,951	110	113	444	49,414	193	222	834
9	360,293	325	408	1,351	16,120	268	315	1,034	18,928	112	115	432	55,561	187	222	782
10	349,821	326	411	1,359	15,016	233	297	924	14,924	93	72	273	64,699	147	186	618
11	344,628	332	417	1,377	14,156	202	263	812	13,504	74	59	226	81,722	116	159	514
12	360,343	343	423	1,390	13,030	213	275	856	16,381	105	87	340	79,847	164	208	693
13	349,685	301	360	1,213	11,106	207	263	827	15,415	98	68	259	72,512	138	181	582
14	370,708	344	411	1,406	10,326	261	316	1,022	17,348	88	68	258	79,714	173	220	725
15	366,797	375	447	1,522	9,658	284	345	1,108	18,303	84	51	199	74,388	185	241	766
16	357,990	417	494	1,687	8,848	318	374	1,234	18,879	78	66	253	78,702	201	259	826
17	361,569	447	522	1,787	8,456	329	395	1,289	18,204	101	98	380	80,907	227	285	920
18	364,404	466	544	1,843	7,718	333	402	1,298	15,877	109	116	420	77,203	229	291	910
19	369,243	447	526	1,768	7,378	290	353	1,128	12,297	106	99	366	83,673	186	241	736
20	378,150	350	416	1,387	6,928	208	265	830	9,975	101	87	328	82,971	138	192	563
21	388,234	324	392	1,298	5,956	230	290	914	10,980	108	85	324	66,521	181	243	725
22	346,596	358	417	1,399	4,969	271	321	1,030	11,158	105	83	320	59,354	236	292	911
23	359,503	366	428	1,441	4,897	284	325	1,063	8,109	107	90	343	61,574	210	270	813
24	361,555	381	452	1,509	4,667	334	380	1,249	7,167	118	92	352	68,499	201	256	770

資料：農畜産業振興機構調べ.
注 1：都道府県指定協会等からの報告をもとに全国集計した．肉用子牛は400日を越えるもの及び体重100 kg未満の子牛を除く.
2：価格は消費税を含む.
3：当年度累計は単純平均であり，うち取引頭数は年度の合計である.
（農畜産業振興機構「統計資料一覧」より引用）

付表20　牛枝肉の規格別卸売価格（東京市場）

年度	和牛							乳用種				交雑種				省令価格
	めす和牛			去勢和牛				めす牛		去勢牛		めす牛		去勢牛		去勢牛
	A-5	A-4	A-3	A-5	A-4	A-3	A-2	C-2	C-1	B-3	B-2	B-3	B-2	B-3	B-2	「B-3」「B-2」
2	2,843	2,230	1,883	2,684	2,229	1,863	1,382	747	376	1,244	1,015	—	—	—	—	1,258
3	2,869	2,183	1,756	2,716	2,185	1,751	1,191	615	337	1,116	845	—	—	—	—	1,177
4	2,804	2,022	1,549	2,644	2,024	1,548	1,081	579	326	1,057	803	—	—	—	—	1,030
5	2,772	1,958	1,506	2,618	1,946	1,511	1,110	476	224	914	751	1,235	916	1,228	933	1,061
6	2,729	1,895	1,441	2,579	1,903	1,463	1,039	444	255	868	648	1,139	817	1,150	839	1,007
7	2,558	1,762	1,426	2,407	1,772	1,453	1,081	429	275	886	613	1,182	852	1,196	853	999
8	2,505	1,813	1,524	2,323	1,811	1,546	1,212	501	280	964	786	1,277	939	1,295	941	1,132
9	2,612	1,955	1,634	2,447	1,970	1,659	1,217	484	310	968	769	1,354	972	1,390	956	1,158
10	2,590	1,934	1,569	2,439	1,946	1,617	1,111	372	196	843	589	1,263	848	1,280	836	1,048
11	2,585	1,868	1,427	2,425	1,883	1,518	1,077	378	207	797	602	1,166	860	1,199	874	1,044
12	2,552	1,845	1,432	2,402	1,865	1,500	1,165	471	318	918	781	1,203	994	1,235	1,003	1,126
13	2,542	1,646	1,204	2,182	1,600	1,235	932	370	272	347	274	741	486	753	521	727
14	2,756	1,822	1,493	2,192	1,771	1,523	1,232	289	213	731	528	1,082	844	1,115	869	928
15	2,728	2,037	1,723	2,346	1,963	1,733	1,484	414	314	750	628	1,230	943	1,260	976	1,030
16	2,688	2,169	1,929	2,370	2,086	1,917	1,704	549	407	909	805	1,391	1,218	1,419	1,251	1,223
17	2,708	2,246	2,004	2,451	2,166	1,981	1,711	544	379	950	846	1,470	1,291	1,508	1,327	1,308
18	2,741	2,254	1,978	2,478	2,190	1,967	1,655	519	363	969	860	1,389	1,163	1,439	1,206	1,260
19	2,777	2,220	1,851	2,464	2,131	1,836	1,482	512	422	867	748	1,293	1,051	1,336	1,092	1,162
20	2,616	2,023	1,616	2,318	1,908	1,584	1,260	520	431	852	780	1,189	967	1,217	984	1,069
21	2,504	1,869	1,514	2,186	1,757	1,500	1,225	408	289	824	742	1,088	880	1,133	917	1,015
22	2,333	1,775	1,505	2,087	1,716	1,507	1,326	372	280	768	655	1,173	1,047	1,198	1,072	1,108
23	2,152	1,595	1,273	1,852	1,517	1,270	1,007	303	282	488	458	961	757	1,003	825	837
24	2,219	1,752	1,511	1,971	1,704	1,525	1,355	352	276	699	640	1,077	949	1,108	988	999

資料：農水省「食肉流通統計」，「食肉市況情報」
注 1：価格は消費税を含む.
　2：各年度の枝肉卸売価格は，取引成立頭数による加重平均価格とし，当年度の平均は，単純平均である．単位：円/kg.
　（農畜産業振興機構「統計資料一覧」より引用）

付表21　わが国における畜産物需給の推移

年度	牛乳・乳製品		肉類						鶏卵	
	需要量（万t）	生産量（万t）	牛肉		豚肉		鶏肉		需要量（万t）	生産量（万t）
			需要量（万t）	生産量（万t）	需要量（万t）	生産量（万t）	需要量（万t）	生産量（万t）		
昭和50	616.0	501.0	42.0	34.0	119.0	102.0	78.0	76.0	186.0	181.0
60	878.5	743.6	77.4	55.6	181.3	155.9	146.6	135.4	219.9	216.0
61	897.6	736.0	81.7	56.3	189.0	155.8	157.4	139.8	233.3	227.2
62	957.6	742.8	89.3	56.8	199.4	159.2	164.1	143.7	243.0	239.4
63	1025.3	771.7	97.3	56.9	204.1	157.7	169.5	143.6	244.8	240.2
平成1	1021.8	813.4	99.6	53.9	206.6	159.7	169.7	141.7	246.8	242.3
2	1058.3	820.3	109.5	55.5	206.6	153.6	167.8	138.0	247.0	242.0
3	1082.0	834.3	112.7	58.1	208.4	146.6	171.2	135.8	260.9	253.6
4	1069.5	861.7	121.5	59.6	209.2	143.2	174.8	136.5	266.8	257.6
5	1075.3	855.0	135.4	59.5	208.2	143.8	170.7	131.8	270.0	260.1
6	1159.1	838.8	145.4	60.5	210.3	137.7	175.9	125.6	266.7	256.3
7	1180.0	846.7	152.6	59.0	209.5	129.9	182.0	125.2	265.9	254.9
8	1207.3	865.9	141.5	54.7	213.3	126.4	185.6	123.6	267.4	256.4
9	1210.4	862.9	147.2	52.9	208.2	128.8	182.2	123.4	267.6	257.3
10	1201.9	854.9	150.2	53.1	214.0	129.2	180.4	121.6	264.0	253.6
11	1212.9	851.3	150.7	54.5	218.0	127.6	185.1	121.1	265.8	253.9
12	1230.9	841.4	155.4	52.1	218.8	125.6	186.5	119.5	265.6	253.5
13	1217.4	831.2	130.4	47.0	223.6	123.1	189.4	121.6	263.3	251.9
14	1217.0	838.0	133.3	52.0	235.0	124.6	189.8	122.9	264.7	252.9
15	1220.5	840.5	129.1	50.5	240.6	127.4	184.8	123.9	263.3	252.5
16	1235.5	828.4	115.5	50.8	249.2	126.3	180.5	124.2	260.8	247.5
17	1214.4	829.3	115.1	49.7	249.4	124.2	191.9	129.3	261.9	246.9
18	1216.6	809.1	114.5	49.5	238.3	124.9	197.4	136.4	263.5	251.4
19	1224.3	802.4	118.0	51.3	239.2	124.6	196.5	136.2	270.0	258.7
20	1131.5	794.6	117.9	51.8	243.0	126.0	198.9	139.5	264.6	253.5
21	1111.4	788.1	120.9	51.6	238.1	131.8	201.7	141.3	260.8	250.8
22	1136.6	763.1	121.8	51.2	241.6	127.7	208.7	141.7	261.9	250.6
23	1162.7	753.4	125.0	50.5	246.2	127.8	209.9	137.8	262.1	248.3
24（概算）	1172.0	761.0	123.0	51.0	245.0	130.0	220.0	146.0	26.0	251.0

資料：農水省「食料需給表」，「食料・農業・農村基本計画」
注 1：肉類の需要量及び生産量は枝肉ベースである．
　2：牛乳乳製品の１人１年供給純食料には農家自家用を含む．
　（農畜産業振興機構「統計資料一覧」より引用）

付表 22　わが国における牛肉の家計消費（全国 1 人当たり）

年度	消費支出総額（円）	食料費金額（円）	牛肉	
			金額（円）	数量（グラム）
平成 2	1,060,836	294,005	10,136	3,084
3	1,114,951	304,104	10,326	3,200
4	1,136,602	305,153	10,157	3,253
5	1,154,547	307,430	9,636	3,411
6	1,152,374	301,694	9,519	3,568
7	1,165,303	301,958	9,473	3,611
8	1,190,695	305,442	8,713	3,206
9	1,189,174	308,331	9,115	3,275
10	1,188,705	311,132	8,637	3,173
11	1,172,197	303,857	8,326	3,150
12	1,175,366	298,124	7,938	3,079
13	1,142,986	292,416	6,030	2,340
14	1,144,895	293,743	6,577	2,498
15	1,140,021	288,873	6,638	2,410
16	1,141,032	286,717	6,680	2,248
17	1,132,751	283,300	6,672	2,244
18	1,122,934	283,962	6,611	2,192
19	1,143,234	287,533	6,649	2,192
20	1,131,206	288,868	6,586	2,150
21	1,130,585	288,672	6,434	2,304
22	1,117,973	285,337	6,119	2,232
23	1,106,962	285,333	6,014	2,217
24	1,127,010	286,948	6,033	2,209

資料：総務省「家計調査報告」
注 1：金額は消費税を含む.
　 2：贈答用等自家消費以外のものを含む.
　　（農畜産業振興機構「統計資料一覧」より引用）

付表 23　わが国の牛肉の生産量，輸入量，輸出量

年度	推定期首在庫（トン）	生産量（トン）	輸入量（トン）	輸出量（トン）	推定出回り量		
					（トン）	うち輸入品（トン）	うち国産品（トン）
平成 2	110,794	388,312	93,796	7	182,309	91,280	91,029
3	116,869	406,672	326,915	37	789,022	381,163	407,859
4	61,397	417,036	423,426	46	850,298	430,588	419,710
5	51,515	416,168	566,911	43	947,348	532,044	415,303
6	87,203	423,663	583,964	48	1,018,368	594,863	423,504
7	76,414	413,276	658,365	54	1,067,889	655,713	412,176
8	80,112	382,716	611,241	67	990,373	607,058	383,314
9	83,630	370,086	658,966	85	1,030,148	658,297	371,851
10	82,449	371,405	681,791	95	1,050,900	682,589	368,311
11	84,650	381,088	682,596	307	1,054,756	674,116	380,640
12	93,271	364,768	738,415	69	1,087,752	724,952	362,800
13	108,633	329,055	607,540	51	913,132	592,960	320,172
14	132,045	363,765	534,012	42	932,936	558,723	374,213
15	96,844	353,797	520,096	46	903,883	546,400	357,483
16	66,809	355,946	450,363	99	808,740	453,430	355,310
17	64,279	348,094	458,103	49	805,982	459,486	346,497
18	64,444	346,437	467,237	99	801,612	454,711	346,902
19	76,406	358,817	463,122	345	825,187	466,524	358,663
20	72,813	362,660	469,642	551	825,310	465,811	359,499
21	79,254	362,634	475,426	676	847,567	484,550	363,016
22	69,071	358,261	511,675	498	852,589	494,062	358,527
23	85,920	353,768	516,189	581	875,563	522,865	352,699
24	79,733	359,746	505,720	945	858,754	499,002	359,753

資料：農水省「食肉流通統計」，財務省「貿易統計」，在庫量は農畜産業振興機構調べ
注：数量は部分肉ベース．輸入量は煮沸肉並びにくず肉のうちほほ肉及び頭肉のみ含む．
（農畜産業振興機構「統計資料一覧」より引用）

付表 24　冷蔵牛肉輸出量と主要相手国

年度	合計（kg）	国名（1 位）	数量（kg）	シェア（%）	国名（2 位）	数量（kg）	シェア（%）	国名（3 位）	数量（kg）	シェア（%）
平成 20	193,392	香港	101,136	52.3	アメリカ	86,000	44.5	ベトナム	2,740	1.4
21	225,321	香港	133,620	59.3	アメリカ	77,750	34.5	シンガポール	25,984	11.5
22	234,496	香港	191,975	81.9	シンガポール	18,825	8.0	マカオ	17,883	7.6
23	189,106	香港	141,278	74.7	シンガポール	38,058	20.1	マカオ	8,352	4.4
24	318,452	香港	194,142	61.0	シンガポール	55,127	17.3	アメリカ	43,774	13.7

資料：財務省貿易統計
（農畜産業振興機構「統計資料一覧」より引用）

付表 25　冷凍牛肉輸出量と主要相手国

年度	合計（kg）	国名（1 位）	数量（kg）	シェア（%）	国名（2 位）	数量（kg）	シェア（%）	国名（3 位）	数量（kg）	シェア（%）
平成 20	357,284	ベトナム	335,740	94.0	香港	11,493	3.2	マレーシア	4,380	1.2
21	449,970	ベトナム	430,884	95.8	マレーシア	7,431	1.7	香港	5,176	1.2
22	263,637	マカオ	97,834	37.1	カンボジア	70,272	26.7	ベトナム	59,997	22.8
23	391,187	カンボジア	236,457	60.4	マカオ	89,358	22.8	香港	34,281	8.8
24	626,597	カンボジア	247,969	39.6	ラオス	158,684	25.3	香港	100,583	16.1

資料：財務省貿易統計
（農畜産業振興機構「統計資料一覧」より引用）

付表26　第二次大戦後の肉牛関係法規および肉用牛に関する社会的事象など

和暦	西暦	法規番号	事項	備考
昭和22	1947	昭和22年法律第132号	農業協同組合法	
22	1947	昭和22年法律第185号	農業災害補償法	家畜保険法（昭和4年法律第19号）の全面改正；農業共済組合による家畜共済が全国的に実施
22	1947	昭和22年法律第233号	食品衛生法	
23	1948	昭和23年法律第140号	化製場等に関する法律	
23	1948	昭和23年法律第25号	金融商品取引法	
23	1948	昭和23年法律第155号	種畜法	登録団体について規定；種牡牛検査法（明治40年法律第42号）の全面改正
23	1948	昭和23年法律第210号	指定農林物資検査法	農林物資規格法（1950），JAS法（1970）
23	1948		社団法人全国和牛登録協会の設立	
23	1948		和牛登録規定における黒毛和種審査標準の設定	全国農業会の役肉用牛登録規程を受け継ぐ；基礎，補助登記，予備登録，本登録
24	1949	昭和24年法律第186号	獣医師法	
24	1949	昭和24年法律第208号	家畜商法	
25	1950	昭和25年法律第12号	家畜保健衛生所法	
25	1950	昭和25年法律第209号	家畜改良増殖法	種畜法（昭和23年法律第155号）の改正；登録制度・人工授精について規定
25	1950	昭和25年法律第303号	毒物及び劇物取締法	
25	1950		全国和牛登録牛研究会の開催	
25	1950		和牛登録規定の改正	補助登記，基本登録，高等登録
26	1951	昭和26年法律第166号	家畜伝染病予防法	
27	1952	昭和27年法律第229号	農地法	
28	1953	昭和28年法律第35号	飼料の安全性の確保及び品質の改善に関する法律	
28	1953	昭和28年法律第114号	と畜場法	
28	1953		第一回全国和牛共進会の開催（広島市）	全国和牛登録協会主催；第二回名古屋市(1958)；第一回全国和牛産肉能力共進会（岡山市1965），第二回全国和牛能力共進会（鹿児島市1970）
29	1954	昭和29年法律第182号	酪農及び肉用牛生産の振興に関する法律	
29	1955		日本がGATTに加盟	121品目の輸入自由化実施（1960）
30	1955		社団法人中央畜産会の設立	
31	1956	昭和31年法律第123号	家畜取引法	
32	1957	昭和32年法律第26号	租税特別措置法	農業生産法人の肉用牛の売却に係る所得の課税の特例（租税特別措置法第67条の3）
32	1957		社団法人日本短角種登録協会の設立	
33	1958		優秀個体計画生産（優生計画）研究会の設立	和牛登録規定に育種登録の追加
34	1959	昭和34年法律第127号	商標法	
35	1960	昭和35年法律第145号	薬事法	
36	1961	昭和36年法律第127号	農業基本法	
36	1961	昭和36年法律第147号	原子力災害の賠償に関する法律	
36	1961	昭和36年法律第183号	畜産物の価格安定に関する法律	食肉規格格付事業開始
36	1961		社団法人日本あか牛登録協会の設立	
36	1961		和牛ホルモン肥育研究会，なたね油粕飼料化研究会の設立	
37	1962		農地法改正	農業生産法人制度の導入
37	1962		和牛維新	役肉用牛関係者が役肉用牛を日本独自の肉専用種に変える事業を開始
39	1964		和牛肥育研究会の設立（会場は全国和牛登録協会，京都市）	肉牛肥育研究会（1966）；肉用牛研究会（1967～）
43	1968		社団法人全国肉牛協会の設立	全国肉用牛振興基金協会へ統合（2004）
43	1968		産肉能力検定法（直説法・間接法）の施行	全国和牛登録協会（1968. 4. 1）
45	1970	昭和45年法律第92号	農林物資の規格化及び品質表示の適正化に関する法律（JAS）法	
45	1970	昭和45年法律第138号	水質汚濁防止法	
45	1970		日本飼養標準・肉用牛の初版発行	中央畜産会
46	1971	昭和46年法律第35号	卸売市場法	
46	1971	昭和46年法律第91号	悪臭防止法	

47	1972		社団法人全国肉用子牛価格安定基金協会の設立	全国肉用牛振興基金協会へ統合（2004）
47	1972		全国和牛登録協会登録規定の改正	基本登録，本原登録，高等登録，育種登録の4登録区分；基本および本原登録の違いは肥育牛を生産する繁殖牛を対象とする（基本）か，黒毛和種改良を目的とした種牛を生産する繁殖牛を対象とする（本原）とおおまかに解釈される
48	1973	昭和48年法律第105号	動物の愛護及び管理に関する法律	産業動物の福祉なども含めた大幅改正（2013.9施行）
50	1975		社団法人日本食肉格付協会の設立	牛枝肉取引規格の設定
50	1975		社団法人配合飼料価格安定特別基金の設立	
51	1976	昭和51年法律第57号	特定商取引に関する法律	
55	1980	昭和55年法律第65号	農業経営基盤強化促進法	
61	1986	昭和61年法律第62号	特定商品等の預託等取引契約に関する法律	和牛預託商法が社会問題に（1996-7，2007，2011）
63	1988	昭和63年法律第98号	肉用子牛生産安定等特別措置法	肉用子牛生産者補給交付金制度
63	1988		BMS，BCS，BFS指標の導入	牛枝肉取引規格の改定
63	1988		気候変動に関する政府間パネル（IPCC）設立	地球温暖化シナリオの提示（第4次報告書）
平成3	1991		牛肉輸入自由化（1991.4）	
4	1992	平成4年法律第46号	獣医療法	
5	1993	平成5年法律第91号	環境基本法	
5	1993		黒毛和種と褐毛和種の分離	肉用子牛生産者補給交付金制度
7	1995		世界貿易機関（WTO）の設立	GATTの枠組みを発展継承
9	1997		第3回気候変動枠組条約締約国会（COP3）開催	京都議定書の採択
10	1998	平成10年法律第114号	感染症の予防及び感染症の患者に対する医療に関する法律	
11	1999	平成11年法律第106号	食料・農業・農村基本法	農業基本法（昭和36年法律第127号）の全面改正
11	1999	平成11年法律第112号	家畜排せつ物の管理の適正化及び利用の促進に関する法律	
12	2000	平成12年法律第61号	消費者契約法	
12	2000		宮崎県・北海道で口蹄疫発生（2000.3）	感染ルートの解明ならず
12	2000		乳用種と交雑種の分離	肉用子牛生産者補給交付金制度
13	2001		わが国でBSE（牛海綿状脳症）発生（2001.9）	と畜段階ですべての牛のBSE全頭検査（2001.10～2005.7）
13	2001	平成13年法律第86号	行政機関が行う政策の評価に関する法律	
14	2002	平成14年法律第70号	牛海綿状脳症対策特別措置法	
14	2002	平成14年法律第126号	独立行政法人農畜産業振興機構法	
15	2003	平成15年法律第48号	食品安全基本法	食品安全委員会の設置
15	2003	平成15年農林水産省令第72号	牛の個体識別のための情報の管理及び伝達に関する特別措置法	牛のトレーサビリティ制度制定（2003.6）
16	2004		社団法人全国肉用牛振興基金協会の設立	
16	2004	平成16年法律第122号	公益通報者保護法	
18	2006		TPP（環太平洋戦略的経済連携協定）発効（2006.5）	シンガポール，ブルネイ，チリ，ニュージーランドの4か国間で調印；アメリカ，オーストラリア，マレーシア，ベトナム，ペルーが加盟交渉国として参加（2010）；カナダ，メキシコが参加（2012）；この頃から配合飼料価格の高騰
19	2007		農業経営基盤強化促進法の改正	農地法の改正（2009）とも相まり一般企業の農業参入化促進
21	2009	平成21年法律第48号	消費者庁及び消費者委員会設置法	食肉の表示に関する公正競争規約（「和牛」表示は，法令に具体的な規定がなく自主的なルールで決定；「和牛」の証明は任意の方法によるため，外国産牛肉の「和牛」表示を完全に排除することは難しい）
22	2010		宮崎県で口蹄疫発生（2010.4）	感染ルートの解明ならず
22	2010	平成22年法律第44号	口蹄疫対策特別措置法	
22	2010		戸別所得補償制度の導入	2013から経営所得安定対策として実施予定
23	2011		家畜伝染病予防法の改正	飼養衛生管理基準の見直し
23	2011		東日本大震災（2011.3）	福島第一原子力発電所事故による放射性物質汚染問題
23	2011	平成23年法律第76号	東日本大震災復興基本法	
24	2012	平成24年法律第83号	株式会社農林漁業成長産業化支援機構法	
26	2014		肉用牛研究会創立50周年記念事業	第52回大会（京都市開催を予定）

おわりに

本書は肉用牛研究会の50周年を記念して発刊することにしたものである．研究会ができて記念すべき半世紀である．研究会は昭和42年，京都市の全国和牛登録協会で生まれ，上坂章次（会長），石原盛衛（副会長），森田修（副会長），並河澄（庶務幹事），川島良治（会計幹事）の各先生などが尽力され作られたものである．

わが国が牛を役用として利用した歴史はかなり古いのであるが，肉用牛としての歴史は浅く，第一回全国和牛共進会が開催されたのは昭和41年である．その時のテーマは「和牛は肉用牛たりうるか」であり，当時はまだ肉用牛として定着していなかったことがわかる．昭和45年の第2回全共でも「日本独特の肉用種を完成させよう」がテーマであった．今，和牛は肉質の良さで世界に誇れる品種（Wagyu）になっており，隔世の感がある．肉用牛の改良に関わった先人達のご尽力に改めて敬意を表したい．

現在では，国産の牛肉はわが国を代表する食文化の一つにまでになっている．一方で，輸入肉との競争は今後も予断を許せない状況にある．肉用牛界にとって，古くからの良い技術（知識）は温存し，また新しい技術を導入する必要があることは今後も変わりがない．そこでの技術は本という形でも伝承されることになる．

肉用牛に関わるいくつかのすぐれた本は出版されているものの，その種類や量は少なく，またその殆どが決して新しいとはいえなくなっている．そこで，50周年を機に肉用牛研究会を中心とした数多くの研究者・技術者に執筆や編集にご参加頂き，完成したものが本書である．下記に記す執筆者や関係者の皆様，また出版をご快諾いただいた加藤仁氏をはじめとする養賢堂の方々に深く感謝するとともに，本書が少しでも今後の肉用牛界の発展の糧になることを祈りたい．

入江正和（近畿大学　平成22年～27年　肉用牛研究会会長）

索　引

欧　文

ア

イ

ウ

エ

オ

カ

キ

ソ

タ

チ

ノ

ハ

ヒ

フ

ヘ

ホ

マ

ミ

ム

メ

JCOPY <（社）出版者著作権管理機構 委託出版物>

2015

2015年1月9日 第1版第1刷発行

肉用牛の科学

著者との申し合せにより検印省略

©著作権所有

編著者 肉用牛研究会
代表者 入江正和

発行者 株式会社 養賢堂
代表者 及川 清

定価（本体9000円＋税）

印刷者 株式会社 精興社
責任者 青木利充

発行所 〒113-0033 東京都文京区本郷5丁目30番15号
株式会社養賢堂
TEL 東京(03)3814-0911 振替00120
FAX 東京(03)3812-2615 7-25700
URL http://www.yokendo.co.jp/

ISBN978-4-8425-0531-2 C3061

PRINTED IN JAPAN 製本所 株式会社精興社